瓷砖抛光理论与实践

徐　斌　编著

中国建材工业出版社

图书在版编目（CIP）数据

瓷砖抛光理论与实践/徐斌编著. --北京：中国建材工业出版社，2020. 8
ISBN 978-7-5160-2904-6

Ⅰ. ①瓷… Ⅱ. ①徐… Ⅲ. ①瓷砖-抛光-研究 Ⅳ. ①TQ174. 76

中国版本图书馆 CIP 数据核字(2020)第 070745 号

内 容 简 介

本书在研究瓷砖工艺的基础上，创新性地提出并建立5种不同瓷砖加工轨迹；首次提出瓷砖表面冲击加工及矫正变形工艺，建立模型并分析其机理，而且进行了试验研究和应用；首次建立268磨头凸轮曲线模型，并进行产业化应用；首次对COMS磨头中可变螺旋角齿轮进行理论创新，建立该齿轮的数学模型；本书还提出瓷砖无水抛光加工工艺，并设计了该抛光机的结构。

本书适合刚入行的高校学生、陶瓷厂的技术和普通工人、瓷砖设备供应商的工程师以及设备的设计人员使用。

瓷砖抛光理论与实践
Cizhuan Paoguang Lilun yu Shijian
徐　斌　编著

出版发行：中国建材工业出版社
地　　址：北京市海淀区三里河路1号
邮　　编：100044
经　　销：全国各地新华书店
印　　刷：北京雁林吉兆印刷有限公司
开　　本：787mm×1092mm　1/16
印　　张：25. 5
字　　数：600 千字
版　　次：2020年8月第1版
印　　次：2020年8月第1次
定　　价：166. 80 元

本社网址：www. jccbs. com，微信公众号：zgjcgycbs

序

产业进步离不开技术装备先行。我国的建陶机械装备业经历了从国外引进、消化、吸收，然后到实践的过程，随着我国建陶产业的飞速发展，建陶机械装备业也在不断发展进步。

陶瓷墙地砖抛光技术装备最早由意大利引进，1995年后开始国产化。随着我国建陶产品的不断创新，该技术装备在国内也得到同步发展。尤其是在2016年后，陶瓷大板兴起并成为主流产品，陶瓷大板压机、智能抛光机随之兴起。

在我刚刚出版的《迭代》一书中讲到，装配式建筑的发展导致建陶行业正在发生第3次迭代，建陶行业的第4次迭代需要新技术的革命和探索，这是瓷砖行业发展的一条脉络。目前对瓷砖抛光加工领域的研究，大多集中在装备的设计研发方面，而在抛光机理和技术研究方面几乎是空白。

2019年12月底，徐斌博士将本书初稿发给我，咨询我是否有出版价值。当看到书稿的前言和目录时，我感到非常亲切。利用几天时间，将此书看完后，我感觉其理论和实用性技术紧密结合，对陶瓷墙地砖生产企业以及机械装备企业的技术研发人员都有很好的借鉴意义，自然也是有出版价值的。

我在大学时学的是陶瓷机械设计专业，留校教书后教的是陶瓷机械设计，创业也是与陶瓷机械相关，30多年来，对陶瓷机械特别有感情。中国第一台陶瓷磨边机和中国第一台抛光机是由我设计的，在设计过程中，我有很多想法和感悟，但是自己没有时间去整理和梳理，而徐斌博士费心费力写出此书，也算是帮我了却了一个心愿。

该书结合瓷砖行业的最新进展提出不少创新的观点，例如：

建立了陶瓷大板的不同加工轨迹。传统的瓷砖加工轨迹是“之”字形的，该书提出圆形、单摆动、双摆动等新的加工轨迹，对不同加工轨迹给予探索，可以供设计工程师参考。

其次，传统的瓷砖加工均是采用磨削加工方式，该书提出冲击加工的方式加工瓷砖表面，这就给瓷砖表面的加工方式提供了一种新的概念，给行业人员以新的思考。

此外，瓷砖烧制之后会产生龟背变形，该书提出冲击矫正变形理论。这给瓷砖烧制以及变形处理提供了一种新的思路。

目前，瓷砖行业应用最为广泛的抛光磨头是268凸轮式磨头，凸轮磨头自意大利引进时没有数学模型，该书建立了统一数学模型，使磨头可以标准化，方便了检测。

当国内企业提出反置式瓷砖抛光加工工艺时，徐斌博士提出正置式瓷砖抛光加工工艺。在书中，还提出瓷砖无水抛光工艺，并在瓷砖节能降耗加工工艺环节，提出了新的探索。

变螺旋角齿轮磨头是石材行业应用较为广泛的磨头，近年来逐渐被引入到瓷砖领域，该书另辟蹊径，探索变螺旋角齿轮数学模型的建立，试图打破国外技术封锁，加快行业应用。

以上要点突显了此书的价值，是此书最大的亮点，是在理论上的探讨，这正是我们行业所缺乏的，感谢徐斌博士的努力。

除了上述创新观点之外，本书还涵盖了瓷砖加工工艺概述、瓷砖种类的总结、瓷砖力学特性的分析等内容，不仅可以为大学生和一线操作人员提供参考，而且为建陶机械装备业的研究也提供了非常好的借鉴意义。

徐斌博士的不断求索创新，让我看到了中国建陶机械的无限希望。

（鲍杰军）

归然书院院长、欧神诺陶瓷董事长

2020年3月

前　言

瓷砖深加工设备是由意大利引进并逐步国产化的，是在消化吸收国外技术的基础上再创新所研究出的适应中国国情的瓷砖深加工设备。随着科学技术的发展，近年来中国的瓷砖深加工工艺及设备都有重大的创新并领先世界。瓷砖深加工技术一日千里，但基础理论研究相对来说却比较薄弱。

特别是近两年，中国瓷砖的规格逐步增大，瓷砖花样淘汰速度迅速，瓷砖的加工工艺也变革迅速，瓷砖加工的基础理论研究跟不上变革的速度。本书作者在瓷砖设备一线进行基础理论和技术创新研究，跟随瓷砖发展的步伐，积累了一些基础理论的研究，著作成书。

全书共计 15 章，下面为本书内容的概要。

本书跟随时代的发展，以目前中国市场上存在的瓷砖种类为基础，概述了陶瓷墙地砖生产工艺的各个环节。从微观和宏观两个层面，对陶瓷材料以及墙地砖的力学特性进行了深入的研究。随着瓷砖规格的发展，瓷砖设备加工瓷砖表面的轨迹开始逐步多样化，本书对近两年来瓷砖加工行业存在的各种加工轨迹进行了数学建模，并以此为基础设计出瓷砖智能自适应模拟系统。

通过对瓷砖表面微观加工机理的研究，本书提出瓷砖表面新破碎方式——冲击-切削联合破碎，以佛山陶瓷砖厂中最先进的瓷砖抛光线为试验对象，全面跟踪每一道工序，揭示瓷砖高光泽度表面的成形机理。

为了解决现有瓷砖抛光机磨头凸轮曲线没有统一公式的难题，书中对磨头的凸轮曲线建立数学模型，基于数学模型建立凸轮曲线以及三维模型用于加工凸轮零件。

基于瓷砖表面传统磨削加工工艺，书中创新性地提出瓷砖表面冲击的新工艺方法，并进行试验和应用。

COMS 磨头是目前应用较为广泛的磨头，但是其理论模型较为复杂，本书另辟蹊径，对 COMS 磨头中可变螺旋角齿轮进行理论创新，建立该齿轮的数学模型，同时给出了可变螺旋角齿轮的加工方法。

节能减排是瓷砖行业发展的方向，目前存在瓷砖微水抛光加工工艺，本书在前人研究的基础上，提出瓷砖无水抛光加工工艺，并对该工艺的各个部分进行了设计。

本书适用于刚入行的高校学生、陶瓷厂的技术人员和普通工人、瓷砖设备供应商的工程师以及设备的设计人员阅读使用。

本书在完稿之后，作者曾将目录发给佛山市顺德区华顺电机实业有限公司总经理马祖腾先生惠阅。马祖腾先生对瓷砖加工领域的研发颇有研究，对瓷砖磨边机磨边轮自动更换系统的研发有独到的见解。他对本书的价值给予了肯定，并资助本书出版。在此感谢佛山市顺德区华顺电机实业有限公司老总马祖腾先生的大力支持！

在本书写作过程中，由于时间仓促和作者能力有限，书中疏漏之处在所难免，希望可以起到抛砖引玉的作用。

编著者

2020 年 2 月

目　录

第1章　绪　论

1.1　本书研究目的及意义

随着人们生活水平的不断提高，对建筑装修质量的要求也越来越高。作为建筑装修材料之一的陶瓷墙地砖的应用日益广泛，市场需求量日益增加。但是目前国内建筑陶瓷砖产品品种、质量以及技术装备与外国先进企业相比，还存在较大的差距和不足。陶瓷墙地砖是经过高温烧制而成，具有高耐磨、高硬度、脆性大等特点。在一般情况下，烧结过程中会导致瓷砖表面变形、表面不平整、波浪边、隐性裂纹等缺陷。目前瓷砖加工要经过磨边、刮平、粗磨、抛光、镀膜等工序，其中抛光加工是影响瓷砖表面质量的关键工序。在生产实际中，瓷砖表面的质量问题主要表现为三种形式：刮痕深、破碎、去污性差。造成缺陷的原因存在于瓷砖加工的各个工序之间，例如刮平工序磨具、磨块配置不当，造成刮痕过深，致使后续工序无法消除刮痕而影响瓷砖表面的光泽度；在抛光工序中，摆动式抛光磨头运动轨迹不均匀造成瓷砖表面呈“平底锅”状，致使瓷砖表面的平整度差；磨头在运行过程中的振动，致使瓷砖被震碎；瓷砖表面空隙度过大，致使填入其中的污渍无法消除，表面的光度变差。

通过本书的研究，要达到的目的是：介绍瓷砖生产工艺、各类瓷砖的组成、瓷砖变形研究；分析磨头的运动状态，揭示磨头破碎瓷砖机制；在此基础上利用几何学建立磨头的运动方程；全程跟踪每道加工工序，探明瓷砖高光泽表面抛光成形机理，揭示瓷砖表面轨迹分布规律，并建立各种瓷砖表面抛光加工轨迹的数学模型；建立268磨头凸轮曲线数学模型、变螺旋角倾齿轮磨头的数学模型。

研究瓷砖抛光机磨头的运动学方程、瓷砖高光泽度表面抛光成形机理、瓷砖抛光加工轨迹规律，涉及固体力学、物理学、材料科学以及非线性科学。开展上述研究，对抛光机磨头的设计、加工工艺的改进、瓷砖表面质量的提高等方面具有重要的学术意义和应用价值。

本书还提出新型的瓷砖加工工艺，分析瓷砖抛丸机结构和原理，揭示瓷砖抛丸冲击破碎机制。提出瓷砖反面抛丸冲击矫正变形工艺，揭示瓷砖反面冲击矫正变形机制。全程跟踪每道加工工序，验证瓷砖抛丸冲击加工工艺和矫正变形工艺可行性，揭示抛丸后瓷砖加工规律。

研究瓷砖冲击加工机理及加工工艺涉及固体力学、物理学、材料科学以及非线性科学。陶瓷磨削、抛光经多年的试验研究和理论探索，已经发展了一些能够获得相关试验结果的试验技术和测试技术。瓷砖加工大多以磨削理论为基础，国内现有研究很少系统地从抛丸冲击机制视角研究瓷砖粗糙表面冲击冷加工。极少关注建筑陶瓷企业的瓷砖加工机制与多种脆性材料加工机制之间的动态匹配关系，因此，开展瓷砖表面冲击成形机理及试验研究，对抛光机磨头的设计、加工工艺的改进、瓷砖表面质量的提高等方面具有重要的学术意义和应用价值。

环保是近年来陶瓷厂家必须面对的一个问题，无水干抛工艺在国外已经提出，但是没有经过大规模的实用阶段，还处在试验应用探索阶段。本书也提出了瓷砖干抛工艺，设计瓷砖干抛机和磨头的结构。本书加强对前沿新技术和新工艺的研究，抛砖引玉，有兴趣的读者可以继续在这个方面进行新的探索和研究。

1.2 瓷砖加工装备发展现状

中国建筑陶瓷机械装备行业历经几十年的快速发展，打破了意大利一国独强、绝对垄断优势的格局。目前，中国的陶瓷机械的整体技术水平已经接近或达到国际先进水平，部分具有自主知识产权的技术处于世界领先水平。国内主要的建筑陶瓷机械企业有：科达机电、恒力泰、中窑窑业、佛山市摩德娜、福建海源等。中国陶瓷机械企业注重科学技术的先导作用，将大量先进成熟的工业技术引入建筑陶瓷生产中，为建筑陶瓷工业生产自动化程度的提升、研发新型的陶瓷装备和产品提供了强有力的支持。产品多样化、多功能化、标准化、高品质、高性能、节能环保、高度集中自动化生产线等已成为当今中国建筑陶瓷机械工程技术发展的总趋势。

陶瓷墙地砖生产线主要由原料制备装备、成形设备（主要包括压机和布料设备）、烧成设备（主要包括窑炉等设备）、深加工设备（主要包括抛光线、超洁亮防污生产线、分选包装线等设备）等四部分组成。其中处于国际领先地位的技术如下。

（1）MODULO6800 双缸魔术师压机

科达机电 2006 年推出了世界首创的全新设计理念的魔术师压机——MODULO6800 双缸魔术师压机。这项技术的巨大意义在于把传统的压机从横向宽体进砖改为纵向进砖，使得以魔术师布料为基础的单台压机和魔术师布料组合可以实现砖坯成形产量供足一条窑炉使用，同时可以满足传统普通的 2 块 800mm × 800mm 规格的砖和传统普通的 3 块 600mm × 600mm 规格砖的生产条件，大大节省了陶瓷企业的投资成本和成形设备运行电耗，且可以生产任意厚度的墙地砖产品，为陶瓷企业的产品开发、节能降耗和提升效率开辟了新的广阔的前景。其设备如图 1-1 所示。

图 1-1 MODULO6800 双活塞大吨位压机

“魔术师压机”不同于普通压机的地方在于：①双活塞设计，使整个的压制力更均匀；②与“魔术师布料系统”组成“魔术师成形装饰系统”，实现了压前装饰的设计理念，简化了成形加工工艺流程，而且可以同时生产厚砖和薄砖，这项技术使陶瓷墙地砖布料成形工艺发生了革命性的变化，使科达机电的成形装饰技术居于世界领先地位。

（2）“魔术师”布料系统

“魔术师”布料系统，如图 1-2 所示。该系统将布料系统分解为几个单独的布料模块，采用丝网布料、微粉布料和基料布料相结合的方式，可以实现各种不同厚度的、装饰图案丰富的瓷砖的制作；使用坯垫代替格栅作为粉料载体，利用坯垫输送系统的定位功能确保布料落料的准确性及砖面效果的稳定性。可采用常规工艺生产的粉料，任意调节布料的厚度，在模具中实现产品的压制成形。既可以生产 3 ~ 5mm 的陶瓷薄板，也可以生产 20mm 厚的常规产品。

图 1-2　“魔术师”布料系统

采用“魔术师”布料系统可实现天然石材的仿真效果，如随意的缺陷、纹理及不可重复的随机变化等，通过布料系统，预知性地进行图案和色泽的布料，线条可贯穿整个坯体。薄板瓷砖的新型布料方式，可以将布料过程化整为零，在大规格生产线上帮助客户实现色彩、纹理、质感艺术效果在薄板瓷砖装饰上的和谐统一。该设备在仿天然石材砖的制备技术上有着实质性的进步，能将天然石材所具有的鲜明色泽、丰富纹理、裂缝效果乃至细微的线条精确地表现出来，远远超出现有市场上的墙地砖产品；做到了色彩、纹理、质感的和谐统一。

成形布料装饰系统样砖，如图 1-3 所示。

如图 1-3（a）、(b）所示，本系列样品根据火成岩的形成机理，再现了大颗粒的矿物夹杂在火山玻璃之中构成的斑状结构，图案复杂多变，绚丽多彩。如图 1-3（c）、(d）所示，本系列样品砖根据变质岩的形成机理，细腻地表现出石材因地质作用的影响所产生的细脉纹理和微裂隙的独特特点。如图 1-3（e）、(f）所示，本系列样品砖根据沉积岩的形成机理，表现出石材从外向内多层次逐层沉淀的效果，再现了自然界受风、流水、海浪作

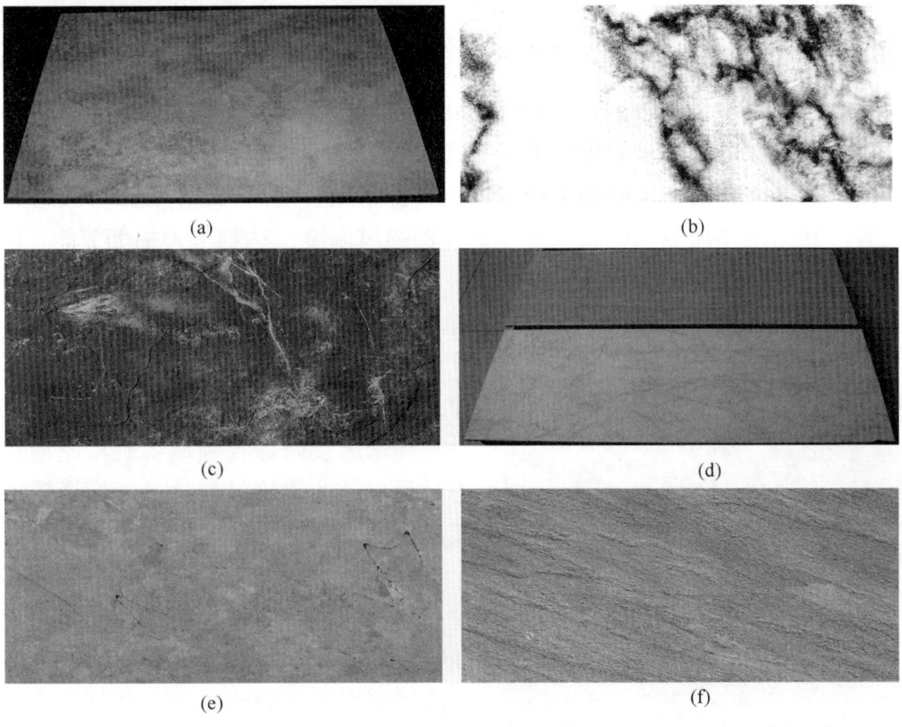

(a)　(b)　(c)　(d)　(e)　(f)

图 1-3　成形布料装饰系统样砖

(a) 火山岩石纹理；(b) 斑状纹理；(c) 变质岩纹理；(d) 裂纹纹理；(e) 沉积岩纹理；(f) 层状纹理

用形成的层理、波浪和泥裂等效果。

（3）高效节能窑炉

采用蓄热式烧嘴、窑炉整体结构的设计，保证实现较佳的燃烧特性、热量产生的分布控制，使温度场、气场均匀。首次将 HTAC 技术应用于陶瓷窑炉，不仅使窑内截面温度均匀化，而且提高窑炉热效率，降低能耗。窑墙由内而外采用耐火砖外加陶瓷棉或其他隔热保温板，并在其中加入了特殊的保温材料，这些特殊材料的使用能够减少窑墙的热损失。同时在外面板的设置上也充分考虑了窑炉的传热，使面板与窑架之间有一定间隙，这些措施的使用使窑炉外面板温度远低于 50℃，也能使窑炉最终降低 10% ~15% 的能耗。其设备如图 1-4 所示。

图 1-4　高效节能窑炉

为了减少断面温差，采用了新型的圆锥状发散形碳化硅。全新设计的高性能烧嘴和在烧成段精确的烧嘴布置新技术对提高产量和质量起到重要作用，并为更大规格产品烧制提供了可能性。另外需特别指出的是，所有的烧嘴都采用自动点火，并配置了专业的火焰自动控制装置。利用余热加热助燃风系统，提高助燃风温度，达到了大幅度节能，同时烟气中氮氧化物（NO_x）的排放量下降 40% 以上，二氧化碳（CO_2）的排放量也下降 20% 以上。将冷却带的热空气抽出送至干燥窑中，余热还可以再利用 25% 以上。

（4）“超洁亮”生产线

瓷质抛光砖是一种常用的建筑装饰材料，以其坚固、美观和廉价等优点在厂房、公共设施和家居装修等各领域得到广泛应用，是使用最为广泛的建筑材料之一，但瓷质抛光砖在长期使用过程中也暴露出易受污染的缺点。

图 1-5　超洁亮镀膜机

瓷质抛光砖表面实际上是布满许多细小裂纹和气孔的被磨损的表面，在使用过程中当污染物落到抛光砖的抛光面后，一部分污染物就会渗透到许许多多的小裂纹和气孔内，产生抛光砖表面的永久污渍，影响美观与使用。中国陶瓷机械企业首创瓷砖超洁亮镀膜生产线，其设备如图 1-5 所示。该生产线通过一种简单、经济的制膜工艺，在陶瓷抛光砖的表面形成一层不影响抛光砖表面花色的透明、持久有效的亲水性纳米功能材料保护膜层。该膜层具有多元组合防污性能：纳米保护膜不仅能完全填塞修补砖面的气孔和微裂纹，使砖面具有极强的双疏防污功能，同时能防水性和油性物质污染，还具有抗菌的效果。该防护膜层可以将陶瓷抛光砖表面的光泽度提高到90度以上，且该防护层可以长期保持功能效果不改变。

1.3 在不同工序中的瓷砖加工机理及设备研究现状

1.3.1 刮平工序中的瓷砖加工机理及设备研究现状

“陶瓷”这个词汇来自希腊文“keramikos”，这也就意味着陶瓷砖是取自地表的黏土，高温烧制而成的产品。瓷砖的生产可以追溯到远古时代的人民，包括埃及人、巴比伦人和亚述人。例如，古埃及法老 Djoser 的阶梯金字塔，建于公元前2600年，包含了丰富多彩的釉面瓷砖。后来，瓷砖生产主要集中在欧洲国家。

瓷砖烧制后的表面是一层粗糙的脆硬层，为了满足后续加工的要求，需要将这一粗糙的脆硬层去掉。这一道工序就是刮平工序，是瓷砖加工的第一道工序。在这个过程中，瓷砖的厚度减少了10%，产生一个平整、相对光滑的平面。

随着瓷砖加工设备的快速发展，国内高校和企业研发人员对瓷砖加工设备进行了深入的理论研究，成果颇丰。在瓷砖刮平、抛光、打蜡等工序都有很多学术研究成果。2005年景德镇陶瓷学院的张柏清教授等利用 ANSYS 对瓷砖刮平机滚筒的支架进行有限元分析，得出刮平机最薄弱的环节在横梁与机架相接的地方，以及滚筒的连接轴承处。2010年景德镇陶瓷学院的曹新林等指出瓷砖刮平为断续的切削过程，刀具切入、切出时对瓷砖表面产生一个冲击力，这个冲击力的瞬间方向为刀具相对于工件的切线方向。

但是对于刮平机滚筒微观破碎瓷砖机理方面的研究，国内未见相关的报道。由上述学者的研究成果可知，在加工过程中，滚筒上的磨粒会对瓷砖产生一个冲击力，致使瓷砖破碎。而国外关于脆性材料微观破碎研究的成果颇丰，特别是玻璃材料在冲击载荷作用下的微观破碎研究更加成熟。由于瓷砖材料与玻璃材料同属脆性材料，具有很多相同的特性，研究成果和研究趋势方面可相互借鉴。外载荷冲击玻璃等脆性材料时，会在脆性材料内部产生冲击破坏波。1991年美国学者 Rasorenov 等通过试验验证了这些冲击破坏波的存在，并得出冲击破坏波的传播速度，冲击破坏波使玻璃等脆性材料产生微观破碎。1991年美国学者 Brar 等通过试验解释这种微观破碎的机制。1992年 Kanel 等研究得出玻璃等脆性材料在冲击压缩的作用下，内部的微观裂纹开始向周边扩展。1994年美国学者 Grady 等从理论上建立剪切模型，解释这种冲击微观破碎是剪切滑移破坏造成的。2009年重庆大学博士唐录成通过试验发现陶瓷在受到冲击后会在陶瓷中产生破坏波现象，这一现象与玻璃中产生的冲击破坏波具有可比性。由于陶瓷与玻璃在冲击破碎方面具有可比性，这为瓷砖冲击破碎提供了一个研究的余地。在瓷砖刮平工序中，国内学者仅对刮平机机架和刀具进行了研究，对于该工序的瓷砖表面形成机理的研究却未见相关报道。随着对节能、环保等的要求不断提高，刮平工序瓷砖表面成形机理的研究对后续的加工起着重要的作用。

1.3.2 抛光工序中的瓷砖加工机理及设备研究现状

（1）瓷砖表面加工机理

瓷砖抛光工序是瓷砖表面形成平整、光滑平面的一个最重要的环节，抛光过程实际上包括几个阶段。在第一个阶段（粗抛），使用工具，用粗磨料（通常是钻石），在水平瓷砖表面上施加压力，去除大量的材料。在下一阶段（实际的抛光步骤）研磨使用的工具，包含磨料磨具粒度逐步降低，满足表面光泽生产需要。大多数的工程师研究认为瓷砖的磨削方法类似于石材加工，虽然石材加工方法不同于瓷砖，但磨削机理类似。现在普遍认为陶瓷磨削的单点切削机理可能包括如下因素：摩擦开裂，流塑破碎弹性恢复，产生残余应力，径向开裂，横向开裂，碎屑和强度退化。1994 年，美国马里兰大学硕士研究生 K. G. Satish 研究认为：刀具在推力的作用下破碎瓷砖，瓷砖由于脆性大，刀具前面的瓷砖在刀具的挤压下，产生了小的裂纹和碎裂。刀尖的底部产生了三种裂纹：中位裂纹、环向裂纹和侧向裂纹。中位裂纹是主要的裂纹，并向瓷砖内部延伸。侧向裂纹向着瓷砖的自由面扩展，并最终破碎大块的磨屑。1995 年，K. G. Satish 的导师 G. M. Zhang 教授描述了陶瓷材料加工过程中表面裂纹形成的特征。陶瓷样本在干湿两种不同的加工环境下加工，并且介绍了一种水环境下加工陶瓷的方法。在瓷砖加工过程中，裂纹系统包含中、横向、圆锥裂纹。加工过程中瓷砖表面主要产生中位裂纹。在材料去除时浅横向和环向裂纹占主要地位。原因是在加工期间切削刀具的锋利面与瓷砖材料接触。磨头的磨粒与瓷砖相互作用导致裂纹的生长，那么磨粒的大小对裂纹也有一定的影响。1998 年广东工业大学的袁慧等指出磨粒的粒度号对瓷砖表面形成有很大的影响：粗磨时磨粒粗、大，加工表面沟痕深、明显，裂纹多为断裂裂纹而且呈鳞片状，表面的粗糙度值很高；精磨时磨粒变得细小，磨粒对瓷砖的作用主要是以挤压和划擦为主，属于研磨阶段。沟痕变浅并且大多属于塑性沟槽，瓷砖表面的缺陷，如气孔、破碎坑等被碎屑填充，瓷砖变得平整。1999 年广东工业大学王成勇等的研究表明，粗磨的目的是使瓷砖表面变得平整，但是沟痕不能太深，否则后续工序将无法消除磨痕，导致瓷砖表面光泽度降低。瓷砖的表面粗糙度随着磨削的时间呈下降趋势，直到 120s 后变得稳定。表面粗糙度 Ra 值达到 0.3μm 后与瓷砖表面光泽度变化关系不大，无法反映出瓷砖表面的物理化学变化。2008 年美国佛罗里达大学 Ghatu Subhash 等五位教授比较了静态和动态下陶瓷裂纹的生成和扩展，结果得出静态下陶瓷裂纹的生长特性有助于在动态加载下多个裂缝的产生（由于快速的能量耗散的要求），并最终导致碎片产生。

如果裂纹扩展太深，将对后续加工带来影响，因此在加工过程中要控制裂纹的生长，很多学者采用不同的方法来实现。1997 年美国马里兰大学硕士研究生 D. T. Le 以陶瓷加工的微观特征为出发点，采用一种 DICOR/MGC 加工技术优化并减少微观裂纹的形成。2007 年德国学者 F. J. P. Sousa 等分析了磨粒在破碎瓷砖时的动态特性，通过仿真进行模拟，并通过试验对磨头进行了优化。2008 年阿拉伯中东技术大学研究生 Muhammed Sa DÖZER 通过试验得出在磨削瓷砖的磨块中加入 25%（质量）的 SiC 粉末能够有效地提高磨块的耐磨性和抛光性能。2009 年英国学者 S. Arai 等采用杯子形砂轮磨削并建立了杯形砂轮磨削瓷砖模型，指出杯形砂轮的边缘是脆性破碎瓷砖，而靠近旋转中心的磨粒是塑性切削的形式，磨削的深度呈阶梯的层次。

国内外学者对粗精抛表面沟痕和裂纹的研究很多，对瓷砖的破碎机理的研究集中在磨粒切削破碎瓷砖阶段，认为瓷砖表面形成是磨粒切削作用的结果。对于冲击破碎、冲击-切削联合破碎瓷砖、光泽度表面的成形机理却未见相关报道和研究。

（2）瓷砖破碎后的表面缺陷对瓷砖加工性能和质量的影响

瓷砖是一种多孔材质的建筑材料，加工过程中这些气孔就会显露出来。这些气孔是瓷砖在制作和烧制成形过程中，空气无法透出造成的。这些缺陷的存在势必影响瓷砖的性能和质量。对气孔缺点的研究广泛关注两个方面：一是对材料强度的影响；二是对瓷砖表面质量的影响。在第一条里，瓷砖加工特性主要依靠它们的微观结构。存在的一些小缺陷如气孔能够导致强度、弹性和断裂韧性的下降。2001 年西班牙学者 Orts. M. J 等研究得出瓷砖表面最小光泽度取决于瓷砖表面的微观结构和磨头加工工艺，同时得出气孔的多少决定着瓷砖加工的难易程度。瓷砖烧结和加工过程中，石英含量的多少对瓷砖表面的质量以及耐磨性都有影响。2003 年巴西学者 L. F. C. P. Lima 等研究了陶瓷材料的弹性模型与瓷砖表面缺陷和孔隙度之间的关系，指出孔隙度减小，弹性模量线性增加。2004 年巴西学者 C. P. M. Tenorio Cavalcante 等指出瓷质砖是一种结构非常紧密的陶瓷材料（水吸收率 $<0.5\%$），晶相嵌入一种玻璃状基质，通过单独快速烧结获得（最大温度大约 1200℃，至少 60min 冷却），并通过试验观察瓷砖 SEM 表面微观形貌，得出瓷砖的机械性能依赖于瓷砖表面的空隙度。2006 年英国学者 I. M. Hutchings 等认为瓷砖开始烧制时形成的石英颗粒大小影响着瓷砖的微观结构，进而影响瓷砖的抛光性。烧成温度低于最佳值，孔隙度达到最小化而抛光效率提高。瓷砖在烧制的初始阶段尽量减小石英颗粒大小，实现高的抛光率和最好的表面抛光质量。在第二条里，抛光瓷砖表面特性，如光泽度、耐污性，依靠在瓷砖加工过程中瓷砖表面气孔水平。2002 年中国学者 C. Y. Wang 等通过对抛光后的瓷砖形貌进行观察，得出磨削条件影响着瓷砖表面的光泽度，划伤沟槽的宽度可以描述成与切削深度成正比；材料去除量也与磨粒切削深度或穿透深度成正比。2006 年西班牙学者 E. S'anchez 等通过试验研究得出瓷砖表面的缺陷和孔隙度影响着瓷砖的机械性能，而且也影响着瓷砖表面的光泽度。光泽度和孔隙度之间的关系接近线性。孔隙度也与瓷砖表面的耐污性有着线性的关系。

（3）瓷砖抛光机磨头的运动轨迹研究

磨头在加工瓷砖时磨头是摆动的，目的是完整地加工瓷砖。很多国内外学者对磨头的这一运动进行了研究。磨头的摆动决定了瓷砖加工质量的好坏。1999 年景德镇陶瓷学院的冯浩等指出瓷砖的抛光质量不仅与单个磨头有关系，而且是多个磨头共同作用的结果，抛光机磨头的磨块粒度不同，合理地安排磨块的粒度梯度，对瓷砖抛光质量有好处。通过建立单个磨头的抛光轨迹模型，得出调整磨头之间的距离可以改善整个磨头磨削的均匀性。2004 年景德镇陶瓷学院的温革等通过对磨削区域进行离散化并仿真，得出带状磨削区域中间位置的磨削频数比两边要高。磨削次数从中间到两边逐渐在减小。2005 年广东科达机电股份有限公司的李松等指出摆动式磨头在瓷砖表面的轨迹为一个“之”字形轨迹，为了保证瓷砖的加工质量，瓷砖传送速度被限制在一个范围之内，若传送瓷砖的速度过快，就会出现瓷砖返抛的现象。抛光机上有多个磨头共同作用，单个磨头造成的漏抛或者磨削不均匀，将会由下一个或者下一组磨头进行补充。这就意味着下一个磨头的运动轨迹与上一个磨头的运动轨迹是相互对称的。2008 年中南大学的陈彩如等指出由于磨头在摆动时瓷砖在传动带的驱动下做直线运动，因此磨头在瓷砖上的平面运动轨迹为一个

“之”字形。磨头在实际运行过程中，需要在两端做短暂的停留，因此磨头的运动轨迹就成一个梯形曲线。通过仿真得出磨头在运行过程中，磨削区域呈带状分布。一些国外的学者通过仿真和试验得出相邻磨头的间距也决定了磨头磨削瓷砖的均匀性，磨头在两端停留的时间不能过长。

大多数学者对于瓷砖抛光机磨头的运动研究是磨头的平面运动的研究，运动轨迹的研究都集中在磨头在瓷砖表面上的运动。对于磨头空间运动方程的建立未进行过类似的研究，而对于磨头在空间的研究更加切近实际。

（4）瓷砖抛光机振动及改进研究

瓷砖生产厂家向设备提供商反映最多的情况就是瓷砖在加工过程中的碎裂，这也成了设备供应商和瓷砖生产商共同面临的问题。瓷砖的加工环境是恶劣的，例如噪声、振动、粉尘等，这些都对瓷砖抛光机的使用和改进带来了新的挑战。国内高校对瓷砖抛光机设备的研究和改进成绩颇丰。2002 年佛山科学技术学院的陈就建立了磨头的振动模型，表明磨头的磨削方式是介于端面磨削和外圆磨削之间，磨头内部的不平衡和两个瓷砖接缝处的冲击力是产生磨头激振力的重要因素。主轴的振动影响着瓷砖表面质量，若出现共振就会造成瓷砖的破碎。磨头主轴振动有三种类型：纵向、横向和扭转振动，主轴的纵向振动会在瓷砖表面留下振纹，横向摆动会产生划痕，影响瓷砖的表面质量。主轴的摆动是磨块在达到极限磨损时造成的。纵向振动是由主轴刚度不足造成的。中南大学的科研团队专门对瓷砖抛光振动做过详细的研究并提出了改进的措施。2006 年中南大学的陈丽芬等指出摆动式抛光磨头是由波形凸轮驱动摆杆进行摆动，凸轮曲线设计得不合理，凸轮与摆杆之间的接触不良造成凸轮曲线与滚轮之间的动态不平衡。通过功率谱分析得出凸轮与滚轮之间的 2Hz 的低频冲击与振动功谱图重合，得出磨头的振动是由凸轮与滚轮之间的冲击振动造成的。2006 年中南大学的汤迎红等通过五次项修正等速运动规律修改凸轮轮廓曲线，解决了磨头柔性冲击的问题。

有振动就会有噪声，噪声污染是瓷砖加工的一个缺陷。噪声污染不仅影响环境而且对工人的身心健康也造成了威胁，因此国内学者也对瓷砖加工的噪声起因进行了研究，并提出降噪的方法。2006 年景德镇陶瓷学院的郭立等建立磨头的振动模型，经分析得出磨头产生的噪声是由于磨头磨削瓷砖时的不平衡力造成的，影响振动的主要因素是磨头的转速和磨削的宽度。2009 年景德镇陶瓷学院吴南星教授及其学生田锋指出瓷砖抛光机的噪声是由磨块磨削瓷砖时产生不平衡的磨削力而产生振动引起的，这个振动又传递给磨头和机床部件将振动放大，最后通过空气和水质进行传播。通过降噪试验得出，通过给磨头加水的方式可以降低磨头的噪声，加水的高度到达 95mm 时，振动的噪声降低为 13dB。

2005 年广西大学的成平云等将磨削、刮平、锯切、切槽等工序集合到一台机床上，设计出组合机床并申请了专利，组合后的机床基本满足要求。通过对加工后的瓷砖表面的微观形貌观察得出：磨头进给速度低、切削深度小时，可以获得较好的表面质量，较大的切削深度可以获得较好的切除量。这些特征基本上符合瓷砖抛光线粗、细加工。但是瓷砖加工为流水线加工，目前可以达到日产 1 万平方米的产量，组合机床无法适应大批量生产。

（5）瓷砖表面硬度测试和摩擦性能测试研究

瓷砖是一种结构非常紧密的陶瓷材料，高性能陶瓷有很多优越的特性，例如高强度、极好的抗磨损性、特殊的耐蚀性。随着人们对瓷砖质量要求的不断提高，不仅要求瓷砖表面有很高的光泽度而且对硬度、耐磨性、防滑性都提出较高的要求，众多学者也提出了很多的检测和试验方法。1988 年美国学者 O. O. Ajayi 等表明瓷砖是脆性的，但是在低载荷时压痕边缘处出现塑性变形，在一些平行裂纹的边缘处也会出现塑性变形。2003 年美国学者 Jamie J. Kruzic 等通过试验观察利用维氏硬度计在瓷砖表面产生压痕，压痕周围出现径向裂纹和次径向裂纹。陶瓷机械性能在聚合物矩阵和变形机制的研究中已有报道，在陶瓷多晶体显著更快速的负荷率下的塑性变形很少看到，因为必须发生变形的主要是位错运动。错位的流动性不足以限制陶瓷的能力，以减轻影响和磨损条件下所施加的压力。2003 年乌克兰学者 George A. Gogotsi 等的测试数据证实了 SEVNB 方法可以用于实践，在不同温度和氧化环境中大多数先进陶瓷和陶瓷颗粒复合材料均可采用该方法。陶瓷和陶瓷颗粒复合材料的 SEVNB 数据是独立的弯曲型，表现出小分散。2006 年巴西学者 Adriano Michael Bernardin 等通过试验得出一种混合的长石，其中含有钠长石、石英和白云母，少量的氧化钾（wt1. 1%）。混合的长石不是一种真正的钠长石，生产过程中使用率也就只有 20%。2010 年美国学者 R. Brian Leavy 等利用球压痕试验研究陶瓷破碎模型特征，这些试验观测结果表明，预测材料的模型必须包含一个强度标准差，该强度差与陶瓷微观应力有关。使用球形压痕的数据，可以校准统计损伤模型的方法。2011 年巴西学者 S. Buchnera 等通过对花岗岩和陶瓷进行比较，结果表明玻璃陶瓷的摩擦性能优于黑色花岗岩。在过去的几十年中，白色瓷砖的全球生产增长率比其他石材产品大得多；优异的技术特性和审美外观，使其在瓷砖市场上扮演了一个重要角色。

随着科学技术的不断进步和发展，一些现代化的手段应用于瓷砖的设计、测试及微观试验。例如，计算机设计系统在瓷砖的设计、生产、色彩搭配、瓷砖表面质量检测方面具有巨大的优势，提高了瓷砖的生产效率。

1.3.3　镀膜工序中的瓷砖加工机理及设备研究现状

经过抛光处理的瓷砖表面光滑、平整，但是缺乏油亮的光泽，原因是瓷砖微观表面有缺陷。为了得到光亮的表面质量，一般情况是在已经抛光好的瓷砖表面涂上一层蜡油，也称为打蜡。打蜡磨头与瓷砖抛光的磨头有着明显的区别，抛光磨头与瓷砖是线接触，而打蜡磨头是行星式磨头，磨具与瓷砖表面是面接触。许雄超等将瓷砖和磨头进行了离散，模拟仿真出抛蜡过程，得出磨头主轴的公转速度不能太高也不能太低。在保证加工效率的前提下，选择合适的主轴速度，对瓷砖的抛光质量有重要的影响。

瓷砖在打蜡磨头的直径大于瓷砖宽度，因此磨头在运行过程中不需要进行摆动，但是工艺参数选择不合理，就会出现打蜡不均匀、漏抛等现象的出现。2008 年佛山科学技术学院的王世旺等研究得出瓷砖的传送速度对瓷砖打蜡的均匀性影响很大，为此利用一个变异系数来衡量磨抛质量。得出传送带速度不能过大，否则将影响瓷砖的表面质量。

第2章 陶瓷墙地砖生产工艺

陶瓷墙地砖是应用最为广泛的建筑装饰材料之一，其规格也在不断变化，由小逐渐变大。近两年，陶瓷大板是意大利博洛尼亚 CERSAIE 展会最吸引眼球的产品。博洛尼亚展之后，国内瓷砖行业、设计界的专家无一例外都将陶瓷大板列为瓷砖行业第一国际流行趋势。据业内资深人士透露，截至2016年年底，国内已有18条大板生产线投产。金牌陶瓷、亚细亚集团等知名陶企相继推出1200mm×2400mm、1600mm×3200mm等规格产品。

无论瓷砖的规格如何变化，其生产工艺变化不是很大，本章重点介绍陶瓷墙地砖生产工艺。

2.1 陶瓷砖原料

（1）可塑性原料

陶瓷砖生产的主要原料是黏土，黏土是含长石类的岩石经长期风化而成。高岭土是黏土的一个类型。黏土加热分解并于1000℃以上生成莫来石结晶。

（2）瘠性原料

地砖常用石英、废砖粉作为瘠性原料，有助于降低坯体干燥收缩和变形。石英的成分是二氧化硅。

（3）熔剂原料

瓷砖是固相烧结，而制造瓷砖原料熔化的温度很高，如果要达到这个温度，瓷砖就会熔化。因此必须降低温度，使瓷砖烧结即可。

含低熔组分或其分解物能与黏土、石英等原料反应形成低熔玻璃物质，促进产品烧结的原料称为熔剂原料。长石是坯料中普遍使用的熔剂，也是釉料的主要原料，也就是制造玻璃的原料。

① 长石原料。长石是熔剂原料，它的主要作用是降低瓷坯的烧成温度。长石在高温下，熔化为长石玻璃，填充坯料颗粒间的空隙，黏结颗粒使坯体致密，改善瓷坯的机械性能。纯净的长石极少，天然长石矿多为几种长石的混合物。长石的共生矿物有石英、云母、霞石、角闪石、石榴子石等。

② 硅灰石原料。天然硅灰石通常蕴藏在变质石灰岩中。硅灰石本身干燥和烧成收缩均小，若和黏土原料配成坯料，在高温下会生成钙长石与方石英。这一反应的体积收缩率只有9%。

由硅灰石制的釉面砖坯料，平均收缩可在5%以下。随着面砖低温快速烧成的发展，硅灰石原料已成为墙地砖中的主要原料。

③ 碳酸盐原料。常见的碳酸盐原料有方解石、大理石、石灰石、白垩、白云石。

方解石是结晶程度很高的碳酸钙。大理石是结晶完好的矿石，主要由碳酸钙或白云石晶体以及其他伴生矿物如石英、玉髓、赤铁矿、长石、金红石等组成。石灰石是沉积岩矿物。白垩是生物沉积的碳酸钙。

将方解石、石灰石等加热至 860℃时开始分解，940℃反应最剧烈，分解放出二氧化碳并转变为烧石灰。烧石灰也就是氧化钙，在烧结过程中与泥料中含有的酸性二氧化硅（石英）、脱水的高岭石（黏土）化合成钙长石玻璃。烧石灰在烧结中起到溶剂的作用。

当混合料中同时含有碳酸钙和长石时，在煅烧过程中生成氧化钙（烧石灰）与长石的共熔物，它的熔点较组成它的单体的熔点低，促进助熔作用。

④ 其他溶剂原料。含锂原料，由于锂化物热膨胀率低、熔剂能力强等特点，广为应用于釉中。常见的含锂原料有锂云母、锂辉石、磷铝石、透锂长石等。

萤石多数夹杂着氧化硅、碳酸钙、氧化铁和氧化铝。其熔点为 1230℃。其具有较强的助熔能力，熔剂作用主要是与釉料中的其他成分生成易熔的共熔体。

透辉石是硅酸钙镁，类似于硅灰石，也适合做快速烧成的原料。它满足快速烧成面砖坯料所提出的要求。

火成岩熔剂在墙地砖原料中可显著降低生产成本。火成岩中含有较多能降低烧结温度的碱金属和碱土金属氧化物，挥发物含量低，因而更适合配制低温快烧坯料。

火成岩是在某些地质构造作用下，从地壳处上升的熔融岩浆冷凝而成。

其他原料如用工业废渣做快速烧成釉面砖的主要原料，主要有萤石矿渣、磷矿渣、高炉矿渣等。

2.2　坯釉料组成

把各种天然原料中所含的同类矿物含量合并在一起，用黏土矿物、长石类矿物以及石英三种矿物含量的质量百分比表示坯体的组成。

釉面砖、外墙砖、铺地砖等制品的坯体分为瓷质、炻（shi）质、陶质三大类。瓷质瓷砖硬度（莫氏）：7 ~ 9，吸水率小于 0.5%；炻质瓷砖硬度（莫氏）：6 ~ 7，吸水率 0.5% ~ 40.8%；陶质瓷砖硬度（莫氏）：3 ~ 7，吸水率 12% ~ 22%。

瓷质坯体：这种坯体由长石、石英、高岭土、黏土配制最终烧结成吸水率小于 0.5% 的致密坯体。坯料中引入着色剂可制得各种颜色的坯料。若将着色坯料制成大小均匀的颗粒、掺入基础坯料中，可配成各种颜色的斑点坯料。

炻质坯体：由着色黏土、页岩黏土或熔剂原料加上一些地方黏土、工业矿渣配制而成的烧结制品。

陶质坯体：分为两类，一是石灰质的，二是长石质的。主要成分是黏土、高岭土、石英、长石、石灰石，烧成温度是 1100 ~ 1200℃。

2.3　精陶面砖后期龟裂和坯体的湿膨胀

釉面砖产品出窑后经过一年或者数年后，在釉面上才发生龟裂，这样的开裂，称为后期龟裂。产生龟裂的原因是坯体吸湿膨胀。釉面砖为多孔陶坯，在长期与空气接触过程中，特别是在潮湿环境下使用，坯体会慢慢吸收水分而产生吸湿膨胀现象。但是釉层是不吸水的，吸湿膨胀非常小，这样坯体与釉层膨胀不一致，使釉面受到张力作用，亦即釉面发生张应力，当应力超过釉的抗张强度时，釉面发生开裂。素坯中的碱金属玻璃相和非晶体矿物质是引起湿膨胀的主要因素。多孔坯体，孔的表面积越大，则后期龟裂的可能性越大。但是多孔性坯体并不一定都会发生湿膨胀，而与其烧成温度及坯体的组成有密切关系。

2.4 制坯一般流程

制坯分为干法制备和湿法制备两种类型。

干法制备：半干压坯工艺流程简单，设备投资低，缺点是除铁效率低。

湿法制备：

第一步，对大块的岩石进行粉碎。

第二步，将粉碎后的岩石颗粒送进球磨机进行球磨，使黏土进一步粉碎。球磨机的原理是当球磨机转动时，黏土微粒和研磨球体贴在筒体内壁与筒体一道回转，并被带到一定高度而自由降落，给物料剧烈的撞击与摩擦作用而将物料粉碎。研磨球用含 75% 的氧化铝泥料制造的球石或者天然燧石与鹅卵石。

第三步，过筛。将球磨后的黏土进行筛选。

第四步，除铁。红色地砖的生产多半采用含铁量高的黏土，坯体烧石呈现深红色，因此原料处理就不需要洗选除铁；而釉面砖产品要求釉面洁白、无铁点，因此生产流程中一般考虑原料精选、除铁、除杂等工序。

第五步，原料的淘洗。

（1）原料的洗选。黏土放在露天处进一步风化之后，需要对原料进行洗选，这是因为原料中含有有害的杂质如铁的化合物、云母、泥沙、草木、煤渣、塑料袋等。

（2）干燥。经过洗石机清洗之后，就对黏土原料进行 110℃ 干燥。

（3）黏土原料的淘洗。黏土原料很多是花岗岩风化而成的原生矿物，含大量的硅砂云母等杂质矿物，使用前必须将其淘掉。淘洗是利用黏土与粗砂砾杂质的相对密度不同，悬浮在水中沉降的速度不同的原理。陶瓷系统由搅拌槽、除砂沟、沉淀池组成。黏土在搅拌槽内与水混合搅拌，流经除砂沟，细砂和云母等杂质在长沟内沉淀。泥浆经筛网去杂物后，进入沉淀池。排出清水后，得纯净黏土。

第六步，配料。

砖坯的原材料由多种原料组成，分别经粉碎、球磨、制浆直接配料。配料之后，再进行搅拌。

第七步，泥浆脱水、练泥、造粒。

（1）榨泥脱水。由泥浆制备可塑性坯粉或者由泥浆经部分脱水，制备半干压坯粉都可采用榨泥（压滤）工艺，获得一定含 23% 水量的泥饼。

（2）练泥。经过压滤所得到的泥饼，水分能达到要求，但是水分与固体颗粒分布不均匀（泥饼中部水分高，表层水分低），泥饼中还含有大量的空气，采用真空练泥机可获得均匀和可塑性好的坯泥。

（3）泥饼干燥。从榨泥得到的泥饼水分通常在 23% 左右，为了制备压制成形用坯粉（面砖坯粉含水 7% ~8%），必须将泥饼进一步脱水，一般采用余热干燥室进行干燥。

（4）造粒。将干燥至所需水分的泥饼制备成适宜粒度的粉料的过程叫造粒，也叫打粉。干燥泥饼经轮碾机的碾轮碾碎后送入振动筛过筛，再送回碾轮机粉碎，最后送料仓。

上述第七步是传统工艺中的工序，目前这一工序由喷雾干燥替代。

喷雾干燥的工艺过程：将要干燥的陶瓷泥浆经一定的雾化装置分散为雾状细滴，并立即与干燥塔内的一个稳定的热气流接触，在短时间内使雾滴干燥至要求的残余水分。干燥的细粉依靠自重降落并与干燥介质分离，沿干燥塔下部锥壁滑至出料口，运往下一工序。

第八步，坯料贮存和陈腐。坯粉陈腐的主要作用是促使水分分布均匀。

第九步，粉料成形。将含水在 4% ~6% 的粉状泥料，在较高压力下放入金属模具中而获得所需形状、尺寸和致密度的坯体。

2.5　陶瓷砖烧制过程

1. 蒸发阶段（常温 ~ 300℃）

这一阶段主要排除坯体残留水分，使坯体彻底干燥。该阶段是干燥的继续，不发生任何化学反应。

2. 氧化分解阶段（300 ~ 1000℃）

这一阶段的主要反应是有机物氧化、碳酸盐分解、结晶水排除及晶形转变。

（1）氧化反应

① 碳、氢、硫以及有机物的氧化

坯体中的碳素来源于坯釉原料、烟气沉积及烟气反应。这些反应都要在制品釉面熔融、气孔封闭前结束，否则就要产生烟熏、起泡等缺陷。

② 硫化铁的氧化

硫化铁是有害物质，要在这个阶段氧化为氧化铁，一旦釉面熔融、气孔封闭，硫化铁进行氧化，逸出二氧化硫气体会使坯体起泡，生成的氧化铁又会使坯体表面污染成黄、黑色。

（2）分解反应

① 结晶水的分解、排除

结晶水的分解、排除温度，随着坯釉料组成的不同而异。高岭石的脱水反应在 400 ~ 600℃。

② 硫酸盐的分解

③ 氢氧化铁的分解

（3）晶形转变

① 石英的晶形转变

在 573℃时，β 石英迅速转变为 α 石英，体积膨胀 0.82%。

在 867℃时，α 石英缓慢转变为 α 磷石英，体积膨胀 14.7%。

石英的晶形转变造成的体积膨胀，一部分为本阶段的氧化和分解所引起的体积收缩抵消。晶形转变不会对坯体带来多大的影响。

② 氧化铝的晶形转变

黏土脱水分解生成的无定形的氧化铝在 950℃时转化为 γ-氧化铝。它可以在温度更高的情况下，与氧化硅反应，生成莫来石晶体。

3. 玻化成瓷阶段（1000℃烧成温度）

玻化成瓷阶段也称高温阶段。从坯体开始玻化算起，一直到烧成终了位置。该阶段分为三个部分：氧化保温、强还原、中性焰。

（1）氧化保温阶段

1000～1050℃为氧化保温阶段，此阶段继续氧化分解。在氧化、分解阶段进行不彻底的反应在此阶段继续进行。坯体开始烧结，同时产生收缩。保温目的是使坯体反应程度一致。

（2）强还原阶段

1050～1250℃为强还原阶段，还原烧成的主要作用是使坯体中所含的氧化铁（高价铁）还原成氧化亚铁（低价铁）。还原产生的氧化亚铁进一步与二氧化硅作用，反应生成淡青色的硅酸铁，并熔于玻璃相中，从而改善了坯体的色泽。硫酸盐在还原气氛中易被还原成亚硫酸盐，而后可在较低的温度下分解，分解产物在釉面封闭之前便可逸出。

（3）中性焰阶段

1250℃到烧成温度，为中性焰阶段，坯体部分熔融和再结晶。在该阶段内，坯体进行烧结，釉进行玻化。因为釉面已经玻化，易吸收碳素。熔融长石与低共熔物，构成瓷坯中的玻璃相，黏土颗粒及石英可以部分地熔解在这些玻璃套物质中，未被熔解的黏土颗粒及石英等物质之间的空隙也逐渐被这些玻璃态物质所填充。在高温的作用下，高岭石脱水产物偏高岭石及由高岭石分解而来的游离氧化铝和氧化硅反应，生成一次莫来石晶体。从玻璃相中析出针状二次莫来石晶体。莫来石和未熔石英构成坯体骨架，玻璃相填充其中。

4. 高火保温阶段

坯体达到烧成温度后，继续在该温度保持一定时间。该阶段玻璃相进一步增多，莫来石晶体长大，坯体组织更加均匀。

5. 冷却阶段

从烧成温度降至常温，玻璃态物质凝固，硬度、强度增加。冷却至573℃时，α 石英转变为 β 石英。冷却至270℃时，α 方石英转变为 β 方石英。

陶质砖：面砖素烧，1230～1270℃；面砖釉烧，1120～1150℃；低温快烧一次烧成，1000～1100℃。

炻质砖：彩釉砖，1250℃；高温地砖，1250℃；低温地砖，1000℃。

瓷质砖：1250～1270℃。

2.6 釉

1. 釉原料

釉是覆盖在陶瓷坯体表面上的玻璃态薄层。釉层不吸水，不透气。

釉料使用的天然原料基本上与坯料使用的原料相同，只是釉料使用的原料要求化学成分更纯，含杂质更少。另外，釉还需一些化工原料做熔剂、乳浊剂及着色剂。

（1）天然原料

天然原料如高岭土（黏土）、长石、石英、石灰石、滑石，含锂矿物、含锆矿物等。

（2）化工原料

熔剂：工业纯硼砂、硝酸钾、碳酸钙、铅丹、氧化锌、氟硅酸钠。

乳浊剂：工业纯氧化钛、氧化锑、氧化锡、氧化锆、锆英石、氧化铈。

着色剂：含钴、铜、锰、铁、镍、铬、钒、锑、镉等元素的工业纯化合物。

2. 各种化合物在釉中的作用

（1）二氧化硅

二氧化硅是形成玻璃的主要成分，可增加釉耐磨性、硬度、白度、透明度。二氧化硅可以直接从石英矿物中引入。

（2）三氧化二铝

三氧化二铝可提高釉的耐磨性、耐火度、化学侵蚀性。三氧化二铝对色料显色有影响。其主要取自黏土、高岭土、长石、滑石。

（3）碱金属化合物

用于釉料的碱金属化合物主要为钾、钠、锂的化合物。这些化合物是熔剂原料，使釉成熟温度降低。

（4）钙的化合物

钙的化合物几乎含于所有釉中，是釉的基础成分之一。它能改善釉坯结合性能，提高弹性和硬度。用于釉的钙化合物有石灰石、大理石、白垩、硅灰石、萤石。

（5）镁的化合物

镁的化合物低温时能提高耐火度，高温时成为强助熔剂。引入镁的天然矿物有白云石、滑石、菱镁矿，化工原料有碳酸镁。

（6）锌的化合物

锌的化合物能改善釉的白度，增强釉对坯的适应性。

（7）硼的化合物

硼的化合物能降低釉的成熟温度，主要原料为硼酸与硼砂。

（8）铅的化合物

铅的化合物是强熔剂，能降低釉的成熟温度。原料为密陀僧、铅丹、铅白。

（9）氟化物

氟化物是助熔剂，效果与硼酸相似。天然原料为萤石，化工原料有氟硅酸钠（有毒性）。

（10）锆的化合物

锆的化合物能降低釉的热膨胀，原料为锆英石。

3. 釉在加热过程中的反应

釉料在加热过程中，除与坯体间的相互反应外，基本反应过程与玻璃相同。

釉料从开始熔融直到熔合于坯体的过程中，首先是原料中的有机物燃尽，碳酸盐以及黏土等分解颗粒间相互反应，熔融靠拢，气孔减少，接着玻璃相中气泡脱出。气泡上升到液相表面后破裂，其所留的痕迹不久即被填平而成为平滑的面。釉料在与坯体接触处与坯料反应生成中间层，在釉的高温表面有易熔成分挥发。乳浊釉在加热或冷却过程中析晶。

釉层越薄，磨损硬度越大。

喷釉法施釉是基于压缩空气产生的高速气流将釉浆吹喷成雾状釉滴，当坯体通过时釉滴均匀地黏附于坯体之上。

2.7 色料

1. 色料分类

色料可以分为用于色泥和用于色釉的两种。

（1）坯泥着色剂

将坯泥着色剂混于坯料中而后成形烧成。色剂在烧成前的各道工序做任何加工处理，都不得发生任何反应。瓷砖坯料中加入坯泥着色剂可烧制出各种色彩的瓷砖。

（2）釉着色剂

色剂悬浮在釉料中，对于制釉各工序的加工处理，都得具有适应性。将着色剂与熔剂混合研磨可制得用于彩饰的色料。

（3）釉下色料

施于生坯或素坯上，在其上施釉再进行釉烧。色料必须与坯釉同时成熟，在釉烧温度下不与釉发生反应，同时不得流动或使纹样模糊。釉下色料是难熔色料。

（4）釉上色料

用于装饰釉烧后的产品，必须在相当低的彩烤温度 700～900℃下坚固地附着在釉面上，为此要和低温熔剂混合使用。彩烧时着色剂不能渗入釉中和在釉面上流动。釉上色料属于易熔色料。因为釉上彩的彩烤温度比釉烧温度低得多，故釉上彩的耐磨性及抗化学侵蚀性都较差。

2. 制造色剂的原料

陶瓷色剂多数由呈色的无机化合物和促进其合成为稳定矿物的矿化剂配制而成。制备色剂所用原料，很多与釉用原料相同，都是天然的着色矿物。着色剂矿物原料的分子式都是氧化物，在加热分解之后，分离出氧和二氧化碳，最后生成氧化物。这些氧化物就是发色的物质。

3. 陶瓷色剂制造过程

主要工序为：原料和矿化剂的选定与加工，混合，煅烧，粉碎和水洗。

（1）原料和矿化剂的选定与加工

制造色剂的矿石原料，使用前要经过精选、中碎成粉末，过 32～60 目筛。色剂组成中常加入矿化剂，矿化剂的作用是帮助矿物生成，降低合成温度。

（2）混合

着色剂的最终色调，受到加入色剂中各种成分的影响，因而为了使每批色剂发出同一色调，必须按照组成将质量相同的原料精细称量和混合。

（3）煅烧

将混合均匀并干燥好的色剂生料，装于耐火坩埚中煅烧，其目的是使之分解和反应，形成稳定的着色矿物。这些原始的着色矿物，都是含氧化合物，经过煅烧之后，分解为纯净的化合物和氧气或者是二氧化碳。气体被排放之后，剩下的就是纯净的氧化物，正是这些氧化物进行发色的。

（4）粉碎

煅烧后的色剂要粉碎。通常用湿式球磨分磨 30 ~ 50h，一般要求全部通过 250 目筛。色料粉碎细度对呈色效果有明显影响。

（5）水洗

经粉碎的色剂中会含有一定的未反应掉的可熔性物质，应进行水洗。

4. 色剂的适应性

各种陶瓷色剂在坯料的烧成温度以下即发生分解或者挥发，只能用于低温。所以能用于釉上彩的色剂，比用于釉下彩的色剂要多得多。能用于高温色泥及色釉的色剂种类是最少的。同一种着色剂在不同的釉中呈现的颜色是不一样的。

2.8　墙地砖常用的装饰釉

1. 颜色釉

颜色釉是墙地砖生产中最常用的装饰手段，彩色墙地砖很多是施用一种或多种颜色釉来构成装饰效果的。将着色氧化物或合成色剂加入基础釉料中混合细磨即可制得颜色釉。

基础釉若为熔块釉，可以在制备熔块时加入着色氧化物或色剂，烧制成颜色熔块，再用色熔块配釉。

总之所有的颜色釉都包括两个主要部分即色剂和釉料。色剂与基础釉料在烧成过程中发生复杂的变化。

颜色釉烧后的色调与下列因素有关：

（1）所加入的着色氧化物或色剂的种类与性质；

（2）基础釉的组成；

（3）色剂与基础釉料的比例；

（4）色料及釉料磨细的程度；

（5）烧成温度；

（6）窑内气氛（是氧化或是还原）。

墙地砖生产常采用两三种不同的颜色釉，以不同的喷釉方法喷在一个砖面上，釉子互相熔融渗透成不同色彩的花色。

底釉要喷平，面釉喷成疙瘩状。底釉与 80 号面釉配合烧后得棕色带白色的大理石花纹釉面。

先喷一层茶色底釉，这是砖的本色，再喷上灰色面釉，面釉喷成疙瘩点，以一端为主由密渐疏，使砖的一端色较浓。烧后形成浓淡渐变的彩茶灰釉面。

花色图案墙地砖生产大部分采用丝网印刷施彩。

（1）釉上印彩：用低温的釉上彩料在釉烧后的成品砖上印彩，再经 800 ~ 900℃ 烤花窑烧制。

（2）釉下印彩：在釉下彩料的素坯上印花，再喷一层白色或带色的透明釉，然后一次釉烧。

（3）釉面印彩：在素坯上先喷一层底釉，在釉面上印一层花釉图案，然后一次釉烧。

2. 图案砖生产主要工序

图案砖生产主要工序为：图案设计、制版、制色、印刷、喷釉、烧成。

（1）图案设计

设计由写生素材或其他资料提炼，加工成为设计草图，经过推敲、整理后绘制成色彩稿。按色彩的多少进行分板描绘成黑白稿，再经照相制版，即可得到制网版的感光底片。

（2）制版

丝网印版的制作方法是将一定筛目的筛网绷紧固定在木框上，涂以感光液，图案底片下曝光，再洗去未感光的胶液即成。跟印卷子刻板差不多的原理。

（3）制色

根据产品装饰设计要求，调制适于印刷用的糊状颜色浆称制色。制色过程要注意色料、熔剂、调合料三个方面。

（4）印刷

花色图案墙地砖生产大部采用丝网印刷施彩。

（a）釉上印彩：用低温的釉上彩料在釉烧后的成品砖上印彩，再经800～900℃烤花窑烧制。

（b）釉下印彩：以釉下彩料的素坯上印花，再喷一层白色或带色的透明釉，然后一次釉烧。

（c）釉面印彩：素坯上先喷上一层底釉，在釉面上印一层花釉图案，然后一次釉烧。

（5）喷釉

墙地砖生产常采用两三种不同的颜色釉，以不同的喷釉方法喷在一个砖面上，釉子互相熔融渗透成不同色彩的花色。

底釉要喷平，面釉喷成疙瘩状。底釉与80号面釉配合烧后得棕色带白色的大理石花纹釉面。

先喷一层茶色底釉，这是砖的本色，再喷上灰色面釉，面釉喷成疙瘩点，以一端为主由密渐疏，使砖的端色较浓，烧后形成浓淡渐变的彩茶灰釉面。

（6）烧成

传统的内墙釉面砖采用二次烧成，近年来有不少国内的厂家采用一次烧成的新工艺。对于一次烧成的工艺来说，烧成的温度在1080～1100℃。对于二次烧成的工艺来说，烧成的温度为800～900℃。

3. 熔剂

釉下印彩用色料要加入适当熔剂调整其烧结温度，使坯体、色层、釉层三者结合良好。

釉料是釉下彩最方便、最适宜的熔剂，因为釉料即使不能使色基熔融，也可以在最高烧成温度下，以玻璃的形式把色基颗粒烧结在一起，从而使色料层具有一定的强度；此外，玻璃也是釉下彩料的理想熔剂；长石可作为瓷器釉下彩熔剂，但其熔点较高，作为精陶釉下彩料的熔剂是不适宜的；烧成温度低的色料，可考虑加入氧化铝、苏州土之类的助剂，以提高色料温度。

把配好的颜色浆放入框内，用橡皮刮刀把它刮上网面，将砖置于网下的定位装置中，即可进行印刷。

2.9　墙地砖生产流程

由长石（溶剂原料）、石英（瘠性原料）、高岭土、黏土配制瓷砖坯料，最终烧结成吸水率小于0.5%的致密坯体，称瓷质坯体。陶瓷墙地砖生产的典型流程主要由三个部分组成：坯料制备、压制成形和烧制，如图2-1所示。

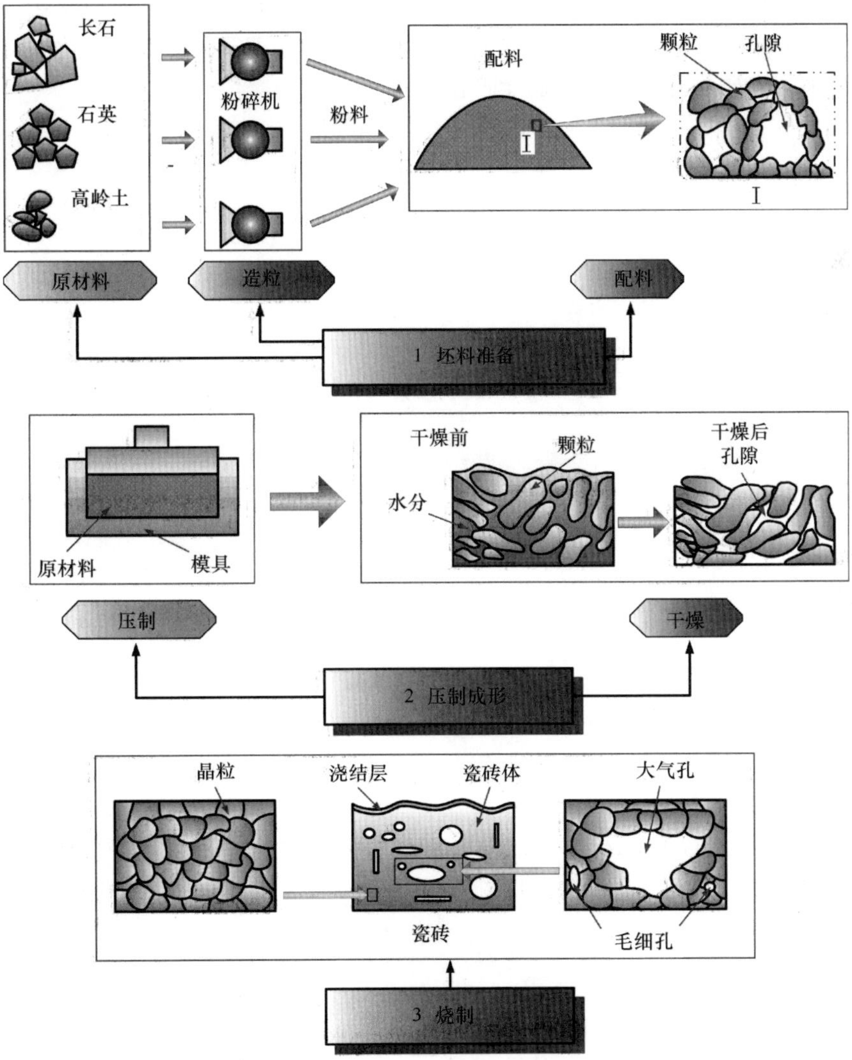

图2-1　瓷砖成形过程

长石、石英、高岭土、黏土类矿物经过粉碎机粉碎成颗粒状，然后按照比例混合在一起，组成原料混合物。实际粉料颗粒不是理想的球形，加上表面粗糙，结果颗粒互相交错咬合，形成拱桥空间，导致气孔率增加。如图2-1（第一部分）通过对置于模具中的粉料，施加一定压力，粉体在外加压力作用下，克服凝聚力、摩擦力，减少相互作用力，破坏拱桥现象，提高粉体之间的结合密度，减少气孔率，获得所需要形状、尺寸和致密度的坯体。压制成形后的瓷砖坯体中含有水分，需要将水分排出。在这一阶段，坯体颗粒互相靠拢，水分排出，使坯体中形成孔隙，且孔隙的体积等于排出水分的体积，如图 2-1（第二部分）所示。

粉料经压制成为具有一定外形坯体后一般含百分之几十的气孔，颗粒之间仅仅是点接触。在高温的作用下发生了颗粒间接触，面积扩大，颗粒聚集，体积收缩；颗粒中心距离逼近，逐渐形成晶界。气孔形状变化，体积缩小，从连通的气孔逐渐变成孤立的气孔，并逐渐缩小，以至排除，最终成为致密体。图 2-1（第三部分）表示了这种变化。烧成后的瓷砖坯体，表面是一层光滑的烧结层，底下的瓷砖体中充满气孔。气孔分为大气孔和毛细孔。由此得出，瓷砖气孔形成于瓷砖生产的全过程，无法避免。

第3章　各类陶瓷墙地砖概述

陶瓷砖是建筑装饰中必不可少的材料，抛光后呈现高光泽表面以及绚丽多彩的表面纹饰。随着社会的发展和人们审美要求的提高，对瓷砖表面质量和产量都提出了更高的要求。为了满足人们对瓷砖的需求，瓷砖厂家生产出各种类型的瓷砖。本章对目前市场存在的各类瓷砖的结构和生产方法进行分析，有利于初步进入陶瓷行业的人员，快速地熟悉瓷砖、掌握各种瓷砖的结构。

3.1　微粉抛光砖

现有的抛光砖是采用传统配方作为基础浆加色制粉后，经压制成形为瓷砖坯体，然后经干燥、烧成、抛光而成。采用传统配方作为基础浆加色制粉，经过特定的布料工艺可生产出表面图案类似天然石材纹理的抛光砖。

为了降低成本，抛光砖下面设有由传统陶瓷粉料构成的底层。为了丰富抛光砖表面的图案，抛光砖上设有由色料经多管布料形成的色斑。粉料采用的是超细粉。采用超细粉，可有效地降低抛光砖表面毛细孔的生成，减小毛细孔的孔径。

在布料工序中，先往模框内布设传统基体陶瓷粉料，然后布设透明配方粉料。在布料工序中通过多管布料往透明配方粉料混入一种或一种以上的陶瓷色粉。多管布料是将两种或两种以上的陶瓷粉料通过各自的输送管道同时落入一料斗上，然后料斗将这些粉料铺设在输送皮带或刮板上，再从输送皮带或刮板送到压机的模框内或直接从料斗将混有多种粉料的混合粉料布设到压机的模框内，由于没有经过搅拌，混合陶瓷粉料中各种陶瓷粉料会形成无数的粉团，所制造出来的抛光砖会因各种陶瓷粉料的物理性质不同而显现出不同的视觉效果，这样，制成的抛光砖就由底层和具有天然石材所具有的玉石般良好质感、立体感的面层构成。

抛光砖吸水率低，在0.08%以下，是天然石材的1/5～1/30。常年使用不变色，高耐磨。莫氏硬度达到8级，耐磨度为瓷砖之最。

抛光砖由于花色少，因此退出了市场，目前的价格在每片10元左右。

短短三四年的时间，大理石瓷砖已从抛光砖、瓷片、全抛釉、外墙砖等传统分类中脱离开来，成为炙手可热的新品类大众产品。

2016年，行业里最热门的产品之一要数从普通大理石瓷砖二次“裂变”出的通体大理石瓷砖。据悉，目前已有超过13家陶瓷企业正在升级或改造生产工艺，实现生产通体大理石瓷砖。

目前通体大理石瓷砖分别有两种形式：一种是将大理石瓷砖坯体颜色做到与表面颜色一致，坯体并无石材肌理；另一种则是根据表面纹理来调整坯体的纹理和颜色，使其表面与坯体纹理更加丰富、逼真，更接近天然石材。

但是现阶段通体大理石瓷砖的生产技术已经成熟，已经处于成长稳固阶段，可以达到真正实现天然大理石的逼真效果。现阶段由于布料系统日趋成熟，可以做到精准布料，因此通体大理石瓷砖与天然大理石瓷砖存在的差距进一步缩小。

通体大理石瓷砖属于抛光砖的一种类型，确切地说，通体大理石瓷砖是抛光砖。但是市场上的仿制大理石瓷砖，属于抛釉砖。

通体大理石瓷砖的制造方法：在配料工序中先用计算机对天然云石或大理石进行扫描、分色处理，以此为基础选择原料、色料，然后进行配方设计，用硅酸盐矿物原料和相应的色料配置出多种烧成后发色色彩各异的附加粉料，然后分别置于相应的料仓内；下料工序是将各个料仓内的附加粉料按特定的流量、特定的下料角度、设定的下料时间与构成抛光砖主体的主体粉料一起投放到位于推料装置上方的料槽内，这里，下料时间是依据所要制成的抛光砖的图案来设定并通过计算机来控制，然后通过料槽将槽内的经初步布料的粉料布设在布料工序中的推料装置的料框内；布料工序是用多个形状与所设定的成品抛光砖的表面图案上的花纹一致的栅格分布在料框内，栅格连同料框一起将装满料框内的粉料推到压机内压制成形。最后经过烧成工序、抛光成形工序而成。

通体大理石瓷砖相对其他产品生产成本较高，但是其在空间应用中的磨边倒角环节优势明显，凭借坯体与表面颜色纹理一致，在装饰应用中显得整个空间更加高贵、奢华。随着生活水平的提高，人们对家居环境的要求越来越高，通体大理石瓷砖将会成为高端人群的首要选择。

3.2 仿古立体抛光砖

仿古立体抛光砖集瓷质抛光砖优异的理化性能和仿古立体砖的韵味古朴典雅、色彩层次分明、纹理自然、立体感强的美学性能于一体，其表面光而不滑、素而不艳，装饰效果犹如一幅美妙的山水画，比一般瓷质抛光砖更具艺术性与观赏性，是一种很有发展前景的新型高档建筑装饰陶瓷材料。

仿古立体抛光砖制造工艺如下。

（1）坯体配方精良，并选用可塑性好的原料来配料，可保证坯体既具有足够的生坯强度以降低产品的破损率，又能保证坯体具有良好的渗透性以使渗花液容易渗入坯体内部。

（2）通过美术设计与压形模具设计，赋予制品表面古拙、粗犷的山水图案轮廓，坯体表面形成一定凹凸高差的浮雕造型。

（3）将渗花液用丝网印刷法按图案设计要求施于干燥坯体的凸起表面，渗花液依靠坯体的吸附和毛细管作用，以及离子交换与扩散作用，渗入坯体内部，经过高温烧成后，这些可溶性无机盐与坯体发生化学反应而稳定呈色。

（4）将组成与坯体基本相同的着色坯浆用喷淋法施于坯体的局部或整个表面，由于着色坯浆与坯体组成相近，二者烧成适应性与结合性良好。

（5）制品烧成后经一系列磨削和抛光加工，将其表面凸起部位的全部坯浆层及部分凸起面磨去，使表面凹凸部位的图案、纹理、颜色与光泽呈现一定的差异，从而获得色彩丰富而且层次分明的强烈立体效果的仿古饰面。

仿古立体抛光砖就是在瓷质坯上面再上一层釉，使烧制出来的瓷砖表面有光泽。

3.3　渗花抛光砖

抛光砖按照其制作的方法分为三种类型：一是通体砖，二是渗花砖，三是微粉砖。通体抛光砖在前面已经介绍过了，这一节介绍渗花抛光砖。

渗花方法如下：配备预先压制成形的粉料陶瓷砖坯，对呈色较强的可溶性金属盐增稠，与表面活性物质（助渗剂）一起溶于水配制成渗花液。按预先设计好天然石材的图案，利用丝网印花技术、设备，用橡皮刮刀加压滑动将丝网（可以是平面和曲面）上的稠状或糊状的渗透釉通过图案网孔刮一层薄釉黏附到砖面上，把渗花液印刷到瓷砖坯体上，依靠坯体对渗花液的吸附作用，再喷淋足够的助渗剂（助渗剂对坯体具有润湿渗透作用），呈色较强的可溶性金属盐在水的渗透作用下，将着色金属离子渗透到砖坯内部，水溶矿物色料渗入抛光砖的表面以下，形成薄薄的一层图案，然后经高温焙烧后在瓷砖表面形成彩色图案、抛光而成。

采用渗花技术生产的渗花抛光砖图案较为常见，但该类抛光砖需要的渗花深度较浅为0.2～0.3mm。可选的渗花液用可溶性化工盐类极其有限，导致渗花抛光砖的色彩极为有限，发色不够鲜艳，花色不够丰富。另外，抛光砖烧成后需要进行磨边抛光和防污处理。在抛光过程中，需要进行刮平定厚，然后粗抛、精抛，整个磨削厚度0.5～0.8mm，不仅消耗大量磨料、能源和工业用水，而且产生大量抛光废渣。这也是渗花抛光砖没落的原因。

3.4　喷墨渗花砖

随着近年来国外渗透墨水的引入，市场上又兴起了喷墨渗花砖的潮流，其因装饰图案精细，色彩丰富，传统的丝网、辊筒渗花无法与之相比。其主要特点是在坯体上淋一层坯浆层或采用二次布料制坯，烘干后喷渗透墨水。由于墨水具有一定的渗透功能，其图案渗透到坯浆层或坯中，因此烧成后可直接抛光。

3.4.1　喷墨渗花原理

喷墨渗花砖分为三层：瓷质砖坯、涂覆在瓷质砖坯表面的面釉和涂覆在面釉表面的透明釉。面釉和透明釉之间设置有图案层，图案层通过喷墨印刷在面釉表面。

传统的渗花砖工艺，一般通过丝网印刷把图案文字印刷在砖坯上。丝网印刷是印刷时通过刮板的挤压，使油墨通过图文部分的网孔转移到承印物上，形成与原稿一样的图文。为了避免丝网印刷的挤压过程对渗花砖的平整度造成影响，传统的渗花砖加工只能把图案文字印刷在瓷质砖生坯上才能有效保证印刷的效果。同时，由于瓷质砖生坯表面的粗糙度、细腻度和平整度的影响，尽管有局部的渗花图案墨水会沿着瓷质砖生坯颗粒彼此之间的缝隙渗入，但是大部分水溶性墨水还只是停留在瓷质砖生坯表面。在最终烧结成形的过程中水溶性墨水会进一步扩散，使渗花深度过浅的问题进一步显现。

喷墨渗花印刷的基本原理是将电子计算机存储的图文信息先输入喷墨印刷机，再在电子计算机的控制下，由喷嘴向承印物表面喷射雾状的墨滴，根据电荷效应在承印物表面直接成像，成为最终的印刷品。由于喷墨打印是在采用喷射雾状墨滴的基础上通过电荷效应在承印物表面直接成像，因此，对于承印物的平整度和渗透性均具有一定的要求，若平整度过低，也会产生诸如丝网印刷在瓷质砖生坯一样的问题；若渗透性较差，成像固化和烧结成形后，渗花深度的效果会大打折扣。据此，在瓷质砖表面涂覆面釉，然后通过喷墨印刷把图案层印制在面釉上，面釉的平整度相对于瓷质砖生坯平整度显著提升，有效保证了喷墨印刷的可操作性；同时，由于图案层印刷在平整度较高的面釉表面，有效减少后工序柔性抛光过程中由于渗花砖表面不平整产生的抛削量，降低抛光废料的产生量；此外，喷墨印刷的色彩较为鲜艳，进而在控制面釉的组成早充分发挥喷墨印刷色彩鲜艳特点的前提下，既保证了图案层的色彩，又为有效提高渗花深度提供了基础。

陶瓷坯体和面釉的颗粒之间堆集得不致密，离子渗花通道较为顺畅，离子交换过程更快，烧结过程使墨滴逐渐渗入面釉内部，又避免由于烧结温度过高造成墨滴扩散过快对于整个图案层渗入深度的浅化，进而同时实现保证图案层渗花深度和色彩鲜艳的目的。

透明釉的作用主要是在图案层表面形成一个透明的保护层。为了避免烧结温度对于图案层渗花深度和色彩造成的影响，透明釉的物质组成与面釉具有相似性，但是综合为了保证其透明效果对其具体配比进行了一定的优化和调整。

金属阳离子在烧结成形后会显示不同的颜色，可以根据图案层配色的需要选择需要的金属阳离子制成水溶性金属盐溶液。所述阳离子是墨水发色的关键，各种离子在坯体渗花中发色是有区别的。

渗花砖制备方法制备得到的渗花砖，将传统渗花砖在坯体中发色的方式改为在致密度与坯体相近的面釉中发色，颜色更为鲜艳且丰富，渗花深度达到0.38~0.61mm，采取抛釉砖的仿柔型抛光处理方式减少抛削量，降低抛光废料的产生量，提供了一种更环保经济、装饰效果更优秀的渗花砖的生产方法。

3.4.2 墨水介绍

陶瓷喷墨渗花墨水是一种渗透型墨水，着色剂主要是由能溶于溶剂的有机金属盐组成。渗花墨水经喷墨打印机打印以后，在砖面具有垂直渗透的能力。烧成以后，着色剂在高温下转化为能呈现颜色的金属氧化物，形成图案。抛光后的陶瓷砖亦能充分展现出色彩鲜艳、纹理自然、立体感强的特性，既保留了抛光砖原有的各方面优异性能，还通过喷墨打印技术的应用极大地丰富了抛光砖的装饰水平，进一步提高了抛光砖的竞争力和生命力。

3.4.3 渗坯喷墨抛光砖制作工艺

喷墨抛光砖有两种形式：一种是渗坯，另一种是渗釉。

渗坯喷墨抛光砖制作工艺如下。

（1）坯体之上是第一层图案，再之上是第二层图案。

其中坯体没有特别限定，例如可以是按常规方法制备的瓷质砖生坯。坯体的厚度可为10.5~12.0mm。

（2）第一图案层在坯体中的渗透深度可为2~3mm。第一图案层可由含无机发色离子的可溶性盐形成。作为含无机发色离子的可溶性盐，包括但不限于氯化镍、醋酸钴、醋酸镍、氯化锰、氯化铁等其中一种或多种按比例混合配制。在坯体上渗花印刷含无机发色离子的可溶性盐。所采用的渗花印刷方式可为传统的印刷方式，例如丝网、辊筒等。所使用的墨水可为无机发色离子的可溶性盐的水溶性渗花墨水。在传统的丝网、辊筒渗花印完各种可溶性盐后，淋一层坯浆。通过坯浆中的水分将丝网、辊筒印的可溶性盐渗到坯体中，取代传统渗花工艺中的喷水，可以减少工艺步骤。

淋坯浆层后，静置 3min 以上，保证可溶性盐的渗透深度达到 2～3mm。待可溶性盐渗透至所需深度后，将坯体烘干。

（3）烘干后，在坯浆层上喷渗透墨水装饰。装饰图案可与可溶性盐图案相对应。喷墨墨水为油性液体。

（4）喷渗透墨水后，可以静置一段时间（例如 2min），以使渗透墨水在坯浆层中渗透更深。静置后，进行烧成，制得半成品坯体。烧成温度可为 1180～1210℃，烧成时间可为 75～90min。

（5）将半成品坯体经弹性模块抛光，磨边分级后打包入库。

3.4.4　渗釉喷墨抛光砖制作工艺

渗釉喷墨渗花瓷质砖坯体，从下向上依次包括：底坯层、底釉层、隔离釉层、半透明釉层、透明釉层。

底釉层，所述底釉层具有装饰图案。

在墨水渗透层上具有隔离釉层，该隔离釉层具有隔水性能，因此可以防止半透明釉层的水分扩散至半透明釉层而导致装饰图案的墨水横向扩散，从而可以使得墨水渗透层图案清晰，且无色差。

半透明釉层从上表面向下具有墨水渗透层；砖坯体中墨水装饰图案渗入半透明釉层中，因此其烧成后，可以采用非弹性模块进行抛光，从而避免了抛光波浪纹的问题，并且即使将整层透明釉抛完后再抛到半透明釉中上层，也不会造成局部露底。再加上底釉层的图案衬托，与半透明釉层本身的厚度形成一定的梯度，图案立体感较强。

（1）制备底釉浆料和半透明釉浆、透明釉浆。

（2）在底坯层上依次进行如下处理：淋底釉浆形成底釉层、喷印装饰图案、淋半透明釉浆形成半透明釉层、烘干。

（3）生坯上采用喷墨渗花墨水以及助渗剂喷印装饰图案，并静置 5min 以上；渗入喷墨渗花墨水的半透明釉层进行了烘干处理，因此可以防止墨水横向扩散加大而造成烧成后的表面图案模糊不清且存在严重色差的问题，而且在渗有墨水的半透明釉层上丝网印刷隔离釉，因此可以防止透明釉浆的水分扩散至半透明釉层而导致墨水横向扩散加大，进而造成烧成后的表面图案模糊不清且存在严重色差的问题。

（4）生坯上丝网印刷具有隔水性能的隔离釉、烘干、冷却。

（5）生坯上淋透明釉浆。

（6）烧成温度为 1150～1230℃，烧成时间为 65～90min。

即使采用非弹性模块进行抛光将整层透明釉抛完后再抛到半透明釉中上层，也不会造成局部露底。再加上底釉层的图案衬托，与半透明釉层本身的厚度形成一定的梯度，使得图案立体感较强。

制得的具有立体装饰效果的一次烧成喷墨渗花瓷质砖半成品中，半透明釉的厚度在 0.2～0.3mm，透明釉的厚度在 0.12～0.15mm，隔离釉层的厚度为 0.02～0.03mm，墨水在半透明釉浆层中能够渗透 0.1～0.6mm；抛光切削厚度为 0.18～0.25mm。

抛光砖具备超强的实用功能，拥有诸多新品类产品无法取代的卓越特质，未来随消费潮流变迁和逆转将卷土再来，重新成为主流产品。

由于消费者对抛光砖的巨大需求，尤其是在工程渠道和出口渠道上，抛光砖仍有较大的消费市场，同时也作为产品结构链上的重要一环，在陶企普遍来看，“抛光砖的利润再低，企业也得生产。”

自2013年开始，喷墨抛光砖就一直在业内颇受关注，不过一直处于发展阶段，未形成规模化量产。其中所面临的阻力是，喷墨设备的喷头需要升级改进，以适应渗花墨水；同时对于喷墨机的要求更高，对墨量、墨路系统及工艺配合等都有特殊要求，对比过去的设备，基本需要全面改造和升级；其次大多数企业采用进口渗花墨水，生产成本过高，产品在终端市场的竞争力较弱。这些原因导致喷墨渗花抛光砖发展缓慢。

从产品效果来看，现有的喷墨抛光砖与抛釉类产品并未有直观上的差别，经销商与消费者更看不出，但每平方米价格却比抛釉类产品高出几十元。

价格是喷墨渗花砖推广的最大“拦路虎”，现阶段每平方米产品出厂价在百元以上，终端售价更高，每平方米达四五百元，对于东鹏等具有较高知名度和品牌效应的厂家还好，普通厂家很难承受。

现在国内已有超过15家釉料企业在研发和主推喷墨渗花技术，在上游供应商和陶企的共同努力下，喷墨渗花砖生产成本将大大降低，迎来市场爆发期。

3.5 全抛釉瓷砖

全抛釉瓷砖属于釉面砖。釉面砖与抛光砖不同，釉面砖由两层组成，下面一层是砖坯，上面一层是釉面。瓷砖的花色是在釉面上，瓷砖底部的砖坯上没有任何的花色。最上面的釉面层是彩色釉面层。所以这种釉面只能采用软磨块来抛光。用硬磨块抛光，就会把上面的彩色釉面抛掉，露出没有任何颜色的砖坯。这一层釉面很薄，抛光之后，只有0.3mm。

全抛釉产品集抛光砖的光洁和仿古砖的内涵于一体，实现了“看得见，摸不着”的艺术效果。而全抛釉是这一完美结合的关键。

全抛釉是釉下彩，属于釉面砖，它是在施完底釉后就印花，再施一层面釉，烧制后把整个面釉抛去一部分，保留一部分面釉层、花釉层、底釉。

一种全抛釉生产工艺：

全抛釉砖由三层组成：坯体，依次层叠于坯体上的底釉层和面釉层。在底釉层上印花。

（1）制备坯体：将制备坯体用的硬质原料进行破碎，破碎后与制备坯体用的软质原料一起球磨、过80~90目筛、除铁、入浆池、喷雾塔造粒、入粉箱陈腐备用；压制成坯体，经干燥，使所述坯体中水的质量百分含量在0.5%以下；通过220℃干燥窑烘干，烘干时间55min，烘干后的干坯进入釉线。

（2）制备底釉：取底釉层的材料，加水球磨5~7h，得到底釉浆料，将底釉浆料经过陈腐和除铁处理后，将干燥后的所述坯体加热至50~60℃，然后将所述底釉浆料淋于加热后的坯体上，形成底釉层。

（3）底釉面印花：在底釉表面丝印或喷墨形成花釉层。

（4）制备面釉料：取面釉层的材料，加水球磨9～12h，得到面釉浆料。面釉浆料经过陈腐和除铁处理后，将面釉浆料淋于底釉层上形成面釉层，得到砖坯，砖坯在烧成之前的质量含水率小于等于2%。

（5）喷淋面釉：底釉表面丝印或喷墨形成花釉层，之后在花釉层上表面淋面釉料形成面釉层。

（6）砖坯于1200～1220℃烧成50～80min，得到全抛釉砖。

（7）磨边、抛光，通过磨头抛掉0.10～0.15mm厚的釉层。

全抛釉产品已经逐渐走向没落，这是行业里的共识，一度以高附加值著称的全抛釉现已发展成为低利润产品。在全抛釉市场竞争日益激烈的时候，一些企业推出了全抛釉的升级换代版——超平釉。超平釉的优良特性是：厚度提升，提高整砖硬度；硬度提高，解决抛釉砖不耐磨、易划花等缺陷；平整度提升，解决了普通抛釉砖釉面水波纹问题，达到更好的视觉效果；通透感强，釉面亮度更高，可与微晶面媲美。

全抛釉面砖是2016年比较流行的产品。

3.6　微晶石瓷砖

微晶石又称微晶玻璃、结晶化玻璃、玉晶石、晶化石和玻璃陶瓷等。微晶石瓷砖是一种采用硅酸盐原料通过受控加热技术而得的装饰板材。与天然石材相比，其力学、光学、耐酸碱、耐候性及易清洁性更为优异，而且无放射性危害，是当之无愧的绿色材料，所以一经问世便受到人们的喜爱，被广泛应用于建筑物的内外墙面和地面装饰。

微晶石涂镀瓷砖，即高温状态下，在瓷砖表面再涂镀上一层微晶石（玻璃），形成瓷砖与微晶石两层结构的涂镀砖。

微晶石瓷砖的制作工艺如下。

（1）制作作为装饰色的微晶石粒料料浆或细粉，将用于砖坯加工的原料混合后进行砖坯压制。

（2）布底料采用单块棚板，按照常规的微晶石瓷砖生产工艺，粘好耐火边条，刷上脱模剂或铺设耐火纸后布底料。压制好的砖坯经干燥后进行表面清扫，在砖坯表面涂施起装饰作用的化妆土。

（3）所得料浆用陶瓷墙地砖圆盘施釉机或者喷釉机分别喷涂于底料表面，所得粒料细粉用配备天然石材图案丝网的陶瓷墙地砖辊筒丝网印花机转移到底料表面。采用大规格辊筒印花进行装饰。

（4）在印有花纹的砖坯表面布施一层保护釉，用于保护所印制的花纹。

（5）在砖坯的保护釉层上均匀布施微晶干粒。

（6）将用于固定微晶干粒的固定剂喷施于砖坯表面；晶化按照普通微晶石晶化烧成曲线进行晶化烧结。

（7）磨抛切割用石材设备对所得微晶石毛板表面进行研磨抛光，并将其切割成需要的尺寸。

实际上，因其生产工艺难、生产成本高，注定了微晶石起步之初的高门槛。正是因为微晶石产品的高附加值为厂家及经销商所带来的高额利润，以及在当时看来极为诱人的市场前景，诱发了行业对微晶石的追逐热潮。

曾经，一块微晶石贵过同面积的液晶电视；曾经，欧神诺凭“IC 微晶宝玉”在 2011 年创造过一个家庭装修销值 80 万元的神话！尤其是随着一次快烧薄微晶的出现，让微晶石的生产工艺得以简化，并大幅降低生产成本，微晶石的风潮开始从佛山迅猛刮向全国各建陶产区。

正是这种疯狂导致了微晶石日后的颓败。在厂商狂热追逐微晶石的背后，抄袭模仿、产品严重同质化、低价竞争等现象层出不穷，并愈演愈烈。正是一次快烧导致微晶石的生命周期缩短，迅速沦为价格战牺牲品。

一次快烧让微晶石生产工艺更节能并降低成本的同时，也带来了很多缺陷，如优等率不高、发色不够好、耐磨度不够理想等。

3.7 金刚釉面砖

全抛釉面砖集抛光砖与仿古砖优点于一体，釉面如抛光砖般光洁亮丽，同时其釉面花色如仿古砖般图案丰富，色彩厚重或绚丽。其釉料特点是透明，不遮盖底下的面釉和各道花釉，抛釉时只抛掉透明釉的薄薄一层。全抛釉的出现，将瓷砖重新拉回到了“亮光时代”，在节约矿物资源的同时，可以与先进的喷墨技术完美结合，生产出光泽明亮、色彩丰富逼真的瓷质砖，甚至达到仿石材等的逼真效果。此外，与抛光砖和昂贵的高档石材相比，可大大减少材料损耗，更加节能减排，绿色环保。

目前大多数全抛釉砖产品都采用普通的熔块釉，玻璃相太多，本身属于软瓷，其硬度、耐磨度都比较差，很容易磨损。

为保证产品耐磨性和硬度，可从两个方面入手：一是提高釉中晶相的耐磨性，二是提高釉中玻璃相的耐磨性。釉料配方在化学组成上要不同于一般的釉面砖，一般要求较高的氧化铝和钙、镁含量以及相对较低的钾、钠含量等。

一种如上所述的耐磨高硬度的金刚釉面砖的制备方法如下。

（1）将陶瓷坯体粉料经均化料仓陈腐后，再通过压机完成成形过程，然后通过干燥器完成干燥过程。

（2）按配方比对原料进行配料得到釉料配方，将釉料配方加入球磨机中进行球磨，将得到的釉浆经放浆、过筛以及除铁处理后得到耐磨高硬度的金刚釉。

（3）依次进行施面釉、喷墨印花、淋耐磨高硬度的金刚釉。淋耐磨高硬度的金刚釉的方式为钟罩淋釉。产品的釉层厚度为 1 ~ 3mm。

（4）将坯体经烘干窑烘干后加入烧成窑炉进行烧成。在烧成处理时，使釉组分在冷却过程中析出所需要的耐磨晶相。通过控制适当的冷却制度使釉在冷却过程中析出莫来石、尖晶石、锆英石、硅锌矿等微晶，使釉面形成致密析晶层。另外，由于晶体之间的互溶共生及压应力的存在，提高了釉层硬度。

（5）烧成之后的产品依次经抛光、纳米防污、分选、打包进仓处理。

金刚釉面砖的莫氏硬度为 6 级。

如今，在价格方面，金刚釉类产品普遍高于普通全抛釉产品约 30%，为企业与经销商争取了较大的利润空间。

初时北方陶企的做法是为产品施三层釉，中间层用以增加釉面厚度，表层则采用含铝较高的釉料提升产品硬度。由于釉层明显加厚，产品的通透度和温润感更加明显，金刚釉产品在行业里迅速走红。

目前行业的大部分金刚釉产品实际检测出来的莫氏硬度为4级左右。有些企业宣传其金刚釉产品能达到6.5级莫氏硬度。

3.8 陶瓷大板

“无大板，不大牌。”2016年陶瓷大板就火了起来，成为企业、媒体追逐的焦点。2017年的建陶行业，陶瓷大板、薄板受到企业的青睐。正可谓“忽如一夜春风来”“大风起兮云飞扬”。“大板时代”正向我们走来。其实在建筑陶瓷的历史上，在十几年前，“大板”就已经在悄然萌芽，早在2008年，国内就出现了第一块900mm×1800mm×5.5mm的大板瓷砖，由此看出，任何时代的开端都绝非偶然。

3.8.1 陶瓷大板的概念

陶瓷板根据《陶瓷板》（GB/T 23266—2009）的规定，其定义为“厚度不大于6mm、上表面面积不小于1.62m^2的瓷砖产品”。按此标准：厚度不大于6mm，上表面面积不小于1.62m^2，比常规瓷砖产品规格要大的陶瓷砖产品就是陶瓷大板。所以，并非所有大规格的瓷砖都是大板，也就是说，若套用GB/T 23266—2009的标准，大板首先应该是薄板。

2016年8月，新浪科学教育问答平台对大板也有一个定义：“陶瓷大板是指大尺寸陶瓷墙面装饰材料。制品用可塑法辊压成形，施以各种釉，在辊道窑内烧成。”多位业内专业人士表示，若不考虑产品厚薄，单论尺寸的话，其中大致以单边超过3m作为国内外尺寸的界限临界点，也是国内外技术差别的关键尺寸点。

3.8.2 陶瓷砖规格的演变

关于陶瓷砖，《陶瓷砖》（GB/T 4100—2015）是这样定义的：“由黏土、长石和石英为主要原料制造的用于覆盖墙面和地面的板状或块板建筑陶瓷制品。”在术语和定义当中，对陶瓷砖的规格进行了尺寸描述，包括可见面尺寸、厚度、连接宽度、配合尺寸、工作尺度等，但对其规格、厚度并没有做出明确的限值要求。因此，从这个概念上讲，陶瓷大板属于“陶瓷砖”，目前生产企业执行的产品标准仍然是《陶瓷砖》（GB/T 4100—2015）。

按照上面的定义，陶瓷薄板、陶瓷板也可以归入“陶瓷砖”当中。但是，陶瓷板却有着单独的国家标准，即《陶瓷板》（GB/T 23226—2009）。在这个标准当中，对陶瓷板是这样定义的：“由黏土和其他无机非金属材料经成形、高温烧成等生产工艺制成的板状陶瓷制品。”并特别规定了“厚度不大于6mm，上表面面积不小于1.62m^2”。因此，目前众多企业推出的陶瓷薄板，严格意义上应该被称为“陶瓷板”。那些市场上最常见的600mm×1200mm×4.8mm规格则不属于“陶瓷板”或者“陶瓷薄板”，而应该被称为“薄型陶瓷砖”。

2013年4月，工信部发布的《薄型陶瓷砖》（JC/T 2195—2013）标准当中，对“薄型陶瓷砖”的定义是这样的：“厚度不大于5.5mm的陶瓷砖。”

改革开放初期，市场上多是 108mm ×108mm、152mm ×152mm 的陶瓷锦砖，当然也有一些 10 ~50mm 不等的马赛克。后来，伴随着现代建陶业的起步，开始出现 300mm ×300mm 的彩釉砖、60mm ×240mm 的釉面砖，这当中也有一些 200mm ×200mm、200mm ×300mm、330mm ×330mm、200mm ×400mm 等规格的釉面砖，但主流产品基本上以 300mm ×300mm 为主。后来，相继出现了 400mm ×400mm、500mm ×500mm、600mm ×600mm、300mm ×450mm、300mm ×600mm 等规格的各类瓷砖。在大规格方面，800mm ×800mm、1000mm ×1000mm 抛光砖的出现，可以说曾代表了 20 世纪 90 年代中后期陶瓷企业的一种实力，再后来，甚至出现了 900mm ×1800mm 的"中国砖王"和 1000mm ×2000mm 的"世界砖王"。但后两种规格的抛光砖在当时仅仅是企业营销的一个噱头，并未真正投入量产和销售。

瓷砖最常见的形状有两种：一种是正方形，另一种是长方形。从 21 世纪初到现在，各类地面瓷砖规格基本以 600mm ×600mm、800mm ×800mm 为主，瓷片则以 300mm ×300mm、300mm ×450mm、300mm ×600mm 为主，曾经的 400mm ×400mm、500mm ×500mm、1000mm ×1000mm 日渐成为非主流规格。随后，有企业推出 600mm ×1200mm 的抛光砖、大理石瓷砖，并迅速成为瓷砖市场又一全新的主流规格。更有企业于 2016 年前后推出了 900mm ×900mm 的大理石瓷砖。除此之外，还有一些六角形的异型砖，在规格上完全打破了传统瓷砖四边四直角的形状。但六角砖目前还处于市场试水阶段，所占份额极小。

这一时期，瓷砖的厚度则多在 6 ~22mm，基本上是规格越大，厚度越厚。2006 年 12 月，国内企业首次研发成功 900mm ×1800mm ×3. 5/5. 5mm 陶瓷薄板，从而革命性地改变了传统瓷砖的规格。随后，国家出台了《陶瓷板》标准，在规格、厚度、上表面面积等关键指标方面与传统瓷砖进行区分，建陶市场由此进入板、砖混飞的时代。从 2013 年开始，意大利博洛尼亚展展出的陶瓷薄板越来越多，受此影响，国内企业开始不断涉足陶瓷薄板领域，规格多以 600mm ×1200mm ×4. 8mm（实际上是砖）、900mm ×1800mm ×5. 5mm 为主。2016 年 4 月，国内某陶瓷企业推出 1200mm ×2400mm ×5. 5mm 的陶瓷薄板，再一次刷新了国内陶瓷板规格的纪录；2017 年 3 月，亚洲首台、最大吨位 16800t 压机正式投入生产，开始了 1200mm ×2400mm 陶瓷大板的生产。至此，国内陶瓷砖（板）不断创下新的规格纪录。

从瓷砖规格的演变可以看出，绝大部分瓷砖都符合建筑模数，其规格以"3"为倍数。3 是一个相对灵活，又比较合理的质数，也是一个神奇的数字。老子云："道生一，一生二，二生三，三生万物。"因此，瓷砖规格以 3mm 为倍数就不难理解了。这也从另一个侧面表明了 400mm ×400mm、500mm ×500mm 渐遭淘汰，900mm ×900mm 与 800mm ×800mm 一争高下的趋势和方向。尤其是当下 800mm ×800mm，几乎是市场上主流产品抛光砖、抛釉砖、大理石瓷砖最主要的规格。虽然"8"本身具有美好的寓意，但从建筑模数的角度来讲，这种豆腐块的规格并不符合建筑模数的要求，恐怕后期会面临 900mm ×900mm、600mm ×1200mm 的巨大挑战。

瓷砖（板）规格的变化，除了受制于最主要的瓷砖生产装备压机外，还与窑炉、釉线、模具、花机等装备水平有关。世纪之交的"中国砖王""世界砖王"之所以未能成势，最主要的原因还是在关键设备压机、窑炉、花机等方面能力不足。如果压机吨位不够大，压出来的瓷砖强度自然受限制。900mm × 1800mm × 3.5/5.5mm 陶瓷薄板的出现，可以说使瓷砖（板）规格第一次有了革命性的突破，不但规格变得更大，最主要是厚度变得更薄，从过去的 6 ~ 22mm 变为 3.5mm、5.5mm，可以说是中国建陶业一项了不起的创举。更为重要的是，它的出现，突破了传统瓷砖的应用领域，可以不受高度限制应用于高层幕墙，在大型商业空间、轨道交通、瓷艺拼花等领域，极大地减轻了建筑物的荷重，有着传统瓷砖无可比拟的优势。

伴随着工艺技术的不断进步，建陶行业继大规格陶瓷薄板之后，2017 年刮起了一股陶瓷大板风，规格在 900mm × 1800mm 以上，厚度在 12mm 以上。这种陶瓷大板，与传统瓷砖和天然石材相比，拼缝少、整体性强，可以更加完美地表现天然石材的纹理、质感和效果，从而复活名贵珍稀天然石材，如卡拉拉白等。因此，在高端酒店、大型商业空间、写字楼等，陶瓷大板可以完美替代天然石材，甚至可以弥补天然石材大规格资源匮乏的局面。

薄板、大板目前还处于起步阶段，但可以肯定的是，900mm × 1800mm、1200mm × 2400mm 将在未来几年内成为一种最常见的规格，尤其是薄板，可能会更大，单边长度有可能突破 3000mm、4500mm，甚至 6000mm；厚度方面，陶瓷大板将打破薄板厚度不大于 6mm 的限制，与薄板反向而行，通过增加厚度，增强坯体本身的强度和表面装饰技术，使其更接近天然大理石的效果，从而拓展更大的应用范围。

无论哪种规格，最终都将以建筑美学为终极目标。2000 多年前，古希腊数学家欧道克萨斯首次提出了黄金分割的概念，此后，0.618 这个神奇的数字不仅体现在绘画、雕塑、音乐、建筑等诸多艺术领域，而且在管理、工程、设计等方面发挥着重要的作用。从美学的角度来讲，黄金分割具有严格的比例性、艺术性、和谐性和协调性，蕴藏着丰富的美学价值。正所谓“增之一分则太长，减之一分则太短”。无论哪种规格、哪种形状，能为消费者提供更美的空间应用和装饰效果，将是瓷砖规格未来演变的不二法则。

3.9　发泡陶瓷砖

发泡陶瓷一般是以抛光瓷渣、河道淤泥、粉煤灰和铁矿尾矿等固体废物作为主要原料，引入适量无机或有机发泡剂，采用先进的生产工艺经高温焙烧而成的多孔陶瓷材料。其独特的孔隙结构使发泡陶瓷具有很好的隔热保温性能，用于建筑外墙保温、建筑自保温冷热桥处理、防火隔离带等。

抛光渣是在地砖抛光工序中排放出来的废弃物，含有废瓷粉末、由抛光磨头引入的少量碳化硅、氯氧镁水泥以及有机物等，无法自然降解，已成为区域内主要的环境污染物之一。这种抛光砖废渣排放量大（每生产 $1m^2$ 抛光砖需用抛光磨头抛掉 0.8 ~ 1.2mm 厚的陶瓷表面层，从而产生 2.0kg 左右的陶瓷抛光废料）、粉末颗粒极微细（粒度在 1 ~ 30μm 之间）、密度小，极易在空气中飘散，对大气的 PM_{10} 和 $PM_{2.5}$ 指标有极严重的影响。这种废渣被人吸入，则有得尘肺病的风险；附着植物茎叶表面，则堵塞气孔，严重影响植物生长；同时对周围的水体环境也造成了严重影响。

尾矿作为矿山企业生产排放的废弃物，长期堆积而形成尾矿坝，不仅占地面积大，存在着很大的安全隐患，而且对地下水和环境造成极大的污染。在众多的尾矿中，稀土尾矿和蛇纹石尾矿是两类典型的尾矿，其储存量大、处理难度高。我国稀土储量丰富，约占世界储量的45%，其中江西、广东、福建、广西与湖南等地是稀土矿的主产区，其离子型稀土占全国储量的95%以上。然而这类稀土矿品位较低，每生产1t稀土产品产生1500～2000t尾矿。以江西赣南稀土矿的开采为例，在经过近30年的开采后，目前稀土尾矿已堆积如山，多达近30亿t，且每年以数千万吨的量新增，由于这些稀土尾矿没有进行科学的开发利用，给当地以及附近区域的生态环境与经济建设带来了严重影响。

轻质发泡陶瓷砖生产工艺具体步骤如下。

（1）配料：即将发泡材料、抛光砖、黏土及矿石等原材料按比例进行混合，然后加入球磨机中。

（2）球磨：即将按比例配好的原材料和水一起送入球磨机球磨到所需细度。

（3）制浆：即将球磨后的浆料送入浆池中进行充分混合制浆，同时不断对泥浆进行搅拌。

（4）过筛除铁：即除去球磨过程中未能粉碎的粗粒原料和破碎的研磨体，并通过自动除铁机或手动除铁器除去磁性铁及磁性矿物。

（5）喷雾干燥：即将要干燥的陶瓷泥浆经雾化装置分散为雾状细滴，并立即与干燥塔内稳定的热气流接触，在短时间使雾滴干燥成细粉状的粉料。

（6）储粉陈腐：即将上述粉料储存在料仓2～3d后，促使水分分布均匀。

（7）成形：即将上述粉料置于压机模具中，压制成形，获得所需形状、尺寸和致密度的生坯。

（8）烘干：即将上述生坯经烘干窑干燥，确保坯体内的水分得到均匀干燥。

（9）粉料烧成：在连续运转的隧道窑中，经1150～1250℃高温连续式窑炉中烧制，形成闭口气孔均匀密布的轻质发泡陶瓷，保温2h。

（10）毛坯脱模：把窑车内的半成品即发泡陶瓷保温板毛坯取出，放置在发泡陶瓷保温板毛坯区域，待加工。

（11）毛坯切割：采用自动切割机将发泡陶瓷保温板毛坯切割成规整形状，即制得发泡陶瓷保温板成品。

第4章　陶瓷材料力学特性

世界上的材料按其化学性质可分为三大类，即金属材料、陶瓷材料（也称无机非金属材料）和高分子材料。陶瓷材料具有熔点高、耐高温、硬度大、耐磨损、化学稳定性好，耐氧化和腐蚀以及质量轻，弹性模量大等优良性能。但陶瓷材料具有塑性变形能力差，易发生脆性破坏和不易成形加工等缺点。

陶瓷材料的上述性能主要由它的物质结构和微观组织的特点决定。我们知道所有的物质都是由分子组成的，分子是由原子组成的。原子作为化学变化中的最小单位，它是由许多更小的微粒所组成的复杂体系。为了简化而又能准确地说明问题，我们对原子结构讨论到这样的层次，即组成原子的微粒仅包括电子、质子和中子。有了这样的原子结构知识，就能使我们对陶瓷材料原子间发生的反应以及在分子中间的结合力有深刻的了解，从而掌握陶瓷材料的一些规律。本章重点讨论陶瓷材料力学特性。

4.1　原子结构和元素周期律

1. 原子结构

每个原子是由一个原子核和若干核外电子组成的。整个原子可以看作直径约为 10^{-8}cm 的球体。原子核在原子的中心，带正电荷，直径约为 10^{-13}cm，它的体积只是整个原子体积的几千亿分之一。原子核外的电子各自在确定的区域内高速运转，每个电子都带一个单位负电荷。由于原子核所带的电量与核外所有的电子带的总电量相等而电性相反，所以整个原子呈电中性。

2. 原子核的结构

原子核由质子和中子组成。一个质子所带的电量与一个电子所带的电量相等，但符号相反，即一个质子带有一个单位的正电荷。中子呈电中性。所以原子核所带的电荷量由核内的质子数来决定。原子核所带的电荷数称为核电荷数，通常用符号 Z 来表示。在任一原子中，核电荷数、核内质子数及核外电子数都是相等的，即：

$$核电荷数 = 核内质子数 = 核外电子数$$

质子的质量是 1.6276×10^{-24}g，中子的质量是 1.6748×10^{-24}g，电子的质量远比它们的小，约为质子质量的 1/1837。因此，如果忽略质量相对来说很小的电子，可以认为一个原子的质量近似等于它核内的质子和中子的质量之和。

由于质子、中子、原子的质量都非常小，以 g（克）或 kg（千克，即公斤）为计量单位时，计算起来很不方便，所以选择一种质量为 1.9927×10^{-23}g 的碳原子，取它的质量的 1/12 即 1.6605×10^{-24}g 为标准，则质子、中子和电子对它的相对质量（即质子、中子、电子的质量分别对 1.6605×10^{-24}的比值）分别为 1.0073、1.0086 及 0.00055。显然，质子和中子的这个相对质量与 1 非常接近。根据前面所讲的原子的质量等于它核内的质子和中子的质量之和，那么原子的相对质量就等于它核内的所有质子和中子的相对质量之和。由于质子和中子的相对质量非常接近 1，那么取其近似整数 1，则此时原子近似的原子量在数值上就是核内的质子数和中子数之和，这个数值，也称为这种原子的质量数，通常以符号 A 来表示。如果以符号 N 来表示中子数，则有：

$$\text{质量数}(A) = \text{质子数}(Z) + \text{中子数}(N)$$

因此，只要知道上述三个数中的任意两个，就可以推算出另一个数值，例如：有一种氯原子，它的核内有 17 个质子、18 个中子，所以它的质量数 $A = 18 + 17 = 35$；另一种氯原子，它的核内有 17 个质子、20 个中子，它的质量数 $A = 17 + 20 = 37$。这两种原子就可以分别记为：${}^{35}_{17}\mathrm{Cl}$ 和 ${}^{37}_{17}\mathrm{Cl}$。所以，有一种原子，它的元素（即在化学上，具有相同核电核数的同一类原子的总称）符号为 X，质量数为 A，核内质子数为 Z，则可记为 ${}^{A}_{Z}\mathrm{X}$，并有：

$$\text{原子}{}^{A}_{Z}\mathrm{X}\begin{cases}\text{原子核}\begin{cases}\text{质子数 } Z \text{ 个}\\ \text{中子数 } (A-Z) \text{ 个}\end{cases}\\ \text{核外电子数 } Z \text{ 个}\end{cases}$$

3. 同位素和原子量

凡是具有相同核电荷数（即质子数）的一类原子都属于同一元素。例如前面提到的 ${}^{35}_{17}\mathrm{Cl}$ 和 ${}^{37}_{17}\mathrm{Cl}$，它们的核电荷数都是 17，所以都是氯元素。又如氕、氘、氚，虽然它们的质量数分别为 1、2、3，但它们的原子核内都只有一个质子（即核电荷数为 1），所以它们都属于同一元素：氢，只不过它们的原子核内各有 0、1、2 个中子。它们都用同一个元素符号 H，而分别记为 ${}^{1}_{1}\mathrm{H}$、${}^{2}_{1}\mathrm{H}$、${}^{3}_{1}\mathrm{H}$。通常，把这种具有相同质子数（即相同核电荷数）而中子数不同的同一元素的原子互称为同位素。

4.2 原子核外电子的运动状态

我们日常所接触的都是“宏观”物体。这“宏观”二字是相对于分子、原子、质子、中子、电子等微粒而言。宏观物体的质量远比这些微粒大、运动速度远比光的速度小（光速为 3×10^{10} cm/s），用经典的牛顿力学，能正确地计算出某一时刻它们运动的速度、所在的位置，以及运动的轨迹。然而那些构成物质的微粒，例如绕核运转的电子，它的质量极小，只有 9.11×10^{-28} g，它的运动速度极快，每秒约为 15 万千米，是光速的一半，是目前火箭能够达到的最快速度的一万余倍，而它的运动范围又极小，至多是原子直径所占的空间，也就是以 10^{-8} cm 为直径的范围内，对于这样质量极小，速度极快，运动范围极小的微粒来说，经典力学就不适用了。事实上，电子在核外运动时，它没有确定的轨道，它有时离核近些有时离核远些，而且无论是计算或用试验测定，都不能同时得到某一时刻它的动量（电子的质量乘以它的速度）及位置。正因为如此，我们只能研究原子中某一处找到电子的概率，由此来推得电子的能量，而原子的化学性质主要取决于在原子中运动的电子的能量，它远比求电子的实际位置重要得多。

所谓的“原子中某一处找到电子的概率”，也就是原子核外空间某处电子出现机会的多少。电子在核外某一空间范围内运动，这个“范围”最大不会超过原子半径所确定的空间，可以想象电子运动的空间这么小，而它的速度又是那么快，快得眼花缭乱就好像带负电荷的云雾围绕在原子核的周围，所以就形象地称为“电子云”，为了方便理解，我们以具有一个核外电子的氢原子为例，假想有一架可以给原子照相的“原子照相机”，把它的镜头对准一个特定的氢原子并给它照相，在某一时刻照出的照片如图 4-1（a）所示，其中⊕是氢原子核，即质子，小圆圈代表电子，然后紧接着又给此原子照四张照片，如图 4-1（b）、（c）、（d）、（e）所示。

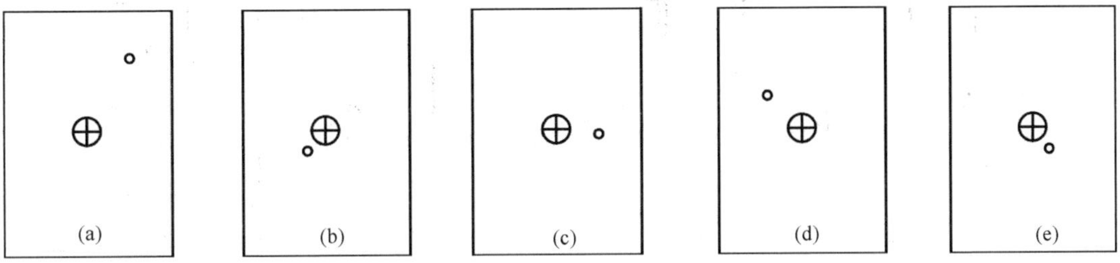

图 4-1　氢原子的五次瞬间照相

如果我们给氢原子连续照上十万张照片，并且将照片一一对比分析，就会发现，电子在核外一会儿出现在这儿，一会儿又出现在那儿，一会儿离核近些，一会儿又离核远一些，好像完全是杂乱无章的运动。但是如果我们把多张照片叠印在一起，如图 4-2 所示，叠印照片越多，就越能使人感到氢原子密集，核被一团球形电子云笼罩着。

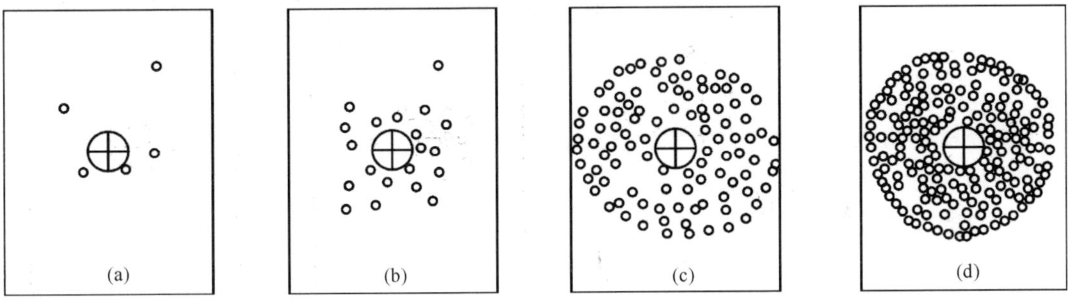

图 4-2　将若干张氢原子瞬间照相叠印的结果

（a）5 张照片叠印；（b）20 张照片叠印；（c）100 张照片叠印；（d）10000 张照片叠印

在图 4-2（d）中，颜色深的地方表示电子经常在此出现，也就是在这些地方电子出现的概率大，电子云密度大。

4.3　化学键

人们已经发现和合成了几百万种物质。为什么只有元素周期表内的元素的原子能形成多种多样的物质呢？为什么原子结合成分子后，其性质会有很大差异？为什么原子间按一定的数量比结合呢？为什么两个氢原子能自动结合成氢分子，而两个氦原子却不能结合在一起呢？那么原子又是如何结合成分子的呢？……上述问题通过化学键的内容能够得到解答。

所谓化学键，就是原子间因电子配合关系而产生的相互结合作用。也就是说，分子或晶体既然能存在，说明分子或晶体内原子或离子之间必定存在着某种较强的相互吸引作用。化学上把分子或晶体内原子或离子间较强的吸引作用称为化学键。化学键的主要类型有离子键、共价键（也称原子键）、金属键等。在元素的原子之间建立化学键时，元素就互相结合形成了化合物。当化合物的原子互相分离时，则化学键破裂，化合物也就不再存在了。

另外，晶体内的原子或离子有规律地排列，在研究物体运动时，如果它的大小在所研究范围内是很小的，或者物体在做平动（没有转动）时，就可以不考虑它的大小和形状，把它看作质量集中在一点，叫质点。质点自稳定地保持在一定的空间位置上的作用力称为化学键力。

4.3.1 离子键

离子键是由金属元素原子失去外层电子形成正离子，同非金属元素原子取得电子形成的负离子互相结合组成的，换句话说也就是通过电子交换而形成的不同电荷的离子按照库仑法则互相吸引，从而产生离子键，又称异极键。简单地说，离子键就是阴阳离子间通过静电作用所形成的化学键。

在离子化合物中，离子间存在着较强的离子键，因此离子化合物一般硬度较高，密度较大，难压缩和挥发，具有较高的熔点和沸点。

4.3.2 共价键

共价键又称原子键，是指原子通过共用电子对（电子云叠）所形成的化学键。换句话说，如果元素本身不具有稳定的电子结构，就会倾向于形成公用电子对，使两个原子的电子相互搭配形成稳定的电子结构，这种化学键称为共价键。一般电负性相近的元素以共价键相结合形成原子晶体，例如研磨材料金刚石（C）、金刚砂（SiC），和高温材料碳化硼（B_4C）以及半导体材料硅（Si）等。

陶瓷材料的原子间结合力主要为离子键、共价键或离子-共价混合键。这些化学键不仅结合强度高，而且具有方向性。

陶瓷的离子键与共价键十分强固。为了说明其强固性，表4-1比较了钢铁和典型陶瓷材料的熔点。可以看出，由于结合键的不同，材料的性质发生了极大的变化。共价键结合最典型的材料是金刚石，金刚石的硬度是目前已知工业材料中最硬的，其努氏硬度（HK）可达7000，而一般钢铁材料中最硬的高碳高合金淬火钢的努氏硬度在1000以下。材料的熔点和硬度通常可以反映材料原子键的结合强度。

表4-1 典型陶瓷材料与铜铁的熔点和硬度

材料	熔点（℃）	硬度		材料	熔点（℃）	硬度	
		HK	莫氏			HK	莫氏
Al_2O_3	2050	2000	9	石墨（C）	3700±100	—	—
MgO	2800	1200	6	金刚石（C）	—	7000	10
ZrO_2（稳定）	2600	—	6.5	Si_3N_4	1900（分解）	1700	>9
TiO_2	1830	—	5.5~6	BN（六方）	2700~3000（分解）	—	2
B_4C	2450	2800	9.3	AlN	2500	—	7
SiC	2200（分解）	2550	9.2	$MoSi_2$	1870	—	—
ZrC	3530±125	1560	8~9	淬火钢	—	740	—
TiC	3140	2460	8~9	纯铁	1646	—	—
WC	2867	1880	>9				

陶瓷的化学键是强固的离子键和共价键所结合的。我们从一些金属和相应的陶瓷材料的熔点中可以看出，由于化学键的变化即金属键转变为离子键，材料的性质发生了极大的变化，其熔点提高了几倍到几十倍，见表 4-2。

表 4-2　金属及其氧化物的熔点

金属/氧化物	Mg/MgO	Ca/CaO	Al/Al_2O_3
熔点（℃）	650/2800	843/2580	660/2045

金属键由晶体所有原子（或正离子）共有的自由电子（或价电子）组成。原子（或正离子）以十分简单的晶体结构（如面心立方、体心立方、密排六方、简单立方等）密排排列。晶体缺陷（特别是线缺陷、位错）可以在晶体中运动，位错沿最密排面、最密排方向运动所需的临界切应力很小。这种位错的大量运动，使晶面产生明显的滑移现象，并产生宏观塑性变形。宏观塑性变形前后，金属键的结合强度并无明显改变。陶瓷中的离子键、共价键则与金属键不同，不仅晶体结构复杂，对称性低，而且如果位错沿滑移面运动，晶体结构难以复原（因破坏了正负离子排列的最小能量原理等），可能导致原子键的破坏，出现毫无塑性变形的脆性断裂。

陶瓷材料结构上的另一个特点是其显微组织的不均匀性和复杂性，这是因为陶瓷材料的生产制造过程与金属材料不同。金属材料通常是从相当均匀的金属液体状态凝固而成，随后还可以通过冷热加工等手段来改善材料的组织和性能。即使金属材料中有第二相析出，其分布也比较均匀。一般情况下，金属材料不含或极少含有气孔，相对陶瓷而言，其显微组织均匀而单纯。陶瓷材料一般经过原料粉碎配料、成形和烧结等过程，其显微组织由晶体相、玻璃相和气相组成，而且各相的相对量变化很大，分布也不够均匀。陶瓷材料经烧成定型，其显微组织无法通过冷热加工的方法加以改变。

如前所述，不同结合键种类和性质的比较见表 4-3。

表 4-3　不同结合键种类和性质的比较

结合键种类	熔点	硬度	导电性	键的性质
离子键	高	较高	固体不导电，熔化或熔解后导电	无饱和性，无方向性
共价键	高	高	不导电	有饱和性，无方向性
金属键	有些高，有些低	有些高，有些低	良	无饱和性，无方向性
分子键	低	低	不导电	有饱和性，有方向性

由表 4-3 可知，离子键和共价键晶体具有较高的熔点和硬度，它反映了这两种化学键具有高的结合强度。现举例说明如下。

金刚石（C）是典型的共价键晶体，每一个碳原子在四面体方向与四个其他碳原子组成共价键的结构，整个晶体是均匀连续的，可以把它看成一个具有坚固骨架的大分子。要破坏这个骨架需要消耗大量的能量，所以金刚石是目前自然界中最坚固的固体，熔点高达 3750℃。

陶瓷材料显微结构中的不均匀性，给控制产品质量带来一定的困难。

陶瓷材料的晶界对其性能起着十分重要的作用。与金属材料相比，陶瓷材料的晶界研究还很不充分，关于其晶界结构和性质至今仍不很清楚，因而往往借鉴金属晶界的研究结构来推断陶瓷材料的某些晶界现象。研究表明，金属晶界与陶瓷晶界虽然有许多相似之处，但也存在很大差别。

两者的相似之处有以下几点。

（1）存在界面能和界面张力。

（2）杂质原子对晶界物质移动有一定的依赖关系。

（3）晶界滑移会引起变形。

（4）晶界扩散比晶内扩散容易进行。

（5）晶界往往是缺陷的生成源和消亡处。

（6）位错和晶界作用相似。

两者的不同之处列于表4-4。

表4-4　陶瓷晶界和金属晶界的不同点

性　质		晶界类型	
		陶瓷（氧化物）晶界	金属晶界
化学键性质		离子键程度大	金属键
晶界静电位		有（+、-）	无
溶质行为	杂质浓度（与内部缺陷浓度比较）	大	可变小
	决定杂质固溶度的主要因素	空位生成能（与温度有依赖关系）	应变能
	对化学成分的偏离	有（氧的过剩与不足，与温度、氧分压有关）	无

注：该表不能简单地类推，应充分考虑表中列出的这些差异。

由陶瓷材料原子间结合键和显微结构的特点，我们不难理解结构陶瓷为什么具有高熔点、耐磨损、高强度、耐腐蚀等基本属性，但其存在脆性大（塑韧性极差）、难加工、可靠性与重现性差等致命弱点。

陶瓷砖材料内部难免存在各种缺陷，加工之后的陶瓷砖表面难免存在各种沟槽、截面变化等显微与宏观应力集中现象，这种应力集中往往造成材料过载破坏、低应力脆断。材料缺陷发展成裂纹后，裂纹顶端塑性变形给裂纹扩展造成严重阻力，即裂纹通过大量消耗塑性功才得以扩展。陶瓷砖材料几乎没有塑性，难以通过塑变来阻止裂纹扩展。

4.4　陶瓷砖的显微组织结构

4.4.1　概述

陶瓷砖显微结构又称陶瓷砖组织结构或瓷相。在SEM显微镜下观察到陶瓷砖内部的组织结构，包括：多种晶相的存在和分布；气孔的尺寸、形状和位置；各种杂质（包括添加物）、缺陷和微裂纹的存在形式和分布；晶界的特征等。所有这些综合起来，形成陶瓷砖的显微结构。对于给定的总化学组成来说，陶瓷砖的性能在很大程度上取决于其显微结构。

陶瓷砖多晶体由许多取向不同的单个晶粒组成，在晶粒间一般填满玻璃相，或第二相物质（如杂质或者是一种自身的缺陷结构），此外还有一定量的气孔存在。一般而言，陶瓷砖多晶体主要由晶相、晶界、玻璃相、气孔组成。

4.4.2　晶相

陶瓷砖显微结构中，由晶体构成的部分称为晶相。我们知道晶体是由原子、离子或分子按周期性的、有规律的空间排列而成的固体。随着各种原子或分子的不同，各种晶体的结构也不同。陶瓷中的晶体主要有两类：一类是含铝酸盐（如硅酸盐、钛酸盐、锆酸盐等）；另一类为氧化物、碳化物及氧化物（如氧化铝、二氧化钛、碳化硅等）。

晶相是陶瓷砖材料的基本组成。主晶相的性能就是材料的性能，因此在陶瓷砖的组织结构中，主晶相是最基本、最重要的组成，但是由于主晶相的种类不同以及同一种晶相晶粒生成环境不同，所以从显微镜（扫描电子显微镜）下观察到的组织结构是千差万别的。尽管如此，从总体上来看，晶体的外形不外乎下列三种，即自形、半自形和它形。如图 4-3 所示。

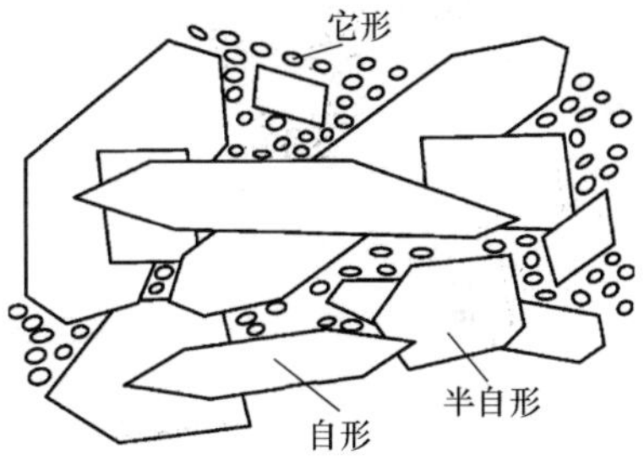

图 4-3　多晶体的晶粒外形

自形晶粒：由在完好或近于完好的环境下形成结晶外形的矿物颗粒所构成的结构。也就是说，自形晶粒就是在较好的环境下发育生长的具有自形晶体结构特征的晶粒。

半自形晶粒：一种晶体发育不完整，或只有部分晶面发育完整的结构。也就是说，半自形晶粒是由于晶粒生长环境较差或生长时受到抑制，这时晶粒的外形较差，只具有部分晶体结构特征的晶粒。

它形晶粒：即物料颗粒形态不规则，不具有结晶外形结构。这是由于结晶较晚，结晶能力和结晶速度几乎相同或是温度下降较快的情况下颗粒形态不规则，故不具有结晶外形的结构所致。它形晶粒是最常见的一种情形，它们都是不具有晶体结构特征的外形、大小不等的晶粒。

除了主晶相外，电子陶瓷材料还有第二相，它可以是玻璃相，也可以是与主晶相不同的其他晶相。

4.4.3　晶界

晶界是晶粒之间的边界或界面。虽然晶粒内部的排列是有序的，但每个微小晶粒的排列则显得分散零乱，因此晶界内存在着大量的缺陷。微量的杂质聚集在晶界内，固熔体内的熔质也分凝于晶界上形成晶格缺位，这些都影响晶粒生长。

既然晶界是无序的非晶态结构，由于晶界内存在着大量的缺陷，所以晶界内的扩散要比晶粒内大得多（大十几万倍）。这时晶界上出现的杂质浓度差以及空位浓度差，在高温的影响下通过扩散会很快得到平衡。因而晶界就变成物质迁移和空位迁移的重要通道——类似街道中十字路口的作用。正是由于晶界的这种特性，才可以将加入物中的离子或气氛中的离子通过扩散的方法经晶界渗入瓷坯中，以获得新的陶瓷材料。

陶瓷晶界的形成过程相当复杂。影响晶界状态的因素是多方面的，不论是单晶相或多晶相陶瓷，其晶界都是不规则的，经常出现错合现象。晶界的组成、形状及性质对陶瓷的物理性能有强烈的影响。

4.4.4 玻璃相

在陶瓷砖中，除了晶相之外，还有玻璃相。玻璃相是一种低熔物，在达到烧成温度前即熔融。玻璃相有三种作用，其一在坯体内起黏结作用，即将晶粒黏在一起；其二可降低烧成温度；其三起阻止多晶转变和抑制晶粒生长的作用。玻璃相的来源：一种是瓷料中各组成达到一定温度后自己形成的低共熔液，另一种是混入瓷料中的微量杂质所引起的。

含玻璃相较多的陶瓷的组织结构与含玻璃相很少的陶瓷的组织结构是不一样的。这些现象通过显微照片进行对照后便一目了然。它们说明了玻璃相的数量对瓷坯的晶粒生长有很大影响。长石玻璃相中易形成莫来石晶须，玻璃相的性质对晶粒生长有很大影响。

4.4.5 气孔

气孔又称气相，是陶瓷砖显微结构中由气体构成的部分。对陶瓷砖来说，气孔是一个重要问题，它能直接影响到一系列的物理化学、机电性能。人们根据用途的不同采取不同的控制手段，比如对发泡陶瓷砖来说，要求气孔越多越好。

在陶瓷砖制造过程中，残留于制品中的气孔一般有两种形式：一种是封闭气孔，另一种是开口气孔。这两种形式是针对它们与外界的开放沟通状况而言的。随着各种陶瓷砖性能要求的不同，对气孔量的允许程度也各异，一般陶瓷砖含有5% ~10%的残留气孔。这些气孔是二次重结晶时残留在晶粒中间的，由于它们离晶界较远，扩散途径长而难以排除。这说明一般氧化物单晶体（如氧化铝）是透明的，而多晶体就不透明，也说明了在达到理论密度之前，瓷坯的烧结就停止的缘故。陶瓷中由于存在气孔，故能降低机械强度和绝缘性能。

4.4.6 组织结构对陶瓷材料强度的影响

细晶陶瓷材料具有较大的机械强度，而粗晶则由于易生成裂纹与缺陷，使陶瓷材料的强度下降。陶瓷砖烧成温度的高低，会影响瓷体内晶粒的大小及气孔的多少，从而影响坯体的机械强度。一般来说，随着烧成温度的升高，气孔减少，强度也提高。但是，当烧成温度升高到一定程度后，晶粒增大，又使强度下降。因此最佳烧成温度才能获得最佳机械强度。瓷体内的气孔和反常的大晶粒，以及修坯或烧后的机械加工时造成的缺陷，都是瓷体在承受外来应力后发生破裂的隐患所在。试验表明，当瓷坯的晶界强度过低时，破裂多发生于晶界。如在瓷体中引入加入物，抑制晶粒生长，形成细晶结构并能同时提高晶界强度时，材料的强度就能大大提高。

4.4.7 气孔率对陶瓷材料性能的影响

气孔引起陶瓷材料性能变化的原因如下：气孔的减少将使瓷砖体单位体积内固体的数量增多，从而提高了瓷砖体的密度；气孔减少，瓷砖体均匀度就增加。这时机械强度以及硬度等都随着气孔率的下降而增大。

气孔对瓷砖体表面光洁度的影响也很严重。由于烧结的瓷砖体致密度高，气孔很少，即使抛光后其表面也十分光洁。普通烧成的瓷砖体则由于致密度差，经抛光后瓷砖体内部的气孔都暴露出来，因而严重影响了其表面光洁度。另外，烧成温度的高低不同，瓷砖体的晶粒大小不同，形成的气孔大小也不同，因而又影响了表面光洁度。

4.4.8 玻璃相对陶瓷材料性能的影响

玻璃相是一种非晶态物质，和晶相不一样，没有方向性（即各向同性）。其次是没有显著的熔点，只有一个软化的温度范围。所以在瓷砖体的烧成过程中，玻璃相的数量和软化范围常常是决定烧成制度的关键。一般情况下，玻璃相的数量与软化范围成反比。玻璃相越多，则烧成温度越低，软化范围就越小。另外，玻璃相结构疏松，不像晶体那样紧密。

4.5 陶瓷材料的力学性质

4.5.1 陶瓷材料的弹性

当荷载施加于材料上时，材料会由于原子间隙内的微小变化而产生变形。这个荷载叫作应力 σ，其单位一般用 MPa（兆帕）表示。形变叫作应变 ε，其单位一般用初始长度的形变（厘米）数或百分数表示。

应变的数量和类型取决于材料的原子键强、应力和温度。对于每种材料，在一定的应力极限范围内，应变是可逆的，即在应力取消时，原子间隙又回到原来的状态，应变消失，这就叫作弹性变形。

应力和应变的关系为一简单的比例常数。对于拉伸应力

$$\sigma = E\varepsilon \tag{4-1}$$

比例常数 E 称为弹性模量或杨氏模量。

对于剪切载荷

$$\tau = G\gamma \tag{4-2}$$

式中　τ——剪应力；

γ——剪应变；

G——比例常数，叫作剪切模量或刚性模量。

在室温和中等温度下，对于短期载荷，多数陶瓷呈弹性而没有弹性形变直至断裂，如图 4-4（a）所示。这种断裂叫脆性断裂，是陶瓷最重要的性能之一。

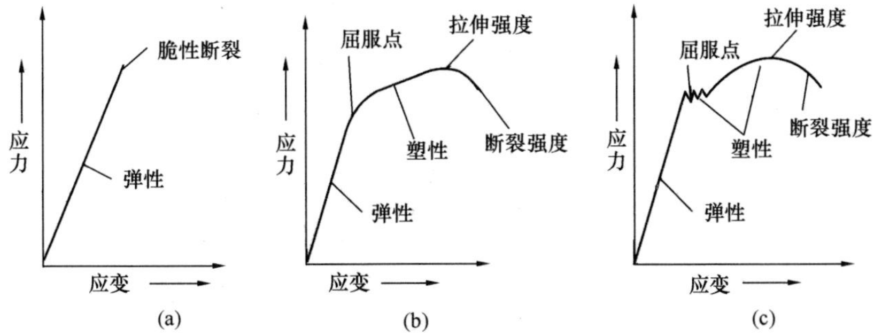

图 4-4　应力-应变行为的类型

（a）陶瓷脆性断裂的典型；（b）没有明显屈服点的塑性变形；（c）有屈服点的塑性变形

金属在一定的应力范围内也呈弹性，但却不像陶瓷在脆性状态下断裂。大多数金属当应力进一步增大时呈韧性变形。这叫作塑性形变或弹性应变，而且是不可逆的。有些金属

例如铝，从弹性应变平滑地过渡到塑性应变，如图4-4（b）所示。另一些金属为低碳钢，在塑性应变的开头有一突变点。这叫作屈服点，如图4-4（c）所示。

4.5.2 陶瓷材料的弹性模量

设在胡克定律范围内，沿 x 方向作用于试样上的应力为 σ_{xx}，在 x 方向和 y 方向产生应变 ε_{xx} 和 ε_{xy}，则

$$\sigma_{xx} = E\varepsilon_{xx} \tag{4-3}$$

$$\sigma_{xx} = \frac{E}{\mu} \qquad \varepsilon_{yy} = \frac{E}{\mu}\varepsilon_{zz} \tag{4-4}$$

式中 E——弹性模量；

μ——泊松比或横向形变系数。

若对试样施加剪切应力或等静压力，可得到剪切模量 G 和体积弹性模量 K，并有以下关系：

$$G = \frac{E}{2(1+\mu)} \tag{4-5}$$

$$K = \frac{E}{3(1-2\mu)} \tag{4-6}$$

以上结果是假定试样为各向同性体得出的。陶瓷材料宏观上可以按各向同性体处理，因此以上结论也适用于陶瓷材料。陶瓷材料的弹性模量变化范围很大，在$10^9 \sim 10^{11}N/m^2$，泊松比在0.2~0.3。

常见结构陶瓷的弹性模量值见表4-5。

表4-5 常见结构陶瓷的弹性模量值

材料	E（GPa）	材料	E（GPa）
金刚石	1000	ZrO_2	160~241
WC	400~600	莫来石	145
TaC	310~550	玻璃	35~46
WC-Co	400~530	Pyrex 玻璃	69
NbC	340~520	碳纤维	250~450
SiC	450	AlN	310~350
自结合 SiC	345	$MgO \sim SiO_2$	90
Al_2O_3	390	$MgAl_2O_4$	240
BeO	380	BN	84
TiC	379	MgO	250
热压 B_4C（气孔率5%）	289	多晶石墨	10
Si_3N_4	220~320	石墨（气孔率20%）	9
SiO_2	94	TiO_2	29
烧结 $MoSi_2$（气孔率5%）	407	超级耐火砖	96
NaCl，LiF	15~68	镁砖	172

从表4-5可以看出，金刚石具有最高的弹性模量，这也表明金刚石的结合键（共价

键）是所有材料中最强的，其次是碳化物陶瓷（以共价键为主），再次为氮化物陶瓷，相对较弱的为氧化物陶瓷（以离子键为主）。

4.5.3　陶瓷材料的强度

材料的机械强度是其抵抗外加机械负荷的能力，是材料重要的力学性能，是设计和使用材料的重要指标之一。根据使用要求，可以有抗压强度、抗拉强度、抗折强度、抗剪切强度、抗冲击强度和抗循环负荷强度等多种强度指标。一般材料抗压强度远大于抗拉强度。陶瓷材料抗压强度约为抗拉强度的 10 倍。强度的研究大多指抗拉强度。陶瓷砖材料的强度常用抗折强度表示。

实际的陶瓷力学性质一般要比金属材料差得多，其抗张强度如表 4-6 所示，陶瓷是低的。

表 4-6　各种材料的抗张强度

材料	断裂强度（kg/cm^2）	材料	断裂强度（kg/cm^2）
长石质陶瓷	450	烧结碳化硅	3500
滑石	680	铸铁	3150
氧化铍陶瓷	2100	低碳钢	4700
氧化铝陶瓷	2700	不锈钢（18-8）	6300

弹性模量是原子（或离子）间结合强度的一种指标。图 4-5 所示为原子间作用力曲线。可以看出，原子不受力时 $r = a$，处于平衡状态。当原子受拉伸时，原子 2 离开原子 1，作用力与原子间距初呈线性变化，以后呈非线性并达到最大值。弹性模量 E 与 $r = a$ 处曲线的斜率 $\tan\alpha$ 有关。原子间结合力强，曲线陡，$\tan\alpha$ 大，则 E 大；反之亦然。共价键晶体结合力强，E 较大；离子键晶体结合力次之，E 较小；分子键结合力最弱，E 最小。原子间距离改变将影响弹性模量。压应力将使原子间距离变小，E 增加，张应力使原子间距离增加，E 减小；温度升高，热膨胀使原子间距离变大，E 降低。

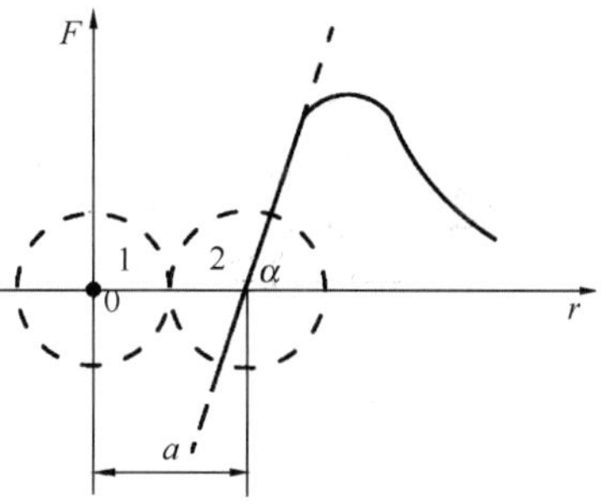

图 4-5　原子间作用力曲线

弹性模量直接联系着材料的理论断裂强度。理想晶体的断裂强度相当于拉开构成晶体的原子间键，而破坏理想晶体时的功相当于拉开原子间的键并致使离开无限远所必需的功，将其称为理论断裂强度，用 σ_{th} 表示。理论强度的定义为使原子键断裂和使结构拉开所需的拉伸应力，奥罗万计算的理论强度为

$$\sigma_{th} = \sqrt{\frac{E\gamma}{a}} \tag{4-7}$$

式中　σ_{th}——理论强度；

E——弹性模量；

a——原子间距；

γ——断裂表面能，是材料断裂形成单位面积新表面所需的能量。

一般陶瓷材料 $\gamma = 10^{-4}J/cm^2$，$a = 10^{-8}cm$，可以估算出

$$\sigma_{th} = \frac{E}{10} \tag{4-8}$$

可以看出，弹性模量对了解材料强度的重要意义。

根据式（4-8），如果弹性模量大，那么理论强度也应该大。还有作为力学性质之一的硬度，也如表4-7所示是陶瓷的硬度高。虽然硬度不一定与机械强度成正比，但作为结合力的尺度之一，陶瓷的强度也应该比金属高。然而尽管陶瓷在本质上具有很高的强度，但实际上往往比金属低。其原因之一就是在陶瓷材料中存在着使材料强度降低的缺陷。

表4-7　各种材料的莫氏硬度

陶瓷	金属	陶瓷	金属
石英玻璃6.5	金2.5	氧化铝9.0	白金4.3
长石质陶瓷7.0	铝2.9	碳化铍9.1	钯4.8
滑石8.0	铜3.0	碳化硅9.2	铱6.5
氧化锆8.0	铁4.5	碳化硼9.3	锇7.0

陶瓷材料的理论强度的范围一般为弹性模量的1/10～1/5。例如，氧化铝的平均弹性模量为380GPa，其理论强度的范围为38～76GPa。然而，陶瓷材料实际上没有达到理论强度。这是由于材料中存在制造缺陷和结构缺陷，从而导致应力集中，材料在远低于理论强度的负荷下断裂。

对实际材料强度低的原因有很多理论解释，格里菲斯的微裂纹理论比较适合于脆性断裂的材料。

微裂纹理论认为，实际材料中有许多微裂纹，在外力作用下，裂纹尖端附近产生应力集中。当这种局部应力超过材料强度时，裂纹扩展，最终导致断裂。格里菲斯从能量观点研究裂纹扩展条件后，得到平面应力状态裂纹扩展的临界应力

$$\sigma_c = \sqrt{\frac{2E\gamma}{\pi c}} \tag{4-9}$$

平面应变状态裂纹扩展的临界应力为

$$\sigma_c = \sqrt{\frac{2E\gamma}{(1-\mu)^2\pi c}} \tag{4-10}$$

式中　c——裂纹的半长度。

式（4-10）与式（4-7）比较可知，若控制材料中裂纹长度 $2c$ 与原子间距 a 接近，就能达到理论强度。虽然实际上难以做到，但该理论提出了提高材料强度必须减小裂纹尺寸，以及提高弹性模量和断裂表面能的途径。陶瓷的断裂表面能比单晶的大，故其强度也较高。如果陶瓷和适当的金属制成复合材料，由于金属的塑性形变吸收了陶瓷晶相中裂纹扩展释放出的能量，使裂纹终止在相界上，提高了复合材料断裂表面能（比陶瓷），因而获得较高的强度和韧性。此外，还可以用其他方法阻止裂纹扩展，提高断裂表面能，以提高材料的强度，增加韧性。例如，在陶瓷中形成大量小于临界长度（达到临界应力时的

裂纹长度）的微细裂纹，以吸收裂纹扩展时积蓄的弹性应变能，阻止裂纹扩展。增韧陶瓷即依此原理研制而成。

陶瓷材料微晶化后可以提高其强度，对此可做如下解释：当晶相中的微裂纹受到与其长度方向垂直的应力作用时，裂纹扩展到晶界区。由于晶界强度较低，晶界被打开，形成沿界方向的裂纹。由于作用于此晶粒的外力与晶界平行，裂纹尖端的应力降低了，裂纹扩展后即停止。由于细晶粒陶瓷中垂直于裂纹扩展方向的晶界数比粗晶粒陶瓷中的多，所以当晶粒尺寸减小时陶瓷强度增大。

如表 4-8 所示，陶瓷材料断裂强度理论值和实测值的巨大差异，可用格里菲斯裂缝强度理论得到满意解释。理论断裂强度公式（4-9）与格里菲斯裂缝强度表达式很相似，只是后者用 πa(a 为裂纹半长）代替了原子间距离 a_0。作为数量级粗略估计，若原子间距离 $a_0 = 10^{-8}$mm，材料中的裂纹长度 $a = 0.1$mm，则带裂纹体的断裂强度 σ_c 仅为无裂纹体理论强度的万分之一。

表 4-8　断裂强度理论值与测定值

材料	理论值 σ_c（MPa）	测定值 σ_e（MPa）	σ_c/σ_e
Al_2O_3 晶须	49000	15100	3.3
铁晶须	29420	12700	2.3
奥氏体型钢	20000	3240	6.4
高碳钢琴丝	13700	2450	5.6
硼	34100	2350	14.5
玻璃	6800	103	66.0
Al_2O_3（蓝宝石）	49000	630	77.6
BeO	35000	230	150.0
MgO	24000	300	81.4
Si_3N_4（热压）	37700	980	38.5
SiC（热压）	4800	930	51.5
Si_3N_4（反应烧结）	37700	290	130.5
AlN（热压）	27500	588～980	46.7～28.0

为什么陶瓷材料呈脆性断裂呢？众所周知，在一般情况下，弹性模量大、表面能小而原子间距大的材料呈断裂状态的破坏。金属材料是由自由运动着的电子包围而有序排列的原子构成的金属键，而陶瓷材料则大部分是正负离子相互吸引的离子键，或者是相互共有一部分外层电子而具有方向性的共价键。如表 4-5 所示，陶瓷弹性模量大，又由于键的方向性强而密度小，则表面能也小，结果造成脆性断裂。这种差别不仅是原子间键的差别，而且由于键的方向性往往造成晶体结构极为复杂。还由于原子不是紧密排列，有着许多空隙，就难以引起位错的移动。这些就表现出陶瓷的力学性质与金属不同。

材料的力学性质不仅受到构成这种材料的晶体结构的影响，而且明显地受到这种材料组织的影响。这里所说的组织是指构成材料的晶体、玻璃相等无定形相、气孔、裂纹和其他空隙等的形状、大小、分布量和分布状况等，以及结晶相的种类、晶体构造、缺陷等，一般将这些称为显微结构。材料的力学性质由它的显微结构所控制，对陶瓷材料的影响更为明显。因为材料的显微结构随所用的原料和配比及其制造方法而变化，所以材料的力学性质就由这些来控制。由于金属材料和陶瓷材料所使用的原料和制造方法截然不同，因此构成材料的相组合和组织当然也完全不一样。金属材料的成分一般比较单纯，即使由几种成分组成，由于它们的晶体结构相类似可相互固熔而一般成为单纯的相组合。而陶瓷很少由单一相构成，组成的晶体大多数结构复杂、不同组分一般很难固熔，即使存在极少量的第二相组分（杂质）也不固熔，往往以第二相而共存着，使相组成容易变得复杂。金属晶体基本上属于等轴晶系，各种性能大体是各向同性。与此相反，陶瓷晶体大多是等轴晶系以外对称性低的物质，各向异性强烈，这种各向异性也对陶瓷产生各种各样的影响。

在制造方法上，金属材料和陶瓷材料除了都要高温加热以外，其余完全不一样。金属材料除了一部分烧结材料以外，是将一次熔融的材料结晶制成的，即使有冷却条件不同的影响等，但在整体上是均质的，固熔相和第二相的析出也是均一的，在一般情况下不含气孔，成为单纯的结构。而陶瓷材料除了玻璃以外，均以固体粉末成形、加热烧结制成，几乎没有像金属那样锻、压等的二次加工。粉末坯体一般含有 40% ~60% 的气孔，即使在烧结过程中有所减少，但要烧结到没有气孔几乎是不可能的，通常含有百分之几的气孔。而且在烧成过程中生成的过量熔融物不多，气孔也不是球形，不少是不规则的形状。

在加热过程中，由于颗粒之间反应而生成新的化合物，反应往往在固相中进行，生成物分布不均匀，倾向于以颗粒之间的接触处为中心来分布，使得结构不均匀。而上述的固熔、第二相析出和晶粒生长等大多数也是在固相中产生的，就很难进行，因此容易为烧成条件所左右，尤其是由于生成少量熔融物则影响更大。这种影响的间接结果是陶瓷材料的力学性质与金属材料不一样，对其制造条件，特别是烧成条件的影响很大。

研究表明，陶瓷材料的断裂强度具有下述特点。

（1）陶瓷材料尽管本质上应当具有很高的断裂强度，但实际断裂强度往往低于金属。

由表 4-5 可以看出，陶瓷的弹性模量比金属大几倍。根据式（4-9），如果弹性模量大，则理论断裂强度也大。陶瓷材料具有高的熔点和高的硬度，也反映陶瓷材料具有高的强度，这些都是由陶瓷的离子键、共价键键合强度高于金属强度所决定的。但是陶瓷材料是由固体粉料烧结而成，在粉料成形、烧结反应过程中，存在大量气孔，这些气孔并不都是球形，少量为不规则形，其作用相当于裂纹。在加热烧成过程中，固体颗粒的凝聚或反应往往在固相间进行，烧结反应中的固熔、第二相析出、晶粒长大等大多数过程也是在固相中进行，反应进行的程度与烧成条件有很大关系，这就导致陶瓷材料不同于金属材料的特点，即内部组织结构的复杂性与不均匀性。由于陶瓷材料中的缺陷或裂纹比金属材料中多而大，金属中裂纹扩展时要克服比表面大得多的塑性功，因此陶瓷的断裂强度反而低于金属。

（2）陶瓷材料的抗压强度比抗拉强度大得多，其差别的程度大大超过金属。

表 4-9 比较了某些材料的抗拉强度与抗压强度，可以看出：金属材料即使是脆性的铸铁，其抗拉强度与抗压强度之比为 1/3 ~1/4，而陶瓷材料的抗拉强度与抗压强度之比几乎都在 1/10 以下。这表明陶瓷材料承受压应力的能力大大超过承受拉应力的能力，其原因在于陶瓷材料内部缺陷（气孔、裂纹等）和不均匀性对拉应力十分敏感。

表 4-9　一些材料的抗拉强度和抗压强度

材料	抗拉强度 *A*（MPa）	抗压强度 *B*（MPa）	*A*/*B*
铸铁 FC10	98 ~ 147	390 ~ 588	1/4
铸铁 FC25	245 ~ 294	833 ~ 980	1/3.3 ~ 1/3.4
化工陶瓷	29 ~ 39	245 ~ 390	1/8 ~ 1/10
透明石英玻璃	49	196	1/40
多铝红柱石	123	1320	1/10.8
烧结尖晶石	131	1860	1/14
99% 烧结氧化铝	260	2930	1/11.3
烧结 B_4C	294	2940	1/10

（3）气孔对陶瓷断裂强度有重大影响。

气孔的形状；存在裂纹或气孔邻近有晶界交点；气孔之间和气孔与表面之间的距离；夹杂物的尺寸和形状；夹杂物和基体的弹性模量和热膨胀系数之间存在差别，这些因素的综合将会影响陶瓷强度的降低程度。如表 4-6 所示。

① 气孔形状。

简单的球形气孔从理论上说比尖裂纹的应力集中的影响要小一些。但是，陶瓷中的气孔不是完整的球形，有些气孔是近似球形，但多数是相当不规则的。近似球形气孔是由于生产工艺中夹入空气而产生的。

② 气孔裂纹的结合。

最简单和最常见的气孔和裂纹的结合是，陶瓷材料的气孔与晶界相交。假如气孔比材料的晶粒尺寸大得多的话（如前面例子中的情况），则气孔的最大尺寸与临界裂纹尺寸很接近。如果气孔的尺寸趋近晶粒的尺寸，则裂纹沿晶界的影响可能是主要的。有影响的缺陷尺寸将比气孔尺寸大得多。

③ 内部气孔。

对内部气孔强度的影响，取决于气孔的形状和气孔相对于表面的位置。材料中使气孔与表面分开的桥会首先断裂，从而产生临界缺陷，其尺寸为气孔的尺寸加桥。在此情况下，测出的强度可能小于根据气孔尺寸简单预测出的强度，如果气孔贯穿表面，则必小于根据气孔大小简单预测出的强度。

④ 气孔群。

如果一群气孔紧靠在一起，在气孔之间的材料桥会首先断裂，将气孔连在一起，产生更大的缺陷，导致更低的强度。被小于一个气孔半径隔开的气孔连在一起的概率是很高的。

⑤ 夹杂物。

一般在陶瓷材料中遇到的夹杂物是由于陶瓷粉末在加工时沾污所造成的。由于夹杂物而使强度降低的程度，取决于夹杂物相对材料基体的热性能和弹性性能。热膨胀的差别，会导致由制造温度冷却下来时在夹杂物附近形成裂纹。弹性模量的差别，会导致施加应力时形成裂纹。当夹杂物较之基体材料具有低的热膨胀系数和低的弹性模量时，强度降低最多。在这种情况下，有影响的缺陷尺寸大于可见的夹杂物尺寸，它相当于夹杂物尺寸加附近裂纹的长度。

热膨胀系数高或弹性模量高的夹杂物，对强度的影响较小。这些情况下产生周边裂纹而不是径向裂纹，有影响的缺陷尺寸趋向于扁平椭圆裂纹的尺寸。

陶瓷材料的典型室温下强度见表4-10。

表4-10　陶瓷材料的典型室温下强度

材　料	弯曲强度		拉伸强度	
	MPa	Kpsi	MPa	Kpsi
蓝宝石（单晶 Al_2O_3）	620	90	—	—
Al_2O_3（0~2%气孔率）	350~580	50~80	200~310	30~45
烧结 Al_2O_3（气孔率<5%）	200~350	30~50	—	—
氧化铝瓷（90%~95% Al_2O_3）	275~350	40~50	172~240	25~35
烧结 BeO（3.5%气孔率）	172~275	25~40	90~133	13~30
烧结 MgO（<5%气孔率）	100	15	—	—
烧结稳定的 ZrO_2（<5%气孔率）	138~240	20~35	138	20
烧结莫来石（<5%气孔率）	175	25	100	15
烧结尖晶石（<5%气孔率）	88~220	12~32	—	19
热压 Si_3N_4（<1%气孔率）	620~965	90~140	350~580	50~80
烧结 Si_3N_4（1%~5%气孔率）	414~580	60~80	—	—
反应结合 Si_3N_4（15%~25%气孔率）	200~350	30~50	100~200	15~30
热压 SiC（<1%气孔率）	621~825	90~120	—	—
烧结 SiC（~2%气孔率）	450~520	65~75	—	—
反应烧结 SiC（10%~15%游离 Si）	240~450	35~65	—	—
结合 SiC（~20%气孔率）	14	2	—	—
熔融 SiO_2	110	16	69	10
维克或派莱克斯玻璃	69	10	—	—
玻璃陶瓷	245	10~35	—	—
可机加工的玻璃陶瓷	100	15	—	—
热压 BN（<5%气孔率）	48~100	7~15	—	—
热压 B_4C（<5%气孔率）	310~350	45~50	—	—
热压 TiC（<2%气孔率）	275~450	40~60	240~275	35~40
烧结 WC（2%气孔率）	790~825	115~120	—	—
莫来石瓷	69	10	—	—
块滑石瓷	138	20	—	—
耐火黏土砖	5.2	0.75	—	—
镁砖	28	4	—	—
隔热火砖（80%~85%气孔率）	0.28	0.04	—	—
2600℉隔热火砖（75%气孔率）	1.4	0.2	—	—

续表

材　料	弯曲强度		拉伸强度	
	MPa	Kpsi	MPa	Kpsi
3000℉隔热火砖（60%气孔率）	2	0.3	—	—
石墨（ATJ 级）	28	4	12	1.8

4.5.4　陶瓷材料的硬度

硬度表示材料抵抗硬的物体压陷表面的能力。常见的硬度指标有布氏硬度（HB）、洛氏硬度（HRC）、维氏硬度（HV）、显微硬度（HM）、莫氏硬度、努普硬度（HK）等。在陶瓷材料中常采用维氏硬度、显微硬度和莫氏硬度。

维氏硬度实验采用一相对两面夹角为136°的金刚石正四棱锥形压尖，在一定负荷 P 作用下压入试样表面，保压10～20s，随后卸除负荷，则在试样测试面上压出一个正方形的压痕，在显微镜下测量压痕两对角线的长度，分别为 d_1 和 d_2，算出平均值 $d=(d_1+d_2)/2$，根据下式，即可求出维氏硬度值：

$$H_V = \frac{P}{F} = 1.854 \times \frac{P}{d^2} \tag{4-11}$$

式中　P——负荷（N）；

F——压痕凹面面积（mm^2）；

d——压痕两对角线长度（mm）；

H_V——维氏硬度值（MPa）。

负荷 P 的大小，可以根据试样的厚薄、大小、材料的性质来确定。日本采用维氏硬度测定精细陶瓷材料的硬度，压痕负荷一般为10N 和100N。但需注意，试样的厚度至少大于压痕对角线长度的2倍。做硬度试验时，试样上下表面必须平行，一般要抛光成镜面。在同一个试样上至少在不同位置测5个点的维氏硬度值，求出其平均值作为该试样的硬度值。

测定陶瓷薄膜和微珠的硬度时，可采用显微硬度，其原理与维氏硬度的测试一样，计算公式如下：

$$H_M = \frac{1.854P}{d^2} \tag{4-12}$$

式中　H_M——显微硬度。

陶瓷和矿物常用的划痕硬度叫莫氏硬度，莫氏硬度一般分为10级，但由于人工合成的材料硬度较大，又将莫氏硬度分为15级，如表4-11所示。

表 4-11　莫氏硬度分级顺序

顺序	材料	顺序	材料	顺序	材料
1	滑石	6	正长石	11	熔融氧化铝
2	石膏	7	SiO_2 玻璃	12	刚玉
3	方解石	8	石英	13	碳化硅
4	萤石	9	黄玉	14	碳化硼
5	磷灰石	10	石榴石	15	金刚石

第5章　瓷砖变形规律研究

瓷砖在成形过程中，经历如下几个阶段：①玻化成瓷阶段，也称高温阶段。从坯体开始玻化算起，一直到烧成终了为止。该阶段分为三个部分：氧化保温、强还原、中性焰。②1000～1050℃为氧化保温阶段，此阶段继续氧化分解。③1050～1250℃为强还原阶段，还原烧成的主要作用是使坯体中所含的氧化铁（高价铁）还原成氧化亚铁（低价铁）。坯体部分熔融和再结晶。④1250℃到烧成温度，为中性焰阶段。在该阶段内，坯体进行烧结，釉进行玻化。⑤高火保温阶段，坯体达到烧成温度后，继续在该温度保持一定时间。该阶段瓷砖相进一步增多，莫来石晶体长大，坯体组织更加均匀。⑥冷却阶段，从烧成温度降至常温，瓷砖态物质凝固，硬度、强度增加。

瓷砖烧制由高温塑性状态转变为室温固态的温度降低过程中，由于瓷砖是热的不良导体，其内外层存在着温差。陶瓷坯体的硬化速度不一，这将在陶瓷砖坯体中造成不均匀的内应力，这种内应力如果超过了瓷砖的极限强度，就会自行产生裂纹破裂，为了最大限度地防止或均衡这种内应力而进行的热处理，称之为退火。即退火就是运用适当的温度制度，连续地把成形后的瓷砖坯体降至室温，使瓷砖坯体中残留应力减小到所允许范围的过程。退火的目的除了防止或消除瓷砖制品中所产生的残留应力外，还要稳定瓷砖坯体内部结构，提高瓷砖机械强度和热稳定性，以保证瓷砖的正常使用。

瓷砖烧结之后会产生应力变形、机械加工之后产生残余应力变形，本章重点分析瓷砖的各类变形以及变形机理。

5.1　瓷砖体中的应力

瓷砖体中的应力一般可分为热应力、结构应力和机械应力三类。

5.1.1　热应力

简单地说，由于瓷砖坯体中存在温度差而产生的应力称为热应力。从理论上讲，瓷砖制品在高温下成形后，处于弹性状态的瓷砖在冷却过程中，由于其导热性较差，在退火温度下限以前始终存在着厚度方向上的温差，它的外层和内层就产生了温度梯度，靠近表面的外层温度较内层为低，外层先硬并力图收缩，但温度较高的内层却予以阻止，此时因内部存在温度差而产生了不同程度的热应力。由于瓷砖冷却过程中热历史的不同，热应力分为暂时应力和永久应力。

（1）暂时应力

在冷却时，瓷砖表层受张应力，内层受压应力；反之，在加热时，瓷砖外层受压应力，内层受张应力。当瓷砖中温度梯度消失，瓷砖内外层温度一致时，上述应力也随之消除，这种取决于温度差的应力就是暂时应力或称为温度应力。

在冷却的过程中，瓷砖双面均匀冷却，瓷砖表面层的温度急剧下降，而瓷砖内层，因其导热性能差，冷却缓慢，温度下降较慢。因此，在瓷砖中产生了温度梯度，沿厚度方向温度场呈抛物线形分布。温度较低的外层产生较大的收缩，但由于受到内层的阻碍，不能自由缩小到它的正常值而处于拉伸状态，因而产生了张应力。而内层则相反，由于受到外层的压缩而处于压缩状态，产生了压应力。热应力的大小与温度梯度成正比，热应力的分布与温度梯度相似，也呈抛物线形。

瓷砖继续冷却，当外层温度达到外界温度时，其温度停止下降，体积也不再收缩。但内层瓷砖的温度仍然很高，将继续降温并伴随体积收缩。这样，外层与内层之间的温度梯度逐渐降低，暂时应力也逐渐减小，当瓷砖内、外层温度一致，均达到室温时，瓷砖中温度梯度完全消失，也不再存在暂时应力。

暂时应力虽然随瓷砖温度梯度的消失而消失，不会对瓷砖造成永久危害，但是如果暂时应力超过了瓷砖的抗张强度极限，瓷砖就会破裂。因此在瓷砖成形过程中必须对冷却速率加以适当控制，避免因暂时应力过大导致瓷砖破裂。

因而，瓷砖在退火冷却过程中，沿厚度方向内外均降到退火温度下限后，全部硬化，但内外层仍存在温差，内外收缩不一致，致使瓷砖产生内应力。而内外温度均大于室温时，温差消除，应力也随之消除。暂时应力对瓷砖也有破坏性，暂时应力大于瓷砖所能承受的极限时瓷砖也会破裂，所以，在瓷砖生产过程中，也要很好地控制暂时应力。

（2）永久应力

永久应力又叫残余应力或内应力。当成形后的热态瓷砖进入退火窑后，瓷砖在退火温度区域开始逐渐冷却，此时外层已硬化，处于弹性状态，内层还是处于塑性状态，内层冷却要收缩，而硬化的外层却阻止其收缩，这样外层就受压应力，内层就受张应力。这种应力与暂时应力相当时，则瓷砖内表现为无应力存在。但当瓷砖内温度梯度消失，暂时应力也随之消失后，瓷砖内部仍存在不可消除的残余应力时，这种应力就称为永久应力。

一块瓷砖自应变点以上某一温度开始冷却时，由于冷却速率较快而导热性能较差。其内、外层存在温度梯度，因而也存在暂时应力，瓷砖外层受张应力，内层受压应力。由于在应变点以上时瓷砖具有黏弹性，瓷砖内部结构基团在应力作用下可以产生位移、调整和变形，使温度梯度所产生的应力得以消失，这个过程称为应力松弛。这时，瓷砖内、外层存在温度梯度，但不存在应力。当冷却到应变点以下，瓷砖已成为弹性体，瓷砖结构已经基本固定，不能继续产生结构位移、调整和变形。当瓷砖冷却到室温、内外温度均衡后，将产生反向应力，瓷砖外层产生压应力，而内层产生张应力。设在应变点以上冷却时，由于温度差所产生的应力为 P，通过应力松弛过程 X 部分被松弛，当冷却到应变点时，瓷砖中所产生的内应力为（$P-X$）。当冷却到室温使瓷砖内外温度差消失以后，瓷砖内所产生的应力变化值为 $-P$。所以，残留在瓷砖中的内应力值为（$P-X$）$-P=X$。这里的 X 表示应力松弛程度，显然应力松弛程度越大，瓷砖中永久应力就越大；负号表示永久应力方向与暂时应力方向正好相反，表面为压应力，而内部为张应力。

对瓷砖每一点而言，它是三维应力的矢量和，即厚度上的应力、纵向应力和横向应力。横向应力是平面应力中的一种，横向应力和厚度方向上的应力所引起的变形是多种多样的，应力过大就会引起瓷砖带弯曲不平，甚至裂开，所以在退火温度下限以前要求温差要小，冷却速度要慢。

永久应力的产生机理可以通过瓷砖硬化时所形成的结构梯度来说明。在转变温度区间，瓷砖为黏弹体，瓷砖虽然不能产生流动变形，但是内部结构基团可以发生位移、调整和变形，达到其平衡结构。在此温度区间内的每个温度下，均有其相应的平衡结构。随着温度的降低，瓷砖结构将连续、逐渐发生变化。温度越低，结构变化的速率和程度就越小。当急冷到应变点以下时，瓷砖中的这种结构梯度也被保留了下来，形成永久应力。

永久应力在瓷砖中分布不均匀时就会大大降低瓷砖制品的机械强度和热稳定性，对瓷砖的各种性质都有影响。瓷砖的退火就是最大限度地消除或减弱瓷砖制品中的残余应力和稳定瓷砖内部的结构。

瓷砖的退火主要是通过在合适的退火温度范围内控制瓷砖带温度均匀缓慢降低，以消除或减少瓷砖在成形时由于温度不均匀降低所产生的永久应力。

莫来石和瓷砖态物质生成的过程，在高温阶段需要 2 ~ 4h 方可完成，所以退火保温时间原则上也应控制在 2 ~ 4h。

瓷砖退火保温冷却阶段，冷却时液相凝固成固相。液相凝固后，瓷砖相的膨胀系数以及残余游离石英和新生成的方石英的晶形转化，均可能使制品内部产生应力，如果冷却温度控制不当，必将引起瓷砖开裂。

（3）瓷砖高火保温和冷却温度划分

瓷砖经过过渡辊进入退火窑的初始温度一般为 700℃，通过高火保温把存在的永久应力均化或消除掉，然后，用很慢的冷却速度使瓷砖通过容易产生永久应力的温度范围，使瓷砖不至重新产生永久应力。在这个阶段，如果冷却速度较快，会形成下段无法消除的永久应力残留在瓷砖制品中。

为了保证瓷砖在冷却时的应力控制在允许的范围内，瓷砖在退火时要按退火曲线进行冷却，通常把退火窑分成四个区，即重要冷却区、缓慢冷却区、快速冷却区和急速冷却区。

① 重要冷却区

从烧成温度到 700℃的温度区间，应使瓷砖快速冷却，因为在这个温度区间，瓷砖液相较多，尚有一定的塑性，快速冷却不会使瓷砖出现应力变形、开裂等缺陷。这个阶段的冷却速度可控制在 120℃/h 左右。

② 缓慢冷却区

从 700 ~ 400℃温度区间，应当适当缓慢冷却。因为这时瓷砖液相刚刚凝固，比较脆弱，再加上 573℃左右还有石英的晶形转变，伴随着体积的变化。此温度范围是瓷砖产生暂时应力的重要区域，冷却速度不宜太快。如冷却过快，会产生过大的暂时应力，容易引起釉裂和瓷砖开裂。这个阶段的冷却速度一般为 80 ~ 90℃/h。

③ 快速冷却区

从 400℃以后，瓷砖强度大大增加，又可以快速冷却。瓷砖到达此区域温度已经较低，虽然有温差存在，也不会产生过大的暂时应力。这个阶段的冷却速度控制在 100 ~ 200℃/h 范围内。

④ 急速冷却区

在 270 ~ 200℃范围内，α-方石英快速变成 β-方石英，发生体积收缩。该区是退火窑的最后一段，温度已降低，虽有温差产生的暂时应力，但不会太大，采用吹风强制冷却，尽快将瓷砖温度从 200℃降至 70℃。但是此阶段如控制不当，也易造成风裂。

5.1.2 结构应力

所谓结构应力是由于瓷砖化学组成不均匀，导致结构上不均匀而产生的应力，属于永久应力的一种。当瓷砖中存在条纹时，因为瓷砖的化学组成不同，热膨胀系数也不相同。当瓷砖冷却到达室温后，由于相邻部分热膨胀系数不同，导致收缩不同，使瓷砖产生了结构应力。如果瓷砖中存在结石、条纹和节瘤等缺陷，就会在这些缺陷的内部及其周围的瓷砖体中引起很大的结构应力。显然，这种结构应力是由于瓷砖固有结构所造成的。

5.1.3　机械应力

机械应力是指外力在瓷砖中引起的应力，这种应力正比于所施加的作用力，作用力一旦消除，应力也随之消除，瓷砖恢复原状。

5.2　烧结后瓷砖残余变形

5.2.1　残余变形机理

一般瓷砖制品属于厚壁制品。瓷砖在烧结的过程中表面自外界获得热量的速度快，向内部传送热量慢，形成内外温差。例如，在干燥阶段，表面温度高于内部温度，表面排除水分快，收缩大，内部处于受压缩的状态，表面处于被拉伸状态。同样在冷却阶段，表面比内部冷得快，表面收缩快，内部收缩慢，产生和干燥时同样的情况。表层冷却时的收缩会受到心部材料的制约，从而使表层呈现拉应力，而心部为压应力。一旦压应力达到材料的屈服应力，心部材料即发生塑性压缩变形。然后瓷砖继续冷却，这时温度较高的心部材料的冷却收缩又会受到温度较低的表层材料的制约，且由于心部已有塑性变形，应力分布就开始转向。当整个瓷砖冷却到室温时，即形成如图 5-1 所示的应力分布状态，其中表层为压应力而心部为拉应力。瓷砖产生如图 5-2 变形来平衡残余应力。

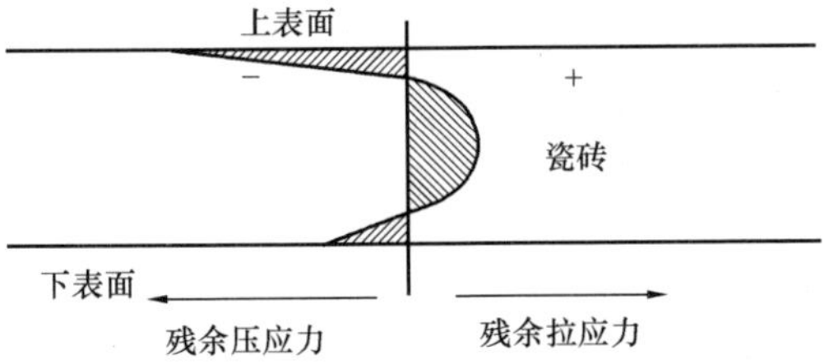

图 5-1　瓷砖烧结后残余应力分布图

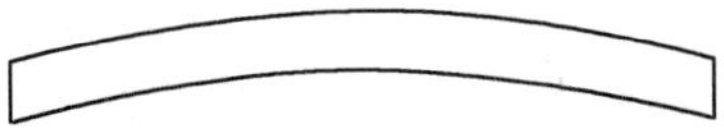

图 5-2　瓷砖烧制后变形图

5.2.2　瓷砖变形类型

影响变形的因素很多，如坯体的配方、成形、干燥制度等，但是对于瓷质砖来说，影响最大的因素还是烧制制度，主要是由于辊道上下温差设定不合理和窑压设定不合理所致。主要的变形类型有如下几种。

（1）翘角

翘角的特点是坯体的四角都上翘，其余表面是平直的或只有少许的下凹，如图 5-3 所示。这种缺陷发生时间上稳定，位于窑的中间与两侧一样。这种缺陷是由于烧成后期辊道截面上下温差过大所致，缺陷多发生在烧成的最后 2 ~ 5min。

（2）角下弯

角下弯的特点正好与翘角相反，它是坯体的四角都下弯，其余表面是平直的或者少许上凸，如图 5-4 所示。这种缺陷发生时间稳定，位于窑的中间与两侧一样。这种缺陷多数是由于烧成后期辊道截面上下温差过大所致。

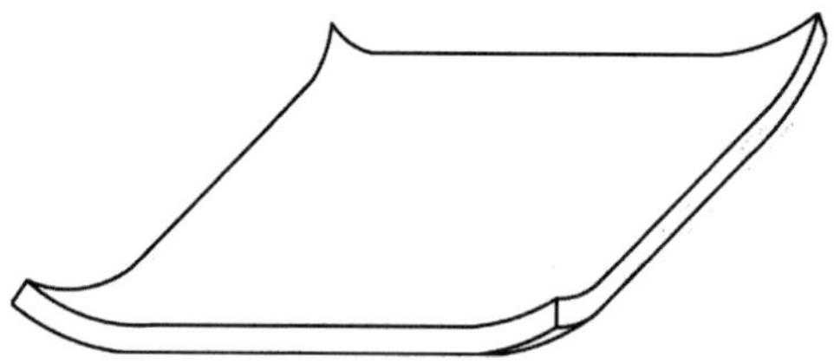

图 5-3　翘角变形示意图

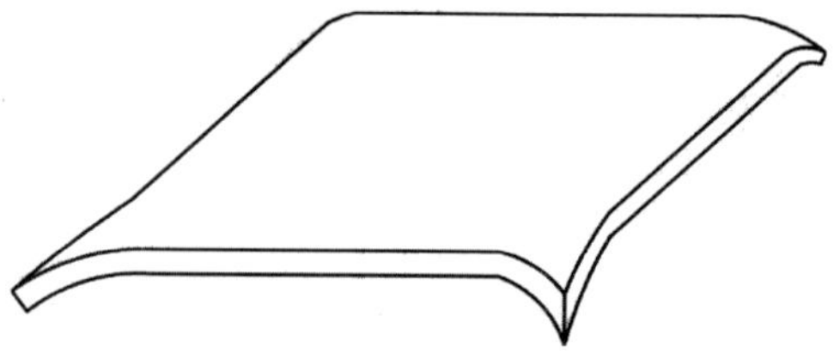

图 5-4　角下弯变形示意图

（3）上翘边

上翘边的特点是坯体沿与入窑方向平行的两边向上弯，与之垂直方向的两边变形不明显，如图 5-5 所示。产生的原因是烧成带前期（850 ~ 900℃ 温度区域比最高烧成温度低 50 ~ 100℃ 温度区）辊道上下温差不合理。

（4）凹面

凹面的特点是坯体边缘逐渐下凹，如果是长方形坯体，长边比短边下凹更明显，如图 5-6 所示。凹面产生的原因可能是预热带辊道上下温差不合理所致，也可能是烧成带辊道上下温差不合理所致。

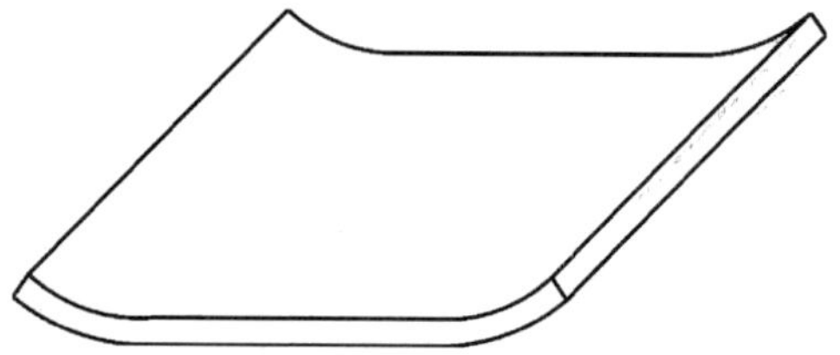

图 5-5　上翘边变形示意图

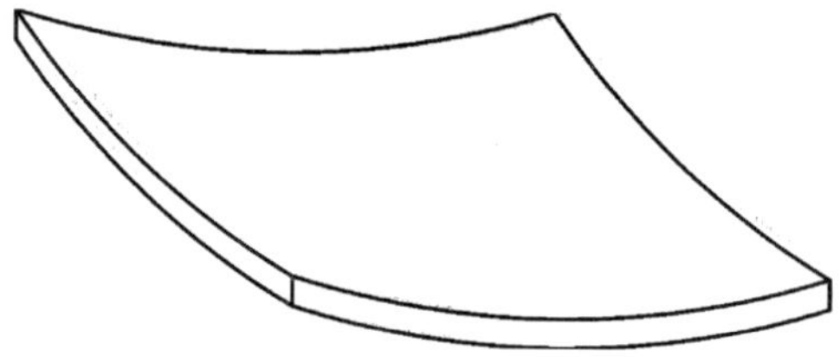

图 5-6　凹面变形示意图

（5）扭曲

扭曲的特点是坯体与窑轴平行的两边发生如图 5-7 所示的变形。距边缘 70 ~ 80mm 处上弯，随后距边缘 30mm 处下弯。这种缺陷形成的原因很多，具体有如下几种。

① 可能是坯体烧成之初，由于辊道下部温度较高，瓷砖呈凸变形，这样，瓷砖的两侧就成为瓷砖的支撑边，中部几乎悬空，当到达高温区时，瓷砖发生软化，瓷砖的左右两侧无法承受重力和辊棒传动中对它的作用力而开始上翘，同时，支撑边也随着瓷砖的变形而转移。当瓷砖两边上翘到一定程度后，又由于重力作用而开始下弯，从而形成扭曲。

② 可能是角下弯缺陷的扩大，常在烧成带最后 5 ~ 10min 发生。

③ 可能是急冷或急冷刚开始时，坯体在前进中相互挤压所致。可通过调节调速电动机的转速和瓷砖排列的间隔来解决。

④“海鸥翅”变形

如图 5-8 所示，造成“海鸥翅”变形的原因可能是在烧成带的中部和末端，由于辊道上部温度过高，使瓷砖变形成凹面，此时瓷砖的中部成为辊棒上优先支撑区域。由于重力和瓷砖传动中产生的应力，瓷砖的中部逐渐上凸，直到烧成带结束，于是瓷砖就形成了

“海鸥翅”变形。

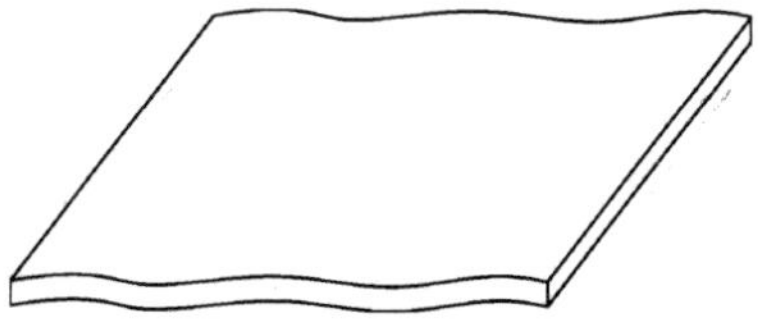

图 5-7　扭曲变形示意图

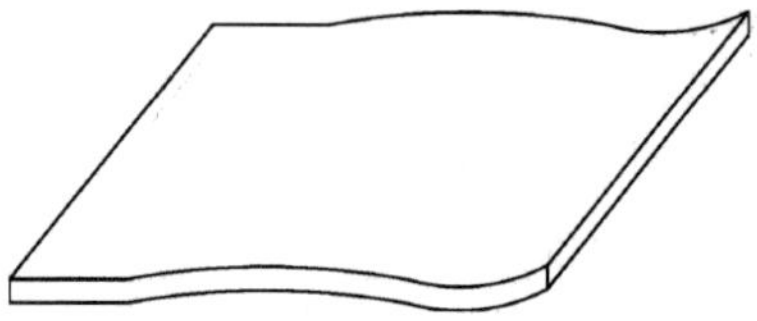

图 5-8　“海鸥翅”变形示意图

（6）不规则变形

如图 5-9 所示，不规则变形发生在窑炉中的不同位置，虽然有时发生在某一特定位置，并成为同一种缺陷形式，但长时间观察仍无连续现象。这类变形往往是由于黏辊、辊棒弯曲变形或有的辊棒不在同一水平线上；传动不平衡；坯体入窑前已发生下凹或上凸变形等。

（7）因上下急冷温度不平衡造成边、角下弯变形（龟背、凹心变形）

变形特征：若急冷管风闸开度过大、底管开度过小，会造成坯体底面收缩不一致的下弯变形，如图 5-10 所示。反之则会引起上翘变形。

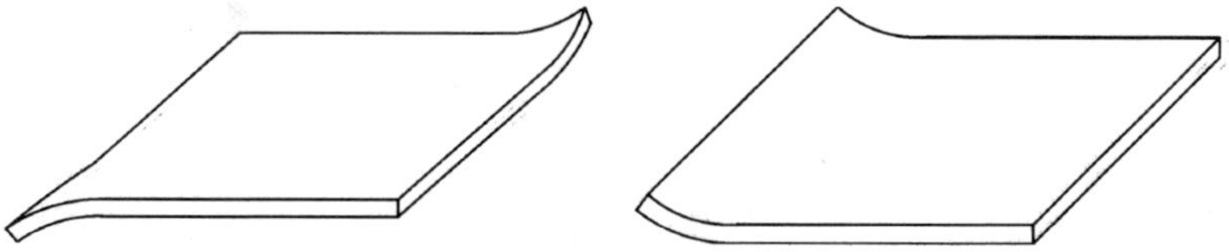

图 5-9　不规则变形示意图

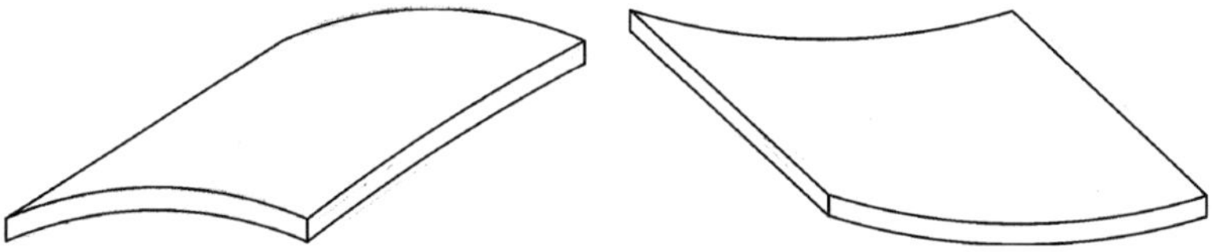

图 5-10　因上下急冷温度不平衡造成边、角下弯变形示意图

① 向上弯曲

向上弯曲是瓷砖中间低、两边高（向上翘起离开辊子），从横断面看，上表面短，下表面长，呈凹面状，大面积弯曲不平。主要是因为瓷砖在冷却阶段，瓷砖上表面温度比下表面温度高，当温度降至室温时，上表面降温多、收缩多，下表面降温少、收缩少，致使瓷砖上表面受张应力，下表面受压应力。当瓷砖受力达到一定程度时，就表现出两边向上翘的现象。

② 向下弯曲

向下弯曲是由于瓷砖上表面比下表面冷得快，即上表面比下表面的温度低，这时瓷砖边部区域的上下表面温差要大于中间区域。

③ 复合弯曲

复合弯曲是在整张瓷砖上，瓷砖中间区域为向上弯曲，边部区域为向下弯曲，此种情况产生的原因是：瓷砖中部的上表面温度比下表面温度高，而上表面的边部温度比下表面的温度低；或板中间向下弯曲，板边部向上弯曲，这种情况表明，瓷砖中部的上表面温度比下表面温度低，而上表面的边部温度比下表面的温度高。

5.2.3 瓷砖烧制后的其他类型缺陷

瓷砖表面裂纹又称瓷砖裂口，多发生在瓷砖的浅表面。根据产生的机理不同，分为急冷裂口和压痕裂口。

1. 急冷裂口

① 表现形式

瓷砖裂口位于瓷砖的上表面或下表面，位置比较固定，且有明显的周期性，大多形状为鱼鳞状或月牙状小裂口，个别为条纹状细小裂口。

从裂痕的组成来看，一般由一条间距无规律、形状为鱼鳞状且在瓷砖拉引方向上断续出现裂口的裂痕带组成。大部分时间裂口同时出现在板面两侧，个别时间为两侧交替出现，有时在瓷砖的两侧也会看到由 3 ~ 5 道微裂口形成的一条宽 10 ~ 15mm 的裂痕带，极少在瓷砖的中心线附近出现裂痕带。

当裂口在瓷砖下表面或下表面厚度方向极浅的位置时，对裂口施加一定外力后，裂纹向厚度和长度方向延伸，若进一步用力，裂口就会由表及里变大，造成瓷砖破裂。

② 产生原因

一般来说，陶瓷理论强度约为 39GPa，但瓷砖实测强度仅为 35MPa，二者存在如此之大的差别，其主要原因在于瓷砖的强度并不是一个确定的参数，它与诸如瓷砖成分、拉引速度、冷却制度、辊子摩擦等因素有关，从而影响了瓷砖的微观结构，以至在瓷砖上形成影响其强度的表面微裂纹。正是由于瓷砖的表面和内部存在着不同的杂质、缺陷或不均匀区，引起应力的局部集中，导致微裂纹的产生。

从断裂力学的观点看，在各种不同的负荷情况下，瓷砖的力学表现特点是，除在微米范围以外，裂纹的增长与外加负荷的大小呈线性关系。笼统地说，当瓷砖某一部位经过一定时间后，裂纹尖端处的应力越来越大，达到临界应力时，它就会在最初的裂纹处将裂纹迅速分裂，向瓷砖深处发展，若此时停止对瓷砖表面作用，则瓷砖上就会出现裂口；若继续施加外力，以至超过临界应力时，瓷砖就会形成以裂口为中心的破裂。

从热力学的观点来看，瓷砖在弹性形变范围内进行冷却退火时，由于瓷砖是不良传热体，故在它的内层会产生一定的温度差并形成温度梯度，这种因素导致瓷砖各部分不同程度的膨胀，各部分之间相互阻挠，因而产生热应力。通常瓷砖在冷却时，其表面受张应力，内层受压应力；冷却基本结束时，表层产生压应力，内层产生张应力，这些应力的不均及稍有外力作用就成为产生裂纹缺陷主要潜在的根源之一。如果此时能合理控制热态瓷砖在冷却过程中的退火参数，使瓷砖中产生的暂时应力与固有的永久应力之和不大于其抗张强度极限，同时又能防止新的应力产生，那么，瓷砖表面的微裂纹就会以尽可能少的数量出现；否则，大量的微裂纹就会形成，并且稍有外力就会扩展成裂口，甚至引起瓷砖破裂。

当瓷砖厚薄不均匀、化学成分不均匀、冷却退火窑内温度场不均匀、辊道摩擦系数增大、个别辊子变形等因素存在时，就会在瓷砖下表面某一部位应力集中处造成裂纹的扩散，形成裂口。

通常认为，随着初生裂纹的增长，次生裂纹会同时产生和增长，若初生裂纹与次生裂纹相遇，就会形成以初生裂纹为中心的辐射再碎裂条纹；若仅有初生裂纹并且裂纹源在瓷砖的表面，则形成鱼鳞状的裂口（不同厚度瓷砖其表现形式不尽相同）；若初生裂纹源从内部产生，则会形成圆形裂口。具体地说：

（a）瓷砖在拉引力的作用下向前运动时上下表面所受到的力大不相同，瓷砖下表面在受到拉力的同时，还要受到来自窑炉传送辊道的摩擦阻力及辊子本身热负荷的作用，而上表面受力相对较单一。当各种外力作用于瓷砖造成局部应力集中程度超出瓷砖的抗张强度时，在微裂纹处产生裂口，以至瓷砖破裂，这也是为什么裂口往往出现在下表面的原因。

（b）瓷砖在高温区域因局部急冷使瓷砖下表面微裂纹在局部张应力条件下进一步扩展，这也是造成裂口的原因之一。

2. 压痕裂口

过渡辊台或瓷砖下表面粘有硬性黏结粒团，瓷砖带在运行过程中因机械压力产生微变形和无恢复性机械应力集中点，在降温中，因周围瓷砖的收缩使其产生表面微裂纹。当在瓷砖冷却区的辊子上黏附有太多的碎瓷砖碴时，对瓷砖下表面造成直接冲击而产生压裂。

这类缺陷在宽度方向上分布无明显规律，纵向间距基本等于辊距，呈鱼鳞状裂口、点状变形。由于陶瓷大板面积大，而且 8mm 以上厚，瓷砖自重较大，所以在厚瓷砖上容易出现。当冷端辊子上的橡胶圈黏附碎瓷砖碴时，也会使未烧制的素坯瓷砖在运行过程中因自重而产生压裂。

5.3　瓷砖机械加工过程中的应力变形

5.3.1　瓷砖表面加工工艺

现有的瓷砖抛光加工流程包括粗磨边—刮平定厚—研磨抛光—精磨边倒角—纳米液涂覆等工序。如图 5-11 所示。

烧制后的瓷砖表面是一层光滑而且坚硬的烧结层，该烧结层的组织致密。但是由于瓷砖在烧制过程中收缩不一致等原因，造成烧结后的瓷砖表面变形不平整。为了获得高平整度和光泽度的表面，需要对瓷砖表面进行加工。粗磨边工序是对砖坯四周进行粗磨到固定的尺寸，并消除瓷砖边缘的缺陷和波浪边等瓷砖边缘变形。刮平定厚工序是对砖坯表面进行粗加工，将瓷砖表面的烧结层去掉，露出瓷砖表面的花纹；同时消除砖坯的变形、翘曲、表面凹凸不平等缺陷，并获得厚度一致和平整性的表面。研磨抛光工序是对砖坯表面进行精细研磨，使瓷砖表面获得光洁平整的高光泽度的镜面效果。精磨边倒角工序主要完成砖坯四边的侧磨及倒角磨削修整，达到周边平直、对边和对角尺寸准确一致的抛光砖成品。纳米液涂覆工序是由于抛光后的瓷砖表面残留大量的气孔和加工痕迹，这些缺陷影响了瓷砖表面质量，为了获得瓷砖表面超洁亮的效果，在瓷砖表面涂覆纳米液，将瓷砖表面的缺陷进行修复。

加工后的成品瓷砖需要进行表面光泽度和平整度的检测，成品瓷砖表面的光泽度要求达到 90 度以上，而表面平整度要求对角线不能超过 40 丝。检测合格的瓷砖被装箱。

抛光砖的日产量是 25000m^2，瓷砖的进给速度达到每分钟 30 ~ 40m 的速度，瓷砖从窑炉出来之后，瓷砖变形加大了。由于瓷砖变形加大，刮平机滚筒是定深加工滚筒，只能接触到砖坯表面的几个高点，需要先把高点磨削掉。而每个滚筒刮削的深度只有十几丝。瓷

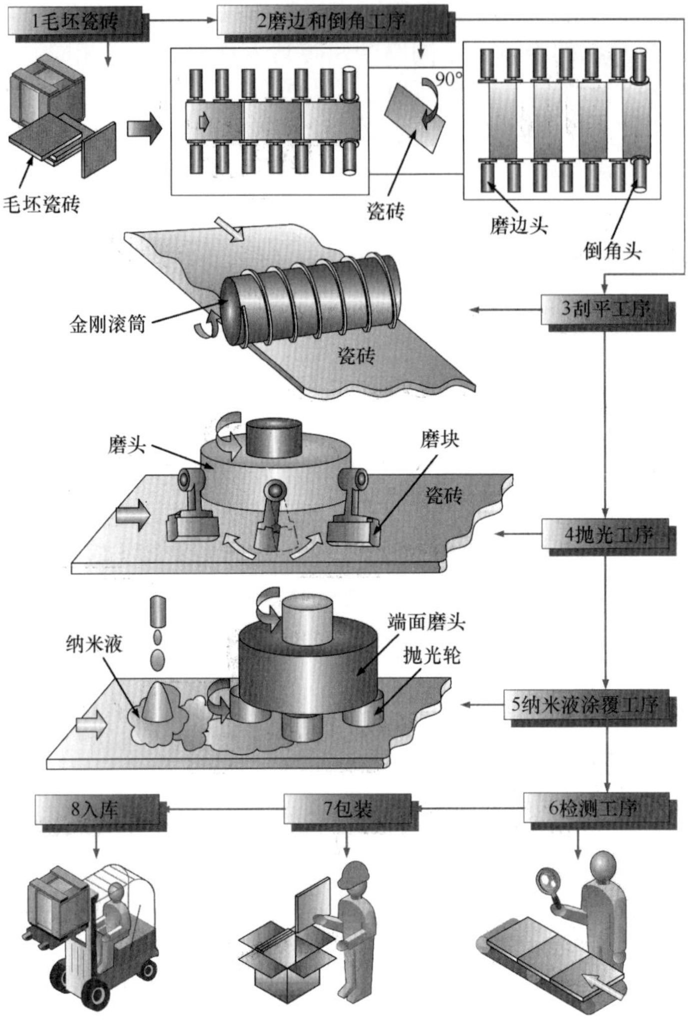

图 5-11　现有瓷砖抛光加工流程

砖变形加大，滚筒需要刮削的深度加大。为了将瓷砖表面的烧结层去掉，减少砖坯表面的变形，提高平整度，只能不断加滚筒磨头，致使目前刮平机滚筒数量不断增加，由原来的16个刮平头增加到现在的48个刮平头。机器的长度也在不断增加，原来设计的车间都装不下了。由于瓷砖变形加大，刮平工序无法达到要求，研磨抛光工序出现漏抛现象，不得不加磨头来提高光泽度。

近年来，抛光砖被淘汰，流行釉面砖。釉面砖很少用刮平工艺，磨边加工工艺之后，进行抛光加工，最后进行纳米液涂覆工艺。也有些釉面砖，表面不进行抛光处理，只进行磨边加工。

5.3.2　瓷砖烧结之后正反面的变形规律

为了说明瓷砖表面加工过程中的变形规律，本书以瓷质抛光砖为例进行试验和说明。在实际生产过程中，瓷砖的变形规律大体是龟背形的，如图 5-12、图 5-13 所示。这是在出窑炉的时候，瓷砖生产商家人为造成的。瓷砖完全平整了，后续的抛光过程中会使瓷砖表面产生凹心形状。

图 5-12　瓷砖变形三维图

图 5-13　瓷砖 A、B 向变形示意图

即使是前面所述的那些瓷砖变形，也是在龟背的基础之上的变形。无论瓷砖是如何变形的，在测量瓷砖的背面时，都是凹心的形状。

完整的瓷砖分为正面和反面，正面是光滑面，这个面将来要加工成我们需要的表面。反面是由一系列凹下去的小格子组成，如图 5-14 所示，目的是与地面和墙面有更好的贴合力，这个面是固定的平面。正常的加工是加工瓷砖的光滑面也就是瓷砖的正面。反面的变形规律是中间低、两边高。瓷砖反面变形如图 5-15 所示。

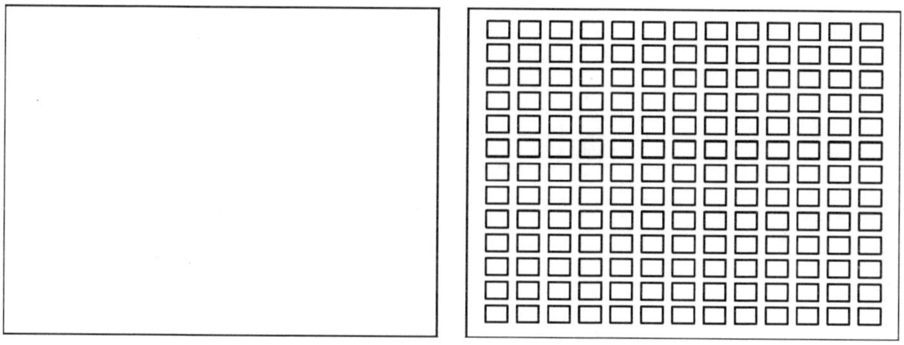

图 5-14　瓷砖正面和反面示意图

由前面的分析可知，在烧结过程中，热应力的作用使瓷砖内部残余应力。瓷砖经过烧结之后，瓷砖内部已形成了一个比较稳定的和自我平衡的天然应力场。瓷砖的正面残余很大的压应力，瓷砖的中部残余拉应力，反面承受压缩应力。为了达到应力平衡，唯有发生宏观变形。所以烧结后的瓷砖通过变形达到了自我平衡，瓷砖产生了弯曲变形，也就是龟背形，从正面看是中间高两边低的变形，从反面看就是中间低两边高的凹心变形。

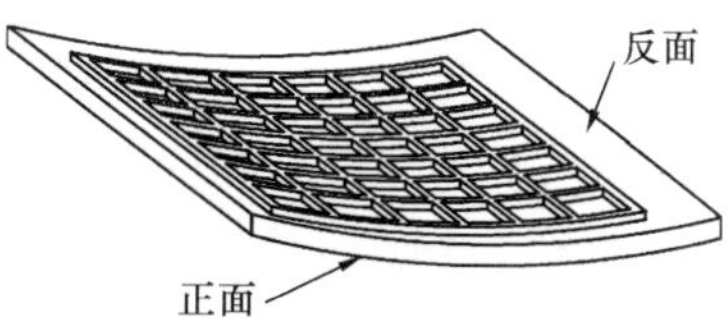

图 5-15　瓷砖反面变形三维示意图

5.3.3　瓷砖表面加工过程中的变形规律

本书采用试验方法获得瓷砖表面加工过程中的变形规律，随机选取两片在陶瓷厂一线生产的抛光砖，瓷砖的规格是 600mm × 600mm。测量瓷砖的反面变形，从毛坯瓷砖开始，选取的两片瓷砖每过一道工序，就取下来测量数据。然后将运行中的瓷砖取下两片，将试验的两片瓷砖替换到生产线上，一直到瓷砖加工结束。

瓷砖测量的方法是测量瓷砖反面的对角线变形量、两个对面直线边之间的变形量，如

图 5-16 所示。

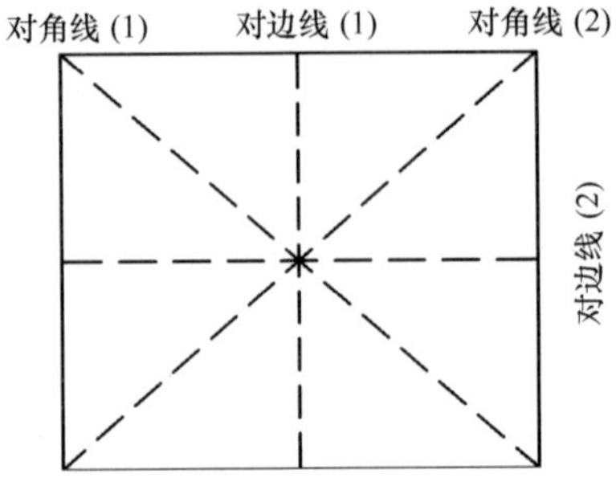

图 5-16　瓷砖反面测点示意图

瓷砖反面各工序测量数据见表 5-1。

表 5-1　瓷砖反面各工序测量数据

生产工序	测量项目	瓷砖编号及测量值（mm）	
		1 号瓷砖测量值	2 号瓷砖测量值
毛坯	对角线（1）	0. 5	0. 5
	对角线（2）	0. 25	0. 25
	对边线（1）	0. 2	0. 25
	对边线（2）	0. 5	0. 5
第一台刮平机（刮平工序）	对角线（1）	0. 75	1. 0
	对角线（2）	0. 5	0. 5
	对边线（1）	0. 3	0. 3
	对边线（2）	0. 75	0. 75
第二台刮平机（刮平工序）	对角线（1）	0. 75	0. 75
	对角线（2）	0. 5	0. 5
	对边线（1）	0. 2	0. 25
	对边线（2）	0. 5	0. 5
第三台刮平机（刮平工序）	对角线（1）	0. 75	0. 75
	对角线（2）	0. 5	0. 5
	对边线（1）	0. 2	0. 2
	对边线（2）	0. 5	0. 5
第四台刮平机（刮平工序）	对角线（1）	0. 4	0. 5
	对角线（2）	0. 5	0. 5
	对边线（1）	0. 2	0. 2
	对边线（2）	0. 5	0. 5
第一台抛光机（抛光工序）	对角线（1）	0. 4	0. 4
	对角线（2）	0. 25	0. 3
	对边线（1）	0. 15	0. 15
	对边线（2）	0. 4	0. 5
第二台抛光机（抛光工序）	对角线（1）	0. 4	0. 4
	对角线（2）	0. 25	0. 25
	对边线（1）	0. 15	0. 2
	对边线（2）	0. 4	0. 4
第三台抛光机（抛光工序）	对角线（1）	0. 4	0. 4
	对角线（2）	0. 25	0. 2
	对边线（1）	0. 1	0. 1
	对边线（2）	0. 3	0. 3

通过表 5-1 的试验数据发现，毛坯瓷砖的变形量不是很大，在经过刮平工序中的第一台刮平机加工之后，瓷砖的变形量会变大。然后经过第二、三、四台刮平机加工之后，瓷砖的变形量又会逐渐变小，而且变得越来越平整。到抛光工序时，瓷砖的变形量会继续变小，但是比较稳定，经过三台抛光机加工，瓷砖变形量相对来说变化不大。

初步分析：毛坯经过刮平机刮平上表面时，刮平机滚筒会对瓷砖表面施加一个压力，将瓷砖压平之后，把瓷砖表面上的烧结层磨掉一层。经过第一台刮平机之后，压制在瓷砖表面的压力消失了，瓷砖在弹性力的作用下，恢复到原来的弯曲形貌。因为毛坯瓷砖本身就呈龟背形，相当于一个蝶形弹簧。因为瓷砖的上表面的烧结层被刮削之后，对瓷砖背面的应力作用减小，在瓷砖瞬间弹性力的作用下，瓷砖龟背变形就会变大。随着瓷砖刮削的深入，瓷砖的表层全部被刮削掉，进入瓷砖中间拉应力区。瓷砖表层的破坏和体积膨胀，不仅释放了反面的压应力，也使上表面的拉应力变为压应力。为了达到一个新的应力平衡，瓷砖会产生一个向上弯曲的趋势，以此平衡了下表面的弯曲变形，瓷砖变得比较平整。由于抛光工序只是对表面进一步的微小切削，产生的应力作用不是很大，瓷砖的变形变化不是很大。

5.4　瓷砖机械加工过程中的应力变形机理

5.4.1　瓷砖加工过程中表面应力重新分布

力是瓷砖产生变形的原因，反过来说有瓷砖变形必有力的作用，瓷砖内部的应力作用使瓷砖产生变形。

（1）初始应力

如前所述，瓷砖经过烧结之后，其内部已形成了一个比较稳定和自我平衡的天然应力场。那就是瓷砖正面承受压缩应力，中间承受拉伸应力，反面承受压缩应力。并且通过变形达到了自我平衡，瓷砖产生了弯曲变形，也就是龟背形，从正面看是中间高两边低的变形，从反面看就是中间低两边高的凹心变形。刮平机滚筒和抛光机磨头加工瓷砖表面后，瓷砖表面的材料就会被去除，并残留一个刮削沟槽或者漏斗形的凹坑或者划痕。这种刮削加工就会打破瓷砖表面原有力场的平衡，使瓷砖表面中的应力状态重新调整，这时就要产生一系列的瓷砖变形、破裂甚至破坏等现象。

（2）瓷砖表面破碎后刮削沟槽或者冲击坑周围应力的重分布

瓷砖表面在被刮平机滚筒刮刀破碎以前，瓷砖表面的表层中赋存有一定的应力状态，并储存了相应的应变位能。瓷砖表面刮削破碎以后，由于移去了一部分瓷砖体而形成了一个刮削沟槽或者破碎坑，刮削沟槽或破碎坑周围的瓷砖体失去了原有的支撑力及位移约束，从而打破了原有的力学平衡。这时刮削沟槽破碎坑周围瓷砖体产生了向破碎坑内移动的趋势，并发生一定位移。破碎坑周围瓷砖体的位移又牵动更深瓷砖体的位移，如此延续下去直至一定深度。在这种位移发生的同时，瓷砖体由表及里也要发生应力的重新调整，以维持力学的平衡。

5.4.2　瓷砖表面破碎后刮削破碎坑周围弹性应力分布模型

为了说明瓷砖表面刮削破碎坑周围应力重分布的特征，假设刮削破碎坑是一个圆柱形洞；坑周围是均质的、连续的。瓷砖表面在刮削破碎以前，瓷砖表面的瓷砖体处于紧密的压缩状态，如图5-17所示。任一点N受平调力系p_1、p_2、q_1、q_2作用，处于自然平衡状态。刮削破碎后解除了约束力p_1、q_1即$p_1 = 0$、$q_1 = 0$。p_2、q_2的大小及方向均发生变化，从图5-17（a）变到图5-17（b），这种现象称为应力重新分布。变化后的应力称为次生应力。此时，瓷砖表面的瓷砖体因失去自然平衡状态，必然向无约束方向（破碎坑方向）松胀。因而，切削破碎坑周边切向方向挤压程度加剧。从图中可以看出，应力重新分布后其大小、方向均发生变化。

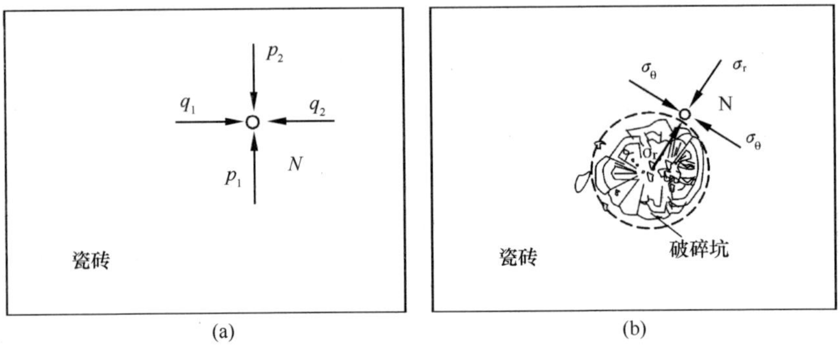

图5-17　瓷砖表面应力与次生应力

（a）瓷砖刮削破碎前应力；（b）瓷砖刮削破碎后次生应力

下面采用极坐标求解刮削破碎坑周围瓷砖体应力σ_r及σ_θ。假设刮削破碎坑对称，而且载荷也对称，那么在图5-18中，$p = q$。

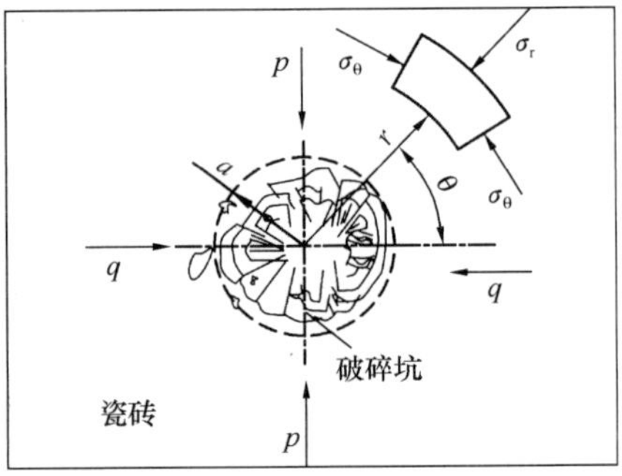

图5-18　刮削破碎坑周围瓷砖体应力计算图

如图5-18所示，刮削破碎坑半径为a，在任意一点r处取单元体$A(r,\theta)$，θ为OA与水平轴的夹角。按弹性理论中平面问题的吉尔希解，其应力为

$$\begin{cases} \sigma_r = \dfrac{1}{2}(p+q)\left(1-\dfrac{a^2}{r^2}\right)+\dfrac{1}{2}(q-p)\left(1-\dfrac{4a^2}{r^2}+\dfrac{3a^4}{r^4}\right)\cos2\theta \\ \sigma_\theta = \dfrac{1}{2}(p+q)\left(1-\dfrac{a^2}{r^2}\right)-\dfrac{1}{2}(q-p)\left(1+\dfrac{3a^4}{r^4}\right)\cos2\theta \\ \tau_{r\theta} = \dfrac{1}{2}(p-q)\left(1+\dfrac{2a^2}{r^2}-\dfrac{3a^4}{r^4}\right)\sin2\theta \end{cases} \tag{5-1}$$

由于对称，故$p = q$，即$\lambda = 1$，所以式（5-1）可简化为

$$
\begin{cases}
\sigma_{\theta} = p\left(1 + \dfrac{a^2}{r^2}\right) \\
\sigma_{r} = p\left(1 - \dfrac{a^2}{r^2}\right) \\
\tau_{r\theta} = \theta
\end{cases}
\tag{5-2}
$$

由式（5-2）作出均匀初始应力场刮削破碎坑周围应力分布，如图 5-19 所示。

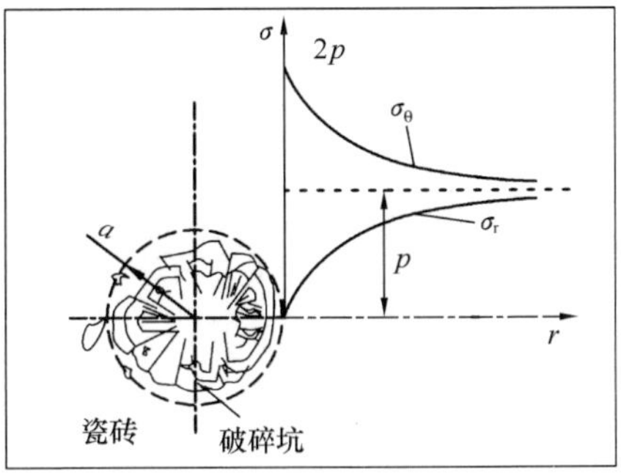

图 5-19　均匀初始应力场刮削破碎坑周围应力分布

由图 5-19 及式（5-2）可看出，瓷砖表面刮削破碎后，径向应力 σ_r 及切向应力 σ_θ，都随径向距离 r 变化，刮削破碎坑周围切向应力成二次幂函数急速增大，在洞壁上达到 2 倍的初始应力场 p 值。当 $r = a$ 时，$\sigma_r = 0$，$\sigma_\theta = 2p$；当 $r = \infty$ 时，$\sigma_r = \sigma_\theta = p$。而径向应力却相反，成二次幂函数而减小，在洞壁上则削减为零。$\sigma_r = 0$，且 σ_r 随着 r 的增大逐渐增大，在无穷远处趋近于瓷砖体应力 p，而在破碎坑周边处等于 $2p$，且随着径向距离的增加而逐渐减小，在无穷远处也趋近于瓷砖体应力 p；此外，由于 $\tau_{r\theta} = 0$，表明 σ_r 及 σ_θ 均为主应力。式（5-2）的第一项为初始应力，第二项则为重分布的修正值。不难看出，随着距离 r 的增加，此修正值 a^2/r^2 衰减很快。可以认为实际上这里的瓷砖体没有受到什么扰动。刮削破碎坑周围的切向应力最大，产生的拉伸应力也是最大的，因此瓷砖体的破坏也是从刮削破碎坑周边开始。

5.4.3　瓷砖表面刮削破碎后破碎坑周围塑性应力分布模型

由刮平机滚筒刮刀刮削破碎瓷砖的过程是先发生弹性变形，然后发生脆性破碎。由前述的陶瓷砖物理特性分析得出，陶瓷砖在常温下不能产生塑性变形。当应力超过陶瓷材料的强度极限时便发生脆性破碎，而且陶瓷材料具有抗压不抗拉不抗剪的特性。次生应力致使破碎坑周围的瓷砖体产生变形、裂纹扩展、松碎破坏现象。本书将这一状态称为瓷砖的“塑性流变状态”。因此本书将刮削破碎坑周围的区域分为三个部分：塑性流变区、弹性区、瓷砖原态区。如图 5-20 所示。

下面在刮削破碎坑周围的塑性区内径向距离 r 处取一微分体 $ABCD$，如图 5-21 所示。

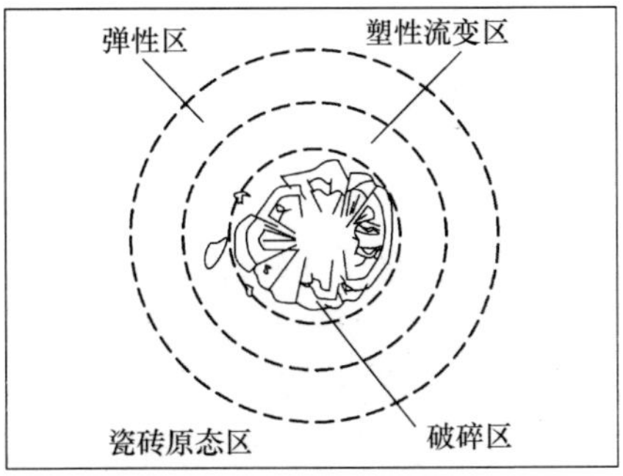

图 5-20　瓷砖表面刮削破碎坑周围弹塑性应力分布状态

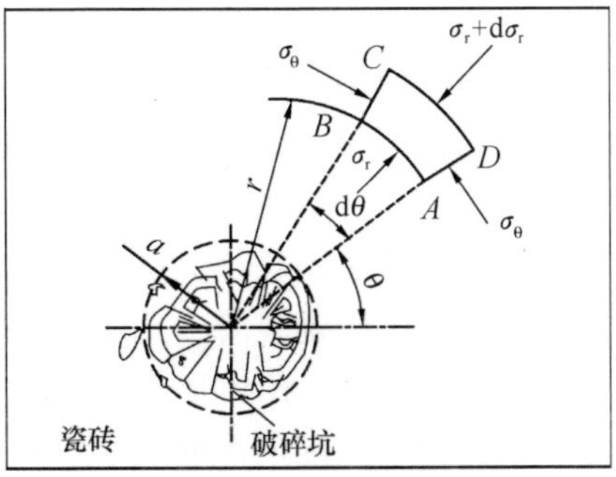

图 5-21　瓷砖表面刮削破碎坑周围塑性区应力计算简化图

作用在微分体 $ABCD$ 上的应力有：径向应力 σ_r 及 $\sigma_r + d\sigma_r$；切向应力 σ_θ，由于轴对称，σ_θ 与 θ 角无关，所以 AD 面及 BC 面上应力相等。

σ_θ 垂直于 AD 及 BC。

由于轴对称，所以 $\tau_{r\theta} = \tau_{\theta r} = 0$。

微分体各边长等于：

$$\begin{cases} AD = BC = dr \\ AB = rd\theta \\ CD = (r + dr)d\theta \end{cases} \tag{5-3}$$

微分体上诸力之合力应满足平衡条件 $\sum R = 0$（诸力在径向 r 上的投影等于零）

$$\sigma_r r d\theta + 2\sigma_\theta \cdot dr \cdot \sin\frac{d\theta}{2} - (\sigma_r + d\sigma_r)(r + dr)d\theta = 0 \tag{5-4}$$

因 $d\theta$ 是微量，可以取 $\sin d\theta/2$ 为 $d\theta/2$，略去式中高阶微量，化简后得

$$\frac{\sigma_\theta - \sigma_r}{r} - \frac{d\sigma_r}{dr} = 0 \tag{5-5}$$

根据式（5-5）得出瓷砖表面刮削破碎坑周围的瓷砖体进入塑性状态时，σ_θ 的最大值从刮削破碎坑周边转移到弹、塑性区的交界处，随着往远离刮削破碎坑方向延伸而逐渐减小到瓷砖原应力状态。在塑性区内，σ_θ 从弹、塑性区交界处向刮削破碎坑周边逐渐降低。

5.4.4 瓷砖表面刮削破碎后破碎坑周围瓷砖体的剪胀变形机理

如前所述，瓷砖在烧结之后瓷砖由于残余应力的作用发生弯曲变形，瓷砖的反面承受压缩应力。因此，瓷砖反面的瓷砖体处于三向压缩状态，瓷砖体承受的压力是瓷砖原应力。瓷砖反面表层的瓷砖体在三向压缩状态下，瓷砖体的体积被压缩了。由前面瓷砖成形过程分析可知，瓷砖在成形过程以及成形之后，瓷砖内部拥有大量的气孔。如图 5-22（a）所示。

图 5-22（a）显示瓷砖体的粗气孔形貌。其空孔为不规则形状，孔壁布满半球形的晶粒，瓷砖晶粒从上到下分层排列。晶界清晰，大多数晶粒之间有较大的缝隙。孔底不平整，孔底布满了半球形的晶粒和小的空孔。小空孔在结构上与大气孔是相同的。坑的表面都是瓷砖原始的瓷砖晶粒。瓷砖粉在压实烧制过程中空气无法透出，储藏在瓷砖内导致瓷砖组织疏松。加工过程中，这些组织疏松的瓷砖晶粒与瓷砖体脱落后会形成一些小孔。

当刮刀滚筒刮削破碎瓷砖表面之后，在冲击坑的坑壁上就会残留大量的弱面和裂纹、裂缝。图 5-22（b）显示的是粗刮后瓷砖表面的冲击破碎坑坑壁上部的形貌，其坑壁上布满大小裂缝和孔。这些裂缝从上到下分层排列。它们看起来像椭圆形孔，并且与瓷砖表面平行。冲击坑壁呈层叠状，层与层之间是比较大的裂缝，而且一直延伸到瓷砖体内部。裂缝呈张开型。图中瓷砖屑 1 是还未脱落的瓷砖屑。瓷砖屑 2 是已经脱落的瓷砖屑。从图中看出，瓷砖屑 2 呈三角体形，而且块大。从坑壁形貌看，与岩石爆破后的形貌相似。根据这个形貌特征和瓷砖屑形状特征，可以推断出这样一个结论：瓷砖在受到滚筒刮刀刮削后，产生径向、环向、切向裂纹并汇交；径向裂纹上下扩展并交叉形成三角形瓷砖屑。滚筒刮刀上的金刚颗粒冲击能具有高流动性，在冲击瓷砖后，转化为向上的反喷射能，将瓷

砖裂纹网拉碎。三角形瓷砖屑从瓷砖体中拉出并抛射出去，瓷砖层被拉断，如同爆破气流将岩石扩展网拉碎并抛射出去。图中 A 处为滚筒刮刀金刚颗粒冲击瓷砖后反喷射能力拉断形貌。

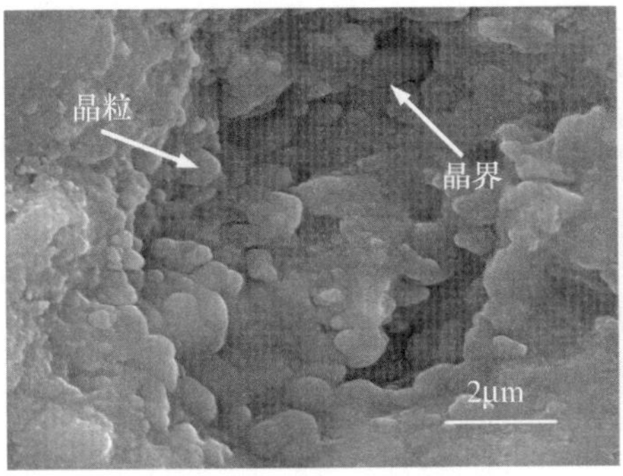

(a)

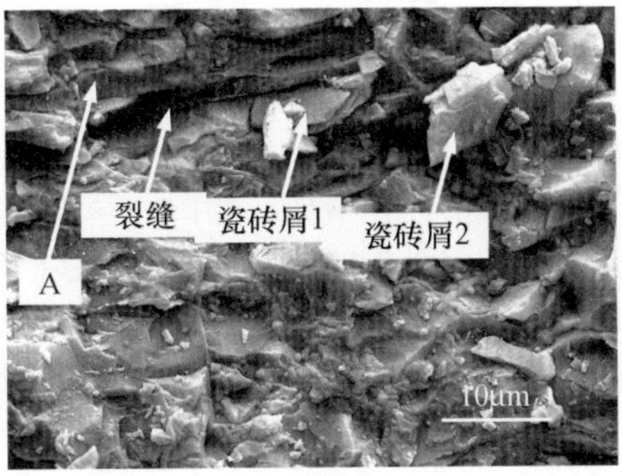

(b)

图 5-22　瓷砖内部气孔和加工后沟槽壁形貌

（a）瓷砖内部气孔形貌；（b）瓷砖表面残留沟槽壁形貌

通过图 5-17 分析可知，瓷砖表面被刮削破碎以后，刮削破碎坑的径向应力解除，刮削破碎坑周围的瓷砖体的应力状态转化为双向或单向应力状态。由刮削破碎坑周围瓷砖体弹、塑性应力分布模型分析可知，刮削破碎坑周边的剪切应力集中，而且是主应力。

在切应力作用下的剪胀变形过程如下。

（1）切应力作用下的微裂纹扩展。

在第一阶段，瓷砖中原有天然孔隙和裂隙因为切应力压缩作用而逐渐闭合。闭合裂隙面上的摩擦力限制了微裂隙面的相对错动，变形主要表现为线弹性。随着 σ_θ 的持续增加，裂隙两端附近会在最不利的方位上出现拉应力，当这种拉应力超过瓷砖固有抗拉强度时，裂隙两端产生新的分叉张性裂隙，如图 5-23 所示。瓷砖中的这类裂纹通常较长，从主裂面处延伸一定长度后即发生弯曲，趋向最大压应力方向，进一步发展还可以形成闭合环，并成为“剪切核”的外围。

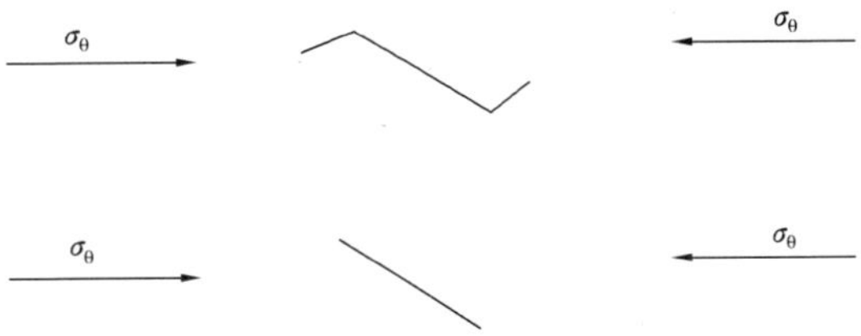

图 5-23　微裂纹扩展示意图

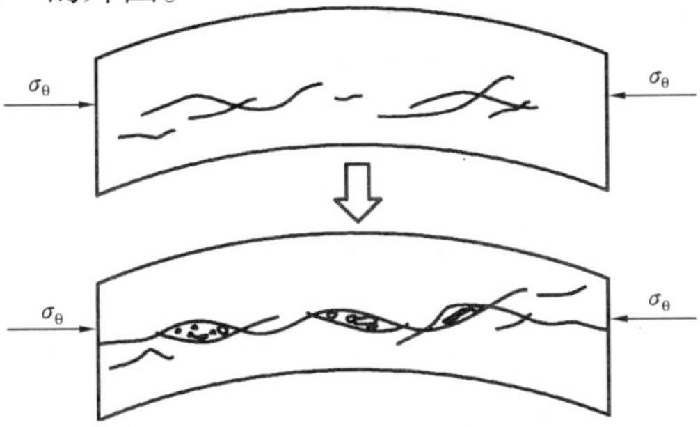

图 5-24　瓷砖剪胀过程中形成的“剪切核”

（2）剪切核的形成

由于分支裂纹发育、主裂纹在形成初期常为断续状或折曲状，继续加载使彼此错对的各段连接起来并形成一种“裂纹环”。随着 σ_θ 的持续增加，瓷砖会沿裂纹环产生剪切变形，环内晶粒、粉末也因此而有轻微的转动，从而形成一“剪切核”，如图 5-24 所示。

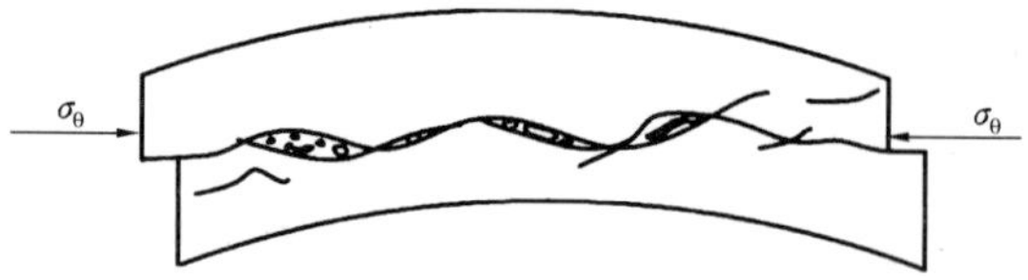

图 5-25　瓷砖剪胀示意图

（3）剪胀（扩容）现象

主裂面并不是一个平面，往往是折曲状的。瓷砖内部存在一组共轭剪切面，主裂纹往往“追踪”剪切面，当新的分叉裂隙上产生的剪应力超过其摩擦力时，裂隙开始发生错动。裂隙的扩展与错动，最终会导致瓷砖的体积增加，如图 5-25 所示。主裂面两侧的瓷砖体既非完全拉张，也不是纯剪，而常常因沿折曲状主裂面的滑移产生剪胀现象。这种现象与瓷砖体沿弱面滑移时的爬坡效应极为相似，虽然表观上是一种拉剪位移，但实质上却是压剪机理造成的。

这样的剪胀现象会沿着破碎坑逐渐向坑周围更远的地方传播。其传播的过程如图 5-26 所示。

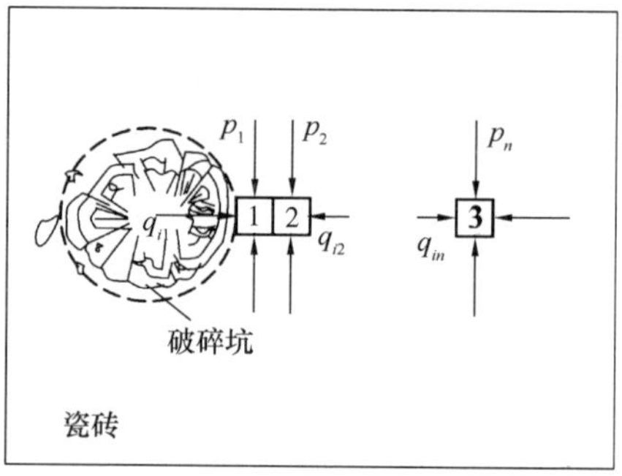

图 5-26　瓷砖剪胀传播过程示意图

在瓷砖表面上任意取一个瓷砖体单元，在瓷砖表面没有被冲击破碎以前，这一单元处于原瓷砖应力平衡状态，当其左边被刮削破碎，并形成一个刮削破碎坑之后其径向应力解除，单元 1 变成二向受力状态，瓷砖强度下降；同时由于应力转移，破碎坑周边附近环向应力集中，而使单元 1 上受力增加。如果单元 1 所受应力超过瓷砖抗拉强度，单元 1 将发生裂纹扩展和沿着主裂面滑移，其承载能力降低，则应力向深部转移。这样一来相邻的单元 2 开始面临单元 1 相似的情况，其不同点是单元 2 的径向应力由于单元 1 的存在而并不为零，但数值很小，即单元 2 的强度略高。如果这时单元 2 上作用的应力仍大于瓷砖抗拉强度，则单元 2 又发生破坏，使应力再次向深部转移。单元 2 也产生破坏并滑移，应力再次转移，其应力集中程度有所降低，而径向应力有所增加，最后到单元 n 时，单元 n 所受应力小于其强度，单元 n 只产生弹性变形而不发生破坏。这样变化的结果，使得在单元 1 至单元 $n-1$ 之间的瓷砖体处于破坏滑移状态，而从单元 n 开始向外，瓷砖处于弹性变形或瓷砖完好状态。

瓷砖表面在没有被破坏以前承受着压缩应力，并通过弯曲变形进行应力平衡。在刮削破碎后，瓷砖表面上的破碎坑周边瓷砖体单元 1，单元 2，……单元 $n-1$ 沿破裂面滑移、错动变形，在错动、滑移过程中，破裂块体产生显著体积膨胀。被压缩的瓷砖体积逐渐恢复，造成瓷砖体向破碎坑内空间移动。瓷砖反面的压缩应力被释放。同时剪胀受到周围瓷砖体的约束，因此在剪胀的过程中也会产生新的残余应力和新的应力变形。

5.4.5　瓷砖表面刮削破碎后破碎坑周围瓷砖体的剪胀模型

在破碎坑周边任取一块单元体，如图 5-27 所示。设单元体错动方向一致。对已发生剪胀变形获得稳定平衡的刮削破碎坑周边单元体径向平衡方程可得：

$$\sigma_r r\mathrm{d}\theta + (\sigma_\theta^1 + \sigma_\theta^0)\frac{\mathrm{d}\theta}{2}\mathrm{d}r = (\sigma_r + \mathrm{d}\sigma_r)\mathrm{d}\theta(r + \mathrm{d}r) \tag{5-6}$$

化简并略去高阶微分项得：

$$r\frac{\mathrm{d}\sigma_r}{\mathrm{d}r}+\left(\sigma_r-\frac{(\sigma_\theta^1+\sigma_\theta^0)}{2}\right)=0 \quad (5\text{-}7)$$

式中　σ_r——单元体所承受的径向应力；

$\mathrm{d}\sigma_r$——径向应力增量，处在巷道周边上的单元体；

σ_θ^0、σ_θ^1——单元体的两部分沿着弱面发生相对错动、剪胀，作用在单元体两侧的周向应力。

如图 5-27 所示，取单元体左半部分，剪胀错动以后，沿圆周力向列平衡方程得：

$$2\sigma_r urd\theta=\sigma_\theta \mathrm{d}r \quad (5\text{-}8)$$

式中　u——弱面摩擦系数；

σ_θ——使单元体产生剪胀错动的力，$\sigma_\theta=\sigma_\theta^1-\sigma_\theta^0$。

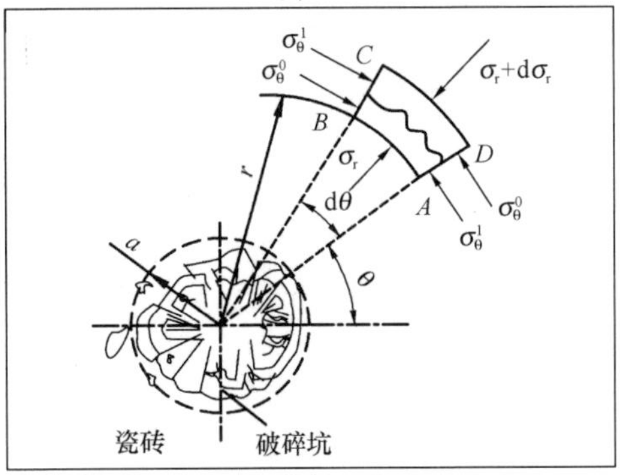

图 5-27　刮削破碎坑周边瓷砖体剪胀变形力学分析

5.4.6　冲击应力波对瓷砖体产生的剪胀效应

当刮平机的刮刀是滚筒式的，在滚筒高速旋转时，滚筒上的金刚石颗粒在接触瓷砖表面时，就会高速冲击瓷砖表面，在瓷砖体内存在一系列能量传递过程，开始时刻只有受作用部位材料发生变形，进行运动，接着这种作用传递给邻近材料，使之也进行变形和运动。如此不断，冲击作用由近及远地传递到瓷砖体的其他部分。这种传递过程就是应力波的传播，传递过程中扰动部分与未扰动部分的分界面就是应力波的波阵面。

应力波传播过程是随时间变化的非定常过程，应力波过后介质状态发生突跃变化，波后介质应力突跃增加，且具有一定的运动速度。当应力波传播到瓷砖正面时，应力波发生反射，反射应力波过后介质状态重新发生变化，反射应力波传播到瓷砖反面时又要再次反射，这样经过多次反射后，介质中应力趋于均匀化，这时瓷砖的变形主要显示随时间而变化。应力波多次反射后瓷砖发生最终的变形和破坏。

瓷砖的抗压能力比抗拉能力强。压缩波不能引起瓷砖的破坏，然而当压缩波到达瓷砖的正面反射为拉伸波，在往回传播的过程中往往在自由表面附近出现裂纹扩展和错动。一个平面压缩脉冲在自由边界的反射过程表现在图 5-28 中。图中压缩波表示在横轴上方，拉伸波表示在横轴下方，合成应力波形表示在右侧图中。图 5-28（a）表示一个压缩脉冲接近自由边界（纵轴），在图 5-28（b）中脉冲波长的 1/4 已经反射，板中出现最大拉应力。在图 5-28（c）中，反射脉冲的头部已经达到入射脉冲的尾部，脉冲波长的 1/2 已经反射，板中出现最大拉应力。在图 5-28（d）中，反射过程继续进行，入射脉冲只有一个尾部留在瓷砖中。图 5-28（e）表示反射过程结束，一个完整的压缩波形全部反射为拉伸波形。

在瓷砖表面滚筒刮刀上金刚石冲击作用下，传入压缩波，该压缩波在瓷砖的正面反射为拉伸波，最大拉应力出现在金刚石颗粒与瓷砖表面接触位置的下方瓷砖体中，并且该处拉应力作用时间最长。在拉应力作用下，瓷砖材料内部出现空穴，并且随着拉应力的加大和作用时间的加长，空穴不断成长，在拉应力大且作用时间长的区域，不仅空穴数量多，而且生穴容积大。当拉应力不是太大时，空穴呈现均匀分布，其成长不受邻近空穴的影响；拉应力大到一定程度后，空穴和空穴之间发生交互作用，且出现类似裂纹连通的现象。

将空穴简化为微裂纹的宏观扩展，以疲劳裂纹扩展的“塑性钝化”模型来说明瓷砖内部空穴的扩展过程。压缩波和反射拉伸波在瓷砖中形成交变应力，给予瓷砖体中空穴以交变载荷作用。空穴的扩展过程如图 5-29 所示。

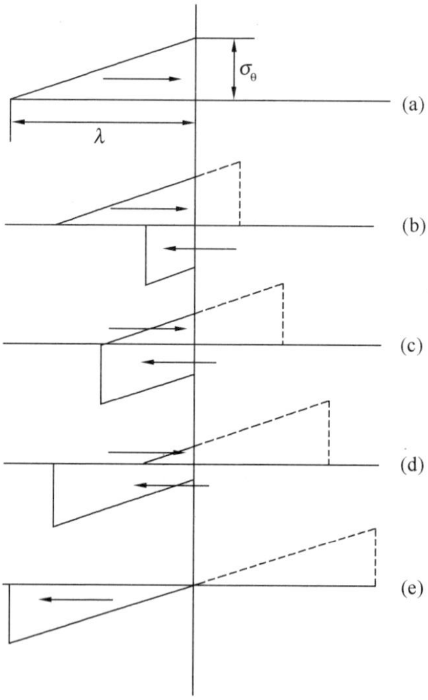

图 5-28　平面压缩波在瓷砖正面自由边界反射过程示意图

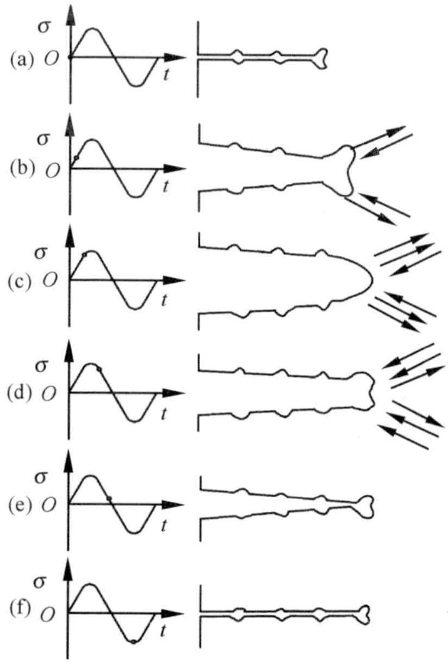

图 5-29　瓷砖中空穴塑性钝化模型

设想交变应力的值为零时，裂纹处于闭合状态，裂纹的前端呈尖锐形［图 5-29（a）］。而拉应力的出现使裂纹张开。裂纹尖端两侧由于切应力而沿 45°角滑移，并残留下拉伸变形，使裂纹尖端由锐变钝［图 5-29（b）］。当拉应力达到峰值时裂纹停止扩展［图 5-29（c）］。接着，在拉应力减小并转变成压应力的过程中，裂纹前端又在新的滑移面上沿 45°角按相反方向滑移，裂纹逐渐闭合，新表面重新由钝变锐而被压缩成耳状［图 5-29（d）（e）（f）］，交变应力每经过一次循环，裂纹就向前扩展一段长度。不断重复这个过程，裂纹就不断向前扩展。

空穴的聚结首先出现在夹杂物与基体连接处。瓷砖在制造和烧结的过程中产生大量的空穴，这些空穴表面的晶粒边界会产生应力集中。连接处的应力集中是导致局部塑性且生成微空穴的直接原因。空穴生成的难易取决于瓷砖内部组织疏松处夹杂物与基体的连接情况，若连接很弱，空穴可以在低应力条件下产生；若连接很强，空穴则在大应力条件下才能产生。空穴生成的速率与拉应力的幅度和作用时间成正比，并且空穴容积的增长也与拉应力幅度和作用时间成正比，空穴的继续发展使空穴相互之间连通起来，从而形成宏观裂纹，裂纹的不断增长最终导致材料的破坏。

瓷砖在未受到冲击作用时，瓷砖体内部的应力是平衡的。当冲击的作用使瓷砖体内部产生空穴时，瓷砖体内部的应力平衡被打破。烧结后的瓷砖应力分布和变形状态在前面已经做过分析。瓷砖的内部承受拉应力，正面和反面承受压缩应力。当瓷砖体内部产生空穴时，瓷砖体中受到压缩或者拉伸作用的瓷砖体积就会被释放，朝着空穴的位置变形释放应力。应力在释放过程中产生瓷砖体的体积膨胀，也就是剪胀。这个过程与破碎坑的剪切机理和过程是一样的，在此不再做论述和分析。剪胀后的瓷砖然后达到一种新的应力平衡。瓷砖体新的应力平衡伴随着瓷砖的宏观变形。

5.5　瓷砖成品残余应力变形

瓷砖厂的瓷砖在机械加工之后，瓷砖表面的各种参数都达到了要求，装箱入库。瓷砖成品在仓库放置三个月之后，所有的瓷砖表面参数变大了，有很多超差。很多的陶瓷厂只能将瓷砖成品进行二次加工。瓷砖参数超差主要是瓷砖表面的平整度。这是什么原因导致瓷砖成品放置一段时间之后，瓷砖又重新变形了呢?

力是瓷砖产生变形的原因，反过来说有瓷砖变形必有力的作用，放置一段时间之后的瓷砖成品没有使瓷砖产生向下方向的变形，反而是向上起拱，会使瓷砖产生一个凹心的变形，也就是瓷砖周围边缘高、中间低。瓷砖表面经过加工之后，瓷砖表面就会很平整，瓷砖的反变形，会使瓷砖的平整超差。

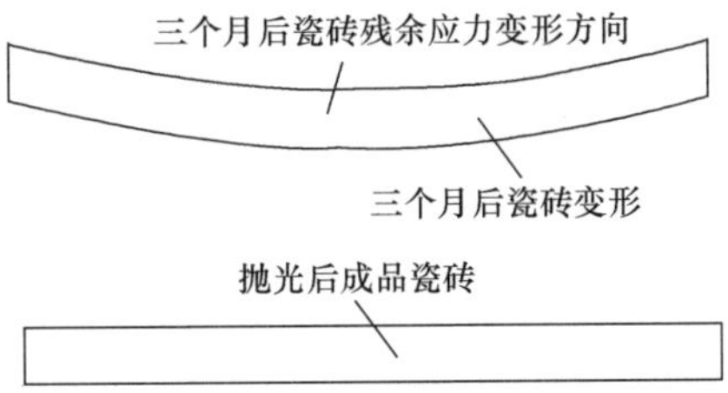

图 5-30　矫正后瓷砖变形

很显然，反向起拱的直接原因不是机械加工造成的，因为瓷砖成品产生变形时，机械加工已经结束很长时间了。既然不是外力的作用，那一定就是瓷砖内部的应力作用了，正是因为残余应力的作用，才使瓷砖产生了变形。如图 5-30 所示。

5.6　瓷砖成品残余应力变形机理

瓷砖成品残余应力是指在无外力或温度差等外来因素作用的情况下，存在于瓷砖体内部并保持平衡的应力。瓷砖经过机械深加工之后，总伴随产生残余应力，它对瓷砖的性能有着不容忽视的影响。这种影响主要反映在疲劳强度、平面度精度、尺寸稳定性等方面。

由前面的分析可知，瓷砖在烧结过程中热应力的作用使瓷砖内部残余应力。瓷砖的表面残余很大的压应力，瓷砖的中部残余拉应力。为了达到应力平衡，唯有发生宏观变形，因此，烧结后的瓷砖产生了弯曲变形，而弯曲变形使瓷砖反面产生了压缩应力。为了便于分析，这里假设压应力和拉应力在瓷砖的厚度方向上都为均匀分布。这种应力分布形式可用图 5-31（a）给出的弹簧系统模型进行分析，上表面的压应力相当于一个受压的弹簧。而瓷砖内部的拉应力相当于一个受拉的弹簧。很显然这种弹簧系统不能保持平衡，必然要发生弯曲变形，以平衡由内部压应力和拉应力引起的弯曲力矩。瓷砖唯有发生宏观变形才能使其内部力系达到新的平衡。因此瓷砖便发生凸起弯曲变形直至弯曲力矩的平衡。

此时的残余应力分布形式可用图 5-31（b）给出的弹簧系统模型进行分析，中间受拉的弹簧受到上下两个受压弹簧的制约。系统内部的力和力矩都得到平衡，故此时整个系统能处于平衡状态。

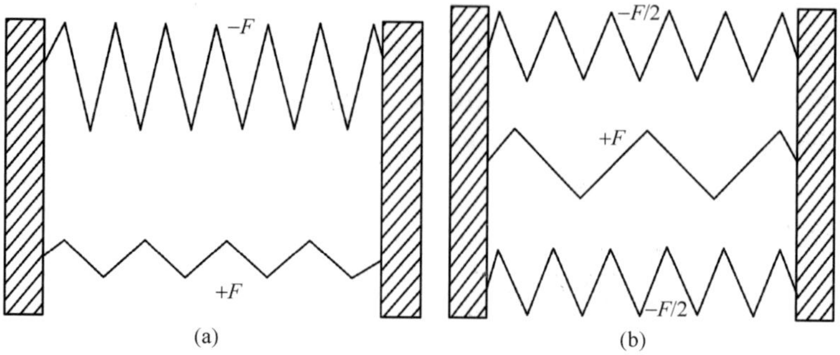

图 5-31　分析残余应力平衡的弹簧系统

（a）不平衡的残余应力系统；（b）满足平衡的残余应力系统

因为瓷砖机械深加工时切除的瓷砖表面层中如果分布着残余应力，则随着这层陶瓷材料的分离，残余应力原先的平衡遭到破坏，瓷砖必然通过变形来使应力重新平衡。这个简单的原理可以用图 5-32 所示的理想圆柱形铸件来说明。

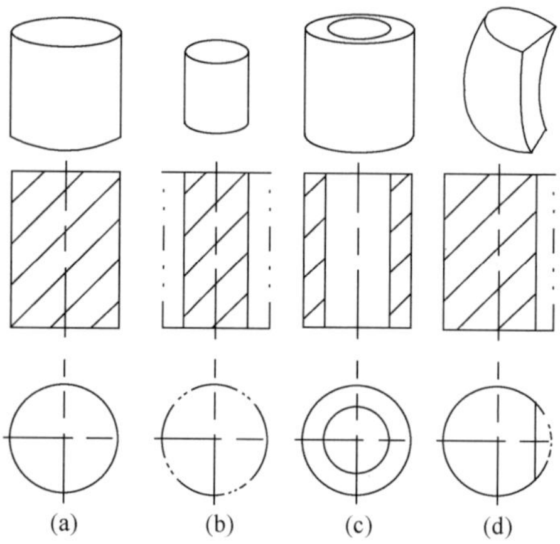

图 5-32　圆柱形铸件的加工变形示意图

（a）内应力平衡；（b）切除表层材料；

（c）切除心部材料；（d）切除一侧材料

设想圆柱形铸件由于冷却时外层材料和内部材料的冷却速度不同而使表层出现残余压应力，心部出现残余拉应力。这时如果把铸件的外层切除，则原来有残余拉应力的心部材料就会缩短［图 5-32（b）］；如果把铸件的心部切除，则原来有残余压应力的外层材料就会伸长［图 5-32（c）］；如果把铸件的一侧切除，则余下的部分就会弯曲［图 5-32（d）］。

瓷砖刮平工艺过程是将瓷砖表面的烧结层去掉，抛光工序是将刮平工序残留的刮削沟槽去掉，最后变成一层延性流变层。瓷砖表面的烧结层中含有瓷砖烧结之后的残余压应力，虽然刮平过程中，剪胀变形首先释放了烧结后瓷砖中一部分应力，让瓷砖体暂时达到一个应力平衡，瓷砖成品加工之后是平整的，各项参数是合格的。

但是残余应力的释放和平衡是一个缓慢的过程，瓷砖在深加工之后，一直进行着残余应力的平衡。瓷砖抛光之后，瓷砖表面的延性流变层会在瓷砖表层产生压应力，但是这些压应力不足以平衡已经被打破的原有力系。瓷砖的厚度在 10mm 左右，而刮平和抛光总和只有 2mm 左右。大部分的残余应力还在剩余的瓷砖体内部，机加工打破了瓷砖内部原有力系的平衡。从而导致瓷砖发生凹心弯曲变形，这个变形与烧结后瓷砖的弯曲变形正好相反，在瓷砖凹心弯曲过程中，又将使内部应力发生新的变化，最终在瓷砖内部形成新的残余应力分布，因此整个过程使瓷砖内部应力发生复杂变化。瓷砖只有通过宏观变形才能使内部的应力达到新的平衡，放置三个月后瓷砖成品变形，变形后的瓷砖内部残存着新的应力平衡。瓷砖正面残余压缩应力，中部残余拉伸应力，反面残余压缩应力。如图 5-30 所示。

第 6 章　金刚石磨具及磨削瓷砖规律

金刚石磨具与普通磨具类似，所不同的是其中的磨料是由相应的结合剂固定的金刚石粉料。金刚石磨具包括金刚石磨轮、金刚石磨块、金刚石滚筒和金刚石树脂软磨块、磨轮等。金刚石磨轮、磨块应用在瓷砖的粗、中、精加工工序中。这些磨轮和磨块采用普通金刚石磨料制成的标准磨轮、梯形磨块、圆柱滚筒的结构和形状。本书重点介绍金刚石磨具以及磨削瓷砖的规律。

6.1　金刚石磨具概述

瓷砖金刚石磨轮、磨块、滚筒是由基体和固定在基体上的金刚石工作层组成的。金刚石工作层是金刚石粒和结合剂的均匀混合物，有时还有填料。基体的结构和形状与磨轮工作部分的形状相对应，且保证磨具可能固着在磨头上或者在心轴中。根据被加工材料的性能和加工条件的不同而选择磨具时必须考虑和选定的金刚石层的主要特性（该特性决定了其使用性能）是：

（1）金刚石的种类或牌号；

（2）金刚石粉料的粒度；

（3）结合剂——它的本质、机械性能和物理化学性能；

（4）结合剂中的金刚石浓度。

金刚石的种类或者牌号是由组成它的金刚石的本质和性能决定的，即需指明这种金刚石是天然的或是合成金刚石的一种变体。所选用的金刚石粉料的类型是由它在完成这种或那种加工时的加工性能和加工效率决定的。

磨轮中（所包含的）金刚石粉料的粒度决定着加工效率和加工光洁度，而粒度是根据其用途确定的。由于金刚石磨具的切削性能随着粒度的增加而改善，而加工光洁度随着粒度的减小而提高，所以金刚石粉料的粒度是磨具的重要特性，为了满足这种或那种参数而正确地选择粒度将决定磨具的应用效率。

结合剂（其主要用途是保证金刚石粒固着在磨具中的必要强度）及其性能在很大程度上决定了金刚石磨轮的加工性能。结合剂的选择与被加工材料的性能、对加工效率和加工质量的要求有关，也与对磨轮寿命的要求有关。一般认为：加工釉面砖、仿古砖时采用其结合剂不太硬（如较软）的磨具。而加工抛光砖、金刚釉面砖时，则采用其结合剂较硬的磨具。制作金刚石磨轮的结合剂可以分为树脂结合剂、陶瓷结合剂和金属结合剂。

采用各种牌号的粉状酚醛树脂（酚醛塑料）、清漆、环氧树脂、某些其他类型的合成树脂和硫化橡胶（硬橡皮）作为有机结合剂。为了提高金刚石层的机械强度和耐磨性，在结合剂里加入磨料、金属或者难熔金属碳化物的粉状填料。在需要除去的余量较大的粗磨加工工序中，由于这种结合剂的磨具寿命和加工精度较低，且金刚石的消耗较高，因而采用有机结合剂的磨具是不合理的。

金刚石磨具的金属结合剂是根据粉末冶金原理（金属陶瓷结合剂）采用压制和烧结方法而得到的金属或者它们的合金。金属由于冷却而凝固以后，金刚石粒均匀地分布在金属中且与其牢固地结合在一起。特殊类型的金属结合剂是采用从电解质中电沉积金属而得到的，悬浮在电解质中的金刚石粒由于金属的电沉积而固着在磨具基体上。金属结合剂的磨轮具有很高的强度和耐磨性，它可以在相当宽的范围内调节结合剂中组分的性质。金属结合剂成分可以是极其不同的，从而保证金刚石粒固着在金刚石层中的对应强度。因此，金属结合剂适于加工硬脆材料，比如陶瓷、瓷砖和各种晶体。金属结合剂一般用总的代号M附加上以一定形式来表明结合剂成分和性质的数字或字母（如 M1、M5、M10、M7K等）作为标记。

磨具中金刚石粉料的浓度决定了金刚石层中金刚石的体积或质量含量，在普通磨料的磨具中，磨料的含量以体积计为40% ~60%。在金刚石磨轮中，由于金刚石具有较高的研磨性能，因此粉料的含量可以大大减少，其平均值约为体积的25%。金刚石层里的粉料浓度可以用百分数来表示，并且以体积为 $1mm^3$ 金刚石层里含金刚石质量为 0.878mg（四舍五入为 0.88mg）或以体积为 $1cm^3$ 金刚石层里含金刚石质量为 4.39 克拉作为 100% 浓度，相应于按体积计为25%。因而，当浓度为50%时，在同一容积中的金刚石质量含量减少一半；当浓度为25%时，其质量含量减少到原质量的1/4，依此类推。任何结合剂的金刚石磨轮按浓度可以分为以下三种：低浓度10% ~50%；中等浓度50% ~100%；高浓度100% ~200%。

必须指出，国外制造金刚石磨具的各公司都采用各自的浓度标准体系，因此对来自不同地方的各种金刚石磨具而言，在标记的浓度相同时，实际上金刚石含量并不相同。磨具中的金刚石浓度是根据被加工材料的性能及对加工效率和加工质量的要求确定的，此外，浓度也与磨轮的粒度、结合剂的类型及加工条件有关。加工瓷砖时，主要采用中等浓度的金刚石磨轮、磨块，部分是采用低浓度的金刚石磨轮、磨块。

应该指出：金刚石磨轮、磨块的各种特征是相互联系的，磨具的加工性能和性质是由这些特征的综合效果决定的。因此，选择这些特征是很复杂的，因为选择和使用其中某一特征时必须考虑到它们彼此之间的相互影响和对磨具整个性能的影响。

金刚石磨轮、磨块的总体结构是由其形状和尺寸决定的，而其形状和尺寸与磨具的用途和加工条件有关。制作金刚石磨具的专业工厂根据订货人对金刚石层特征的要求生产多规格的各种形状和尺寸的金刚石磨轮、磨块。由于任何金刚石磨轮都是旋转体，故磨块有梯形、扇形等结构。

6.2 金刚石磨具加工效率的确定

金刚石磨具的加工效率是由被加工材料的除去率（或除去速度）和金刚石层的寿命（或其磨损速度）确定的。磨具的加工质量随着磨具的成分、结构、加工条件等特征的不同、金刚石粉料质量和被加工瓷砖性质的不同而不同。为了在改变上述列举的任意一个参数时，估计和比较磨具的加工性能，或为了在同样的加工条件下对相同的磨具做对比，我们确定了在任何一种情况下表征其效率和寿命的量，且确定了金刚石的利用效率。

金刚石磨具的加工效率直接反映了其切削性能，且是由某段时间内除去材料的数量确定的，即由它的除去速率确定的。因此，金刚石加工的效率通常由 1min 内磨去的瓷砖材料质量或瓷砖材料体积来确定，并且加工瓷砖材料时，通常以 g/min 或 cm^3/min 来表示瓷砖材料的除去效率。

在个别情况下采用一定的磨具完成某些工序时，可以采用间接表征在单位时间里被除去材料数量的其他量来表示磨具的加工效率。比如：当用金刚石切割砂轮来锯切瓷砖时，通常采用锯切面积（cm^2/min 或 m^2/h）来作为效率的单位。钻孔时，钻进过程的效率实质上是由进刀量确定的，且以钻进速度（cm/min）来表示。采用同种规格的磨具系统地加工大批量的相同工件时，磨具的加工效率往往是由在单位时间里加工的平均工件数确定的，通常以每小时个数来表示。在上述列举的各种情况下，按照磨具和被除去材料部位的已知尺寸，并借助不太复杂的计算，很适宜以质量单位或体积单位表示加工效率。

金刚石磨具的寿命直接与金刚石层的耐磨性和被加工瓷砖材料的性质有关，且由消耗单位质量金刚石时材料的除去量确定，磨具的寿命以所除去瓷砖材料的质量单位或体积单位对金刚石质量单位的比来表示，即分别为 g/mg 和 kg/克拉，或 cm^3/g 和 $dm^3/$克拉。研究金刚石磨具加工时，为了将它们实际应用于生产和为了在加工瓷砖材料时确定金刚石的消耗量，通常采用寿命的倒数——金刚石的比消耗这一量更为方便。

金刚石的比消耗是由除去单位质量或单位体积的被加工瓷砖材料时所消耗的金刚石质量确定的，因此，它可以用质量单位或体积单位来表示。加工瓷砖材料时，通常把金刚石的比消耗表示为克拉/dm^3。在切削和钻孔时，金刚石的比消耗可分别用克拉/m^2（锯切面积）和克拉/cm（钻孔长度——即钻孔深度）来表示。

在某些情况下，采用研磨系数这一量作为估计金刚石利用率的标准。这个量对于结合磨料磨具的加工是通用的，因此也可以用于表示金刚石结合磨料磨具的加工特点。

研磨系数是被磨去材料的体积与所消耗金刚石层体积之比，即

$$G_m = \frac{V_M}{V_n} \tag{6-1}$$

式中　V_M——被磨去材料的体积；

V_n——金刚石层磨损部分的体积。

由于研磨系数是根据金刚石的比消耗，而不是根据金刚石的消耗来确定的，因此，利用研磨系数只能对浓度相同的磨具做比较。而比较不同浓度的磨具时，只能得到关于它们加工的相对概念，不能判断金刚石的利用效率。因此较为合理的是采用比消耗这一量，因为它直接确定除去单位材料的金刚石消耗，而与磨具的特征无关。利用以下关系式，可把研磨系数换算成金刚石比消耗：

（a）质量比消耗（mg/g）

$$q_p = \frac{8800K}{v_M} \cdot G_m^{-1} \tag{6-2}$$

式中　v_M——被加工材料的密度（$kg/m \times 10^3$）；

K——金刚石浓度（%）。

（b）体积比消耗（kg/cm^3）

$$q_v = 8.8KG_m^{-1} \tag{6-3}$$

为了确定材料的除去效率，必须精确地了解加工时除去材料的质量 ΔP_M 或体积 ΔV_M

及加工过程的时间。

要计算金刚石的比消耗，必须了解加工过程中消耗的金刚石总数及同时除去的材料数量。为此需确定在加工期间金刚石层部分磨损的质量或体积，由此直接计算出金刚石的消耗量。金刚石层磨损的线性测量和质量测量是最常用的方法。

采用测量磨轮经过加工前后工作层高度（或厚度）的方法来做线性测量时，我们确定了在除去被加工材料后金刚石层的磨损厚度。然后通过磨具工作面的大小和线性磨损量计算出磨损层的体积，并根据由一定浓度确定的单位体积里金刚石的含量，计算出金刚石的总消耗量。金刚石层的线性磨损 Δh_a 是借助于测量精度不小于 0.001m 的测量磨具或测量仪表来测定的。

6.3 固着金刚石粒的作用

在破碎瓷砖材料时，需要对磨具中金刚石粒的作用机理和作用条件做充分的研究，阐明所发生的加工过程。为了研究固着在磨具表面的单颗粒金刚石和金刚石颗粒群的加工问题，得到关于金刚石粒作用机理的系统化资料，下面对其进行分析和阐述。

6.3.1 单颗粒金刚石的作用

许多研究者都对固着的单颗粒金刚石对被加工材料表面的作用进行了研究，研究结果得出，这一过程是切削-划痕。切削或划痕这两个因素中占优势的因素决定了材料表面总的破碎特性，且它还与材料的性质及金刚石粒对其作用方式有关。比如：当沿着材料移动负荷金刚石粒时，对具有塑性的材料产生切削，同时以碎屑的形式产生破碎物。反之，用金刚石粒加工具有脆性的材料表面时，则是划痕过程，同时以最小的粒子——碎片的形式产生破碎物。应该指出：在具有薄断面切口的材料层中，材料被加工表面的塑性形变或脆性形变程度与经受金刚石粒微观切削作用的条件有关，这些条件是在机床上加工时发生的热力学过程的结果。众所周知，随着温度的升高，材料的塑性增加，因此，在某些温度条件下的加工区域里，脆性材料可能在其薄层里呈一定程度的塑性。然而，通过对单颗粒金刚石作用的初步研究可以认为：在较高温度范围内，金刚石颗粒作用在瓷砖材料时，金刚石还保留着充分的脆性。

金刚石粒的作用首先是由其物理-机械性质和几何参数决定的，其次是由其在磨具中的固着条件和固着强度以及颗粒作用时的运动学条件和动力学条件决定的。在对被加工瓷砖材料的作用过程中，金刚石粒的加工能力和耐磨性随着上述诸因素的改变而改变。

如上所述，除了金刚石颗粒的主要尺寸（长、宽、高）外，还可采用由这些尺寸之间的关系确定的形状系数 η 来充分地表明颗粒的特性，也可以采用在顶部和突缘处的晶面和圆角半径之间的夹角值来表明其特性。随着颗粒的形状逐渐接近等积形，它们的强度则相应地增大。当金刚石粒顶部的角度值和圆角半径逐渐减小时，颗粒的尖锐度相应地增加。

由于固着在磨具里的各金刚石粒是任意分布的，它们的晶面和锐角也就占有任意的位置。因此，对瓷砖材料表面起破碎作用的既有锐利的颗粒，也有晶边和顶部不锋利的颗粒。金刚石粒的不定取向实际上整体降低了磨具潜在的切削性能，经研究指出，在金刚石磨具中只有 10% ~17% 的颗粒对破碎被加工材料起作用，其余的金刚石粒只是使材料产生形变。对其中金刚石粒做有序分布的磨具进行的试验表明：当该磨具中金刚石含量比普通磨具减少 40% ~70% 时，则在改善加工质量和减少所需功率的前提下，此磨具的加工效率和加工寿命可与普通磨具相等甚至超过它。

金刚石粒的有序分布是使它们按预定设计在磨具的工作表面做几何定向和分布。为此，首先要考虑颗粒与等积形的偏差程度，颗粒顶部角度的大小和分布。根据形状系数和顶角之间的相互关系确定颗粒相对工作表面的定向角。然后，利用求得的定向角和形状系数的相互关系，计算出前角和后角的可能值，定向金刚石粒的切削角并设计它们的分布。这类磨具的研究结果有力地证明了：当金刚石粒相对被加工瓷砖表面处于最佳位置时，磨具的切削性能得到最充分的利用。

金刚石粒在磨具表面的固着条件同样对磨具切削性能的利用率有很大的影响，首先，它们应该保证颗粒固着有足够的强度；其次，金刚石粒应露出相应的为破碎被加工瓷砖材料表面所必需的部分，并及时地使磨钝了的金刚石脱落。

金刚石粒的固着强度是由它们固着在其中的结合剂材料的物理-机械性质和化学性质，颗粒的晶形和几何参数，颗粒相对被加工瓷砖表面的分布特性及金刚石粒和结合剂之间的物理-化学作用决定的。具有较高机械强度的结合剂材料包裹着埋在其中的部分金刚石，并用较大的力箍住金刚石，因此金刚石粒被牢固地固着在结合剂中。结合剂组分的化学性质具有重要的意义：即它通过扩散和浸润与金刚石表面发生化学作用，从而增加颗粒的固着强度。

金刚石粒的固着强度与晶形有关，如果颗粒较长的方向沿固着其表面的法向分布，则固着强度就提高。此外，表面呈大量凹凸不平的金刚石粒比表面光滑的颗粒固着强度高。众所周知，等积形颗粒比按上述分布的长形金刚石粒固着强度低。

国内外学者通过试验确认，存在着一个使金刚石粒不被破坏地从结合剂中脱落的最大埋入深度。这个值 $(h_3)_{kp}$ 称为金刚石粒临界埋入深度。如果采用颗粒相对临界埋入深度作为表征在研磨过程中从磨轮脱落的颗粒的数量，那么相对临界埋入深度可表示为：

$$\varepsilon = (h_3)_{kp}/d_3 \tag{6-4}$$

式中　d_3 ——金刚石粒的平均直径。

试验确定了 ACP 型金刚石的相对临界埋入深度约为 0.31，而 ACC 型金刚石的这一值为 0.44。

为了使磨具有效地工作，被固着的磨粒必须有足够的强度和耐磨性。根据颗粒的物理-机械性质和工作条件，其破碎可以呈脆性或塑性。脆性破碎时，金刚石粒产生缺口或脱落；塑性破碎时，金刚石粒产生塑性形变并呈部分断口。总之，这两种破碎也可能是同时产生的。

金刚石粒易于发生脆性破碎，其原因首先是它的极限抗压强度和极限抗张强度值不高，因此，尽管金刚石粒具有较高的硬度，但是其脆性强度不高。此外，金刚石粒的脆性强度还由于其成分的不均匀性、存在内部缺陷和表面应力而降低。因此颗粒中存在这些不足以造成在整个颗粒内延伸分布的微裂纹，这些微裂纹实际上是形成较大裂纹的根源。在系统外力的作用下，裂纹扩展，裂纹尺寸的增大使金刚石粒分成几部分——金刚石粒破碎。对金刚石磨具工作后的碎屑做分析发现：其中含有大量的金刚石碎片，而这些碎片的大小要比磨具中金刚石原料的粒度小得多，也含有一些整粒的金刚石。这就证明了：当达到临界埋入的极限值时，金刚石粒主要是发生脆性破碎，且还有一部分从结合剂脱落了。金刚石粒的工作部分在产生脆性破碎的同时还产生塑性破碎，只是程度轻微一些。

在加工瓷砖和其他类似材料时，不会产生非常高的温度，因此，颗粒呈塑性破碎的概率极小。故在加工瓷砖、晶体等类型的脆性材料时，金刚石粒的破碎基本上呈脆性，而只在某些特殊条件下才可能呈塑性形变。

金刚石粒被接触表面的磨损机理是十分复杂的现象，它是由于在金刚石粒与被加工瓷砖材料接触区域中产生的一系列物理-机械变化和物理-化学变化同时综合作用的结果。根据金刚石粒加工条件的不同，按磨损类型的本质可以将颗粒的磨损分成以下几种类型：黏着磨损、磨蚀磨损、扩散磨损、化学磨损及氧化磨损等。通常，只有某一种类型的磨损占优势，然而有时也可能同时发生几种不同类型磨损的共同作用。在加工脆性瓷砖材料时，金刚石粒不经受黏着磨损。

金刚石粒被接触表面的磨蚀磨损是由硬度较高的粒子对其划痕而造成的破碎，在加工脆性材料时，产生这种磨损的概率相当小，且在这种情况下，磨蚀磨损的发生显然仅仅是由于从磨粒上脱落的金刚石碎屑的作用。

扩散磨损是金刚石表面层在被加工材料中的熔解过程，这一过程是在具有化学亲和性且温度较高时产生的。这使金刚石从其表面被除去一层，且形成具有光滑的磨光表面的磨损区。但是在加工瓷砖时不能产生足以引起发生快速扩散过程那样高的温度。因而在加工这些材料时，未必会产生较大程度的金刚石粒的扩散磨损。

加工瓷砖一类的材料时，在金刚石本身的碎粒作用下，主要磨损类型为磨蚀磨损。在一定的温度条件下，这类磨损可同时伴随有金刚石石墨化。黏着、扩散和氧化磨损实际上不会发生。

单粒金刚石加工过程的研究通常是利用天然金刚石或者具有一定几何参数和圆角顶部的圆锥体、棱锥体、三角形的特制压头做模拟试验。试验中当被试验材料和压头在相应的负荷和一定的速度下相对移动时，以一定大小的压力作用在材料和压头上，来研究出于压头的运动在被试验材料表面形成沟槽或划痕的条件。根据这些试验的定量数据和观察可以确定此过程中各参数之间的联系并指出同时发生的特征现象。研究中，把金刚石粒或者压头固定在夹具上，夹具可以沿着平行和垂直于被试验材料的表面方向移动，且可以采用变化的负荷和能测定作用在压头上压力大小的装置对其施加负荷。利用具有自动记录装置或者示波器的传感器可以测定压头和材料相互作用区的力和形变值。

当圆形尖端的压头以不高的负荷作用于瓷砖表面时，瓷砖先发生塑性变形，表现为压头以一较小深度压入瓷砖。当负荷进一步增加时，在受压表面附近的瓷砖产生脆性破碎，并形成主要裂纹，当压头上的负荷继续增加时，该裂纹延伸到材料深处。因此，沿着瓷砖表面移动压头时，根据压头上负荷的性质和大小，可以产生以下三种类型的划痕。

（1）光滑的、压出的划痕——当负荷不大时，由于瓷砖的未破碎塑性形变形成。

（2）剪切划痕——当负荷增加时，由带有破碎的塑性形变（细屑的剪切）形成。

（3）连续划痕——当压头上负荷较大时，随着瓷砖粒子的剪切，发生无塑性形变的脆性破碎。

因此，当金刚石粒沿着瓷砖表面滑动时形成了裂纹，这些裂纹中的一部分延伸到瓷砖内部相当深处，而另一部分则在瓷砖表面相互交叉，同时形成了凹痕、许多破损和气孔。

瓷砖表面的破损和内裂纹总和表征了所得划痕的结构，这一结构决定了瓷砖总破碎层的状况。当瓷砖表面存在邻接并相互交叉的划痕和同时产生的裂纹时，形成了由外部的凹凸层和内部的裂纹层组成的破碎层，破碎层的大小与划痕的大小、裂纹的大小及其相对分布有关。

当压力和切削力沿着瓷砖表面移动时，则在它们的作用下，瓷砖产生破碎，同时作用在金刚石粒上的瓷砖阻力和摩擦力也使颗粒本身逐渐破碎。故应该研究在金刚石粒与被加工瓷砖材料相互动力学作用过程中，作用在单颗粒金刚石上的压力。这些力的分布如图 6-1 所示。当固着在结合剂 1 中的金刚石粒 2 沿着瓷砖表面 3 相对移动时，作用在金刚石粒上的瓷砖阻力是为破碎所必要的力 P_p。这一力在空间可以分解成以下的分力：P_y—轴向力，其指向与金刚石粒对瓷砖的压力相反；P_x—切向力，作用于金刚石粒尖部，沿着箭头 V_s运动的平面，指向与运动相反的方向；P_z—切向力，作用于金刚石粒尖部，沿着箭头 V_n运动的平面，指向与运动相反的方向。力 P_x和 P_z是金刚石粒的进刀压力，位于加工平面里，其作用方向相互垂直。在个别情况下，可能缺少一个切向分力，这样可以研究仅仅位于一个平面内的其余两个力的作用。

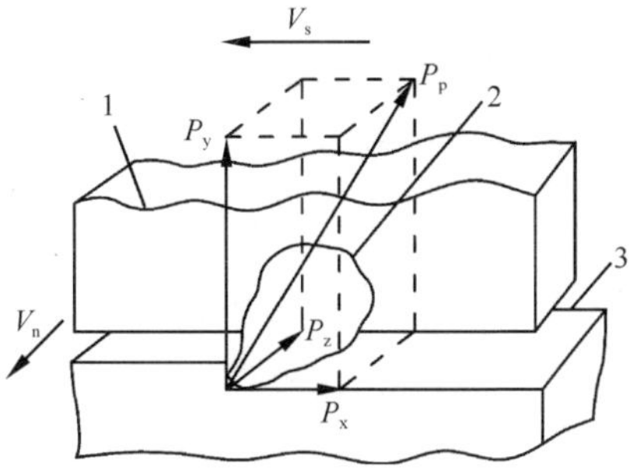

图 6-1　单颗粒金刚石上的压力

上述这些力的产生，一方面是由于瓷砖破碎时的阻力，另一方面是由于金刚石粒、结合剂材料与瓷砖表面的摩擦力。在金刚石粒、结合剂与被加工瓷砖表面接触区的摩擦力引起金刚石粒棱边的磨耗和结合剂材料的磨损。金刚石粒的形状，它相对被加工瓷砖表面的分布，它的强度，以及硬度的各向异性和耐磨性的各向异性影响着其切削性能、工作寿命及其在结合剂中的固着条件。上述作用在金刚石粒上的每一个力各个不同。在结合剂里力 P_y力图移动金刚石粒，但结合剂用自己的阻力固着金刚石粒，因而金刚石粒被压入被加工瓷砖材料中。力 P_x和 P_z以金刚石粒露出部分的高度为力臂产生一个反力矩，使金刚石粒从结合剂脱落且使其向运动的反方向运动。

金刚石受到轴向力和切向力的作用时，金刚石切削刃的露出程度及其状态决定了它的工作寿命、耐磨程度和从结合剂脱落的力矩。因此，金刚石粒的寿命和切削性能在很大程度上与其对作用在颗粒上的力的取向有关。比如，在对瓷砖材料的作用过程中，若金刚石粒的分布是使其尖锐的棱边起破碎作用，那么在磨粒上的所有作用力就较小，这就保护了金刚石粒使其不破碎，并使其有较长的寿命。反之，若金刚石粒以其不锋利的棱边作用在瓷砖材料上，则作用在颗粒上的力增大，因此颗粒迅速破碎或从结合剂脱落，不能起有效的加工作用。

在单粒固着磨粒对被加工瓷砖材料的动力学作用过程中，阐述磨粒的作用原理时，确定了在被加工瓷砖材料表面形成主要划痕时，各个作用力、磨粒切削刃的几何形状和材料形变之间的基本关系。这个分析具有共性，因此它完全适用于金刚石粒对瓷砖一类脆性材料作用的研究。通过对所得结论的分析表明：研磨硬脆材料时，表面层形成过程本身包含着弹性形变部分及随之发生的材料塑性破碎。当金刚石粒的锋利性增加时，作用在颗粒上的力减小，因此颗粒的磨损和破碎就较小。

磨粒棱边的圆角半径与其粒度有关，即：随着它们粒度的增大，棱边的圆角半径也增大。图6-2（a）为其顶部圆角半径为ρ_1的金刚石粒1的切削示意图，而图6-2（b）为其顶部圆角半径为ρ_2的颗粒2的切削示意图，$\rho_2 > \rho_1$，颗粒沿箭头V方向运动。

如图6-2所示，当这两种磨粒的切削深度h_{sp}相同时，它们的切削角δ并不相等，比如：当切削深度$h_{rp2} = \rho_1$时，圆角半径为ρ_1的磨粒的切削角δ_2为90°，而圆角半径为ρ_2的磨粒的切削角$\delta_{2'}$大于90°。当切削深度为h_{bp3}时，圆角半径为ρ_2的磨粒的切削角$\delta_{3'}$为90°，而圆角半径为ρ_1的磨粒的切削角δ_3则小于90°。

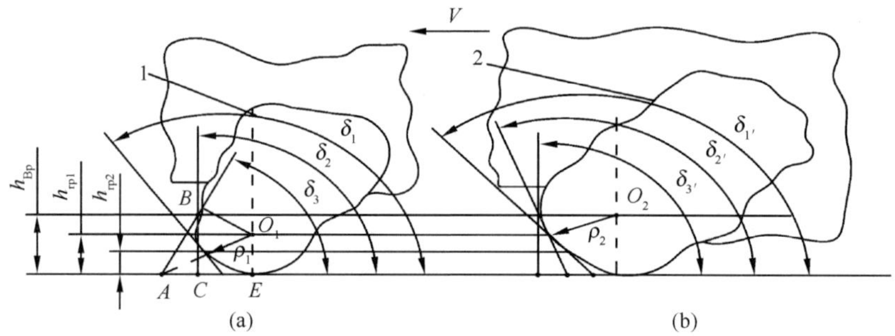

图6-2　磨粒棱边的圆角半径与其粒度关系

根据对三角形ABC和ABO_1［图6-2（a）］的研究可得到采用单粒金刚石切削过程中主要几何参数之间的一般关系如下：

$$h_{Bp} = \rho(1 + \cos\delta) \tag{6-5}$$

或

$$\cos\delta = h_{Bp}/\rho - 1$$

式中　h_{Bp}——切削深度；

δ——切削角；

ρ——磨粒顶部的圆角半径。

众所周知，随着切削角度的增加，切削条件变坏，而当$\delta = 90°$时切削实际停止。分析这一关系可得出结论：为了保证正常的切削过程，切削深度的最大允许值应该大于金刚石粒圆角半径的平均值，即：

$$h_{Bp} > \rho \tag{6-6}$$

在磨具工作过程中，由于单粒金刚石切削棱边的钝化，相应地，切削角δ增加了，因此磨粒的切削能力不断改变。同时，在逐渐增大的压力作用下，由于磨粒露出程度的增加，某些磨粒在结合剂中的固着强度达到临界值，因此它们就从结合剂脱落了。但当金刚石粒在结合剂里的固着强度过高时，钝化磨粒的脱落较困难，它们会在磨具表面形成耐磨层，从而破坏了磨具工作表面的自锐性。

用单粒磨粒显微切削金属过程的研究结果表明：压力P_y和切削力P_p随着被加工瓷砖材料的强度和切削厚度的增加而增加，且力P_y总是大于力P_p。P_p/P_y是显微切削过程中相当稳定的力指标。由于在金属加工领域中，已对显微切削过程的动力学问题进行了充分的研究，而在脆性材料加工情况下关于这一问题的数据相当少，因此可以利用对金属的研究结果，从而取得哪怕是大致的数据来表征脆性材料的破碎过程。

采用顶部为圆角和各种尖角的金刚石锥体对具有不同机械性质金属的显微切削过程中

的动力学特性进行的模拟研究，确定了 P_p/P_y 的实际比值。试验确定了：随着压头尖角角度的增大，比值 P_p/P_y 逐渐减小，因为随着负前角的增大，力 P_p 相应减小。同样可以确定 P_p/P_y 的变化与该材料的显微硬度对瞬时抗张强度之比，即 H_v/σ_b 成倒数关系。根据试验中采用的金属的上述特性，压力比值按以下形式改变：对于 H_v/σ_b 值从 2.4 ~ 2.8 的软金属和黏滞金属，比值 P_p/P_y 的范围从 0.31 ~ 1.00；对于 H_v/σ_b 值从 3.3 ~ 18.0 的硬脆金属，比值 P_p/P_y 的范围相应地从 0.90 ~ 0.26。因此，随着材料硬度和脆性的增加，比值 P_p/P_y 减小，这是材料的抗压力的增加和脆性破碎阻力相对减小的缘故。

瓷砖显微硬度与瞬时抗拉强度的比值 H_v/σ_b 相应地从 60.0 变到 210，即大大超过上述硬金属的值。因此可以认为：在所有情况下，瓷砖的 P_p/P_y 比值大大低于 0.26，最大可能值小于 0.10。唯当已知磨粒上的负荷 P_y 时，为得到切削力 P_p 的大致值，才可以近似地利用这些值。

破碎瓷砖材料时，固着磨粒和自由磨粒作用力的区别在于作用在单粒磨粒上的力的特征和力的大小不同，它们的作用方向不同，相对被加工表面的运动特征不同及同时工作的粒子数不同。图 6-3 表示在这两种情况下力的分布特性和作用特性。磨具 1 和零件 2 由于负荷力 P_y 的作用相互压紧且做相对移动，压力 P_c 和摩擦力 P_T 作用在位于磨具和零件两个表面之间的自由磨粒上［图 6-3（a）］。由于这些力的相互作用，产生了转矩，而在转矩的影响下，磨粒向着较大力的作用方向滚动。当压力为 P_y 时，弯曲应力 P_1、压应力 P_2 和切削力 P_3 作用在固着于磨具表面［图 6-3（b）］并沿箭头 V 方向移动的磨粒上。

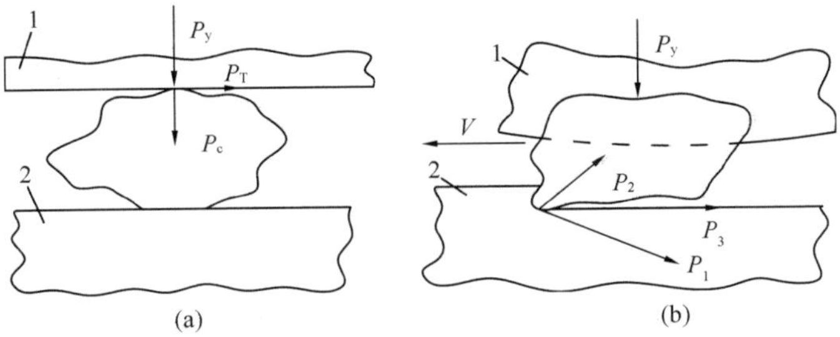

图 6-3　固着磨粒和自由磨粒作用力的区别

（a）自由磨粒；（b）固着磨粒

在自由研磨时，可以认为：位于磨具表面和零件表面之间同一层里的磨粒一个紧挨着一个地相互分布着。两个相邻磨粒之间的距离由它们的平均线度决定，且单位面积上的磨粒数与磨粒平均线度的平方成反比。因此，加在每个磨粒上的压力与它的平均线度的平方成比例。但是在采用固着金刚石粒研磨时，磨粒之间的距离与它们粒度的关系较小，因为它们在结合剂体积内的含量主要是由浓度确定的。因而，粒度相同时，随着浓度的增加，在每一磨粒上的压力减小，而当浓度相同、粒度不同时，随着粒度的增加，在每一磨粒上的压力增加。显而易见：在上述两种情况下，处在其可能起作用范围内的所有磨粒并不能同时参加破碎过程，在自由磨粒中，是由粒度最大的磨粒完成这一工作的，在固着磨粒中，主要是由露出最大高度的磨粒完成这一工作的。

由图 6-3 可看出：由于作用在磨粒上力的分布特性不同，它们沿着被加工表面的运动各不相同。固着磨粒只是沿被加工瓷砖表面滑动，其运动轨迹是由加工过程的运动学公式决定的。因此，用结合磨粒磨具加工出的表面粗糙度通常呈有规律的定向结构。自由磨粒沿着被加工表面转动和滑动，且磨粒的形状和尺寸决定了这两种运动形式中哪种占优势。由于磨粒对被加工瓷砖表面的大量作用，及每个运动轨迹缺乏明显规律性，且又由于这些轨迹相互交叉，故磨粒的运动相当复杂。采用自由磨粒研磨时，随着磨粒粒度的减小，滑动形式占优势，因为此时作用在磨粒上的转矩值减小。因此存在这样的见解：由于细粒度自由磨粒具有沿着被加工瓷砖表面滑动的倾向，故其工作特征近似于结合磨粒。最后，自由磨粒与固着磨粒的磨损特性完全不同。转动的自由磨粒是沿着其整个表面被磨损，故它的横向尺寸逐步减小。当有新的更大粒度的磨粒起作用时，旧的磨粒实际上停止作用。固着磨粒是其露出部分被磨损，这一部分一直工作到从结合剂露出新磨粒，且结合剂对它的固着力小于相应的临界值。因此，固着磨粒破碎能力的利用率比自由磨粒高 3 ~ 4 个数量级。

磨损性与决定金刚石粒或者磨具的工作条件的各参数之间函数关系很复杂，因此目前还未能加以确定。故通常采用比较在各种条件下所得结果的试验方法来确定金刚石粒的加工效率。

采用单粒金刚石研究显微切削过程时，为了比较各种条件下金刚石粒的利用率可以采用它的磨耗比，它用被除去材料的体积与金刚石粒被磨损部分之比来表示。建议采用下列的研磨系数 k_a 作为估计磨耗比的指标：

$$k_a = V_M / V_a \tag{6-7}$$

式中　V_M ——被除去材料的体积；

　　　V_a ——金刚石粒被磨损部分的体积。

利用研磨系数可以类似地确定磨具中金刚石粒的相对磨损，这一系数考虑的只是金刚石层组分中金刚石粒的总磨损，而不考虑结合剂的磨损。因此，金刚石磨具的研磨系数 k_H 为

$$k_H = V_M / V_0 \tag{6-8}$$

式中　V_0 ——被磨损的金刚石体积。

在单粒磨粒对各种材料做显微切削情况下，当切削厚度相等时，其研磨系数变化范围很大。同样，在认为是相同的条件下，由单粒磨粒划痕和磨具中颗粒群研磨所得的结果，实际上彼此相差很大，并且在后一种情况下研磨系数低得多。这是因为其他加工条件决定了磨具中的许多磨粒在除去材料过程中的一系列特点。因此，为了估计在磨具的各种加工条件下或各种特征磨具中的磨粒切削性质的利用率，可利用以下关系式：

$$\chi = k_H / k_a 100 \tag{6-9}$$

试验表明：采用优质金刚石磨具加工时，用上述方法确定的磨粒切削性质的利用率可达 20% ~30% 。

6.3.2　颗粒群的工作情况

金刚石粒的固着条件对有效地利用它的切削性质或破碎性质具有重要的意义，这些条件主要是由结合剂的性质保证的。作为结合剂的性质，首先要求其具有一定的机械强度，而从另一方面来说，这一强度又应使结合剂不阻碍受到磨损和被磨钝了的金刚石粒的脱落。因此，结合剂应该具有相当的耐磨性，也应具有抗磨性，从而能减小当它沿着被加工表面滑动时的摩擦系数，结合剂还应具有较高的导热性，从而全面地保证磨具金刚石层较

高的强度。

结合剂的机械强度是由其本质、它所包含的各组分的性质及制作磨具时结合剂的加工条件决定的。金刚石粒在金属结合剂中的固着强度主要是依靠机械的夹固、包裹及一定程度的黏着。与金属结合剂相比，在有机结合剂和陶瓷结合剂中，金刚石粒的机械固着强度较低，但是，它们与金刚石粒的黏着力较高。结合剂的耐磨性也与其机械性质有关，因此与有机结合剂和陶瓷结合剂相比，金属结合剂具有较高的耐磨性。但必须指出，正因为如此，有机结合剂和陶瓷结合剂的磨具有较高的自锐性。结合剂与被加工材料之间的摩擦对接触区热量的产生具有重要的影响。与塑性结合剂摩擦时产生的极限温度能使结合剂或被加工材料熔化——如果被加工材料的熔点较低的话。而与脆性结合剂摩擦时产生的温度低于结合剂和被加工材料的熔点，因为在它们未达到熔化温度以前早就被破碎了。金属结合剂具有较高的摩擦系数和熔化温度，因此它们的加热程度要高得多。在结合剂的热物理性质中，导热性具有最重要的意义，提高导热性可增加在磨具与零件接触区热量散失的能力。显然，与有机结合剂和陶瓷结合剂相比，金属结合剂的导热性高得多。

加工瓷砖材料的磨具的金属结合剂是以铜、铁、锡、铝、钴作为主要组分的。使它们与少量的其他金属或填料结合，则可得到性质完全不同的许多种结合剂。

在关于用金属结合剂磨具研磨瓷砖时金刚石粒作用的研究中，观察了单粒磨粒的实际固着条件、破碎特性、加工寿命和结合剂的磨损机理，从而可以做出在破碎脆性材料时磨粒作用的一些有普遍性的结论。

当磨粒开始露出之前在结合剂表面上形成了不大的凸起，而当凸起的顶部被除去则露出了磨粒表面。与此同时（图 6-4），在瓷砖碎屑研磨结合剂的作用下，在磨粒 2 前面形成了凹坑 1，而在磨粒的后部（磨具工作表面沿着箭头运动）开始形成金属结合剂的凸起。图 6-4 列出了磨粒分布及同时产生的凹坑和凸起的平面剖视图。随着离开磨粒距离的增大，与下面的结合剂平面相比，凸起逐渐缩小，以至到某一距离时，它消失了。金刚石粒前部的凹坑则逐渐加深。平面图中在金刚石粒附近凸起的开始点，其宽度和高度近似等于磨粒的粒度。而凸起的平均长度为磨粒粒度的 5 ~ 10 倍。在加工中，磨粒的前面部分作为显微切削的前倾面，通常露出其全部高度，而磨粒是由它被埋在金属凸起里的那部分固着在结合剂中，且凸起的金属支撑着它。必须指出：有时，磨粒自由地置于这样的空穴中，加工时，这样的磨粒在压住它的瓷砖阻力作用下被固着在空穴中。在改变磨具正常转动方向的转向，开始时磨具并不除去瓷砖。这是因为当磨具反方向转动时，由于在磨粒后部没有结合剂的支撑凸起，所有以前起作用的磨粒都脱落了。然后，当露出新的磨粒且从另一端形成凸起时，磨具就开始正常地工作了。这证明了凸起对于把工作的金刚石粒固着在磨具表面具有重要意义。

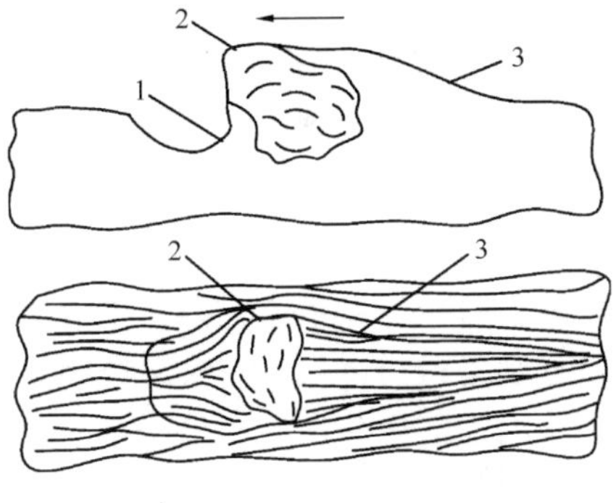

图 6-4　固体金刚石颗粒示意图

由于运动着的瓷砖细屑摩擦着金刚石粒之间的结合剂，而磨粒本身保护着它后部形成凸起的金属，故在金刚石粒后部的结合剂形成了凸起。这样金刚石粒保护着金属凸起使其不受磨损，当磨粒沿着瓷砖运动时，凸起支撑着磨粒。但是在加工过程中，金刚石粒被磨损，部分磨粒发生了破碎，因此其粒度减小，而支撑着它的凸起也一起减小。当作用在磨粒上的瓷砖阻力超过凸起对它的支撑力时，金刚石粒就从结合剂脱落了。此时，其他的磨粒不断地露出磨具表面且开始作用。在各金刚石粒从结合剂露出到其脱落的加工周期中，它们完成沿瓷砖的工作行程，单粒磨粒的总行程是有一定意义的。

当以较大的切削深度除去瓷砖时，磨粒以其露出部分的全部高度切入瓷砖，结合剂直接与瓷砖接触。同时磨粒因受到较大的负荷作用而被剧烈地破碎且变钝；由于结合剂的磨耗较缓慢，新的磨粒不易露出来而与结合剂形成同一表面，如果此时没有剧烈的发热现象，这一表面就被磨得又平又光。磨具停止工作通常也就认为它被堵塞了。但是在一定的情况下，这一名称并不反映所发生现象的实际情况，因为事实上是磨具钝化了。如上所述，当金刚石粒与比它软的材料摩擦时，磨粒的磨耗可能相当厉害。还有其他的现象发生：如果在接触区冷却不够而产生剧烈发热时，被磨耗下来的瓷砖屑软化且完全堵住了磨粒之间的空隙，阻碍了结合剂的磨耗。这时自锐作用也就停止，同时结合剂被堵塞，钝化了的磨粒停止工作。最后，当磨具出现故障，即由于某种原因对接触区的冷却作用完全停止时，这一区域就被加热到使瓷砖软化和使结合剂熔化的高温，熔化的金属膜和瓷砖璃膜包覆住了金刚石粒；事实上这就是磨粒和结合剂的典型被堵塞。磨具停止工作并可能导致金刚石层的破碎。

因此，当加工瓷砖一类的材料时，根据磨具切削性能和磨具工作表面特征，将磨具的磨损区分为两种情况：一是磨粒直接钝化；二是结合剂堵塞。磨粒钝化会导致整个工作表面被堵，结合剂堵塞是因为软化的瓷砖和结合剂表面层的熔化产物包住了结合剂和磨粒。

上述对于磨具工作时金刚石粒的固着特性，磨粒、结合剂的磨损过程和磨具工作表面变化的试验研究和观察结果及由此得出的结论十分明显地表明了破碎脆性材料时这些过程及现象的特点。

金刚石粒在磨具工作表面的分布是由它们的数量和它们沿整个金刚石层分布的均匀性决定的。磨粒的数量与它们在单位体积里的含量或浓度有关，而分布的均匀性与结合剂的性质、制备粉料过程中粉末混合的质量及以后烧结过程中混合物均匀性的保持有关。由于种种原因，磨粒分布的均匀性并不总是理想的，但制造磨具时，总是努力达到最高程度的均匀。因此可以假设它们在金刚石层中和在磨具表面实际上是均匀的。

在金刚石层的单位体积及在磨具表面的单位面积里的金刚石粒的数量与磨粒的形状、粒度和浓度有关。由于磨粒形状的不同，在单位质量里的金刚石含量不同，因为形状决定了在该单位质量所占体积中磨粒的充填密度。随着浓度的增加，在单位体积里或分布在磨具表面的磨粒数增加。显然，当浓度相同时，在金刚石层的单位体积或单位面积上的磨粒数随着粒度的增大而减少，随着粒度的减小而增加。

为了确定在磨具工作表面单位面积上可能有的金刚石粒数，必须了解在单位质量里可能有多少金刚石粒（克拉或 mg）。由这一值可以确定，在不同粒度和不同浓度时磨具表面上将有多少磨粒数。因此，常用的计算过程是确定单位质量中的磨粒数并依次确定单位体积和单位表面积上的磨粒数。在这一计算中，通常把磨粒形状看作立方体、球体或椭圆体。由于金刚石粒的形状各种各样，而且实际上磨粒的形状要比上述列举的情况复杂得多，因而其结果可能差别很大且与实际相差很远。

在金刚石层中单位体积和单位面积上的金刚石颗粒数如表 6-1 所示。

表 6-1　在金刚石层中单位体积和单位面积上的金刚石颗粒数

ГОСТ 9206—70 规定的粒度	1mg 中的颗粒数	在 $1mm^3$ 金刚石层中的颗粒数		在 $1mm^2$ 面积中的颗粒数	
		$K=50\%$	$K=100\%$	$K=50\%$	$K=100\%$
630/500	3. 25	1. 45	2. 9	1. 3	2. 00
500/400	6. 15	2. 7	5. 4	2. 0	3. 10
400/315	11. 70	5. 15	10. 3	3. 0	4. 70
315/250	21. 8	9. 4	18. 8	4. 6	7. 15
250/200	40. 50	17. 85	35. 7	6. 9	10. 80
200/160	75. 00	35. 8	71. 6	10. 4	16. 3
160/125	140. 50	62. 3	124. 6	15. 8	24. 8
125/100	261. 00	115. 15	230. 3	24. 2	37. 9
100/80	485. 00	214. 15	428. 3	36. 3	56. 8
80/63	906. 50	398. 85	797. 7	55. 0	86. 0
63/50	1680. 00	742. 65	1485. 3	83. 5	130. 0
50/40	3097. 5	1383. 00	2766. 0	124. 0	194. 0
60/40	11.8×10^3	5.25×10^3	10.5×10^3	304. 0	475. 0
40/28	37×10^3	16.25×10^3	32.5×10^3	630. 0	980. 0
28/20	101×10^3	44.45×10^3	88.9×10^3	1260. 0	1960. 0
20/14	290×10^3	127.5×10^3	255×10^3	2520. 0	3930. 0
14/10	835×10^3	368×10^3	736×10^3	5210. 0	8140. 0
10/7	2.4×10^5	1.05×10^5	2.1×10^5	10430. 0	16280. 0
7/5	6.6×10^5	2.9×10^5	5.8×10^5	20280. 0	31670. 0
5/3	22.3×10^5	9.8×10^5	19.6×10^5	45625. 0	71250. 0
3/2	101×10^5	44.4×10^5	88.9×10^5	121666. 0	190000. 0
2/1	474×10^5	208.3×10^5	416.7×10^5	365000. 0	570000. 0
1/0	2029×10^5	893×10^5	1786×10^5	912500. 0	1425000. 0

6. 4　金刚石磨具工作的规律性

金刚石磨具的金刚石层特征及其工作条件是影响磨具加工质量和加工结果的因素。在加工过程中，加工效率、工件表面的光洁度和精度、磨具的磨损是这些因素相互作用的结果。根据这些结果可以评价所选择的加工条件的正确性及金刚石的利用效率，从而可判断所采用过程的经济合理性。为了选择最合理的条件，重要的是要了解金刚石磨具的特征及其加工条件对加工过程的效率、加工质量的影响。根据以上对单颗粒和结合的金刚石粒作用总的了解，并考虑到实际加工条件的各种因素，可以得到金刚石磨具工作的某些规律。下面以金刚石环形磨具加工瓷砖过程为例确定金刚石磨具工作的规律性，可以推广到其他类型的金刚石磨具。

用金刚石磨具加工时，金刚石粒可能以各种方式切入被加工材料，这些方式促使建立起磨粒工作、除去材料和磨具磨损的确定条件。

当磨具的转速和轴向进刀量为常数时，根据瓷砖进给速度的不同，磨具有三种可能的切入方式，如图6-5所示，这些方式的区别是切入深度 h_{ap} 和金刚石粒露出结合剂最大高度的平均尺寸 h_{max} 之间的关系不同。

图6-5（a）是当瓷砖进给为低速，即除去的材料层厚度较大时（此时 h_{ap} 大大超过 h_{max}）金刚石粒的切入示意图。在这种情况下是由位于金刚石层侧面 *ab* 区的磨粒完成破碎瓷砖的工作，*ab* 区的面积相当大。位于 *bc* 区的磨粒沿着零件的端面工作，实际上是使这一面磨光。在这种切入中，位于 *ab* 区的磨粒以较大的压力工作，结合剂与瓷砖之间产生了剧烈的摩擦，从接触区域除去瓷砖碎屑受到阻碍，磨具与瓷砖被剧烈地加热，且常常同时产生火花。在发热时可能发生金刚石燃烧、瓷砖软化、表面层结合剂熔化，这些软化和熔化的物质充填在磨粒之间的间隙中，金刚石粒的钝化，破坏了材料的破碎过程。

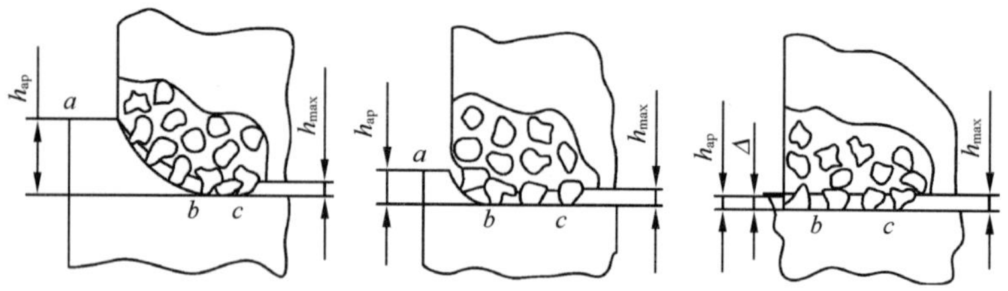

图6-5　磨具转速与进给量的关系

图6-5（b）是当瓷砖进给为中等转速，即被除去的材料层厚度为中等时（此时 h_{ap} 与 h_{max} 近乎相等）的切入示意图。在这种情况下，位于磨具侧面 *ab* 区的磨粒与瓷砖之间的接触已大大减小，而分布在端面 *bc* 区磨粒的作用比第一种情况增大了。磨粒的工作条件有了些改善，但仍然发生上述列举的全部现象，只是程度较轻而已。

图6-5（c）是当零件转速较大，即瓷砖的被除去层厚度为极小时（此时 h_{ap} 小于 h_{max}）的切入示意图。在这种情况下，位于磨具端面（*bc* 区）的磨粒用自身的切削刃来破坏瓷砖表面，完成破碎工作。瓷砖表面和结合剂表面之间形成了间隙 Δ，Δ 的大小与被除去材料层的厚度有关。所以瓷砖和结合剂的碎屑能很好地被除去，并有效地冷却和润湿接触区，结合剂的磨损主要是由于被破碎的瓷砖粒子对它的磨蚀作用造成的。由此建立了磨具自锐的良好条件，并可最有效地利用金刚石粒的切削性质。可以把这一过程称为自由切削过程，因为此时只有金刚石粒与瓷砖直接接触，且这些磨粒像许许多多的小车刀那样工作。

比较所研究的金刚石粒切入和结合剂磨损的三种示意图可以得出结论：在自由切削条件下产生磨具的最佳工作条件。为了保证这样的条件，应确定在粒度和浓度值均为不同的磨具工作时所需要的 h_{ap} 值。为此必须了解磨具工作表面的接触面积，在接触面中的金刚石粒数，磨粒露出结合剂部分的大小，在接触面中金刚石粒所占的体积和在接触面范围内被除去的瓷砖的体积。金刚石层与零件接触面积的大小同磨具的形状、尺寸有关。位于接触面中的平均尺寸为 d 的金刚石颗粒数可以由表6-1的数据对应确定。根据其他作者的数据，磨粒露出部分的最大值可以认为平均等于 $0.3d$。在接触面范围内磨粒露出部分所占的体积和被除去的瓷砖体积由以下计算方法确定。

图 6-6 为自由切削的一般方式示意图，由此可以看出，为了保证这一过程，必须使被磨耗的瓷砖体积不超过结合剂、瓷砖之间的自由空间体积与金刚石粒露出部分所占空间的体积之差，即：

$$V_{ct} = V_0 - V_a \tag{6-10}$$

式中　V_{ct}——瓷砖进给边缘长度距离时被破碎瓷砖的体积；

V_a——由金刚石粒露出部分所占的体积；

V_0——结合剂与瓷砖表面之间空间的总体积。

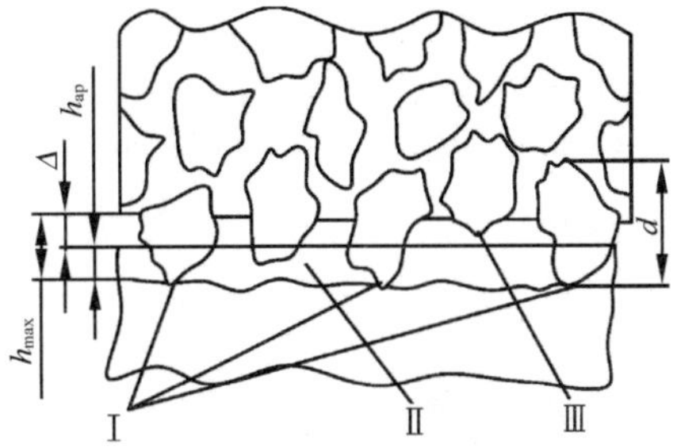

图 6-6　自由切削的一般方式示意图

当 $h_{max} = 0.3d$ 时，瓷砖和结合剂之间空间的总体积可表示为 $V_0 = 0.3F_k$。考虑到处于被破碎状态的瓷砖体积平均增大为 2.3 倍，则被除去瓷砖的体积为 $V_{ct} = 2.3F_k h_{Bp}$。金刚石粒露出部分所占的体积是按磨耗比的指标来确定的，但是考虑到标准粒级金刚石粉料的平均尺寸，该体积还由与表 6-1 相应的单位面积上的金刚石颗粒数来确定，且从结合剂露出的磨粒部分为 0.3d。这样可以认为，在工作空间中占磨粒总数 30% 的粒子，其露出值 $h_{max} = 0.3d$（在图 6-6 上的 Ⅰ 组磨粒），60% 的磨粒，其露出部分为 0.3h_{max} 或 0.09d（图 6-6 上的Ⅱ组磨粒），而剩下的 10% 是埋入结合剂中或刚露出结合剂的磨粒（Ⅲ组）。因此，在单位接触面上所有磨粒的露出部分的总体积为：

$$V_e = V_{\mathrm{I}} + V_{\mathrm{II}} = 0.3n_F v_{B\mathrm{I}} + 0.6n_F v_{B\mathrm{II}} \tag{6-11}$$

把二组值 n_F、F_k 代入表示磨粒体积值的上式，并进行必要的变换后，我们就可得到在接触面范围内磨粒露出部分的总体积：

$$V_B = 0.00156F_k d^3 \sqrt{K^2} \tag{6-12}$$

把求得的体积值代入式（6-5）后，进行必要的变换即得切入深度的最小值，这一值应保证工作空间的体积足以使被磨耗的材料碎屑通过，即：

$$h_{Bp} = 0.435d(0.3 - 0.00156\sqrt[3]{K^2}) \tag{6-13}$$

因此，根据切入深度 h_{ap} 的最大和最小允许值的计算及按式（6-5）确定的金刚石粒的圆角半径在保持自由切削条件的情况下，可得出结论，磨粒的最佳切入深度与磨具的特性有关，其范围由下列不等式确定：

$$\rho < h_{Bp} < 0.435d(0.3 - 0.00156\sqrt[3]{K^2}) \tag{6-14}$$

如果在式（6-13）中代入加工大多数光学材料时采用的最大浓度值，即 25% ~ 100%，则可以看出，在这些情况下，h_{ap} 值相应的变化范围为 0.124d ~ 0.116d，从而可以计算出：自由切削时对上述浓度范围的磨具而言，其切入深度值只与磨具中所含金刚石粉料的平均尺寸有关，并可利用下列关系式计算：

$$h_{Bp} = 0.12d \tag{6-15}$$

此关系式可应用于任何形式的金刚石磨具。根据所采用磨具的类型和加工方式的不同，且考虑到磨具的形状、尺寸及其切入条件，可按瓷砖进给边缘长度距离时所计算的切入深度确定所有其余的工作参数。

可采用环形磨具做端面研磨为例，在式（6-12）和式（6-15）的基础上用下式确定被加工瓷砖进给速度：

$$n_0 = s_M/h_{Bp} = s_M/0.12d \tag{6-16}$$

然而必须指出：在给定的情况下，进刀量 s_M 不能任意选择，应该根据瓷砖的尺寸、瓷砖与磨具的尺寸关系、机床的结构等因素来选择其大小，从而保证其技术和经济的合理性。

6.5 砂轮磨损

像车刀或铣刀那样的切削工具，随着切削刃的磨损，切削力增大，被加工工件表面粗糙度降低，因此工具再次进行切削时，其自身切削能力的再生作用是非常必要的。从再次切削的开始到结束的时间称为工具寿命。在切削过程中，通常根据刀的后刀面和前刀面的磨损量来判断工具的寿命。

砂轮的磨损比切削刀具的磨损要复杂得多，这是因为磨粒在砂轮表面上的分布是随机的，且在磨削过程中会产生破碎使磨粒切削刃自锐。此外砂轮结合剂的破碎，也使磨粒产生脱落。况且，在磨削过程中的磨粒破碎和脱落是连续不断进行又是随机的，因此砂轮磨损问题的研究，是一个复杂的问题。

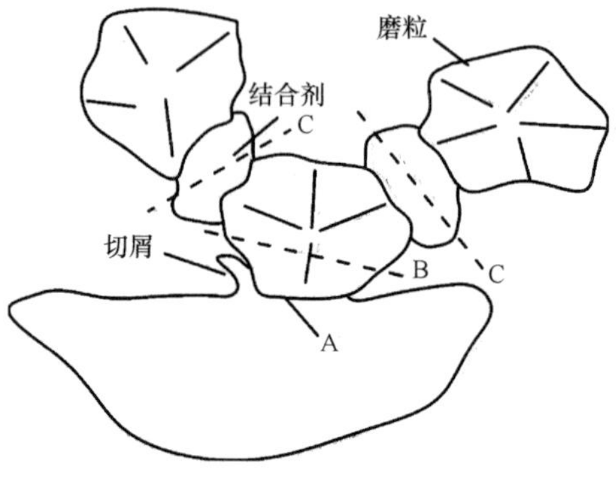

图 6-7　磨粒磨损的三种状态

一般砂轮的磨损分为如图 6-7 所示的三种形态。即磨粒或磨粒切削刃的磨耗磨损（图中的 A）；磨粒的破碎磨损（图中的 B）；由于结合剂的破坏产生的磨粒脱落（图中的 C）。磨耗磨损是由于磨粒与工件之间的摩擦而发生的，磨粒的尖端在磨削中逐渐磨钝，最后形成磨损小平面。这在韧性高的磨粒或结合度高的砂轮中比较容易发生。破碎磨损是指当磨粒切削刃处的内应力超过它的断裂强度时，就会产生磨粒的局部破碎。随着磨粒切削刃所受负载大小和磨粒切削刃处晶体结构的不同，有时在磨粒切削刃附近发生微破碎，形成新的锋刃；有时则在磨粒深部发生破裂形成较大的破碎。磨粒的脱落是指当作用于磨粒上的法向力大于磨粒结合桥所能承受的极限时所产生的整颗磨粒的脱落。所谓结合桥是指磨粒与结合剂的连接带。

6.6 砂轮特性

根据磨料的不同而言，目前一般采用立方氮化硼磨料砂轮和金刚石磨料的砂轮磨削硬质合金材料的刀具。金刚石磨料和立方氮化硼磨料被称为超硬磨料，适合磨削各种高硬、高脆、高强韧性材料。超硬磨料的砂轮，磨料具有颗粒形状好、导热性好、热膨胀系数低、磨削能力强以及优良的磨削性能等优点。同时其磨具自身磨损小，形状、尺寸变化缓慢，寿命长，有利于提高工件的精度和降低工件表面粗糙度。金刚石磨料的硬度、强度、研磨能力、导热系数和热膨胀系数均优于立方氮化硼，因此适用于加工硬而脆的材料，但是成本相对较高。

（1）磨粒粒度

磨粒粒度是指磨粒颗粒的几何尺寸大小。表示粒度的数字称为粒度号，它和筛分磨粒时用的筛子的筛孔号（每毫米长度上的筛孔数）有关。粒度号越大，磨粒越细。

由于每一名义粒度都包括了一个尺寸范围内的磨粒，所以每一粒度号的磨粒只能用一个平均尺寸来表示其大小。通常为简单起见。磨粒大小 d_g 可以取为控制筛的孔径，或由以下关系确定：

$$d_g(\mathrm{mm}) = 15.2M^{-1} \tag{6-17}$$

它近似认为磨粒直径 d_g 是网筛号为 M 的筛网网丝间隔的 60%。当基于控制筛孔尺寸时，磨粒尺寸则可以近似为：

$$d_g(\mathrm{mm}) = 28M^{-1} \tag{6-18}$$

砂轮的平均直径可以表示为：

$$d_g(\mathrm{mm}) = 68M^{-1} \tag{6-19}$$

磨料粒度的选择主要考虑的因素有磨削效率和工件表面的粗糙度。要求工件加工表面的粗糙度值较低应选用磨料粒度细的磨具；相反，磨具与工件的表面接触面积大，或者磨削深度较大时，应选用粒度粗的磨料。但是，在选择磨具粒度时，应考虑磨削条件等因素。为了提高效率，高速磨削时，磨料粒度一般要比普通磨粒偏细 1 ~2 个粒度号。因为粒度较小，磨粒较尖锐，容易切入工件中。因此，选择砂轮的磨料粒度，要综合考虑各种加工因素对砂轮的影响。

（2）磨具浓度

磨具浓度是指超硬磨具的磨料层每 $1\mathrm{cm}^3$ 体积中含超硬磨料的质量。浓度越高，其含量也越高。当磨料在磨具中的浓度值是 100% 时，其磨料含量为 $0.88\mathrm{g/cm}^3$；所有其他浓度均按此比率计算，详见表 6-2。

表 6-2　浓度值与磨料含量的关系（GB/T 35479—2017）

浓度代号	浓度（%）	磨料含量（$\mathrm{g/cm}^3$）
25	25	0.22
50	50	0.44
75	75	0.66
100	100	0.88
150	150	1.32

浓度是直接影响磨削效率和加工成本的重要因素，选择时应综合考虑磨具的粒度、结合剂、磨削方式、磨具形状以及生产率等要求。

不同结合剂对磨粒的结合强度不同。每种结合剂都有各自的较佳浓度范围。人造金刚石磨具常用浓度范围见表 6-3。立方氮化硼磨具的浓度，一般比相同金刚石磨具稍高。如树脂结合剂的立方氮化硼磨具，其浓度常选用 100%，而陶瓷结合剂立方氮化硼磨具的浓度常选用 100% ~150%。

表 6-3　人造金刚石磨具常用浓度

结合剂		浓度（%）
树脂		50～75
陶瓷		75～100
金属	青铜	100～150
	电镀	150～200

就不同的磨削方式而言，工作面较宽的磨具和需要保持形状精度的成形、端面以及沟槽磨削，应选用高浓度；半精磨、精磨则应选择细粒度、中浓度；高精度、低表面粗糙度磨削，一般选用细粒度、低浓度。

（3）磨粒形状和锋利程度

由于制造砂轮用的磨粒晶体的生长机理不同或制粒过程的破碎方法不同，磨粒的形状一般很不规则。在磨削研究中，通常将砂轮表面的磨粒形状理想化，如 Badger 等将磨粒简化为棱形，Shaw 和 Gong 等将磨粒简化为球形，而更多的则是将磨粒简化为尖端带有圆球半径的圆锥形或平顶圆锥形。从磨粒切削刃的锋锐性考虑，棱锥形和尖端带有圆球半径的圆锥形更接近实际磨粒形状，锋利性较好；而平顶圆锥形更接近于磨损后的磨粒形状，锋锐性差。

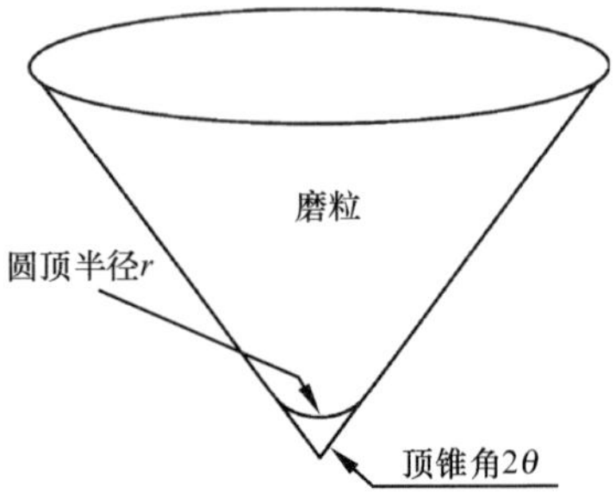

图 6-8　简化的磨粒形状

实际上磨粒的形状并不规则，但是起磨削作用的磨粒端部几乎都可以近似为带有圆头的圆锥形状。因此，本文单颗粒磨削中将磨粒起磨削作用的端部简化为尖端带有圆球半径 r 的圆锥形状，其顶锥角为 2θ，如图 6-8 所示。磨削时每颗磨粒有多个顶尖，因而会出现多个顶锥角，按统计规律知，顶锥角 2θ 在 80° 到 145° 之间变动。若顶锥角小于 90° 的磨粒尖角所占比率增多，表示正前角磨削磨粒概率增大。所以，顶锥角 2θ 所占比率是非常重要的。它关系到磨粒的磨削性能。研究表明，顶锥角所占的比率及磨刃钝圆半径 r 的大小均与磨粒的尺寸有关。根据文献可得到 60#、80#、100#、120#的磨粒几何尺寸，如表 6-4 所示。

表 6-4　不同粒度的金刚石几何尺寸

磨料粒度	磨粒底面直径 d（μm）	磨粒顶锥角 2θ（°）	磨粒钝角半径 r（μm）
60#	250	105	18
80#	200	104	14
100#	140	102	10
120#	110	101	9

第7章　瓷砖表面抛光加工轨迹

目前加工大规格陶瓷板的技术比较成熟，在表面抛光的深加工阶段，采用将现有瓷砖抛光机宽度加大的方式进行。抛光工艺继续沿用传统摆动式抛光工艺。在继承这种加工工艺优势的同时，也显现出无法满足大规格陶瓷板表面加工的要求。一是大规格陶瓷表面磨削均匀性，无法满足；二是加工效率低。

陶瓷大板的特点是规格大，而石材大板的特点也是如此，因此，石材大板深加工工艺对陶瓷大板的加工具有很强的借鉴意义。国内外石材大板抛光工艺发展到今天，不再局限于摆动式抛光、“之”字形加工轨迹，还有圆形加工轨迹、“八”字形轨迹等。

目前高校学者和企业工程师在分析摆动式抛光轨迹时，都是采用正弦或者余弦曲线不模拟，或者直接建立梯形轨迹去说明。这样就脱离了加工实际。

本书在前人研究的基础上，立足实际。对陶瓷大板摆动式抛光加工轨迹运动规律进行修正，并建立修正模型。建立修正后抛光加工轨迹运动规律的基本运动规律数学模型，并将基本运动规律进行组合并建模。修正后的抛光加工轨迹运动规律由刚性冲击变为柔性冲击。并以此为基础建立瓷砖适应模拟系统，为陶瓷大板智能化抛光加工提供基础。在借鉴石材大板圆形轨迹加工设备的基础上，分析陶瓷大板圆形轨迹加工原理，建立陶瓷大板研抛复合运动轨迹方程。得出陶瓷大板进给速度、横梁圆形轨迹运动与磨头加工覆盖率之间的匹配关系。研究结果对陶瓷大板圆形轨迹工艺的应用提供了理论基础，为设备的设计提供理论数据。提出了陶瓷大板双摆动式抛光加工工艺，建立横梁双摆动数学模型及双摆动合成运动轨迹。建立横梁双摆动在陶瓷大板表面复合加工轨迹。给出最优化的复合加工轨迹的工艺参数。研究结果为双摆动式抛光机的设计提供理论基础。提出陶瓷大板单摆式抛光加工工艺，在分析陶瓷大板单摆式抛光加工工艺原理的基础上，详细分析磨头单摆的运动规律，并建立数学模型，同时给出陶瓷大板单摆式抛光加工工艺参数。

同时本书在前人研究的基础上，分析了现有摆动式瓷砖抛光机磨削瓷砖表面均匀性规律，提出大规格陶瓷板磨削均匀性机理及其实现方法。通过对大规格陶瓷板表面磨削均匀性仿真，验证了本书所提出的大规格陶瓷板磨削均匀性机理及实现方法的正确性。本书研究结果对研究大规格陶瓷板加工工艺和技术提供理论指导，为设备创新提供理论依据。

7.1　瓷砖抛光机结构与工作原理

瓷砖抛光机主要由瓷砖输送、横梁摆动、磨头组件三个部分组成。瓷砖抛光机整机图，如图7-1所示；瓷砖抛光机摆动极限，如图7-2所示。

瓷砖输送部分由传送带电机10、主动滚轮9、传送带变速箱18、传送带12、瓷砖17组成。瓷砖17在传送带12的带动下，输入输出。传送带12的输送快慢由主控面板控制。

横梁摆动部分由横梁摆动电机14、横梁7、横梁支撑座8、横梁摆动变速箱21、齿轮20、齿条19组成。

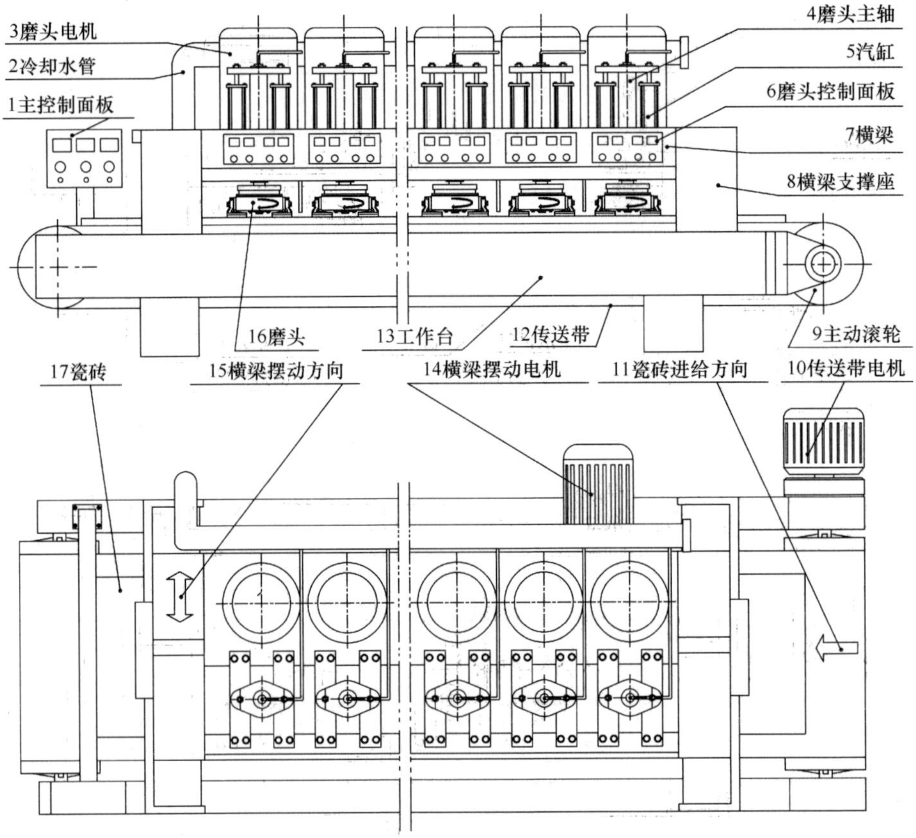

图 7-1　瓷砖抛光机整机图

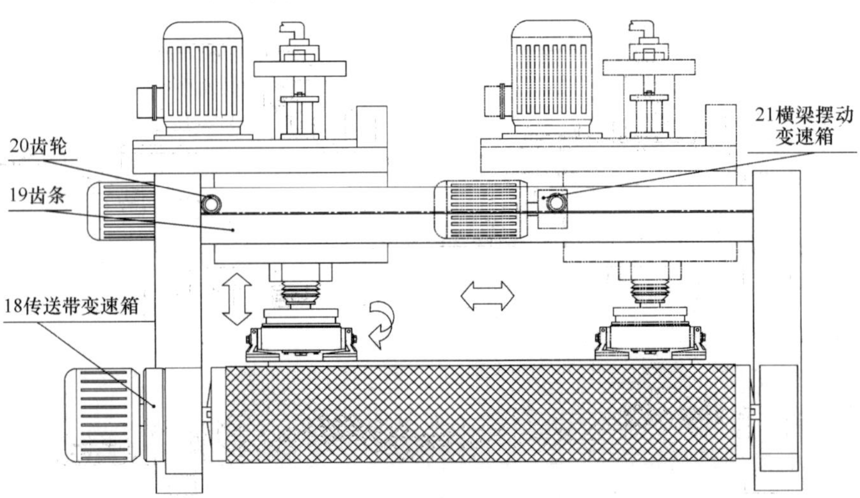

图 7-2　瓷砖抛光机左视图

磨头部件是抛光机的最主要部件，由磨头电机 3、磨头主轴 4、汽缸 5、磨头 16、冷却水管 2 组成。每台瓷砖抛光机配置 12 ~ 20 个磨头，配置磨头的个数由厂家的生产能力决定。每个磨头配置 6 ~ 8 个磨块，磨块的软硬由加工的瓷砖材质决定。

工作原理：瓷砖抛光机工作时，由传送带电机 10 驱动传送带变速箱 18、主动滚轮 9 转动，传送带 12 在主动滚轮 9 的驱动下做水平移动，带动置于传送带之上的瓷砖进给。同时，磨头 16 在磨头电机 3 的驱动下旋转，汽缸 5 带动磨头 16 缓慢地垂直压在瓷砖上。磨头 16 及其主轴 4 固定在横梁 7 上，为了完整地加工整个瓷砖，横梁 7 以及固定其上的磨头 16、汽缸 5 在横梁摆动电机 14、横梁摆动变速箱 21 的驱动下，通过齿轮 20、齿条 19 的啮合传动在横梁支撑座 8 上做往复的移动。往复的行程略大于瓷砖的宽度。磨头行至两端极限位置 A、B 时，做短暂的停留，目的是消除瓷砖“U”面。磨头到达两端极限 A、B 时，磨头超出瓷砖的宽度不能大于磨头的直径。

7.2　瓷砖抛光机磨头结构与工作原理

图 7-3 为摆动式抛光磨头工作原理图，磨头结构和工作原理为：电机 1 驱动主动带轮 2，通过传送带又驱动从动带轮 4（从动带轮 4 与磨头主轴、磨头壳体以及主动齿轮 3 刚性连接在一起）。从动带轮 4 带动磨头壳体实现公转，同时从动带轮带动主动齿轮 3 转动。主动齿轮 3 驱动从动齿轮 6、凸轮 5 旋转（从动齿轮与凸轮 5 是刚性连接在一起）。磨头壳体在公转的同时，通过差动（主动齿轮 3 与从动齿轮 6 相差两齿）轮系，使凸轮 5 相对磨头壳体产生一个相对转动，凸轮 5 驱动主动摆杆 7，主动摆杆又驱动从动摆杆 9，使连接在摆杆上的磨块座 8、磨块 10 做往复的摆动。磨块与瓷砖呈线性接触，小的压力就可以产生较大的磨削压强。

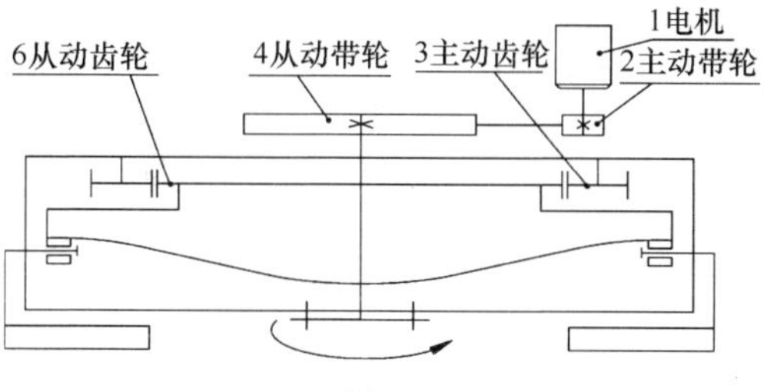

(a)

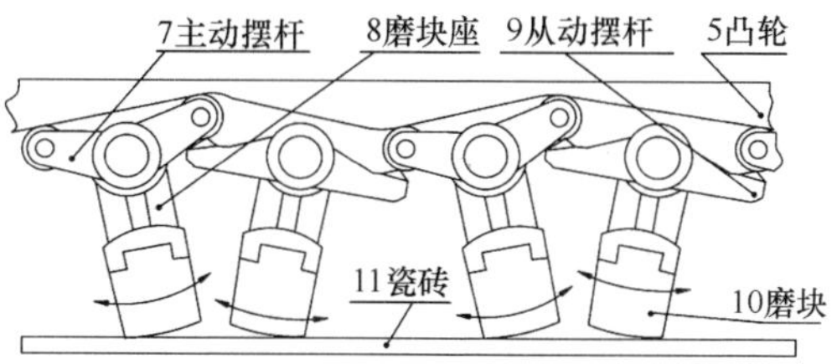

(b)

图 7-3　摆动抛光磨头原理示意图
（a）磨头结构示意图；（b）磨块座系统展开示意图

由瓷砖抛光机结构得知，抛光磨头在汽缸的压力下与瓷砖接触。毛坯瓷砖表面不平整，并且磨头磨块在摆动过程中产生的垂直方向的上下移动（图 7-4），使整个磨头在工作过程中是浮动的。汽缸中的空气是可压缩的，两个汽缸相当于两个弹簧。

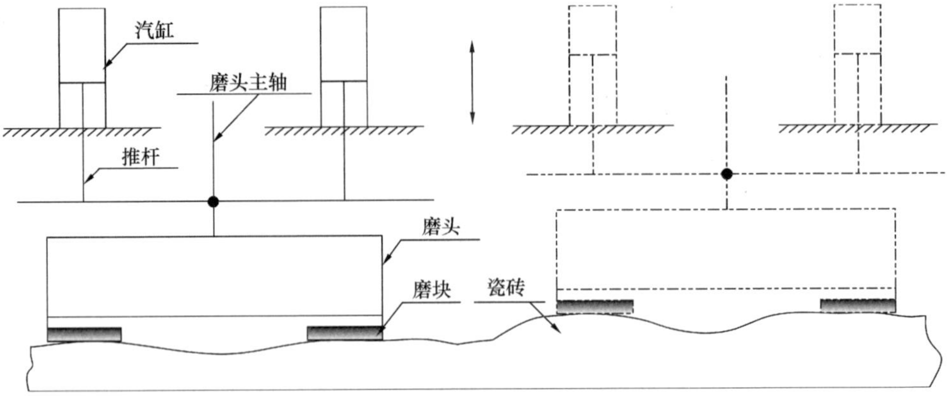

图 7-4　摆动抛光磨头垂直上下移动示意图

7.3　瓷砖抛光机磨头运动轨迹

由前述的分析可知，瓷砖抛光机磨头加工瓷砖的运动有三种：①磨头旋转的同时由汽缸带动上下移动；②磨头在支撑座上的水平移动，磨头移动的方向与瓷砖进给方向是相互垂直的；③磨头旋转、水平移动、传动带进给移动在瓷砖表面上的合成运动。瓷砖表面的成形就是在上述三种运动的共同作用下实现的。

7.3.1　瓷砖抛光磨头在双向力作用下的运动轨迹方程

抛光磨头在工作时，磨头上同时作用着两个方向的作用力（简称“双向力”）——回转方向的回转力、轴心方向的静压力以及冲击力。这两个方向的力相辅相成地使磨头具有切削破碎瓷砖作用之外，还有冲击破碎作用。抛光磨头破碎瓷砖的实质仍然以回转方式为主，冲击作用是辅助的。抛光磨头在轴向载荷下对瓷砖保持一定的吃入深度，在回转力的作用下切削破碎瓷砖，如图 7-5 所示。

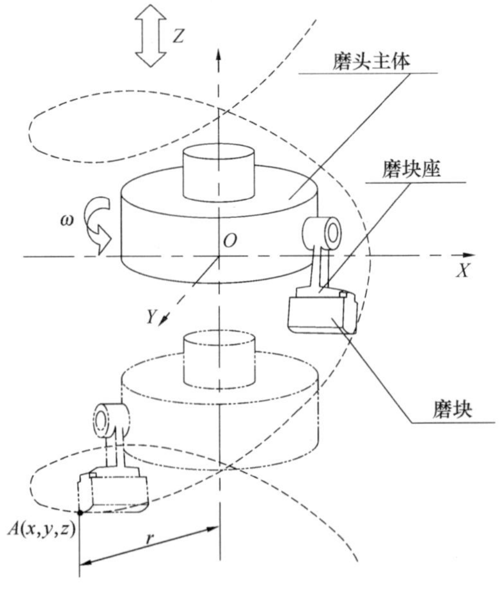

图 7-5　抛光磨头在双向力作用下的运动状态

设磨块上一点 A $(x,\ y,\ z)$，距磨头中心轴的距离为 r，当磨头工作时，该点所形成的轨迹为一条螺旋线。其方程为：

$$\begin{cases} x = r\cos\omega t \\ y = r\sin\omega t \\ z = \dfrac{nh}{2\pi}\omega t \end{cases} \tag{7-1}$$

式中　h——磨块磨入瓷砖的深度；

n——磨块数；

nh——磨头每转一转磨削瓷砖的深度；

ω——磨头旋转角速度。

A 点在 t 时间内所形成螺旋线轨迹为 W：

$$W = \int_0^t \sqrt{dx^2 + dy^2 + dz^2} \tag{7-2}$$

对式（7-1）求导得：

$$\begin{cases} dx = -r\omega\sin\omega t dt \\ dy = r\omega\cos\omega t dt \\ dz = \dfrac{nh\omega}{2\pi} dt \end{cases} \tag{7-3}$$

把式（7-3）代入式（7-2）得：

$$\begin{aligned} W &= \int_0^t \sqrt{(r\omega)^2 + \left(\frac{nh\omega}{2\pi}\right)^2} dt \\ &= t\sqrt{(r\omega)^2 + \left(\frac{nh\omega}{2\pi}\right)^2} \end{aligned} \tag{7-4}$$

由式（7-4）可以看出，磨块上每一点的运动轨迹都不同（磨头的径向），靠近磨头边缘处的运动轨迹最长。

7.3.2　瓷砖抛光磨头摆动运动轨迹方程

普通抛光机磨头的工作直径是 540mm，而目前常用的瓷砖规格一般是 800mm × 800mm × 15mm。为了能完整地加工瓷砖表面，抛光磨头工作时需要做横向直线移动，也就是常说的摆动。因此，抛光磨头摆动的运动状态是直线移动与磨头旋转运动的合成运动，犹如一个拉开圆环的次摆线运动。

如图 7-6 所示，设磨头的旋转中线为直角坐标系的原点 O，横坐标为 X（与瓷砖进给方向垂直），纵坐标为 Y（与瓷砖进给方向平行），磨头的角速度为 ω，磨头的初始角度为 α_0，磨头中心轴以进给速度 v_1 做直线移动，磨头轴心的初始位置为（x_0，0），磨块上任意一点 B（x，y）距离磨头中心的距离为 r，任意时刻 t，磨块上任意一点 B 的参数方程为：

$$\begin{cases} x = x_0 + \dfrac{dx}{dt}t + \dfrac{1}{2}\dfrac{d^2x}{dt^2}t^2 + r\sin\left(\alpha_0 + \dfrac{d\alpha}{dt}t + \dfrac{1}{2}\dfrac{d^2\alpha}{dt^2}t^2\right) \\ y = r\cos\left(\alpha_0 + \dfrac{d\alpha}{dt}t + \dfrac{1}{2}\dfrac{d^2\alpha}{dt^2}t^2\right) \end{cases} \tag{7-5}$$

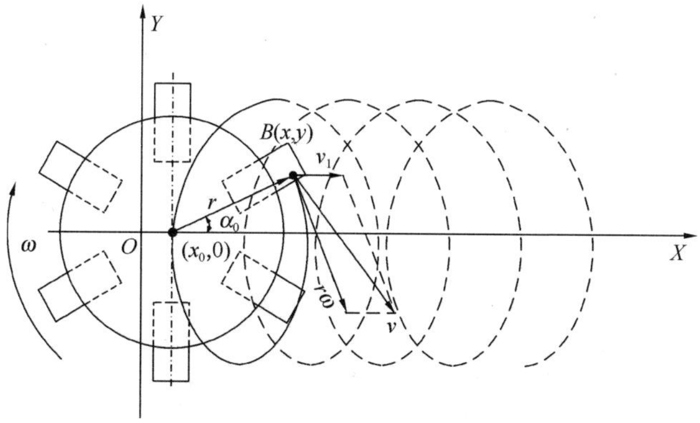

图 7-6　抛光磨头摆动的运动状态

抛光磨头摆动时所做的直线移动和旋转运动均为匀速运动，因此 d^2x/dt^2 和 $d^2\alpha/dt^2$ =

0，同时 $dx/dt = v_1(m/s)$，$d\alpha/dt = \omega(rad/s)$。

因此，抛光磨头摆动时的轨迹方程为：

$$\begin{cases} x = x_0 + v_1 t + r\sin(\alpha_0 + \omega t) \\ y = r\cos(\alpha_0 + \omega t) \end{cases} \tag{7-6}$$

由式（7-6）可知，抛光磨头上任意一点的轨迹为平面螺旋线。

7.3.3 瓷砖抛光磨头在瓷砖表面上的合成运动轨迹方程

由图 7-1、图 7-2 中抛光机结构和工作原理分析可知，抛光磨头横向往复抛光是瓷砖抛光机抛光瓷砖的一种抛光形式，抛光磨头的往复运动为匀速运动，其运动状态的轨迹是次摆线，如图 7-6 所示。抛光磨头摆动到瓷砖两端时（图 7-2 中的极限位置 A、B），要做一个短暂的停留。为了揭示瓷砖移动、抛光磨头摆动合成后反映在瓷砖表面上的运动轨迹，在 3 块瓷砖表面均匀地涂上朱砂，在抛光磨头横向摆动与瓷砖进给运动共同作用下，显示出了抛光磨头在瓷砖表面的合成运动状态，如图 7-7 所示。从图中可以看出，瓷砖移动、抛光磨头摆动两者在瓷砖表面上的合成运动轨迹为梯形。

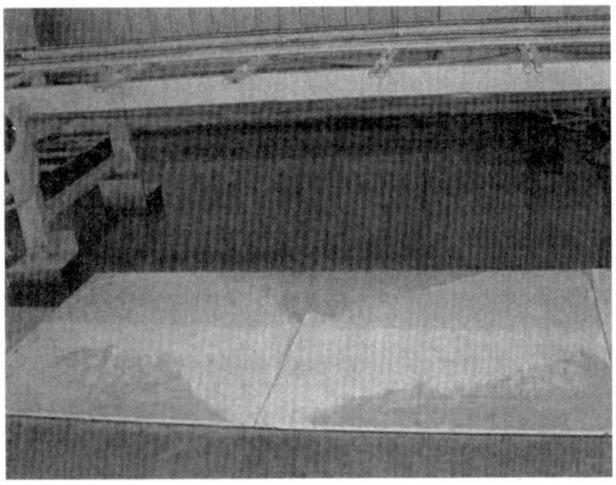

图 7-7　抛光磨头中心轴运动轨迹

瓷砖移动、抛光磨头摆动、磨头转动三者在瓷砖表面上的合成运动轨迹分析如下。

以图 7-6 中抛光磨头磨块上任意一点 $B(x, y)$ 为研究对象，磨头轴心的初始位置为 (x_0, y_0)，瓷砖进给速度为 v_2。轨迹如图 7-8 所示。

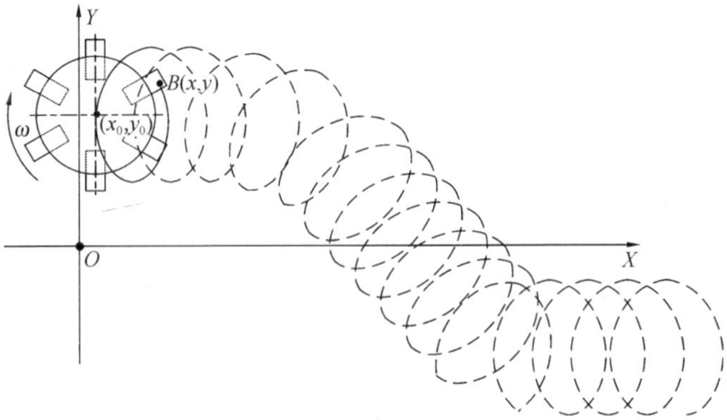

图 7-8　抛光磨头在瓷砖表面的合成运动状态

任意时刻 t，磨块上任意一点 B 的轨迹方程为：

$$\begin{cases} x = x_0 + v_1 t + r\sin(\alpha_0 + \omega t) \\ y = y_0 \pm v_2 t + r\cos(\alpha_0 + \omega t) \end{cases} \tag{7-7}$$

7.4　陶瓷大板抛光加工轨迹运动规律修正

“大”是我们这个时代最好的写照。从中我们可以看到，从 2018 年佛山潭州陶瓷设备展之后，整个中国都在往大板上走。“大”已经成为各个陶瓷企业追赶的目标，大板一夜之间潜进千万家，同时我们也发现规格再也不是我们传统的统一规格，而是根据不同品牌的定位及战略壁垒而开发属于自己价值体系的规格。

2018 年，潭州陶瓷设备展会和广州陶瓷设备展会同步展出了陶瓷大板的加工设备，陶瓷所有的深加工设备都在围绕着陶瓷大板而创新开发。陶瓷大板抛光机还是沿用传动摆动式抛光机，唯一不同的是机床加宽。陶瓷大板采用现有摆动式抛光机加工之后，会出现平整度差的问题。因为横梁从陶瓷大板的一端摆动到另外一端时，采用的是同一个速度，陶瓷大板中间位置磨削的时间长，边缘磨削的时间短，造成了磨削不均匀的现象。为了解决这个问题，在起始和终点的位置摆动速度慢，在中间的位置摆动速度快。

目前高校学者和企业工程师在分析摆动式抛光轨迹时，都是采用正弦或者余弦曲线来模拟，或者直接建立梯形轨迹去说明。这样就脱离了加工实际。

本章在前人研究的基础上，立足实际，对陶瓷大板摆动式抛光加工轨迹运动规律进行修正，并建立修正模型。建立修正后抛光加工轨迹运动规律的基本运动规律数学模型，并将基本运动规律进行组合并建模。修正后的抛光加工轨迹运动规律由刚性冲击变为柔性冲击。

7.4.1　现有陶瓷大板抛光加工轨迹的运动规律

如图 7-9 所示为陶瓷大板抛光机摆动加工瓷砖原理图。陶瓷大板表面的加工轨迹是由横梁摆动、陶瓷大板直线进给运动这两个运动合成的运动轨迹，其合成运动轨迹为一个“之”字形或梯形轨迹。如果横梁摆动到陶瓷大板两端不做停留，那么形成的就是一个“之”字形轨迹，如图 7-10（a）所示。如果横梁摆动到陶瓷大板两端做停留，那么就形成梯形轨迹，如图 7-10（b）所示。目前瓷砖所有的抛光机在瓷砖加工过程中，都会在瓷砖边缘做短暂的停留，目的就是消除瓷砖边缘的漏抛部分和暗影。因此，目前陶瓷砖加工领域无论是普通瓷砖还是陶瓷大板加工所形成的加工轨迹都是梯形轨迹。

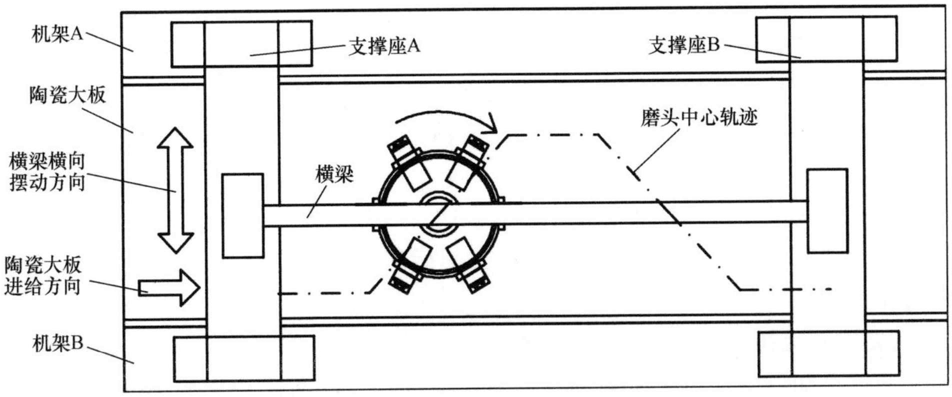

图 7-9　陶瓷大板抛光加工原理图

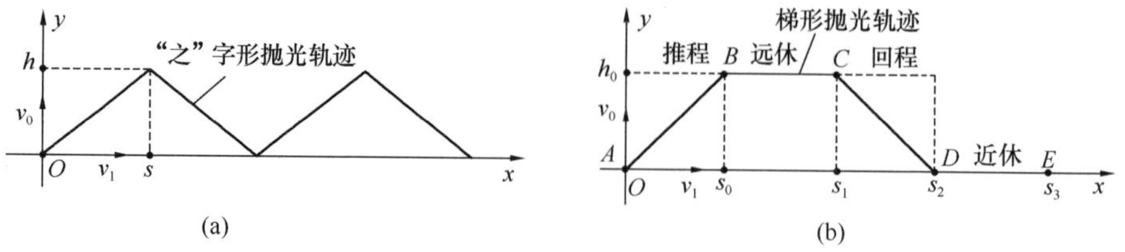

图 7-10　现有陶瓷大板表面抛光加工轨迹

（a）"之"字形轨迹；（b）梯形轨迹

图 7-10（b）中所示的梯形加工轨迹由 AB、BC、CD 及 DE 四段线段组成，而且 BC、DE 两段为水平直线，AB、CD 为倾斜直线。

磨头中心点与瓷砖在 A 点接触时，横梁处在最低位置。当磨头在横梁的驱动下，开始向上移动时，陶瓷大板也在匀速向前移动。因此磨头在陶瓷大板表面的加工轨迹，沿着斜直线 AB，由最低点位置 A 被推到最高位置 B，横梁处在了最高位置。横梁的这一过程称为推程。横梁从最低位置摆动到最高位置之间的距离称为推程摆动幅度，用 h_0 表示，所用的时间为 t_0。因此推程摆动的速度为 $v_0 = h_0/t_0$。相应地，在 t_0 时间内，陶瓷大板直线进给的距离为 s_0，因此陶瓷大板直线进给的速度为 $v_1 = s_0/t_0$。称 s_0 为陶瓷大板推程进给量。

横梁到达最高位置，磨头中心处在最高位置 B 时，横梁开始在这个位置做短暂的停留。磨头中心在陶瓷大板表面上的位置由 B 移动到 C 位置。所用的时间为 t_1，所走过的距离为 s_1，$s_1 = v_1 \times t_1$，因为陶瓷大板做直线匀速运动，所以速度还是 v_1。横梁处在最高位置而静止不动，这一过程称为远休。在这段时间内，陶瓷大板所进给的距离 s_1 称为陶瓷大板远休进给量。

而后，横梁开始由最高位置向下摆动回到最低位置，磨头中心位置由最高点 C 到达最低点 D。横梁在向下摆动的同时，陶瓷大板依旧在做匀速直线进给运动。因此，磨头的中心在陶瓷大板表面所走过的轨迹 CD 还是一条斜直线。横梁的这一过程称为回程。横梁的回程摆动幅度值与推程是一样的，因此还是用 h_0 表示，所用的时间也是一样的，因此还是 t_0。因此回程摆动的速度也是一样的，用 v_0 表示。相应地，在横梁回程的 t_0 时间内，陶瓷大板直线进给的距离为 s_2，与推程时是一样的，$s_0 = s_2$。因此陶瓷大板直线进给的速度为 $v_1 = s_2/t_0$。称 s_2 为陶瓷大板推程进给量。

最后，横梁到达最高位置，磨头中心处在最低位置 D 时，横梁开始在这个位置做短暂的停留。磨头中心在陶瓷大板表面上的位置由 D 移动到 E 位置。所用的时间为 t_1，与远休时是一样的，所走过的距离为 s_3，$s_3 = v_1 \times t_1$，因为陶瓷大板做直线匀速运动，所以速度还是 v_1。横梁处在最高位置而静止不动，这一过程称为近休。在这段时间内，陶瓷大板所进给的距离 s_3 称为陶瓷大板近休进给量。然后从 E 点开始推程，周而复始，不断地重复这一过程。

7.4.2　现有陶瓷大板抛光加工轨迹线图分析

由上所述可知，磨头在横梁驱动下沿着横向摆动，同时陶瓷大板不断地匀速直线进给。因此磨头中心在陶瓷大板表面上的加工运动轨迹，由四段组成：推程段、远休段、回程段、近休段。本文选择推程段分析加工运动轨迹线图，如图 7-11 所示。

磨头中心点在陶瓷大板表面所形成的加工轨迹，由两种运动合成，即横梁的摆动和陶瓷大板的直线运动。因此，在推程段，由于两种运动的合成，磨头在陶瓷大板表面上的加工轨迹是一条斜直线，如图 7-11 中的 AB 线段。磨头从 A 点运动到 B 点是匀速运动。磨头在等速运动过程中加速度为零。但在推程开始位置 A，由于速度由零突变为 v_0，故在该瞬时的加速度为 $+\infty$。同理，在推程终止位置 B，速度由 v_0 突变为零，进入远休段，其加速度趋于 $-\infty$。在这两个位置，由于速度的瞬时变化而产生理论上无限大的加速度。由加速度产生的惯性力在理论上也由零突变为无穷大，致使机构产生强烈的冲击，其大小取决于该设备的挠性。这种在某瞬时速度突变，其加速度及惯性力在理论上趋于无穷大时所引起的冲击称作刚性冲击，虽然实际上由于材料的弹性变形，加速度和惯性力不会达到无穷大，但冲击还是相当强烈的。

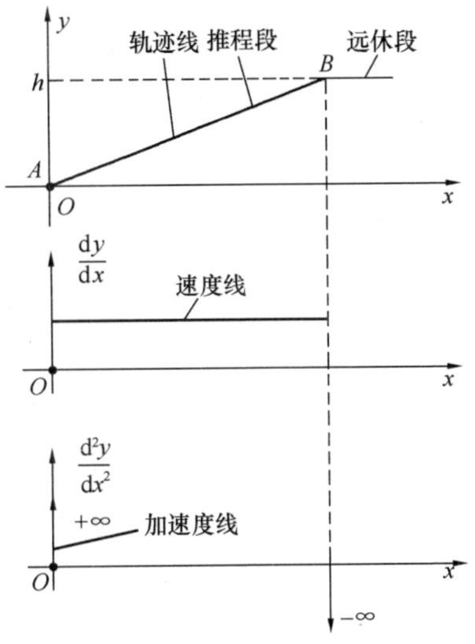

图 7-11　磨头中心点在陶瓷大板表面上加工运动轨迹线图

此加速度使横梁产生高度的“陡振”，磨头在陶瓷大板表面的边缘位置会产生西瓜皮一样的磨痕，影响了瓷砖表面质量。

7.4.3　现有陶瓷大板抛光加工轨迹修正方法

目前陶瓷大板“之”字形加工轨迹、梯形轨迹，在陶瓷大板边缘处都会发生“陡振”现象。所以这种停留—上升—停留的轨迹曲线并不实用。为消除等速运动规律的这种不良现象，常对起始点与终止点的运动规律进行必要的修正。

如果既要采用等速运动规律，又要避免刚性冲击，可将等速运动规律做些修正。有两种方法：第一种是圆弧修正。如图 7-12 所示，将轨迹曲线的始末两小段直线改成圆弧，为避免速度突变，图中斜直线必须分别与两端的圆弧相切。显然，修正后的 OA 和 BC 区域内，磨头在陶瓷大板表面不再保持等速运动。设计时可根据工作要求，在满足所需的等速部分情况下，尽量选取较大的圆弧半径 r 值。第二种是抛物线修正。如图 7-13 所示，将轨迹曲线的始末两小段直线改成抛物线，为避免速度突变，图中斜直线必须分别与两端的抛物线相切。显然，修正后的 OA 和 BC 区域内，磨头在陶瓷大板表面不再保持等速运动。

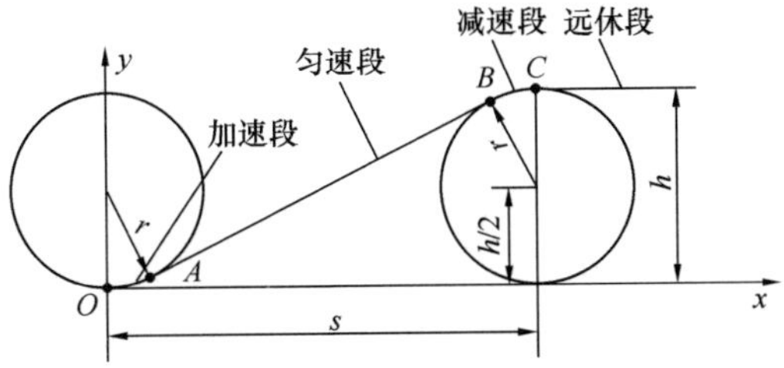

图 7-12　陶瓷大板加工轨迹圆弧修正

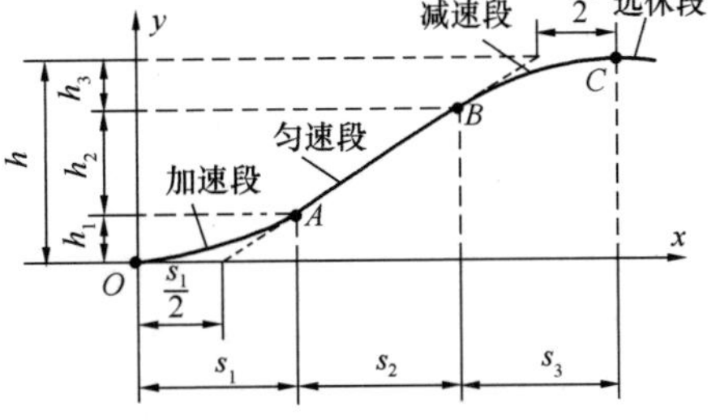

图 7-13　陶瓷大板加工轨迹抛物线修正

从上述两种加工轨迹修正方法可以看出，原来的加工轨迹斜直线 AB 被修正了三段，OA 段是加速段，AB 是匀速段，BC 是减速段，由三段不同的轨迹线组成。上述只是推程阶段的，回程阶段修正与推程一样，不再详述。

7.5 磨头在陶瓷大板表面加工轨迹的修正后运动规律

磨头在陶瓷大板表面加工轨迹的修正后运动规律由两种基本运动规律组成，一种是等速运动规律，另一种是等加速等减速运动规律。下面分别介绍这两种基本规律。

加工运动基本规律指磨头在陶瓷大板表面加工轨迹位移 s、速度 v、加速度 a 随着时间 t 的变化规律。它全面反映了磨头横向摆动的运动特性及其变化的规律性。

7.5.1 等速运动规律（一次多项式运动规律）

在推程时，横梁从陶瓷大板的一个边缘位置，摆动到另外一个边缘位置，横梁完成行程 h，在横梁完成一个推程时间 t 之内，陶瓷大板以匀速直线速度 v 进给量为 x。如图 7-14 所示，当采用一次多项式运动规律时，则有：

$$\begin{cases} y = c_0 + c_1 x \\ v = \dfrac{\mathrm{d}y}{\mathrm{d}t} = c_1 u \\ a = \dfrac{\mathrm{d}v}{\mathrm{d}t} = 0 \\ u = x' \end{cases} \tag{7-8}$$

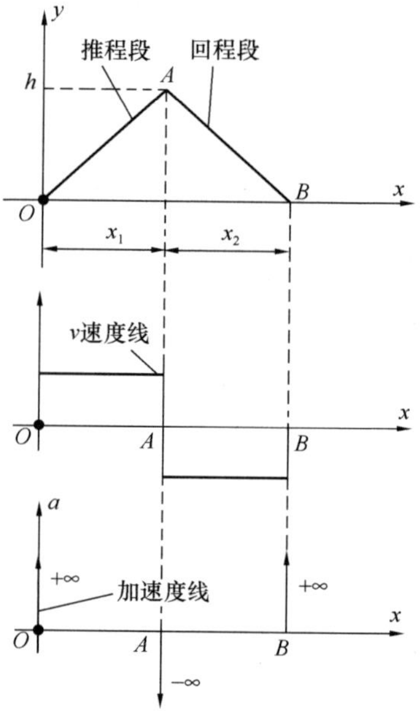

图 7-14　等速运动的运动线图

在推程阶段，$x \in [0, x_1]$，设取边界条件为：

在始点处：$x = 0, y = 0$；在终点处：$x = x_1, y = h$。

代入式（7-8）可解出待定常数，$c_0 = 0, c_1 = h/x_1$，将待定系数代入式（7-8）并整理，可得出横梁在推程时，磨头在陶瓷大板表面的运动轨迹运动方程：

$$\begin{cases} y = \dfrac{h}{x_1} x \\ v = \dfrac{h}{x_1} u \\ a = 0 \\ u = x' \end{cases} \tag{7-9}$$

回程阶段，$x \in [0, x_2]$，设取边界条件为：

在始点处：$x = 0, y = h$；在终点处：$x = x_2, y = 0$。

代入式（7-8）可解出待定常数，$c_0 = h, c_1 = -h/x_2$，将待定系数代入式（7-8）并整理，可得出横梁在回程时，磨头在陶瓷大板表面的运动轨迹运动方程：

$$\begin{cases} y = h - \dfrac{h}{x_2}x \\ v = -\dfrac{h}{x_2}u \\ a = 0 \\ u = x' \end{cases} \tag{7-10}$$

由上式可知，横梁摆动与陶瓷大板的直线进给运动合成运动是按等速运动规律运动。因此，磨头在陶瓷大板表面的加工轨迹运动是一次函数，故加工轨迹位移曲线是一条斜直线。加工轨迹按等速运动规律变化时的运动线图如图 7-14 所示。

7.5.2　等加速等减速运动规律（二次多项式运动规律）

在推程期中，为了避免在运动的起始位置和终点位置产生速度突变，必须采用两个不同二次项方程式。一个方程式使横梁做等加速运动，另一个方程式使其做等减速运动，构成等加速等减速运动规律。等加速等减速运动规律是指横梁在一个运动行程中，前半段做等加速运动，后半段做等减速运动。因此，磨头在陶瓷大板表面的运动规律是二次多项式运动规律，当采用二次多项式运动规律时，其表达式为：

$$\begin{cases} y = c_0 + c_1 x + c_2 x^2 \\ v = \dfrac{\mathrm{d}y}{\mathrm{d}t} = c_1 u + 2c_2 x u \\ a = \dfrac{\mathrm{d}v}{\mathrm{d}t} = 2c_2 u^2 \\ u = x' \end{cases} \tag{7-11}$$

由上式可知，这时横梁摆动的加速度为常数。为了保证横梁运动的平稳性，通常应使横梁先做加速运动，后做减速运动。设在加速段和减速段，陶瓷大板进给量及横梁摆动的行程各占一半，即：

$$\begin{cases} x_1 = x_2 = \dfrac{x_3}{2} \\ h_1 = h_2 = \dfrac{h}{2} \end{cases} \tag{7-12}$$

如图 7-15 所示，在推程的前半段，$x \in [0, x_1]$，这时，推程加速段的边界条件为：

在始点处：$x = 0, y = 0, v = 0$；在终点处：$x = x_1 = x_3/2, y = h_1 = h/2$。

代入式（7-11）则可解出待定常数，$c_0 = 0$，$c_1 = 0, c_2 = 2h/x_3^2$，将待定系数代入式（7-11）并整理，可得出横梁在推程等加速段，磨头在陶瓷大板表面的运动轨迹运动方程：

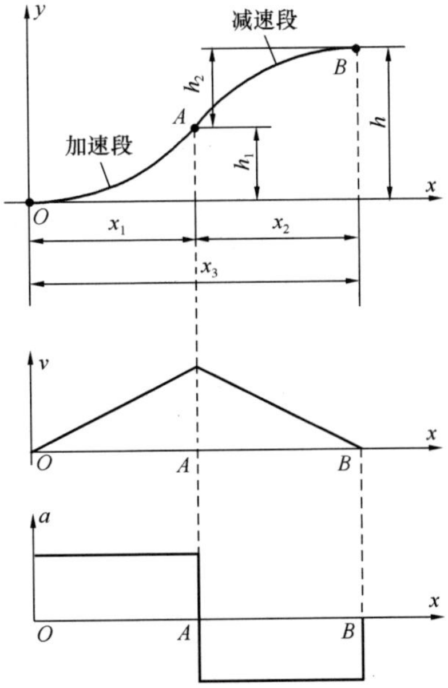

图 7-15　推程段等加速等减速运动线图

$$\begin{cases} y = \dfrac{2hx^2}{x_3^2} \\ v = \dfrac{4hux}{x_3^2} \\ a = \dfrac{4hu^2}{x_3^2} \end{cases} \tag{7-13}$$

式中 x 的变化范围为 $(0, x_1 = x_3/2)$。由上式可见，在此阶段中，横梁的位移 y 与陶瓷大板进给量 x 的平方成正比，故其加工轨迹位移曲线为一段向上弯的抛物线，如图 7-15 所示。

如图 7-15 所示，在推程的后半段，$x \in (x_2 = x_3/2, x_3)$，这时，推程减速段的边界条件为：

在始点处：$x = x_2 = x_3/2, y = h_2 = h/2, v = 2hu/x_3$；在终点处：$x = x_3, y = h, v = 0$。

代入式（7-11）可解出待定常数，$c_0 = -h, c_1 = 4h/x_3, c_2 = -2h/x_3^2$，将待定系数代入式（7-11）并整理，可得出横梁在推程等减速段，磨头在陶瓷大板表面的运动轨迹运动方程：

$$\begin{cases} y = h - \dfrac{2h(x_3 - x)^2}{x_3^2} \\ v = \dfrac{4hu(x_3 - x)}{x_3^2} \\ a = -\dfrac{4hu^2}{x_3^2} \end{cases} \tag{7-14}$$

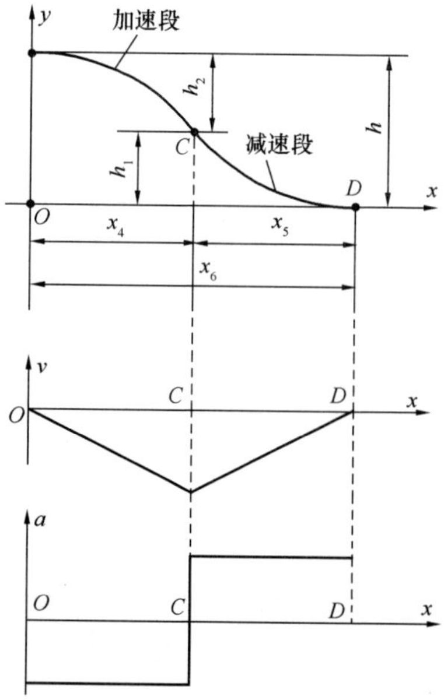

图 7-16 回程段等加速等减速运动线图

式中 x 的变化范围为 $(x_2 = x_3/2, x_3)$，这时加工轨迹位移曲线如图 7-15 所示为一段向下弯的抛物线。

上述两种运动规律的结合，构成横梁摆动的等加速等减速运动规律。由图 7-15 可知，在 O、A、B 三点横梁摆动的加速度有突变，因而横梁运动的惯性力也将有突变，不过这一突变为有限值，因而引起的冲击较小，故称这种冲击为柔性冲击。

如图 7-16 所示，在回程的前半段，$x \in [0, x_4]$，这时，回程加速段的边界条件为：

在始点处：$x = 0, y = h, v = 0$；在终点处：$x = x_4 = x_6/2, y = h_2 = h/2$。

代入式（7-11）可解出待定常数，$c_0 = h, c_1 = 0, c_2 = -2h/x_6^2$，将待定系数代入式（7-11）并整理，可得出横梁在回程等加速段，磨头在陶瓷大板表面的运动轨迹运动方程：

$$\begin{cases} y = h - \dfrac{2h}{x_6^2}x^2 \\ v = -\dfrac{4hu}{x_6^2}x \\ a = -\dfrac{4hu^2}{x_6^2} \end{cases} \tag{7-15}$$

如图 7-16 所示，在回程的后半段，$x \in (x_5 = x_6/2, x_6)$，这时，回程减速段的边界条件为：

在始点处：$x = x_5 = x_6/2, y = h_1 = h/2, v = -2hu/x_6$；在终点处：$x = x_6, y = 0, v = 0$。

代入式（7-11）可解出待定常数，$c_0 = 2h, c_1 = -4h/x_6, c_2 = 2h/x_6^2$，将待定系数代入式（7-11）并整理，可得出横梁在回程等减速段，磨头在陶瓷大板表面的运动轨迹运动方程：

$$\begin{cases} y = \dfrac{2h}{x_6^2}(x_6 - x)^2 \\ v = -\dfrac{4hu}{x_6^2}(x_6 - x) \\ a = \dfrac{4hu^2}{x_6^2} \end{cases} \tag{7-16}$$

由上式可知，回程阶段横梁摆动也是按等加速等减速运动规律运动。磨头在陶瓷大板表面加工轨迹位移曲线为陶瓷大板进给量的二次函数，为抛物线方程回程阶段横梁摆动按等加速等减速运动规律变化时的运动线图，如图 7-16 所示。

由加速度线图可知，O、A、B、C、D 五点的加速度有突变，因而横梁摆动的惯性力也有突变。由于加速度的突变为一有限值，惯性力的突变也是有限值，对横梁和磨头机构的冲击也是有限的。

7.5.3　陶瓷大板抛光加工轨迹基本运动规律的组合

由前面的分析可知，磨头在陶瓷大板表面的加工轨迹是“之”字形和梯形两种，但是这种加工轨迹的运动有弊端，在起始和终点位置加速度无限大，因而产生剧烈的惯性冲击。为了消除单纯的等速运动规律所导致的刚性冲击，在运动的起始区段和终止区段上划分出一部分进给量范围改用其他类型的运动规律，即构成修正型等速运动规律。在起始和终点位置进行圆弧修正。由刚性冲击变为柔性冲击。磨头在陶瓷大板表面的加工轨迹就是由多种曲线组合而成的，不再是单一的斜线或直线。

为了获得更好的运动特性和动力特性，把上述几种基本运动规律曲线拼接起来，构成组合运动规律。构造组合运动规律时，选择一种等速运动规律作为主体，再用等加速等减速运动规律与其拼接。拼接时应遵循以下原则。

① 位移曲线和速度曲线（包括运动的起始点和终止点）必须连续，以避免刚性冲击。

② 当用不同运动规律组合时，它们在连接点处的位移、速度和加速度值应分别相等，这是运动规律组合时必须满足的边界条件。

图 7-17 所示是用二次项运动规律修正等速运动规律的推程段运动线图。加工轨迹运

动曲线均由三部分组成，即等加速区段、等速区段和等减速区段。为了实现位移曲线连续和速度曲线无突变，加速区段和减速区段的陶瓷大板进给量 x_7 和 x_8 以及对应的横梁位移量 h_1 和 h_2 必须满足以下条件。三段运动方程式分别为：

$$y_1 = c_0 + c_1 x + c_1 x^2;\quad x \in [0, x_7] \tag{7-17}$$

$$y_2 = c_0 + c_1(x - x_7);\quad x \in [x_7, x_9 - x_8] \tag{7-18}$$

$$y_3 = c_0 + c_1(x_9 - x) + c_2(x_9 - x)^2;\quad x \in [x_9 - x_8, x_9] \tag{7-19}$$

（1）推程起始加速段

如图 7-17 所示，在推程的起始段，$x \in [0, x_7]$，这时，推程加速段的边界条件为：

在始点处：$x = 0, y = 0, v = 0$；在终点处：$x = x_7, y = h_1$。

代入式（7-11）可解出待定常数，$c_0 = 0, c_1 = 0, c_2 = h_1/x_7^2$，将待定系数代入式（7-11）并整理，可得出横梁在推程起始等加速段，磨头在陶瓷大板表面的运动轨迹运动方程：

$$\begin{cases} y = \dfrac{h_1 x^2}{x_7^2} \\ v = \dfrac{2h_1 u x}{x_7^2} \\ a = \dfrac{2h_1 u^2}{x_7^2} \end{cases} \tag{7-20}$$

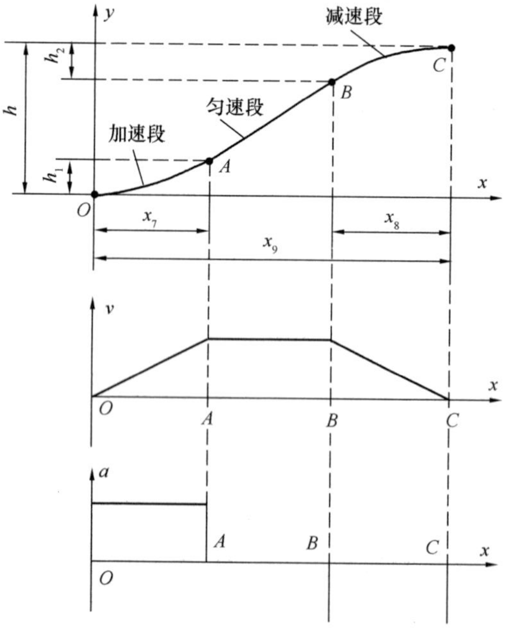

图 7-17　推程段二次项修正等速运动线图

（2）推程中间等速段

如图 7-17 所示，在推程的中间段，$x \in [x_7, x_9 - x_8]$，这时，推程等速段的边界条件为：

在始点处：$x = x_7, y = h_1$；在终点处：$x = x_9 - x_8, y = h - h_2$。

$$\begin{cases} y = c_0 + c_1(x - x_7) \\ v = \dfrac{\mathrm{d}y}{\mathrm{d}} = c_1 u \\ a = \dfrac{\mathrm{d}v}{\mathrm{d}t} = 0 \\ u = x' \end{cases} \tag{7-21}$$

代入式（7-8）、式（7-18）、式（7-21）可解出待定常数，$c_0 = h_1, c_1 = (h - h_1 - h_2)/(x_9 - x_8 - x_7)$，将待定系数代入式（7-21）并整理，可得出横梁在推程等速段，磨头在陶瓷大板表面的运动轨迹运动方程：

$$
\begin{cases}
y = h_1 + \dfrac{h - h_1 - h_2}{x_9 - x_8 - x_7}(x - x_7) \\
v = \dfrac{h - h_1 - h_2}{x_9 - x_8 - x_7}u \\
a = 0 \\
u = x'
\end{cases}
\tag{7-22}
$$

（3）推程结束减速段

如图 7-17 所示，在推程的结束段，$x \in [x_9 - x_8, x_9]$，推程结束减速段的边界条件为：在始点处：$x = x_9 - x_8, y = h - h_2$；在终点处：$x = x_9, y = h, v = 0$。

$$
\begin{cases}
y = c_0 + c_1(x_9 - x) + c_2(x_9 - x)^2 \\
v = \dfrac{\mathrm{d}y}{\mathrm{d}t} = -c_1 u - 2c_2(x_9 - x)u \\
a = \dfrac{\mathrm{d}v}{\mathrm{d}t} = 2c_2 u^2 \\
u = x'
\end{cases}
\tag{7-23}
$$

代入式（7-23）、式（7-19）可解出待定常数，$c_0 = h, c_1 = 0, c_2 = h_2/x_8^2$，将待定系数代入式（7-23）并整理，可得出横梁在推程结束等减速段，磨头在陶瓷大板表面的运动轨迹运动方程：

$$
\begin{cases}
y = h - \dfrac{h_2(x_9 - x)^2}{x_8^2} \\
v = \dfrac{2h_2 u(x_9 - x)}{x_8^2} \\
a = -\dfrac{2h_2 u^2}{x_8^2}
\end{cases}
\tag{7-24}
$$

上述横梁推程过程中，是将三种不同的基本运动规律组合起来，为了保证加工轨迹运动曲线的连续性，修正组合后的运动规律应满足的条件是，相互组合的两种运动规律曲线在衔接处的位移、速度、加速度必须分别相等。

推程起始加速段与推程中间等速段运动曲线在 $x = x_7$ 处衔接。在该点处这两种运动规律曲线的速度分别相等，公式如下：

$$
\frac{2h_1 u}{x_7} = \frac{h - h_1 - h_2}{x_9 - x_8 - x_7}u \tag{7-25}
$$

推程中间等速段与推程结束减速段运动曲线在 $x = x_9 - x_8$ 处衔接。在该点处这两种运动规律曲线的速度分别相等，公式如下：

$$
\frac{h - h_1 - h_2}{x_9 - x_8 - x_7}u = \frac{2h_2 u}{x_8} \tag{7-26}
$$

联立式（7-25）、式（7-26）得：

$$
\frac{2h_1}{x_7} = \frac{h - h_1 - h_2}{x_9 - x_8 - x_7} = \frac{2h_2}{x_8} \tag{7-27}
$$

因为

$$
\frac{2h_1}{x_7} = \frac{h - h_1 - h_2}{x_9 - x_8 - x_7} = \frac{2h_2}{x_8} = \frac{2h_1 + h - h_1 - h_2 + 2h_2}{x_7 + x_9 - x_8 - x_7 + x_8}
$$

所以

$$\frac{2h_1}{x_7}=\frac{h-h_1-h_2}{x_9-x_8-x_7}=\frac{2h_2}{x_8}=\frac{h+h_1+h_2}{x_9} \tag{7-28}$$

由式（7-28）得出：

$$\frac{2h_1}{x_7}=\frac{2h_2}{x_8}=\frac{h+h_1+h_2}{x_9} \tag{7-29}$$

由式（7-29）得出：

$$\begin{cases} x_7=\dfrac{2h_1}{h+h_1+h_2}\cdot x_9 \\ x_8=\dfrac{2h_1}{h+h_1+h_2}\cdot x_9 \end{cases} \tag{7-30}$$

由式（7-28）得出：

$$\frac{h-h_1-h_2}{x_9-x_8-x_7}=\frac{h+h_1+h_2}{x_9}=\frac{2h}{2x_9-x_8-x_7} \tag{7-31}$$

将其代入式（7-28）得：

$$\frac{2h_1}{x_7}=\frac{2h_2}{x_8}=\frac{2h}{2x_9-x_8-x_7} \tag{7-32}$$

由式（7-32）得出：

$$\begin{cases} h_1=\dfrac{x_7}{2x_9-x_7-x_8}\cdot h \\ h_2=\dfrac{x_8}{2x_9-x_7-x_8}\cdot h \end{cases} \tag{7-33}$$

为了实现位移曲线连续和速度曲线无突变，加速区段和减速区段的陶瓷大板进给量 x_7 和 x_8 以及对应的横梁位移量 h_1 和 h_2 必须满足式（7-30）或式（7-33）。

在横梁摆动到陶瓷大板两端的位置时，所摆动的幅度预先确定位移量 h_1 和 h_2 作为修正区段的位移时，可按式（7-30）求得对应的陶瓷大板直线进给量 x_7 和 x_8；若预先给定 x_7 和 x_8 则可按式（7-33）求得 h_1 和 h_2。

（4）横梁远休段

如图 7-18 所示，横梁在陶瓷大板远处边缘停留一段时间，只有陶瓷大板在不断进给。因此，横梁摆动远休段，磨头在陶瓷大板表面的运动轨迹运动方程为：

$$\begin{cases} x_{10}=x_9+v_1t_1 \\ y=h \end{cases} \tag{7-34}$$

式中 v_1——陶瓷大板直线进给速度（mm/s）；

t_1——横梁远休时间（s）。

（5）回程起始等加速段

如图 7-18 所示，在回程起始等加速段，$x\in[x_{11},x_{13}]$，这时，回程起始等加速段的边界条件为：

在始点处：$x=x_{11},y=h,v=0$；在终点处：$x=x_{13},y=h_2$。

$$\begin{cases} y = c_0 + c_1(x - x_{11}) + c_2(x - x_{11})^2 \\ v = \dfrac{dy}{dt} = c_1 u + 2c_2(x - x_{11})u \\ a = \dfrac{dv}{dt} = 2c_2 u^2 \\ u = x' \end{cases} \tag{7-35}$$

代入式（7-11）、式（7-35）可解出待定常数，$c_0 = h, c_1 = 0, c_2 = (h_2 - h)/(x_{13} - x_{11})^2$，将待定系数代入式（7-35）并整理，可得出横梁在回程起始等加速段，磨头在陶瓷大板表面的运动轨迹运动方程：

$$\begin{cases} y = h - \dfrac{h_2}{(x_{13} - x_{11})^2}(x - x_{11})^2 \\ v = -\dfrac{2h_2 u}{(x_{13} - x_{11})^2}(x - x_{11}) \\ a = -\dfrac{2h_2 u^2}{(x_{13} - x_{11})^2} \end{cases} \tag{7-36}$$

因为：$x_{13} - x_{11} = x_{12}$

所以，式（7-36）整理为：

$$\begin{cases} y = h - \dfrac{h - h_2}{x_{12}^2}(x - x_{11})^2 \\ v = -\dfrac{2(h - h_2)u}{x_{12}^2}(x - x_{11}) \\ a = -\dfrac{2(h - h_2)u^2}{x_{12}^2} \end{cases} \tag{7-37}$$

（6）回程中间等速段

如图 7-18 所示，在回程中间等速段，$x \in [x_{13}, x_{15} - x_{14}]$，设取边界条件为：

在始点处：$x = x_{13}, y = h - h_2$；在终点处：$x = x_{15} - x_{14}, y = h_1$。

$$\begin{cases} y = c_0 + c_1(x - x_{13}) \\ v = \dfrac{dy}{dt} = c_1 u \\ a = \dfrac{dv}{dt} = 0 \\ u = x' \end{cases} \tag{7-38}$$

代入式（7-8）、式（7-38）可解出待定常数，$c_0 = h - h_2, c_1 = -(h - h_1 - h_2)/(x_{15} - x_{14} - x_{13})$，将待定系数代入式（7-38）并整理，可得出横梁在回程中间等速段时，磨头在陶瓷大板表面的运动轨迹运动方程：

$$\begin{cases} y = h - h_2 - \dfrac{h - h_1 - h_2}{(x_{15} - x_{14} - x_{13})}(x - x_{13}) \\ v = \dfrac{h - h_1 - h_2}{(x_{15} - x_{14} - x_{13})}u \\ a = 0 \\ u = x' \end{cases} \tag{7-39}$$

（7）回程结束等减速段

如图7-18所示，在回程结束等减速段，$x \in (x_{15}-x_{14}, x_{15})$，这时，回程结束减速段的边界条件为：

在始点处：$x = x_{15} - x_{14}, y = h_1$；在终点处：$x = x_{15}, y = 0, v = 0$。

$$\begin{cases} y = c_0 + c_1(x_{15} - x) + c_2(x_{15} - x)^2 \\ v = \dfrac{dy}{dt} = -c_1 u - 2c_2(x_{15} - x)u \\ a = \dfrac{dv}{dt} = 2c_2 u^2 \\ u = x' \end{cases} \tag{7-40}$$

代入式（7-11）、式（7-40）可解出待定常数，$c_0 = 0, c_1 = 0, c_2 = h_1/x_{14}^2$，将待定系数代入式（7-40）并整理，可得出横梁在回程结束等减速段，磨头在陶瓷大板表面的运动轨迹运动方程：

$$\begin{cases} y = \dfrac{h_1}{x_{14}^2}(x_{15} - x)^2 \\ v = -\dfrac{2h_1 u}{x_{14}^2}(x_{15} - x) \\ a = \dfrac{2h_1 u^2}{x_{14}^2} \end{cases} \tag{7-41}$$

上述横梁回程过程中，也是将三种不同的基本运动规律组合起来，为了保证加工轨迹运动曲线的连续性，修正组合后的运动规律应满足的条件是，相互组合的两种运动规律曲线在衔接处的位移、速度、加速度必须分别相等。

回程起始加速段与回程中间等速段运动曲线在 $x = x_{13}$ 处衔接。在该点处这两种运动规律曲线的速度分别相等，公式如下：

$$-\frac{2(h - h_2)u}{x_{13} - x_{11}} = -\frac{h - h_1 - h_2}{x_{15} - x_{14} - x_{13}}u \tag{7-42}$$

回程中间等速段与回程结束减速段运动曲线在 $x = x_{15} - x_{14}$ 处衔接。在该点处这两种运动规律曲线的速度分别相等，公式如下：

$$-\frac{h - h_1 - h_2}{x_{15} - x_{14} - x_{13}}u = -\frac{2h_1 u}{x_{14}} \tag{7-43}$$

联立式（7-42）、式（7-43）得：

$$-\frac{2(h - h_2)u}{x_{13} - x_{11}} = -\frac{h - h_1 - h_2}{(x_{15} - x_{14} - x_{13})}u = -\frac{2h_1 u}{x_{14}} \tag{7-44}$$

因为：$\dfrac{2(h - h_2)}{x_{13} - x_{11}} = \dfrac{h - h_1 - h_2}{x_{15} - x_{14} - x_{13}} = \dfrac{2h_1}{x_{14}} = \dfrac{2h - 2h_2 + h - h_1 - h_2 + 2h_1}{x_{13} - x_{11} + x_{15} - x_{14} - x_{13} + x_{14}}$

所以：

$$\frac{2(h - h_2)}{x_{13} - x_{11}} = \frac{h - h_1 - h_2}{x_{15} - x_{14} - x_{13}} = \frac{2h_1}{x_{14}} = \frac{3h - 3h_2 + h_1}{x_{15} - x_{11}} \tag{7-45}$$

由式（7-45）得出：

$$\frac{2(h - h_2)}{x_{13} - x_{11}} = \frac{2h_1}{x_{14}} = \frac{3h - 3h_2 + h_1}{x_{15} - x_{11}} \tag{7-46}$$

由式（7-46）得出：

$$\left.\begin{cases} x_{13}-x_{11}=\dfrac{x_{15}-x_{11}}{3h-3h_2+h_1}\cdot 2(h-h_2) \\ x_{13}-x_{11}=x_{12} \\ x_{14}=\dfrac{x_{15}-x_{11}}{3h-3h_2+h_1}\cdot 2h_1 \end{cases}\right\} \Rightarrow x_{12}=\frac{x_{15}-x_{11}}{3h-3h_2+h_1}\cdot 2(h-h_2) \quad (7\text{-}47)$$

由式（7-45）得出：

$$\frac{h-h_1-h_2}{x_{15}-x_{14}-x_{13}}=\frac{3h-3h_2+h_1}{x_{15}-x_{11}}=\frac{4h-4h_2}{2x_{15}-x_{14}-x_{13}-x_{11}} \quad (7\text{-}48)$$

将其代入式（7-45）得：

$$\frac{2(h-h_2)}{x_{13}-x_{11}}=\frac{2h_1}{x_{14}}=\frac{4h-4h_2}{2x_{15}-x_{14}-x_{13}-x_{11}} \quad (7\text{-}49)$$

由式（7-49）得出：

$$\begin{cases} h_1=\dfrac{2h-2h_2}{2x_{15}-x_{14}-x_{13}-x_{11}}\cdot x_{14} \\ h_2=h-\dfrac{2h-2h_2}{2x_{15}-x_{14}-x_{13}-x_{11}}\cdot (x_{13}-x_{11}) \end{cases} \quad (7\text{-}50)$$

为了实现位移曲线连续和速度曲线无突变，加速区段和减速区段的陶瓷大板进给量 x_{12} 和 x_{14} 以及对应的横梁位移量 h_1 和 h_2 必须满足式（7-47）或式（7-50）。

在横梁摆动到陶瓷大板的两端位置时，所摆动的幅度预先确定位移量 h_1 和 h_2 作为修正区段的位移时，可按式（7-47）求得对应的陶瓷大板直线进给量 x_{12} 和 x_{14}；若预先给定 x_{12} 和 x_{14} 则可按式（7-50）求得 h_1 和 h_2。

（8）回程近休段

如图 7-18 所示，横梁在陶瓷大板近处边缘停留一段时间，只有陶瓷大板在不断进给。

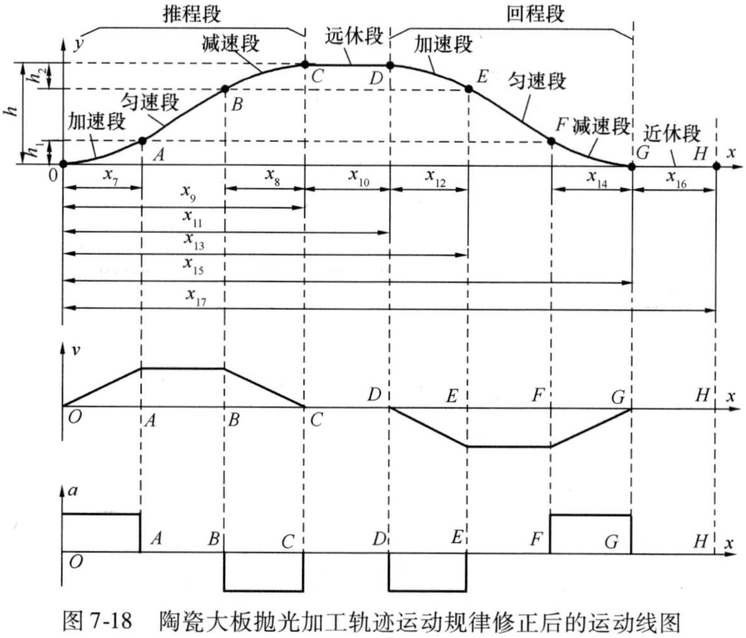

图 7-18　陶瓷大板抛光加工轨迹运动规律修正后的运动线图

因此，横梁摆动近休段，磨头在陶瓷大板表面的运动轨迹运动方程为：

$$\begin{cases} x_{17} = x_{15} + v_1 t_3 \\ y = 0 \end{cases} \tag{7-51}$$

式中 v_1——陶瓷大板直线进给速度（mm/s）；

t_3——横梁远休时间（s）。

上述八段曲线组合为横梁摆动一个完整的周期，陶瓷大板做均匀直线进给，在横梁摆动和陶瓷大板直线进给运动这两种运动组合下，磨头在陶瓷大板表面的一个完整的运动轨迹，如图 7-18 所示。

该运动轨迹是梯形轨迹修正之后得到的，消除了梯形轨迹在起始和终点位置加速度无限大造成的惯性冲击，经过修正之后，在起始和终点位置将刚性冲击变为柔性冲击。减少了机构陡振，消除了因陡振在陶瓷大板表面边缘位置产生的西瓜皮纹路。

7.6 陶瓷大板抛光加工轨迹修正后工艺参数确定

（1）推程和回程时间确定

由前面的分析可知，横梁摆动一个完整的周期由四个部分组成：推程、远休、回程、近休。其中推程和回程时间相等，远休和近休时间相等。

横梁的摆动频率是指一分钟之内，横梁的摆动次数，用 n 表示。

因此，推程和推程时间的确定公式为：

$$t_{推程} = t_{回程} \frac{60 - 2nt_{远休}}{2n}(\mathrm{s}) \tag{7-52}$$

推程时间又由三部分组成：推程等加速度时间、推程等速时间、推程等减速时间。推程等加速度时间与推程等减速时间相等，这个时间是人为提前给出的。因此推程等速时间为：

$$t_{推程等速} = t_{推程} - 2t_{推程等加速}(\mathrm{s}) \tag{7-53}$$

（2）横梁摆动等加速段、等减速段距离的确定

陶瓷大板直线进给速度是瓷砖厂家根据产量计算出来的，是已知的。推程等加速度时间与推程等减速时间也是厂家设定给出的，是已知的。因此式（7-33）中的各参数的计算如下：

$$\begin{cases} x_7 = x_8 = v_{大板进给} \cdot t_{推程等加速} \\ x_9 = v_{大板进给} \cdot t_{推程} \end{cases} \tag{7-54}$$

将式（7-54）代入式（7-33）得出 h_1、h_2：

$$\begin{cases} h_1 = \dfrac{x_7}{2x_9 - x_7 - x_8} \cdot h \\ h_2 = \dfrac{x_8}{2x_9 - x_7 - x_8} \cdot h \end{cases}$$

（3）横梁摆动等加速段、等速段、等减速段，横梁的摆动速度与陶瓷大板直线进给速度之间的关系为

$$\left.\begin{aligned} \partial y &= \frac{\mathrm{d}y}{\mathrm{d}t} = v_{横梁摆动} \\ \partial x &= \frac{\mathrm{d}x}{\mathrm{d}t} = v_{大板进给} \end{aligned}\right\} \Rightarrow \frac{\partial y}{\partial x} = \frac{v_{横梁摆动}}{v_{大板进给}} \tag{7-55}$$

式（7-55）中的 $u_{大板进给} = v_{大板进给}$ 表达的都是陶瓷大板的直线进给速度，在前面公式中都是用 $u_{大板进给}$ 表示。

横梁摆动等加速段、等速段、等减速段的公式都可以直接变换为横梁的摆动速度与陶瓷大板直线进给速度之间的关系式。

例如：推程式（7-22）中等速段的公式。得出该段横梁的摆动速度与陶瓷大板直线进给速度之间的关系：

$$v = \frac{h - h_1 - h_2}{x_9 - x_8 - x_7}u \Rightarrow \frac{v}{u} = \frac{h - h_1 - h_2}{x_9 - x_8 - x_7} \tag{7-56}$$

只要知道陶瓷大板的进给速度就可以对应计算出横梁摆动的速度。

（4）一个摆动周期内，各边界参数的确定

一个摆动周期内，各边界参数的确定公式如下：

$$\begin{cases} x_7 = x_8 = x_{12} = x_{14} = v_{大板进给} \cdot t_{推程等加速} \\ x_9 = v_{大板进给} \cdot t_{推程} \\ x_{10} = x_{16} = v_{大板进给} \cdot t_{远休} \\ x_{11} = x_9 + x_{10} \\ x_{13} = x_{11} + x_{12} \\ x_{15} = v_{大板进给} \cdot (2t_{推程} + t_{远休}) \\ x_{17} = x_{15} + x_{16} \end{cases} \tag{7-57}$$

将其分别代入公式（7-20）、（7-22）、（7-24）、（7-34）、（7-36）、（7-39）、（7-41）、（7-51）中，确定各个参数以及边界参数。

（5）磨头配置数量的确定

一个横梁摆动周期之内，磨头在陶瓷大板表面的加工轨迹是一个修正之后的类梯形波形。为了覆盖陶瓷大板表面，不出现漏抛，在这个类梯形波的空白区域配置多个磨头。也就是多少个磨头为一组才能覆盖陶瓷大板表面。

由图 7-18 看出，修正之后的类梯形波空白间距是 x_{15}，磨头的间距为 w。一个横梁摆动周期之内，磨头配置数量 N 为：

$$N = \frac{x_{15}}{w} + 1 \tag{7-58}$$

粗、中、精抛三道工序中的抛光机，配置 12 组不同磨粒度的磨块才会完美地抛光陶瓷大板。因此，配置磨头的总数为 $12N$。

7.7　陶瓷大板智能自适应模拟系统

7.7.1　陶瓷大板智能自适应模拟系统数学模型

现有瓷砖厂在瓷砖抛光时，需要有很多年设置参数操作的工作经验，对工人的技术能力要求高。现有瓷砖抛光机智能化水平仍然较低，无法做到瓷砖进给与横梁摆动的自适应。随着智能化时代的到来，无人工厂要求现有瓷砖抛光机更加智能化。

现有瓷砖加工出现的技术问题如下。

（1）加工瓷砖前需要不断调试。现场需要很有工作经验的师傅，根据一片瓷砖被加工的痕迹，预测覆盖情况，没有经验干不了。

（2）瓷砖进给速度改变，横梁摆动速度需要重新计算调节。还要反复调试瓷砖的覆盖情况。

（3）现场人员不知道需要多少磨头才能准确覆盖瓷砖，通常是采用多加磨头的方法，出现过磨现象。

陶瓷大板智能自适应抛光加工可以降低抛光机操作人员的经验要求，提高瓷砖抛光机的自动化水平，节省用工成本。

该系统是在上述陶瓷大板抛光轨迹数学模型的基础上建立起来的，对应图7-18。陶瓷大板智能自适应抛光加工模拟系统采用 GeoGebra 数学软件，需要如下数学公式：

$$t_{推程} = t_{回程} \frac{60 - 20nt_{远休}}{2n}(s) \tag{7-59}$$

$$t_{推程等速} = t_{推程} - 2t_{推程等加速}(s) \tag{7-60}$$

$$\begin{cases} x_7 = x_8 = v_{大板进给} \cdot t_{推程等加速} \\ x_9 = v_{大板进给} \cdot t_{推程} \end{cases} \tag{7-61}$$

$$\begin{cases} h_1 = \dfrac{x_7}{2x_9 - x_7 - x_8} \cdot h \\ h_2 = \dfrac{x_8}{2x_9 - x_7 - x_8} \cdot h \end{cases} \tag{7-62}$$

$$\begin{cases} x_7 = x_8 = x_{12} = x_{14} = v_{大板进给} \cdot t_{推程等加速} \\ x_9 = v_{大板进给} \cdot t_{推程} \\ x_{10} = x_{16} = v_{大板进给} \cdot t_{远休} \\ x_{11} = x_9 + x_{10} \\ x_{13} = x_{11} + x_{12} \\ x_{15} = v_{大板进给} \cdot (2t_{推程} + t_{远休}) \\ x_{17} = x_{15} + x_{16} \end{cases} \tag{7-63}$$

陶瓷大板智能自适应抛光加工模拟轨迹由如下八段组成。

（1）推程起始加速段

$$\begin{cases} y = \dfrac{h_1 x^2}{x_7^2} \\ v = \dfrac{2h_1 ux}{x_7^2} \\ a = \dfrac{2h_1 u^2}{x_7^2} \end{cases} \quad x \in [0, x_7] \tag{7-64}$$

（2）推程中间等速段

$$\begin{cases} y = h_1 + \dfrac{h - h_1 - h_2}{x_9 - x_8 - x_7}(x - x_7) \\ v = \dfrac{h - h_1 - h_2}{x_9 - x_8 - x_7}u \\ a = 0 \\ u = x' \end{cases} \quad x \in [x_7, x_9 - x_8] \tag{7-65}$$

（3）推程结束减速段

$$\begin{cases} y = h - \dfrac{h_2(x_9 - x)^2}{x_8^2} \\ v = \dfrac{2h_2u(x_9 - x)}{x_8^2} \\ a = -\dfrac{2h_2u^2}{x_8^2} \end{cases} \quad x \in [x_9 - x_8, x_9] \tag{7-66}$$

（4）横梁远休段

$$\begin{cases} x_{10} = x_9 + v_1t_1 \\ y = h \end{cases} \quad x_9 \leqslant x \leqslant x_{10} \tag{7-67}$$

（5）回程起始等加速段

$$\begin{cases} y = h - \dfrac{h_2}{(x_{13} - x_{11})^2}(x - x_{11})^2 \\ v = -\dfrac{2h_2u}{(x_{13} - x_{11})^2}(x - x_{11}) \\ a = -\dfrac{2h_2u^2}{(x_{13} - x_{11})^2} \end{cases} \quad x \in [x_{11}, x_{13}] \tag{7-68}$$

（6）回程中间等速段

$$\begin{cases} y = h - h_2 - \dfrac{h - h_1 - h_2}{(x_{15} - x_{14} - x_{13})}(x - x_{13}) \\ v = -\dfrac{h - h_1 - h_2}{x_{15} - x_{14} - x_{13}}u \\ a = 0 \\ u = x' \end{cases} \quad x \in [x_{13}, x_{15} - x_{14}] \tag{7-69}$$

（7）回程结束等减速段

$$\begin{cases} y = \dfrac{h_1}{x_{14}^2}(x_{15} - x)^2 \\ v = -\dfrac{2h_1u}{x_{14}^2}(x_{15} - x) \\ a = \dfrac{2h_1u^2}{x_{14}^2} \end{cases} \quad x \in (x = x_{15} - x_{14}, x_{15}) \tag{7-70}$$

（8）回程近休段

$$\begin{cases} x_{17} = x_{15} + v_1 t_3 \\ y = 0 \end{cases} \tag{7-71}$$

7.7.2 陶瓷大板智能自适应模拟系统参数变量设置

（1）变量参数设置

① 普通磨头间距：580mm

② 大板磨头间距：650mm

③ $N_{磨头配置数量}$：取值范围 0 ~ 20 个

④ $t_{推程等加速}$：取值范围 0 ~ 1s

⑤ $t_{远休}$ = 取值范围 0 ~ 10s

⑥ $v_{瓷砖每分钟进给速度}$：取值范围 0 ~ 40000mm

⑦ $L_{瓷砖规格（边缘长度）}$：取值范围 0 ~ 2000mm

⑧ $A_{磨头伸出边缘长度}$：取值范围 0 ~ 200mm

⑨ $D_{磨头直径}$：取值范围 0 ~ 550mm

（2）计算量参数设置

① $x_{15} = N_{磨头配置数量} \times 650\text{mm}$ （mm）

② $v_{瓷砖进给速度} = v_{瓷砖每分钟进给速度}/60$ （mm/min）

③ $t_{推程} = \dfrac{\dfrac{x_{15}}{v_{瓷砖进给速度}} - t_{远休}}{2}$ （s）

④ $n_{磨头摆动次数} = \dfrac{30}{t_{推程} + t_{远休}}$ （次/min）

⑤ $t_{推程等速} = t_{推程} - 2t_{推程等加速}$ （s）

⑥ $h_{磨头摆幅} = L_{瓷砖规格} + 2A_{磨头伸出边缘} - D_{磨头直径}$ （mm）

⑦ $x_7 = v_{瓷砖进给速度} \times t_{推程等加速}$ （mm）

⑧ $x_8 = v_{瓷砖进给速度} \times t_{推程等加速}$ （mm）

⑨ $x_{12} = v_{瓷砖进给速度} \times t_{推程等加速}$ （mm）

⑩ $x_{14} = v_{瓷砖进给速度} \times t_{推程等加速}$ （mm）

⑪ $x_{10} = v_{瓷砖进给速度} \times t_{远休}$ （mm）

⑫ $x_{16} = v_{瓷砖进给速度} \times t_{远休}$ （mm）

⑬ $x_9 = v_{瓷砖进给速度} \times t_{推程}$ （mm）

⑭ $x_{11} = x_9 + x_{10}$ （mm）

⑮ $x_{13} = x_{11} + x_{12}$ （mm）

⑯ $x_{17} = x_{15} + x_{16}$ （mm）

⑰ $h_1 = \dfrac{x_7}{2 \cdot x_9 - x_7 - x_8} \times h_{磨头摆幅}$ （mm）

⑱ $h_2 = \dfrac{x_8}{2 \cdot x_9 - x_7 - x_8} \times h_{磨头摆幅}$ （mm）

7.7.3 陶瓷大板智能自适应模拟系统轨迹编程

(1) $f(x) = if\left(0 \leqslant x \leqslant x_7, h_1 \cdot \dfrac{x^2}{(x_7)^2}\right)$

(2) $g(x) = if\left(x_7 \leqslant x \leqslant x_9 - x_8, h_1 + \frac{h_{磨头摆幅} - h_1 - h_2}{x_9 - x_7 - x_8} x(x - x_7)\right)$

(3) $h(x) = if\left(x_9 - x_8 \leqslant x \leqslant x_9, h_{磨头摆幅} - h_2 \times \frac{(x_9 - x)^2}{(x_8)^2}\right)$

(4) $i(x) = \mathrm{segment}[(x_9, h_{磨头摆幅}), x_{10}]$

(5) $j(x) = if\left(x_{11} \leqslant x \leqslant x_{13}, h_{磨头摆幅} - \frac{h_2}{(x_{13} - x_{11})^2} \times (x - x_{11})^2\right)$

(6) $k(x) = if\left(x_{13} \leqslant x \leqslant x_{15} - x_{14}, h_{磨头摆幅} - h_2 \frac{h_{磨头摆幅} - h_1 - h_2}{x_{15} - x_{14} - x_{13}} \times (x - x_{13})\right)$

(7) $L(x) = if\left(x_{15} - x_{14} \leqslant x \leqslant x_{15}, \frac{h_1}{(x_{14})^2} \times (x_{15} - x)^2\right)$

(8) $m(x) = \mathrm{segment}[(x_{15}, 0), x_{16}]$

(9) $c_{瓷砖匀速速度} = h_{磨头摆幅} - h_1 - h_2$

(10) $d_{瓷砖匀速距离} = x_9 - x_7 - x_8$

(11) $v_{横梁匀速摆动速度} = (c/d) \times v_{瓷砖每分钟进给速度}$

7.7.4　陶瓷大板智能自适应模拟系统界面变量参数与数学模型的对应关系

在陶瓷大板智能自适应 GeoGebra 软件模拟系统的界面上有两个部分：一是参数变量输入部分；二是参数数值自动生成显示部分。

1. 参数变量输入部分

(1) 磨头配置数量对应着：

$N_{磨头配置数量}$：取值范围 0 ~ 20 个

(2) 瓷砖进给速度（mm/min）对应着：

① $v_{瓷砖每分钟进给速度}$：取值范围 0 ~ 40000mm

② $v_{瓷砖进给速度} = v_{瓷砖每分钟进给速度}/60$（mm/min）

(3) 横梁启程/落程加减速时间（s）对应着：

$t_{推程等加速}$：取值范围 0 ~ 1s

(4) 磨块伸出瓷砖边缘长度（mm）对应着：

$A_{磨头伸出边缘长度}$：取值范围 0 ~ 200mm

(5) 横梁在瓷砖边缘停留的时间（s）对应着：

$t_{远休}$：取值范围 0 ~ 10s

(6) 磨头间距（mm）对应着：

① 普通磨头间距：580mm（取值范围 0 ~ 580mm），通常直接设定为 580mm

② 大板磨头间距：650mm（取值范围 0 ~ 650mm），通常直接设定为 650mm

(7) 磨头直径（mm）对应着：

$D_{磨头直径}$：取值范围 0 ~ 550mm

(8) 瓷砖宽度（mm）对应着：

$L_{瓷砖规格(边缘宽度)}$：取值范围 0 ~ 2000mm

(9) 瓷砖长度（mm）对应着：

$L_{瓷砖规格(边缘长度)}$：取值范围 0 ~ 2000mm

2. 参数数值自动生成显示部分

该部分的参数数值在前述变量输入之后，自动生成显示出来。

（1）横梁在瓷砖中间匀速摆动的距离（mm）对应着：

① $h_{磨头摆幅} = L_{瓷砖规格} + 2A_{磨头伸出边缘} - D_{磨头直径}$ （mm）

② $h_1 = \dfrac{x_7}{2 \cdot x_9 - x_7 - x_8} \times h_{磨头摆幅}$

③ $h_2 = \dfrac{x_8}{2 \cdot x_9 - x_7 - x_8} \times h_{磨头摆幅}$

横梁在瓷砖中间匀速摆动的距离（mm）$= h_{磨头摆幅} - h_1 - h_2$

（2）横梁匀速摆动阶段瓷砖进给的距离（mm）对应着：

$$\begin{cases} x_7 = x_8 = v_{大板进给} \cdot t_{推程等加速} \\ x_9 = v_{大板进给} \cdot t_{推程} \\ 横梁在瓷砖中间匀速摆动的距离 = x_9 - x_8 - x_7 \end{cases}$$

（3）横梁匀速摆动速度（mm/min）对应着：

① $c_{瓷砖匀速速度} = h_{磨头摆幅} - h_1 - h_2$

② $d_{瓷砖匀速距离} = x_9 - x_7 - x_8$

③ $v_{横梁匀速摆动速度} = (c/d) \times v_{瓷砖每分钟进给速度}$

（4）横梁摆动一个行程后瓷砖进给距离（mm）对应着：

$$x_{15} = v_{大板进给} \cdot (2t_{推程} + t_{远休})$$

（5）横梁摆动波长（mm）对应着：

$$x_{17} = x_{15} + x_{16}$$

（6）横梁摆动单程时间（s）对应着：

$$t_{推程} = \frac{\dfrac{x_{15}}{v_{瓷砖进给速度}} - t_{远休}}{2} \quad (\mathrm{s})$$

（7）磨头摆动次数（次/分钟）

$$n_{磨头摆动次数} = \frac{30}{t_{推程} + t_{远休}} \quad (次/分钟)$$

（8）瓷砖中间单程磨削时间（s）对应着：

$$t_{推程等速} = t_{推程} - 2t_{推程等加速} \quad (\mathrm{s})$$

（9）磨头中心摆动幅度（mm）对应着：

$$h_{磨头摆幅} = L_{瓷砖规格} + 2A_{磨头伸出边缘} - D_{磨头直径} \quad (\mathrm{mm})$$

（10）横梁在瓷砖边缘停留后瓷砖进给距离（mm）对应着：

$$x_{10} = x_{16} = v_{大板进给} \cdot t_{远休}$$

（11）横梁启程/落程加减速阶段摆动的距离（mm）对应着：

$$h_1 = \frac{x_7}{2 \cdot x_9 - x_7 - x_8} \times h_{磨头摆幅}$$

$$h_2 = \frac{x_8}{2 \cdot x_9 - x_7 - x_8} \times h_{磨头摆幅}$$

（12）横梁在启程/落程阶段瓷砖进给的距离（mm）对应着：

$$x_7 = x_8 = x_{12} = x_{14} = v_{大板进给} \cdot t_{推程等加速}$$

7.7.5　陶瓷大板智能自适应模拟结果分析

根据前面的数学模型和轨迹程序输入参数之后，得到陶瓷大板抛光加工轨迹，如图 7-19所示。该轨迹显示的是一个磨头的运行轨迹。

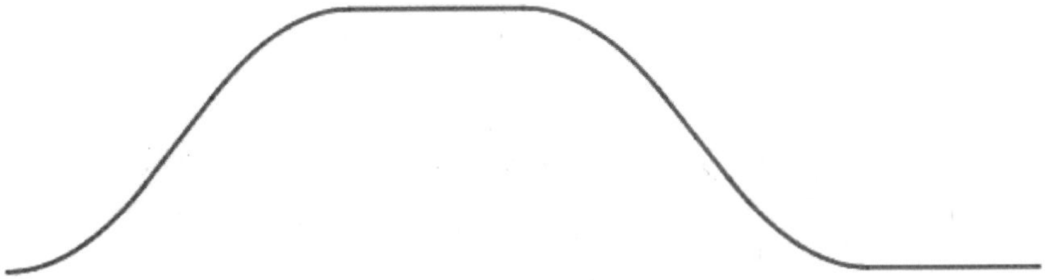

图 7-19　基于数学模型的抛光轨迹曲线

多个磨头抛光加工轨迹如图 7-20 ~ 图 7-23 所示。

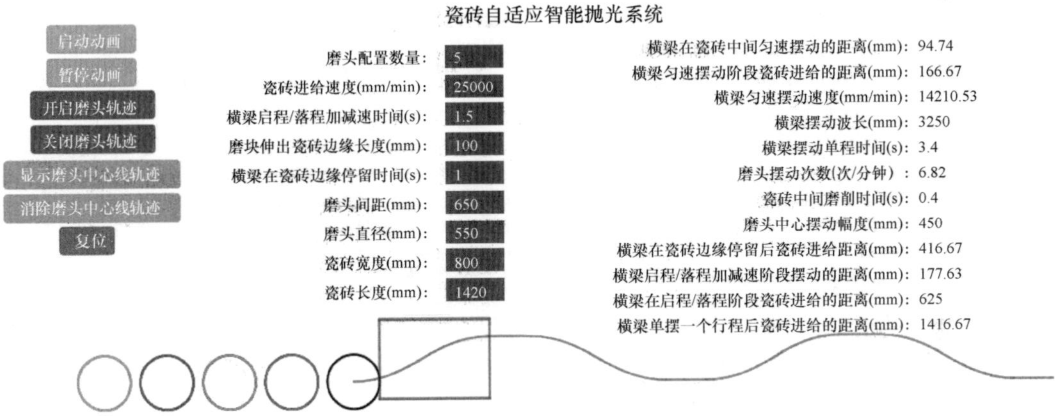

图 7-20　瓷砖自适应智能抛光系统模拟加工过程（1）

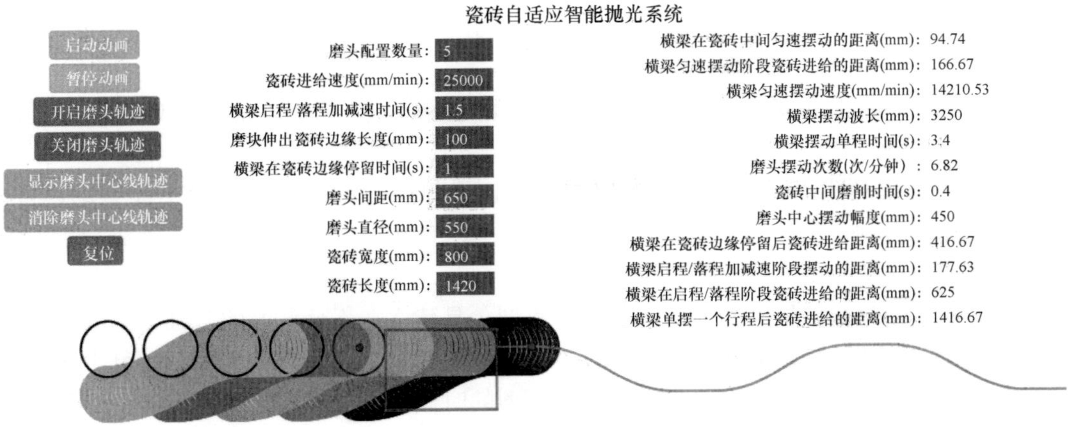

图 7-21　瓷砖自适应智能抛光系统模拟加工过程（2）

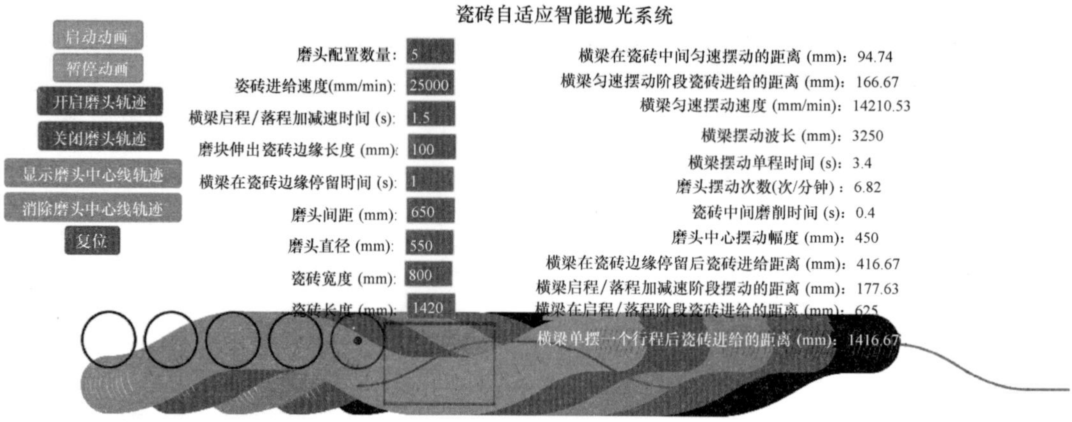

图 7-22　瓷砖自适应智能抛光系统模拟加工过程（3）

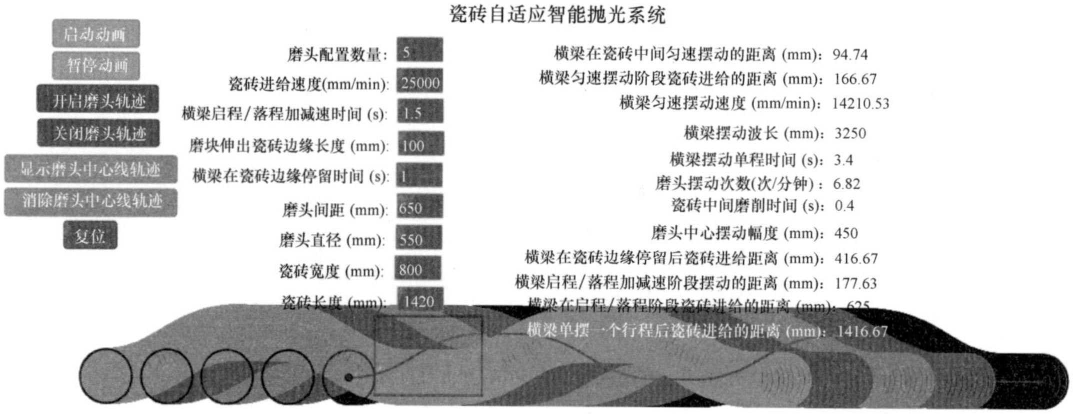

图 7-23　瓷砖自适应智能抛光系统模拟加工过程（4）

目前瓷砖在加工过程中存在如下的问题。

（1）横梁摆动速度与瓷砖进给速度不能自动匹配，需要有经验的技术员不断调试，更换一种瓷砖规格就需要调整一次。

（2）磨头的配置数量与瓷砖表面加工轨迹覆盖不协调，加工之后的瓷砖边缘出现漏抛、暗影等缺陷。

（3）横梁摆动速度、瓷砖进给速度、磨头边缘停留时间、磨头数量不能自动匹配，无法全面实现自动化。

瓷砖自适应智能抛光系统模拟结果分析：

本书建立的陶瓷大板抛光加工轨迹数学模型，是建立在不会漏抛的基础之上的。磨头的配置数量与摆动波长是关联协调的，只要磨头数量确定，波长自动生成，而且生成的波长一定是不会出现漏抛的，这些都是在建立模型的时候，经过模型计算验证的。

横梁摆动速度与瓷砖进给速度是经过数学模型关联在一起的，只要瓷砖进给速度确定，横梁摆动速度马上自动生成。自动生成之后的加工轨迹覆盖均匀，不会出现漏抛。

在图 7-20 ~ 图 7-23 中，圆圈是磨头，长方形的框是瓷砖，曲线是抛光轨迹。在这个模拟系统中仅仅显示了一个磨头的抛光加工轨迹。

如何实现智能自适应呢？在瓷砖厂，一般磨头的配置数量是固定的，例如 5 个磨头为一组，或者 6 个磨头为一组，不同的厂家设置也不一样。启程和落程加速度时间可以设定为一个数值，这个数值设定之后一般很少改变。磨头的间距是由设备结构决定的，设定之后，磨头间距就是一个固定值。磨头在边缘部位的停留时间，每个厂家和瓷砖类型不一样，要求不一样，但是每个厂家都有一个相对固定的数值。瓷砖的规格是按照批次来确定，在瓷砖的加工过程中，不会变动。只有批次改变的时候，瓷砖规格才会改变。

这里面唯一随时可能变化的就是瓷砖的进给速度，检测装置只要检测到瓷砖进给速度变化之后，横梁的摆动速度等所有的加工参数将自动改变，并显示出来，这样可以实现瓷砖加工的智能自适应，而且自动适应的各种参数是在保证瓷砖不漏抛的基础上进行的。

7.8　陶瓷大板单摆动式抛光加工轨迹

7.8.1　陶瓷大板单摆动式抛光加工工艺原理

陶瓷大板单摆式抛光加工工艺原理如图 7-24 所示。该加工工艺颠覆了传统的瓷砖摆动式抛光机结构。

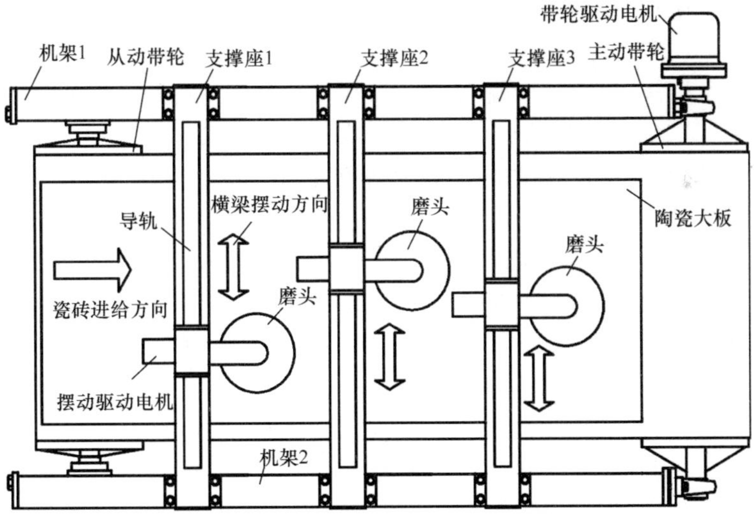

图 7-24　陶瓷大板单摆动式抛光加工工艺原理

机架上安装着若干个独立的支撑座，该支撑座上安装着导轨，磨头装置安装在导轨上，由摆动电机驱动磨头沿着导轨来回摆动。每个支撑座上的磨头摆动速度、摆动起点、摆动频率都是独立的。磨头在各自支撑座上来回摆动的同时，各个磨头又同时按照一定的规律在摆动。磨头在陶瓷大板表面的加工规律是由三种运动规律组成的，一是磨头独立的摆动；二是各磨头相互协调按照某种规律在运动；三是与陶瓷大板的直线进给合成运动。陶瓷大板直线进给系统由带轮驱动电机驱动主从动带轮、皮带来实现。

7.8.2　陶瓷大板抛光磨头独立摆动运动规律

陶瓷大板单摆式抛光加工工艺就是把现有的瓷砖抛光机上的磨头进行独立摆动，也就是把传统的瓷砖抛光机横梁分成了许多小部分，每一部分都有一个独立的磨头在摆动，并且相邻两个磨头之间的距离都相等。为了分析磨头独立摆动运动的规律，把每一个独立摆动运动的磨头看作一个圆点，如图7-25、图7-26所示。

磨头独立摆动及协调摆动的运动规律分为两种：一是正弦波运动规律；二是余弦波运动规律。下面分别介绍它们的运动规律。

（1）磨头正弦波摆动运动规律

假定单摆式抛光机上共有独立摆动的磨头16个，开始时 $t = 0$ ，16个磨头都在各自的平衡位置上，也就是每个支撑座的中间位置，16个磨头摆成一条直线。如图7-25（a）所示，16个磨头用16个圆圈表示。圆圈1代表磨头1，依此类推。图中箭头的指向表示它们的摆动运动方向。

首先磨头1在其摆动电机的驱动下，沿着垂直于陶瓷大板直线进给的方向做向上摆动。当磨头1离开平衡位置向上运动以后，磨头2随之开始向上运动。同样在磨头2向上运动以后，磨头3开始向上运动，于是4、5、6、…各磨头依次先后摆动运动起来。这样每个磨头的运动后面都跟着一个磨头，使摆动运动沿陶瓷大板进给方向传播开去。每个磨头的摆动运动都比它前面磨头的摆动运动落后一些，即一个跟着一个地运动。如图7-25（b）所示。

接着，磨头1在其摆动电机的驱动下向下加速运动，再经过1/4周期，即当时 $t = T/2$ 。而此时磨头1已回到平衡位置，并将要向下继续运动，在这段时间里，磨头2、3早已依次到达最大位移，并回头向着平衡位置运动。磨头4达到了最大位移，正要向下运动。同时磨头4、5、6已经相继向上运动了一段距离。摆动运动传到了磨头7处，磨头7正要离开平衡位置向上运动，这时各个磨头的位置如图7-25（c）所示。

然后磨头1越过平衡位置向下运动，再经过1/4周期，即当时 $t = 3T/4$ 。它到达相反方向的最大位移，同时，磨头4已经回到平衡位置，磨头7、8、9已经相继向上运动，其中磨头7已经到达最大位移。这时各个磨头的位置如图7-25（d）所示。

再经过1/4周期，即当时 $t = T$ 。磨头1从下方回到平衡位置，磨头4到达向下的最大位移，磨头7从上方回到平衡位置，磨头10、11、12已经相继向上运动，其中磨头10已经到达最大位移。

经过一个周期，即当时 $t = T$ ，磨头1完成了一次完全摆动运动回到平衡位置，并将继续向上运动，就在此时磨头13也将开始向上运动。如此，磨头13的运动状态与磨头1相同，但在时间上落后了一个周期。这时，磨头1到13各磨头中心点的连线组成一个完整的正弦波形。在以后的过程中，摆动运动将继续向右传播。而且，磨头1每进行一个完全摆动运动（即一来一回），即每经过一个周期，就向右传播出一个具有波峰、波谷（图7-25）的完整的波形。这时各个磨头的位置如图7-25（e）所示。

再经过1/4周期，即当时 $t = 5T/4$ ，各个磨头的位置如图7-25（f）所示。这样，由于摆动向越来越远的磨头传递，看起来就好像凸凹状态向前“移动”。

综合上述，可以看到，磨头2摆动运动的位相落后于磨头1，磨头3摆动运动的位相落后于磨头2，……总之，沿波的传播方向，各磨头的摆动运动位相是逐一落后的，这是单摆式抛光机独立磨头摆动按照简谐波动的一个重要特征。既然磨头的摆动沿波的传播方向，一系列磨头的摆动运动位相逐一落后，那么，必然会出现：某一磨头的摆动运动位相与它前面的某一磨头的摆动运动位相相比较，恰好落后 2π。例如，图 7-25 中磨头 13 的摆动运动位相比磨头 1 的摆动运动位相落后 2π。若两个磨头的摆动运动情况完全相同（摆动运动的步调一致），这两个磨头可称为同相点。因此，磨头 13 和磨头 1 是同相点，概括起来说，沿波的传播方向将周期性地出现同相点。

（2）磨头余弦波摆动运动规律

上述是磨头正弦波摆动运动规律，磨头起始位置在各支撑座的中间位置。下面分析磨头余弦波摆动运动规律。磨头的起始位置在磨头沿着各支撑座摆动的上极限位置，以此位置作为起点开始摆动，如图 7-26（a）所示。

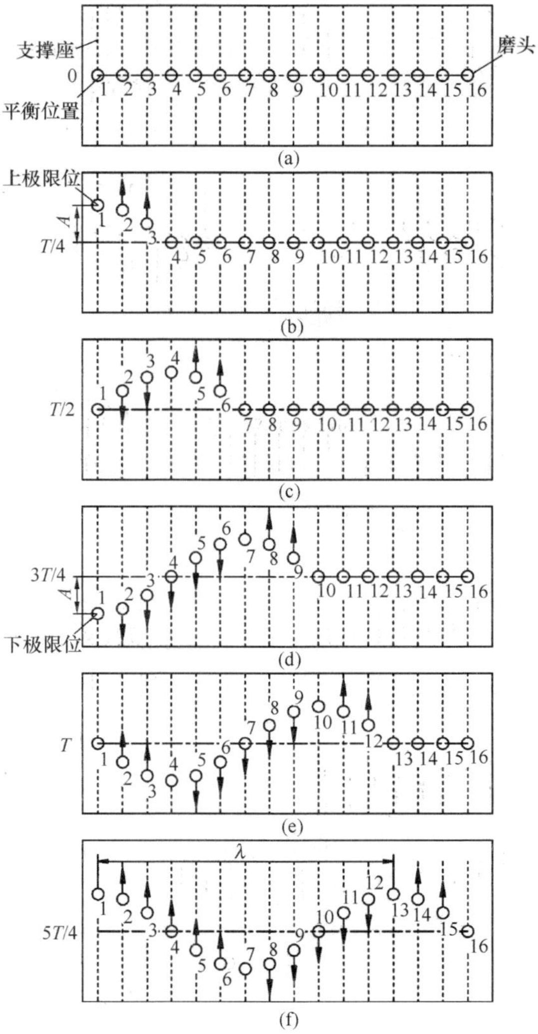

图 7-25　磨头正弦波摆动运动规律

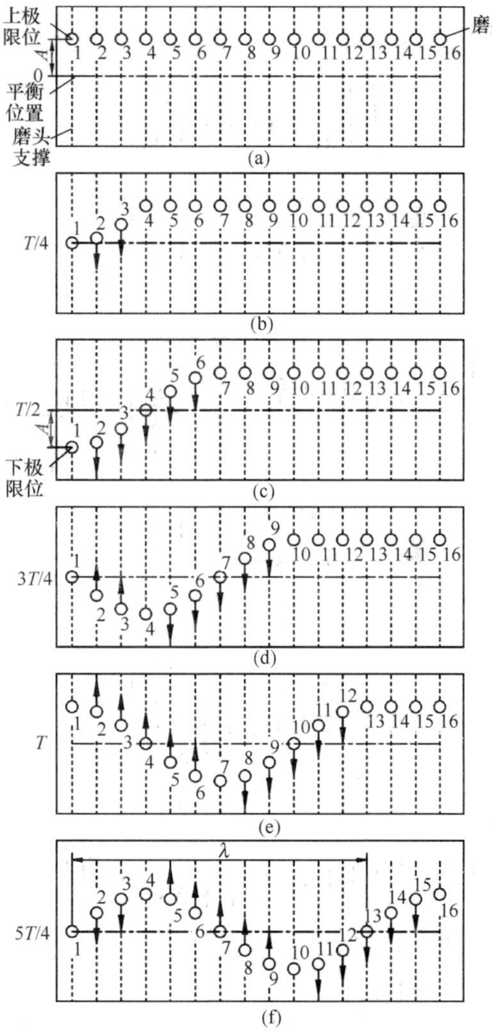

图 7-26　磨头余弦波摆动运动规律

还是假定单摆式抛光机上共有独立摆动的磨头 16 个，开始时 $t = 0$，16 个磨头都在上极限位置上，也就是每个支撑座的上边缘位置，16 个磨头摆成一条直线。如图 7-26（a）所示，16 个磨头还是用 16 个圆圈表示。圆圈 1 代表磨头 1，依此类推。图中箭头的指向表示它们的摆动运动方向。

首先磨头 1 在其摆动电机的驱动下，沿着垂直于陶瓷大板直线进给的方向做向上摆动。当磨头 1 离开平衡位置向下运动以后，磨头 2 随着开始向下运动。同样在磨头 2 向下运动以后，磨头 3 开始向下运动，于是 4、5、6、…各磨头依次先后摆动运动起来。这样每个磨头的运动后面都跟着一个磨头，使摆动运动沿陶瓷大板进给方向传播开去。每个磨头的摆动运动都比它前面磨头的摆动运动落后一些，即一个跟着一个地运动。经过 1/4 周期，即当时 $t = T/4$ 。磨头 1 已经到达中间平衡位置，磨头 2、3 已经在赶往平衡位置的路上，磨头 4 开始起步。如图 7-26（b）所示。

接着，磨头 1 在其摆动电机的驱动下向下加速运动，再经过 1/4 周期，即当时 $t = T/2$ 。而此时磨头 1 已经到达下极限位置，并将要向下继续运动，在这段时间里，磨头 1 早已到达下极限位置，并回头向着平衡位置运动。磨头 6 刚刚离开上极限位置，正向下运动。同时磨头 2、3、4、5 已经相继向下运动了一段距离。磨头 2、3 已经越过平衡位置，向下向着下极限位置运动。磨头正好到达平衡位置。磨头 5、6 已经离开上极限位置，向下移动。摆动运动传到了磨头 7 处，磨头 7 正要离开平衡位置向下运动，这时各个磨头的位置如图 7-26（c）所示。

然后磨头 1 离开下极限位置向上运动，再经过 1/4 周期，即当时 $t = 3T/4$ 。它到中间的平衡位置，同时，磨头 7 已经下行到平衡位置，磨头 2、3 已经相继向上运动，其中磨头 4 已经到达下极限位置。磨头 5、6 已经越过平衡位置，继续向着下极限位置移动，磨头 8、9 已经离开上极限位置开始下行。这时各个磨头的位置如图 7-26（d）所示。

再经过 1/4 周期，即当时 $t = T$ 。磨头 1 从平衡位置回到上极限位置，磨头 7 到达向下的最大位移，磨头 4 从下极限位置回到平衡位置，磨头 2、3、5、6 已经相继向上运动，其中磨头 10 已经到达平衡位置，磨头 8、9、11、12 已经相继向下运动。

经过一个周期，即当时 $t = T$ ，磨头 1 完成了一次完全摆动运动回到平衡位置，并将继续向上运动，就在此时磨头 13 也将开始向下运动。如此，磨头 13 的运动状态与磨头 1 相同，但在时间上落后了一个周期。这时，磨头 1 到 13 各磨头中心点的连线组成一个完整的余弦波形。在以后的过程中，摆动运动将继续向右传播。而且，磨头 1 每进行一个完全摆动运动（即一来一回），即每经过一个周期，就向右传播出一个具有波峰、波谷（图 7-26）的完整的波形。这时各个磨头的位置如图 7-26（e）所示。

再经过 1/4 周期，即当时 $t = 5T/4$ ，各个磨头的位置就如图 7-26（f）所示。

这样，由于摆动向越来越远的磨头传递，看起来就好像凸凹状态向前“移动”。

图 7-26 中磨头 13 的摆动运动位相比磨头 1 的摆动运动位相落后 2π。若两个磨头的摆动运动情况完全相同（摆动运动的步调一致），这两个磨头可称为同相点。因此，磨头 13 和磨头 1 是同相点，概括起来说，沿波的传播方向将周期性地出现同相点。

（3）磨头简谐波摆动运动旋转矢量表示

磨头独立的摆动是简谐波运动，简谐波除了应用上述的三角函数表示之外，还可以用旋转矢量来描述。如图 7-27 所示。

磨头横向独立摆动运动规律还可以看作是一个做等速圆周运动的点在铅垂轴上投影的结果。图 7-27 中，一个长度为 A 的线段 ON，由水平位置开始，以等角速度 ω 绕 O 点转动，任一瞬间 t，以及各个磨头所在位置 x，ON 在铅垂轴上的投影为：

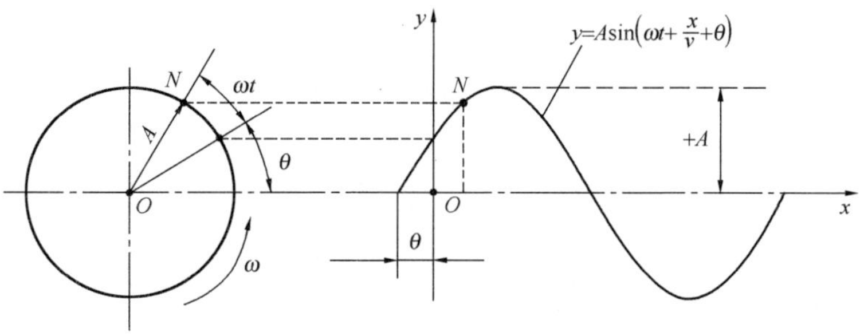

图 7-27　磨头独立摆动运动应用旋转矢量表示

$$y = A\sin\left(\omega t + \frac{x}{v} + \theta\right) \tag{7-72}$$

式中　A——横梁离开横向平衡位置的最远距离（mm）；

θ——初始相位（rad）；

ωt——相位，表示 ON 在时间 t 的转角（rad）；

ω——转动角速度（rad/s）；

x——任意磨头所在位置距离磨头 1 之间的距离（mm）；

v——磨头摆动波速。

磨头摆动波的运动方程由两个因素决定，一是时间 t，二是任意磨头所在位置与磨头 1 的距离。这个将在后面详述，在此只是简单说明。

7.8.3　单摆动式抛光机独立磨头简谐波运动规律的重要物理量

（1）磨头摆动波长

各个独立摆动的磨头在做简谐波运动过程中，不仅各磨头的摆动运动状态是随时间而周期性变化，而且在同一时刻不同磨头的摆动运动状态，沿着波的传播方向也是周期性改变。在图 7-25（f）中磨头 1 和磨头 13、磨头 2 和磨头 14、磨头 3 和磨头 15 的摆动运动状态是两两相同的。这就是说，在磨头摆动波的传播方向上，相隔一定距离的两磨头的摆动运动状态是相同的。磨头摆动简谐波运动的这种空间周期性是用波长来表征的。沿磨头摆动波的传播方向，两个相邻的、磨头摆动简谐波运动状态相同（即振动位相相差 2π）的磨头之间的距离，就叫作波长，通常用 λ 表示。一个波长实际上也就是某一摆动运动状态（或摆动运动位相）在一个摆动运动周期内所传播的距离。就是两相邻波峰或相邻波谷间的距离。

（2）磨头摆动周期与频率

一定的磨头摆动状态即一定的位相传过一个波形长的距离所需要的时间，或波前进一个波长距离所需要的时间，叫作磨头摆动波形的周期，用符号 T 表示。

磨头摆动波的周期 T 的倒数 $f = 1/T$ 称为磨头摆动简谐波的频率，实际上就等于磨头摆动的频率。由于第一个磨头每全摆动 1 次，发出一个完整的摆动波，所以摆动波的频率——单位时间内完成全摆动的次数，就表示单位时间内通过摆动波的传播方向上任一磨头中心点的波数。

（3）磨头摆动波速

我们用单位时间内，一定的磨头摆动状态即磨头摆动的位相传播的距离来表示磨头摆动简谐波传播的快慢，称为磨头摆动波速。磨头摆动波速常用 v 来表示。由于磨头摆动波速是一定摆动位相的传播速度，故又称它为相速度。

(4) 磨头摆动波长、周期（频率）与波速的关系

根据定义，显然磨头摆动波长 λ，周期 T（或频率 f）与波速 v 应有如下关系：

$$\lambda = v \cdot T = \frac{v}{f} \tag{7-73}$$

磨头摆动波长 λ 表示波的空间周期性，频率 f 表示磨头摆动波的时间周期性。磨头摆动波的空间周期性与磨头摆动波的时间周期性就以式（7-73）的关系联系起来。

(5) 磨头摆动波的图像

用横坐标表示磨头摆动波在传播方向上横梁上各磨头中心点的平衡位置，纵坐标表示某一时刻各磨头中心点的位移矢量，连接各位移矢量的末端得到的曲线，叫磨头摆动波的图像，也叫磨头摆动波动曲线。

单摆式抛光机的研究对象是某一个独立摆动磨头，磨头摆动波动的研究对象是一系列互相联系着的独立摆动的磨头。

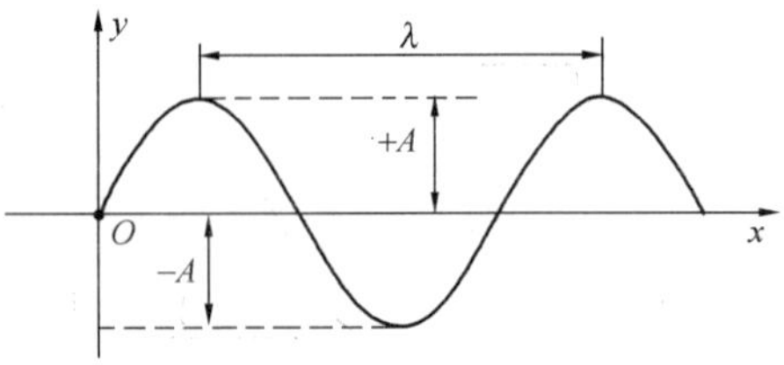

图 7-28　磨头摆动波图像

磨头摆动波的图像描述单摆式抛光机上每个独立磨头摆动的传播过程中，某一时刻各横梁上各独立磨头的位移，它的横坐标表示在磨头摆动波的传播方向上各磨头的平衡位置，即独立摆动磨头所在位置到第一个独立磨头的距离（x），纵坐标表示各个独立摆动磨头在该时刻各自的位移（y）。在磨头摆动波的图像上，相邻两个同向最大值的间隔为一个波长（λ），如图 7-28 所示。

画出的磨头摆动波的图像只是某一时刻的磨头摆动波的图像，但是磨头摆动波并不是静止的，它随时间向前推进。所以，在磨头摆动波的传播过程中，位移既是空间距离（x）的函数，又是时间（t）的函数。

(6) 磨头摆动波的传播方向

单摆式抛光机在横向的位置是固定不变的，每个磨头只能在固定位置上做独立的摆动。整机磨头组成的形貌是一个波形，每个磨头都是在第一个磨头的简谐摆动传播下去，简谐波从每个磨头处鱼贯而过。

在磨头摆动波的传播过程中，前一个磨头做简谐摆动，后一磨头重复前一磨头的摆动，但后一磨头开始摆动的时刻比前一磨头落后一定时间 Δt 。如果第一个磨头做的是简谐摆动，那么它所激发的磨头摆动波就是简谐波。

磨头摆动波的传播方向有两种，一种是向左传播，另一种是向右传播。

磨头摆动波是由先开始摆动的磨头向后开始摆动的磨头传播的。以图 7-25（f）中 3、4 两个质点为例，质点 4 已到达最大位移，而质点 3 正在向最大位移处运动，就是说质点 3 正要到达尚未到达最大位移。可见，质点 4 是比质点 3 先开始摆动的，所以，波是由质点 4 向质点 3 传播，即向左传播的，反之就是向右传播的。

也可以通过看波峰波谷的变化判断，已知现在波峰（或波谷）的所在位置，看随后与波峰（或波谷）相邻的哪边的质点处将变为新的波峰（或波谷），波就是向哪边传播

的。还以图中 3、4 两个质点为例，图中质点 4 处是现在的波峰，随后质点 3 处将变为新的波峰，波峰向左移动，可见波是向左传播的。

7.8.4　磨头摆动余弦波运动方程

描述单摆式抛光机上中各独立磨头的摆动位移是怎样随着各磨头的位置［指任意磨头的平衡位置距 Ox 轴原点（也就是磨头 1）］的距离和时间而变化的数学函数式称为磨头摆动波的运动方程。

为了对单摆式抛光机独立磨头简谐波运动做定量的研究，需要一个表示任一磨头摆动运动规律的方程，这个方程式就叫作磨头简谐波动方程。

为了定量地描绘独立磨头摆动简谐波运动在各磨头中的传播，可以用它们的位置坐标 x 来区别各个不同磨头。图 7-29 中的各个支撑座的中心线可以设想为 x 轴，其方向与陶瓷大板进给方向同向。与陶瓷大板进给方向垂直的方向为 y 轴，各个磨头又都围绕各自的平衡位置做往复摆动。为了描绘各个磨头的独立摆动情况，用 y 表示磨头发生摆动时它们距各自平衡位置的距离。

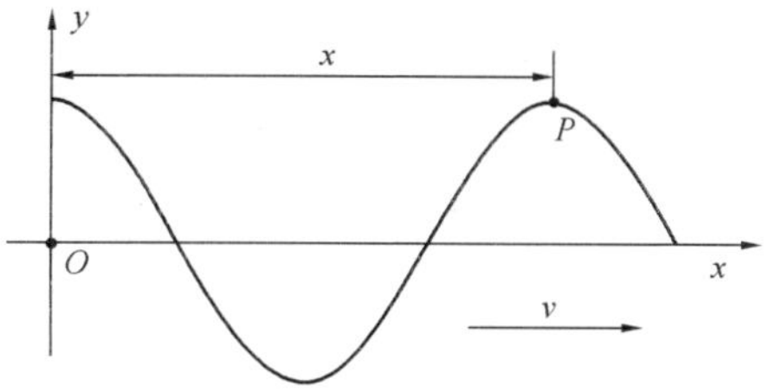

图 7-29　磨头摆动余弦波图像

位于原点（$x=0$）的磨头 1 的摆动情况可以用下式表示：

$$y = A\cos\omega t \tag{7-74}$$

式中　A——横梁离开横向平衡位置的最远距离（mm）；

ω——摆动的圆频率（rad/s）。

磨头在摆动运动过程中，各点处的磨头振幅不变，则当磨头摆动运动沿 Ox 轴正方向传播到 Ox 轴上的任意点 P 处的磨头时，P 点磨头将重复 O 点处磨头 1 的摆动，摆幅相同，摆动频率相同，只是开始摆动运动的时间比 O 点处磨头 1 晚一些。

若在 $t=0$ 的时刻开始计时，则经过 Δt 时间后，该摆动便以速度 v 传播到与 O 点处磨头 1 相距 x 的 P 点处的磨头。P 点处磨头的摆动运动规律与 O 点处磨头 1 的摆动运动规律一样，但时间上滞后了 Δt 。这就是说，P 点处磨头在时刻 t 的位移，相当于 O 点处磨头 1 在时刻 $t-\Delta t$ 的位移。

设磨头摆动波从 O 点发出以速度 v 沿 x 轴传播，P 点处磨头与 O 点处磨头 1 的距离为 x，摆动波从 O 点传播到 P 点所需要的时间为 Δt ，则：

$$\Delta t = \frac{x}{v} \tag{7-75}$$

当 O 点处磨头 1 摆动了 t 时间，P 点处磨头只摆动了 $t-\Delta t$ 时间。且

$$t - \Delta t = t - \frac{x}{v} \tag{7-76}$$

即 P 点处磨头的位相落后于 O 点处磨头 1。这样，若在 t 时 O 点处磨头 1 摆动位相为 ωt ，则 P 点处磨头的位相应是 $\omega(t-x/v)$ ，亦即 $t-x/v$ 时 O 点处磨头 1 的位相。而 P 点处磨头的相位应等于 O 点处磨头 1 在时刻 $t-x/v$ 的相位。

于是若用 $y=A\cos\omega t$ 描述 O 点处磨头摆动运动，任一点 P 在任一时刻 t 的摆动位移，即 t 时刻 P 点处磨头离其平衡位置的摆动位移 y，就是 $t-\Delta t$ 时刻 O 点处磨头 1 的摆动位

移为：

$$y = A\cos\omega\left(t - \frac{x}{v}\right) \tag{7-77}$$

由于 x 轴上的 P 点处磨头是任意取的，故式（7-77）给出了 x 轴上任一点离开平衡位置的摆动位移随时间而变化的规律。所以式（7-77）就是沿 x 轴正方向传播的摆动简谐波的运动方程。

如果磨头摆动波是沿 x 轴负方向传播的，则由于 P 点处磨头在 O 点磨头 1 的右边，它的摆动运动比 O 点处磨头 1 早一些，所早的时间亦为 $\Delta t = x/v$。如果仍设 O 点处磨头 1 的摆动运动方程为 $y = A\cos\omega t$，则 P 点处磨头在 t 时刻的摆动位移为

$$y = A\cos\omega\left(t + \frac{x}{v}\right) \tag{7-78}$$

这也就是沿 x 轴负方向传播的磨头摆动简谐波的运动方程。

如图 7-30 中的实曲线 $abcde$ 所示。这条曲线就是 t_1 时刻的磨头摆动波形曲线，但曲线上各点的 x 坐标，表示相应磨头在 y 轴上离开其平衡位置的摆动位移。图中虚曲线 $a'b'c'd'e'$ 是下一时刻 $t_2 = t_1 + \Delta t$ 的磨头摆动波形。因为 a、b、c、d、e…点的磨头摆动状态都向前传过了一段距离 $\Delta y = v \cdot \Delta t$。图 7-30（a）是磨头摆动波向右传播的情形；图 7-30（b）是磨头摆动波向左传播的情形。由此可知，y 和 t 都变化，则磨头摆动波形不断向前推移，这就反映了磨头摆动波动过程的全貌。所以说，式（7-77）和式（7-78）描述了磨头摆动波动的规律。

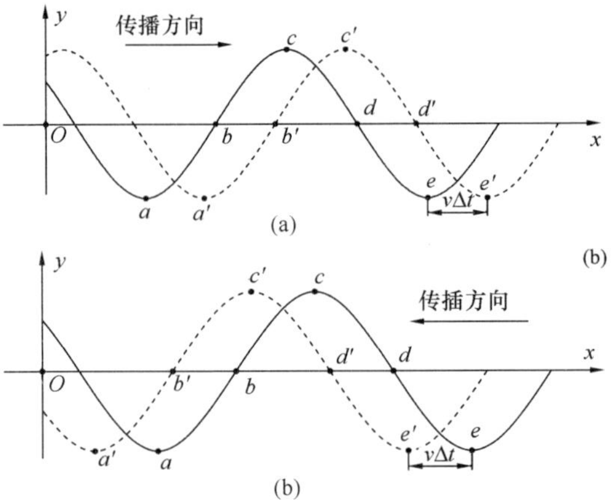

图 7-30　磨头摆动波传播的情形

（a）磨头摆动波向右传播的情形；

（b）磨头摆动波向左传播的情形

因 $\omega = 2\pi f = 2\pi/T, v = \lambda/T$，所以磨头摆动波运动方程还有如下几种常见形式：

$$\begin{cases} y = A\cos 2\pi\left(ft \pm \dfrac{x}{\lambda}\right) \\ y = A\cos 2\pi\left(\dfrac{t}{T} \pm \dfrac{x}{\lambda}\right) \\ y = A\cos\dfrac{2\pi}{\lambda}(vt \pm x) \end{cases} \tag{7-79}$$

式中取“－”号则表示沿 y 轴正方向传播的磨头摆动波；取“＋”号则表示沿 y 轴负方向传播的磨头摆动波。

在一般情况下，坐标原点 O 磨头 1 处的磨头摆动运动方程为 $y_0 = A\cos(\omega t + \alpha_0)$，即 O 点处磨头 1 的初位相 $\alpha_0 \neq 0$，从而与它相距为 y 的其他各点的位相都要附加一项，α_0。

即式（7-79）应写成更普遍的形式：

$$\begin{cases} y = A\cos\left[2\pi\left(ft \pm \frac{x}{\lambda}\right) + \alpha_0\right] \\ y = A\cos\left[2\pi\left(\frac{t}{T} \pm \frac{x}{\lambda}\right) + \alpha_0\right] \\ y = A\cos\left[\frac{2\pi}{\lambda}(vt \pm x) + \alpha_0\right] \end{cases} \tag{7-80}$$

在磨头摆动波运动方程中，含有 x 和 t 两个自变量，为了进一步了解磨头摆动波运动方程的意义，下面分析 x 和 t 变化的情形。

（1）当 x 一定时，则摆动位移 y 将单纯是 t 的函数。这时磨头摆动波运动方程表示距原点为 x 的给定点在不同时刻的摆动位移。

如果 x 给定，例如在图 7-31 中选择坐标 $x = x_1$（固定数值）的磨头 P_1，下面分析一下它的运动情况。将 $x = x_1$ 代入式（7-77），于是式中括号里的后一项就变为定值 $(-x_1/v)$，令 $\varphi_1 = -(\omega x_1)/v$，$\varphi_1$ 当然也为定值。这样，式（7-77）则变为

$$y_{p1} = A\cos(\omega t + \varphi_1) \tag{7-81}$$

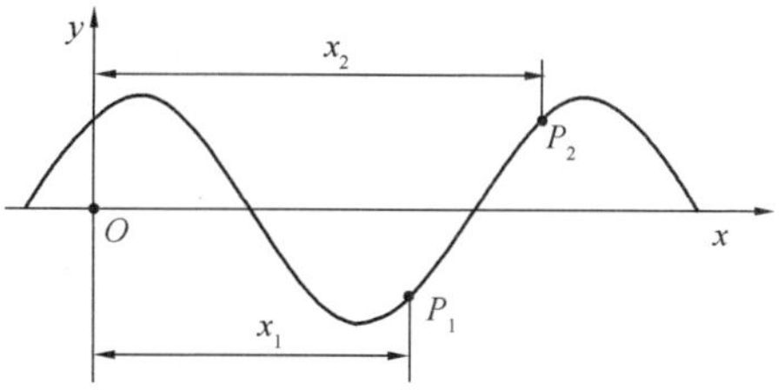

图 7-31　x 值给定的情况下，磨头摆动波图像

这是磨头 P_1 的摆动运动方程，它表明磨头 P_1 的摆动位移只是时间的函数，同时还表明磨头 P_1 点的摆动位相比 O 点磨头 1 的摆动位相落后 $\omega x_1/v$。若选另一处 $x = x_2$（定值）的磨头 P_2，令 $\varphi_2 = -\omega x_2/v$，如前一样，它也是定值，则可得到磨头 P_2 的摆动方程 $y_{p2} = A\cos(\omega t + \varphi_2)$，它表明磨头 P_3 的摆动位相比 O 点磨头 1 的摆动动位相落后 $\omega x_2/v$。同样，还可以选择其他的固定 P_3、P_4、…这意味着，对于沿磨头摆动波传播方向上的某个特定点来说，磨头摆动波的表达式描述了该点处磨头的摆动情况，并绘出了该点处磨头与磨头 1 的相位差。磨头摆动波的表达式也给出了磨头摆动波线上任意两点处磨头摆动的位相差。例如，如以 $\Delta\varphi$ 代表 P_2 点磨头的摆动位相与 P_1 摆动位相之差，那么

$$\begin{aligned} \Delta\varphi &= \varphi_2 - \varphi_1 = -\frac{\omega x_2}{v} - \left(-\frac{\omega x_1}{v}\right) = -\frac{\omega}{v}(x_2 - x_1) \\ &= -\frac{2\pi f}{v}(x_2 - x_1) = -\frac{2\pi}{\lambda}\Delta x \end{aligned} \tag{7-82}$$

由于 $\Delta x > 0$，所以 $\Delta\varphi < 0$，这进一步表明，沿磨头摆动波的传播方向上的各点，其摆动位相是逐点落后的，而且式（7-82）给出了定量关系。x_1 和 x_2 分别为磨头摆动波前进的路程，叫磨头摆动波程；$\Delta x = x_2 - x_1$ 叫磨头摆动波程差。

（2）若 x 是变数而时间 t 固定，例如令 $t = t_1$ 时，式（7-77）变为 $y = A\cos(\omega t_1 - \omega x/v)$。括号中前一项 ωt_1 为定值，y 只是坐标 x 的余弦函数。在图 7-32 所示的 x、y 坐标中，以实线画出了 t_1 时刻的曲线，该曲线表明了在 t_1 时刻磨头摆动波的形状，即为 t_1 时刻的磨头摆动波波形图。这就好像在 t_1 时刻给磨头摆动波照了个像，照下的磨头摆动波形如图中实线所示。过

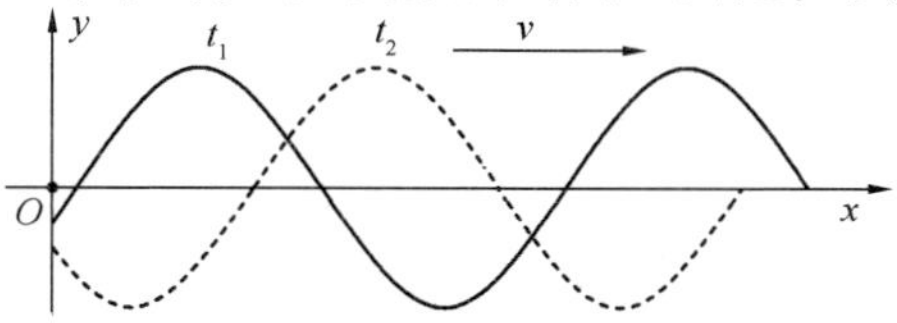

图 7-32　x 是变数而时间 t 固定，磨头摆动波图像

一段时间，在时刻 $t_2(t_2 > t_1)$ 再给磨头摆动波照个相，又得到 t_2 时刻的磨头摆动波形，它也就是由方程 $y = A\cos(\omega t_2 - \omega x/v)$ 表示的磨头摆动波形（在图中由虚线表示）。

从图 7-32 可以看出，t_2 时刻与 t_1 时刻有着完全相同的磨头摆动波形，只不过前者比后者向前移动了一段距离，这反映了从 t_1 到 t_2 这段时间内，磨头摆动波形向前推进了。磨头摆动波形向前运动的速度就是磨头摆动波速 v。因此，从 t_1 到 t_2 这段时间，磨头摆动波形向前移动的距离 $l = v \cdot (t_2 - t_1)$。

这样，我们就可以根据 t_1 时刻的磨头摆动波形画出 t_2 时刻的磨头摆动波形。如果已知磨头摆动波速 v，我们就可以将 t_1 时刻的磨头摆动波形沿 Ox 轴正方向向右平移 l 的距离，这个新的磨头摆动波形就是 t_2 时刻的磨头摆动波形；如果已知磨头摆动波的周期（或频率），则因在一个周期内磨头摆动波将向前推进一个磨头摆动波长，那么在时间间隔 $t_2 - t_1$ 内，磨头摆动波向前推进的波长数也就知道了（$l/\lambda = T/t_2 - t_1$）。这样也可按上述方法，根据 t_1 时刻的磨头摆动波形画出 t_2 时刻的磨头摆动波形。应该说明，如果 $l = k\lambda + \Delta l$ 其中 $k = 1, 2, \cdots$，那么应有 $l > k\lambda$。这时只需将 t_1 时刻的磨头摆动波形沿 Ox 轴正向移动一个 l 的距离，就可以得到 t_2 时刻的磨头摆动波形。总之，对于磨头摆动波动过程中的某个特定时刻来说，磨头摆动波的表达式给出该时刻的磨头摆动波形的曲线方程，据此即可画出该时刻以及其后任何时刻的磨头摆动波形。

（3）若 x 和 t 不固定，即它们都是变数，那么综合以上两种情况，就可以得到磨头摆动波表达式的完整意义：它既描述了磨头摆动波线上一系列质点的振动情况及各质点间振动位相的差异，同时它又表示出随着时间的推移，磨头摆动波形沿着传播方向的运动情况。

7.8.5 磨头摆动正弦波运动方程

由于磨头 1 的起点位置不同，磨头的摆动波有正弦波和余弦波之分。上面分析了余弦波，下面分析正弦波。

位于原点（$x = 0$）的磨头 1 的正弦波摆动情况可以用下式表示：

$$y = A\sin\omega t = A\sin 2\pi f t \tag{7-83}$$

式中 A——横梁离开横向平衡位置的最远距离（mm）；

ω——圆频率（rad）；

f——频率。

设磨头 1 初位相为零。磨头 1（$x = 0$）这一点传到右方某一点 x 处磨头所需时间 $t = x/v$，其中 v 是磨头摆动波速。因此，x 点处磨头在时刻 t 的摆动运动情况和原点处磨头 1 在时刻 $(t - x/v)$ 的摆动运动情况相同。这样，为了得到 x 点处磨头在时刻 t 与其平衡位置的距离，把式（7-83）中的 t 用 $(t - x/v)$ 来代替就行了。可以用下式表示 x 点处的磨头摆动情况。因为 x 是任意的，因此也就表示空间任一点处磨头摆动的情况。

$$\begin{aligned} y(x,t) &= A\sin\omega\left(t - \frac{x}{v}\right) \\ &= A\sin 2\pi f\left(t - \frac{x}{v}\right) \end{aligned} \tag{7-84}$$

符号 $y(x,t)$ 表示 y 是两个变量（x 和 t）的函数。$y(x,t)$ 的物理意义是，表示坐标为 x 的磨头的摆动运动情况，也就是说式（7-84）描绘了磨头摆动波在空间的传播情况，叫作磨头摆动波的方程。式（7-84）说明了空间某一点处磨头与其平衡位置的距离依赖于这一点磨头所处的位置和时间。

用磨头摆动周期 T 和磨头摆动波长 λ 来表示，式（7-84）可表达成

$$y(x,t) = A\sin 2\pi\left(\frac{t}{T} - \frac{x}{v}\right) \tag{7-85}$$

引入一个物理量——波数，用 u 来表示，它的定义式是

$$u = \frac{2\pi}{\lambda} \tag{7-86}$$

即在 2π 个单位长度内所包含波的个数。引入了波数，并应用波长-频率关系 $v = \lambda f$，式（7-84）可表达成

$$y(x,t) = A\sin(\omega t - ux) \tag{7-87}$$

式（7-84）、式（7-85）、式（7-87）都是描绘磨头摆动波运动的，它们都是磨头摆动波的数学表示式，它们之间完全是等价的。

给定任意的时刻 t，式（7-84）或式（7-87）就给出磨头相对于平衡位置的距离和其坐标 x（空间位置）之间的函数关系，即给出某一时刻的磨头摆动波形。若时刻 t 是某一确定值，设在时刻 $t = 0$ 时，则这时磨头摆动波的方程是

$$y = A\sin(-ux) = -A\sin ux = -A\sin 2\pi \cdot \frac{x}{\lambda} \tag{7-88}$$

图 7-33 画出了某一特定时刻（$t = 0$）的磨头摆动波形。

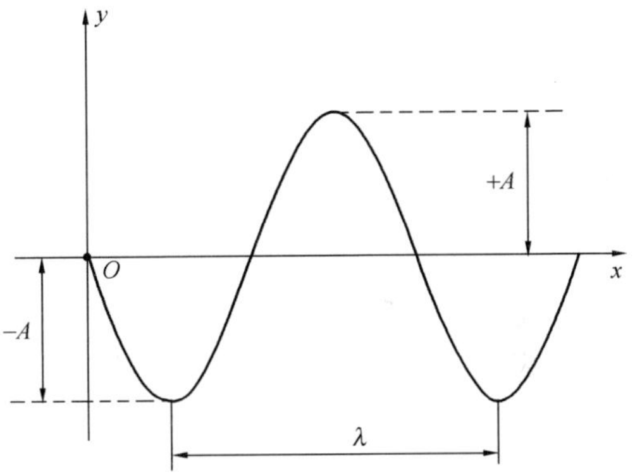

图 7-33　$t = 0$ 时刻磨头摆动波形

如果给定某一坐标 x（就是研究某一指定位置磨头的摆动运动情况），磨头摆动波方程中的变量就只有一个 t。式（7-84）或式（7-87）就给出某一确定磨头的摆动运动情况。如在位置 $t = 0$ 处，$y = A\sin\omega t = A\sin 2\pi \cdot (t/T)$。

图 7-34 画出这一函数图线。这一图线表示 $x = 0$ 处磨头的摆动运动情况。

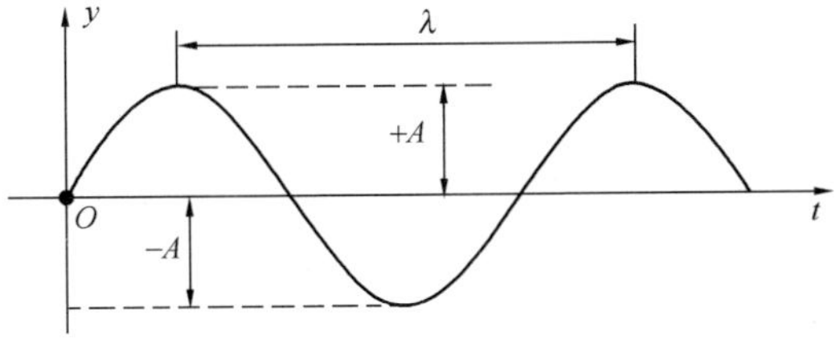

图 7-34　$x = 0$ 时的磨头摆动波形

如果 x 和 t 都在改变，式（7-84）、式（7-87）就表示全部的磨头摆动波运动过程，它既表示每一个磨头在平衡位置附近做摆动，又表示这个摆动在逐点传播。式（7-87）中的（$\omega t - kx$）称为磨头摆动波相。磨头摆动波相表示磨头摆动波运动的状态，某一个磨头摆动波相表征空间各点处磨头一定的摆动状态，例如，磨头通过最高、最低零位置或其他中间状态。事实上，同一个摆动状态（位相）在不同时刻出现在空间的各个磨头上。如果满足条件

$$\omega t_1 - ux_1 = \omega t_2 - ux_2$$

这就表示，给定的磨头摆动波相，也就是在时刻 t_1 在点 x_1 处所观察到的某磨头摆动波运动

状态，会在时刻 t_2 在点 x_2 处重新观察到。从这个推理得出，给定的磨头摆动波运动状态移动的速度，就是某一磨头摆动波相传播的速度。以式（7-88）可以得出，磨头摆动波相的传播速度 v 可表示为

$$v = \frac{x_2 - x_1}{t_2 - t_1} = \frac{\omega}{u} = \frac{\lambda}{T} \tag{7-89}$$

这就是我们早就得到的磨头摆动波速公式（7-72）。由此可见，式（7-72）所表示的磨头摆动波速就是磨头摆动波相的传播速度。

7.8.6 陶瓷大板单摆式抛光加工工艺参数确定

（1）波长确定

磨头的横向摆动幅度，也就是磨头摆动的上极限位置到平衡位置之间的距离，如图7-25中的 A 标识。以磨头摆动平衡位置为圆心，以磨头的摆动幅度为半径画一个圆。磨头之间的间距 x 是个定值，这个由抛光机的结构决定。磨头摆动波的波长由磨头的横向摆动速度和陶瓷大板的直线进给速度共同决定。参与的磨头越多，波长就越长。

图7-35是以13个磨头的长度为一个波长，也就是12个磨头的间距和。当磨头摆动到2的位置时，陶瓷大板必须进给到2的位置。

参与的磨头越多，波长就越长，如图7-36所示。

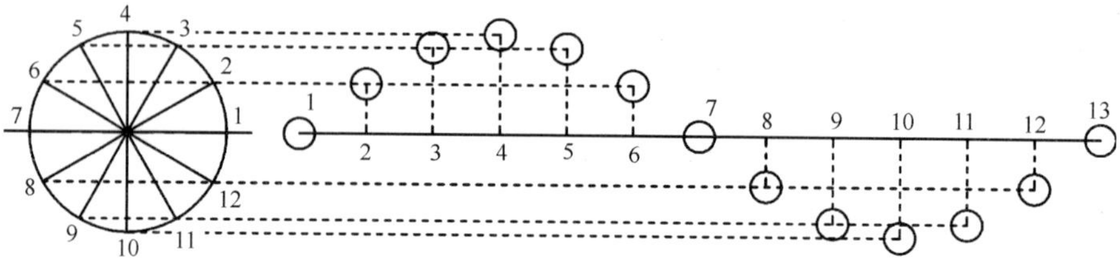

图7-35　13个磨头为一组

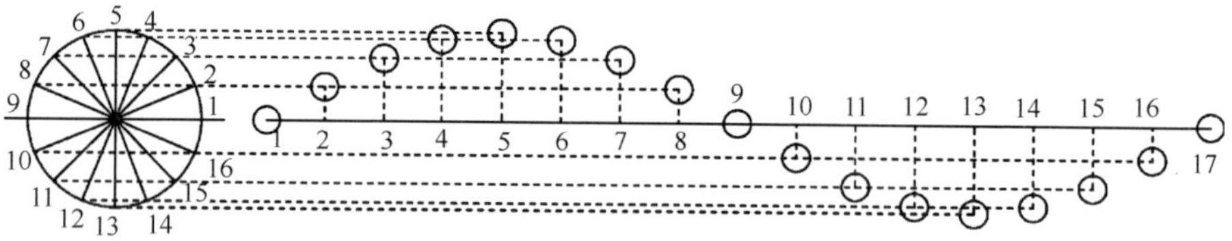

图7-36　17个磨头为一组

（2）各个磨头起点位置的确定

磨头的摆动频率是指一分钟之内，横梁的摆动次数，用 n 表示。

因此，磨头摆动一次时间的确定公式为：

$$t_{摆动} = \frac{60}{n} \quad (\mathrm{s}) \tag{7-90}$$

磨头摆动一次，磨头摆动波就传播一个波长。也就是磨头摆动矢量圆旋转一周。磨头摆动一次的时间与陶瓷大板直线进给速度的乘积就是波长。

$$\lambda = v_{大板进给} \cdot t_{摆动} \tag{7-91}$$

磨头摆动波长 λ 除以磨头的间距 S，就得出多少个磨头为一组

$$N = \frac{\lambda}{S} \tag{7-92}$$

磨头摆动一次所需要的时间除以磨头数量 N 就是每个磨头起始延后的时间。

$$t_{延后} = \frac{t_{摆动}}{N} \tag{7-93}$$

由前面可知，后面的磨头启动时间总是延后于前面的磨头。

7.9　陶瓷大板双摆式抛光加工轨迹

7.9.1　陶瓷大板双摆动式抛光加工工艺原理

图 7-37 为陶瓷大板双摆动式抛光加工工艺原理图。陶瓷大板双摆动式抛光机有三种主要的运动：第一种是横梁的横向往复摆动，磨头安装在横梁上，横梁支撑在支撑座 A、B 上。横梁及其安装在其上的磨头，在电机的驱动下，在支撑座 A、B 上来回地做横向摆动。第二种是横梁的纵向往复摆动，支撑座 A、B 安装在机架 A、B 上，在电机的驱动下支撑座 A、B 以及安装其上的横梁和磨头做纵向往复摆动。所谓的双摆动就是横梁做横向往复摆动的同时也做纵向摆动。第三种是陶瓷大板的直线进给运动，磨头在陶瓷大板表面的加工轨迹是横梁的横向、纵向的双摆动与陶瓷大板的直线运动三种运动复合的结果。由于结构设计的不同，很多时候，也可以是横梁在支撑座 A、B 上既做横向摆动，也做纵向摆动，而支撑座固定在机架上不动。

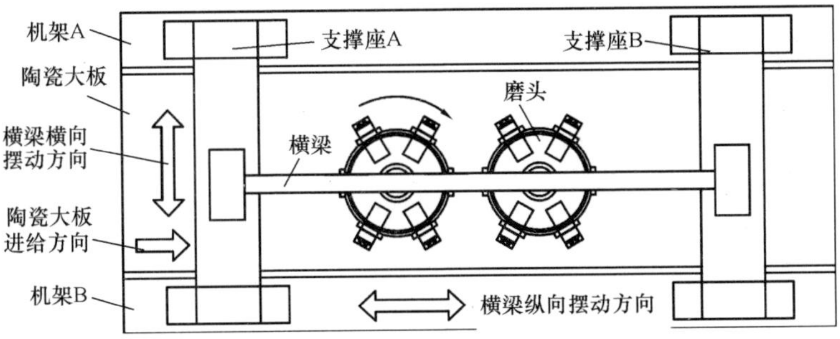

图 7-37　陶瓷大板双摆动式抛光加工工艺原理

7.9.2　横梁纵横摆动的数学模型

下面对横梁的摆动进行简化，建立其数学模型。磨头安装在横梁之上，磨头的中心点位置在 M 点。在此取横梁支撑座的中心位置作为横梁摆动的静态平衡位置。如图 7-38 所示。取横梁支撑座的中点为位置作为坐标原点 O，横梁是沿着上下方向摆动的，沿着运动方向取坐标 y（向上为正）。磨头中点 M 的任意一点位置可由横梁的 y 坐标确定。

横梁的一个周期的横向摆动过程如下：横梁从静态平衡位置 O 开始，也就是横梁支撑座的中心位置开始，先是向上摆动，磨头中心点 M 摆动到上极限位置 O_1，接着从 O_1 点开始返回向下摆动，通过横梁支撑座的中心位置之后，继续向下摆动，磨头中心点 M 摆动到下极限位置 O_2，接着从 O_2 点开始返回向上摆动，到达横梁支撑座的中心位置 O。横梁的一个周期的横向摆动结束。周而复始。

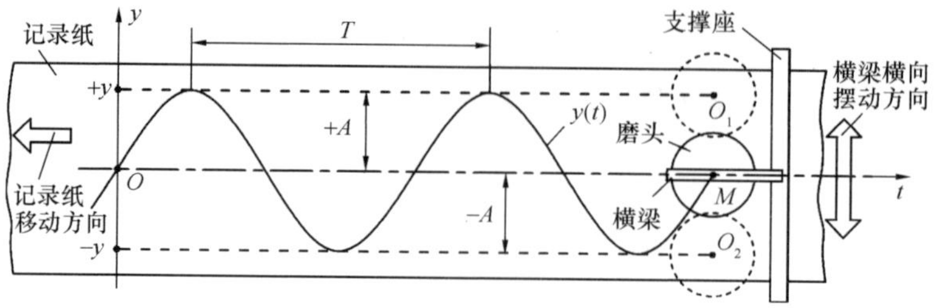

图 7-38　横梁摆动简化模型

如图 7-38 所示，从横梁的横向摆动规律来看，其运动规律为简谐运动。接下来，本文采用模拟的方法展示横梁简谐运动的特性。横梁是按照前述的运动规律开始运动，若在磨头中心点 M 的位置上放置一个小光源，使它的一束光照射在一条匀速水平移动的光敏纸带上，记录下横梁横向摆动的运动量随着时间的变化规律，横梁位移的时间历程是时间 t 的正弦函数，因此，横梁横向摆动这一运动过程可用下面正弦函数表达：

$$y = A\sin\frac{2\pi}{T}t \tag{7-94}$$

式中　T——摆动周期（s）；

A——横梁离开平衡位置的最远距离（mm）。

横梁的摆动是简谐运动，除了应用上述的三角函数表示之外，还可以用旋转矢量来描述。如图 7-39 所示。

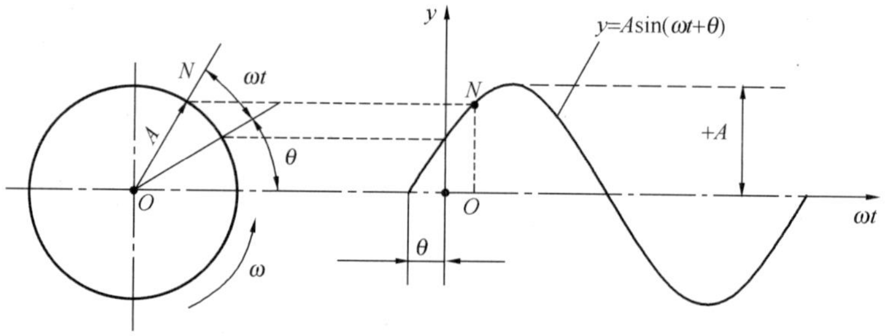

图 7-39　横梁摆动运动应用旋转矢量表示

横梁横向摆动运动规律还可以看作是一个做等速圆周运动的点在铅垂轴上投影的结果。图 7-39 中，一个长度为 A 的线段 ON，由水平位置开始，以等角速度 ω 绕 O 点转动，任一瞬间 t，ON 在铅垂轴上的投影为：

$$y = A\sin(\omega t + \theta) \tag{7-95}$$

式中　A——横梁离开横向平衡位置的最远距离（mm）；

θ——初始相位（rad）；

ωt——相位，表示 ON 在时间 t 的转角（rad）；

ω——转动角速度（rad/s）。

由前述得知，横梁的摆动有两个，一个是横向摆动，另一个是纵向摆动。其摆动的运动规律都是简谐运动。上面分析的是横向摆动规律，纵向等同，如图 7-40 所示。横梁的横向摆动是沿着 y 方向进行的，而纵向摆动是沿着 x 方向进行的。横梁纵向摆动的这一运动过程也是用正弦函数表达：

$$x = B\sin(\omega t + \theta_1) \tag{7-96}$$

式中　B——横梁离开纵向平衡位置的最远距离（mm）；

θ_1——初始相位（rad）；

ω——转动角速度（rad/s）。

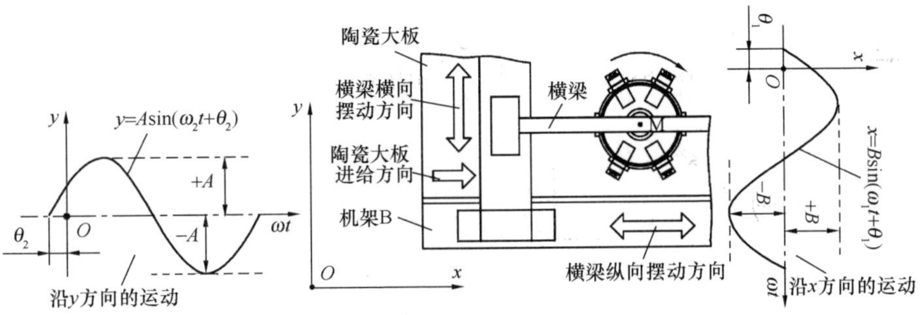

图 7-40　横梁纵横摆动规律简图

7.9.3　同频率横梁纵横垂直简谐运动的合成轨迹

横梁以及安装其上的磨头同时参与两个相互垂直方向（横梁的纵横摆动方向）的简谐摆动运动，因此横梁上磨头中心点的位移是这两个简谐摆动运动位移的矢量和。

设两个相互垂直的、同频率的简谐运动分别在 x 轴和 y 轴上进行，位移方程分别为

$$\begin{cases} x = B\sin(\omega t + \theta_1) \\ y = A\sin(\omega t + \theta_2) \end{cases} \tag{7-97}$$

横梁沿着 x、y 轴实现纵横向运动的合成运动，位于边长分别为 $2A$ 和 $2B$ 的矩形中。如图 7-41 所示。

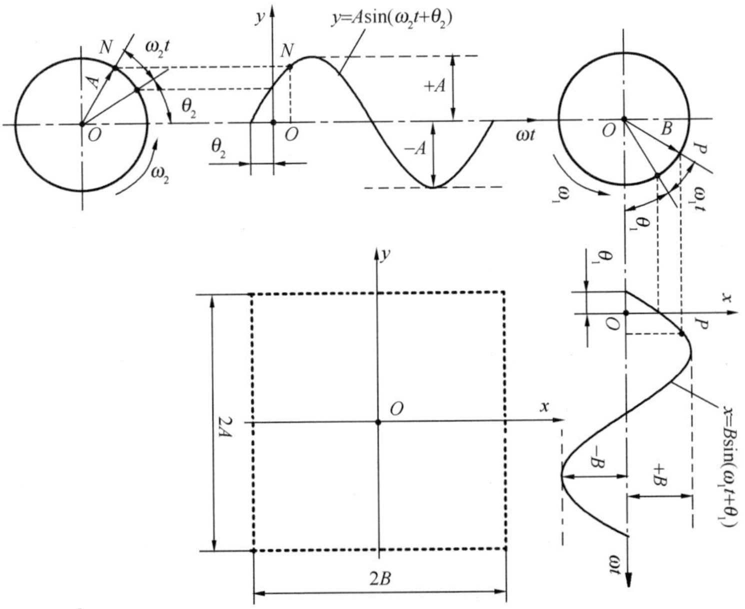

图 7-41　横梁纵横简谐运动合成框图

两个相互垂直方向简谐运动的运动轨迹可有各种形状，由横梁纵横两个方向摆动的频率、摆动幅度和初始相位决定。

下面分析横梁在纵横方向上同摆动频率情况下，不同初始相位时，相互垂直的两个简谐运动合成运动轨迹。

设定式（7-97）中的参数按照如下三种情况的设定进行运动。

$$\begin{cases} \omega_1 = \omega_2 \\ \theta_1 = 0 \\ \theta_2 - \theta_1 = 0; \theta_2 - \theta_1 = \dfrac{\pi}{4}; \theta_2 - \theta_1 = \dfrac{\pi}{2} \\ A = B \end{cases} \tag{7-98}$$

$$\begin{cases} \omega_1 = \omega_2 \\ \theta_1 = 0 \\ \theta_2 - \theta_1 = \dfrac{\pi}{2} \\ A > B \end{cases} \tag{7-99}$$

$$\begin{cases} \omega_1 = \omega_2 \\ \theta_1 = 0 \\ \theta_2 - \theta_1 = \dfrac{\pi}{2} \\ A < B \end{cases} \tag{7-100}$$

横梁纵横方向摆动的简谐运动规律，在此用旋转矢量表示。ω_1、ω_2旋转矢量的转动频率、转动方向是相同的，矢量圆的半径 A、B 分别是横梁离开纵横向平衡位置的最远距离。旋转矢量的起始位置按照三种条件的初始相位设置进行。

合成运动的绘制方法如下：

将表示旋转矢量的圆周进行等分，等分的份数随意确定，本文等分为 8 份，按照旋转矢量的旋转方向，从 O 开始标注标号，如图 7-42 所示。纵横方向的矢量圆的起始位置，用箭头表示。

依次从零点开始，横向矢量圆的 O 点位置引出直线至合成区域，纵向矢量圆的 O 点位置引出直线至合成区域，引出线在图中用虚线表示。纵横向 O 点位置的引出线相交于合成区域。相交点就是纵横运动的合成点，标注为 O。按照同样方向，参照纵横矢量的旋转方向，依次再从 1 点引线至合成区域，相交点为合成运动的 1 点。依此类推，至 8 点结束。将合成区域的点，依次连接成曲线，就是在纵横相互垂直运动下，在给出的相位条件下的合成运动轨迹曲线。

将前述设置的三种情况代入公式（7-97），得到的合成运动轨迹如图 7-42 所示。

（1）$\theta_2 - \theta_1 = 0$，横梁纵横垂直简谐运动的合成运动轨迹是一条斜直线，如图 7-42（a）所示。

（2）$\theta_2 - \theta_1 = \pi/4$，横梁纵横垂直简谐运动的合成运动轨迹是一个倾斜的椭圆，如图 7-42（b）所示。

（3）$\theta_2 - \theta_1 = \pi/2$，横梁纵横垂直简谐运动的合成运动轨迹是一个正圆，如图 7-42（c）所示。

（4）$\theta_2 - \theta_1 = \pi/2$，$B = 2A$，横梁纵横垂直简谐运动的合成运动轨迹是一个纵向正椭

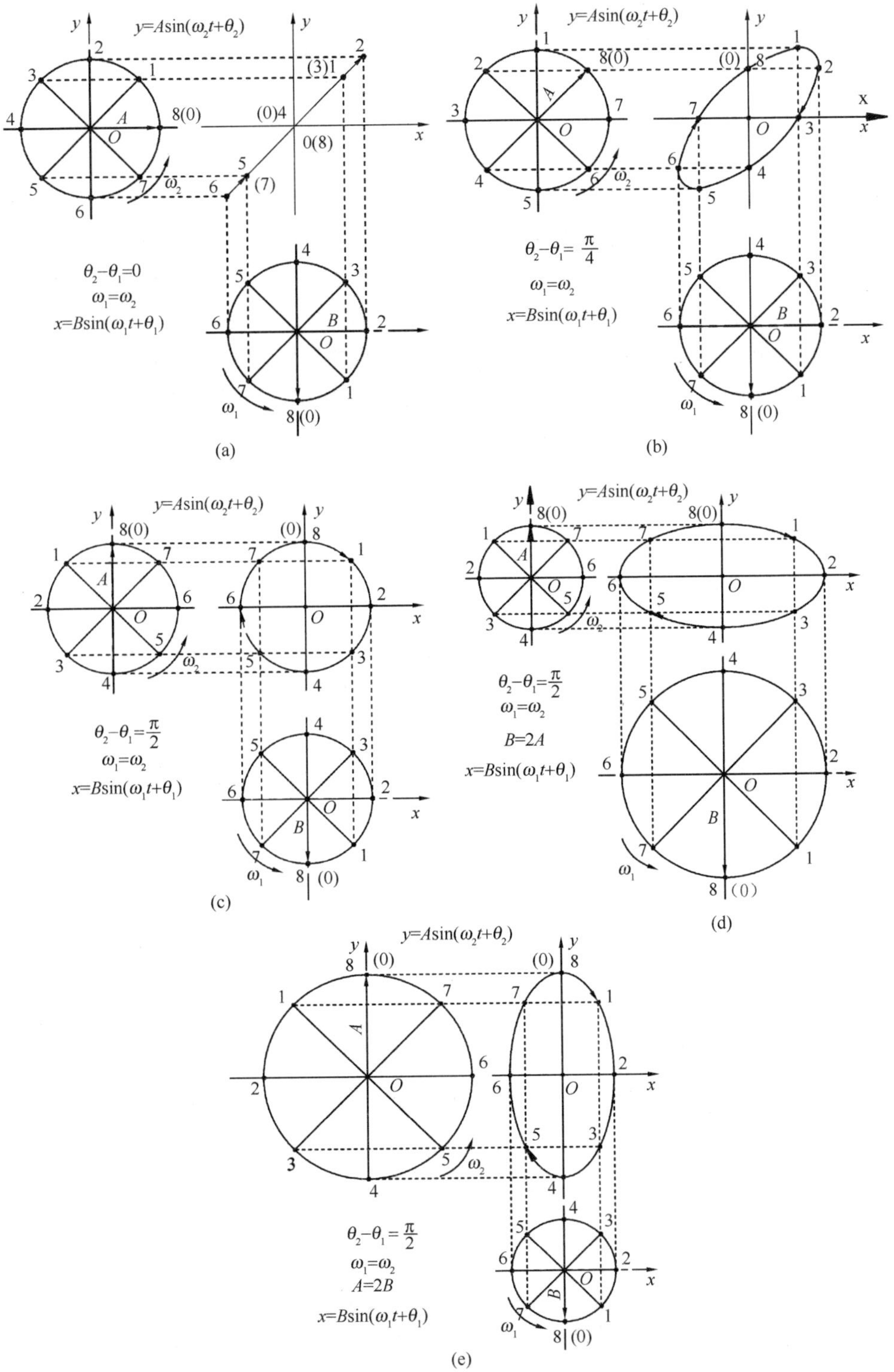

图 7-42　横梁纵横向垂直简谐运动合成运动轨迹

（a）相位差为 0；（b）相位差为 π/4；（c）相位差为 π/2；
（d）相位差为 π/2，$B=2A$；（e）相位差为 π/2，$A=2B$

圆，如图7-42（d）所示。

（5）$\theta_2 - \theta_1 = \pi/2$，$A=2B$，横梁纵横垂直简谐运动的合成运动轨迹是一个横向正椭圆，如图7-42（e）所示。

本书只给出了相位差是 $\theta_2 - \theta_1 = 0$；$\theta_2 - \theta_1 = \pi/4$；$\theta_2 - \theta_1 = \pi/2$，这三种情况，而相位差 $\theta_2 - \theta_1 = 3\pi/4$；$\theta_2 - \theta_1 = \pi$ 的合成运动轨迹与 $\theta_2 - \theta_1 = 0$；$\theta_2 - \theta_1 = \pi/4$ 的合成运动轨迹是一样的，唯一的区别是方向相反，因此，本书对此没有详述。

7.9.4 同频率横梁纵横垂直简谐运动与陶瓷大板直线运动，在陶瓷大板表面合成的综合运动轨迹

上述的分析是在没有考虑陶瓷大板直线运动的情况下，单纯横梁纵横向相互垂直简谐运动的合成运动轨迹。在实际过程中，磨头是安装在横梁上，横梁的合成运动轨迹，也是磨头中心点的运动轨迹。磨头与陶瓷大板表面接触，研抛陶瓷大板的表面，因此，磨头在陶瓷大板表面的加工轨迹，是横梁纵横向垂直简谐运动的合成运动与陶瓷大板直线运动的再次合成。运动轨迹合成结果如图7-43所示。

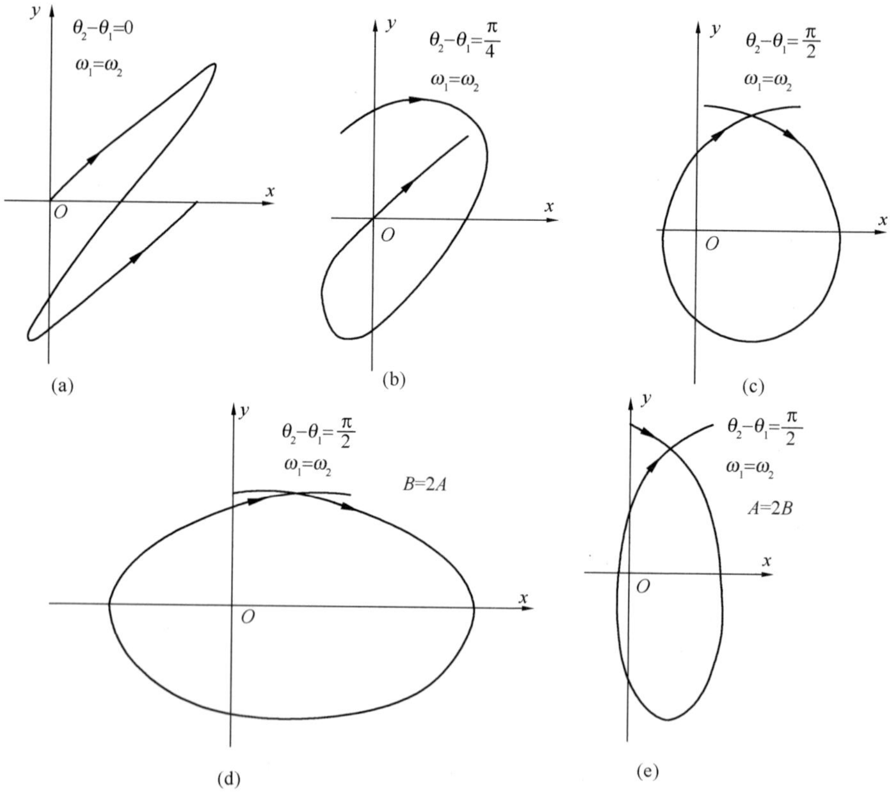

图7-43 横梁纵横向垂直简谐运动与陶瓷大板直线运动合成运动轨迹

（a）相位差为0；（b）相位差为 $\pi/4$；（c）相位差为 $\pi/2$；

（d）相位差为 $\pi/2$，$B=2A$；（e）相位差为 $\pi/2$，$A=2B$

图7-43对应着图7-42，图7-43是陶瓷大板表面上合成的运动轨迹图，该运动轨迹是由横梁纵横向垂直简谐运动、陶瓷大板直线运动综合作用的结果。7-42（a）是矢量圆旋

转一周时，横梁作纵横向垂直简谐运动后的运动轨迹。该运动轨迹与陶瓷大板直线运动运动轨迹综合作用之后，在陶瓷大板的表面上就得到如图 7-43（a）所示的运动轨迹。

由图 7-43 可看出：

（1）横梁纵横向简谐运动合成运动为一条斜直线时，磨头在陶瓷大板表面上的合成加工轨迹为倾斜的“之”字形长波。

（2）横梁纵横向简谐运动合成运动为斜椭圆、正圆、纵横向正椭圆时，磨头在陶瓷大板表面上的合成加工轨迹都是长摆线轨迹，只不过是摆线轨迹有倾斜、正向、长短之分。

纵横向垂直简谐运动与陶瓷大板直线运动在其表面合成的连续运动轨迹，如图 7-44 所示。图 7-44 对应着图 7-43，如图 7-44（a）对应着图 7-43（a）。

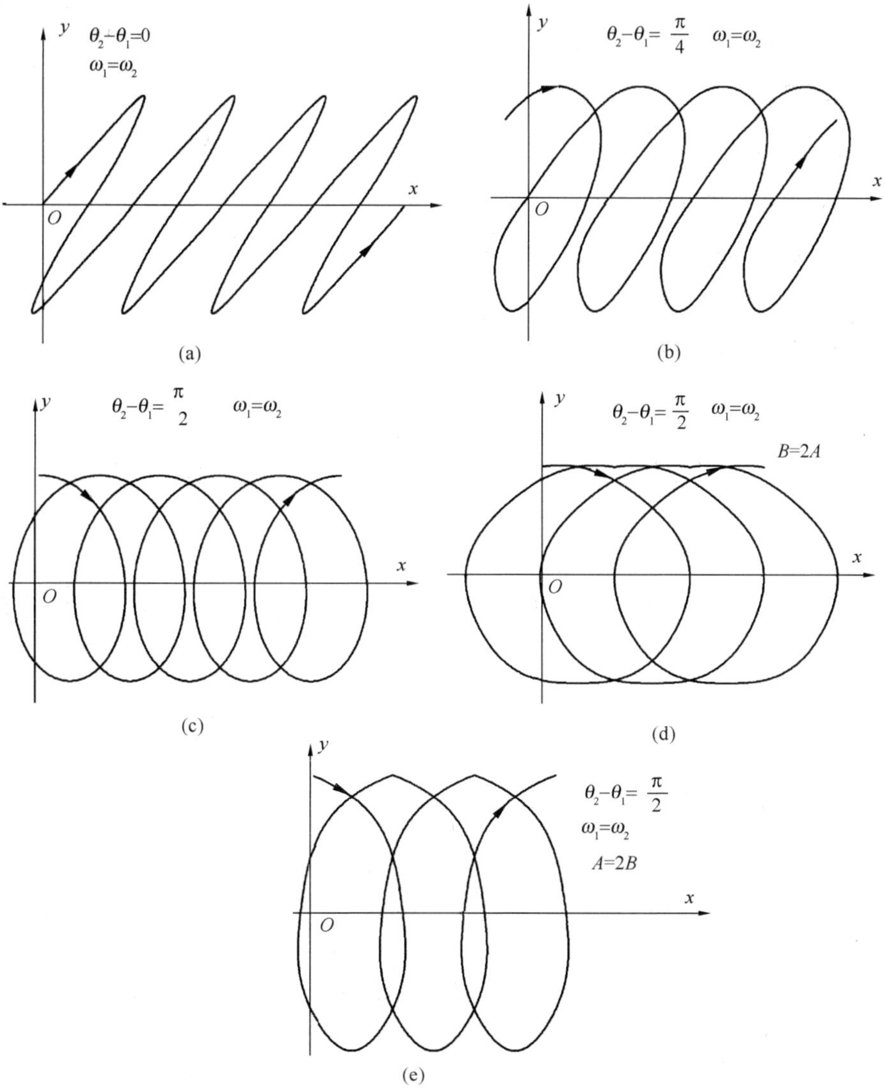

图 7-44　横梁纵横向垂直简谐运动与陶瓷大板直线运动合成连续运动轨迹

（a）相位差为 0；（b）相位差为 $\pi/4$；（c）相位差为 $\pi/2$；

（d）相位差为 $\pi/2$，$B=2A$；（e）相位差为 $\pi/2$，$A=2B$

7.9.5 同频率横梁纵横垂直简谐运动的合成轨迹

当横梁纵横垂直的简谐运动的频率不相等时，它们的合成运动就更加复杂，相互垂直的两个简谐运动的频率相差很大，但是有简单的整数比值时，则合成运动具有稳定的封闭运动轨迹。这种频率成简单整数比时，所得到的稳定的合成轨迹线称为李萨如图形。

下面分析横梁在纵横方向不同摆动频率情况下，不同初始相位时，相互垂直的两个简谐运动合成运动轨迹。

设定式（7-97）中的参数，还是按照前述同频率简谐运动时的三种情况进行。

1. 横梁纵横向摆动频率为 $\omega_1/\omega_2=2/1$，$\omega_1/\omega_2=3/1$，在不同相位差情况下的简谐运动的合成轨迹

将下面设置的三种情况代入式（7-97），得到的合成运动轨迹如图 7-45 所示。

$$\begin{cases}\dfrac{\omega_1}{\omega_2}=\dfrac{2}{1};\dfrac{\omega_1}{\omega_2}=\dfrac{3}{1}\\ \theta_1=0\\ \theta_2-\theta_1=0;\theta_2-\theta_1=\dfrac{\pi}{4};\theta_2-\theta_1=\dfrac{\pi}{2}\\ A=B\end{cases}\tag{7-101}$$

$$\begin{cases}\dfrac{\omega_1}{\omega_2}=\dfrac{2}{1};\dfrac{\omega_1}{\omega_2}=\dfrac{3}{1}\\ \theta_1=0\\ \theta_2-\theta_1=\dfrac{\pi}{2}\\ A>B\end{cases}\tag{7-102}$$

$$\begin{cases}\dfrac{\omega_1}{\omega_2}=\dfrac{2}{1};\dfrac{\omega_1}{\omega_2}=\dfrac{3}{1}\\ \theta_1=0\\ \theta_2-\theta_1=\dfrac{\pi}{2}\\ A<B\end{cases}\tag{7-103}$$

2. 横梁纵横向摆动频率为 $\omega_1/\omega_2=2/1$，$\omega_1/\omega_2=3/1$，垂直简谐运动与陶瓷大板直线运动在陶瓷大板表面合成的综合运动轨迹

不同频率纵横向垂直简谐运动与陶瓷大板直线运动在陶瓷大板表面合成的运动轨迹，如图 7-46 所示。图 7-46 对应着图 7-45，如图 7-46（a）对应着图 7-45（a）。

不同频率纵横向垂直简谐运动与陶瓷大板直线运动在陶瓷大板表面合成的连续运动轨迹，如图 7-47 所示。图 7-47 对应着图 7-46，如图 7-47（a）对应着图 7-46（a）。

通过图 7-45、图 7-46、图 7-47 看出，不同频率纵横向垂直简谐运动的合成运动轨迹是封闭的图形，而且是多变的图形，图形是复杂的。

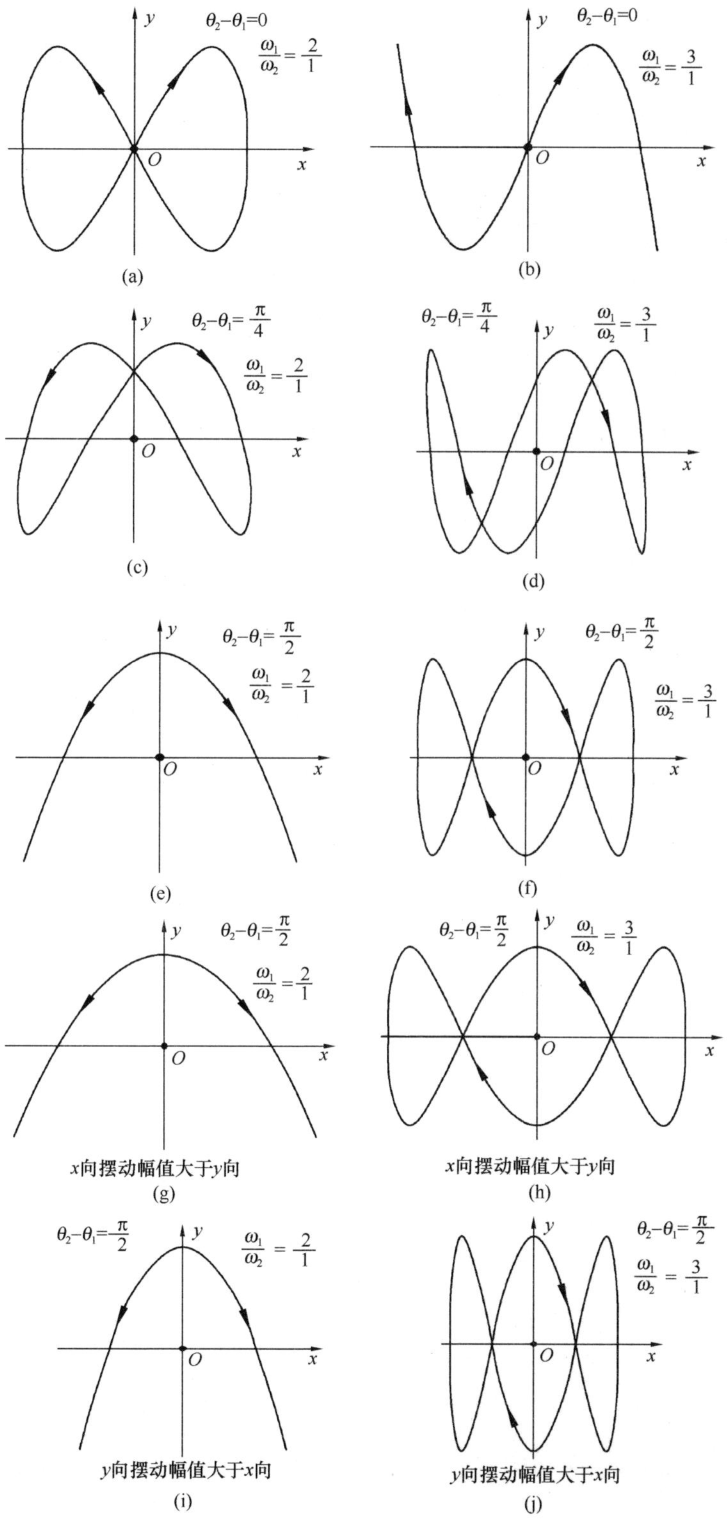

图 7-45　频率比值为 2∶1、3∶1 时横梁纵横向垂直简谐运动合成运动轨迹

（a）、（b）相位差为 0；（c）、（d）相位差为 π/4；（e）、（f）相位差为 π/2；

（g）、（h）相位差为 π/2，$B=2A$；（i）、（j）相位差为 π/2，$A=2B$

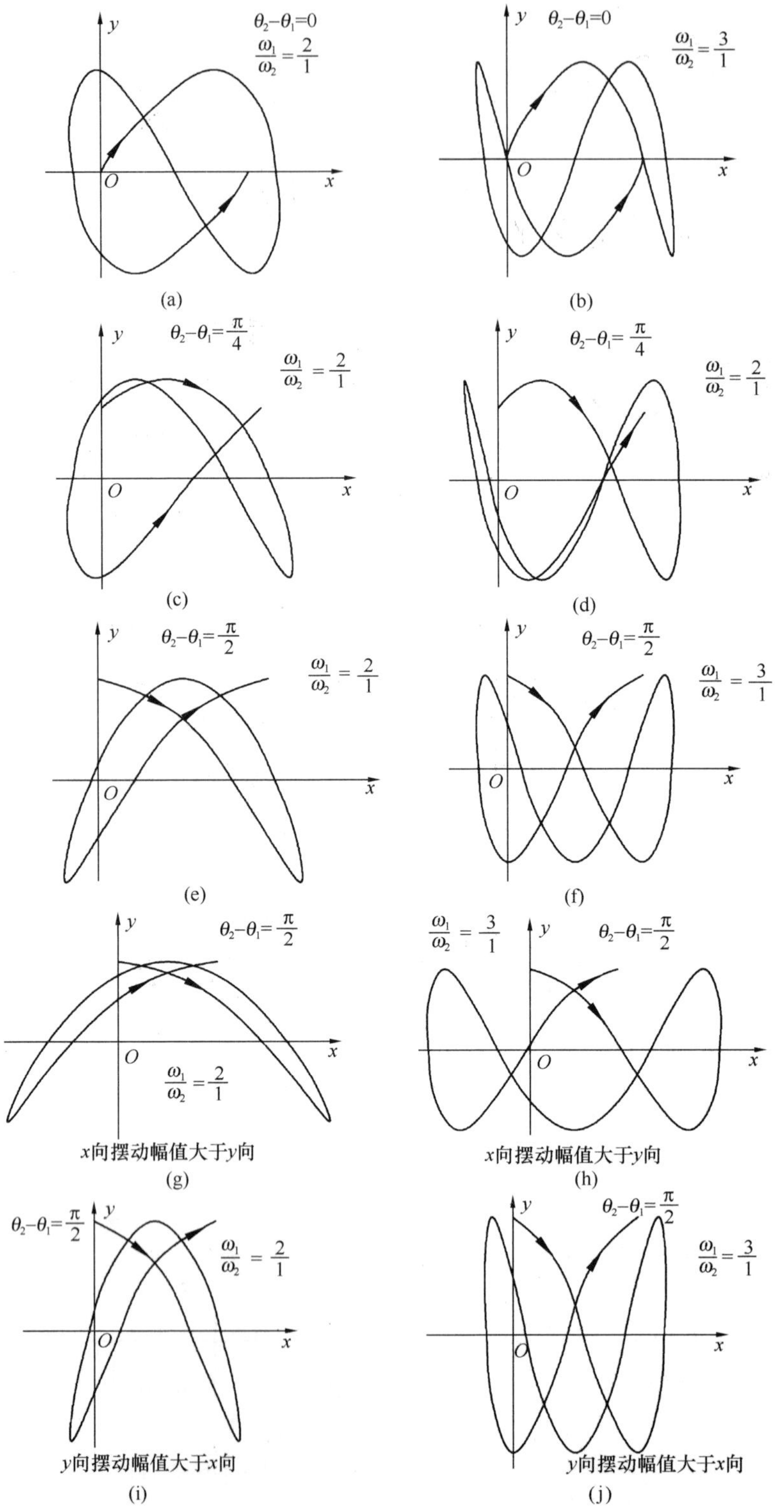

图 7-46　频率比值为 2:1、3:1 时，横梁纵横向垂直简谐运动与陶瓷大板直线运动合成运动轨迹

(a)、(b) 相位差为0；(c)、(d) 相位差为 π/4；(e)、(f) 相位差为 π/2；

(g)、(h) 相位差为 π/2，$B=2A$；(i)、(j) 相位差为 π/2，$A=2B$

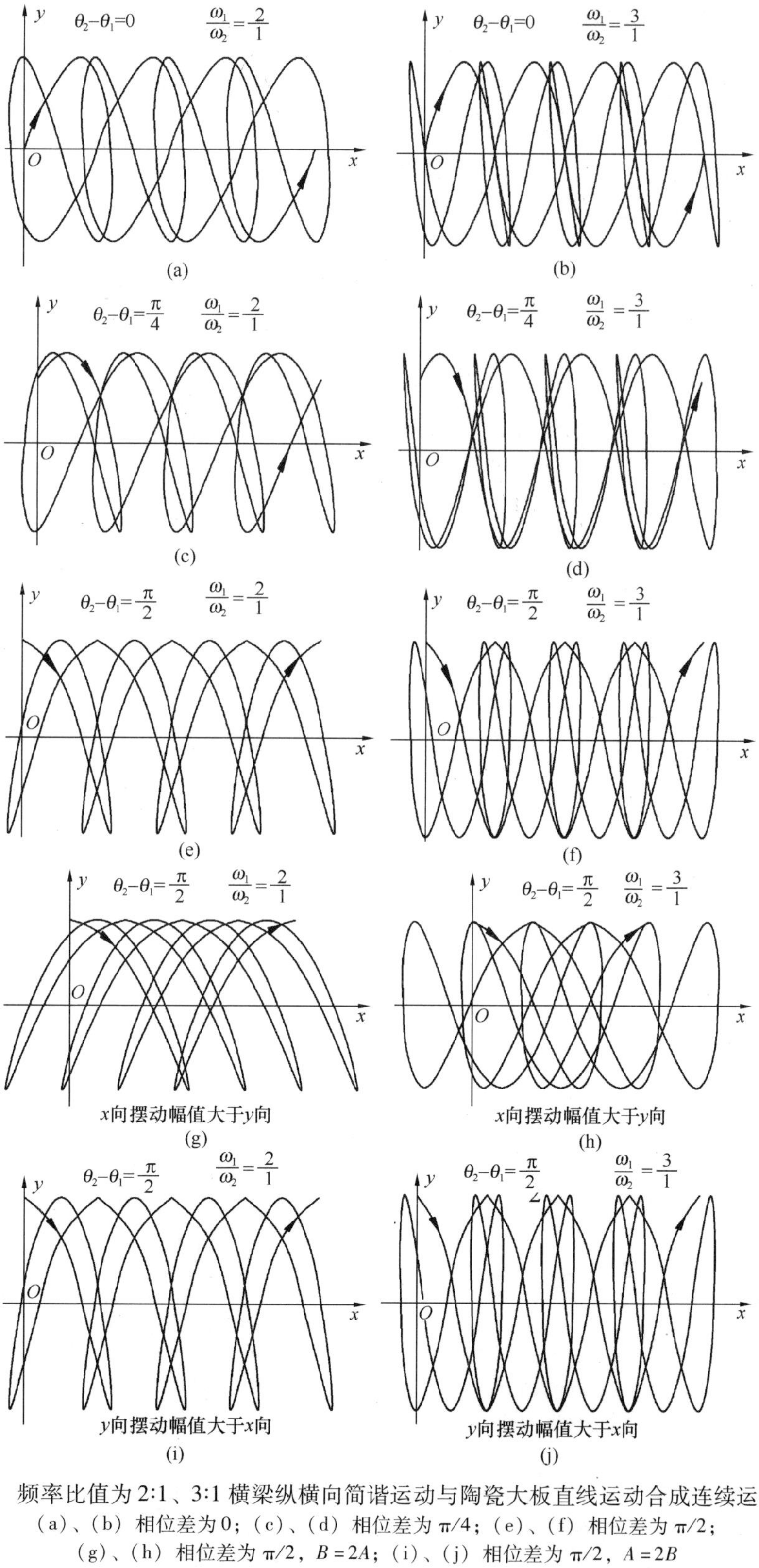

图 7-47　频率比值为 2:1、3:1 横梁纵横向简谐运动与陶瓷大板直线运动合成连续运动轨迹

(a)、(b) 相位差为 0；(c)、(d) 相位差为 $\pi/4$；(e)、(f) 相位差为 $\pi/2$；
(g)、(h) 相位差为 $\pi/2$，$B=2A$；(i)、(j) 相位差为 $\pi/2$，$A=2B$

3. 横梁纵横向摆动频率为 $\omega_1/\omega_2=1/2$，$\omega_1/\omega_2=1/3$，在不同相位差情况下的简谐运动的合成轨迹

将下面设置的三种情况代入式（7-97）中，得到的合成运动轨迹如图 7-48 所示。

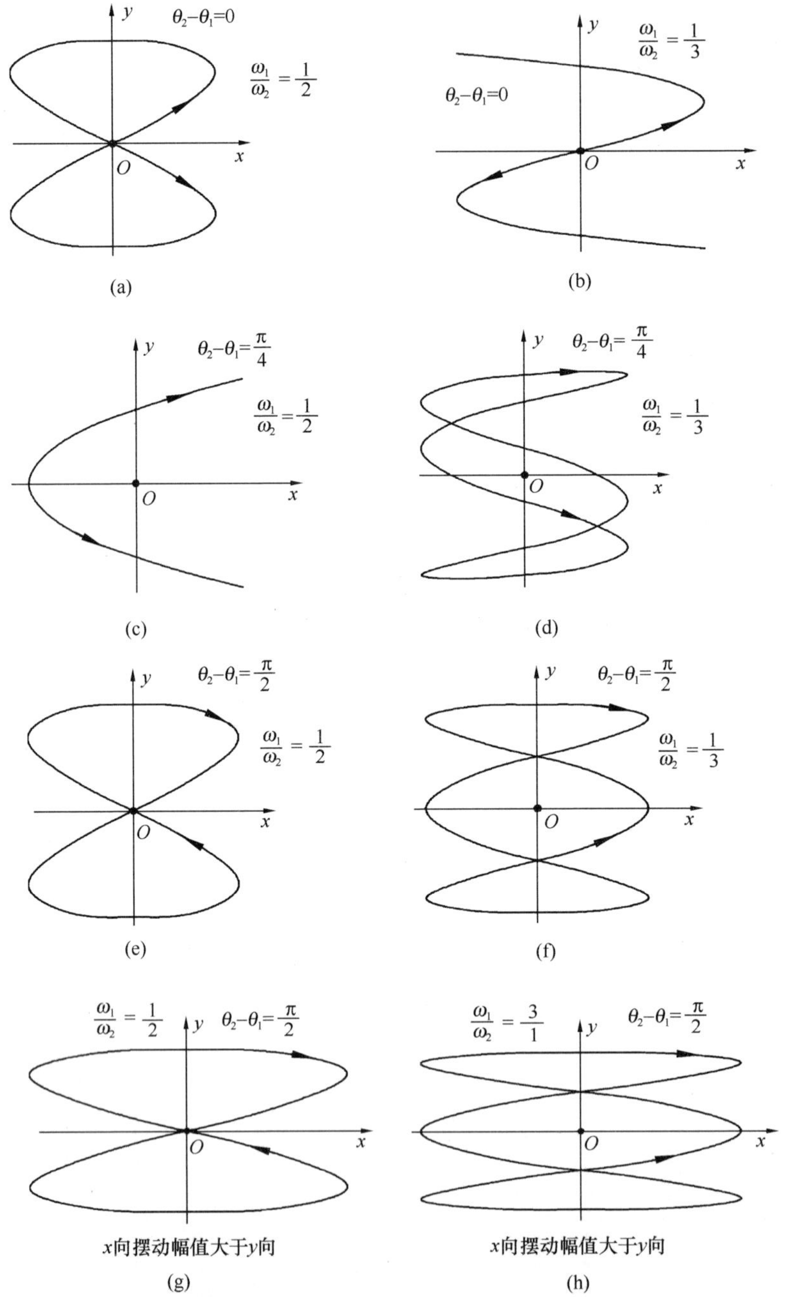

图 7-48　频率比值为 1∶2、1∶3 时，横梁纵横向垂直简谐运动合成运动轨迹（一）
（a）、（b）相位差为 0；（c）、（d）相位差为 $\pi/4$；（e）、（f）相位差为 $\pi/2$；
（g）、（h）相位差为 $\pi/2$，$B=2A$

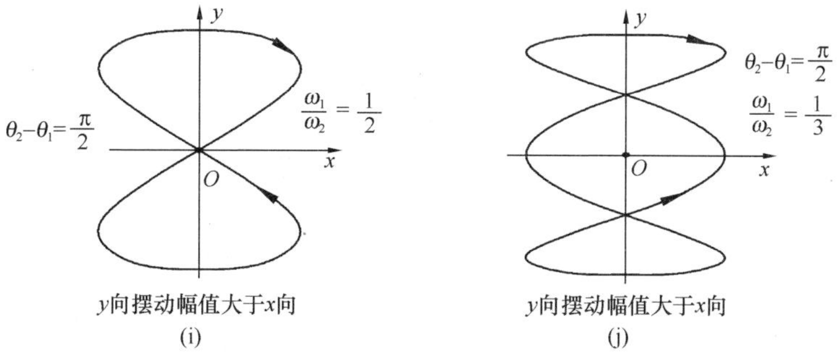

图 7-48　频率比值为 1∶2、1∶3 时，横梁纵横向垂直简谐运动合成运动轨迹（二）

（i）、（j）相位差为 π/2，$A=2B$

$$\begin{cases}\dfrac{\omega_1}{\omega_2}=\dfrac{1}{2};\dfrac{\omega_1}{\omega_2}=\dfrac{1}{3}\\ \theta_1=0\\ \theta_2-\theta_1=0;\theta_2-\theta_1=\dfrac{\pi}{4};\theta_2-\theta_1=\dfrac{\pi}{2}\\ A=B\end{cases}\tag{7-104}$$

$$\begin{cases}\dfrac{\omega_1}{\omega_2}=\dfrac{1}{2};\dfrac{\omega_1}{\omega_2}=\dfrac{1}{3}\\ \theta_1=0\\ \theta_2=\theta_1=\dfrac{192\pi}{2}\\ A>B\end{cases}\tag{7-105}$$

$$\begin{cases}\dfrac{\omega_1}{\omega_2}=\dfrac{1}{2},\dfrac{\omega_1}{\omega_2}=\dfrac{1}{3}\\ \theta_1=0\\ \theta_2-\theta_1=\dfrac{\pi}{2}\\ A<B\end{cases}\tag{7-106}$$

4. 横梁纵横向摆动频率为 $\omega_1/\omega_2=1/2,\omega_1/\omega_2=1/3$，垂直简谐运动与陶瓷大板直线运动，在陶瓷大板表面合成的综合运动轨迹

频率比值为1∶2、1∶3 时，纵横向垂直简谐运动与陶瓷大板直线运动在陶瓷大板表面合成的运动轨迹，如图 7-49 所示。图 7-49 对应着图 7-48，图 7-49（a）对应着图 7-48（a）。

不同频率纵横向垂直简谐运动与陶瓷大板直线运动在陶瓷大板表面合成的连续运动轨迹，如图 7-50 所示。图 7-50 对应着图 7-49，如图 7-50（a）对应着图 7-49（a）。

图 7-48、图 7-49、图 7-50 显示，频率比值为 1∶2、1∶3 时，横梁纵横向简谐运动合成运动大部分为 8 字形轨迹，或者上下 8 字形轨迹；频率比值为 1∶2、1∶3 时，横梁纵横向简谐运动与陶瓷大板直线运动合成连续运动轨迹中，8 字形轨迹或者上下 8 字形轨迹边缘比较平直，而且衔接无空白。这种轨迹可以很有力地消除陶瓷大板边缘的漏抛。

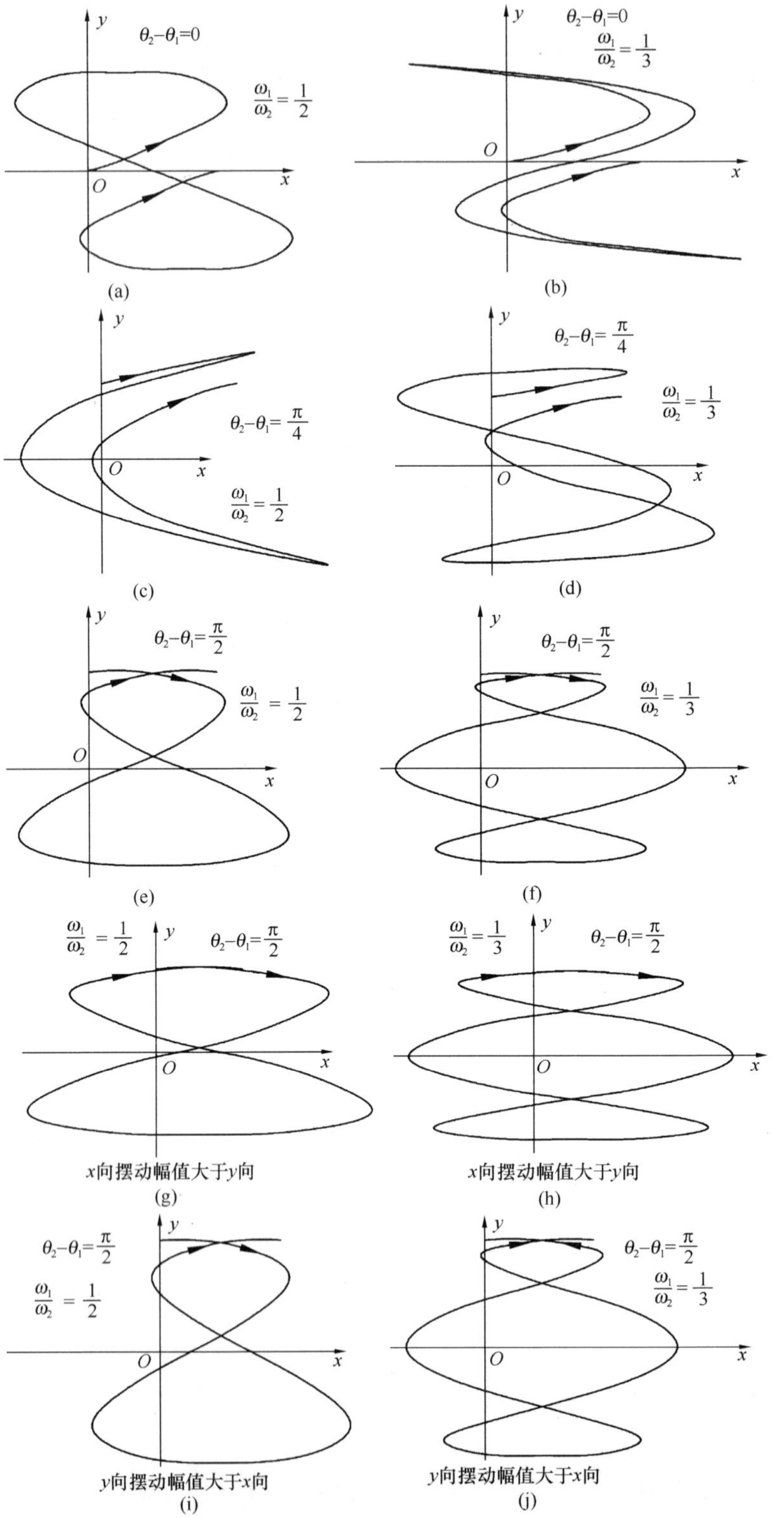

图 7-49 频率比值为 1∶2、1∶3 时，横梁纵横向垂直简谐运动与陶瓷大板直线运动合成运动轨迹

(a)、(b) 相位差为 0；(c)、(d) 相位差为 $\pi/4$；(e)、(f) 相位差为 $\pi/2$；
(g)、(h) 相位差为 $\pi/2$，$B=2A$；(i)、(j) 相位差为 $\pi/2$，$A=2B$

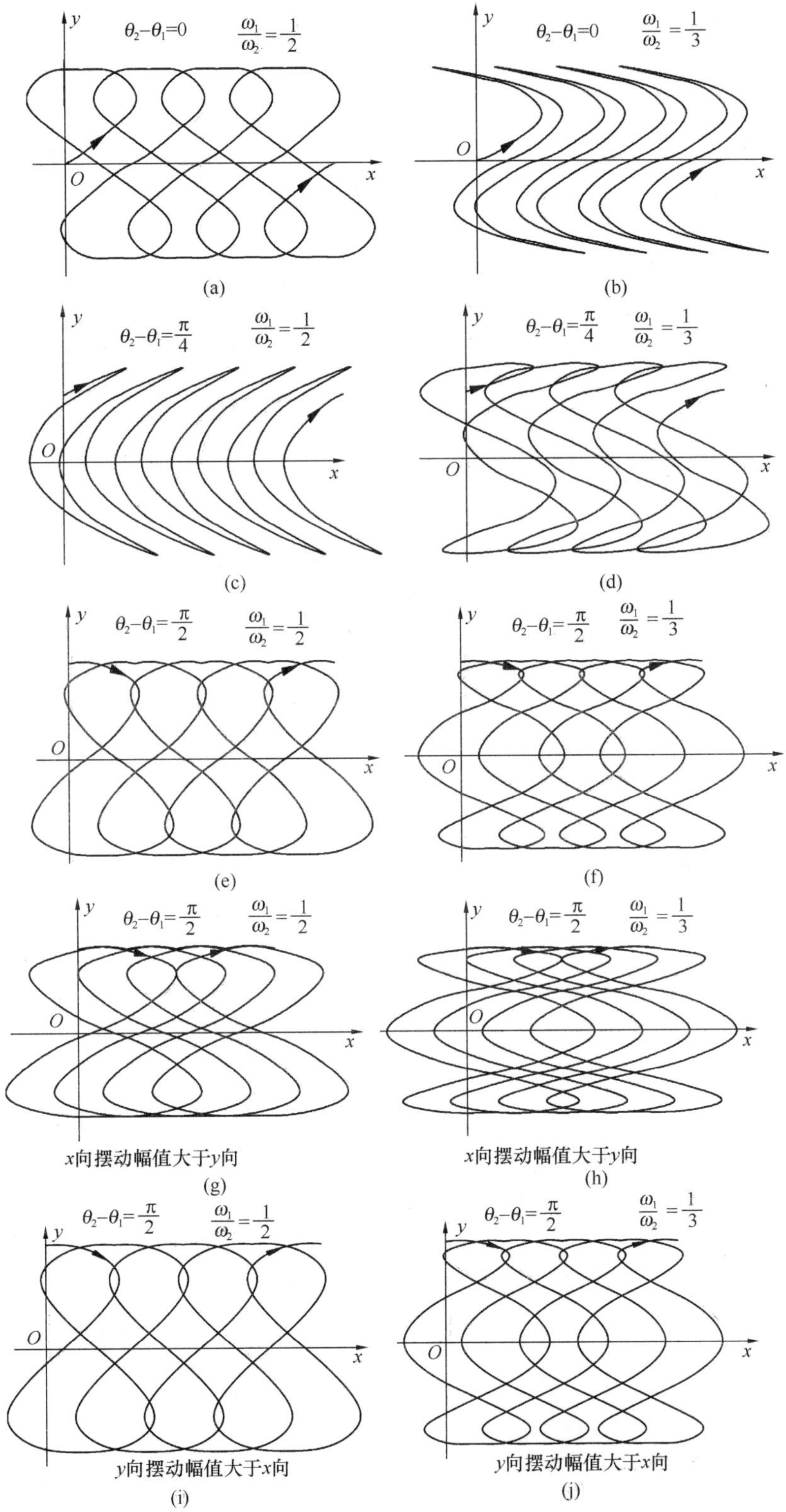

图 7-50　频率比值为 1∶2、1∶3 时，横梁纵横向简谐运动与陶瓷大板直线运动合成连续运动轨迹

(a)、(b) 相位差为 0；(c)、(d) 相位差为 $\pi/4$；(e)、(f) 相位差为 $\pi/2$；

(g)、(h) 相位差为 $\pi/2$，$B=2A$；(i)、(j) 相位差为 $\pi/2$，$A=2B$

5. 横梁纵横向摆动频率为 $\omega_1/\omega_2=3/2$，$\omega_1/\omega_2=2/3$，在不同相位差情况下的简谐运动的合成轨迹

将下面设置的三种情况代入式（7-97）中，得到的合成运动轨迹如图 7-51 所示。

$$\begin{cases}\dfrac{\omega_1}{\omega_2}=\dfrac{3}{2};\dfrac{\omega_1}{\omega_2}=\dfrac{2}{3}\\ \theta_1=0\\ \theta_2-\theta_1=0;\theta_2-\theta_1=\dfrac{\pi}{4};\theta_2-\theta_1=\dfrac{\pi}{2}\\ A=B\end{cases}\tag{7-107}$$

$$\begin{cases}\dfrac{\omega_1}{\omega_2}=\dfrac{3}{2};\dfrac{\omega_1}{\omega_2}=\dfrac{2}{3}\\ \theta_1=0\\ \theta_2-\theta_1=\dfrac{\pi}{2}\\ A>B\end{cases}\tag{7-108}$$

$$\begin{cases}\dfrac{\omega_1}{\omega_2}=\dfrac{3}{2};\dfrac{\omega_1}{\omega_2}=\dfrac{2}{3}\\ \theta_1=0\\ \theta_2-\theta_1=\dfrac{\pi}{2}\\ A<B\end{cases}\tag{7-109}$$

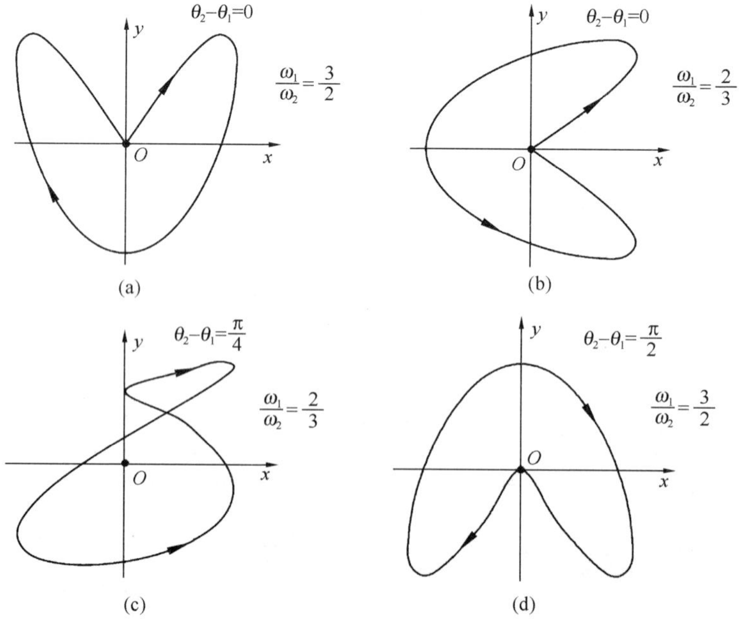

图 7-51　频率比值为 3∶2、2∶3 时，横梁纵横向垂直简谐运动合成运动轨迹（一）

（a）、（b）相位差为 0；（c）相位差为 π/4；（d）、（e）相位差为 π/2；

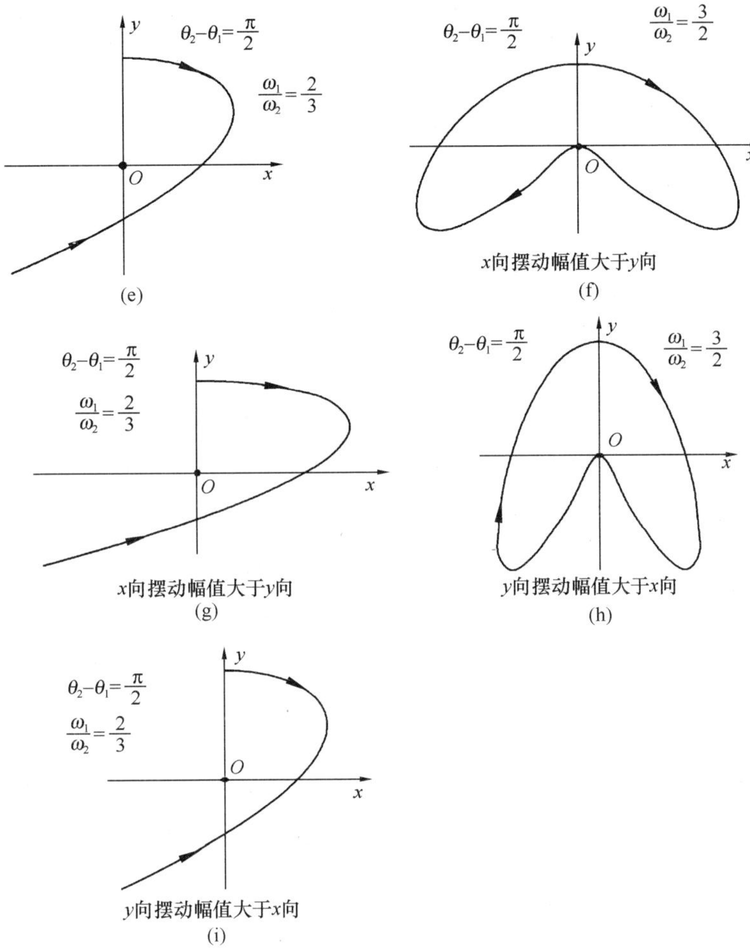

图 7-51　频率比值为 3∶2、2∶3 时，横梁纵横向垂直简谐运动合成运动轨迹（二）

（f）、（g）相位差为 $\pi/2$，$B=2A$；（h）、（i）相位差为 $\pi/2$，$A=2B$

6. 横梁纵横向摆动频率为 $\omega_1/\omega_2=3/2$，$\omega_1/\omega_2=2/3$，垂直简谐运动与陶瓷大板直线运动在陶瓷大板表面合成的综合运动轨迹

频率比值为 3∶2、2∶3 时，纵横向垂直简谐运动与陶瓷大板直线运动在陶瓷大板表面合成的运动轨迹，如图 7-52 所示。图 7-52 对应着图 7-51，如图 7-52（a）对应着图 7-51（a）。

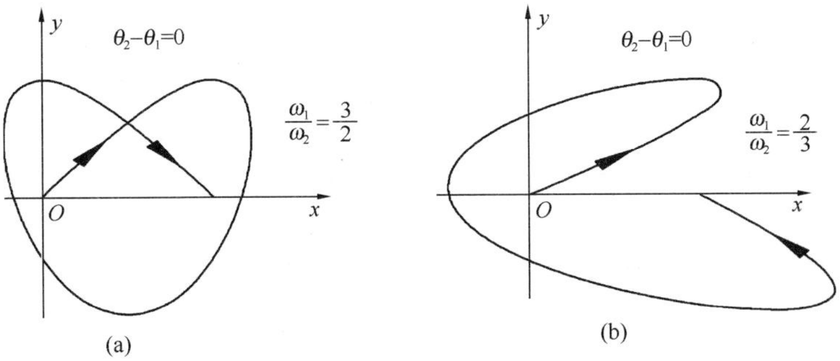

图7-52　频率比值为 3∶2、2∶3 时，横梁纵横向垂直简谐运动与陶瓷大板直线运动合成运动轨迹（一）

（a）、（b）相位差为 0

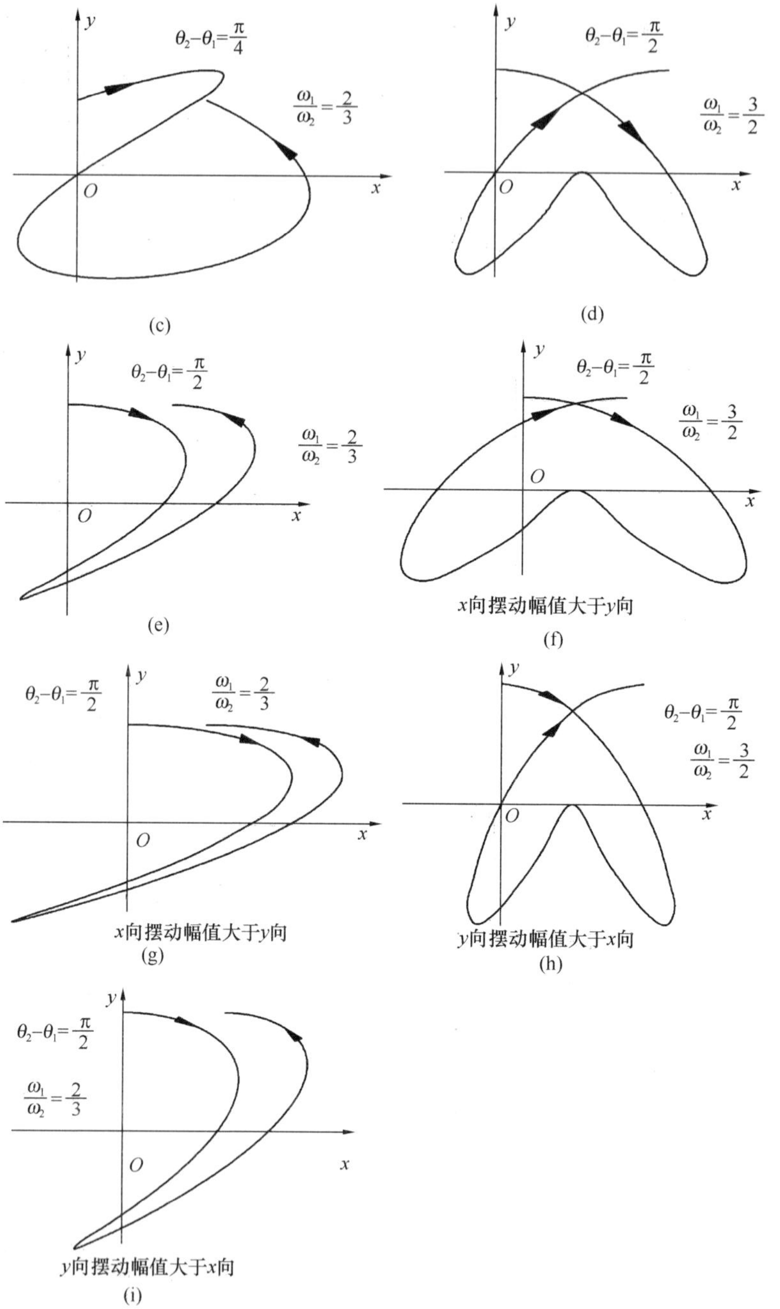

图7-52　频率比值为3∶2、2∶3时，横梁纵横向垂直简谐运动与陶瓷大板直线运动合成运动轨迹（二）

（c）相位差为 $\pi/4$；（d）、（e）相位差为 $\pi/2$；（f）、（g）相位差为 $\pi/2$，$B=2A$；

（h）、（i）相位差为 $\pi/2$，$A=2B$

频率比值为3∶2、2∶3时，纵横向垂直简谐运动与陶瓷大板直线运动在陶瓷大板表面合成的连续运动轨迹，如图7-53所示。图7-53对应着图7-52，如图7-53（a）对应着图7-52（a）。

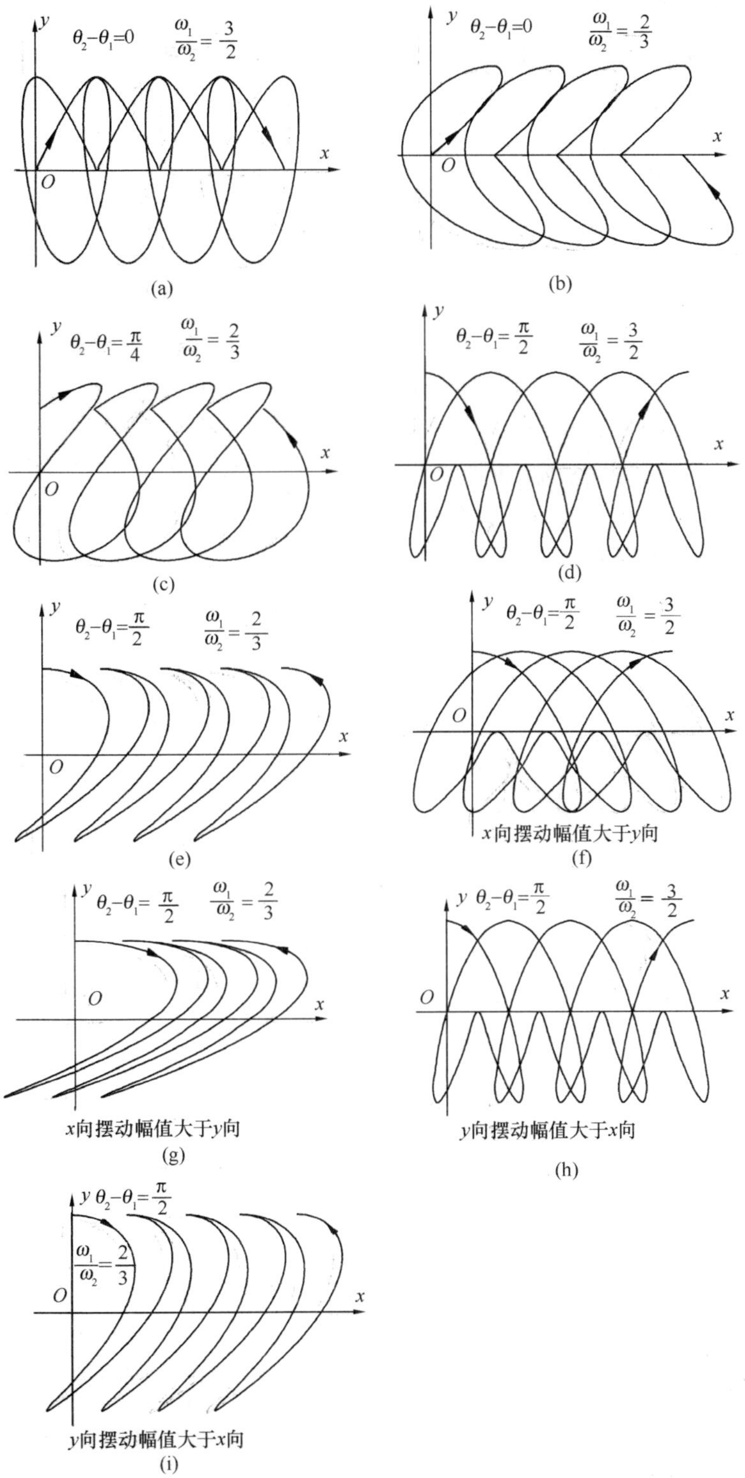

图 7-53　频率比值为 3∶2、2∶3 时，横梁纵横向简谐运动与陶瓷大板直线运动合成连续运动轨迹

（a）、（b）相位差为 0；（c）相位差为 $\pi/4$；（d）、（e）相位差为 $\pi/2$；

（f）、（g）相位差为 $\pi/2$，$B=2A$；（h）、（i）相位差为 $\pi/2$，$A=2B$

7.9.6 陶瓷大板双摆动式抛光机设计原则及加工轨迹的优化

1. 陶瓷大板双摆动式抛光机设计原则

陶瓷大板的规格比普通瓷砖要大得多，在加工过程中，主要受到限制的是抛光机的宽度方向，而长度方向不受限制。陶瓷大板采用双摆动式抛光工艺加工，横梁做纵横双向的摆动。设计该抛光机时就要考虑长宽比例的协调性。

因此，陶瓷大板双摆动式抛光机设计原则如下：

横梁的宽度方向的摆动幅度不受限制，而长度方向的摆动幅度要受到限制。横梁的宽度方向的摆动幅度是横向的摆动，长度方向的摆动幅度是纵向的摆动。长度方向不能摆动幅度太大，这样可以减小抛光机的长度。如果长度过长，工作台就要很长，机架要更长，不利于运输。因为现在的集装箱都是标准化的，如果抛光机设计的长度太长则集装箱中装不下。

因此陶瓷大板双摆动式抛光机横向摆动的幅度要大于纵向的摆动幅度。

2. 同频率时，陶瓷大板双摆动式抛光轨迹优化

通过前面同频率横梁纵横向垂直简谐运动合成轨迹、横梁纵横向垂直简谐运动与陶瓷大板直线运动合成运动轨迹的分析可以知道，同频率横梁纵横向垂直简谐运动在陶瓷表面合成的加工轨迹只有长摆线时，是最适合加工实际的。长摆线的形状与简谐运动的矢量圆起始相位角有关。根据陶瓷大板双摆动式抛光机设计原则，可以确定合成运动轨迹是横向正椭圆的加工轨迹时最优。如图 7-54 所示。相位差为 π/2，横向摆动的幅度 A 大于纵向

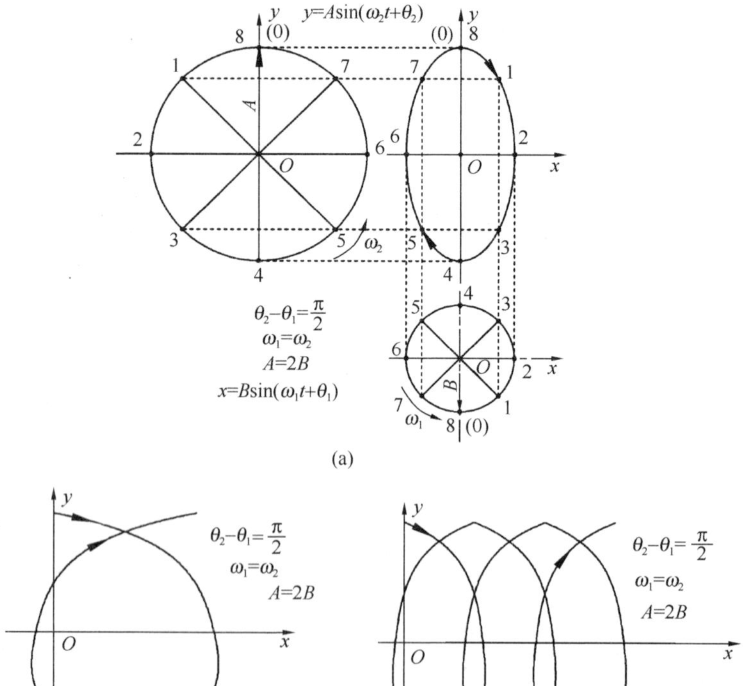

图 7-54　同频率横梁纵横向垂直简谐运动与陶瓷大板直线运动合成运动轨迹最优化方案

（a）同频率横梁纵横向垂直简谐运动合成运动轨迹；（b）同频率横梁纵横向垂直简谐运动与陶瓷大板直线运动合成运动轨迹；（c）同频率横梁纵横向垂直简谐运动与陶瓷大板直线运动合成连续运动轨迹

的摆动幅度 B。

3. 不同频率时，陶瓷大板双摆动式抛光轨迹优化

横梁纵横向做相互垂直简谐运动时，两个方向的摆动频率不同时，合成的运动轨迹是一个封闭的李萨如图形。本书主要分析以下几种频率比值的情况。

（1）横梁纵横向的摆动频率比值为 $\omega_1/\omega_2 = 2/1$，$\omega_1/\omega_2 = 3/1$，两个方向的简谐运动合成轨迹大多是一个横着的 8 字形和左右 8 字形。这种合成的轨迹与现有抛光机做“之”字形轨迹差不太多，没有太大的意义。

（2）横梁纵横向的摆动频率比值为 $\omega_1/\omega_2 = 3/2$，$\omega_1/\omega_2 = 2/3$，两个方向的简谐运动合成轨迹大多是一个心形轨迹。这种合成的轨迹在陶瓷大板的边缘位置形成很大的空白区域，形成漏抛，因此不适合陶瓷大板的加工。

（3）横梁纵横向的摆动频率比值为 $\omega_1/\omega_2 = 1/2$，$\omega_1/\omega_2 = 1/3$，两个方向的简谐运动合成轨迹大多是一个竖着的 8 字形和左右 8 字形。这种合成的轨迹是最好的。竖着的 8 字形轨迹，这种加工轨迹在陶瓷大板的边缘位置加工的时间长，在中间位置加工的时间短，有利于提高陶瓷大板的平整度。在边缘位置还有一个回转过程，可以有效地消除边缘漏抛，消除边缘暗影。因为 8 字形轨迹是由一个连贯的动作完成的，有力地减少横梁摆动到陶瓷大板边缘位置时的惯性冲击，消除西瓜皮一样的纹路。

虽然相位差为零时，也能形成 8 字形轨迹。但是纵横向的摆动幅度都是一样的，会造成设备的长度很长。按照本文分析的陶瓷大板双摆动式抛光机设计原则，可以确定合成运动轨迹是横向 8 字形和上下 8 字形轨迹时最优。如图 7-55 所示。相位差为 $\pi/2$，横向摆动的幅度 A 大于纵向的摆动幅度 B。横向摆动频率要高于纵向摆动频率。这也符合抛光机实际，因为设计师通常会把横梁的纵向摆动放置在横梁支撑座的部位，也就是纵向摆动要连同左右两个横梁支撑座一起摆动。这样纵向摆动的惯性就会很大，纵向摆动的频率低，会有效地减少惯性冲击。

7.9.7　陶瓷大板双摆动式抛光加工工艺参数确定

1. 节距

由前述分析，陶瓷大板双摆动式抛光加工工艺最优化的连续的研抛轨迹有两种：一是长圆摆线；二是 8 字形轨迹，如图 7-56 所示。

在图 7-56 中，相邻的两个研抛轨迹线在中线上对应两点间的轴向距离称为节距，用 s 表示。节距又称为进给量。

长圆摆线轨迹是同频率横梁纵横方向简谐运动的合成运动轨迹，8 字形轨迹是频率比值为 1∶2、1∶3 时，同横梁纵横向垂直简谐运动合成运动轨迹。

因为

$$\begin{cases} \dfrac{\omega_1}{\omega_2} = \dfrac{1}{2} \Rightarrow \omega_2 = 2\omega_1 \\ \dfrac{\omega_1}{\omega_2} = \dfrac{1}{3} \Rightarrow \omega_2 = 3\omega_1 \end{cases} \tag{7-110}$$

所以本书都是以横梁的横向摆动频率为基准，ω_2 是横梁横向摆动简谐运动旋转矢量圆的圆周角频率。同频率横梁纵横方向简谐运动，也是以横梁的横向摆动频率为基准。

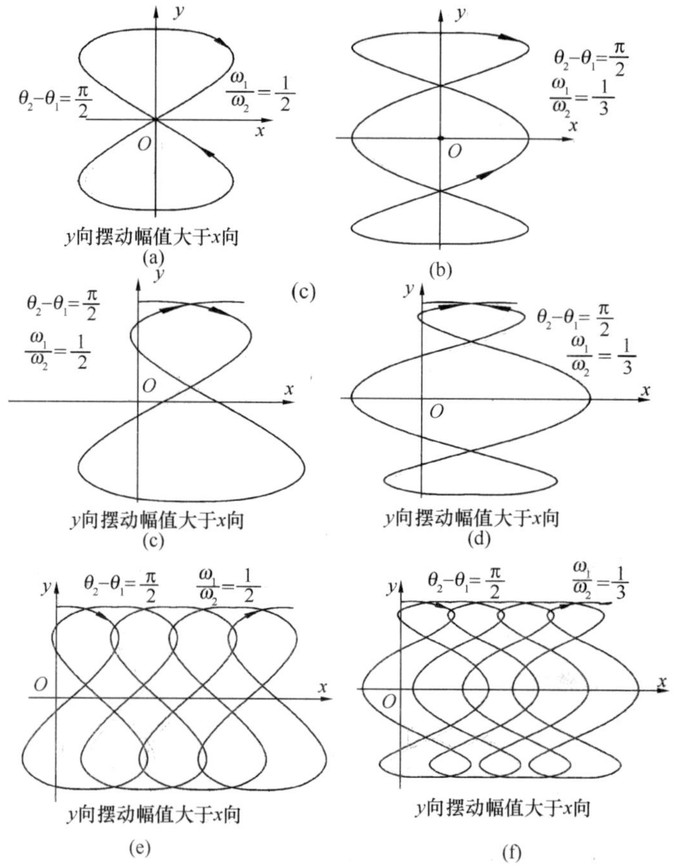

图 7-55　频率比值为 1∶2、1∶3 时，横梁纵横向垂直简谐运动与陶瓷大板直线运动合成运动轨迹最优化方案

（a）、（b）频率比值为 1∶2、1∶3 时，同横梁纵横向垂直简谐运动合成运动轨迹；
（c）、（d）频率比值为 1∶2、1∶3 时，横梁纵横向垂直简谐运动与陶瓷大板直线运动合成运动轨迹；
（e）、（f）频率比值为 1∶2、1∶3 时，横梁纵横向垂直简谐运动与陶瓷大板直线运动合成连续运动轨迹

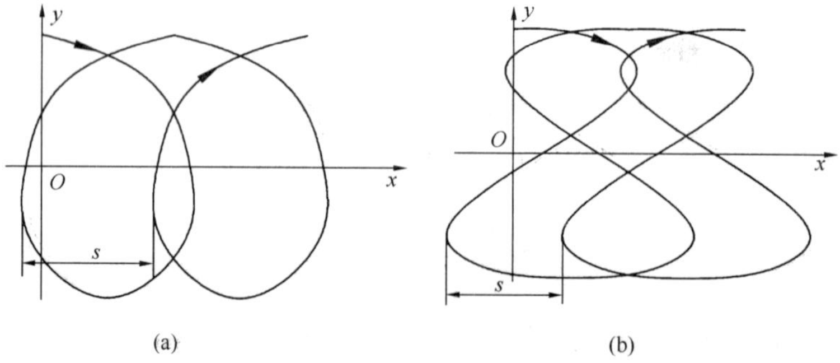

图 7-56　陶瓷大板表面连续研抛轨迹

（a）长圆摆线轨迹；（b）8 字形轨迹

因此，节距也就是横梁横向摆动简谐运动旋转矢量圆旋转一周，陶瓷大板的进给距离。

2. 节距与横梁横向摆动简谐运动旋转矢量圆旋转速度之间的关系

节距 s 与横梁横向摆动简谐运动旋转矢量圆旋转速度 u、旋转矢量圆的半径 R，这三者之间的匹配关系直接影响着陶瓷大板的加工均匀性。横梁横向摆动简谐运动旋转矢量圆旋转一周所用的时间为 t，则

$$t = \frac{2\pi}{\omega_2} \tag{7-111}$$

式中　ω_2——横梁横向摆动简谐运动旋转矢量圆旋转角速度（rad/s）。

横梁横向摆动简谐运动旋转矢量圆旋转一周，陶瓷大板的进给距离为：

$$s = \nu t = v \cdot \frac{2\pi}{\omega_2} \tag{7-112}$$

因为：$\omega_2 = u/R$　　速度比 $u/\nu = \lambda$

将其代入式（7-112）得：

$$s = \nu t = \nu \cdot \frac{2\pi}{\omega_2} = \nu \cdot \frac{2\pi R}{u} = \frac{2\pi R}{\lambda} \tag{7-113}$$

式中　ν——陶瓷大板直线进给速度（m/min）；

ω_2——横梁横向摆动简谐运动旋转矢量圆旋转角速度（rad/s）；

R——横梁横向摆动简谐运动旋转矢量圆半径（mm）；

λ——速度比；

u——横梁横向摆动简谐运动旋转矢量圆的圆周线速度（mm/s）。

从式（7-113）看出，节距 s 也就是陶瓷大板的进给量，由陶瓷大板的进给速度、横梁横向摆动简谐运动旋转矢量圆的圆周线速度、旋转矢量圆的半径确定。只要改变其中的一个因素，就可以改变陶瓷大板的进给量。

3. 最佳节距的确定

如图 7-57 所示，磨头的磨削半径为 r，磨块的长度为 L。磨头旋转一周，磨削区域为一个圆环，圆环中间为空白区域。

最佳的磨削方式有四种情况：

第一种最佳的磨削方式是相邻的两个研磨轨迹，后一个研抛轨迹的磨头磨块长度 L 磨削的区域能够磨削到前一个研抛轨迹磨头大半个圆环空白区域，如图 7-57（a）所示。节距 $s = L$。研磨轨迹网纹紧密均匀。

第二种最佳的磨削方式是相邻的两个研磨轨迹，后一个研抛轨迹的磨头磨块长度 L 磨削的区域能够磨削到前一个研抛轨迹磨头半个圆环空白区域，如图 7-57（b）所示。节距 $s = r$。研磨轨迹网纹较为紧密均匀。

第三种最佳的磨削方式是相邻的两个研磨轨迹，后一个研抛轨迹的磨头磨块长度 L 磨削的区域能够磨削到前一个研抛轨迹磨头大半个圆环空白区域，如图 7-57（c）所示。节距 $s = 2(r - L)$。研磨轨迹网纹紧密均匀。

第四种磨削方式是相邻的两个研磨轨迹，后一个研抛轨迹的磨头磨块长度 L 磨削的区域与前一个研抛轨迹磨头磨块长度 L 磨削的区域相互重合。磨头圆环空白区域没有被磨削

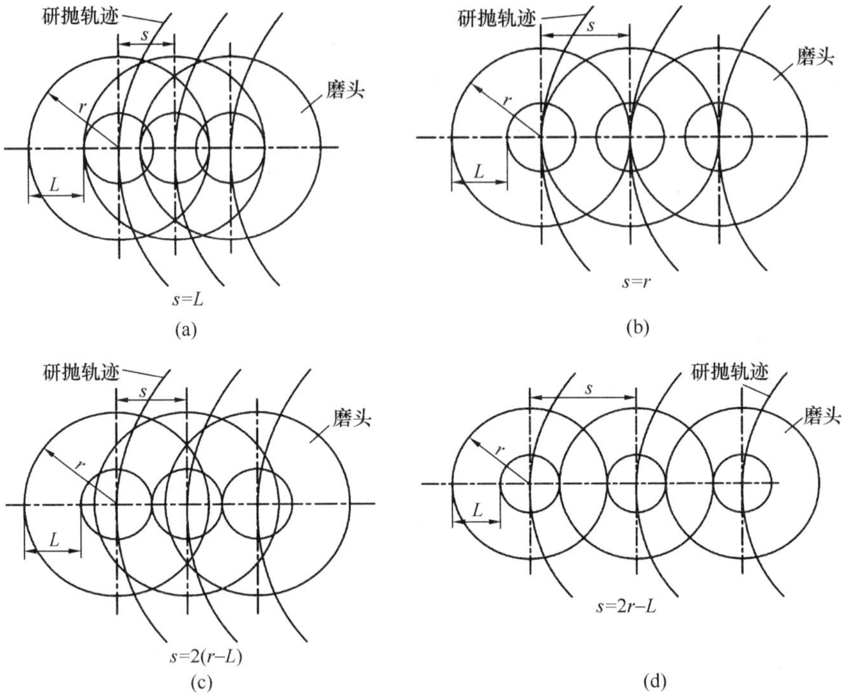

图 7-57　最佳节距

(a) $s=L$；(b) $s=r$；(c) $s=2(r-L)$；(d) $s=2r-L$

到，就会出现磨削不均匀的现象。因此，第四种磨削方式对于长圆摆线轨迹是不适合的，但是对于 8 字形轨迹是适合的。

厂家可以根据陶瓷大板的实际情况，选择不同的节距 s。

4. 横梁横向摆动简谐运动旋转矢量圆圈数与陶瓷大板直线进给速度的关系

横梁横向摆动简谐运动旋转矢量圆一分钟内的旋转圈数为 n，因此，横梁横向摆动简谐运动旋转矢量圆旋转一周所需要的时间为 t，则

$$t = \frac{60}{n} \tag{7-114}$$

横梁横向摆动简谐运动旋转矢量圆旋转一周，陶瓷大板的进给距离为：

$$s = vt = v \cdot \frac{60}{n} \tag{7-115}$$

式中　v——陶瓷大板直线进给速度（m/min）；

n——横梁横向摆动简谐运动旋转矢量圆旋转圈数（r/min）。

5. 横梁纵横向摆动起始位置的确定

由前述分析，陶瓷大板双摆动式抛光加工工艺最优化的连续的研抛轨迹有两种：一是长圆摆线；二是 8 字形轨迹。其参数如下：

$$\begin{cases} \omega_1 = \omega_2 \\ \theta_1 = 0 \\ \theta_2 - \theta_1 = \dfrac{\pi}{2} \\ A = B \end{cases} \tag{7-116}$$

$$\begin{cases}\dfrac{\omega_1}{\omega_2} = \dfrac{1}{2};\dfrac{\omega_1}{\omega_2} = \dfrac{1}{3}\\ \theta_1 = 0\\ \theta_2 - \theta_1 = \dfrac{\pi}{2}\\ A > B\end{cases} \tag{7-117}$$

参数设置的是横梁纵向摆动初始相位角为零，由前面的分析可知，本文设定横梁支撑座中心位置为横梁摆动的平衡位置，也就是零点，如图 7-58 所示。

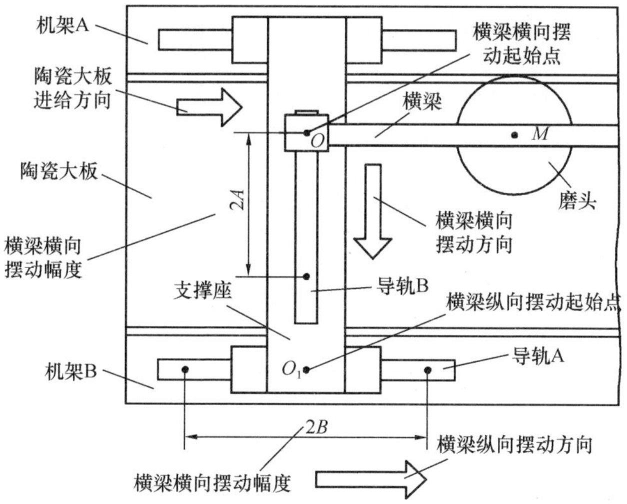

图 7-58　横梁纵横向摆动起点位置

图中导轨 A 的中心位置 O_1，这是横梁纵向摆动的起点位置。从起点开始向右移动，到达右边极限位置之后，接着返回向左移动，经过中心点 O_1 之后，到达左边极限位置，然后从左边位置返回，向右移动，到达中心点 O_1。完成一个周期。

横梁横向摆动起始相位是 π/2，在图中导轨 B 的上极限点 O，这是横梁横向摆动的起点位置。从起点开始向下移动，到达下极限位置之后，返回向上移动，到达上极限位置 O，完成一个周期。

因此，长圆摆线和 8 字形轨迹的起始点：横梁纵向在导轨的中点 O_1，横梁横向在导轨 B 的 O 点位置。

在陶瓷大板匀速进给的前提下，在陶瓷大板表面得到长圆摆线加工轨迹，横梁纵向在导轨的中点 O_1，横梁的横向在导轨 B 的 O 点位置。按照图 7-58 的箭头指示方向摆动，横梁沿着导轨 B 横向摆动一个周期，横梁沿着导轨 A 也摆动一个周期。

在陶瓷大板匀速进给的前提下，在陶瓷大板表面得到长圆摆线加工轨迹，横梁纵向在导轨的中点 O_1，横梁的横向在导轨 B 的 O 点位置。按照图 7-58 的箭头指示方向摆动，按照图 7-58 的箭头指示方向摆动，横梁沿着导轨 B 横向摆动两个周期，横梁沿着导轨 A 摆动一个周期。

7.10 陶瓷大板圆形轨迹加工

7.10.1 陶瓷大板圆形轨迹加工工作原理

在借鉴湖南卓迪机械有限公司研发的石材大板圆形轨迹加工设备的基础上，分析陶瓷大板圆形轨迹加工工作原理。如图7-59所示，磨头安装在横梁上，横梁固定在曲柄上，曲柄安装在支撑座上。从图上看出，实质上是一个双曲柄结构，两端曲柄的尺寸是相同的，双曲柄驱动着横梁上的磨头做圆周运动。因此磨头的运行轨迹和两端的曲柄是一样的，也是圆形轨迹。该运行原理形式与蒸汽式火车的驱动轮系统运行原理类似。陶瓷大板在磨底下做直线进给运动。

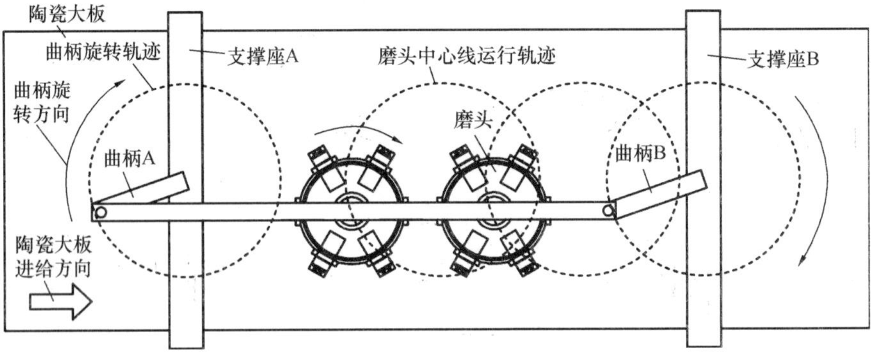

图7-59 陶瓷大板圆形轨迹加工工作原理图

7.10.2 陶瓷大板圆形抛光轨迹方程

图7-59显示的是横梁驱动磨头运动之后，磨头中心线所做的运动轨迹，其轨迹是一个圆。但是没有加上陶瓷大板的进给运动。陶瓷大板研抛轨迹是指横梁圆形轨迹运动，以及与陶瓷大板进给运动复合而成的运动，在陶瓷大板表面上划擦出来的运动轨迹。因此，陶瓷大板研抛轨迹是一种复杂的运动轨迹。如图7-60所示，这种轨迹是由牵连运动，也就是陶瓷大板的进给（速度 v）；相对运动，也就是磨头中心点 m 绕着圆形轨迹中心点 m 所做的旋转运动组成。从而得到磨头中心点 m 在陶瓷大板上的绝对运动轨迹。

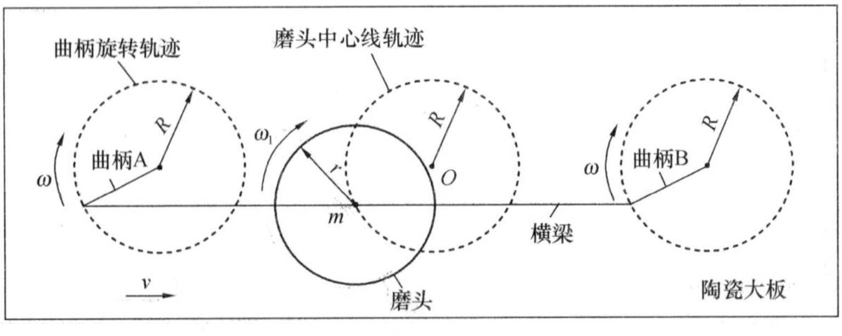

图7-60 陶瓷大板圆形轨迹加工运动简图

为了便于研究，首先要对上述各种运动建立坐标系。

图7-61中，将陶瓷大板抛光机机架上的参考系 nXY 称为固定参考系，简称定系。将

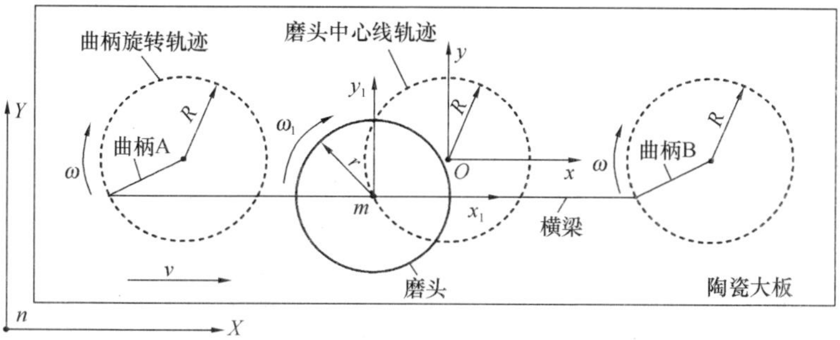

图 7-61　陶瓷大板研抛运动坐标系

因曲柄运动而驱动横梁做圆形运动得到的圆形轨迹的参考系 Oxy 称为动参考系，简称动系。被观察的磨头中心点 m 称为动点。动点相对于定系的运动称为该点的绝对运动；动点相对于动系的运动，称为相对运动；动系相对于定系的运动称为牵连运动。

为了描述磨头中心点 m 在陶瓷大板表面的运动轨迹，动系取在 O 点处，定系取在机架上，这样上述的三种运动就随之确定。磨头中心点 m 的绝对运动就是陶瓷大板表面的运动轨迹，该轨迹是沿旋轮线的运动。相对运动是圆周运动，是磨头中心点 m 绕着中心点 O 的圆周运动。牵连运动是陶瓷大板的进给直线运动。

磨头中心点 m 在陶瓷大板表面上的合成运动轨迹曲线。下面采用作图法描点绘出。

在图 7-62 中，假设 u、v 均为等速运动，图中 R 为曲柄半径；ω 为曲柄旋转角速度；v 为陶瓷大板直线进给速度；$u(=R\omega)$ 为磨头中心点 m 相对于横梁驱动其形成的圆周轨迹线的圆周线速度。

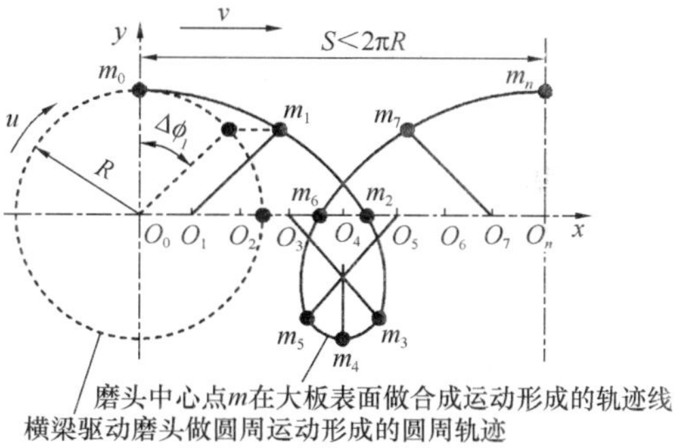

图 7-62　磨头中心点 m 运动轨迹图解

磨头中心点 m 在沿着圆周轨迹线（图 7-62 中虚线圆）旋转前进的过程中，圆周轨迹线圆心所在的位置原为 O_0，磨头中心点在该圆周轨迹线上的端点为 m_0。圆周轨迹线按照图中箭头所示的方向转过 $\Delta\phi_1$ 的角度时，圆周轨迹线的中心由 O_0 前进至 O_1，这是圆周轨迹线正转的情况。此时，磨头中心点的位置由 m_0 移动到 m_1；当圆周轨迹线连续再转过 $\Delta\phi_1$ 时，圆周轨迹线的中心将再前进一段距离到 O_2，此时磨头中心点的位置由 m_1 移动到 m_2，如此继续下去，当陶瓷大板走过距离 S，即圆周轨迹线的中心经过 O_1、O_2、$O_3\cdots$至 O_n时，磨头中心点 m 在陶瓷大板表面的轨迹即为 m_1、m_2、$m_3\cdots$、m_n所连接形成的曲线。该曲线为摆线。如果 S 为圆周轨迹线旋转一周时陶瓷大板直线进给的距离，则此时磨头中心点 m 旋转一周后其运动轨迹也完成了一个形成周期，如此继续下去，周而复始。图中 $S<2\pi R$。

下面分别建立轨迹的方程，建立如图 7-63 所示的坐标系。设坐标轴 Y 上的磨头中心点 m，以角速度 ω 经过 t 秒钟转动之后，其角位移为 ϕ，此时圆周轨迹线的中心移动的距离为 x_0，磨头中心的位置移动到 m_1点，点 m_1的水平位移为 x，垂直位移为 y。

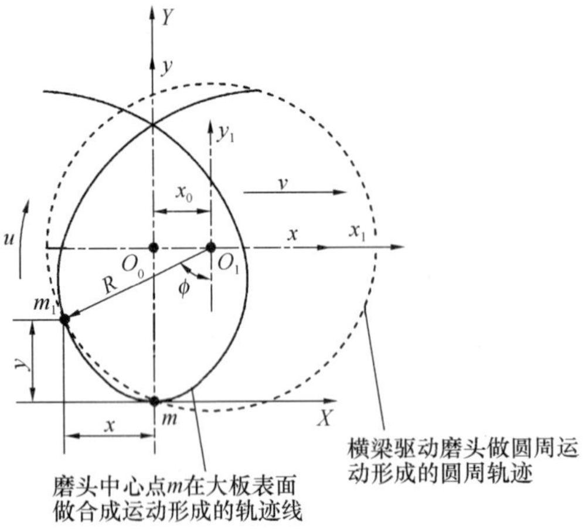

图 7-63　磨头中心点轨迹分析图

1. 磨头中心点 *m* 的旋转运动方程（相对运动）

$$\begin{cases} x = -R\sin\phi \\ y = -R\cos\phi \end{cases} \tag{7-118}$$

式中　R——圆周轨迹半径（mm）；

ϕ——圆周轨迹旋转的角位移（rad）。

2. 陶瓷大板的直线进给运动方程（牵连运动）

$$\begin{cases} X = \nu t \\ Y = 0 \end{cases} \tag{7-119}$$

式中　v——陶瓷大板的直线进给运动速度（m/min）。

3. 磨头中心点 *m* 在陶瓷大板表面的轨迹曲线方程（绝对运动）

$$\begin{cases} X = x_0 - R\sin\phi \\ Y = R - R\cos\phi \end{cases} \tag{7-120}$$

式中　R——圆周轨迹半径（mm）；

ϕ——圆周轨迹旋转的角位移（rad）；

x_0——圆周轨迹线的中心移动的距离（mm）。

因为：$\phi = \omega t$，或 $t = \phi/\omega$　　所以 $x_0 = vt = v \cdot (\phi/\omega)$

又因为：$\omega = u/R$　　所以　$x_0 = R \cdot (v/u) \cdot \phi$

将 x_0 代入式（7-120）得：

$$\begin{cases} X = R\left(\dfrac{v}{u} \cdot \phi - \sin\phi\right) \\ Y = R(1 - \cos\phi) \end{cases} \tag{7-121}$$

7.10.3　陶瓷大板圆形抛光轨迹的性能特征

从磨头中心点 m 在陶瓷大板表面的轨迹曲线方程（7-121）得知，磨头中心点 m 在陶瓷大板表面的轨迹曲线形状与圆周轨迹半径 R、圆周轨迹线旋转速度 u、陶瓷大板直线进给速度 v 有关。由于 R、u、v 不同，磨头中心点 m 在陶瓷大板表面的轨迹曲线具有以下特征：

为了研究方便在此引入速比 λ，$u/v = \lambda$。

（1）$u/v = \lambda = 1$ 时，方程（7-121）变为式（7-122）：

$$\begin{cases} x = R(\phi - \sin\phi) \\ y = R(1 - \cos\phi) \end{cases} \tag{7-122}$$

式（7-122）是标准的摆线公式，$S = 2\pi R$。其轨迹如图 7-64 所示。标准摆线的轨迹是一个圆弧线，在交接之处转折一下。

（2）$u/v = \lambda < 1$ 时，$S > 2\pi R$。其轨迹如图 7-65 所示，是短幅摆线。短幅摆线是一种近似余弦线的摆线。

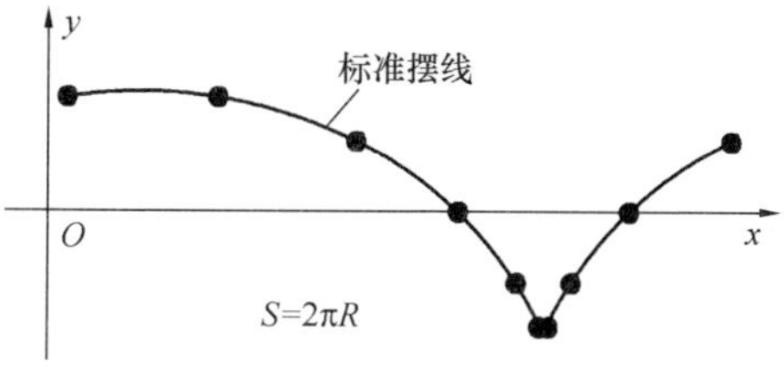

图 7-64　标准摆线轨迹

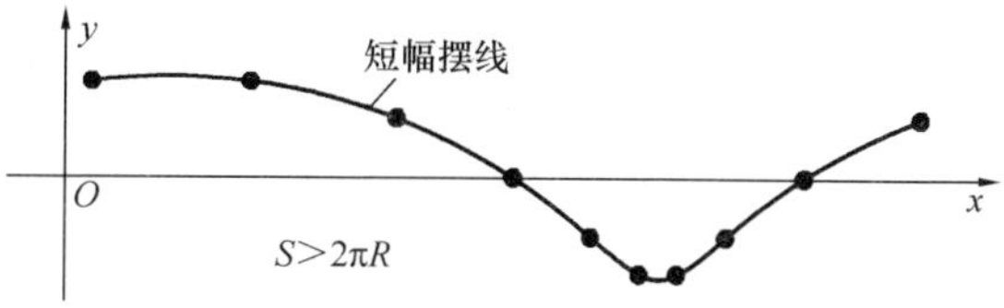

图 7-65　短幅摆线轨迹

（3）$u/v = \lambda > 1$ 时，$S < 2\pi R$。其轨迹如图 7-66 所示，是长幅摆线。

这种长幅摆线具有一个绕扣，如图 7-67 所示。图中 MN 为绕扣的横弦。当 v/u 值越小时，绕扣的横弦就会越大。当 $v = 0$ 时，则绕扣就是一个整圆，最大的横弦长度等于 $2R$。

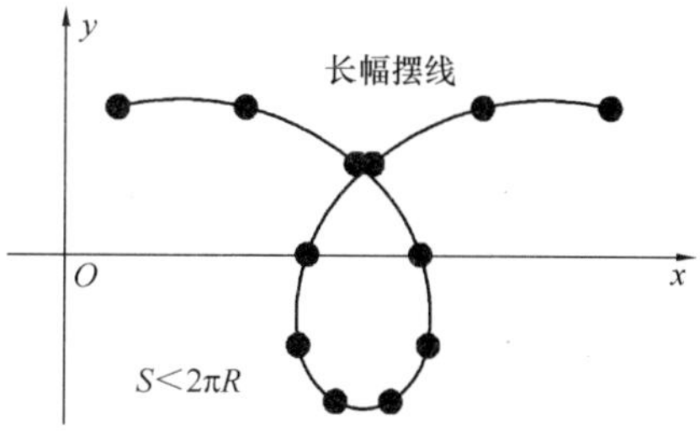

图 7-66　长幅摆线轨迹

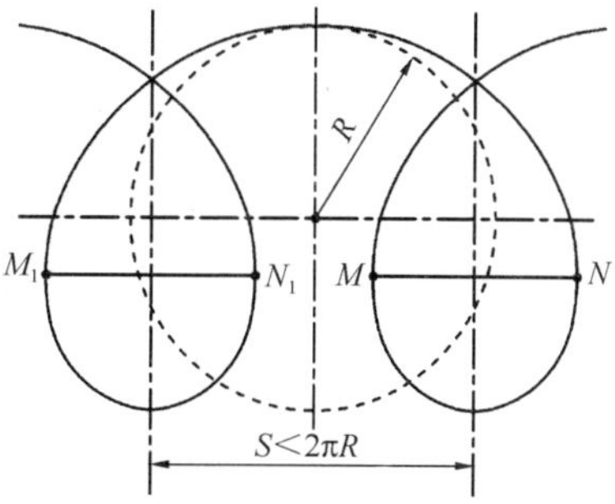

图 7-67　磨头中心点 m 在陶瓷大板表面的运动轨迹曲线

综上分析，得出标准摆线、短幅摆线不适合做磨头中心点 m 在陶瓷大板表面的运动轨迹曲线。因为标准摆线、短幅摆线会在陶瓷大板的表面形成空白区域。长幅摆线最适合做磨头中心点 m 在陶瓷大板表面的运动轨迹曲线。长幅摆线有一个绕扣，这种摆线就像一个个拉开的圆环，可以有力地保证磨头运动轨迹在陶瓷大板表面的覆盖，保证抛光的均匀性。

7.10.4　陶瓷大板圆形抛光轨迹的运行速度

磨头中心点 m 沿着圆周轨迹线旋转一周的过程中，所经各处的速度是不同的。对式（7-121）中的时间求导得：

$$\begin{cases} \nu_x = \dfrac{\mathrm{d}x}{\mathrm{d}t} = \nu - u\cos\phi \\ \nu_y = \dfrac{\mathrm{d}y}{\mathrm{d}t} = u\sin\phi \end{cases} \tag{7-123}$$

磨头中心点 m 的绝对运行速度：

$$\nu = \sqrt{\nu_x^2 + \nu_y^2} = \sqrt{\nu^2 + u^2 - 2\nu \cdot u\cos(\omega t)} \tag{7-124}$$

从式（7-124）可知，磨头中心点 m 处于陶瓷大板表面的运动轨迹曲线（摆线）最低位置，也就是 $\omega t = 2\pi n$ 时，绝对速度最小，$v_{\min} = v - u$。当磨头中心点 m 处于陶瓷大板表面的运动轨迹曲线（摆线）最高位置，也就是 $\omega t = (2n+1)\pi$ 时，绝对速度最大，$v_{\max} = v + u$。

由此可见，磨头中心点 m 的运行速度，随着时间做周期性的变化。陶瓷大板做等速进给运动，也就是直线前进速度 v 是常量，则对磨头不产生加速度的影响。磨头中心点 m 处的加速度，仅由其沿着圆周轨迹旋转运动而产生。磨头中心点 m 处的加速度数值由下式表示：

$$w = R\omega^2 \tag{7-125}$$

式中 R——圆周轨迹半径（mm）；

ω——圆周轨迹旋转角速度（rad/s）。

7.10.5 陶瓷大板圆形抛光工艺参数的确定

1. 节距

磨头中心点 m 沿着圆周轨迹旋转运动与陶瓷大板直线进给运动的合成运动轨迹是长幅摆线。在陶瓷大板表面上连续的研抛轨迹，如图 7-68 所示。从图中看出，连续的加工轨迹好似一个个拉开的圆环。实质上这是平面螺旋线。

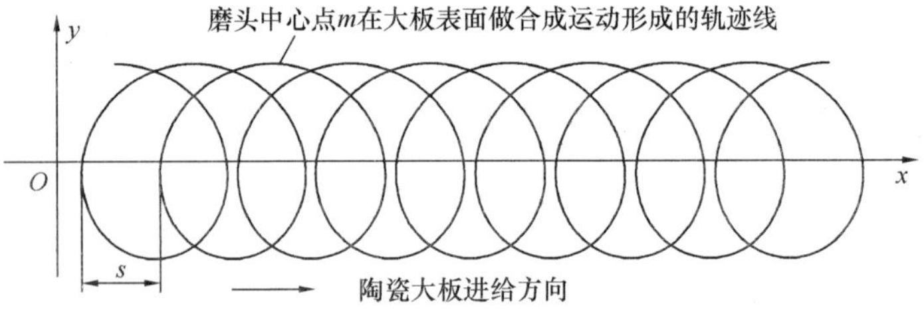

图 7-68 陶瓷大板表面连续研抛轨迹

如图中所示，相邻的两个研抛轨迹线在中线上对应两点间的轴向距离称为节距，用 s 表示。节距又称为进给量。也就是磨头中心点 m 沿着圆周轨迹旋转一周，陶瓷大板的进给距离。这个进给距离小于圆周轨迹的周长时，才会形成长幅摆线轨迹。也就是，$S < 2\pi R$。

2. 节距与圆周轨迹旋转速度之间的关系

节距 s 与圆周轨迹旋转速度 u、圆周轨迹的半径 R，这三者之间的匹配关系直接影响着陶瓷大板的加工均匀性。圆周轨迹旋转一周所用的时间为 t ，则

$$t = \frac{2\pi}{\omega} \tag{7-126}$$

式中 ω——圆周轨迹旋转角速度（rad/s）。

磨头中心点 m 沿着圆周轨迹旋转一周，陶瓷大板的进给距离为：

$$s = \nu t = \nu \cdot \frac{2\pi}{\omega} \tag{7-127}$$

因为：$\omega = u/R$　速度比 $u/v = \lambda$

将其代入式（7-127）得：

$$s = \nu t = \nu \cdot \frac{2\pi}{\omega} = \nu \cdot \frac{2\pi R}{u} = \frac{2\pi R}{\lambda} \tag{7-128}$$

式中 ν——陶瓷大板直线进给速度（m/min）；

ω——圆周轨迹旋转角速度（rad/s）；

R——圆周轨迹半径（mm）；

λ——速度比；

u——圆周轨迹线的圆周线速度（mm/s）。

从式（7-128）看出，节距 s 也就是陶瓷大板的进给量，由陶瓷大板的进给速度、圆周轨迹线的圆周线速度、圆周轨迹的半径确定。只要改变其中的一个因素，就可以改变陶瓷大板的进给量。

3. 最佳节距的确定

如图 7-69 所示，磨头的磨削半径为 r，磨块的长度为 L。磨头旋转一周，磨削区域为一个圆环，圆环中间为空白区域。

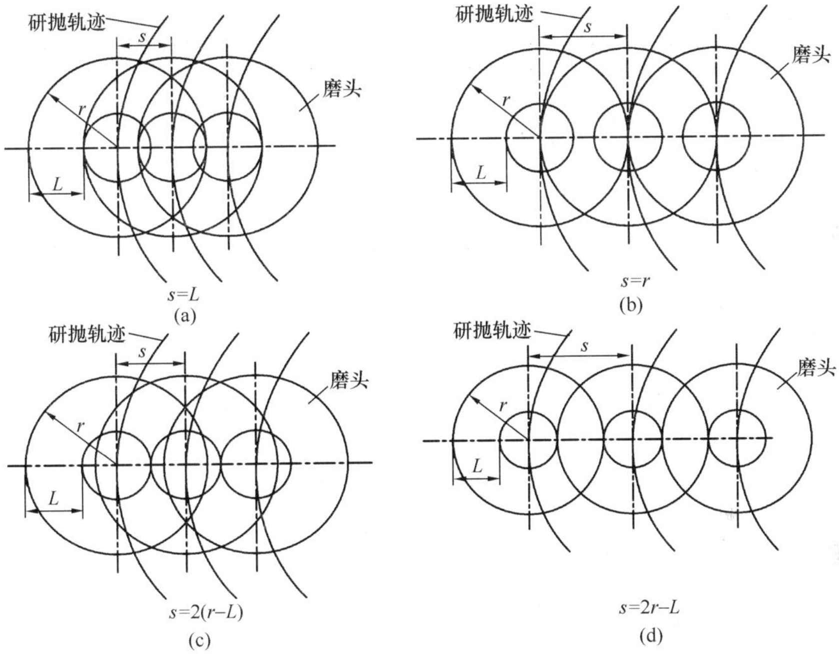

图 7-69　最佳节距

（a）$s=L$；（b）$s=r$；（c）$s=2(r-L)$；（d）$s=2r-L$

最佳的磨削方式有四种情况：

第一种最佳的磨削方式是相邻的两个研磨轨迹，后一个研抛轨迹的磨头磨块长度 L 磨削的区域能够磨削到前一个研抛轨迹磨头大半个圆环空白区域，如图 7-69（a）所示。节距 $s = L$。研磨轨迹网纹紧密均匀。

第二种最佳的磨削方式是相邻的两个研磨轨迹，后一个研抛轨迹的磨头磨块长度 L 磨削的区域能够磨削到前一个研抛轨迹磨头半个圆环空白区域，如图 7-69（b）所示。节距 $s = r$。研磨轨迹网纹较为紧密均匀。

第三种最佳的磨削方式是相邻的两个研磨轨迹，后一个研抛轨迹的磨头磨块长度 L 磨削的区域能够磨削到前一个研抛轨迹磨头大半个圆环空白区域，如图 7-69（c）所示。节距 $s = 2(r - L)$。研磨轨迹网纹紧密均匀。

第四种磨削方式是相邻的两个研磨轨迹，后一个研抛轨迹的磨头磨块长度 L 磨削的区域与前一个研抛轨迹磨头磨块长度 L 磨削的区域相互重合。磨头圆环空白区域没有被磨削到，就会出现磨削不均匀的现象。因此，第四种磨削方式是不适合的。

厂家可以根据陶瓷大板的实际情况，选择不同的节距 s。

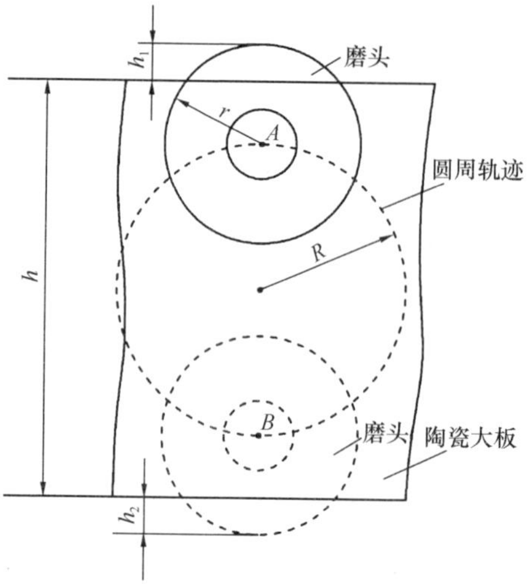

图 7-70　圆周轨迹极限位置

4. 圆周轨迹半径 R 的确定

由前面的分析可知，横梁的圆周轨迹是由其两端的曲柄旋转造成的。圆周轨迹的半径 R，也就是曲柄旋转的半径。图 7-70 中，陶瓷大板的宽度为 h，磨头在陶瓷大板边缘处的两个极限位置为 A、B。磨头到陶瓷大板的极限位置，磨头超越陶瓷边缘位置，也叫越程量。图中 h_1、h_2分为两个极限位置的越程量，而且 $h_1 = h_2$，磨头的半径 r，则

$$R = \frac{(h + h_1 + h_2) - 2r}{2} = \frac{h}{2} + h_1 - r \tag{7-129}$$

5. 圆周轨迹圈数与陶瓷大板直线进给速度的关系

圆周轨迹一分钟内的旋转圈数为 n，因此，圆周轨迹旋转一周所需要的时间为 t，则

$$t = \frac{60}{n} \tag{7-130}$$

磨头中心点 m 沿着圆周轨迹旋转一周，陶瓷大板的进给距离为：

$$s = \nu t = \nu \cdot \frac{60}{n} \tag{7-131}$$

式中　ν——陶瓷大板直线进给速度（m/min）；

n——圆周轨迹旋转圈数（r/min）。

综上分析，在实际加工过程中，根据陶瓷大板的产量，以及陶瓷大板毛坯的表面平整度，选择节距 s。陶瓷大板的规格可以确定圆周轨迹的半径 R。直接代入式（7-128），只要预定陶瓷大板的产量，就可以计算出陶瓷大板的直线进给速度。其计算公式如下：

$$Q = 22 \cdot \nu \cdot h \cdot 60 \tag{7-132}$$

式中　Q——陶瓷大板产量（m^2）；

ν——陶瓷大板直线进给速度（m/min）；

h——陶瓷大板宽度（mm）。

可以算出圆周轨迹圆周线速度，如果厂家只简单知道圈数，可以根据式（7-131）计算出圆周轨迹圆周线速度。

综上所述，陶瓷大板加工的轨迹是长摆线，没有停车冲击运动，可以提高陶瓷大板表面加工的均匀性，消除陶瓷大板边缘的加工阴影。现有的“之”字形轨迹加工工艺，横梁在摆动到陶瓷大板的边缘处时，必须停车换向，会造成换向冲击，这些冲击会对陶瓷大板边缘造成研抛阴影。

7.11　陶瓷大板双排抛光轨迹加工

7.11.1　陶瓷大板双排抛光机结构原理

如图 7-71 所示，大板瓷砖抛光机由三个部分组成：一是磨头系统；二是磨头摆动系统；三是瓷砖进给系统。

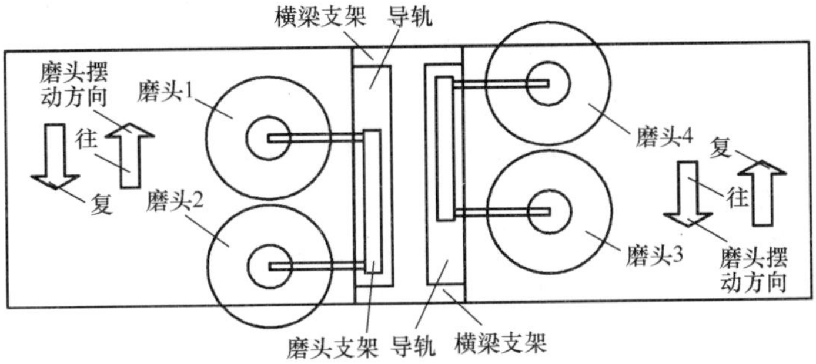

图 7-71　大板瓷砖抛光机设计原理图

磨头系统：

大板瓷砖抛光机磨头系统分为前后两个部分，前后两个部分各由两个磨头组成。前后磨头系统是独立地沿着横梁的滑轨进行摆动的。它们安装在同一个横梁支架上。

1. 前磨头系统

前磨头系统由磨头 1、磨头 2、磨头支架组成。磨头 1、磨头 2 固定在磨头支架上。磨头 1、磨头 2 在同一列上，磨头 1 在前，磨头 2 在后。磨头 1 和磨头 2 之间的距离是可调的，如图 7-72 所示。

磨头 1、2 摆出瓷砖的长度为 100mm。磨头 1、2 的零位位置就是如图 7-72 所示的位置，也就是初始位置和归零位置。

磨头的摆动系统由磨头支架、导轨、横梁支架组成。横梁支架安装在抛光机的机架上。导轨安装在横梁支架上。磨头支架与导轨配合在一起，并沿着导轨滑动，实现磨头的摆动。

大板瓷砖抛光机前磨头系统工作原理，如图 7-73 所示。

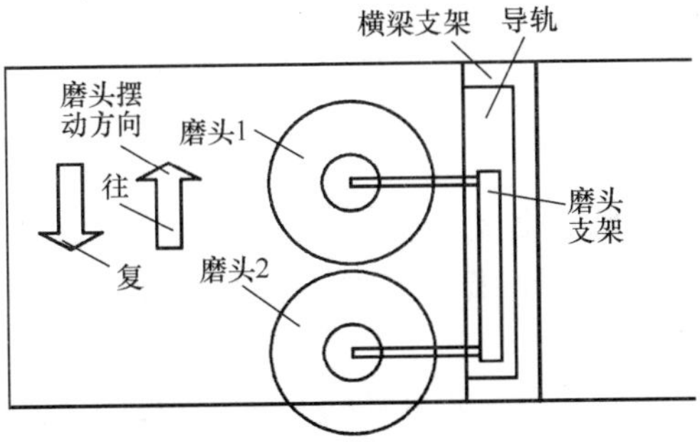

图 7-72　大板瓷砖抛光机前磨头系统设计原理图

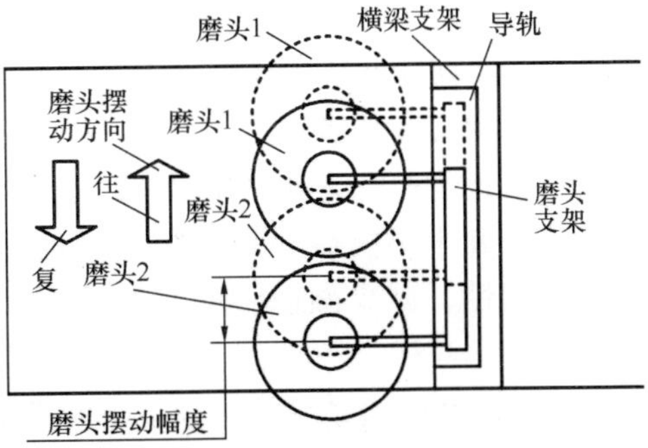

图 7-73　大板瓷砖抛光机前磨头系统工作原理图

大板瓷砖在进给系统的驱动下不断进给，磨头由起始位置开始按照设定的磨头摆动幅度和频率进行摆动。图 7-73 中，虚线为磨头的极限摆动位置。由图看出，磨头 2 由瓷砖边缘摆动到瓷砖中部位置，磨头 1 的起始位置在磨头的中部，由磨头的中部摆动到瓷砖的边缘。磨头 2 摆动的范围在瓷砖下半部分，磨头 1 的摆动范围在瓷砖的上半部分。这样就实现了磨削均匀带的移位。

2. 后磨头系统

后磨头系统由磨头 3、磨头 4、磨头支架组成。磨头 3、磨头 4 固定在磨头支架上。磨头 3、磨头 4 在同一列上，磨头 3 在前，磨头 4 在后。磨头 3 和磨头 4 之间的距离是可调的，如图 7-74 所示。

磨头 3、4 摆出瓷砖的长度为 100mm。磨头 3、4 的零位位置就是如图 7-74 所示的位置，也就是初始位置和归零位置。

磨头的摆动系统由磨头支架、导轨、横梁支架组成。横梁支架安装在抛光机的机架上。导轨安装在横梁支架上。磨头支架与导轨配合在一起，并沿着导轨滑动，实现磨头的摆动。

工作原理如下：

大板瓷砖抛光机后磨头系统工作原理，如图 7-75 所示。

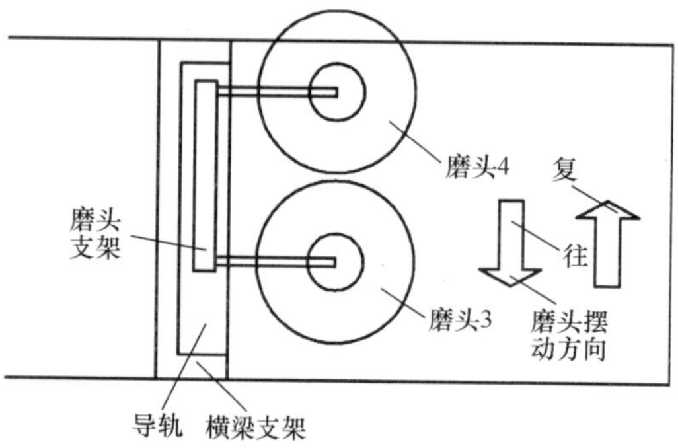

图 7-74　大板瓷砖抛光机后磨头系统设计原理图

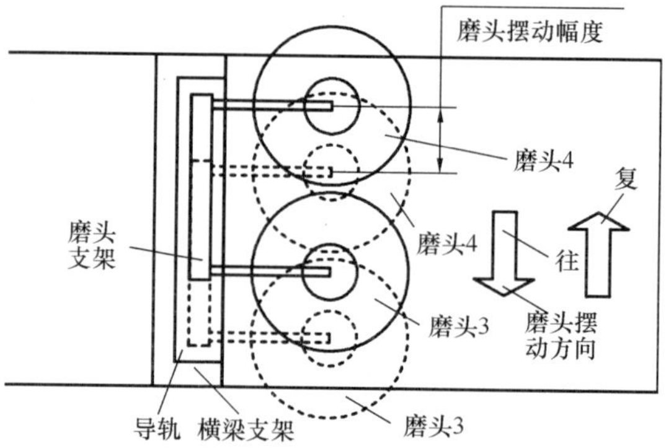

图 7-75　大板瓷砖抛光机后磨头系统工作原理图

大板瓷砖在进给系统的驱动下不断进给，磨头由起始位置开始按照设定的磨头摆动幅度和频率进行摆动。图 7-75 中，虚线为磨头的极限摆动位置。由图看出，磨头 4 由瓷砖边缘摆动到瓷砖中部位置，磨头 3 的起始位置在磨头的中部，由磨头的中部摆动到瓷砖的边缘。磨头 4 摆动的范围在瓷砖上半部分，磨头 3 的摆动范围在瓷砖的下半部分。这样就实现了磨削均匀带的移位。

大板瓷砖抛光机整机设计原理如图 7-76 所示。

为什么要采用前后磨头系统？目的是完成抛光机交叉，更好地实现大板瓷砖整个表面的均匀性，减少漏抛。前后磨头系统安装在同一个横梁支架上。其工作原理图如图 7-77 所示。

大板瓷砖在进给系统的驱动下不断进给，磨头由起始位置开始按照设定的磨头摆动幅度和频率进行摆动。图 7-77 中，虚线为磨头的极限摆动位置。由图看出，磨头 2 由瓷砖边缘摆动到瓷砖中部位置，磨头 1 的起始位置在磨头的中部，由磨头的中部摆动到瓷砖的

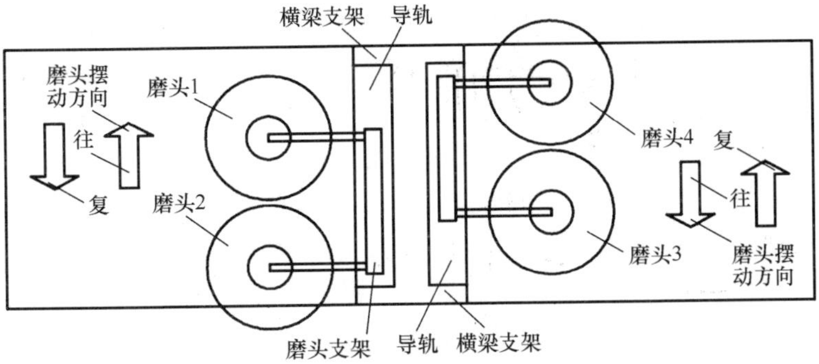

图 7-76　大板瓷砖抛光机整机设计原理图

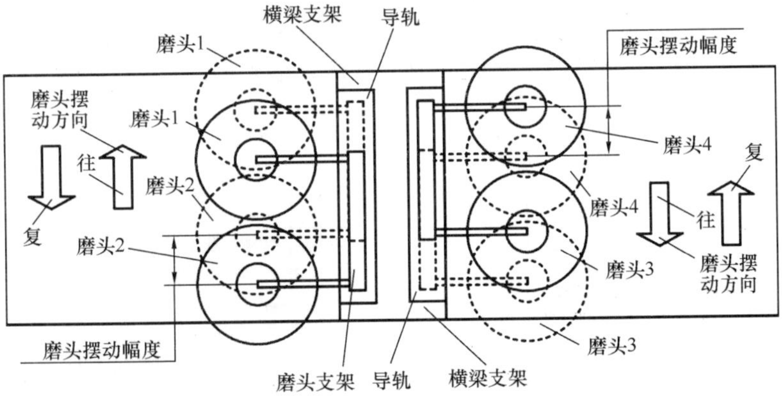

图 7-77　大板瓷砖抛光机整机工作原理图

边缘。磨头 2 摆动的范围在瓷砖下半部分，磨头 1 的摆动范围在瓷砖的上半部分。这样就实现了磨削均匀带的移位。磨头 4 由瓷砖边缘摆动到瓷砖中部位置，磨头 3 的起始位置在磨头的中部，由磨头的中部摆动到瓷砖的边缘。磨头 4 摆动的范围在瓷砖上半部分，磨头 3 的摆动范围在瓷砖的下半部分。这样就实现了磨削均匀带的移位。

磨头 1、2 与磨头 3、4 摆动方向相反，抛光轨迹相互交叉。

7.11.2　现有摆动式瓷砖抛光机磨头磨削均匀性分析

图 7-78 为摆动式抛光磨头对瓷砖抛光过程图，瓷砖在皮带的驱动下不断向前进给，

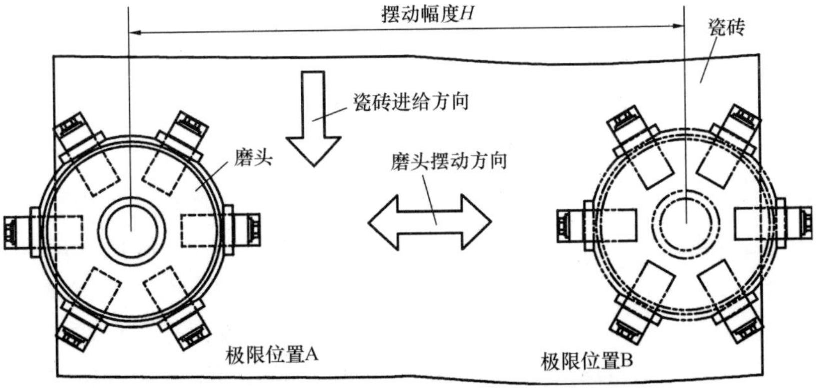

图 7-78　现有摆动式抛光磨头对瓷砖抛光过程

磨头在横梁的驱动下做横向摆动。在图 7-78 中，磨头从极限位置 A 横向移动到极限位置 B，就会覆盖整个瓷砖的表面。磨头横向摆动的幅度为 H，磨头通常会超出瓷砖的边界约 100mm，该值是按照磨头直径 550mm 计算。

为了分析现有摆动式抛光磨头磨削表面的均匀性，如图 7-79 所示，本书以 800mm × 800mm 瓷砖为例，采用磨削直径 550mm 的磨头，磨块的长度为 170mm，磨块伸出瓷砖边缘的长度为 100mm。磨头摆动的幅度为 450mm。磨头摆动时，瓷砖静止不进给，考察磨头从一个极限 I 摆动到另外一个极限 Ⅱ，磨头在瓷砖表面的磨削均匀性。

仿真方法和过程如下：将瓷砖的纵横向各等分 10 份，瓷砖表面被分成 100 个小格子。同时磨头摆动幅度分为 10 等份。磨头沿着磨头幅度等分点，依次按照箭头方向向前移动，磨头会从瓷砖表面所分的每个分格的边缘处开始，依次经过整个分格。然后计算出磨头经过该分格所覆盖该分格的次数。每覆盖一次，就在分格里放置一个圆圈。每个分格里面的圆圈数，就是磨头经过该分格的覆盖的次数。其仿真结果如图 7-80 所示。

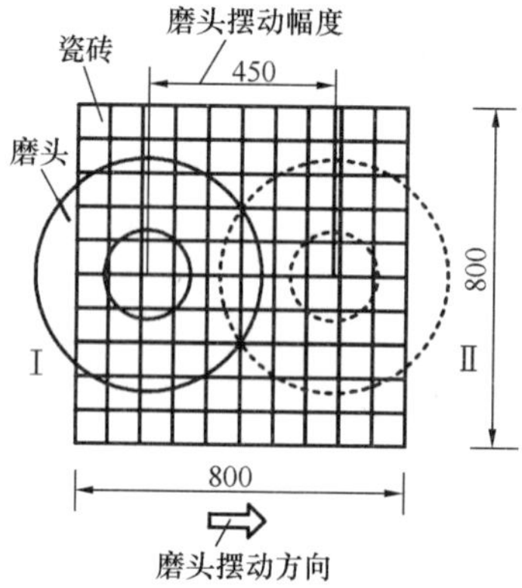

图 7-79　磨头摆动磨削仿真过程

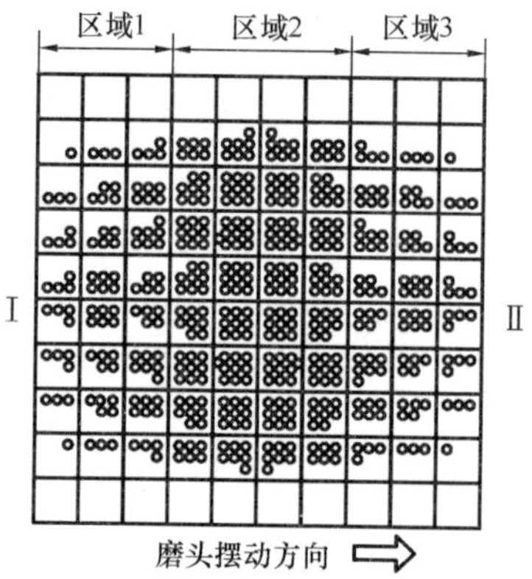

图 7-80　磨头摆动磨削均匀性仿真结果

通过图 7-80 的仿真结果看出，瓷砖中间的磨削次数多于两边，瓷砖中间磨削相对均匀一些。瓷砖磨削的次数从边缘 I 开始逐渐增加，到瓷砖中部时磨削次数最多，而且相对稳定。经过瓷砖中部以后，磨削次数下降，到瓷砖另外一个边缘 Ⅱ 最小。也就是说，瓷砖中部磨得多，是过磨的，两边磨得少。为了应对这种磨削均匀性的现象，目前瓷砖厂从窑炉出来的瓷砖都是龟背的，两边低中间高。最后，瓷砖就会被磨平。如果从窑炉出来的瓷砖是平整的，瓷砖被磨削之后，就会出现凹心。

通过图 7-80 的仿真结果，本书总结出现有摆动式瓷砖抛光机磨削瓷砖的均匀性曲线，如图 7-81 所示。瓷砖摆动磨削之后，瓷砖表面会呈现中间磨削均匀，两边磨削不均匀的规律。

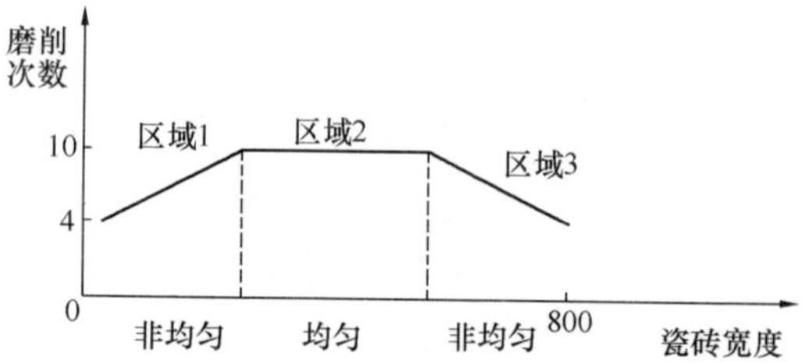

图 7-81　磨头摆动磨削均匀性规律曲线

随着瓷砖规格的加大，瓷砖边缘部位不均匀性区域 1、区域 3 就会加大。瓷砖进给速度加快就会出现漏抛。因此，目前大规格陶瓷板都是采用摆动式抛光方法加工的，都会出现普通瓷砖的磨削均匀性规律。为了使陶瓷大板磨削得平整一些，并且减少漏抛，陶瓷大板的进给速度只有每分钟 3 ~ 6m。

7.11.3　陶瓷大板双排抛光加工轨迹均匀性抛光机理

针对大规格陶瓷板磨削均匀性差，加工效率低的现状，本书提出大规格陶瓷板均匀性磨削理论。该理论如下：磨头只要摆动磨削，大规格陶瓷板表面磨削均匀性就会产生图 7-81 中所示的磨削均匀性规律曲线。为了消除边缘部位磨削的不均匀性，将中间磨削均匀性部位移动到非均匀性区域，从而实现整面的均匀性磨削。

其具体的步骤如下：

如图 7-82 所示，图中虚线显示的是磨头在大规格陶瓷板宽度方向上摆动磨削后的磨削均匀性规律曲线。分为三个区域：区域 1 为非均匀性区域；区域 2 为均匀性区域；区域 3 为非均匀性区域。图 7-82（a）将均匀性磨削区域向左移动到区域 1，磨削规律曲线中均匀段左移到区域 1 的上方，图中实线显示部分。图 7-82（b）将均匀性磨削区域向右移动到区域 2，磨削规律曲线中均匀段右移到区域 2 的上方，图中实线显示部分。图 7-82（c）是磨削均匀曲线左右移动之后，磨削非均匀区域在陶瓷大板的中间部位叠加。也就是两个磨削非均匀区域的磨削次数在陶瓷大板的中间部位叠加。这时陶瓷大板中间部位的磨削次数就会增加，与边缘均匀磨削区域的磨削次数相差无几。图 7-82（d）是经过均匀性磨削区域左右移动、中间部位非均匀性区域叠加之后，陶瓷大板表面的磨削均匀性。表面的磨削均匀性区域覆盖绝大部分板面，在板面的边缘处也会有非均匀性区域，因为大板边缘预留的余量很大，最后会做切边处理，边缘非均匀性区域就会减小或者没有，最终实现板面的整体磨削均匀。

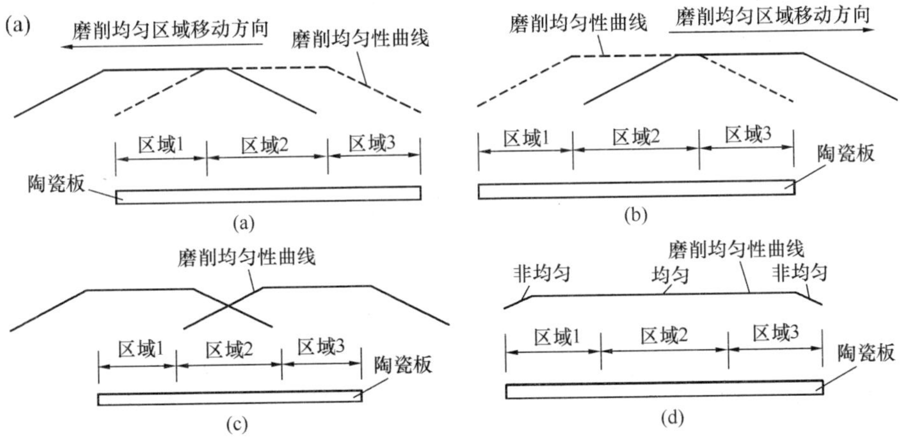

图 7-82　大规格陶瓷板表面均匀性磨削机理

（a）均匀区域向左移动；（b）均匀区域向右移动；（c）非均匀区域叠加；（d）均匀性磨削曲线

7.11.4　陶瓷大板双排抛光加工轨迹均匀性抛光实现方法

根据上述大规格陶瓷板均匀性磨削理论，其均匀性抛光的具体实现方法如下：

大规格陶瓷板从中间分为左右两个部分，有两个磨头 1、2 各加工板面的左边和右边。两个磨头并排放置，同时摆动，如图 7-83 所示。摆动的幅度都是 H_1，如图 7-84 所示。磨头 1 加工板面的左边部分，磨头 1 的摆动幅度很小。由前面分析得知，磨头只要摆动磨削，就会产生如图 7-81 所示的规律。因此，磨头 1 在板面左边磨削产生三个区域，非均匀区域1、2，均匀区域3。均匀区域3就会在板面左边的中间部位。图7-84由两个图组成，上面是俯视图，下面是其主视图。而板面左边的中间部位，是普通摆动磨削非均匀区域的所在。

如图7-85所示，磨头2加工板面的右边部分，其磨削规律同磨头1。磨头2在板面右边磨削产生三个区域，非均匀区域4、6，均匀区域5。均匀区域5就会在板面左边的中间部位。

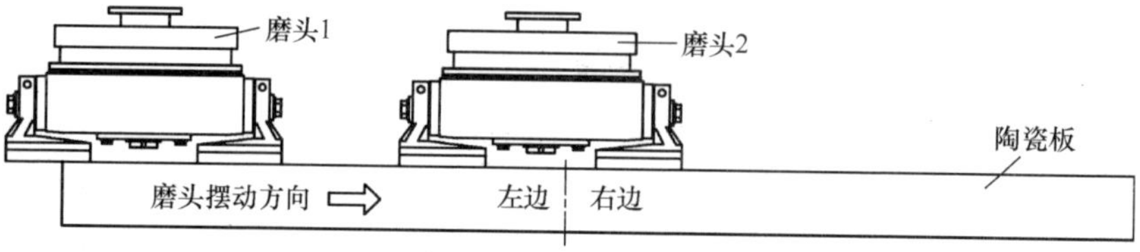

图7-83　大规格陶瓷板表面双磨头并排加工示意图

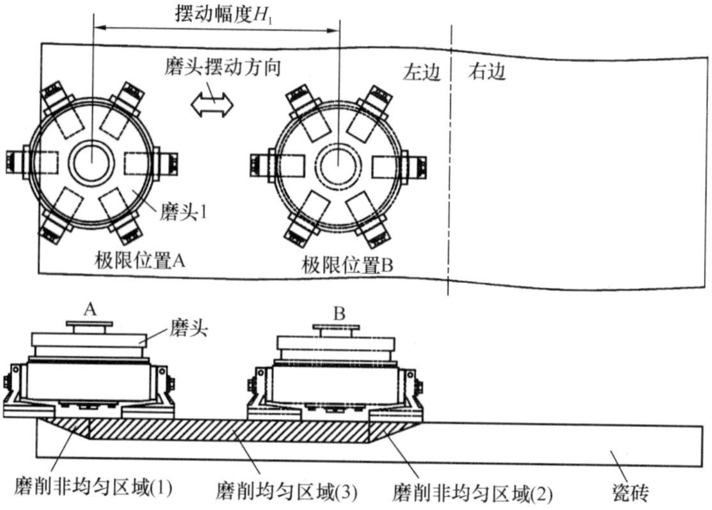

图7-84　大规格陶瓷板表面磨削均匀性实现过程（一）

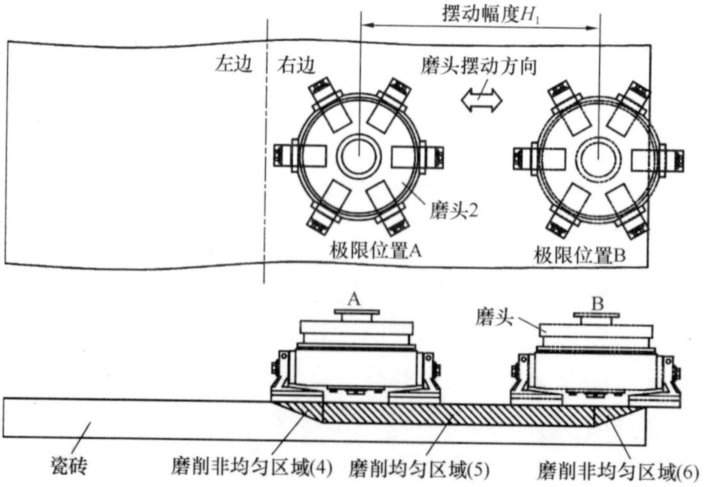

图7-85　大规格陶瓷板表面磨削均匀性实现过程（二）

磨头 1、2 摆动加工之后，陶瓷大板板面中间部位是磨头 1 非均匀区域 2、磨头 2 非均匀区域 4 的叠加。磨头移动到边缘位置时，磨削的次数会减少，但是两次磨削次数的叠加，会大幅度提高陶瓷大板板面中间部分的磨削次数，提高了其磨削的均匀性。如图 7-86 所示。磨削均匀区域 7 是磨头 1 非均匀区域 2、磨头 2 非均匀区域 4 的叠加。最终实现板面的整体性磨削均匀，如图 7-87 所示。

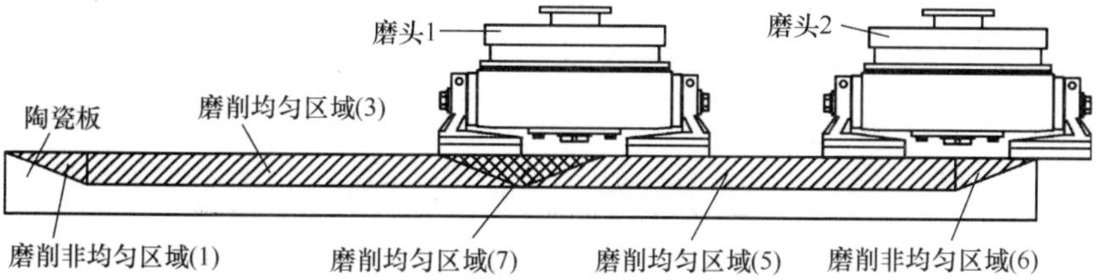

图 7-86　大规格陶瓷板表面磨削均匀性实现过程（三）

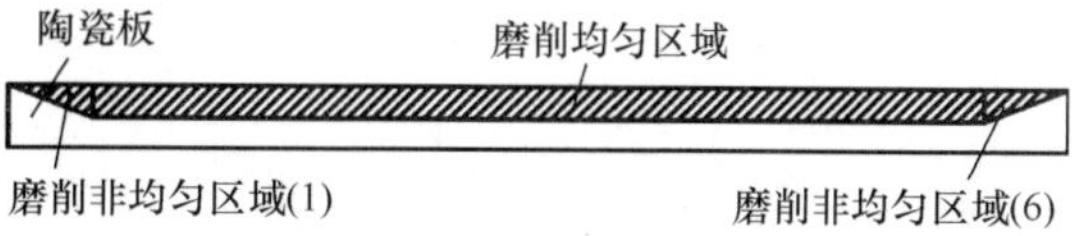

图 7-87　大规格陶瓷板表面磨削均匀性实现过程（四）

如图 7-87 所示，板面绝大部分是磨削均匀的，唯独边缘部位还有少许的非均匀区域，因为本书仿真没有在边缘部位做停留。而在实际加工过程中，磨头摆动到边缘部位时，会做短暂的停留，板面边缘部位的磨削次数会增加。因此，板面最终会实现整体性磨削均匀。

7.11.5　陶瓷大板双排抛光加工实例仿真

为了验证大规格陶瓷板均匀性磨削理论和实现方法的正确性，本书采用仿真的方法进行。采用 1200mm×3000mm 规格的陶瓷大板，两个磨头直径都是 550mm，磨头加工到边缘位置时，磨头超出边缘部位 100mm。两个磨头的间距为 590mm，摆动幅度为 260mm，陶瓷大板的进给速度为 12m/min，磨头的摆动频率为 10 次/min。

仿真原理图如图 7-88、图 7-89 所示。

仿真方法和过程如下：将瓷砖的横向等分 10 份，纵向按照横向等分的距离，依次等分边长，陶瓷大板表面被分成大小相等的小格子。同时磨头摆动幅度分为 10 等份。磨头沿着磨头幅度等分点，依次按照箭头方向向前移动，磨头会从瓷砖表面所分的每个分格的边缘处开始，依次经过整个分格。然后计算出磨头经过该分格所覆盖该分格的次数。

仿真结果如图 7-90 所示。

图 7-90 显示，在磨头正常磨削大板的中间阶段，整个大板表面的磨削均匀，边缘处各有一小格的距离磨削次数少于中间的。这个部位将来会采用切边和磨头边缘停留的方式，将边缘部位磨削均匀。

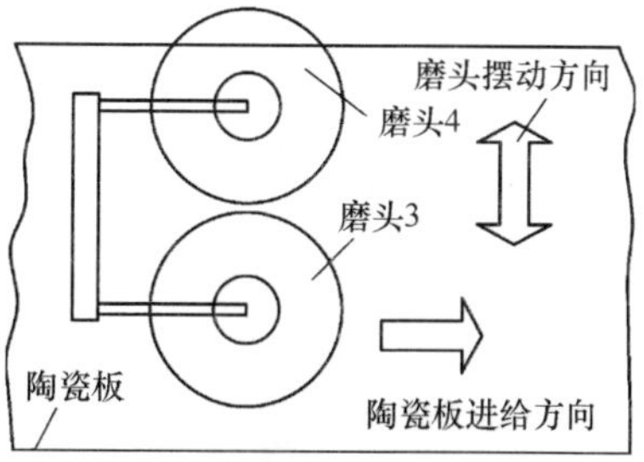

图 7-88　大规格陶瓷板表面磨削均匀性仿真原理图（一）

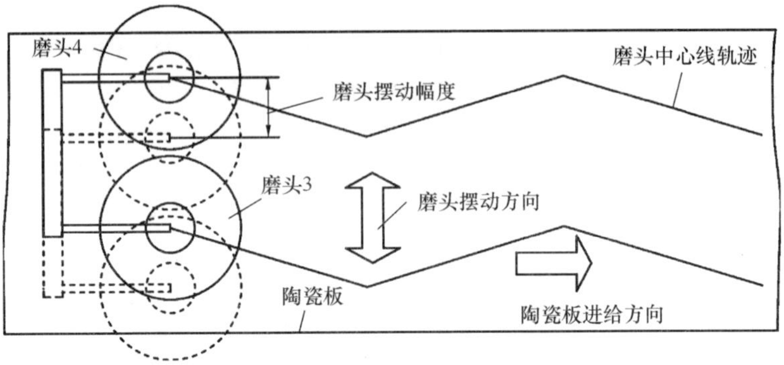

图 7-89　大规格陶瓷板表面磨削均匀性仿真原理图（二）

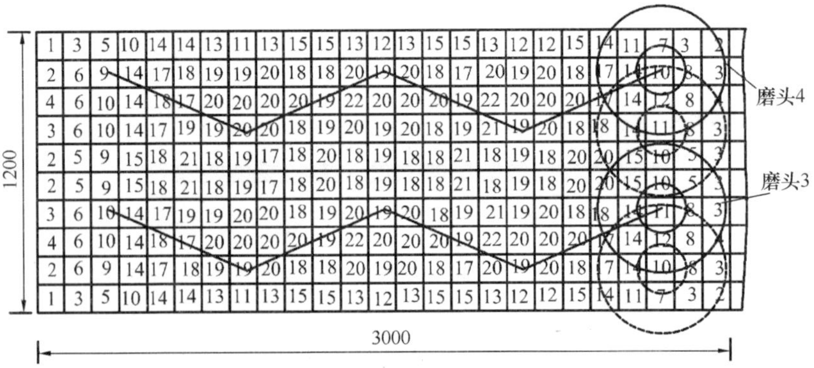

图 7-90　大规格陶瓷板表面磨削均匀性仿真结果

从仿真结果看，采用本书提出的磨削均匀性理论和实现方法，大规格的陶瓷大板表面可实现磨削均匀性面积达到 98% 的程度，能够有效地提高大板瓷砖的表面均匀性磨削。仿真结果得出本书提出的大规格陶瓷板均匀性磨削理论和实现方法是正确的。

宽度为 1200mm 大板，采用两个磨头并排抛光，每个磨头的抛光的面积相当于规格为 600mm 的瓷砖。在进给速度上，可以达到规格为 600mm 的瓷砖效率。因此，大规格陶瓷板均匀性磨削机理和实现方法，不仅能提高板面磨削的均匀性，同时提高加工效率。

第 8 章　瓷砖抛光机磨头运动学研究

瓷砖抛光机磨头整体的运动形式有三种：一是磨头的旋转运动；二是在横梁的带动下进行直线运动；三是在汽缸的带动下产生垂直往复运动。磨头上磨块的运动形式有两种：一是绕着磨头的主轴公转；二是绕着磨块座摆动中心自转。磨头的运动形式很复杂，既是端面磨削又有外圆磨削。因此，本章分析磨头运动和建立磨头的运动方程时，从不同角度出发，分析磨头运动、磨块运动以及磨块运动与磨头运动之间的关系。

8.1　抛光磨头磨块运动过程分析

8.1.1　磨头磨块座系统运行分析

凸轮驱动摆动式抛光机磨头的磨块是成对进行摆动的，不是单独摆动的。其摆动过程如图 8-1 所示。

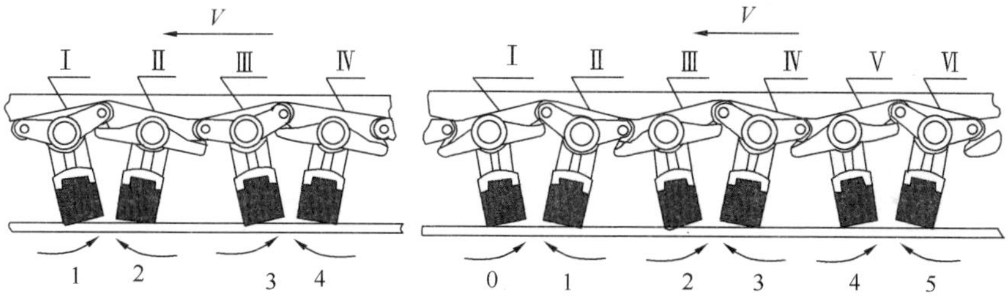

图 8-1　抛光机磨头展开运行图

(a) 磨块摆动示意图（一）；(b) 磨块摆动示意图（二）

图 8-1 是将磨头展开成平面后的运行示意图，因此凸轮的旋转运动变成了平行移动。凸轮在驱动主动摆杆时，凸轮上的波形面一个侧面工作，另一个侧面不工作。如图 8-1 中（a）所示，凸轮按照图中的方向和速度进行运动。Ⅰ、Ⅲ面是工作面，驱动主动摆杆进行摆动，同时主动摆杆又驱动从动摆杆进行摆动。Ⅱ、Ⅳ面是非工作面。

Ⅰ、Ⅲ面驱动时，磨块座 1、2，磨块座 3、4 是成对摆动，在方向上是相互靠拢的。

当凸轮按照图 8-1 中（a）的方向和速度，向前移动一个波形面的距离时，得到图 8-1（b）。在图 8-1（b）中，凸轮的驱动面是Ⅱ、Ⅳ、Ⅵ面，Ⅰ、Ⅲ、Ⅴ面是非工作面。Ⅱ、Ⅳ、Ⅵ面驱动主动摆杆摆动，主动摆杆驱动从动摆杆摆动。磨块座 0、1，磨块座 2、3，磨块座 4、5 成对摆动，在方向上是相互靠拢的。而在图 8-1（a）中，磨块座 1、2，磨块座 3、4 成对摆动，在方向上是相互靠拢的，图 8-1（b）中则是相互背离的。

在图 8-1（b）中的基础上，当齿形板再向前移动一个齿形面时，Ⅰ、Ⅲ、Ⅴ面是驱动面，就回到了图 8-1（a）的情况，磨块座 1、2，磨块座 3、4 成对摆动，在方向上是相互靠拢的。

通过分析可以看出在凸轮的驱动下，磨块座都是成对地摆动，周而复始地循环。

8.1.2 磨头磨块运动形式

下面基于只考虑磨头运动、瓷砖固定不动的情况进行分析。

磨头的运动决定着磨块的运动，两者之间的运动速度决定着磨粒的运动形式。

（1）磨粒的公转

磨头绕着轴线做逆时针旋转时，磨块也绕着磨头轴线旋转，这种旋转称为“公转”，如图 8-2 所示。

如图 8-2 所示，设磨头公转转速为 n_{A1}，在磨头边缘处的磨块上任取一磨粒 A，磨粒 A 到磨头旋转轴的距离为 r_{A1}，则磨粒 A 点公转的线速度为：

$$V_{A1}=\frac{\pi \cdot r_{A1} \cdot n_{A1}}{30} \tag{8-1}$$

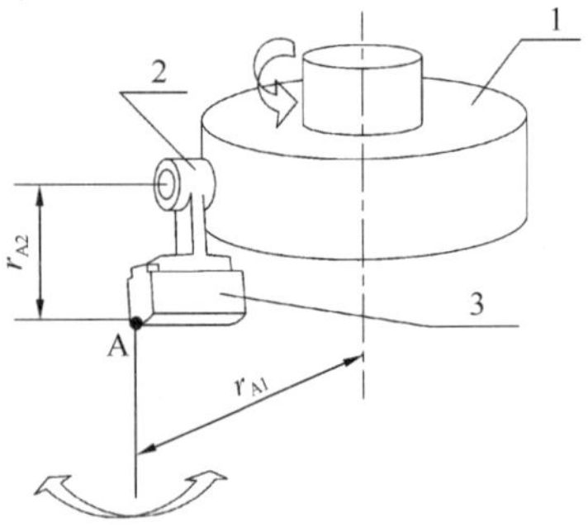

图 8-2　磨块的运动

1—磨头主体；2—磨块座；3—磨块

（2）磨块自转

根据摆动式抛光机磨头旋转的原理，磨块绕着磨头轴线旋转的同时，磨块绕着磨块座轴线摆动，如图 8-2 所示。这种摆动称为“自转”。

如图 8-2 所示，设磨块自转转速为 n_{A2}，在磨头边缘处的磨块上任取一磨粒 A，磨粒 A 到磨块座旋转中心的距离为 r_{A2}，则磨粒 A 点的自转线速度为：

$$V_{A2}=\frac{\pi \cdot r_{A2} \cdot n_{A2}}{30} \tag{8-2}$$

（3）滑动剪切

由摆动式抛光机磨头工作原理可知，磨头的主动齿轮和从动齿轮相差两个齿，造成磨块的公转线速度与自转线速度不相等，即 $V_{A1} \neq V_{A2}$，$V_{A1} > V_{A2}$。磨块在瓷砖上就不是做纯摆动，磨粒对瓷砖就要产生相对运动，即产生滑动。

8.1.3 磨头磨块运动分析

磨头的运动可以看作是两种运动的合成，即以角速度 Ω 绕磨头主轴公转（牵连运动）和以角速度 ω 绕磨块座主轴摆动（相对运动），参见图 8-3。

设：磨块为均质刚体；磨块座摆动主轴轴线与磨头主轴轴线相交于 O 点，磨块在工作时绕着磨块座主轴轴线做摆动运动，也就是做一部分的旋转运动。磨块底部的边缘上的一点到磨块座主轴轴线的距离为 r，在这里我们称之为磨块的摆动半径。磨块宽度为 B；磨块座主轴轴线为 C；磨块在宽度方向的中心绕 O 点的回转半径为 R；过 C 点垂直磨块座轴的横对称面为无滑动的纯滚动面。

假若忽略由于烧结后瓷砖毛坯表面高低不平、厚度不均匀使磨块在摆动过程中产生的无规则跳动，则磨块的运动为：

① 牵连速度 V_e

磨头主轴通过磨头箱体带动磨块座以及安装在其上的磨块绕着磨头主轴 O 旋转，以角速度 Ω 旋转，即牵连运动，或称公转，即

$$V_e = R_x\Omega \tag{8-3}$$

式中　R_x——磨块上某一点到磨头主轴轴线的距离。

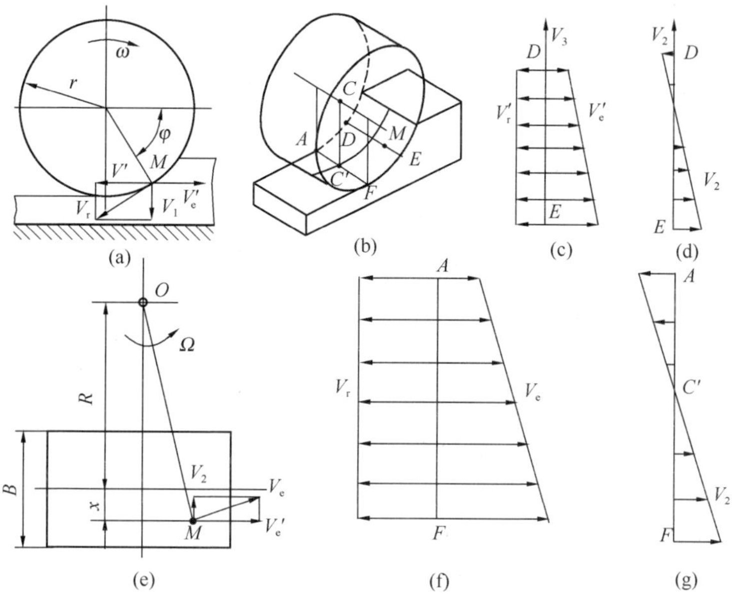

图 8-3　磨头运动分析

（a）磨块在瓷砖表面上运动主视图；（b）磨块在瓷砖表面上运动轴测图；（c）*DE* 素线水平速度分布；（d）*DE* 素线水平速度合成图；（e）磨块在瓷砖表面上运动俯视图；（f）*AF* 素线水平速度分布；（g）*AF* 素线水平速度合成图

② 相对速度 V_t

磨块座以及安装在其上的磨块相对于磨块座主轴 O' 以角速度 ω 摆动旋转，即相对运动，或称自转，即

$$V_r = r\omega \tag{8-4}$$

根据理论力学，必定能在 OO' 上找到一点 D，D 点的绝对速度由两部分组成：绕 O 轴转动的牵连速度；绕 O' 轴转动的相对速度。这两个速度都与 OO' 垂直，但方向相反。

因磨块座以及安装其上的磨块横对称面是纯滚动，则磨块圆周表面上任意一点的相对速度都等于磨块座中心轴心的牵连速度，即

$$V_r = V_e \tag{8-5}$$

也即

$$r\omega = R\Omega$$

由以上三个基本方程式，就可以求出磨块圆周表面上任意一点的绝对速度。

DE 是磨块与瓷砖接触面上任意一条素线，*M* 点是 *DE* 上的任意一点［图 8-3（b）］。该点到磨块横对称面的距离为 x。

M 点的牵连速度及其分速度［图 8-3（e）］为：

$$V_e = \Omega \cdot \overline{OM} = \Omega\sqrt{(R + x)^2 + (r\cos\varphi)^2} \tag{8-6}$$

$$V_e' = \Omega(R + x) \tag{8-7}$$

$$V_3 = \Omega r\cos\varphi \tag{8-8}$$

M 点的相对速度及其分速度［图 8-3（a）］为：

$$V_r = r\omega = R\Omega \tag{8-9}$$

$$V'_r = V_r \cos\left(\frac{\pi}{2} - \varphi\right) = R\Omega \sin\varphi \tag{8-10}$$

$$V_1 = V_r \sin\left(\frac{\pi}{2} - \varphi\right) = R\Omega \cos\varphi \tag{8-11}$$

V'_r 与 V'_e 共线，反向，两者沿 DE 线的分布情况如图 8-3（c）所示，合成后得［图 8-3（d）］：

$$V_2 = V'_e - V'_r = \Omega(R + x) - R\Omega\sin\varphi = \Omega[R(1 - \sin\varphi) + x] \tag{8-12}$$

由以上分析得知，M 点的绝对速度是由三个分速度构成的，即：

垂直方向　$V_1 = R\Omega\cos\varphi$

水平方向　$V_2 = \Omega\ [R\ (1 - \sin\varphi)\ \ + x]$

碾轮轴向　$V_3 = \Omega r\cos\varphi$

因此 M 点的绝对速度为：

$$\begin{aligned} V_a &= \sqrt{V_1^2 + V_2^2 + V_3^2} \\ &= \sqrt{(R\Omega\cos\varphi)^2 + \Omega^2[R(1 - \sin\varphi) + x]^2 + (\Omega r\cos\varphi)^2} \\ &= \Omega\sqrt{R^2 + (r\cos\varphi)^2 + (R + x)(R + x - 2R\sin\varphi)} \end{aligned} \tag{8-13}$$

利用式（8-13），可求出磨块圆周表面上任意一点的绝对速度。式中 x 是以碾轮横对称面为界，在横对称面以外的点，x 取正值；在横对称面以内的点，x 取负值。

磨块圆周表面上任意一点的三个分速度，分别表示了碾轮对型砂的三种作用形式，如表 8-1 所示。

表 8-1　磨块对瓷砖的作用形式

分速度	V_1	V_2	V_3
方向	垂直方向	水平方向	磨块轴向
对瓷砖作用	碾压作用	搓研作用	拖抹作用
示意图			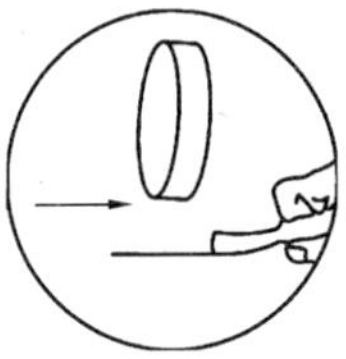

由以上分析可以看出，磨块与瓷砖接触表面上任意一点 M 的三个分速度 V_1、V_2、V_3 的大小反映了磨块磨削瓷砖作用的强弱，它们与磨头结构参数的关系为：

① V_1、V_2、V_3 均与磨头主轴角速度 Ω 成正比，即主轴转速越高，三个分速度值越大，磨削效果越好；

② V_1、V_2、V_3 分别与回转半径 R 及磨块表面上一点距离磨块组中心的距离，在此称为磨块半径 r 成正比，即增加磨头直径及磨块半径，有利于提高磨削效果；

③ 当磨头结构参数一定，即 Ω、R 及 r 为定值时，V_1、V_2 及 V_3 都是 φ 的函数［图 2-2（a）］。φ 角的取值范围自磨块与瓷砖开始接触起，到磨块与瓷砖脱离接触止。在磨削过程中，φ 角是不断变化的，磨块与瓷砖开始接触时，φ 角最小，其大小取决于磨削厚度，而在

磨块与瓷砖脱离接触时，φ 角最大，等于 $\pi/2$。φ 角越小，则 V_1、V_2 及 V_3 越大、V_1 大对粗抛工序有利，但 V_2 有搓研和推力切削崩碎双重作用，为了避免产生过深的磨削沟槽现象，应合理选择磨削厚度，即确定 φ 的最小值，以便充分发挥磨块的碾压、搓研和拖抹作用。

④ 在磨块与瓷砖脱离接触的 AF 素线上［图 8-3（b）］，因 $\varphi = \pi/2$，所以 $V_1 = 0$，$V_2 = x\Omega(0 < |x| < B/2)$。$AF$ 素线上的速度分布如图 8-3（f）所示，其合成速度如图 8-3（g）所示。可见，在此处磨块对瓷砖只有搓研作用，最大搓研速度 $V_{2\max} = B\Omega/2$，$V_{2\max}$ 与磨块宽度 B 及主轴转动角速度 Ω 成正比。在保证一定碾压力情况下，适当增加磨块宽度，不但增加碾压面积，而且加强了搓研作用，有利于提高磨削效果。

8.1.4　磨头的相对运动分析

假设条件：

（1）磨块摆动是做圆周运动的一部分，在此假设磨块做整周的回转运动。

（2）磨块为一个刚体，不考虑磨块磨损，磨块的半径不变。

首先从相对运动的观点看，如图 8-4 所示，当磨头主轴带着磨块座及安装在其上的磨块做等速回转时，套在主轴上的磨块座在磨头上做相对的摆动，其线速度与磨头半径成正比。磨块与磨头宽度在半径方向上，各点的运动速度不同，里边的线速度小，外边大。但作用在同一个磨块表面上，这就必然产生相对滑动。在磨块宽度的中点处为纯滚动，即磨块和磨头的运动线速度相等，而离开磨块中点则磨块与磨头间有线速度差，即产生了滑动速度，在碾轮的内外缘处达到最大值，磨块外缘圆周的滑动是加速磨块的转动，里缘圆周滑动是阻止磨块的转动，磨块中间没有滑动。磨块中线附近的内外侧均有滑动，最内最外的滑动速度为：

$$\left.\begin{aligned} \nu_b &= \frac{2\pi r_b n}{60} \\ \nu_h &= \frac{2\pi r_h n}{60} \\ \nu_{cp} &= \frac{2\pi r_{cp} n}{60} \end{aligned}\right\} \qquad (8\text{-}14)$$

式中　n——磨头的转速（r/min）；

r_b——由磨块内缘点至磨头中心的距离（m）；

r_h——由磨块外缘点至磨头中心的距离（m）；

r_{cp}——由磨块中点至磨头中心的距离（m）；

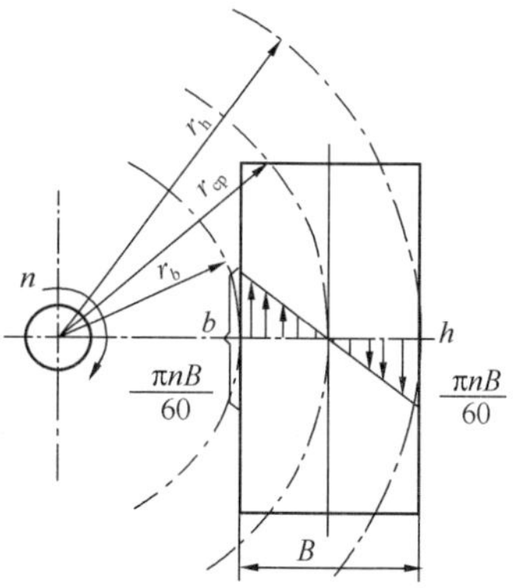

图 8-4　磨块的滑动

由图 8-4 可知，B 是磨块宽度，线速度 $\nu_h - \nu_{cp}$ 及 $\nu_{cp} - \nu_b$ 是磨块内缘与外缘圆周上各点滑动的速度。

在磨块的外缘，磨块对磨头产生向后的滑动速度，外圆周上所有点的滑动速度 s_h 为

$$s_h = \nu_h - \nu_{cp} = \frac{\pi r_h n}{30} - \frac{\pi r_{cp} n}{30} = \frac{\pi n}{30}(r_h - r_{cp}) \qquad (8\text{-}15)$$

由图 8-4 可知

$$r_h - r_{cp} = \frac{B}{2}$$

故得

$$s_h = \frac{\pi n}{30} \cdot \frac{B}{2} = \frac{\pi n B}{60} \qquad (8\text{-}16)$$

同样，在磨块的外缘，磨块对磨头产生向前的滑动速度，内圆周上所有点的滑动速度 s_b 为

$$s_b = \nu_{cp} - \nu_b = \frac{\pi n}{30}(r_{cp} - r_b) = \frac{\pi n}{30} \cdot \frac{B}{2} = \frac{\pi nB}{60} \tag{8-17}$$

内圆周每点向前滑动 $\pi nB/60$(m/s) 时，外圆周上每点向后滑动 $\pi nB/60$(m/s)。滑动速度由中心向两边从 0 增到最大，其平均值为 s_{cp} 为

$$s_{cp} = \frac{0 + \frac{\pi nB}{60}}{2} = \frac{\pi nB}{120} \tag{8-18}$$

由此可见，磨头在抛光瓷砖时，除了对瓷砖进行压磨之外还伴有碾磨，磨块越宽，相对滑动现象越明显，所以剪切力作用随磨块宽度增加而增大。这个剪切力引起磨块对瓷砖表面的研磨作用，因而碾磨作用就越大。因此，在希望有较高的研磨作用时，应该用较宽的磨块；否则磨块应窄一些，以免消耗过多的能量。因此，用磨头抛光不同工序的瓷砖时，磨块宽度的选择应具体分析。磨块宽度一般在 170～200mm 之间，若要有较大碾磨作用时，磨块可选宽一些，一般精加工工序采用；若主要靠压磨时，轮宽可选小些，也不致消耗过多的能量，一般用于粗抛工序。

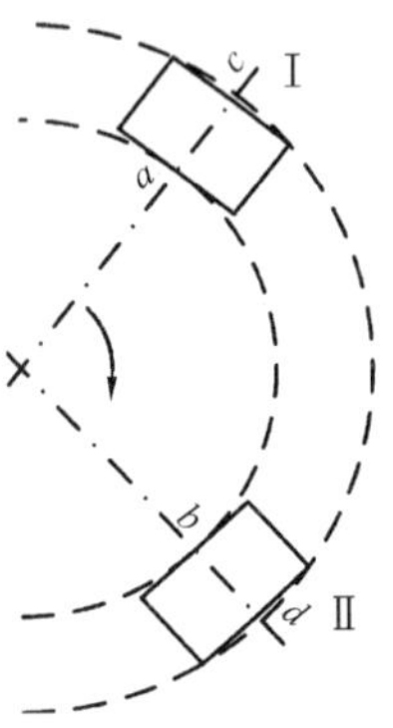

图 8-5　磨块磨削瓷砖时内沿与外沿圆周速度差

前述磨块与瓷砖表面之间存在相对滑动，在此详细从图 8-5 可以说明：磨块由位置 I 移到位置 II 时，磨块外沿走过的弧长大于磨块内沿走过的弧长，即弧 $cd > ab$，说明磨块外沿在瓷砖表面上滚过的切线速度大于内沿在瓷砖表面上滚过的切线速度。但磨块本身是一个圆柱形刚体（前面假设条件说明过，不再详述），因此磨块外沿或内沿绕磨块座主轴自转时的切线速度是相等的。这说明磨块碾过瓷砖表面时，磨块表面与瓷砖接触的各点不可能全是滚动接触，理论上只可能有一点是纯滚动接触，其他各点必然是滑动接触，即磨块在某一瞬间只可能有一点是从瓷砖表面滚过的，其他各点则是从瓷砖表面滑过的。如图 8-6 所示，在磨块上的标识点 1、3 之间的距离为磨块的宽度，标识点 2 为磨块宽度的中点位置。若磨块在标识点 2 处做纯滚动，则磨块表面上其他处与瓷砖表面之间形成滑动，滑动速度沿着内、外圆周形成速度差。如图所示，磨块绕磨头主轴公转时，磨块表面各点相对于磨头主轴的圆周速度为 $v = R\omega$，因为 R 是一个变量，所以 v 也是一个变量，如图 8-6 中斜线所示。

磨块表面各点相对于磨块座主轴自转的圆周速度为 $w = r\omega_1$ = 常数，这里用图 8-6 中横线所示。斜线与横线的交点 $v_2 = w_2$ 表示磨块宽度的中点与瓷砖表面的接触是纯滑动时，交点左、右两边斜线与横线纵坐标值之差就是磨块与瓷砖表面之间的相对滑动速度。以上分析只是说明了磨块表面与瓷砖之间存在相对滑动这一事实。

此速度 u 与 w 的图解在图 8-6 下部左方。磨块表面与瓷砖表面接触各点的速度 u 及 w 具有相反的方向。所以，磨块上所指出各点之绝对速度（相对于不动瓷砖表面），应等于速度 u 及 w 之几何和，或为此情况下之算术差数：

$$\nu = \bar{u} - \bar{w} = u - w \tag{8-19}$$

速度 ν 为想象的磨块与瓷砖表面的相对滑动速度。

如图 8-6 所示，与瓷砖表面没有滑动的磨块的圆周 2，最大的滑动是在磨块两端圆周上。在本图中，圆周 1 将向后滑动，而磨块圆周 3 则向前滑动。

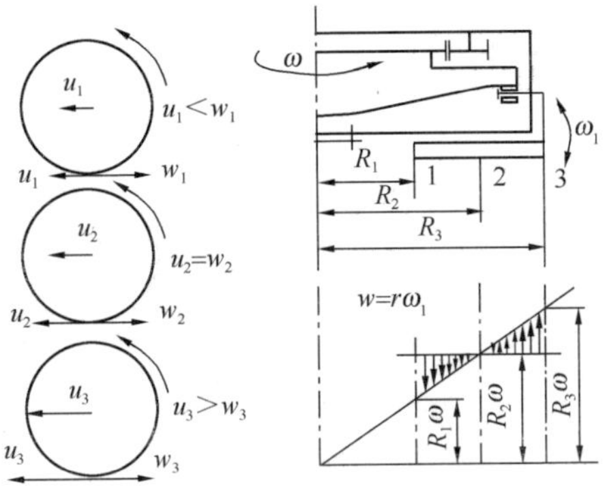

图 8-6　磨块与瓷砖表面的相对滑动速度

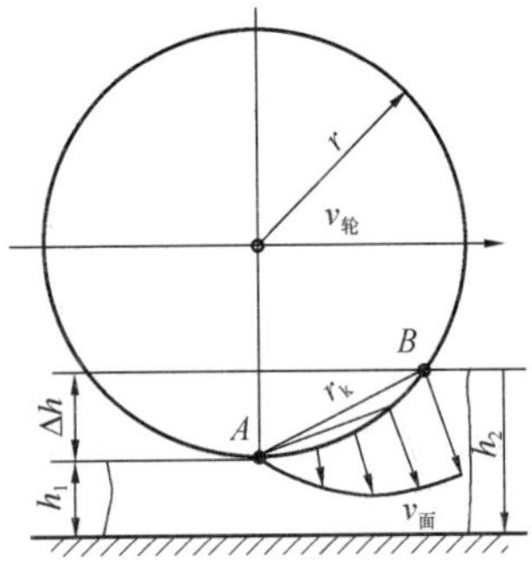

图 8-7　磨块对瓷砖的作用

图 8-7 中

h_1——烧结后毛坯瓷砖的平均高度（mm）；

Δh——瓷砖表面的磨削厚度（mm）；

h_2——磨块工作位置与工作台（或输送皮带）的距离（mm）；

$\nu_{面}$——磨块表面上各点的运动速度（mm/min）。

这样，在某瞬间磨块表面 B 点处的运动速度可用下式表示：

$$\nu_{面B} = \frac{\nu_{轮}}{r} r_k \tag{8-20}$$

式中　$\nu_{轮}$——磨块座摆动中心的移动速度（mm）；

r——磨块摆动半径（磨块底部边缘上任意一点距离磨块座摆动中心的距离）（mm）；

r_k——弧 AB 上某点的瞬时半径（mm）。

由图 8-7 可见，在磨块与瓷砖接触面上沿弧 AB 各点磨块金刚石磨粒接触瓷砖物料的速度是不同的，B 点的速度最大，趋向 A 点速度渐减，在磨块宽度的中心线上，A 点的瞬时速度为零，由于速度的差异，在磨削过程中，磨块与瓷砖间有相对运动而产生搓研作用。

8.2　磨块顺、逆磨概念

由磨头的结构和工作原理可知，磨块在运行过程中是摆动，摆动的方向与磨头的旋转方向不是恒定的。其摆动过程如图 8-8 所示。磨块从极限位置Ⅰ开始摆动，摆动 24°后到达极限位置Ⅱ。磨块摆动方向如图 8-8（a）中所示，从图中可以看出，磨头的转动方向和磨块的摆动方向是相反的。磨块摆动到极限位置Ⅱ时，再从极限位置Ⅱ摆动 24°到极限位置Ⅰ。从图 8-8（b）中可以看出，磨头的转动方向与磨块的摆动方向相同。

下面分析磨头的转速与磨块摆动速度之间的关系，分两种情况进行分析：一是磨块的

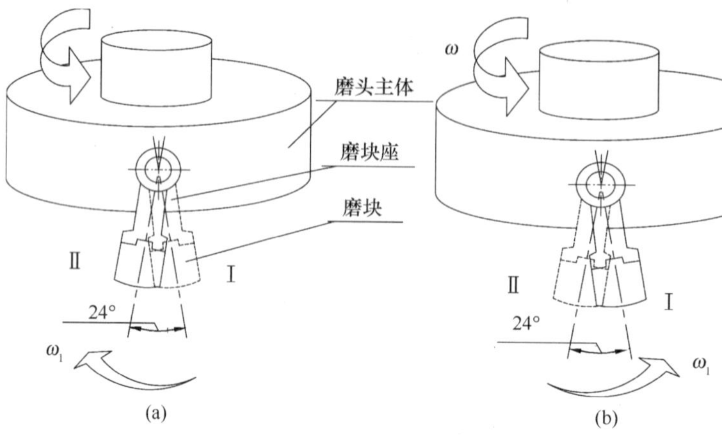

图 8-8　磨块摆动图

（a）摆动极限位置Ⅰ；（b）摆动极限位置Ⅱ

摆动方向与磨头的转动方向一致，本书称之为“顺磨”；二是磨块的摆动方向与磨头的前进方向相反，本书称之为“逆磨”。

在分析之前先做如下假设条件：

① 瓷砖固定不动。

② 将磨头展开，磨头的转动变为直线移动。

③ 磨块上的磨粒大小相同，分布均匀。

④ 磨块在运行过程中是一个摆动，不做整圆回转运动。因为摆动是回转运动的一个部分，为了分析方便，将磨块的摆动做整圆旋转分析。

8.2.1　磨块逆磨运动形式

逆磨时磨块的摆动方向与磨头的旋转方向相反［图 8-9（a）］。磨块上的金刚石磨粒切下的切肩由薄逐渐变厚，磨削力由小到大。

磨块逆磨时具有如下优点：

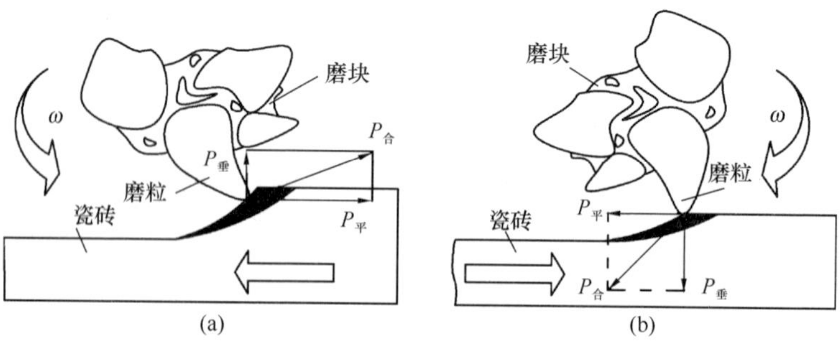

图 8-9　磨块磨削时的垂直分力与水平分力

（a）逆磨；（b）顺磨

（1）磨块金刚石磨粒逆磨切入瓷砖表面时，金刚石磨粒的负荷是逐渐增加的，故比较均匀。

（2）磨块逆磨时金刚石磨粒是由薄到厚逐渐切入瓷砖表面，金刚石磨粒是从瓷砖表面的下面切入的，瓷砖表面的硬皮对金刚石磨粒的影响较小，因而金刚石磨粒磨损较少。

但是，磨块逆磨有如下缺点：

（1）由于瓷砖磨屑由薄逐渐变厚，而金刚石磨粒的磨削刃具有一定的圆角半径，所以，金刚石磨粒在刚刚接触瓷砖体时不能马上切入，而是在加工表面上滑移一小段距离后才能切入。在滑移过程中，由于强烈的摩擦而使磨削温度升高，将出现金刚石磨粒刀刃被磨钝和已加工表面被损伤等不良现象。

（2）因为金刚石磨粒对工作台作用的垂直分力是向上的，这种力有把瓷砖和抛光机摆动横梁及磨头一起向上掀起的趋势，而磨削力又是由小到大周期性变化，因此容易使抛光机摆动横梁以及磨头产生振动，影响瓷砖表面的光洁度。磨块逆磨时，磨削力的垂直分力朝上，这个分力有使磨头脱离工作台的倾向。

（3）在金刚石磨粒磨削过程中，磨削力的方向与磨头旋转方向相反，消耗动力大。

（4）在磨块逆磨时，抛光机摆动横梁及磨头往往产生周期性的振动，影响瓷砖表面的光洁度。

8.2.2　磨块顺磨运动形式

顺磨时，磨块的摆动方向与磨头的旋转方向相同［图 8-9（b）］，磨块金刚石磨粒切下的切屑由厚逐渐变薄，磨削力由大到小，作用在瓷砖上的力与磨头旋转方向一致。

顺磨的优点如下：

（1）由于磨块金刚石磨粒切下的切屑由厚逐渐变薄，金刚石磨粒一开始就切入瓷砖体，没有逆磨时所产生的滑移现象，避免了摩擦热和已加工表面被划伤现象，能提高被加工瓷砖表面光洁度。

（2）顺磨时，垂直分力 P 垂直朝下，有压住瓷砖的作用，磨头对工作台作用力的垂直分力方向与逆磨相反，使磨削力总是压在瓷砖上，不易产生振动，因此，磨削平稳可靠。

8.2.3　磨块顺、逆磨进给力的分析

磨削力的产生：磨削过程就是磨块金刚石磨粒在力的作用下把瓷砖表层切去的过程，在这个过程中，瓷砖要发生弹性和脆性断裂，磨屑在金刚石磨粒前面崩碎同时流出要产生摩擦，金刚石磨粒后面也要和瓷砖已加工表面发生摩擦。因此磨头的磨削加工部分消耗在这些崩碎和摩擦中，但这个力的大小取决于瓷砖的硬度、金刚石磨粒的几何形状。综上所述，磨削中所消耗的力由磨头承担。

磨削过程中的磨削力是由磨块的摆动运动和磨头的旋转运动来克服的。现在我们分析一下金刚石磨粒的受力情形。从图 8-10 中可以看出，由于工作时金刚石磨粒必须在径向压着瓷砖，并在摆动中自切线方向切掉瓷砖，即瓷砖要在这两个方向产生相反的作用力，都作用在金刚石磨粒上，所以作用在金刚石磨粒上的力有两个：切线方向的力叫作圆周磨削力，用 $P_{切}$ 表示，另一个沿半径方向的力叫作径向磨削力，用 $P_{径}$ 表示。

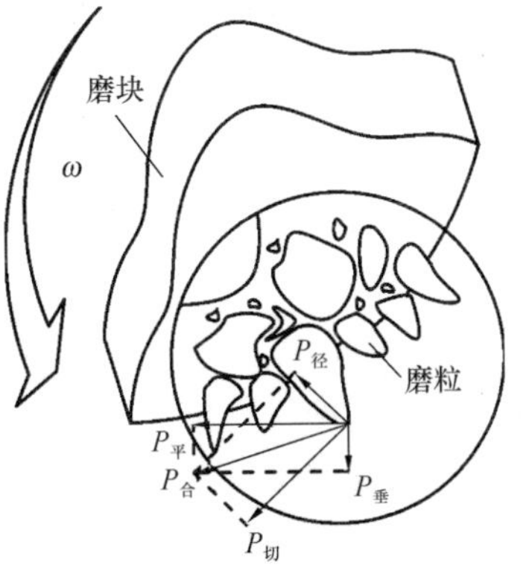

图 8-10　作用在磨块磨粒上的力

为进一步分析力的影响，现在按照力的平行四边形定则来分析。径向磨削力（$P_{径}$）和圆周磨削力（$P_{切}$）

可以合成为一个合力（$P_{合}$），如果把这个合力移到磨块摆动中心，则这个力就作用在磨块摆动心轴上，使心轴产生弯矩和发生弯曲，而圆周磨削力就使心轴产生扭矩，这两个力矩的合成就是磨块摆动主轴承受的力矩。

合力（$P_{合}$）又可分解为水平分力（$P_{平}$）和垂直分力（$P_{垂}$）。圆周力（$P_{切}$）消耗主轴动力，水平分力就是进给力作用在磨块上，垂直分力会引起抛光机横梁及磨头振动。

8.2.4 磨块顺、逆磨运动模型

1. 磨块顺磨情况下的运动分析

根据磨块的运动原理和上述的假设条件可知，磨块顺磨的绝对运动是磨块绕着磨块座旋转中心的相对顺时针运动与磨头的直线移动（牵连运动）复合而成的。其运动的轨迹为次摆线，如图 8-11 所示。

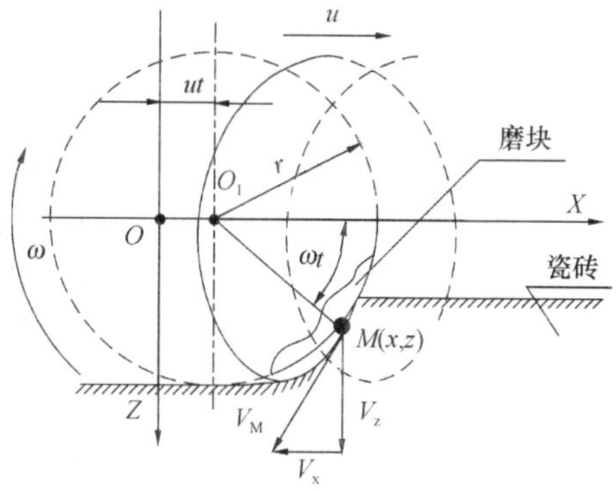

图 8-11　磨块顺磨轨迹

设磨块座摆动中心为直角坐标系的原点 O，横坐标 X 轴，以磨头移动方向为正量（磨头展开后转动变成了移动），移动速度为 u；纵坐标 Z 轴，以磨削深度方向为正量；磨块的回转角速度为 ω，磨块顺时针方向旋转；回转角位移 ωt，从 OX 轴正量算起，即为磨块磨粒的起始位置；取磨块上任意一磨粒 M，该磨粒到磨块摆动中心的距离为 r；磨粒 M 的运动轨迹，可以时间 t 的参数方程式表示。M 点的坐标为：

$$\begin{cases} x = r\cos\omega t + ut \\ z = r\sin\omega t \end{cases} \tag{8-21}$$

对式（8-21）进行求导后，即得磨块磨粒 M 的速度沿 X 轴和 Z 轴的分量：

$$\begin{cases} V_x = \dfrac{dx}{dt} = u - r\omega\sin\omega t \\ V_z = \dfrac{dz}{dt} = r\omega\cos\omega t \end{cases} \tag{8-22}$$

磨块磨粒 M 的瞬时速度，可用此二速度分量的合成速度表示：

$$V_M = \sqrt{V_x^2 + V_z^2} = \sqrt{r^2\omega^2 + u^2 - 2ru\omega\sin\omega t} \tag{8-23}$$

式中，$r\omega$ 是磨块磨粒的圆周线速度。令 $\xi = (r\omega)/u$，ξ 称为磨削速度比，其大小对磨块磨粒运动轨迹及磨块工作状况有重要影响。磨头的额定转速为 475r/min，磨块的摆动频率只有 72 次/min。因此 $\xi < 1$。

磨块磨粒 M 的瞬时速度在水平轴 X 的方向余弦为：

$$\cos\varphi = \frac{V_x}{V_M} = \frac{u - r\omega\sin\omega t}{\sqrt{r^2\omega^2 + u^2 - 2ru\omega\sin\omega t}} \tag{8-24}$$

由式（8-24）可见，刀齿端点 M 的速度随时间做周期性变化。

由上述磨块运动分析可知，磨块上任意一磨粒的水平分速度始终与磨头前进方向相反，其运动轨迹是摆线，限制磨头牵引性能的发挥。由式（8-23）可知，磨块处在与瓷砖垂直的位置时，即磨块上的磨粒处在最低位置时，绝对速度最小，$V_{min} = V_x - u$。磨块的运

动对磨头牵引性能的限制为最大。

2. 磨块逆磨情况下的运动分析

磨块逆磨的绝对运动是磨块绕着磨块座旋转中心的相对逆时针运动与磨头的直线移动（牵连运动）复合而成的。运动的轨迹为次摆线，如图 8-12 所示。

设磨块座摆动中心为直角坐标系的原点 O，横坐标 X 轴，以磨头移动方向为正量（磨头展开后转动变成了移动），移动速度为 u；纵坐标 Z 轴，以磨削深度方向为正量；磨块的回转角速度为 ω，磨块逆时针方向旋转；回转角位移 ωt，从 OX 轴正量算起，即为磨块磨粒的起始位置；取磨块上任意一磨粒 N，该磨粒到磨块摆动中心的距离为 r；磨粒 N 的运动轨迹可以时间 t 的参数方程式表示。N 点的坐标为：

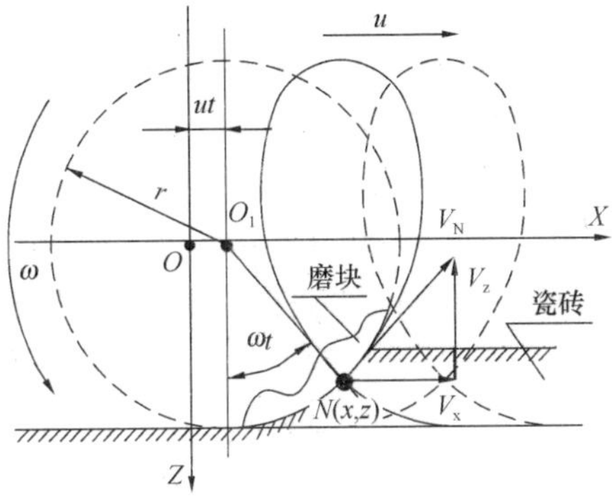

图 8-12　磨块逆磨轨迹

$$\left.\begin{aligned} x &= ut + r\sin\omega t \\ y &= r\cos\omega t \end{aligned}\right\} \tag{8-25}$$

对式（8-25）进行求导后，即得磨块磨粒 N 的速度沿 X 和 Z 轴的分量：

$$\begin{cases} V_x = \dfrac{dx}{dt} = u + r\omega\cos\omega t \\ V_z = \dfrac{dz}{dt} = r\omega\sin\omega t \end{cases} \tag{8-26}$$

磨块磨粒 N 的瞬时速度，可用此二速度分量的合成速度表示：

$$V_N = \sqrt{V_x^2 + V_z^2} = \sqrt{u^2 + r\omega^2 + 2ur\omega\cos\omega t} \tag{8-27}$$

式中，$r\omega$ 是磨块磨粒的圆周线速度。令 $\lambda = (r\omega)/u$，λ 称为磨削速度比。

则

$$\begin{aligned} V_N &= \sqrt{\frac{r^2 + \omega^2}{\lambda^2} + r^2\omega^2 + \frac{2}{\lambda}r^2\omega^2\cos\omega t} \\ &= r\omega\sqrt{1 + \frac{1}{\lambda^2} + \frac{2}{\lambda}\cos\omega t} \end{aligned} \tag{8-28}$$

磨块磨粒 N 的瞬时速度在水平轴 X 的方向余弦为：

$$\begin{aligned} \cos\varphi &= \frac{V_x}{V_N} = \frac{u + r\omega\cos\omega t}{r\omega\sqrt{1 + \dfrac{1}{\lambda^2} + \dfrac{2}{\lambda}\cos\omega t}} \\ &= \frac{1 + \lambda\cos\omega t}{\sqrt{1 + 2\lambda\cos\omega t + \lambda^2}} \end{aligned} \tag{8-29}$$

由式（8-29）可见，刀齿端点 N 的速度随时间做周期性变化。

由上述磨块运动分析可知，磨块上任意一磨粒的水平分速度始终与磨头前进方向相同，其运动轨迹是摆线，能够进一步发挥磨头的牵引性能。由式（8-28）可知，磨块摆动到极限位置时，磨块上任意一磨粒的绝对速度最大，$V_{max} = V_x + u$。磨块的运动对磨头牵引性能的辅助为最大。

综上分析可知，磨块的摆动对磨头牵引作用不是恒定的，而是限制和辅助两种作用不断发生周期性变化。

8.3 磨块磨削过程中磨粒运动特性

图 8-13 描述了磨削过程中砂轮磨粒与工件之间的运动学关系。图中砂轮线速度为 v_s，砂轮直径为 d_e，工件进给速度为 v_w，磨削深度为 a_p。

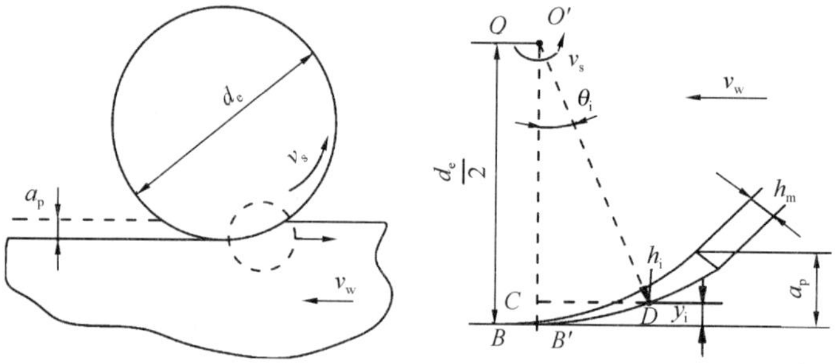

图 8-13 磨削过程中磨粒与瓷砖运动学关系示意图

当磨粒绕砂轮回转轴转过的角度为 θ_i 时，磨粒划擦位置到磨削完成后平面的竖直距离 y_i 可表示为：

$$y_i = \frac{1}{2}d_e(1 - \cos\theta_f) \tag{8-30}$$

在磨削过程中磨粒参与划擦所对应的转角范围为 $0 < \theta_i < \theta_m$，其中最大转角 θ_m 可表示为：

$$\theta_m = \arcsin\left(2\sqrt{\frac{a_p}{d_e}}\right) \tag{8-31}$$

通常情况下，磨削深度 a_p 远小于砂轮直径 d_e，因此，转角 θ_i 非常小，故式（8-31）可简化为：

$$y_i = \frac{1}{4}d_e\theta_f^2 \tag{8-32}$$

对应的磨粒划擦深度 h_i 可表示为：

$$h_i = L \cdot \frac{\nu_w}{\nu_s} \cdot \theta_i \tag{8-33}$$

式中 L——沿砂轮周向分布的磨粒切削刃的平均距离，可近似取为磨粒平均尺寸的1.5倍。

联立式（8-32）和式（8-33）并消去转角 θ_i，可得：

$$y_i = \frac{1}{4}d_e\left(\frac{h_i}{L} \cdot \frac{\nu_s}{\nu_w}\right)^2 \tag{8-34}$$

另外，磨削过程中磨粒的最大划擦深度 h_m 可以表示成磨削工艺参数和砂轮参数的函数：

$$h_m = \left[\frac{4}{Cr}\frac{\nu_w}{\nu_s}\left(\frac{a_p}{d_e}\right)^{1/2}\right]^{1/2} \tag{8-35}$$

式中　C——砂轮表面单位面积上的磨粒切削刃密度；

r——磨屑宽度与厚度的比值。

侧向裂纹之间相互干涉和破碎成屑作用是多磨粒加工过程中材料去除以及表面创成的主要机理。因此，可以认为磨粒划擦侧向裂纹深度与划擦位置到磨削完成后平面的距离之间的关系是影响瓷砖磨削模式和磨削表面质量的关键因素。磨削过程中磨粒划擦侧向裂纹深度可以表示为：

$$C_{li}^{g} = C_{li}^{dy} = K_0 \cdot h_i \tag{8-36}$$

式中，系数 $K_0 = \left[\frac{3(1-2\nu)}{5-4\nu} + \frac{2\sqrt{3}}{\pi(5-4\nu)} \cdot \frac{E}{\sigma_y}\cot\theta\right]^{1/2} \cdot \tan\theta \cdot \chi \cdot e^{-k_1\nu_{sc}}$。其中，磨削过程中磨粒相对于工件的划擦速度 v_{sc} 是砂轮线速度 v_s 和工件进给速度 v_w 的合成速度：

$$\nu_{sc} = \begin{cases} \nu_s + \nu_w\cos\theta_t & \text{逆磨} \\ \nu_s - \nu_w + \cos\theta_i & \text{顺磨} \end{cases} \tag{8-37}$$

通常情况下，砂轮线速度 ν_s 远大于工件进给速度 ν_w，因此，式（8-37）可统一简化为：

$$\nu_{sc} = \nu_s \tag{8-38}$$

需要注意的是，式（8-36）成立的前提条件是磨粒划擦深度足够深以至于能够引起脆性裂纹的萌生扩展，即需要满足 $h_i > h_c$。

磨削模式临界条件如下：

只要磨粒划擦工件材料所产生的侧向裂纹没有扩展到磨削完成后平面，此时磨削表面创成方式便以塑性变形为主，对应的临界条件是：

$$C_{li}^{g} - h_i < y_i \tag{8-39}$$

将式（8-34）和式（8-36）代入式（8-39）后可得：

$$h_i > \frac{4(K_0-1)L^2}{d_e} \cdot \left(\frac{\nu_w}{\nu_s}\right)^2 \tag{8-40}$$

上式表明，当磨粒划擦模式为脆性模式时（即 $h_c < h_i < h_m$），只要满足式（8-40），则磨粒划擦侧向裂纹就不会延伸到磨削完成后平面以下。由于当 $h_i < h_c$ 时，磨粒划擦方式为塑性变形，因此，满足式（8-40）的条件是：

$$h_c > \frac{4(K_0-1)L^2}{d_e} \cdot \left(\frac{\nu_w}{\nu_s}\right)^2 \tag{8-41}$$

定义磨削模式的临界参数：

$$\Delta = \frac{4(K_0-1)L^2}{d_e} \cdot \left(\frac{\nu_w}{\nu_s}\right)^2 - h_c \tag{8-42}$$

则磨削模式临界条件为：

（1）脆性模式：$h_m > h_c$ 且 $\Delta > 0$；

（2）脆塑性混合模式：$h_m > h_c$ 且 $\Delta \approx 0$；

（3）准塑性模式：$h_m > h_c$且$\Delta < 0$；

（4）纯塑性模式：$h_m < h_c$。

8.4 磨块端面磨削

8.4.1 磨块端面磨削形式

瓷砖抛光机磨头磨削瓷砖表面是一个多运动组合的过程，磨头除了前述运动形式之外，瓷砖在输送带的驱动下不断进给。整个磨头与瓷砖之间有相对的运动，把磨头看作一个整体，磨头与瓷砖之间磨削运动是端面磨削的过程，如图 8-14 所示。

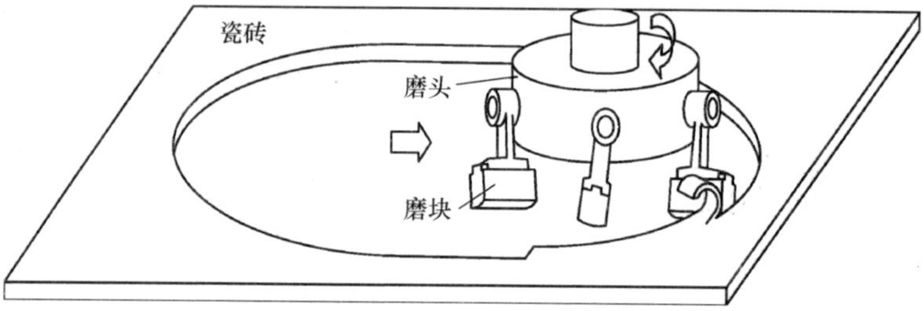

图 8-14 磨头端面磨削情况

前面分析的是磨块上的金刚石磨粒在磨块的摆动下，做近似圆柱磨削的情况。磨块上的金刚石磨粒不仅要实现顺、逆磨瓷砖，而且还要实现端面磨削瓷砖。用端面金刚石磨粒磨削平面与用摆动金刚石磨粒磨削平面比较，其特殊性是切屑厚度变化较小，同时进行磨削的金刚石磨粒较多，因此磨削时比较平稳。并且金刚石磨粒刀刃又有刮削作用，所以表面光洁度也较好。

用瓷砖抛光磨头端面磨削瓷砖时，因磨头在横梁的驱动下产生一个往复摆动的过程，在摆动到瓷砖两边的边缘位置时，通常磨头会超出瓷砖边缘 100mm 的距离。按磨头与瓷砖之间的相对位置不同可分为不对称磨削和对称磨削。

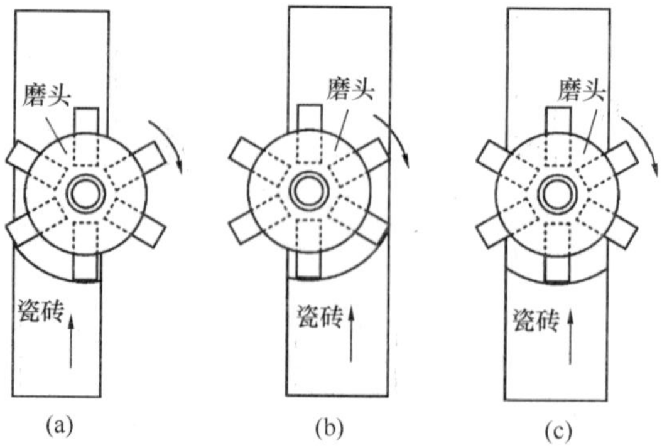

图 8-15 不对称磨削和对称磨削

（a）顺磨削；（b）逆磨削；（c）对称磨削

（1）不对称磨削。磨削时瓷砖中心偏在磨头的一边，不与磨头轴心线相对称，称为不对称磨削，如图 8-15（a）和（b）所示。

不对称磨削时，同样有顺磨和逆磨的区别：当磨头大部分为顺磨、小部分为逆磨时，就称为顺磨；当磨头大部分为逆磨、小部分为顺磨时，就称为逆磨。

磨头进行端面逆磨时，不会有瓷砖向上掀动和金刚石磨粒切入瓷砖时产生的滑移现象，因此，也就没有磨块摆动进行逆磨时所产生的各种不良现象。所以，在瓷砖进给，磨头实现端面磨削瓷砖平面时，一般采用逆磨方式。

（2）瓷砖的宽度在磨头轴心线两边各占一半的情况下进行磨削时，也就是磨头在横梁的驱动下摆动到瓷砖中心位置时，称为对称磨削，如图 8-15（c）所示。

瓷砖抛光磨头做对称磨削时，比不对称磨削接触弧长，同时参加磨削的金刚石磨粒增加，因此，作用在每一个金刚石磨粒上的力小于不对称磨削的力。同时，对称磨削实质上一半是顺磨，一半是逆磨，其水平分力 $P_{平}$ 不断地转换方向，磨削时易产生较大的振动。

8.4.2　磨块端面磨削机理

在研究磨削机理时，需要根据磨粒切削刃的作用，将磨粒切入深度作为判断磨削力的指标。此外也可用磨粒的切削截面积代替磨粒的切入深度。但是根据求磨粒磨削轨迹的方法，端面磨削中砂轮与工件的相对曲率为 0，这样不能在理论上求出最大切入深度，这时需要用磨粒磨削端面的方法来计算，在这里称为“切屑的总体积与去除的工件总体积相等”。

如图 8-16 所示，工件与砂轮的正面相对，以 v_f 的速度进行切入，单位时间内除去的工件体积为 $v_f S_w$，S_w 为工件的截面面积。一方面，如果每个单位砂轮表面积的磨粒切削刃数为 j，则单位时间内参与磨削的磨粒切削刃数为 jbV。这里 b 是工件的宽度，V 为砂轮转速。当切屑生成时会发生剪切变形，因此切削的截面面积增加。被磨削材料为硬质合金时，可忽视切屑变形，仅考虑磨粒切削刃的切削截面面积所产生的切屑，在这里称为未变形切屑截面面积。未变形切屑截面面积为 S_c，假设磨粒切削刃长度 l_c 为变形切屑的长度，那么一个切屑体积为 $l_c S_c$。因此，从去除工件的连续性考虑：

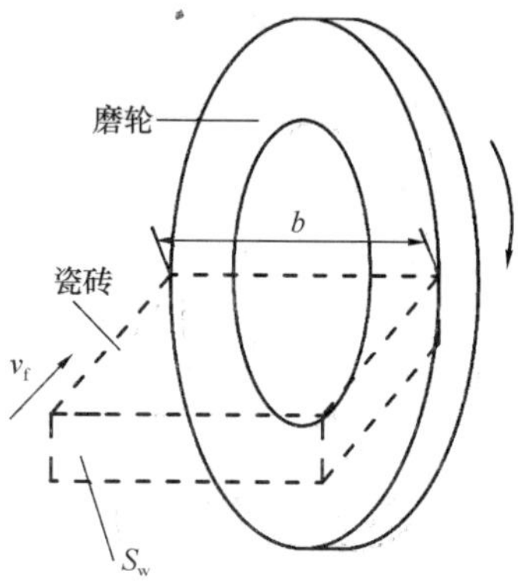

图 8-16　端面磨削示意图

$$\nu_f S_w = jbVl_c S_c \tag{8-43}$$

因为：

$$S_w = bl_c \tag{8-44}$$

所以可以得到：

$$S_c = \frac{\nu_f}{jV} \tag{8-45}$$

这样，未变形磨削截面积 S_c 是磨粒磨削断面面积。

将磨粒的切削刃形状假定为顶角等于 2α 的圆锥，则磨粒切屑平均厚度为

$$h = \sqrt{\frac{S_c \sin 2\alpha}{3}} = \sqrt{\frac{\nu_f \sin 2\alpha}{3jV}} \tag{8-46}$$

8.4.3　磨块端面磨削力的理论模型

磨削力起源于工件与砂轮接触后引起的弹性变形、塑性变形、切屑形成以及磨粒和结合剂与工件表面之间的摩擦作用。研究磨削力的目的，在于搞清楚磨削过程的一些基本情况，它不仅是磨床设计的基础，也是磨削研究中的主要问题，磨削力几乎与所有磨削有关系。

为便于分析问题，磨削力可分为相互垂直的三个分力，即沿砂轮切向的切向磨削力 F_t，沿砂轮径向的法向磨削力 F_n，以及沿砂轮轴向的轴向磨削力 F_a。一般磨削中，轴向力 F_a 较小，可以不计。由于砂轮磨粒具有较大的负前角，所以法向磨削力 F_n 大于切向磨削力 F_t。

磨削力与砂轮耐用度、磨削材料表面粗糙度、磨削比能等均有直接关系。实践中，由于磨削力比较容易测量与控制，因此常用磨削力来诊断磨削状态，将此作为适应控制的评定参数之一。

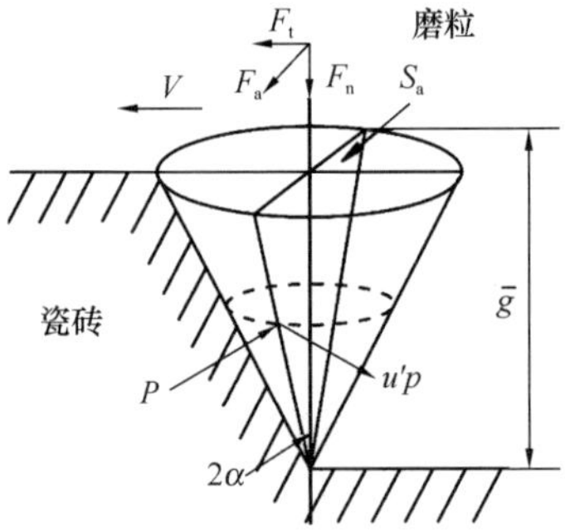

图 8-17　砂轮磨粒切削刃的磨削模型

以砂轮磨粒切削刃的磨削模型来计算切向作用力 F_t 和法向作用力 F_n 的值。假设平均磨粒切削刃的前端顶角为 2α，磨削中的切削刃如图 8-17 所示。这时，实际的磨削工件断面面积为 S_a，工件出现磨削痕迹（向上突出）或脆性破坏（工件为脆性材料的场合中）。假设未变形切削工件断面面积的系数为 C，那么，根据磨痕向上突出部分含有的平均磨粒切入工件深度为 $\bar{g}$ 得出：

$$S_a = \bar{g}\tan\alpha = C\left(\frac{\Delta\nu}{jl_cV}\right) \tag{8-47}$$

在这里将 C 命名为突出系数。

但是处于磨削中的磨粒切削刃，只是圆锥整体的前半部分与工件接触，在含有接触面压力为 p 的作用点水平面内，从工件开始的摩擦力为 $u'p$（图 8-17），磨粒切削刃作用的磨削方向分力 f_t 为

$$f_t = p\bar{g}^2\tan\alpha + \frac{2}{\pi}u'f_n\cos(\mathrm{esc}\alpha) \tag{8-48}$$

在这里 f_n 为磨粒切削刃作用的法向分力

$$f_n = \frac{\pi}{2}p\bar{g}^2\tan^2\alpha \tag{8-49}$$

磨削力的切向分力 F_t 和法向分力 F_n，与式（8-48）、式（8-49）的各自砂轮-工件接触弧长内的有效切削刃数（称为同时磨削切削刃数）jl_cb 有关系，得出

$$F_t = cp\left(\frac{\nu\Delta b}{V}\right) + uF_n \tag{8-50}$$

$$F_n = cp\left(\frac{\pi\nu\Delta b}{2V}\right)\tan\alpha \tag{8-51}$$

在这里 u 为 $u = (2/\pi)\mathrm{cose}\alpha \cdot u'$。

式（8-50）、式（8-51）是对磨削力和磨削条件关系的叙述。仅以法向分力 F_n 为例子，F_n 与单位时间内的体积磨削量（磨削去除效率）$Q_w = \nu\Delta b$ 成正比，与砂轮线速度 V 成反比。

8.4.4　磨块端面微量磨削

普通切削加工，由于机械进给机构刚度和振动特性的影响，要达到 1μm 以下切除层厚度是相当困难的，从而限制了加工精度的进一步提高。目前瓷砖表面精加工工序中是采用切除层极小的精密研磨加工方法完成的。超精密研磨加工，如将磨粒形状简化为圆锥体（图 8-18），其单颗磨粒切削瓷砖的深度可用式（8-52）表示：

$$a_c = \sqrt{\frac{2F}{\pi\sigma_s\tan^2\alpha}}(\mathrm{mm}) \tag{8-52}$$

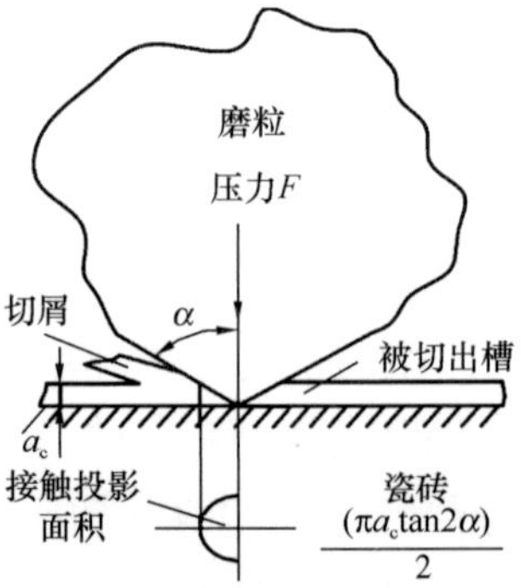

图 8-18　单颗磨粒的接触模型

式中　F——单个磨粒承受的压力（N）；

α——简化圆锥磨粒的半顶角（°）；

σ_s——工件材料的屈服点（MPa）。

如 $\alpha=60°$，$\sigma_s=2000\text{MPa}$，$F=10^{-3}\text{N}$，则 $a_c=0.3\mu\text{m}$。每颗磨粒载荷为 $F=10^{-3}\text{N}$ 时，相当于每平方厘米分布有 600～6000 颗磨粒，载荷相当于 0.6～6N，如果将研磨压力控制在这一范围内，就可得到小于 0.3μm 的切削深度，这对超精密研磨来说并不难实现。

在研磨加工中，由于每颗磨粒形状不完全一致，以及分布的随机性，磨粒在工件上做滑动和滚动时，可实现多方向切削，并且全体磨粒的切削机会和切刃破碎率均等，可实现自动修锐。

研磨加工中，磨粒切刃的机械作用可用图 8-19中的加工模型来表示。通过切削的相对运动产生沟槽 G_1，G_2，…，G_i，其体积总和为切削量。磨粒与工件的接触压力约等于工件材料的屈服点 σ_s，σ_s 可按下式计算：

$$\sigma_s = 10.584HV(\text{MPa}) \tag{8-53}$$

HV 为工件材料的维氏显微硬度。磨粒切刃的形状可以近似用圆锥体表示，若其高度分布按等高、正态或均匀分布时，可近似推算在某种工艺条件下的切削加工量为：

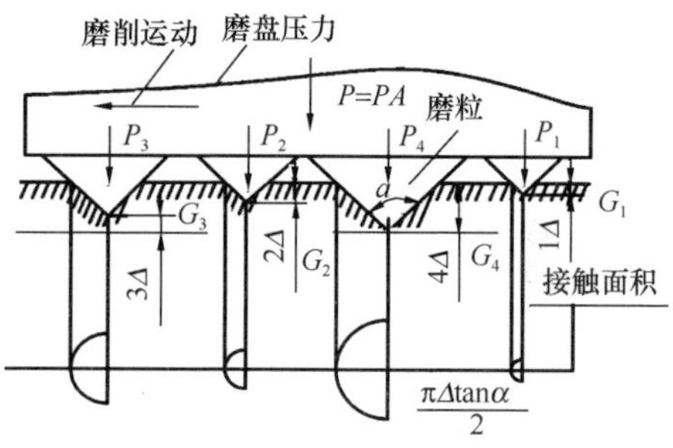

图 8-19　研磨加工计算模型

$$V = \frac{2APL}{\pi\sigma_s\tan\alpha}(\text{mm}^3) \tag{8-54}$$

式中　σ_s——工件材料的屈服点（MPa）；

A——工件与磨粒的接触面积（mm^2）；

P——工件与磨粒的接触压力（MPa）；

L——工件与磨粒的相对移动距离（mm）；

α——磨粒圆锥半顶角（°）。

加工表面粗糙度与最大吃刀量 a_{cmax} 成正比，a_{cmax} 可由下式得出：

$$a_{cmax} = \left(\frac{\eta d_g^3 P}{G\sigma_s\tan\alpha}\right)^{1/3} \quad (\text{mm}) \tag{8-55}$$

$$G = \frac{\pi n d_g^2 \eta}{6} \tag{8-56}$$

式中　η——磨粒体积率，等于直径为 d_g 尖磨粒的实际体积与直径为 d_g 的球体积之比；

d_g——磨粒的平均直径（mm）；

G——磨粒率；

n——磨粒数。

可见，通过提高工件与磨粒的接触面积、接触压力及相对移动距离，减小磨粒圆锥半顶角，可提高加工效率；通过减少磨粒粒径、工件与磨粒的接触压力和磨粒体积率，以及增大工件的屈服点、磨粒圆锥半顶角和磨粒率，可降低表面粗糙度。

8.5 磨块顺、逆磨运动轨迹

由磨头的结构和工作原理可知，磨块在运行过程中是摆动，摆动的方向与磨头的旋转方向不是恒定的。其摆动过程如图8-20所示。磨块从Ⅰ极限位置开始摆动，摆动24°后到达极限位置Ⅱ。磨块摆动方向如图8-20（a）中所示，从图中可以看出，磨头的转动方向和磨块的摆动方向是相反的。磨块摆动到极限位置Ⅱ时，再从极限位置Ⅱ摆动24°到极限位置Ⅰ。从图8-20（b）中可以看出，磨头的转动方向与磨块的摆动方向相同。

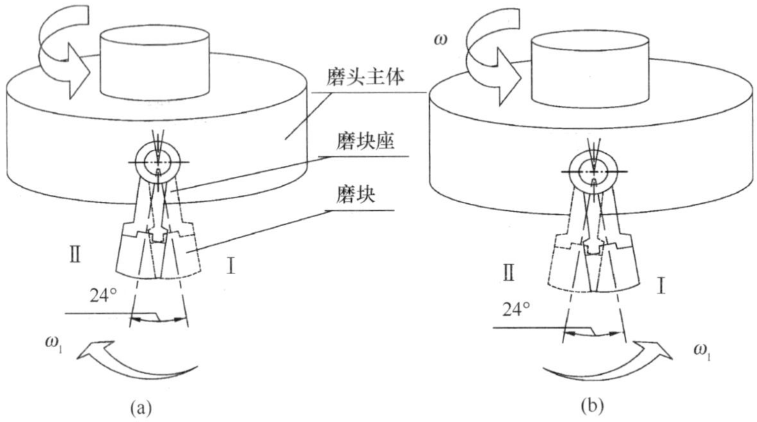

图8-20　磨块摆动图

（a）摆动极限位置Ⅰ；（b）摆动极限位置Ⅱ

下面分析磨头的转速与磨块摆动速度之间的关系。分两种情况进行分析：一是磨块的摆动方向与磨头的转动方向一致，本书称之为“顺磨”；二是磨块的摆动方向与磨头的前进方向相反，本文称之为“逆磨”。

在分析之前先做如下假设条件：

（a）瓷砖固定不动。

（b）将磨头展开，磨头的转动变为直线移动。

（c）磨块上的磨粒大小相同，分布均匀。

（d）磨块在运行过程中是一个摆动，不做整圆回转运动。因为摆动是回转运动的一部分，为了分析方便，将磨块的摆动做整圆旋转分析。

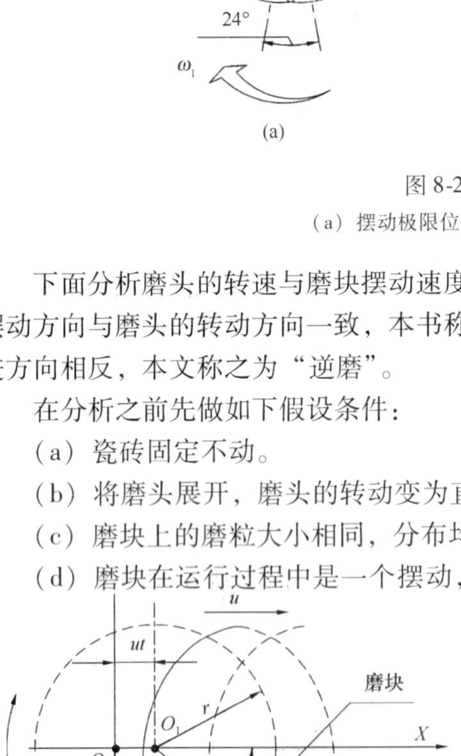

图8-21　磨块顺磨轨迹

1. 磨块顺磨情况下的运动分析

根据磨块的运动原理和上述的假设条件可知，磨块顺磨的绝对运动是磨块绕着磨块座旋转中心的相对顺时针运动与磨头的直线移动（牵连运动）复合而成的。运动的轨迹为次摆线，如图8-21所示。

设磨块座摆动中心为直角坐标系的原点 O，

横坐标 X 轴，以磨头移动方向为正量（磨头展开后转动变成了移动），移动速度为 u；纵坐标 Z 轴，以磨削深度方向为正量；磨块的回转角速度为 ω，磨块顺时针方向旋转；回转角位移 ωt，从 OX 轴正量算起，即为磨块磨粒的起始位置；取磨块上任意一磨粒 M，该磨粒到磨块摆动中心的距离为 r；磨粒 M 的运动轨迹，可以时间 t 的参数方程式表示。M 点的坐标为：

$$\begin{cases} x = r\cos\omega t + ut \\ z = r\sin\omega t \end{cases} \tag{8-57}$$

对式（8-57）进行求导后，即得磨块磨粒 M 的速度沿 X 和 Z 轴的分量：

$$\begin{cases} V_x = \dfrac{du}{dt} = u - r\omega\sin\omega t \\ V_z = \dfrac{dz}{dt} = r\omega\cos\omega t \end{cases} \tag{8-58}$$

磨块磨粒 M 的瞬时速度，可用此二速度分量的合成速度表示：

$$V_M = \sqrt{V_x^2 + V_z^2} = \sqrt{r^2\omega^2 + u^2 - 2ru\omega\sin\omega t} \tag{8-59}$$

式中，$r\omega$ 是磨块磨粒的圆周线速度。令 $\xi = (r\omega)/u$，ξ 称为磨削速度比，其大小对磨块磨粒运动轨迹及磨块工作状况有重要影响。磨头的额定转速为 475r/min，磨块的摆动频率只有 72 次/min。因此 $\xi < 1$。

磨块磨粒 M 的瞬时速度在水平轴 X 的方向余弦为：

$$\cos\varphi = \frac{V_x}{V_M} = \frac{u - r\omega\sin\omega t}{\sqrt{r^2\omega^2 + u^2 - 2ru\omega\sin\omega t}} \tag{8-60}$$

由式（8-60）可见，刀齿端点 M 的速度随时间做周期性变化。

由上述磨块运动分析可知，磨块上任意一磨粒的水平分速度始终与磨头前进方向相反，其运动轨迹是摆线，限制磨头牵引性能的发挥。由式（8-60）可知，磨块处在与瓷砖垂直的位置时，即磨块上的磨粒处在最低位置时，绝对速度最小，$V_{min} = V_x - u$。磨块的运动对磨头牵引性能的限制为最大。

2. 磨块逆磨情况下的运动分析

磨块逆磨的绝对运动是磨块绕着磨块座旋转中心的相对逆时针运动与磨头的直线移动（牵连运动）复合而成的。运动的轨迹为次摆线，如图 8-22 所示。

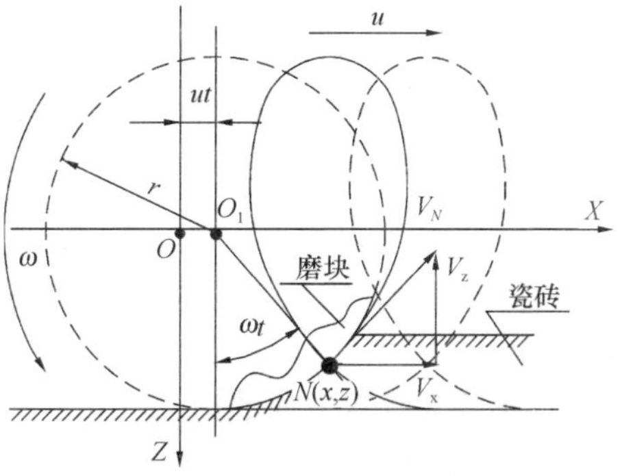

图 8-22　磨块逆磨轨迹

设磨块座摆动中心为直角坐标系的原点 O，横坐标 X 轴，以磨头移动方向为正量（磨头展开后转动变成了移动），移动速度为 u；纵坐标 Z 轴，以磨削深度方向为正量；磨块的回转角速度为 ω，磨块逆时针方向旋转；回转角位移 ωt，从 OX 轴正量算起，即为磨块磨粒的起始位置；取磨块上任意一磨粒 N，该磨粒到磨块摆动中心的距离为 r；磨粒 N 的运动轨迹，可

以时间 t 的参数方程式表示。N 点的坐标为：

$$\begin{cases} x = ut + r\sin\omega t \\ y = r\cos\omega t \end{cases} \tag{8-61}$$

对式（8-61）进行求导后，即得磨块磨粒 N 的速度沿 X 和 Z 轴的分量：

$$\begin{cases} V_x = \dfrac{dx}{dt} = u + r\omega\cos\omega t \\ V_x = \dfrac{dz}{dt} = r\omega\sin\omega t \end{cases} \tag{8-62}$$

磨块磨粒 N 的瞬时速度。可用此二速度分量的合成速度表示：

$$V_N = \sqrt{V_x^2 + V_z^2} = \sqrt{u^2 + r\omega^2 + 2ur\omega\cos\omega t} \tag{8-63}$$

式中，$r\omega$ 是磨块磨粒的圆周线速度。令 $\lambda = (r\omega)/u$，λ 称为磨削速度比。

则 $$V_N = \sqrt{\frac{r^2 + \omega^2}{\lambda^2} + r^2\omega^2 + \frac{2}{\lambda}r^2\omega^2\cos\omega t}$$

$$= r\omega\sqrt{1 + \frac{1}{\lambda^2} + \frac{2}{\lambda}\cos\omega t} \tag{8-64}$$

磨块磨粒 N 的瞬时速度在水平轴 X 的方向余弦为：

$$\cos\varphi = \frac{V_x}{V_N} = \frac{u + r\omega\cos\omega t}{r\omega\sqrt{1 + \dfrac{1}{\lambda^2} + \dfrac{2}{\lambda}\cos\omega t}}$$

$$= \frac{1 + \lambda\cos\omega t}{\sqrt{1 + 2\lambda\cos\omega t + \lambda^2}} \tag{8-65}$$

由式（8-65）可见，刀齿端点 N 的速度随时间做周期性变化。

由上述磨块运动分析可知，磨块上任意一磨粒的水平分速度始终与磨头前进方向相同，其运动轨迹是摆线，能够进一步发挥磨头的牵引性能。由式（8-64）可知，磨块摆动到极限位置时，磨块上任意一磨粒的绝对速度最大，$V_{max} = V_x + u$。磨块的运动对磨头牵引性能的辅助为最大。

综上分析可知，磨块的摆动对磨头牵引作用不是恒定的，而是限制和辅助两种作用不断的周期变化。

8.6 磨头在垂直方向运动及抛光深度建模

8.6.1 磨头在垂直方向的运动

由抛光机结构和原理的分析可知，磨头在垂直方向（Z 方向）的运动，由两种运动组成，磨头在汽缸的压力和磨头转速的作用下，产生垂直向下运动和旋转运动。其磨头在垂直方向上的运动轨迹是成正螺旋面。磨头上的磨块对瓷砖破碎完全是靠纯粹的滑动所产生的切削作用。磨头在垂直方向的运动轨迹如图 8-23 所示。

设磨块上一点 $A(x, y, z)$，距磨头中心轴的距离为 r，当磨头运行时，该点所形成轨迹为一条螺旋线。其方程为：

$$\begin{cases} x = r\cos\omega t \\ y = r\sin\omega t \\ z = \dfrac{nh}{2\pi}\omega t \end{cases} \tag{8-66}$$

式中　h——磨块磨入瓷砖的深度；

n——磨块数；

nh——磨头每转一转磨削瓷砖的深度；

ω——磨头旋转角速度。

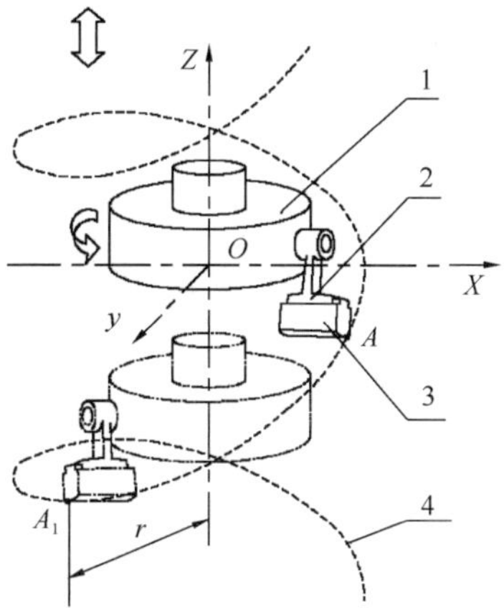

图 8-23　磨头在垂直方向的运动轨迹

1—磨头主体；2—磨块座；3—磨块；4—磨头在垂直方向的运动轨迹线

A 点在 t 时间内所形成螺旋线轨迹 W 为：

$$W = \int_0^t \sqrt{dx^2 + dy^2 + dz^2} \tag{8-67}$$

对式（8-66）求导得：

$$\begin{cases} dx = -r\omega\sin\omega t \cdot dt \\ dy = r\omega\cos\omega t \cdot dt \\ dz = \dfrac{nh\omega}{2\pi} \cdot dt \end{cases} \tag{8-68}$$

把式（8-68）代入式（8-67）得：

$$W = \int_0^t \sqrt{(r\omega)^2 + \left(\frac{nh\omega}{2\pi}\right)^2} \cdot dt = t\sqrt{(r\omega)^2 + \left(\frac{nh\omega}{2\pi}\right)^2} \tag{8-69}$$

因为：

$$t = \frac{2\pi H_t}{nh\omega} \tag{8-70}$$

式中　H_t——磨头抛光深度。

将式（8-70）代入式（8-69）得：

$$W = \frac{2\pi H_t}{nh\omega}\sqrt{(r\omega)^2 + \left(\frac{nh\omega}{2\pi}\right)^2} = H_t\sqrt{\left(\frac{2\pi r}{nh}\right)^2 + 1} \tag{8-71}$$

8.6.2　磨头在垂直方向的抛光瓷砖机理

由前面的分析可知，磨头在垂直方向的运动是由汽缸带动磨头向下运动和磨头转动共同作用而成。从图 8-24 可以看出：磨头上的磨块抛光瓷砖时，在汽缸压力 F 的作用下，磨粒吃入瓷砖表面。在扭力 T 作用下磨块旋转切削破碎瓷砖，即磨头磨块在汽缸压力和磨头旋转扭力的联合作用下，边吃入边切削，以螺旋形轨迹连续破碎瓷砖，因此瓷砖底面为一倾斜面。倾斜面与水平面的夹角为 α。磨头压力 F 和扭力 T 的合力为 R，R 可以分解为 P 和 N 两个分力。由于瓷砖破碎是在 F 和 T 力同时作用下进行的，因此磨粒吃入深度要比 F 力单独作用时深得多。

磨块上的磨粒碎砖可以分为三个过程：

（1）磨粒在磨头压力 F 作用下，吃入瓷砖，在扭力 T 作用下挤压刃前瓷砖崩落出小体积瓷砖碎屑，产生小剪切破碎。磨粒碎砖过程如图 8-25 所示。

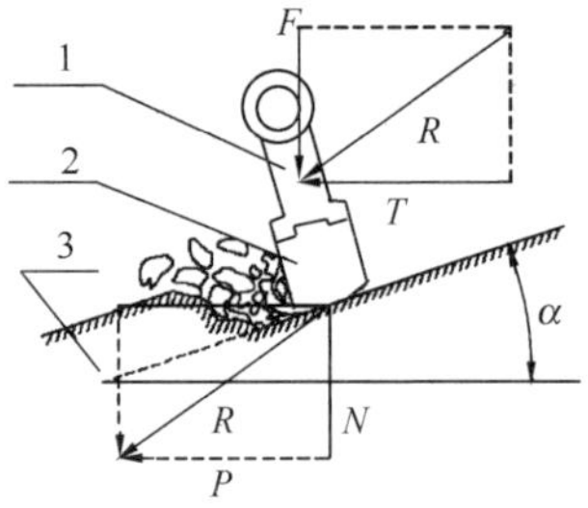

图 8-24　磨头在垂直方向的抛光机理
1—磨块座；2—磨块；3—瓷砖

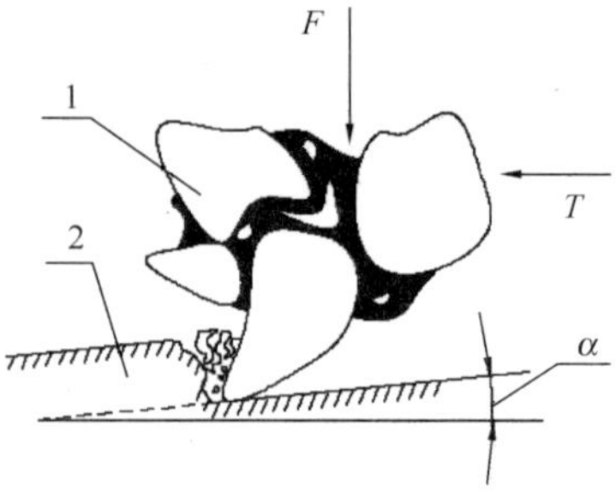

图 8-25　磨块磨粒碎砖过程 1
1—磨粒；2—瓷砖

（2）磨粒继续挤压刃前瓷砖，并将部分瓷砖压成粉状，经过不断的小剪切破碎后，磨粒与瓷砖接触面积逐渐增大，当扭力 T 达到瓷砖的强度极限时，瓷砖沿剪切面产生大体积的破碎。磨粒碎砖过程如图 8-26 所示。

（3）磨粒前面的瓷砖沿剪切面破碎后，切削阻力减小，在扭力 T 作用下，刀片向前推进，冲击碰撞磨粒前瓷砖。磨粒碎砖过程如图 8-27 所示。

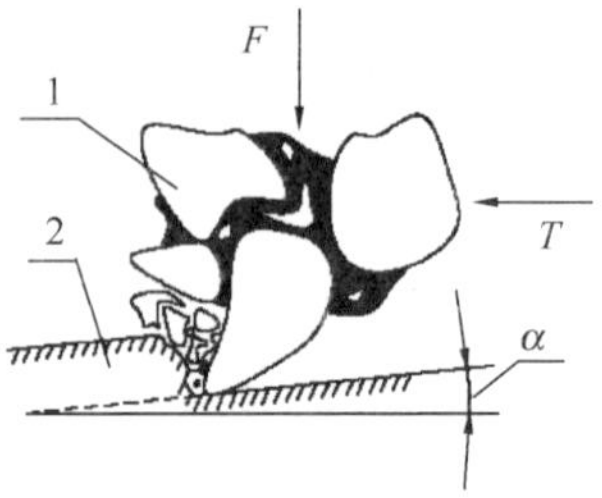

图 8-26　磨块磨粒碎砖过程 2
1—磨粒；2—瓷砖

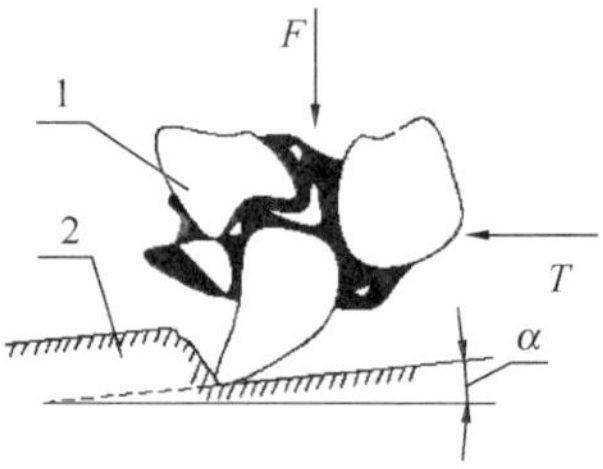

图 8-27　磨块磨粒碎砖过程 3
1—磨粒；2—瓷砖

小剪切及压碎、大剪切、冲击碰撞这三个过程反复进行，就是磨头磨粒破碎瓷砖的整个过程。

8.6.3　磨头在垂直方向的抛光量数学模型

由磨头的抛光原理可知，磨块座在运行过程中，不断在摆动，使磨块座与瓷砖是线接触，并且磨头在垂直方向的运动轨迹为螺旋线，又根据磨头在垂直方向的抛光机理和磨块磨粒的碎砖过程分析结果，在建立磨头在垂直方向的抛光深度模型时，将磨块简化为一把刮刀，简化模型如图 8-28 所示。

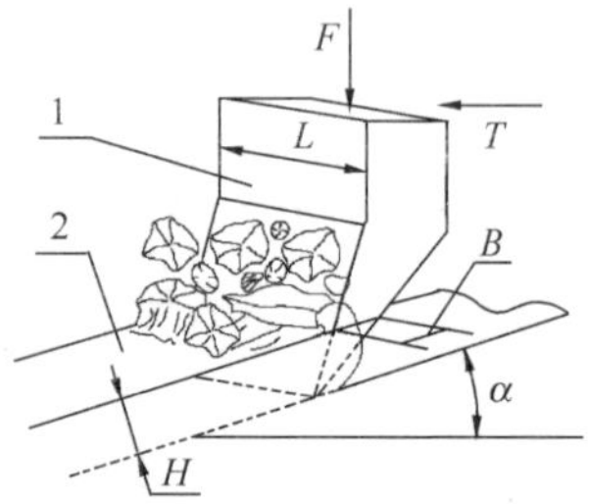

图 8-28　磨块简化模型
1—磨块；2—瓷砖

磨头在垂直方向的抛光深度数学模型为：

$$\frac{dH_t}{H_t} = C\frac{dF}{F} - C_1\frac{dS_t}{S_t} - C_2\frac{d\sigma}{\sigma} \tag{8-72}$$

式中　H_t——磨头抛光深度；

F——磨头压力；

S_t——瓷砖与磨块接触面积；

σ——瓷砖极限强度；

C、C_1、C_2——瓷砖机械性能常数。

对式（8-72）积分得：

$$H_t = \frac{mF^C}{\sigma^{C_2} \cdot S_t^{C_1}} \tag{8-73}$$

式中　m——影响 H_t 的各种因素作用的系数。

磨头垂直方向抛光速度为：

$$\nu_t = \frac{H_t}{t} \tag{8-74}$$

将式（8-70）代入式（8-74），同时将 $\omega =$ （2πN）/60 代入式（8-74）得：

$$\nu_t = \frac{nH_t \times N}{60} \tag{8-75}$$

将式（8-73）代入式（8-74）得：

$$\nu_t = \frac{mnNF^C}{60 \cdot \sigma^{C_2} \cdot S_t^{C_1}} \tag{8-76}$$

式中　n——磨块数；

N——磨头转速；

v_t——磨头在垂直方向的抛光速度。

当磨块上的磨粒切入到瓷砖一定的深度时，瓷砖便达到了极限强度，瓷砖开始碎裂，产生瓷砖屑。此时，参数 C_2 为 1，磨块与瓷砖的接触面积也增加了。面积为：

$$S_t = S_H + \lambda t \tag{8-77}$$

式中　S_H——瓷砖与磨块刚接触时的面积；

λ——瓷砖与磨块接触系数；

t——接触时间。

则 v_t 为：

$$\nu_t = \frac{mnNF^C}{60 \cdot \sigma(S_H + \lambda t)^{C_1}} \tag{8-78}$$

磨头在单位时间 t 内的磨削深度为：

$$H = \int_0^T \nu_t \cdot \mathrm{d}t \tag{8-79}$$

磨头的抛光深度也决定了瓷砖抛光量的多少。

8.6.4　磨头粗、精加工时抛光深度模型

由前面抛光机的结构和原理分析可知，抛光机上一般配置 12 ~ 20 个磨头，磨头被分为 3 到 4 组。每组 4 到 5 个磨头。每组磨头上的磨块粒度号不一样，根据粒度号大小分为粗加工阶段、精加工阶段、抛光加工阶段。这样同一台抛光机上同时实现了粗、精、抛光加工。磨头上的所有主轴电机的转速是一样的，而且稳定不变。磨头的汽缸压力在工作过程中也是恒定的。

磨头刚接触到瓷砖时的抛光深度为：

$$H_1 = EF^C \int_0^t \frac{\mathrm{d}t}{(S_H + \lambda t)^{C_1}} \tag{8-80}$$

式中，$E = \dfrac{mnN}{60 \cdot \sigma}$ 为常数。

对式（8-80）积分后得：

$$H_1 = \frac{mnNF^C}{60 \cdot \sigma\lambda(C_1 - 1)}\left[\frac{1}{S_H^{C_1-1}} \frac{1}{(S_H + \lambda t)^{C_1-1}}\right] \tag{8-81}$$

磨头抛光 t 时间内的抛光深度为：

$$H_2 = \frac{mnNF^C}{60 \cdot \lambda\sigma(C_1 - 1)}\left[\frac{S_t^{C_1-1} - S_H^{C_1-1}}{(S_H \cdot S_t)^{C_1-1}}\right] \tag{8-82}$$

8.6.5 磨头抛光加工时抛光深度模型

抛光时的条件和粗磨时一样，不同的是抛光磨块的粒度很细，抛光量很少，而是以摩擦为主。因此，参数 $C = C_1 = 1$。保证表面粗糙度是这个阶段的主要指标。则 ν_t 为：

$$\nu_t = \frac{mnNF}{60 \cdot \sigma(S_H + \lambda t)} \tag{8-83}$$

磨头的抛光深度为：

$$H_1 = E_1 F\int_0^t \frac{\mathrm{d}t}{S_H + \lambda t} \tag{8-84}$$

式中，$E_1 = \dfrac{mnN}{60 \cdot \sigma}$为常数。

对式（8-84）积分后得：

$$H_1 = \frac{E_1}{\lambda}F\ln\frac{S_H + \lambda t}{S_H} \tag{8-85}$$

从式（8-72）～式（8-85）可以看出，磨头抛光的深度与磨头的转速和瓷砖与磨块的接触面积有关系。而瓷砖与磨块的接触面积，是由磨头压力决定的。也就是说，磨头抛光深度取决于磨头的转速和汽缸的压力。磨头抛光深度又决定了抛光量的大小。

8.7 磨头功率的计算

瓷砖抛光磨头的驱动电动机需要的功率，是用来克服磨块的滚动摩擦、磨块的滑动摩擦、磨头自重、磨块自重、磨块磨粒磨削瓷砖，以及磨头其他各部分零件摩擦所需功率之总和。

（1）克服磨块滚动摩擦消耗的功率 N_1 为

$$N_1 = \frac{Gf_{滚}\ \pi r_m ni}{R100 \times 30} = \frac{Gf_{滚}\ r_m ni}{955R}(\mathrm{kW}) \tag{8-86}$$

式中　G——磨头加六个磨块总重力的六分之一（kN）；

$f_{滚}$——磨块滚动摩擦系数，$f_{滚} = 0.03$；

R——磨块半径（m）（磨块底部边缘到磨块座主轴中心的距离）；

r_m——磨块绕磨头主轴转动的平均半径（m）；

n——磨头主轴转速（r/min）；

i——磨块数目。

（2）克服磨块滑动摩擦消耗的功率 N_2 为

$$N_2 = \frac{Gf_{滑}\ \pi nbi}{120 \times 100} = \frac{Gf_{滑}\ bni}{3820}(\mathrm{kW}) \tag{8-87}$$

式中　b——磨块宽度（m）；

$f_{滑}$——磨块滑动摩擦系数，一般 $f_{滑}=0.3$。

其他符号意义同前所述。

其他零部件的摩擦损失，用传动效率 η 来考虑，一般 $\eta=0.5\sim0.8$，磨头电动机需要的功率为

$$N = K\frac{Gni}{\eta}\left(\frac{f_{滚} r_{m}}{955R}+\frac{f_{滑} b}{3820}\right) \tag{8-88}$$

式中　K——功率增加系数，考虑到起动摩擦力消耗的功率，$K=1.1\sim1.5$。

第 9 章　瓷砖表面抛光机理

现有的陶瓷破碎方式有磨削、研磨、铣削、水射流加工、水射流铣削等，这些方式都是基于普通切削理论。由于摆动式磨头既有端面磨削特点又有圆柱磨削特点，复杂运动形式的组合决定了瓷砖破碎方式与其他陶瓷破碎方式不同，传统陶瓷破碎理论不适合瓷砖破碎分析。为此本章在磨头运动学分析的基础上，提出瓷砖新破碎方式：冲击-切削联合破碎。本书重点分析破碎机理，分别建立冲击、切削破碎以及协同破碎模型，建立冷却水冲击和净化瓷砖模型。

9.1　脆性材料静态压痕及冲击裂纹分析

瓷砖是脆性材料之一，具有其他脆性材料相同的一些属性，脆性材料在静、动态加工过程中所表现出来的现象和结果，瓷砖加工过程中也同样存在。与瓷砖加工属性最相近的脆性材料有玻璃、碳化硅陶瓷、石材等。下面就对国内学者对玻璃、碳化硅、石材等脆性材料加工以及表面成形机理的研究成果进行系统的梳理，他们的研究成果对揭示瓷砖磨削过程中材料去除机理和表面创成机理具有重要的指导意义。同时也可以借鉴他们的研究成果，进一步地了解各类瓷砖表面成形过程，例如釉面瓷砖表面的釉，与玻璃具有同等的属性。釉的成分与玻璃的成分是一样的。金刚石加工玻璃时所表现出来的特性，同样适用于釉面砖的加工。

9.1.1　脆性材料断裂形式

通常情况下，在硬脆材料的加工过程中，材料脆性去除是通过空隙和裂纹的成形或延展、剥落及碎裂等方式来完成的，具体方式主要有以下几种：晶粒去除、材料剥落、脆性断裂、晶界微破碎等。

脆性材料与塑性材料在单轴拉伸、扭转时的断裂形式对比见表 9-1。可见，金属的断裂方向平行于最大剪应力方向，符合最大剪应力准则；而玻璃的断裂方向则垂直于最大拉应力方向，符合最大拉应力准则。

在单轴压缩或围压压缩时，脆性裂纹总是趋于剪切载荷最小的方向（即压应力最大的方向），大多数裂纹是张性的；随着外应力的增大，微裂纹数量不断增加，大量微裂纹相互交错连接，致使脆性材料发生完全破坏。同时，随着围压的增大，材料的塑性也增大，微裂纹的扩展方向将偏离最大压应力方向。此时，一部分微裂纹的扩展是张性的，另一部分则是剪性的；当围压很高时，则主要发生剪切破坏。硬脆材料在磨粒作用下的受力情况较复杂，不能简单归结为张性断裂或剪切断裂。在磨粒刃尖附近，材料受到很高的围压，因此将主要产生剪切移动（犁沟）或剪切破坏形成的密实核；在远离磨粒刃尖的区域，则主要发生大块的张性崩碎。材料与磨粒两侧接触处因受到很大张应力而发生开裂，形成如图 9-1 所示的蹄状裂纹（HC），蹄状裂纹与球体侵入时产生的赫兹裂纹本质上是相同的。当蹄状裂纹扩展方向与切削方向成较大角度（如接近 90°）时，由于受到前方阻力，促使蹄状裂纹扩展的张应力很快衰减，使蹄状裂纹停止扩展。当蹄状裂纹扩展方向与切削方向成较小角度时，压应力使蹄状裂纹不断扩展并逐渐趋于与压应力平行，从而导致沟槽两侧向产生豁口；当磨粒切削到边缘时，由于 σ_1 近似为零，因此蹄状裂纹可向两侧不停扩展，从而产生崩边。蹄状裂纹从产生到扩展都是张性的。

表 9-1　硬脆材料与金属材料的断裂形式对比

断裂形式	金属材料	硬脆材料
拉伸	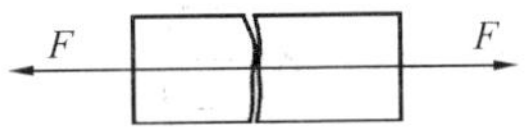	
扭转	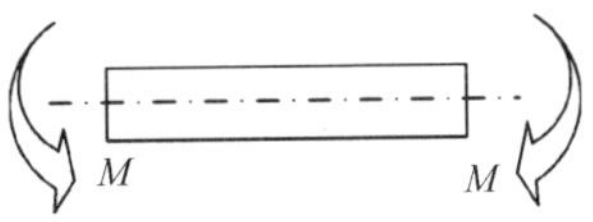	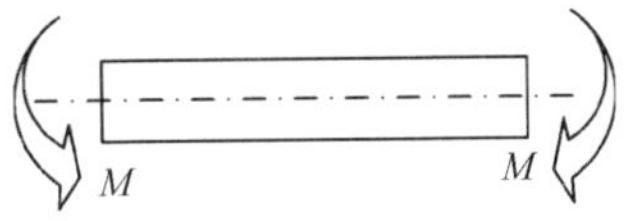
断裂方向	平行于最大剪应力	垂直于最大拉应力
符合准则	最大剪应力准则	最大拉应力准则

在磨粒作用下，脆性材料并不只产生蹄状裂纹。事实上，在磨粒周围整个强应力作用区内任何地方均可能发生开裂。正是由于众多裂纹相互交贯，才使切屑呈粉碎状而非一整块，同时在被加工材料表面留下许多裂纹。

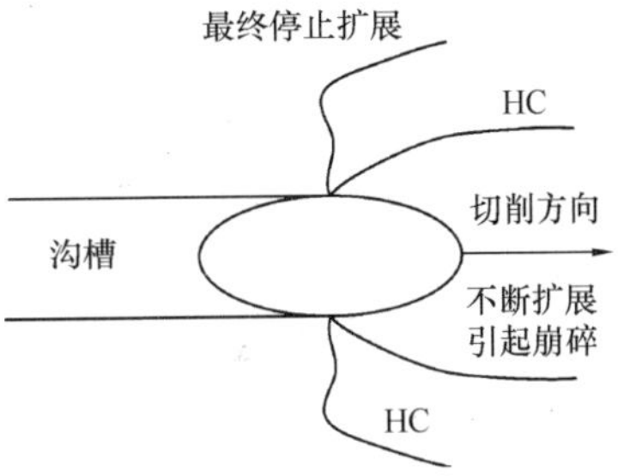

图 9-1　蹄状裂纹示意图

9.1.2　脆性材料静态压痕以及裂纹分析

1. 脆性材料静态压痕裂纹分类

脆性材料在压痕过程中发生的微开裂现象最早是由 Hertz 于 1882 年报道的，在采用球形压头对玻璃进行硬度试验时，Hertz 发现：在试样表面压痕边缘区域四周出现了环状裂纹；随着加在压头上的载荷的逐渐增大。环状裂纹开始向试件内部扩展，最终发育成为一条锥形裂纹。在采用平面板状压头进行脆性材料的硬度测试时也发现了类似的现象。球形压头与平面板状压头虽然形状有所不同，但它们与试件的接触过程都是一个完全弹性的过程，并不伴随有显著的局部塑性形变产生，压痕断裂力学研究中通常将这类与材料表面接触时不导致显著局部塑性形变的压头称为钝压头。相应地，与材料表面接触时将导致显著塑性形变的压头则称为尖锐压头。

借助于常规硬度压痕试验在脆性陶瓷材料表面引进的压痕裂纹按几何特征大体上可分为如图 9-2 所示的五种类型。

图 9-2(a) 即为 Hertz 发现的锥形裂纹，也称为 Hertz 裂纹。Hertz 裂纹主要由试件与钝压头的接触引进的。它在试件表面处成核，并从试件表面沿与压头加载方向成一定角度向试件内部扩展。

将尖锐压头压入试件表面则会导致如图 9-2(b) 所示的表面径向裂纹和如图 9-2(c) 所示的截面中位裂纹的形成。其中，径向裂纹（radiacrack）通常在塑性压痕的边界（主要是压痕的顶角）处成核。并沿试件表面向外扩展，形状为一细长的半椭圆形；中位裂纹则在压头下方材料内部的弹塑性形变区边界处形成，并在平行于压头加载方向的平面内向四周扩展，形状多为圆形或圆缺形。

从压痕试件断口观察到的压痕裂纹形状通常呈半圆或半椭圆形，如图 9-2(d) 所示。这类裂纹称为半饼状裂纹，对于不同的材料，半饼状裂纹的形成机制不同，有时是由中位裂纹扩展到试件表面的结果，有时是由径向裂纹向试件内部扩展的结果。更多的则可能是由于中位裂纹和径向裂纹在扩展过程发生连通而形成的，因而这类裂纹通常也称为中位径向裂纹系统。

另外，在卸去加在压头上的荷载的同时，压痕形变区下方有时还会形成如图 9-2(e) 所示的侧向裂纹（lateral crack），侧向裂纹平行于（或近似平行于）试件表面，扩展形状一般为圆形或碟形；在压痕压制荷载较大的情况下，侧向裂纹有能会扩展至试件表面，从而引起试件的表面剥落甚至崩裂。

除了上述五种基本类型之外，通常观察到的其他两种主要的类型如图 9-3 所示，它们可以被看作是上述基本类型的某种变体。其中，图 9-3(a) 所示为“次生径向裂纹”，这类裂纹的成核位置与径向裂纹类似，但扩展方向则与径向裂纹有一些偏差，前者的扩展方向与压痕对角线方向成一定的角度，而后者的扩展方向则与压痕对角线一致；在深度方向上，次生径向裂纹几乎不发生扩展。图 9-3(b) 所示的“浅侧向裂纹”在压痕形变区边界处成核，几乎平行于试件表面扩展，其裂纹前缘处于径向裂纹或次生径向裂纹的开裂面上，因而发育不完善，这两类裂纹均属非正常生长的压痕裂纹，在压痕断裂力学中通常不予考虑。

在一个具体的压痕断裂过程中究竟形成哪几类裂纹，取决于材料性能、试验环境、压头形状、压痕压制荷载等诸多因素。

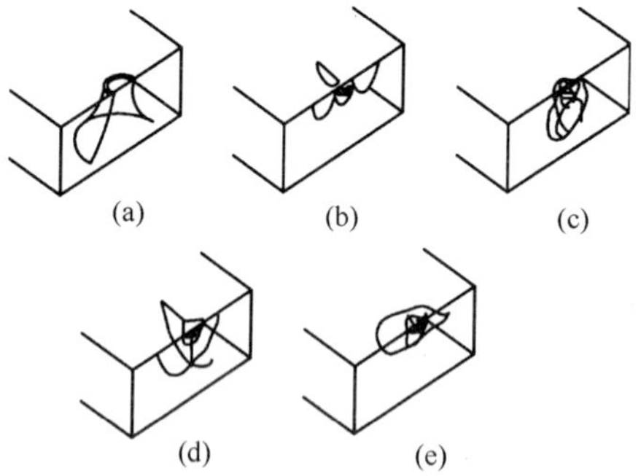

图 9-2　压痕裂纹集合特征分类图

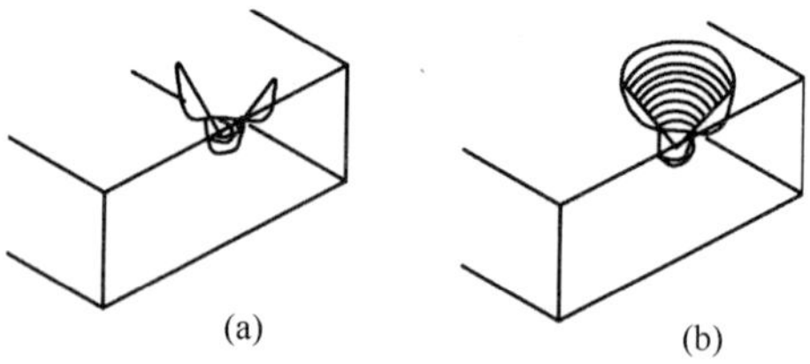

图 9-3　两种裂纹变体

（a）次生径向裂纹；（b）浅侧向裂纹

2. 压痕裂纹形成过程

典型金刚石磨粒对硬脆材料的作用如图 9-4 所示。当金刚石压头在负载 P 作用下以某一缓慢速度压入结构陶瓷材料表面，压应力的作用使压头下部的试件材料发生非弹性流动。载荷不大时，卸载后，压痕保留，即非弹性流动结果保留。对于韧性好的某些结构陶瓷，压头侧面会出现类似于切削塑性金属材料那样的隆起现象，但并不十分显著。尽管这种压痕流动是由许多原因造成的，如密度、嵌杂等，但可以将这种非弹性流动称为显微塑性流动。

当载荷 P 继续增大，塑性变形区下端将有一个中位径向裂纹生成并扩展，如图 9-4 (a)、(b)、(c) 所示。卸载过程，如图 9-4(d)、(e)、(f) 所示，在材料压痕局部塑变及径向裂纹形成的应力场作用下，将引起横向裂纹，并当满足横向裂纹扩展条件时，横向裂纹向前延伸并发展至表面，形成由裂纹所产生的局部剥落块。一般认为，存在一个临界载荷 P_c，它将导致裂纹扩展。

在过去的几十年里，许多学者对各种硬脆材料进行了大量的压痕试验，即以一定的垂直载荷将金刚石压头压入材料内部一定的深度，观察材料的变形行为。在压痕试验的加载到卸载一个完整循环中，硬脆材料变形行为和裂纹由产生到扩展的过程如图 9-5 所示。压头正下方形成两个主要裂纹系统：中位/径向裂纹和横向裂纹，其中中位/径向裂纹的扩展通常引起材料强度的降低，而横向裂纹向材料自由表面的偏移导致材料的断裂去除。

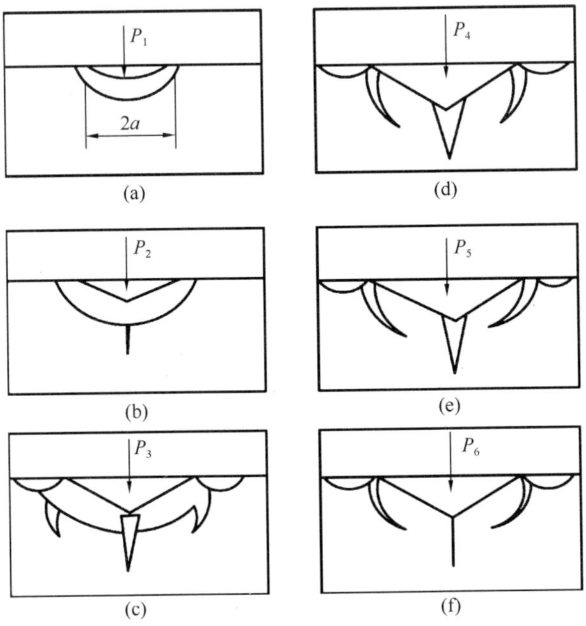

图 9-4　Vickers 压痕裂纹的形成过程

(a)、(b)、(c) 为加载过程；(d)、(e)、(f) 为卸载过程

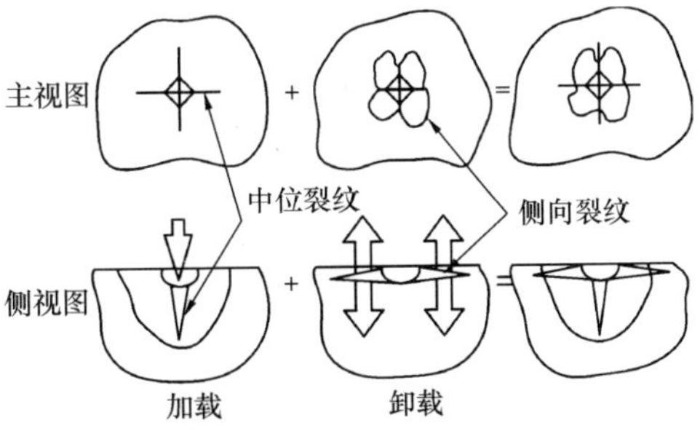

图 9-5　维氏压头下加载和卸载过程中的裂纹系统

9.1.3　陶瓷材料静态压痕裂纹扩展机理

北京工业大学的仇忠臣在“硬脆材料的精密镜面加工机理及工艺研究”一文中对碳化硅陶瓷材料的静态压痕裂纹形成、扩展机理做了详细的分析和研究，并通过 SEM 试验详细地观察了这一过程。本书特此摘录其中精华，予以揭示陶瓷材料静态压痕裂纹扩展机理。

目前研究裂纹主要是基于压痕断裂力学的损伤模型。在压痕断裂力学模型中磨粒与工件的相互作用可以看作小规模的压痕作用，在压头正下方工件塑性变形区的边缘部位形成两个主要的裂纹系统（图 9-6）：径向裂纹和横向裂纹。在初始载荷的作用下，在压头的正下方产生一个不可恢复的非弹性变形区，磨粒的作用使得塑性变形区的材料向划痕两侧流动形成堆积现象，随着载荷的进一步增大，磨粒进一步深入材料内部，非弹性变形区进

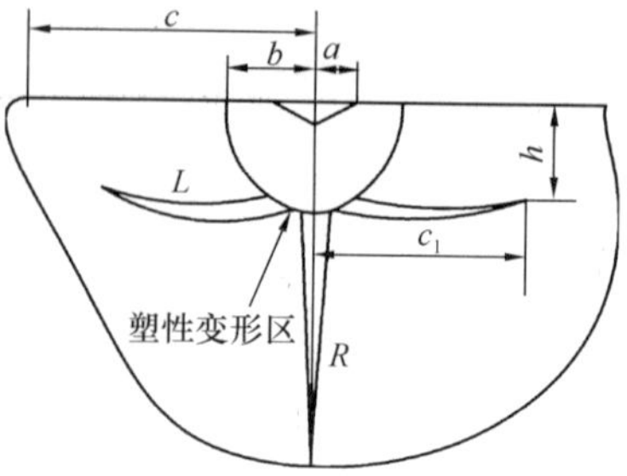

图 9-6　材料压痕变形与裂纹示意图

一步变大，材料的侧向流动加快，同时侧向流动使得弹性区和非弹性区的变形量不一致产生残余应力，可能在最大应力处和弹性与非弹性边界现有的微观裂纹处产生初始的微观裂纹，在残余应力的驱动下微观裂纹进一步扩展，当拉应力超过材料的极限应力时，产生中位/径向裂纹，中位/径向裂纹扩展到材料内部使得材料的强度降低。磨粒划过工件表面，类似于压痕的卸载过程，压头卸载时，工件非弹性区的变形停止，侧向流动也停止，但是弹性区则会因为载荷的减小产生弹性恢复并对非弹性区的材料形成挤压作用，挤压作用会使弹性区的左右两侧产生拉应力，当拉应力超过材料的强度极限时，就会在最大拉应力处或弹性/非弹性的边界处的切线方向产生侧向裂纹，侧向裂纹在卸载过程中完成扩展，根据裂纹扩展的最小阻力原理，裂纹扩展的最小阻力来自材料表面，因此卸载过程中侧向裂纹向材料表面弯曲，当裂纹扩展到材料表面后，材料就会以切肩的形式形成脆性去除。

哈尔滨工业大学刘民慧在“碳化硅陶瓷精密磨削亚表面损伤及预测研究”中对碳化硅陶瓷做了试验，在显微硬度试验中，采用的压痕载荷分别为 100gf、200gf、300gf、500gf、1000gf，保载 15s，为了得到清晰的压痕形貌图，采用激光共聚焦扫描显微镜观测碳化硅陶瓷的压痕形貌，如图 9-7 所示。在碳化硅陶瓷的压痕试验中，维氏压头垂直压入试件表面，材料在压头的作用下发生塑性流动，当作用在压头上的载荷较小时，在试件表面留下完整的压痕形貌，如图 9-7(a)、(b) 所示，当载荷增加时，在试样上压痕的塑性变形区末端产生对称的裂纹，在图 9-7 (c)、(d)、(e) 中可以明显地看到沿压痕棱边方

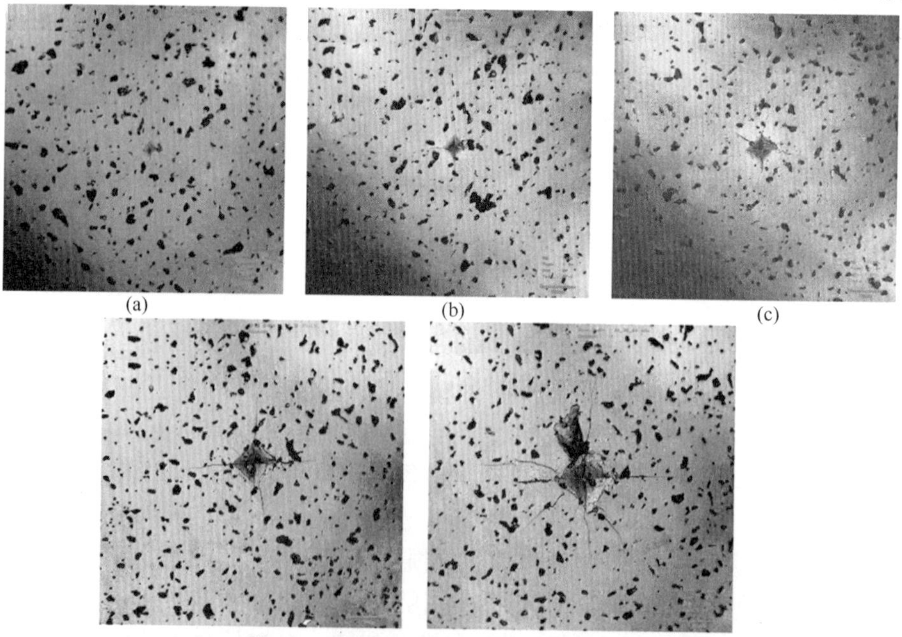

(a)　(b)　(c)　(d)　(e)

图 9-7　五种不同载荷作用下的压痕形貌图

(a) 100gf；(b) 200gf；(c) 300gf；(d) 500gf；(e) 1000gf

向扩展的对称的径向裂纹。在压头的卸载过程中，由于材料压痕塑性形变和径向裂纹的作用，在压痕的塑性区边缘产生横向裂纹，横向裂纹扩展到试件表面形成材料的局部脱落，如图 9-7(e) 所示，在大载荷作用下在压痕的边缘部位出现微破碎，并且碳化硅陶瓷表面存在材料的脱落现象，此时引入断裂韧性的概念来衡量压痕裂纹扩展程度。

采用离子束截面抛光技术观测维氏压痕的截面图，如图 9-8(a) 所示，可以明显地看出压痕裂纹的扩展情况，符合压痕断裂力学模型的裂纹系统。在载荷的作用下，压头在接触点下方产生一个塑性变形区，随着载荷的增大，塑性区不断变大，使材料产生不可逆的塑性变形，塑性区域和弹性边界的弹塑性失配产生残余应力，并且在最大拉应力处或材料在弹塑性边界上的固有缺陷处产生微小裂纹，在拉应力的驱动下微小裂纹扩展，当裂纹前端的应力强度因子达到或超过材料的断裂韧性时，裂纹扩展成中位裂纹和径向裂纹，如图 9-8(b) 所示，在载荷的作用下产生的中位裂纹由于载荷的卸载产生裂纹的闭合。

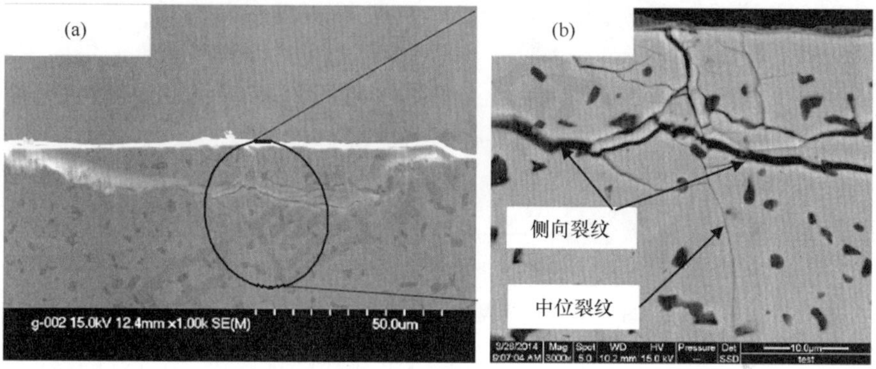

图 9-8　压痕亚表面裂纹

维氏压头卸载后，因为接触区域不可逆塑性变形的存在，在弹塑性边界形成残余应力，在残余应力的驱动下在距离材料表面深度为 h 处产生侧向裂纹，侧向裂纹在残余应力的驱动下向材料表面弯曲，如图 9-9(b) 所示，侧向裂纹有明显的向上弯曲的趋势，当裂纹扩展到材料表面时，导致材料表面破碎层以切肩的形式去除，这就是硬脆材料主要的去除方式——脆性去除方式，因此压痕的侧向裂纹与材料的去除以及去除后材料的表面质量有关。

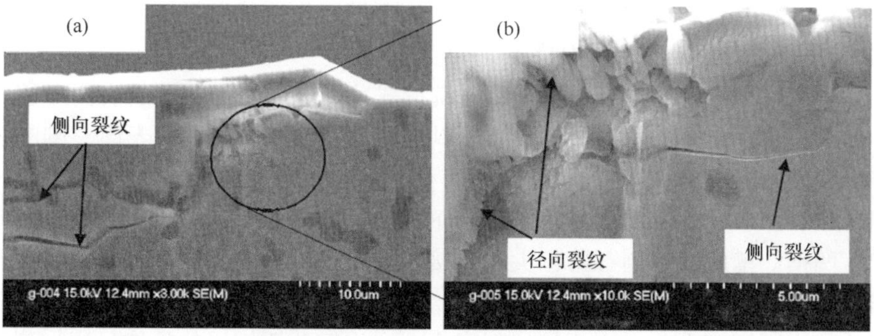

图 9-9　压痕的侧向裂纹与径向裂纹

9.1.4 玻璃材料冲击载荷下裂纹扩展机理

广西大学的陈成刚在"金刚石颗粒有序排布切削脆硬材料机理的研究"一文对金刚石冲击载荷下玻璃表面裂纹及形貌特征进行了深入的分析，并通过 SEM 试验详细地观察了这一过程。本书特此摘录其中精华，予以揭示玻璃材料冲击载荷下裂纹扩展机理。

1. 金刚石压痕断裂表面裂纹及形貌特征

图 9-10(a)、(b) 分别为金刚石垂直下压玻璃表面产生的表面压痕断裂形貌图及其细节。在压痕试验中，切削深度 $a_p = 200\mu m$，纵向进给速度为 0.5mm/min，横向进给速度为零，切削速度 V_c 等于零。压痕表面可划分为金刚石磨粒直接接触压溃区及裂纹扩展区。表面压痕轮廓呈近似圆形，初始轮廓是由多个半径不等的圆弧构成，外廓直径比金刚石压入截面直径大。

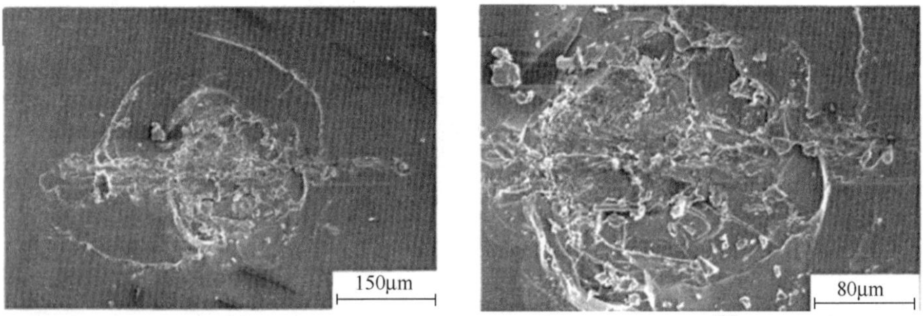

(a) (b)

图 9-10 玻璃表面压痕裂纹的表面形貌

金刚石对玻璃表面初始加载时，材料表面产生微小塑性变形，在材料内部缺陷处首先出现初始微裂纹，并以圆弧状向外扩展，形成压痕的外端轮廓。外廓是由多个半径不等的扇形裂纹接连而成的；随着载荷的逐渐增加，表面载荷超出玻璃表面产生裂纹的临界载荷，在原有扇形初始裂纹上生成条形裂纹，以放射状向外扩展；随着金刚石磨粒与玻璃表面接触区的扩大和压入载荷的逐渐增加，与金刚石直接接触的区域出现更多的裂纹并相互连接，出现很密的网状裂纹，并形成微小切屑。条形裂纹继续扩展到一定程度后，两两相互接合形成新的扇形裂纹，并叠加在扇形初始裂纹上，其圆弧半径多小于初始扇形裂纹的半径，逐层叠加直至最终裂纹形态。

总体来说，条形裂纹在金刚石磨粒压入过程中会逐渐转变为扇形裂纹，同时，裂纹扩展区也随着金刚石与玻璃表面接触区的增大而逐渐转变为网状直至压碎。

2. 冲击引起的表面裂纹及形貌特征

图 9-11(a)、(b) 为单颗粒金刚石以飞铣形式冲击玻璃表面左侧的表面形貌图及细节形貌图，图 9-11(c)、(d) 为单颗粒金刚石以平面划擦形式冲击玻璃表面左侧的表面形貌图及细节形貌图。

如图 9-11(a) 所示，单颗金刚石以飞铣的形式冲击玻璃左侧，玻璃表面因突然加载而崩碎产生凹槽。槽底部金刚石磨粒尖端直接与材料接触区的裂纹多为粉碎性破碎，两侧裂纹以扇形向沟槽两侧及前方扩张，侧向裂纹主要沿解理面裂开，每一个小断面相对光滑。断裂坑的实际宽度大于金刚石的切削宽度。向沟槽两侧扩展的裂纹呈扇形崩碎的初始扩展方向与切削方向的夹角通常小于 180°。

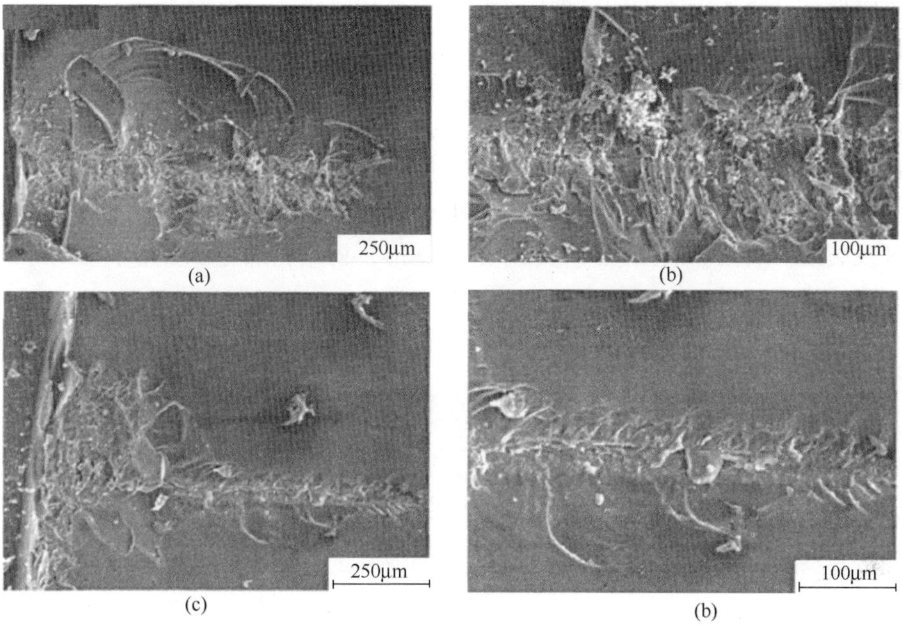

图 9-11　金刚石以不同加工形式冲击玻璃的表面形貌

（a）飞铣（$a_p=200\mu m$，$V_c=16m/s$，$V_f=50mm/min$）；（b）飞铣细节；
（c）平面划擦（$a_p=200\mu m$，$V_c=0$，$V_f=50mm/min$）；（d）平面划擦细节

在图 9-11（c）中我们可以看到，单颗粒金刚石以平面划擦的形式直线冲击玻璃表面左侧，玻璃左侧边承受的载荷远远超过其产生裂纹的临界载荷而产生碎裂，其中位裂纹向前扩展，一直向前延伸，直到能量逐渐丧失，残留出一道细纹在玻璃表面上；同时以冲击点为中心向材料侧碎裂产生横向裂纹，因为接触载荷的突然增加，横向裂纹扩展得极其迅速，裂纹处材料产生脆性破坏，生成大小不同的碎屑，玻璃材料在金刚石侧面的冲击下产生张性裂纹，顺着中位裂纹的方向，向中位裂纹的周围进行扩展产生大量的横向碎裂，并在冲击点四周产生大量的碎裂使玻璃材料直接崩碎。

9.1.5　玻璃材料静态压痕裂纹扩展机理

广东工业大学的胡珊珊在“金刚石工具磨削脆硬材料的加工表面形成机理”一文中对玻璃材料的静态压痕裂纹形成、扩展机理做了详细的分析和研究，并通过 SEM 试验详细地观察了这一过程。本书特此摘录其中精华，予以揭示玻璃材料静态压痕裂纹扩展机理。

脆硬材料静态加工去除模型的材料去除包括金刚石与脆硬材料接触区的材料去除和非接触区的材料去除。图 9-12 为静态加工去除模型示意图。

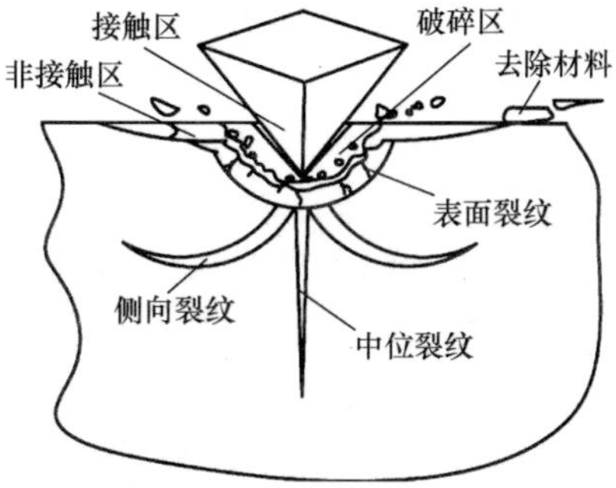

图 9-12　静态加工去除模型示意图

接触区材料去除：当金刚石磨粒以压入载荷按一定压入速度 V_f 在脆硬材料表面造成压痕断裂时，在金刚石磨粒和材料接触区必然产生材料去除。由于金刚石磨粒的压入过程没有排屑的作用，切屑以飞溅和向接触区两边推挤为主，因此在接触区外围

堆积大量碎屑，并将接触区的凹坑推广至比原直接接触区大，形成压溃区。

非接触区材料去除：非接触区的表面裂纹先出现辐射状条形裂纹，逐渐扩展为圆弧状裂纹；同时，材料内部出现中位裂纹和侧向裂纹，在载荷卸载阶段，表面和内部裂纹相互贯通形成新的切屑，并被快速弹出，非接触区表面出现凹坑，表面材料被去除。

磨粒压痕断裂表面裂纹及形貌特征如下所述。

图 9-13(a)、(b) 为玻璃表面压痕断裂形貌，其压痕表面可划分为金刚石磨粒直接接触压溃区及裂纹扩展区。表面压痕轮廓呈近似圆形，初始轮廓是由多个半径不等的圆弧构成，外廓直径比金刚石压入截面直径大。

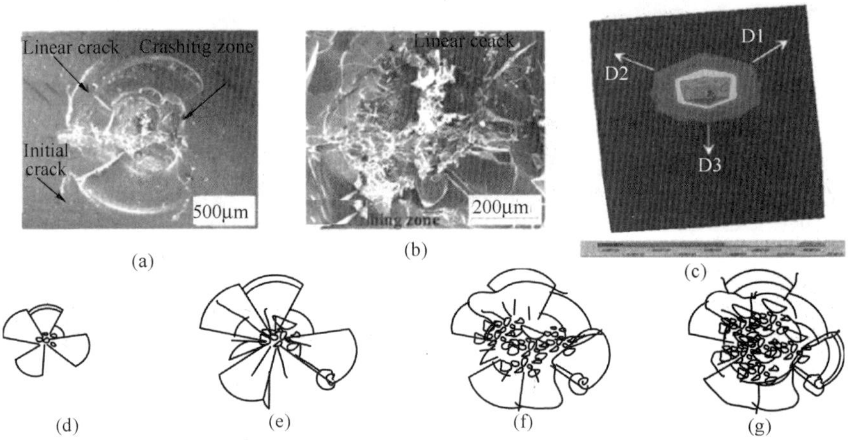

图 9-13　表面压痕裂纹形成过程及表面形貌（$\alpha=96°$，$a_p=200\mu m$，$V_f=0.5mm/min$）

（a）磨粒压痕断裂形貌；（b）压痕底部细节；（c）压痕应力；（d）塑性变形及圆弧初始裂纹的扩展；（e）条形放射性裂纹的出现；（f）压溃区的粉碎状裂纹出现；（g）条形放射性裂纹向圆弧状裂纹转变

表面压痕裂纹形成的过程可用图 9-13(c)～(f) 的裂纹渐进形成过程示意图表示，表面裂纹的产生可分成 4 个阶段：

阶段 1：塑性变形及圆弧状初始裂纹的扩展。初始压入载荷加载时，玻璃表面首先出现微小塑性变形，初始裂纹成核首先出现在材料内部缺陷的微裂纹处，并以圆弧状向外扩展，形成压痕最外端轮廓。外廓是由多个半径不等的弧形裂纹接连而成的；

阶段 2：条形放射性裂纹的出现。随着初始裂纹的扩展，表面应力超出材料的破碎表面能范围，在原有圆弧状初始裂纹上生成条形裂纹，以放射状向外扩展；

阶段 3：压溃区的粉碎状裂纹。随着金刚石磨粒与玻璃表面接触区的扩大和压入载荷的增加，与金刚石直接接触的区域裂纹大量出现并相互连接，出现粉碎状裂纹，并形成微小切肩，此时，直接接触区形成压溃。

阶段 4：条形放射性裂纹向圆弧状裂纹转变。条形放射性裂纹继续扩展到一定程度后，两两相互接合形成圆弧状裂纹，并叠加在圆弧状初始裂纹上，其圆弧半径多小于初始圆弧裂纹的半径，呈现逐层叠加的现象。

总体来说，条形放射状裂纹在金刚石磨粒压入过程中会逐渐转变为圆弧状裂纹，同时，裂纹扩展区也随着金刚石与玻璃表面接触区的增大而逐渐转变为压溃。

脆硬材料磨粒压痕断裂的应力分析：

利用 ANSYS 应力分析，将试验所测压入载荷加载于材料表面上，材料弹性模量为 38GPa，泊松比为 0.22，得到等效应力如图 9-13（c）所示。图中材料受载后的应力分布呈近似圆形，其中加载中心点的应力为最大值 5.97GPa，越远离中心点其应力越小，呈现从内到外逐渐减小的状态。这说明在加载中心区内，材料表面受到的剪应力最大，产生的微小塑性变形超出材料屈服极限后，裂纹在材料表面的原有瑕疵和缺陷处成核，一旦变形能阻超过原有的裂纹，自然产生快速的裂纹扩展，最终形成压溃区。初始裂纹的扩展与等应力线形状相似，均为圆弧形。

同时在应力区内存在辐射状的、应力快速扩展方向 D1 ~ D3，在这些方向上易形成从加载中心区以辐射状延伸的线性裂纹。

为了解不同压入载荷下的材料内部应力状态，采用 $F_p = 200N$、400N、1000N 加载至材料表面，得到的磨粒加载过程等效应力剖面图如图 9-14 所示。不同压入载荷时材料内部的等效应力均呈现出沿压入载荷加载方向 M 向下延伸的趋势，而侧向则出现应力延伸方向 D1 和 D2，不同压入载荷的应力分布趋势相似，但应力大小不同，其中以 $F_p = 1000N$ 时应力值最大。内应力的分析表明了在磨粒加载过程，容易产生沿压入载荷延伸的中位裂纹，同时在两侧应力延伸方向可能出现向内部延伸的侧向裂纹。

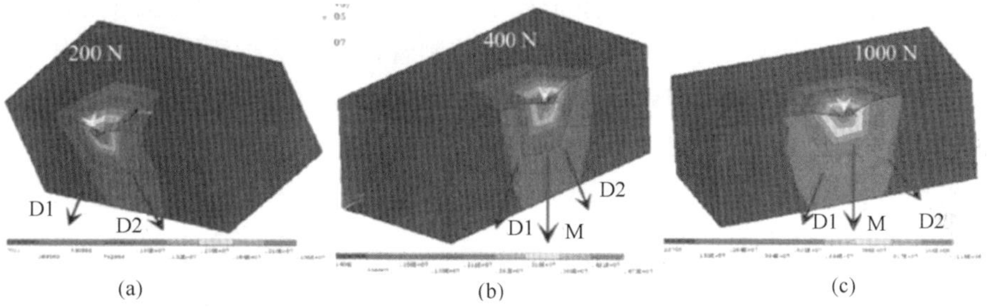

图 9-14　不同压入载荷下的应力分布云图

（a）$F_p = 200N$；（b）$F_p = 400N$；（c）$F_p = 1000N$

9.2　脆性材料动态磨削机理研究

9.2.1　陶瓷材料研磨机理及其影响因素

1. 机械加工对陶瓷材料强度的影响

欲了解机械加工对陶瓷材料强度的影响，我们必须考查在工具-工件的界面上发生的相互作用，并确定陶瓷上起初存在的缺陷。首先，让我们研究一个单个的粘嵌磨料粒子，在陶瓷工件上划一沟。正在磨料粒子的通路上的材料看起来有很高的应力和温度，而且破裂和变形，与磨料粒子相邻的材料受到压缩，也可产生塑性变形，在磨料粒子通过之后，这儿的材料又弹回去或形成裂纹或剥落，此乃由于产生的拉伸应力造成的。因而，对于大多数陶瓷，加工出的沟槽的尺寸大于磨料粒子的大小。

图 9-15 表示邻近研磨沟形成的裂纹的类型，中间裂纹平行于研磨的方向，且垂直于表面，是由于研磨沟底部的应力大所形成的。因为这种裂纹平行于研磨的方向，所以也叫

纵向裂纹，它往往是最深的裂纹，能使强度降低最多。

水平裂纹平行于表面，由塑性区向外延伸。这些裂纹是由于塑性区边缘存在的拉应力大所形成的，在磨料粒子通过之后材料立即松弛时这种裂纹延伸。水平裂纹向着表面弯曲，常常导致薄片剥落。因为水平裂纹平行于表面，在受到后面的机械荷载时不会导致应力集中，因而不会显著地降低材料的强度。然而，这种裂纹会使大面积的坯料被除去。

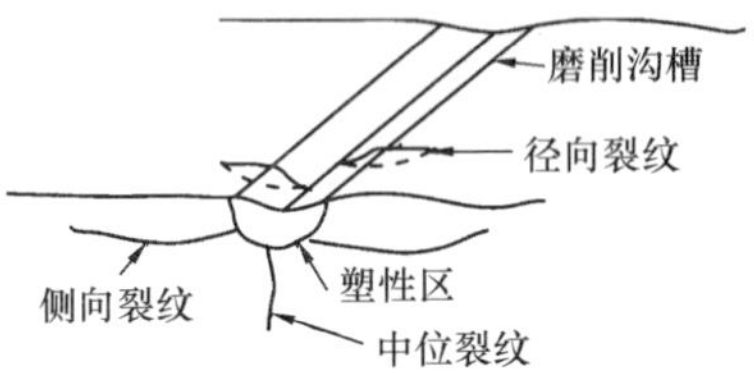

图 9-15　在一单个粒子研磨时产生的裂纹和材料变形的示意图

径向裂纹通常来自单个粒子的撞击或刻痕，由撞击点径向延伸，垂直于表面，但是这种裂纹一般较浅，不会使强度降低得像中间裂纹那样多。图 9-15 上所示的垂直于研磨沟的裂纹，类似于径向裂纹。沿着研磨沟的长度可以有许多这样的裂纹。这些裂纹在文献中被称作横向裂纹、振动裂纹或月牙形裂纹，但对这些裂纹的形成机理一般未加以讨论。很可能这些裂纹是由于在研磨粒子与工件接触的后沿上产生大的拉伸引力所引起的。在摩擦大的地方产生双轴向拉伸引力的作用。

2. 研磨方向的影响

多数陶瓷件是用含许多磨料粒子而不是只有一单个粒子的工具进行机械加工的。然而，很可能含许多粒子的工具与含一单个粒子的工具形成的表面缺陷是同样的，而且都是中间裂纹和径向裂纹控制着强度。哪一种裂纹控制着强度取决于研磨沟对应力施加的方向的取向，这可由图 9-16 中的处于弯曲荷载下的试件的示意图说明。

当加荷载时，试件开始弯曲，在与应力轴方向垂直的裂纹，而不是与应力轴平行的裂纹的尖端产生应力集中。因此，纵向研磨的试件，应力将集中在径向（横向）裂纹上，横向研磨的试件，应力将集中在中间（纵向）裂纹上。因为中间裂纹通常是最厉害的，所以人们期望横向研磨时强度最低，在横向研磨时沟槽和中间裂纹是与拉伸应力轴垂直的，这可由表 9-2看出。

从表 9-2 看出，陶瓷部件承受荷载能力会产生很大的差别，取决于研磨对部件中应力分布的取向。强度的这种各向导性，对工程师设计必须经受高应力的部件，是一个重要的问题。

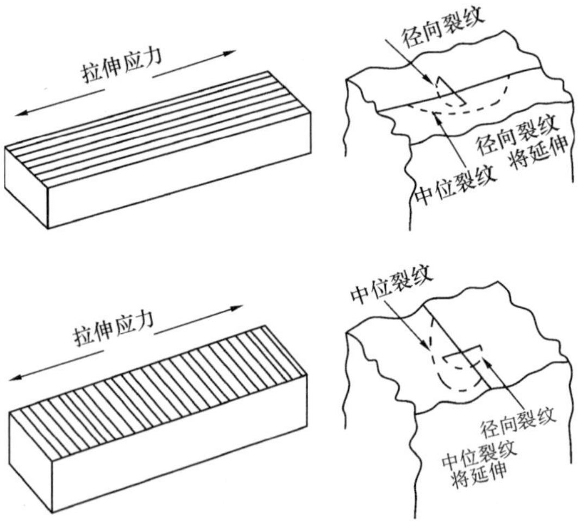

图 9-16　研磨方向和裂纹分布与拉伸应力轴的关系（上纵向下横向）

表 9-2　强度与研磨方向对拉伸应力轴的取向的关系

材料	纵向研磨		横向研磨	
	MPa	psi	MPa	psi
热压 Si_3N_4	609	97000	428	62000

续表

材料	纵向研磨		横向研磨	
	MPa	psi	MPa	psi
钠钙玻璃	97	14100	68	9900
莫来石	319	46300	259	37600
MgF_2	87	12600	53	7700
B_4C	374	54200	154	22300

3. 显微结构的影响

陶瓷材料的显微结构，对机械加工的速率和加工后的残余强度有明显的影响。据报道，细粒陶瓷需要较大的研磨力和较长的切削或加工时间。均匀分布的气孔率能提高加工速率，但也能降低可达到的表面光泽度的光滑程度。

由加工而产生的强度降低的程度，取决于陶瓷件中原来存在的缺陷的尺寸与加工产生的裂纹尺寸的对比情况，加工对气孔率大或粒度大的陶瓷件的强度影响很小，因为加工产生的裂纹不比原来的显微结构缺陷大。而细粒陶瓷如大多数的 Si_3N_4 和 Al_2O_3 的强度却会显著降低。

4. 研磨参数的影响

加工陶瓷件选择的参数，对加工速率和工具磨损以及陶瓷件最后性能有很大的影响。表 9-3 列出与各个加工参数变动有关的一般趋向。应该强调的是，这些趋向是有根据的，但对所有的陶瓷材料和参数变动的各种程度不是都合适的。另外，这些参数中的许多参数是互有影响的，这些参数综合的影响比单个考虑各参数的影响有很大的不同。

表 9-3　加工参数的影响

参数的变动	对加工速率的影响	对工具磨损的影响	对材料强度的影响
加大磨料粒度	使速率加快	更多地取决于其他因素	使强度降低
加大往下进刀或工作台速度	使速率加快	使磨损加大	使强度降低
加大转轮速度	使速率加快	一般使磨损减小	使强度提高
使用润滑剂和冷却剂	可以使速率加快	一般使磨损减小	一般使强度提高
加大磨料硬度	使速率加快	使磨损减小	更多地取决于其他因素
改变磨料浓度和砂轮的粘结	不同材料和不同外形，各有不同最佳值	可以是最佳值	可以是最佳值

大的磨料粒子导致研磨损伤的深度大，可用于粗加工。细粒磨料用于除去在粗加工时被大粒磨料所造成的表面损伤，并可达到最后的公差及表面光洁度。

为了达到最大强度，常常把研磨分成几步进行，每一步逐渐减小磨料粒度，清除相当多的表面坯料，以除去前一步所产生的表面伤痕。有时，为节省时间和降低成本，越过中间的加工步骤。这样能达到要求的公差和表面光洁度，但是强度要求也许不能达到，部件在使用时会损坏。

较硬的陶瓷材料比较软的材料更难以切割和研磨，需要较大的力。这会导致砂轮的磨损增大、界面温度较高及对陶瓷损伤的危险越大。增加轮子转速，可减少所需的力，往往会使工具磨损减小、温度较低及表面损伤较少。使用水或其他合适的润滑剂或冷却剂，可得到同样的效益。

9.2.2 石材磨削机理研究

M. Meding 提出岩石的切削过程存在三个变形区，如图 9-17 所示。

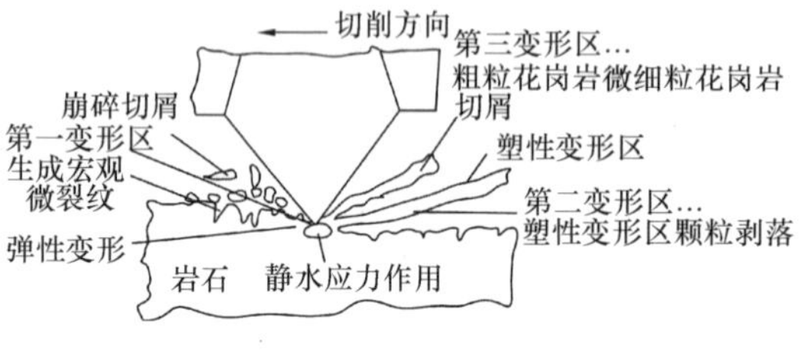

图 9-17 尖压头切削花岗岩模型

他认为，（1）在磨粒前部及其附近区域——在微划伤时，只有微剪切裂纹破坏产生，它使工件表面沟痕在光学显微镜下呈现发光点。主要产生径向和侧向裂纹扩展切肩，径向裂纹在垂直于工件表面的平面内沿划痕的方向扩展，最后或强或弱地转向加工表面，裂纹周期性显现在划伤表面上。压应力产生剪切破坏，岩石材料颗粒（主切屑）被破碎，崩出和挤出加工区。（2）在磨粒底部——由压应力形成呈光滑状的只有几微米厚的强烈塑性层，切屑是通过塑性变形和受压的薄层材料强化产生的。岩石材料产生塑性变形（二次切屑），在一定的薄层内形成一个光滑的表面。（3）在磨粒后部，由于突然的弹性应力释放，生成较大的切屑，在与磨粒紧邻的地方，划痕表面的应力由压应力转化为拉应力，产生了一些宏观细小岩石颗粒组成的塑性变形切屑翘起。

王成勇用岩石脆性材料断裂力学来解释单颗粒金刚石的切削机理。如图 9-18 所示，当磨粒压入石材时，磨粒下部形成塑性变形压实域，当压实域外围产生的侧向裂纹和中位裂纹扩展到石材表面时，将产生断裂切肩；钝磨粒切削（相当于金刚石钝压头）比锐利磨粒切削（相当于锋利刀具）更易产生塑性变形；锐利磨粒在切削深度较小时即可产生断裂切屑。磨粒在石材表面划过时，中位裂纹扩展到工件表面后，会在工件表面留下若干鳞片状切屑。显然，由于岩石以及组成矿物特性的不同，石材锯切机理是复杂的。

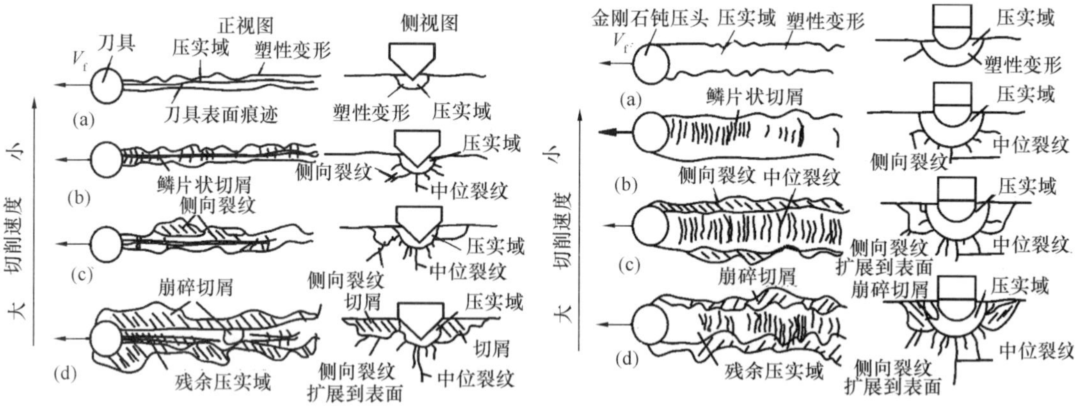

图 9-18 单颗粒金刚石切削石材过程的断裂力学解释

P. Bienert 首次提出了一个单颗粒金刚石切削混凝土模型（图 9-19）。该模型将混凝土切割的过程分为：在金刚石颗粒的前方，由于压应力产生的剪切作用，材料被破碎，形成主切屑，并被崩出和挤出切削区；在颗粒下方，由于高压作用以及温度影响，材料产生塑性变形而形成二次切屑，在一定的薄层内形成光滑表面；在颗粒后方，由于突然的弹性应力释放，导致较大切屑的形成，它由松散的块状切屑和二次切屑组成。模型将混凝土作为一种各向同性材料，对金刚石单颗粒切削混凝土的切屑形成过程做了详细描述，但实际混凝土是由各种不同成分组成，其切屑形成过程可能很复杂。

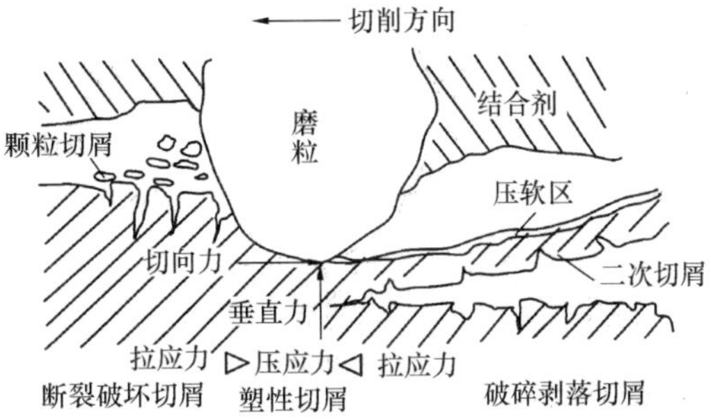

图 9-19　单颗粒金刚石切削混凝土机理模型

9.2.3　晶体材料磨削机理研究

北京工业大学的仇忠臣在“硬脆材料的精密镜面加工机理及工艺研究”一文中对脆性材料第一类型磨削模型，进行了系统的分析。模型中分析的是晶体材料，陶瓷类材料也是共价键的材料，两者有相似的特点，仇忠臣的研究成果可以为分析瓷砖表面成形机理提供借鉴。本书特此摘录其中精华，予以揭示晶体材料动态磨削机理。

从晶体材料本身条件来说，具有一定键角的共价、强键、复杂的晶格构造和晶体结构是脆性的基础。绝大多数晶体材料都具有明显的脆性，当外力作用使其达到弹性极限时，就直接被破坏，这类脆性材料受力破坏时，无显著的变形，而是突然断裂，一般断裂面较粗糙、延展率和断面收缩率均较小，如果机械力的作用相对于产生的应力分布弛豫时间来说很短，脆性尤其明显。因此，在对该类材料进行磨削加工时，砂轮转速太大或太小，砂轮进给量太大，都导致金刚石磨粒作用在其表面的切应力或应力积累达到材料的弹性极限而使工件表面主要发生脆性断裂或弹性破坏，而达不到理想的表面质量。

磨削过程中，在磨削力、磨削温度以及金刚石砂轮上磨粒的不断冲击作用下，材料加工表面上某些微细缺陷，例如某些晶体缺陷和晶粒边界裂纹等扩展，致使部分晶粒发生局部断裂和破碎或沿晶界整粒脱落。由于该类材料属于晶粒自由取向形成的多（单）晶材料，晶界缺陷是导致沿晶破裂的根源。在磨削过程中，当应力超过某些晶界的结合强度时，或在磨粒的冲击作用诱发下，某些晶界缺陷形成微裂纹扩展，导致沿晶界的断裂。

由于晶粒弹性和热膨胀各向异性以及晶界处金属溶媒与非金属晶粒不同的弹性模量和热膨胀系数，往往引起晶界处的内应力，而晶粒边界处正是应力集中源。相邻晶粒间的应变程度不同，随晶粒的增大而加剧。当应变能足以支付微裂纹形成所需的表面能量时，就在晶粒的边界处形成微裂纹，即晶粒间的热膨胀不匹配及晶界处金属溶媒与非金属晶粒弹性模量和热膨胀系数的较大差异所引起的内应力是裂纹成核的先决条件。在砂轮上工作磨粒的冲击作用引起的外力诱发下，形成微裂纹扩展，导致沿晶界断裂。

此外，晶粒边界是杂质密集的地方，杂质组成元素在晶粒边界处形成富集区，大大降低了晶粒边界的强度，使晶粒边界成为结合强度最薄弱的环节，易于在砂轮磨粒离开工件表层时形成冷收缩应力作用而横向开裂并扩展，或者造成高内应力区而孕育着开裂的危险性。

但内部有微裂纹、含气泡和包裹体等缺陷的晶粒，其抗压强度较小，抗冲击载荷仅是其抗静载荷能力的 1/4。在磨削过程中，磨削力和金刚石砂轮上磨粒的冲击作用，使得材料加工表面上某些有缺陷的晶粒产生局部破碎而被磨除。一般局部破碎是无规则断裂，晶粒的内部缺陷是局部破碎的根源。另外，在循环接触压应力作用在材料表面后，在裂纹源或内部缺陷处产生微裂纹，并随应力作用次数的不断增加而扩张，当裂纹开口迎向接触点时，由接触压力产生的高压磨削液会以极高的速度进入裂纹中，对裂纹壁产生强大的液体冲击，同时磨粒的接触表面又使裂纹口封闭，使裂纹内的液压进一步升高，这时裂纹与表面间的小块材料犹如一个悬臂梁受弯曲载荷作用，当其根部强度不足时将发生折断，即产生晶粒局部破碎。

在磨削过程中，磨削区瞬时升至高温，又在磨削工作液作用下急速冷却，反复多次，就会在工件加工表面形成很大的热应力，使其表面开裂破碎。热应力破碎与晶粒的缺陷分布有密切联系。首先在晶粒表面缺陷处产生局部热应力集中，诱发多个裂纹产生和扩展。对于表面多裂纹和缺陷的晶体，裂纹不断改变扩展方向，热应力传递也不断改变方向，能量消耗于各裂纹中。这样，强度最弱的多个小部分就首先破碎。

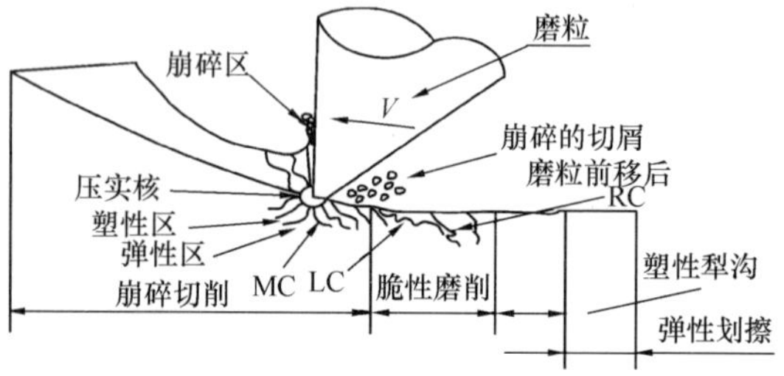

图 9-20　第一类材料的磨削模型

通过以上断裂理论及塑性磨削理论的分析，并结合实际磨削试验，具有各向同性、晶格按有规则的网络体结构排列特征的硬脆材料的磨削过程具有以下特点：随着切深从零逐渐增大，该类材料磨削依次出现弹性划擦、塑性犁沟、脆性切削和崩碎切削四个阶段（图 9-20）。

在弹性阶段，金刚石磨粒刚开始接触材料表面时的切深很小甚至没有切入，此时径向力很小，因此此时材料表面仅仅发生弹性变形。随着切深的逐渐增加，材料表面受到金刚石磨粒的切削力也逐渐增大，导致材料表面发生塑性变形，形成光滑沟槽，即进入塑性犁沟阶段。在形成光滑沟槽的初期，塑性变形量的体积被压入相当于材料内部的空穴中，随着切深的进一步加大，材料被挤向磨粒刃两旁，从而产生了沟槽两侧的隆起。在此过程中，磨削力的两个分力——法向力 F_n 和切向力 F_t 也逐渐增大，磨削比 F_n/F_t 也随之增大。当磨粒前移后，工件表面材料弹性变形恢复，产生横向裂纹 LC 和径向裂纹 RC；随着横向裂纹 LC 和纵向裂纹 RC 的产生，磨粒开始切除材料，即进入脆性切削阶段。随着切削深度的继续增大，切向力 F_t 增长很快，裂纹处材料呈脆性破坏，产生大小不同的碎屑，并且在磨粒的前刀面处飞离加工区。同时，法向力 F_n 也不断增大，在磨粒切削刃的刃尖处的材料形成压实核，该区域储有一定的弹性能，当磨粒前移后由于弹性能的突然释放，部分压实核呈粉末状向后射出；由于切削深度增加很大，金刚石磨粒被压到工件表面的一定深度，此时磨削力比 F_n/F_t 的值变小，且基本保持不变，材料在磨粒侧面的挤压下产生了张性裂纹，而磨粒的刃尖处的材料被压实，裂纹断裂扩展到次表面下，此时沟槽的宽度和深度远大于磨粒的切削宽度和深度，即崩碎切削阶段。

金刚石磨具对陶瓷材料的磨削过程实际上就是多磨粒在材料表面的切削过程，因此陶瓷材料的磨削加工过程可以看作随机分布的具有不规则形状的磨粒对材料表面的切削作用的耦合，通过单颗磨粒在材料表面的刻划试验可以简化陶瓷材料磨削过程的研究，得到比较好的磨粒与材料表面的相互作用关系以及磨削亚表面的损伤情况。

磨粒磨削时不但受法向载荷形成压痕，还在滑动方向受到一个切向力，通常切向力会使接触点前端区域的拉应力增大，其方向垂直于滑动方向，有利于滑动平面内的中位裂纹形成。磨削过程中滑动压痕和静态压痕相似也会使材料产生塑性变形，并在表面留下划痕，单颗金刚石颗粒加工陶瓷材料时产生两大裂纹系统，如图9-21所示，一类是垂直于材料加工表面的中位裂纹，沿磨削方向或与磨削方向垂直，是形成加工亚表面损伤的主要形式，直接影响材料的强度；另一类是平行于材料表面扩展的侧向裂纹，残余应力驱动侧向裂纹向材料表面扩展最终形成切肩去除，同时侧向裂纹也是残余应力释放的手段之一。压痕载荷超过某一临界值时，裂纹就会产生，材料发生断裂去除，留下一定的亚表面/表面加工损伤。

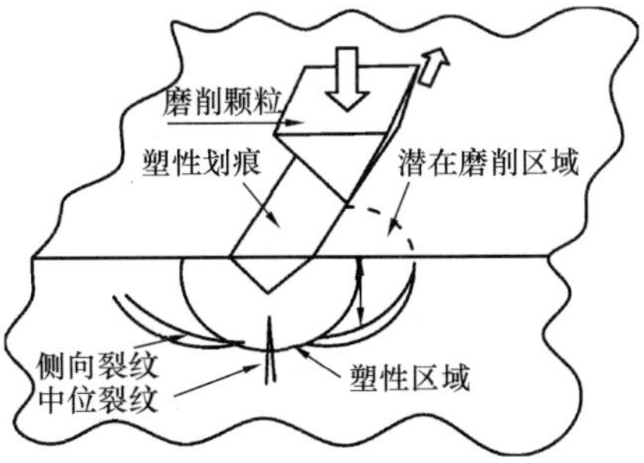

图 9-21　单颗磨粒划痕示意图

9. 2. 4　飞铣和平面划擦切削玻璃机理

广西大学的陈成刚在“金刚石颗粒有序排布切削脆硬材料机理的研究”一文对飞铣和平面划擦切削玻璃的表面形貌和切屑特征进行了深入的分析，并通过 SEM 试验详细地观察了这一过程。本书特此摘录其中精华，予以揭示磨轮金刚石飞铣玻璃的机理。该文中金刚石圆周飞铣磨削情况下与磨块磨削瓷砖原理很相似，其飞铣磨削原理对分析瓷砖磨削很有借鉴作用。

1. 飞铣和平面划擦切削玻璃的表面形貌和切屑特征

图 9-22(a)、(b) 分别为通过平面划擦和飞铣方式加工玻璃的示意图，图 9-22(c)、(d) 为通过平面划擦和飞铣方式加工玻璃得到的玻璃表面形貌对比图。金刚石磨粒呈锥形，且是负前角切削，因此金刚石对材料平面划擦时主要以推挤形式去除材料，通过金刚石碰撞材料时产生的高压及可能的温度升高，材料在本身的缺陷处产生裂纹，逐渐扩展至表面并产生断裂形成切屑，因此加工后的沟槽轮廓极其不规则，在沟槽两侧材料去除时产生横向裂纹并扩展成横向碎裂的范围较大，使沟槽宽度远大于金刚石的实际切削宽度。沟槽底部因中位裂纹扩展凹凸不平，没有较规律的加工特征。金刚石磨粒以弧形轨迹快速划过材料飞铣表面产生的沟槽宽度与金刚石实际切削宽度相差不大，沟槽边缘和沟槽底部轮廓也较平整。由于裂纹扩展，沟槽内部产生大小不一的凹坑，但其深度、大小与平面划擦比相对较小。凹坑底部产生了大量团状及点状裂纹，并且由于磨粒的断续切削作用，较少出现平面划擦时因裂纹自由扩展而造成的大量辐射状条形裂纹。

图 9-22(e)、(f) 为通过平面划擦和飞铣方式加工玻璃得到的切屑 SEM 形貌对比图，由于加工过程中的金刚石运动方式的差异，平面划擦和飞铣产生的切屑并不相同。

由图可得，平面划擦产生的切屑大多在 25μm 以上，变化范围在 20 ~ 40μm 之间，此外还有粒度较小的碎屑分布在大切肩周围。而飞铣产生的切屑的粒度大都在 10μm 以下。可见相同的金刚石粒度，飞铣产生的切屑远小于平面划擦产生的切屑。两种切削过程的切屑都具有脆硬材料切屑的典型特征，即切屑轮廓不规则、粒度大小在一定范围内分布。两种切削过程的切肩粒度不同主要是因为两种加工过程的磨粒运动特征造成的。飞铣的磨粒运动的线速度（切削速度）远大于平面划擦时磨粒运动的线速度（进给速度）；平面划擦轨迹保持水平，切削深度保持不变，而飞铣一次去除材料的轨迹为圆弧状，接触被加工表面的任意瞬间切削深度均不相同；且飞铣的加工轨迹是磨粒不断切入切出的轨迹叠加，而平面划擦的沟槽是一次平面磨削形成，只有一次切入和切出行为。

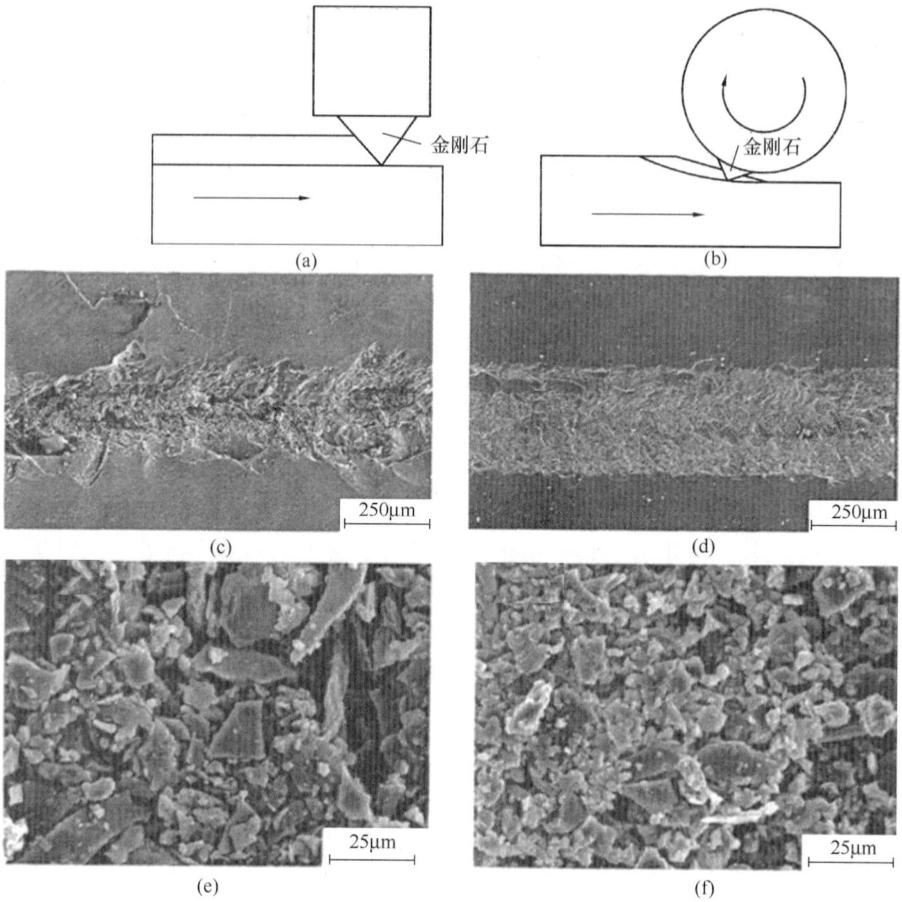

图 9-22 金刚石以不同形式切削玻璃表面形貌和切屑（$a_p = 40\mu m$，$V_c = 16m/s$，$V_f = 50mm/min$）

（a）平面划擦示意图；（b）飞铣示意图；（c）平面划擦；（d）飞铣；（e）平面划擦切屑；（f）飞铣切屑

因此，当飞铣方式去除材料时，飞铣时磨粒运动的运动轨迹是以弧线形式切入切出，磨粒与材料接触一次去除的材料体积很少，故切肩粒度小；而平面划擦过程中金刚石在进给方向上由其切削刃推挤材料造成被加工材料本身的缺陷处首先产生裂纹，逐渐扩展至表面并产生断裂形成切屑，金刚石切削刃对材料的切断作用较小，而材料本身特性的影响更大。对其余三种材料，两种加工方式粒度大小的影响因素与玻璃相似，即平面划擦的切屑大小与材料本身的晶粒大小有关，飞铣的切肩大小与切削用量关系更大。

2. 金刚石飞铣切削不同阶段的表面形貌和切屑特征

（1）玻璃

图 9-23(a)、(b)、(c) 分别为金刚石飞铣切削玻璃时切入段、切削中间段、切出段的表面形貌特征，图 9-23(d)、(e)、(f) 分别为金刚石飞铣切削玻璃时切入段、切削中间段、切出段的切屑特征。

从图中可以看出，在金刚石切入玻璃的初始段，玻璃侧边突然承受到远大于其产生裂纹的临界载荷的切削力，金刚石接触玻璃表面并在下压和向前两个方向产生较大的应力场，当内应力超出材料内部分子的化学键能结合力大小，细小的成核微裂纹首先出现在材

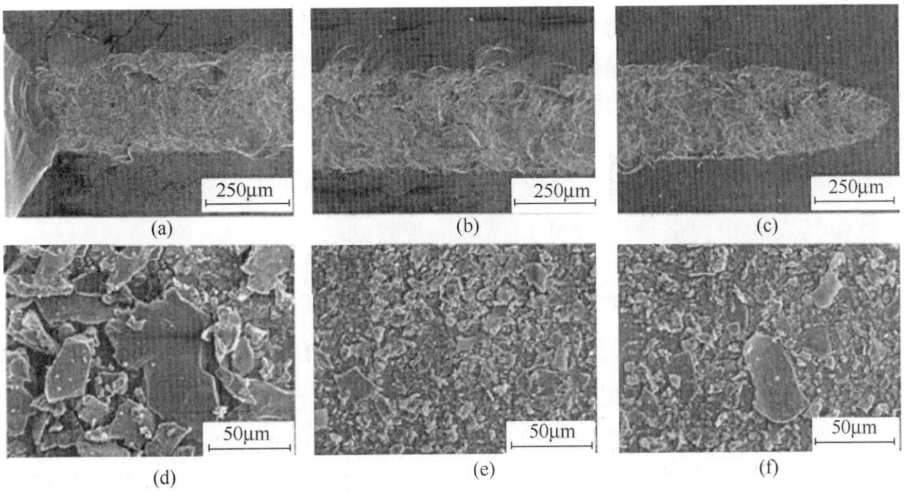

(a)　(b)　(c)　(d)　(e)　(f)

图9-23　金刚石飞铣玻璃的表面形貌和切屑（$a_p=40\mu m$，$V_c=16m/s$，$V_f=50mm/min$）
（a）玻璃切入段；（b）玻璃切削中段；（c）玻璃切出段；（d）玻璃切入段切屑；
（e）玻璃切削中段切屑；（f）玻璃切出段切屑

料表面或内部键能结合较弱的不发达的分界面上，微裂纹随磨粒前进不断出现、失稳扩展乃至崩碎，使玻璃侧边产生较光滑的解理面，因崩碎较大，其切屑的粒度也较大。在金刚石切削玻璃的中间段，因金刚石在飞铣过程中多次对表面进行冲击，使表面碎裂得更严重，在材料去除过程中主要以碎裂为主，但因为动平衡没有打破，其崩碎程度较切入段小得多，其切屑的粒度也相对较小。切出段因动平衡被打破应产生较大破碎，但本书通过多次试验仍无法得到上述结果，可能是因加工到最后阶段，金刚石多次飞铣一个地方将其磨平所致。

（2）花岗石

图9-24(a)、(b)、(c) 分别为金刚石飞铣切削花岗石济南青时切入段、切削中间段、

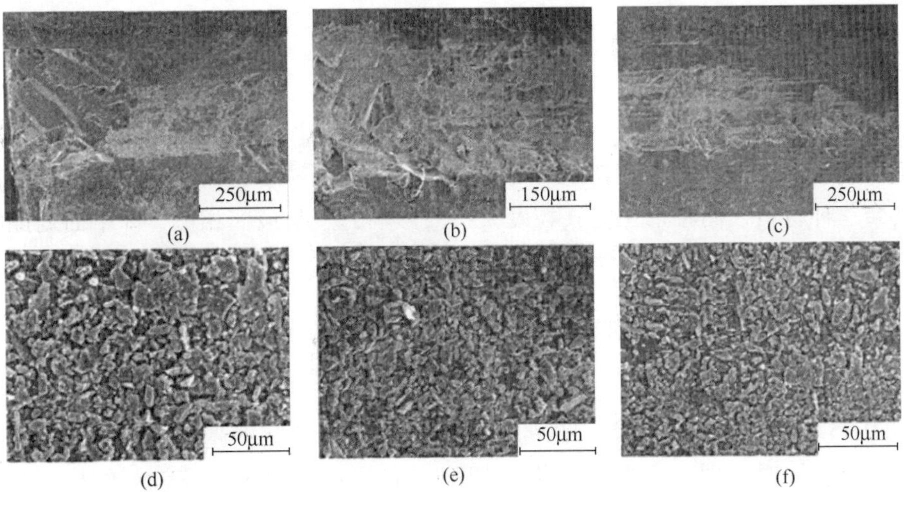

(a)　(b)　(c)　(d)　(e)　(f)

图9-24　金刚石飞铣花岗石济南青的表面形貌和切屑（$a_p=40\mu m$，$V_c=16m/s$，$V_f=50mm/min$）
（a）花岗石切入段；（b）花岗石切削中段；（c）花岗石切出段；（d）花岗石切入段切屑；
（e）花岗石切削中段切屑；（f）花岗石切出段切屑

切出段的表面形貌特征，图9-24(d)、(e)、(f) 分别为金刚石飞铣切削花岗石时切入段、切削中间段、切出段的切肩特征。从图中看其切入段、切削中间段、切出段也得到和飞铣玻璃时相同结果，但因其硬度和脆性均较玻璃小，其崩碎与玻璃比也相对较小，且其切屑的粒度也相对较小，但相差不是很大。

大理石广西白和混凝土因材质较软，在加工过程中产生大量细小的碎屑，无法从表面中清除，致使其表面相貌很难用 SEM 扫描电镜观察到。

3. 切削深度对表面形貌的影响

（1）玻璃

图9-25为单颗粒金刚石以不同的切削深度飞铣玻璃时得到的SEM表面形貌照片。由图9-25可以看出玻璃的表面形貌特征：（1）玻璃因硬度高，脆性大，其飞铣过后的划痕主要以脆性碎裂为主，沟槽的实际宽度远大于金刚石的切削宽度；（2）向沟槽两侧扩展的裂纹的初始扩展方向与切削方向的夹角一般较小，夹角太大，裂纹扩展一段后就容易停止不前而残留下来，成为残留裂纹；（3）玻璃沟槽底部与金刚石刃尖的摩擦痕迹有压实层，可以断定崩碎是在金刚石棱面的推挤下发生的，这与动态观察时看到的磨肩向前飞射的情形是一致的；（4）玻璃的断口呈解理状，每一个小断面相对光滑。

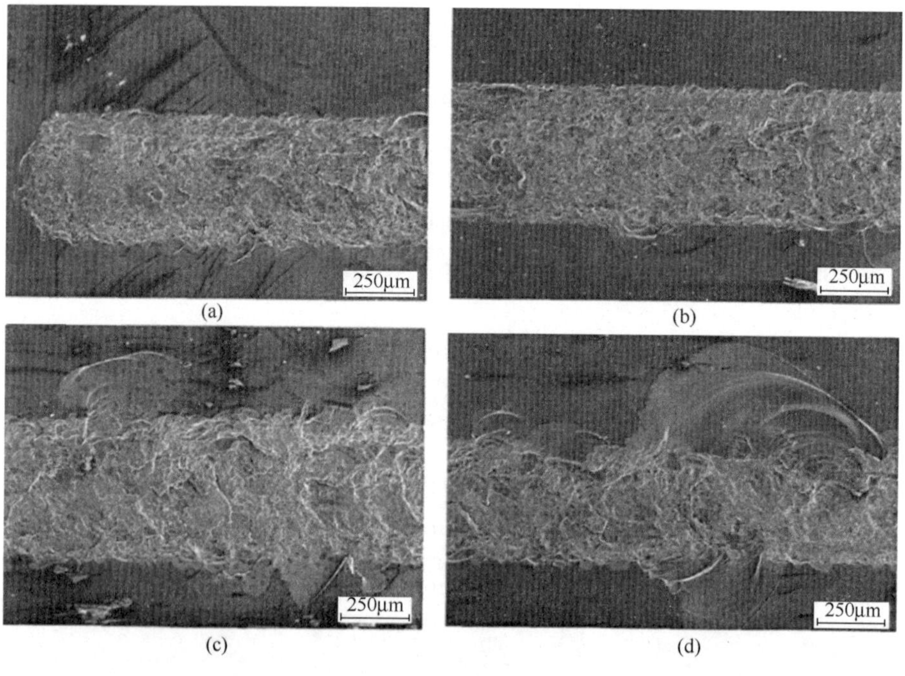

图9-25　不同切深时玻璃的表面形貌和切屑（$V_c = 16m/s$，$V_f = 50mm/min$）

（a）$a_p = 20\mu m$；（b）$a_p = 30\mu m$；（c）$a_p = 40\mu m$；（d）$a_p = 50\mu m$

从图9-25中可以看到，随着切深的增加，玻璃划痕的宽度越来越宽，碎裂也逐渐严重，当 $a_p = 20\mu m$ 时，划痕主要产生沿着切削方向的中位裂纹以及较短的横向裂纹；当 $a_\mu = 30\mu m$ 后，由于切削面积的增加，划痕的裂纹扩展增大，从图9-25(b) 可以清晰地看到主裂纹旁边的残留裂纹：$a_p = 40\mu m$ 后可以看到主裂纹旁边还伴随着较多的脆性崩碎区，这应该是因为金刚石切削厚度过大，横向裂纹向沟槽两侧延伸时崩碎而成；切深继续增加，$a_p = 50\mu m$ 后，断裂出的碎块也越来越大，从图 9-25(d) 看，划痕的侧边有一非常大的扇形崩碎区，中位裂纹也由不规则的凹坑组成。

（2）花岗石

图 9-26 为单颗粒金刚石以不同的切削深度飞铣花岗石济南青时得到的表面形貌 SEM 照片。由图 9-26 可以看出，花岗石的表面形貌特征与玻璃的差别较大。这主要因为花岗石主要由石英、长石和云母组成，其中，云母软容易解理，最容易去除，以塑性变形为主；石英最硬基本不发生解理，其材料去除主要是晶体在断口处产生沿晶或穿晶断裂，以脆性崩碎为主；长石的去除也以崩碎为主，但其硬度要比石英的低。花岗石的去除机理也主要依赖于这三者之间所占的百分比，而玻璃主要由二氧化硅（石英）组成。

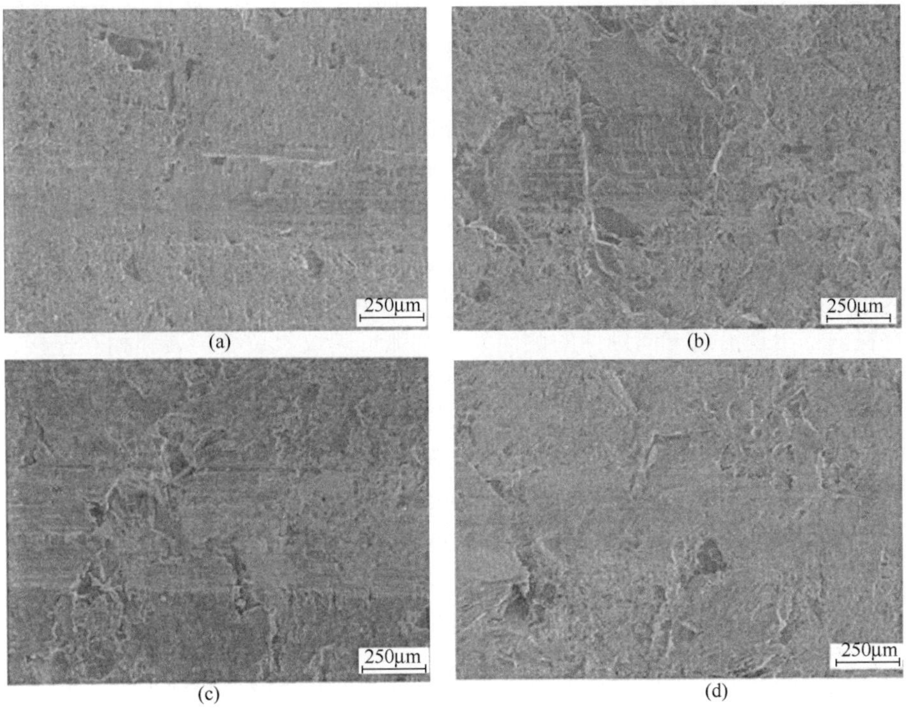

图 9-26　不同切深时花岗石的表面形貌和切屑（$V_c = 16m/s$，$V_f = 50mm/min$）

（a）$a_p = 20\mu m$；（b）$a_p = 30\mu m$；（c）$a_p = 40\mu m$；（d）$a_p = 50\mu m$

从花岗石济南青的表面形貌 SEM 照片可以看出，花岗石的材料去除主要是以脆性断裂的方式，并伴有少量的塑性流变。随着切深的增加，花岗石材料以塑性变形形式去除的比例比小切深时有明显减少。当 $a_p = 20\mu m$ 时，其划痕主要以塑性变形为主，从图 9-26（a）看，划痕中有明显的沿着切削方向的横纹，这是金刚石划过材料后压实所得到的塑性变形。当 $a_p = 30\mu m$，从图 9-26(b) 上可以清晰地看到塑性变形和脆性崩碎，还有岩石穿晶断裂出现的鳞状裂纹。切深继续增到 40～50μm 后，从图 9-26(c)、(d) 可看到划痕中有许多或大或小的不规则凹坑，这应该是因切削过程中的脆性崩碎引起的。

9.2.5　玻璃动态加工机理

广东工业大学的胡珊珊在“金刚石工具磨削脆硬材料的加工表面形成机理”一文对玻璃材料的动态加工去除机理、裂纹的形成、扩展机理做了详细的分析和研究，并通过

SEM 试验详细地观察了这一过程。本书特此摘录其中精华，予以揭示玻璃材料动态磨削加工过程中裂纹扩展机理。

（1）动态加工去除模型

相比静态加工材料去除过程，动态加工材料去除过程主要以金刚石磨粒滑过脆硬材料表面，产生裂纹后，逐渐扩展成切肩，最后被排出形成断裂坑，达到去除材料的目的。其材料去除也包含了金刚石与脆硬材料接触区的材料去除和非接触区的材料去除。图 9-27 为动态加工去除模型示意图。

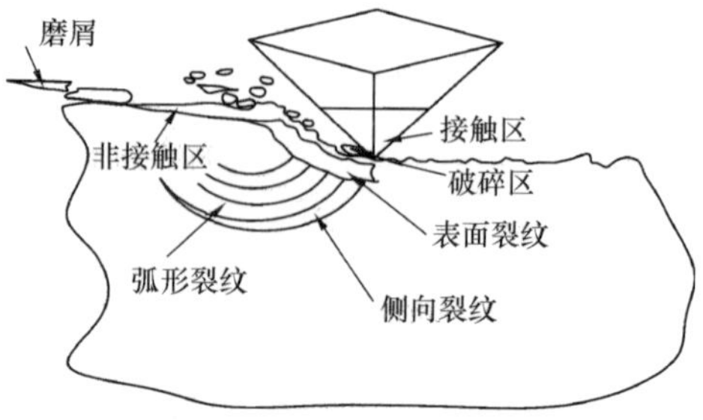

图 9-27　动态加工去除模型示意图

接触区材料去除：金刚石以一定进给速度和切削深度划过材料表面，在金刚石磨粒和材料的初始接触阶段，材料表面迅速出现微裂纹，并持续崩碎成微切肩，切屑沿进给方向及两侧飞溅而出，而无法及时排出的切屑残留在材料接触区表面，并在前进的磨粒作用下对加工表面进行二次平面磨削，并使接触区两侧堆集一定的细小切屑，形成压溃区。

非接触区材料去除：金刚石前部不断出现的微裂纹累积到一定程度，出现向进给方向两侧及向前扩展的条形裂纹［图 9-26(b)］，同时，材料内部出现沿前方向延伸的侧向裂纹和弧形裂纹。裂纹扩展和相互连接，沿解理面断裂成为薄片状切屑，并快速弹离材料表面。此时形成了向进给方向材料两侧宽而浅的凹面，成为材料去除后的新的表面。

根据上述材料加工去除模型及分析发现，无论静态加工材料或动态加工材料的裂纹扩展过程均是产生条形裂纹—扩展并贯通—形成外轮廓为圆弧状的裂纹—圆弧状裂纹断裂后形成切屑，以此来达到去除材料和形成新材料表面的效果。同时，在金刚石磨粒直接接触区，多形成粉碎性裂纹和形貌，非接触区则产生沿解理面断裂的裂纹，形成表面光滑的凹槽。不同的是，静态加工去除材料过程没有进给速度的推挤作用，产生的圆弧状裂纹互相拼接成为外轮廓为近似圆形的表面裂纹，这样近似圆形裂纹的形状即是材料被去除的区域形状。而动态加工去除材料过程则由于进给速度影响导致每一个圆弧状裂纹向前扩展形成扇形裂纹，而下一个裂纹则在前一个扇形裂纹的基础上沿进给方向继续出现。由此可知，进给方向直接影响着裂纹的形成方向。

（2）磨粒磨削初始过程内部裂纹特征

图 9-28 为锐磨粒和钝磨粒磨削初始阶段的内部裂纹。

磨削过程的内部裂纹与压痕过程的区别主要表现在材料裂纹的方向与进给方向呈锐角，中位裂纹与侧向裂纹重合。对锐磨粒的磨削断裂过程而言，侧向裂纹较明显，且趋向于向材料内部进一步扩展；而钝磨粒的断裂过程产生的材料内部裂纹常常与其表面裂纹相互贯接，形成截面为圆弧状的裂纹，从材料表面一直延伸到材料内部。总体来说，锐磨粒和钝磨粒的磨削断裂过程仍以产生侧向裂纹、裂纹向内部或表面扩展为主，两者区别并不显著。

磨粒磨削初始过程表面裂纹及形貌特征：

（1）表面裂纹形貌特征

图 9-29 为磨粒磨削初始过程材料表面裂纹形貌及形成过程示意图。

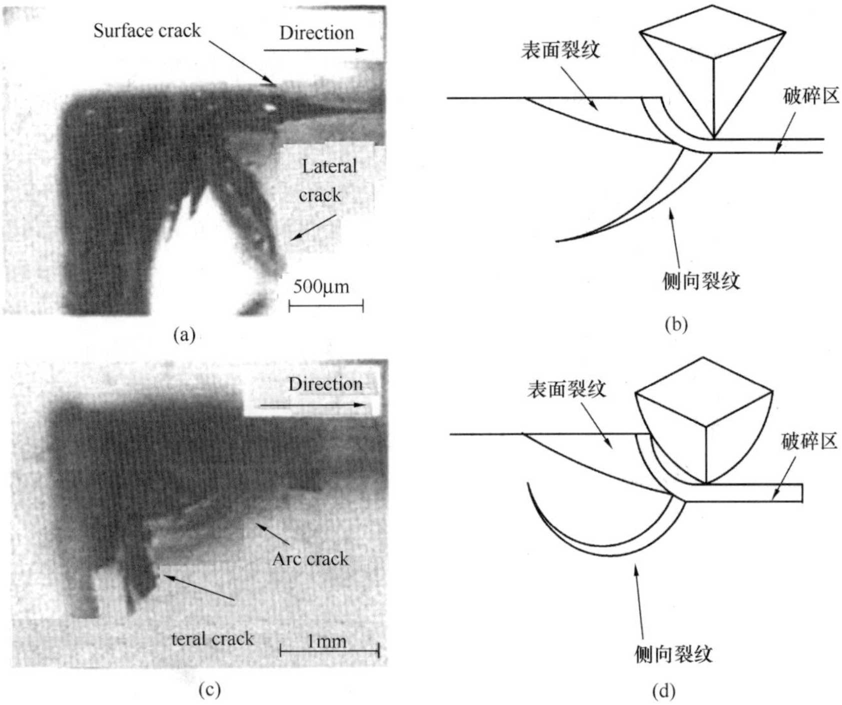

图 9-28　磨削初始过程材料内部裂纹（$\alpha=120°$，$a_p=100\mu m$，$V_f=3mm/min$）

（a）锐磨粒磨削初始过程材料内部裂纹（$\alpha=96°$）；（b）锐磨粒裂纹形成简图；

（c）钝磨粒磨削初始过程材料内部裂纹（$\alpha=120°$）；（d）钝磨粒裂纹形成简图

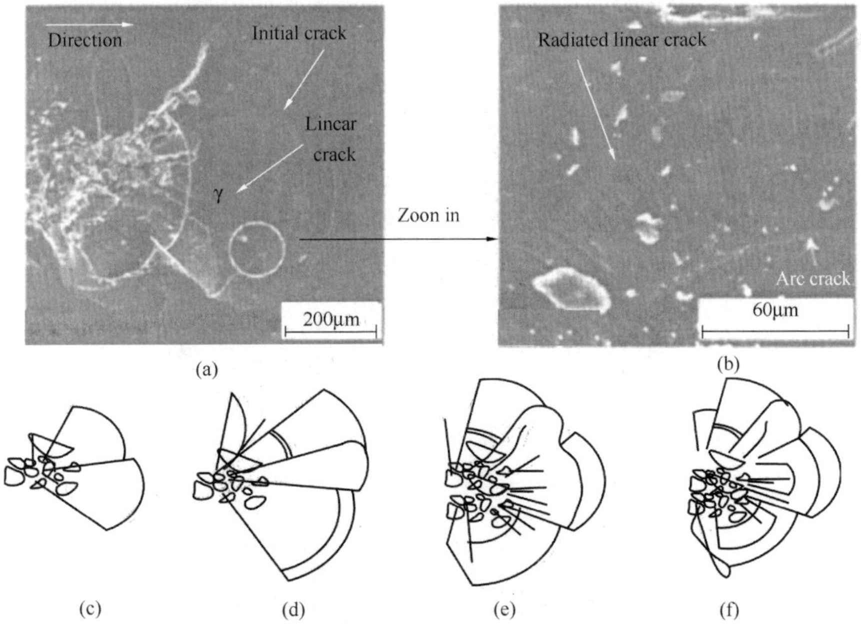

图 9-29　磨削初始过程材料表面形貌及裂纹形成示意图（$\alpha=120°$，$a_p=100\mu m$，$V_f=3mm/min$）

（a）表面形貌；（b）裂纹底部细节；（c）塑性变形及圆弧状初始裂纹的扩展；

（d）沿进给方向的条形放射性裂纹的出现；（e）压溃区的粉碎状裂纹出现；

（f）条形放射性裂纹向圆弧状裂纹转变

磨削初始产生的沟槽具有相似的形状，即槽底部金刚石磨粒与材料直接接触区裂纹多为塑性变形区及粉碎性破碎，两侧裂纹则以圆弧状向沟槽两侧及前方扩张，侧向裂纹主要沿解理面裂开，每一个小断面相对光滑。断裂坑的实际宽度大于金刚石的切削宽度。向沟槽两侧扩展的裂纹的初始扩展方向与切削方向的夹角 γ 通常小于 180°。

图 9-29(b) 为材料磨削断裂圆弧形裂纹的底部细节，可看到圆弧形裂纹扩展的底部在较高放大倍数下仍然比较光滑，但在光滑的表面上出现了分布均匀、呈放射状的条形裂纹以及与圆弧状轮廓同心的弧形裂纹。

（2）表面裂纹扩展特征

材料磨削断裂表面的裂纹扩展与压痕断裂相比既有相同规律，又有不同特征。表面裂纹的渐进形成过程可分以下 4 个阶段 [图 9-29(c) ~ (f)]：

阶段 1：磨粒前进首先造成材料表面塑性变形区应力增大，初始裂纹的成核仍出现在材料内部缺陷的微裂纹处，由于进给方向的影响，主要沿进给方向扩展。初始裂纹仍呈圆弧状，同样组成了断裂坑的最外端轮廓；

阶段 2：材料条形放射性裂纹的出现也由于磨削方向性影响，主要集中在磨粒前进方向，裂纹同样将叠加到圆弧状初始裂纹上，并不断扩展；

阶段 3：材料压溃区粉碎状裂纹所在区域与磨粒接触区的性质相似，即呈长方形。粉碎状裂纹由压痕断裂的无规则形态转变为裂纹具有一定方向性的特征，但由于材料脆性断裂的非规律性，该特征并非在每个断裂凹槽都出现；

阶段 4：材料条形放射性裂纹向圆弧状裂纹转变，表现为在磨粒前进方向上的条形放射性裂纹大量转变为圆弧状裂纹，并相互叠加。

通过以上分析，可发现材料压痕断裂裂纹与材料磨削过程所产生裂纹的主要区别在于进给方向对裂纹的扩展具有决定性的作用。

9.3 在回转-冲击联合作用下抛光磨头破碎瓷砖机理

由瓷砖抛光机结构可知，瓷砖抛光机采用国际上先进的摆动式磨头结构，磨头在扭转力矩 T 的作用下，对瓷砖表面进行旋转抛光，同时其上面装置的磨块自行摆动对产品表面进行研磨，磨块与产品表面呈线接触，冷却条件好，产品成品率高，如图 9-30 所示。

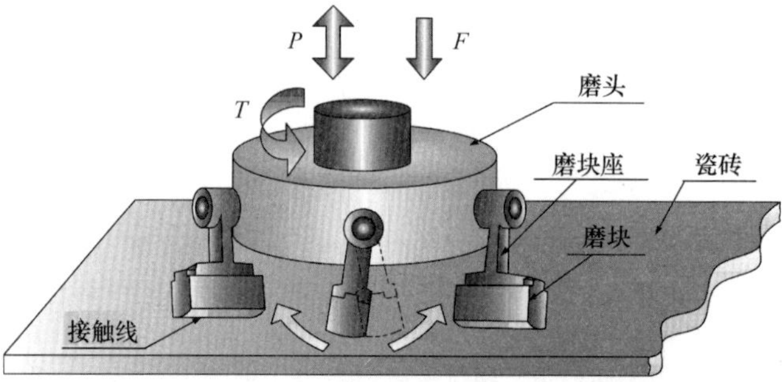

图 9-30 抛光磨头加工瓷砖示意图

由瓷砖抛光机结构和磨头的运动状态分析可知，汽缸活塞在压差和磨头自重的作用下缓缓地下降，使磨头主轴平稳地降下，并使磨头在工作时对砖表面保持恒定的压力 F。汽缸的气体可压缩，犹如一个弹簧使整个磨头能随产品表面自行上下浮动进行微量调整，使磨头对产品表面始终保持多点接触。磨头在工作时，还会对瓷砖表面施加一个上下浮动的冲击力 P。

由前述磨块运动分析可知：

为了研究方便，对磨块运动做以下假设条件：

（1）瓷砖固定不动。

（2）将磨头展开，磨头的转动变为直线移动。

（3）磨块上的磨粒大小相同，分布均匀。任取其中一个作为对象进行研究。

（4）磨块在运行过程中是一个摆动，不做整圆回转运动。因为摆动是回转运动的一个部分，为了分析方便，在分析磨块运动时，将磨块的摆动作整圆旋转分析。

结合上述磨块运动假设条件分析得出：磨块在摆动过程中产生了两种磨削瓷砖的形式：一是磨块顺磨；二是磨块逆磨。如图 9-31 所示。

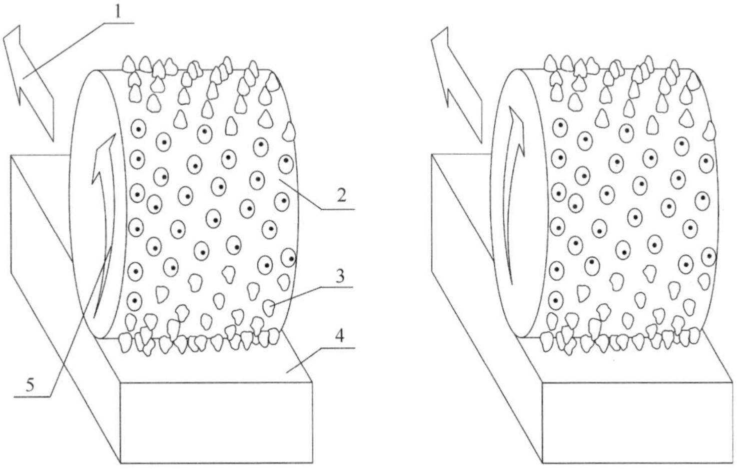

图 9-31　磨块顺磨和逆磨运动

（a）顺磨；（b）逆磨

1—磨头移动方向；2—磨块；3—磨粒；4—瓷砖；5—磨块旋转方向

顺磨是指磨块的摆动方向与磨头的移动方向一致，顺磨时磨块受到向上的反作用力，限制磨头牵引性能的发挥；逆磨是指磨块的摆动方向与磨头的移动方向相反，逆磨时磨块受到向下的反作用力，能够进一步发挥磨头的牵引性能。

以逆磨为例，取磨块上任意两个相邻的磨粒，分析磨头展开成平面之后磨粒的运动。如图 9-32（a）所示，磨头展开成平面后，磨头的转动速度 V_{A1} 变成水平移动。磨块则以速度 V_{A2} 旋转，磨粒 A 首先与瓷砖接触，由前面磨块运动分析可知，$V_{A1} \neq V_{A2}$，$V_{A1} > V_{A2}$，这就意味着不论磨块磨粒运动到什么位置，其水平分速度始终与磨头前进方向相同，出现磨块磨粒向前滑动磨削。如图 9-32（b）所示，磨粒 A 由①位置滑动磨削至②位置，磨粒完成了一个切削过程，在磨块的转动下离开瓷砖面，磨粒 B 紧接着接触瓷砖，开始冲击切削瓷砖，如图 9-32（c）所示。

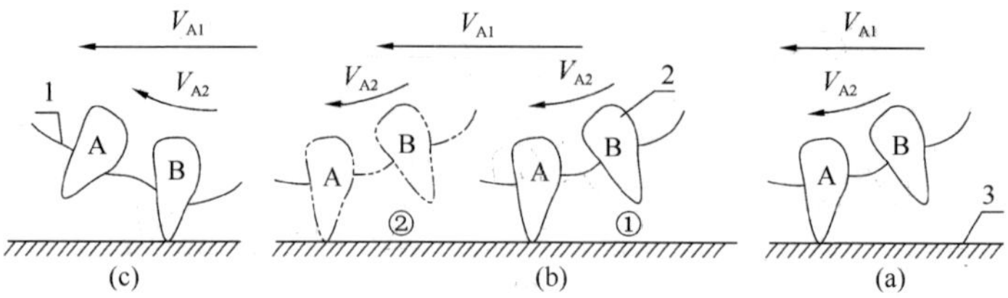

图 9-32　磨块磨粒运动

(a)、(c) 磨粒冲击阶段；(b) 滑移切削阶段

1—磨块；2—磨粒；3—瓷砖；A、B—磨粒

由此看出，磨块上的磨粒交替与瓷砖接触，单磨粒的压强大，切削能力强，能很好地保持磨粒的锋利度。磨块磨粒的运动过程是磨粒冲击及移动相结合的运动。

抛光磨头破碎瓷砖的方法如下：

(1) 压碎作用。根据抛光机结构工作原理以及磨头结构和工作原理可知：磨块是摆动的，磨块上的磨粒轮流与瓷砖接触，磨粒的自锐性好。同时摆动的磨块与瓷砖表面是线接触，接触面积小，易于形成大的压强。磨头在工作时汽缸给磨头施加一个静压力 F，磨粒在磨头压力作用下将瓷砖压碎并吃入瓷砖。压碎过程如图 9-33(a) 所示。

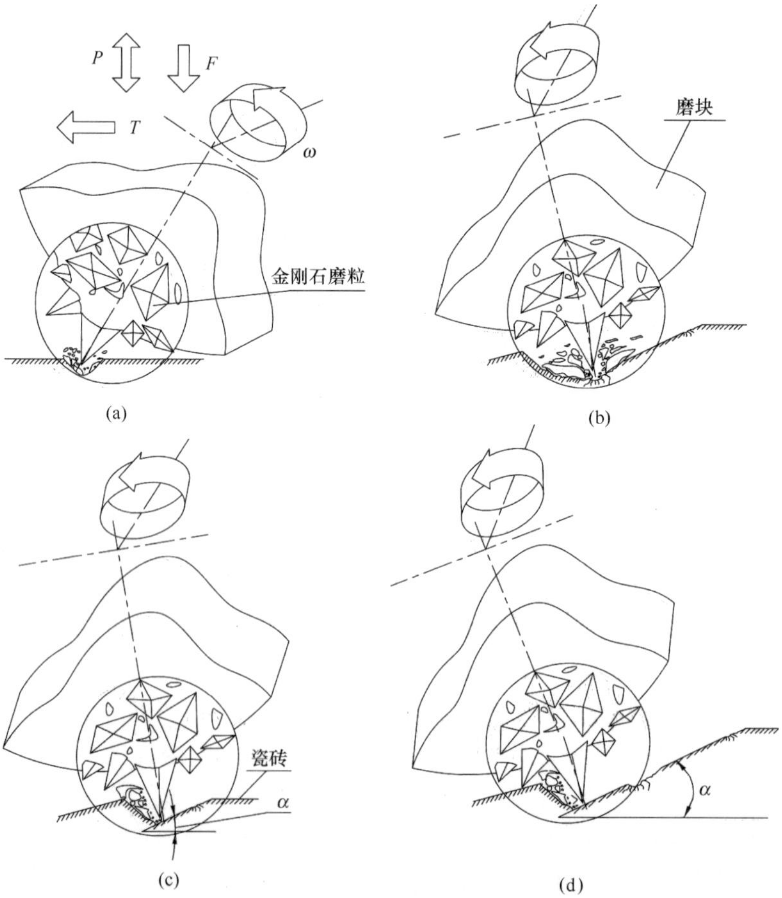

图 9-33　磨头回转-冲击破碎瓷砖机理

(a) 压碎；(b) 回转切削；(c) 冲击；(d) 回转切削

(2) 回转切削作用。磨头回转切削中，在回转力矩 T 的作用下磨粒以前棱面切削瓷砖，产生大体积剪切破碎。瓷砖的破碎是在磨头汽缸压力 F 和磨头扭转力矩 T 同时作用下发生的，并且做螺旋线运动。磨块上磨粒运动轨迹是按螺旋线逐步向下切深。因此磨粒滑动切削瓷砖后其底面不是平面，而是一个倾斜面。这个倾斜面和水平面的夹角为 α。回转切削时，瓷砖在磨头压力 F 和磨头扭转力矩 T 的共同作用下，磨块上的磨粒既要沿着垂直方向破碎瓷砖，同时又要沿水平方向剪切破碎瓷砖。瓷砖破碎过程如图 9-33(b) 所示。

(3) 冲击破碎作用。由前面的分析可知，磨头在工作时是上下浮动的，以适应瓷砖的表面。同时磨粒在磨块表面分布很不规则，磨粒大小不一，锋刃不在同一高度上，增加了磨块座中心上下运动的幅度。磨块座中心上下运动引起磨粒的上下振动，瓷砖在磨粒的上下冲击作用下产生了破碎。由磨头的运动状态的分析可知，磨头在工作时做三维复合运动。因此，磨块上的磨粒对瓷砖的冲击作用过程并不是轴向垂直压入，而是边转边刮边压入。破碎过程如图 9-33(c)、(d) 所示。

(4) 磨块时刻都在摆动，其上的磨粒轮流破碎瓷砖。经过 T 时间后，前面的磨粒破碎完毕，后面磨粒便进入破碎瓷砖过程。

综上分析可知，瓷砖的破碎是在磨头回转-冲击联合作用下完成的。

9.4　冲击-切削联合破碎瓷砖模型

由前面分析可知，瓷砖的破碎是在冲击-切削联合作用下完成的。根据磨块的运动分析可知，磨粒先是冲击瓷砖，紧接滑移切削瓷砖，周而复始。因此在建立破碎瓷砖模型时，先建立磨粒冲击模型后建立切削模型。

9.4.1　单磨粒冲击破碎瓷砖模型

1. 弹性变形阶段

设磨粒的冲击速度为 V_0，在冲击开始后经过时间 Δt 后，瓷砖的变形将为 $V_0\Delta t$，同时，瓷砖内弹性波以速度 a 向前传递。经过 Δt 时间后，瓷砖内发生应力区域的范围为 $a\Delta t$。于是应变率 ε 为：

$$\varepsilon = \frac{V_0\Delta t}{a\Delta t} = \frac{V_0}{a} \tag{9-1}$$

冲击应力为：

$$\sigma_a = E\varepsilon = E\frac{V_0}{a} \tag{9-2}$$

式中　E——瓷砖的弹性模数。

当 σ_a 超过瓷砖的强度极限时，瓷砖将发生破碎。初始阶段，瓷砖在冲击载荷作用下只是以弹性变形为主，如图 9-34(a) 所示。

2. 压实体形成阶段

瓷砖在冲击载荷作用下产生弹性变形时，假设磨粒底部以均匀的载荷 ΔP_1 作用在瓷砖的表面上。与磨粒接触的瓷砖内部的晶粒是按照一定方式排列的，把每个晶粒看成球体。由于磨粒的压力作用，与磨粒底部相接触的一层晶粒将向下位移加压于下一层晶粒；

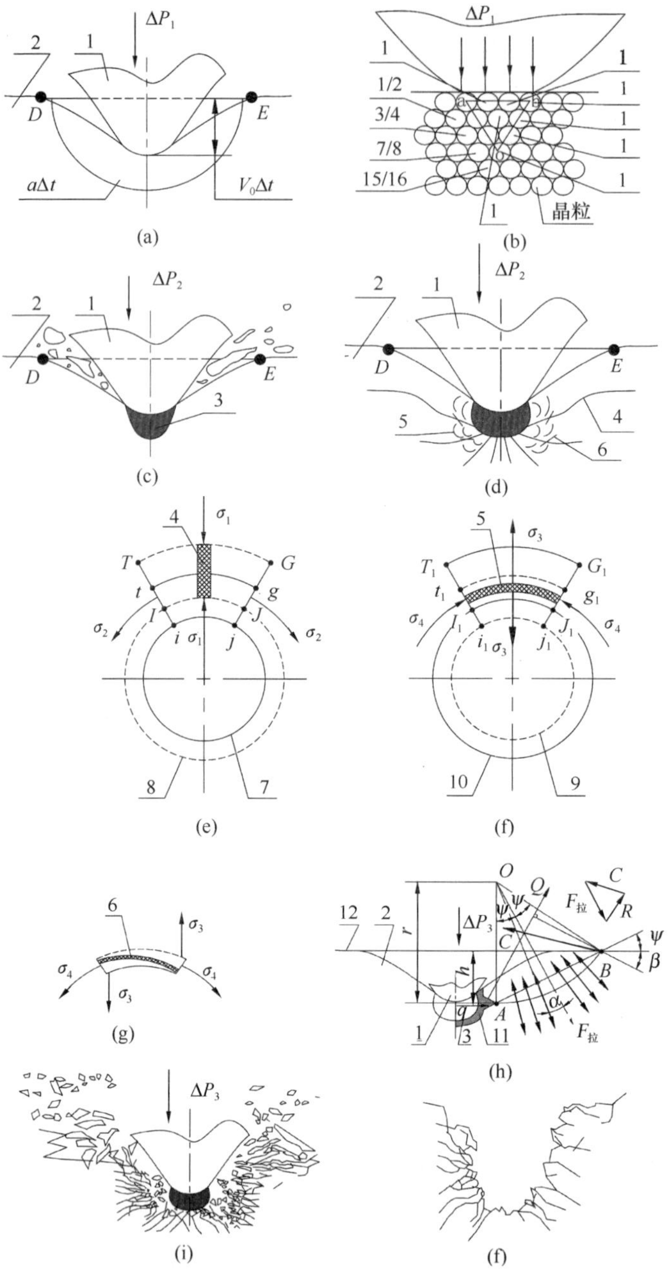

图 9-34 磨粒微观冲击瓷砖过程

(a) 弹性变形阶段; (b)、(c) 压实体形成阶段; (d) 压实体变形储能阶段;
(e) 径向裂纹形成阶段; (f) 环向裂纹形成阶段; (g) 剪切裂纹形成阶段; (h) 瓷砖粉劈裂阶段;
(i) 瓷砖爆发式崩碎阶段; (j) 漏斗坑形成阶段

1—磨粒; 2—瓷砖; 3—压实体; 4—径向裂纹; 5—环向裂纹; 6—剪切裂纹;
7、9—瓷砖挤压前位; 8、10—瓷砖挤压后位置; 11—瓷砖粉; 12—瓷砖自由表面

而下一层晶粒又将压力传递给其下部的两个晶粒。从图 9-34(b) 中可以看出最大的应力分布区域在△*aob* 内，其中所有晶粒都处于各向压缩状态，应力值相等。在△*aob* 区域以

外的晶粒作用大小不同的正应力。

因此，在 aob 交界面上一定作用着剪应力，其值为：

$$\tau = \frac{\sigma_1 - \sigma_2}{2} \tag{9-3}$$

式中　σ_1——aob 区域内的正应力；

σ_2——aob 区域外的邻近晶粒的正应力。

由于界面上存在着剪应力，就促使 aob 区域内被压实的部分沿着 aob 与瓷砖体分离。分离体为圆锥形，称为压实体。

载荷继续增加到 ΔP_2 时，在磨粒尖部下面瓷砖内部产生破坏。破坏呈封闭曲面扩展，直至磨粒底部形成一个粉碎区，同时粉碎体被压实，成为脱离瓷砖的圆锥形瓷砖粉体 3。在此阶段由于瓷砖表面赫兹裂纹的产生，会使瓷砖表面产生少量的破碎，如图 9-34(c) 所示。

3. 压实体变形储能阶段

载荷继续增加时，磨粒将圆锥形压实体压扁成为椭圆形。该阶段不产生新表面，压实体被压缩后，体积缩小、密度增大，使压实体有传递高压的作用，如图 9-34(d) 所示。

4. 径向、环向、剪切裂纹形成阶段

压实体储能到一定数量后，通过压实体向外传递，使压实体周围的瓷砖产生径向裂纹 4、环向裂纹 5、剪切裂纹 6，如图 9-34(d) 所示。

这三种裂纹的形成过程如下：

(1) 径向裂纹的产生

当压实体被磨粒压扁后，磨粒通过压实体向压实体周围瓷砖传递压力，相应地产生瓷砖质点的径向位移。如图 9-34(e) 所示，取压实体周围瓷砖上某一单元体 *ijgt*，当压力体在磨粒的作用下压向周围的瓷砖时，*ijgt* 被压缩后推移到 *IJGT* 位置，设 *ij* 的弧长为 x，移动后弧长 *IJ* 为 $x + \mathrm{d}x$，因此产生了切向拉应变 $\mathrm{d}x/x$。当这种切向拉伸应变引起的拉伸应力 σ_2 大于瓷砖的动抗拉强度时，*IJGT* 小单元就会被拉断而形成裂纹 4。由于瓷砖抗压不抗拉，拉伸应力 σ_2 只有压缩应力 σ_1 的十分之一，因此，瓷砖很容易就会被拉断。

(2) 环向裂纹的产生

在压实体的作用下，压实周围的瓷砖受到强烈的压缩，积蓄了一部分弹性变形能。当径向裂纹展开，压力迅速下降到一定程度时，原先在压实体周围的瓷砖释放出在压缩过程中积蓄的弹性变形能，如图 9-34(f) 所示，单元体 $I_1J_1G_1T_1$ 位置经过弹性能释放后，恢复到单元体 $i_1j_1g_1t_1$ 位置。形成与压实体压力作用方向相反的向心拉应力 σ_3，使瓷砖质点产生反向的径向运动。当此向心拉应力 σ_3 大于瓷砖的抗拉强度时，该处的瓷砖被拉断形成环向裂纹。

(3) 剪切裂纹的产生

在径向裂隙与环向裂隙形成的同时，径向应力作用的应力 σ_3 为压应力，切向应力的作用应力 σ_4 是拉应力。则在与径向成 45°的面上作用最大的剪应力，该剪应力值比拉应力大，比压应力小。当最大剪应力超过瓷砖的抗剪强度极限时，就会引起剪切破坏。剪切裂纹 6 与径向裂纹成 45°角，如图 9-34(g) 所示。

5. 瓷砖粉劈裂阶段

在载荷 ΔP_3 作用下，压实体继续向外挤压，压实体内瓷砖粉以流形式楔入径向裂纹，造成裂纹尖端应力集中，裂纹失稳扩展，裂纹以极高的速度扩展到瓷砖自由表面。

图 9-34(h) 为瓷砖拉伸破碎模型。在磨粒冲击力的作用下，瓷砖内部质点移动的阻力是不同的，越靠近自由面阻力越小。裂纹的扩展趋向于自由面。因此径向裂纹的扩展方向是朝着瓷砖自由面发展的。

瓷砖破碎模型有如下假设条件：

设径向裂纹为圆弧形 AB，该弧线在 A 点的切线为水平线，并假设力 C 通过 B 点；破碎面拉伸应力的合力通过圆弧的圆心 O 且等分圆弧，如图 9-34(h) 所示。

裂纹 AB 上的总拉应力 $F_{拉}$ 为：

$$F_{拉} = \sigma_{拉} r\int_{-\psi}^{\psi}\cos\alpha \mathrm{d}\alpha = 2\sigma_{拉} r\sin\psi \tag{9-4}$$

式中 $\sigma_{拉}$——瓷砖的抗拉强度；

r——径向裂纹圆弧半径；

α——AB 圆弧上微元元素所对应的角度；

ψ——径向裂纹的圆弧角度。

根据过 B 点的力矩，有下列关系：

$$Q\frac{h}{\sin\psi}\cos(\psi+\beta) = F_{拉}\sin\psi \tag{9-5}$$

式中 Q——压实体内瓷砖粉对瓷砖的劈力；

h——径向裂纹与瓷砖自由表面之间的距离。

根据图 9-34(h) 内的几何关系得：

$$r\sin\psi = \frac{1}{2}\cdot\frac{h}{\sin\psi} \tag{9-6}$$

由式 (9-4)、式 (9-5)、式 (9-6) 得：

$$Q = \frac{\sigma_{拉} h}{2\sin\psi\cos(\psi+\beta)} \tag{9-7}$$

压实体对瓷砖粉的挤压力：

$$q = 2Q\sin\beta = \frac{\sigma_{拉} h\sin\beta}{\sin\psi\cos(\psi+\beta)} \tag{9-8}$$

由式 (9-4) ~ 式 (9-8) 看出，压实体的压力能转变为拉伸应力，径向裂纹在拉伸应力的作用下扩展到瓷砖表面。瓷砖的破碎是拉应力作用的结果。

6. 漏斗坑的形成阶段

在压实体作用下首先形成了初始裂纹，接着挤压作用助长裂纹的延伸和扩展。这样随着径向裂纹、环向裂纹和剪切裂纹的形成、扩展、贯通、纵横交错，内密外疏的裂纹网将瓷砖分割成大小不等的碎块。靠近压实体处瓷砖细碎，远离破粉碎区处大块增多，或者只出现延伸的径向裂隙。通过图 9-34(h) 的模型分析可知。磨粒对瓷砖的瞬间冲击挤压力转变为强大的拉应力，将裂纹网拉碎，并将瓷砖屑抛出，类似于爆炸的效果。

如图 9-34(i) 所示，压实体由于压力能的突然释放而崩碎。磨粒冲击过后，瓷砖表面形成了一个漏斗形的冲击坑，如图 9-34(j) 所示。

9.4.2　多磨粒协同冲击破碎瓷砖模型

1. 协同效应应力模型

磨块上的磨粒破碎瓷砖不是单独磨粒与瓷砖接触的，而是多磨粒同时接触瓷砖协同破碎的结果。

多磨粒破碎瓷砖协同效应应力机理分为三个方面：

(1) 应力叠加

两个或者两个以上的磨粒同时作用在同一瓷砖表面上，无论在破碎哪个阶段，都能形成应力叠加，这将加速或者强化破碎过程，如图 9-35 所示。

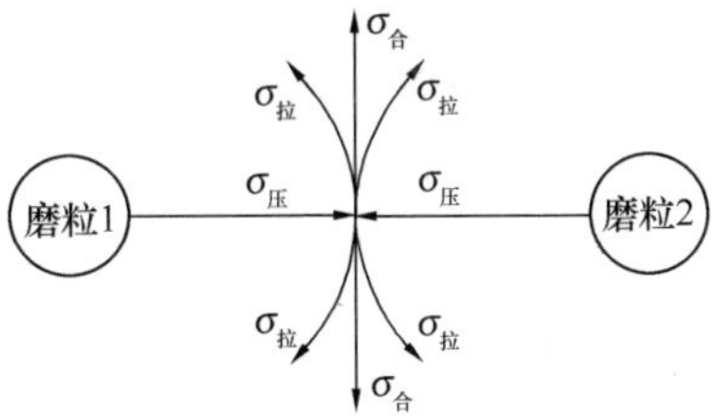

图 9-35　应力加强分析

图 9-35 中，在磨粒的外载荷作用下，压实体压缩周围瓷砖，给瓷砖产生一个强大的压应力 $\sigma_{压}$。压应力的作用使瓷砖的质点产生径向位移，因而导致外围瓷砖中产生径向扩张并在切线方向产生切向拉伸应力 $\sigma_{拉}$。两辊齿所引起的应力相遇并发生叠加的结果，在切线方向上产生合成拉应力 $\sigma_{合}$。如果磨粒距离比较近，合成拉应力 $\sigma_{合}$ 的值超过瓷砖的抗拉强度，则沿着两个“V”坑连心线产生径向裂隙，瓷砖屑崩离瓷砖表面。

(2) 多自由面

由于存在临近已破碎的沟槽，则磨粒侵入瓷砖后，裂纹的扩展提供了更多可能的终点以及爆破冲击力方向增加了一个新的自由面，从而改变了原来的边界约束条件。削弱了原瓷砖的抵抗破碎的能力。

(3) 相邻裂纹的贯通

从单磨粒破碎瓷砖机理和图 9-34 可知，在辊齿作用下将产生大量的裂纹，除少数的张开型裂纹扩展到瓷砖的自由面形成破碎块，瓷砖中存在大量的未发展瓷砖表面的错开型裂纹、撕裂型裂纹。这些裂纹的存在导致相邻沟槽裂纹的贯通而形成大块破碎。

2. 粗、中、半精抛工序中协同破碎分析

(1) 粗抛磨粒协同破碎瓷砖

粗抛磨块磨粒大，磨粒与磨粒之间的距离大。虽是多磨粒同时破碎瓷砖，但它们之间并不相互影响。磨粒在冲击破碎瓷砖之后，磨粒之间有瓷砖脊 4，裂纹不能贯通，如图 9-36(a) 所示。磨粒冲击破碎瓷砖后，沟槽深。磨粒之间的协同破碎为后续的加工提供更多的自由面和残留裂纹。

(2) 中抛磨粒协同破碎瓷砖

中抛磨粒比较小，磨粒之间的间距比较小，如图 9-36(b) 所示。当两个或者多个磨粒作用在瓷砖上，裂纹向着磨粒两侧扩展，产生应力的叠加，多磨粒协同破碎效应明显，从图 9-36(b) 看出，磨粒两侧的裂纹会以锯齿的形式相对发展，其破坏的裂纹走向逐渐接近，最后贯通形成大的破碎块。

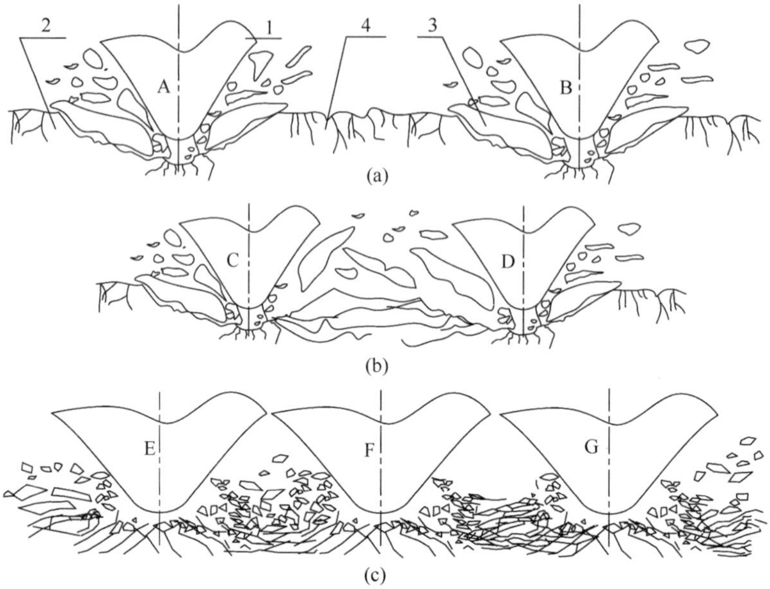

图 9-36　磨粒协同破碎瓷砖模型

（a）粗抛磨粒协同破碎瓷砖；（b）中抛磨粒协同破碎瓷砖；（c）半精抛磨粒协同破碎瓷砖

1—磨粒；2—瓷砖；3—瓷砖屑；4—瓷砖脊；

A、B—粗抛磨粒；C、D—中抛磨粒；E、F、G—半精抛磨粒

（3）半精抛磨粒协同破碎瓷砖

半精抛磨粒最小，磨粒之间的间距也最小。磨粒协同破碎效应将磨粒之间的瓷砖过度破碎，以至瓷砖屑细小甚至为细粉。从图 9-36（c）看出，瓷砖表面已无大的沟槽，瓷砖表面最平整。精刮时，瓷砖已经经过两次旋转，瓷砖的沟槽的自由面和裂纹也最多。协同破碎的效果为最好。

9.4.3　滑移切削破碎瓷砖模型

1. 轴向力和切向力共同作用时磨粒下方瓷砖的应力状态

由磨头工作原理以及磨块的运动分析可知，磨粒在冲击瓷砖之后开始对瓷砖进行滑移切削。在抛光过程中，磨头以轴向载荷压在瓷砖表面，同时磨块绕磨头轴线旋转，对瓷砖施加切向作用力。

李春林等以及文献研究表明：脆性材料在轴向力和切向力共同作用时，等应力线分布是非均匀的，不对称的。在接触面上，在切应力的前方将产生压应力而后方则产生拉应力。根据这一研究结果，磨粒下方瓷砖应力状态分成三个区：压应力区 A、过渡区 B、拉应力区 C，如图 9-37 所示。

压应力区 A 随着轴向力 F 的增加而扩大，随着切向力 T 的增加而缩小。拉应力区 C 与上述情况相反。过渡区 B 内既有压应力又有拉应力。瓷砖的抗压强度比抗拉强度大十倍以上，因此，瓷砖在较小的轴向力 F 作用下，在拉应力区开始破碎。即磨粒的“后部效应”。

（1）磨粒压入时瓷砖的应力状态

磨粒尖部对瓷砖的压入作用，抽象为球形尖部对瓷砖的作用，如图 9-38 所示。

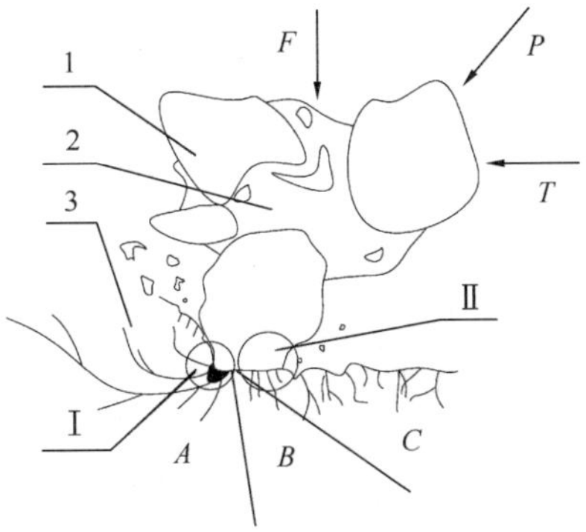

图 9-37　磨粒下方瓷砖的应力状态

1—磨粒；2—磨块；3—瓷砖；A—压应力区；

B—过渡区；C—拉应力区；

Ⅰ—磨粒尖头放大区；Ⅱ—磨粒平面接触放大区

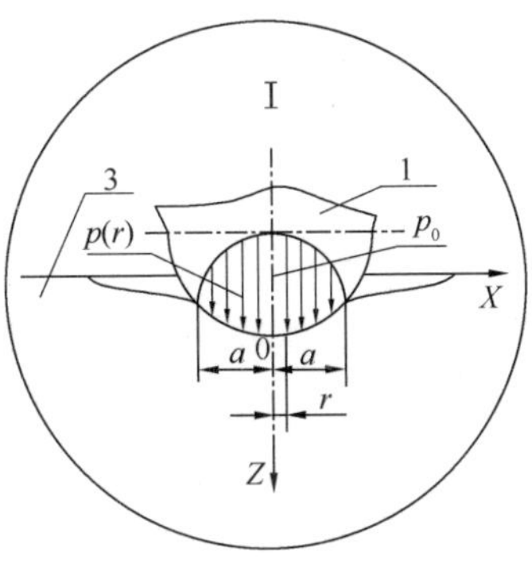

图 9-38　磨粒球形尖部的应力分布

1—磨粒；3—瓷砖

图 9-38 为图 9-37 中Ⅰ的局部放大图，并且是旋转为水平状态后的放大图。

接触面上的压力分布为：

$$p(r) = \frac{3P}{2\pi a^3}\sqrt{a^2 - r^2} \tag{9-9}$$

式中　P——作用在磨粒上的力，该力为轴向力 F 与切向力 T 的合力；

a——接触面投影圆的半径；

r——压力点离开压力中心的距离。

压力面中心处的压力为：

$$p_{r=0} = p_0 = \frac{3P}{2\pi a^2} \tag{9-10}$$

在半无限体内沿对称轴上的应力分量为：

$$\sigma_Z = -p_0\left(\frac{a^2}{a^2 + Z^2}\right) \tag{9-11}$$

$$\sigma_r = -(1+\mu)p_0\left(1 - \frac{Z}{a}\tan^{-1}\frac{a}{Z}\right) + \frac{p_0}{2}\left(\frac{a^2}{a^2 + Z^2}\right) \tag{9-12}$$

$$\tau = \frac{3}{4}p_0\left(\frac{a^2}{a^2 + Z^2}\right) - \frac{1+\mu}{2}p_0\left(1 - \frac{Z}{a}\tan^{-1}\frac{a}{Z}\right) \tag{9-13}$$

式中　μ——瓷砖的泊松比；

Z——压力面中心轴上坐标值。

因此，在压力面中心处（$Z=0$）有：

$$\begin{cases} \sigma_Z = -p_0 \\ \sigma_r = -\left(\dfrac{1+2\mu}{2}\right)p_0 \\ \tau = \dfrac{(1-2\mu)}{4}p_0 \end{cases} \tag{9-14}$$

在压力面边缘处（$Z=0$，$r=a$）有：

$$\begin{cases}\sigma_r = \left(\dfrac{1-2\mu}{3}\right)p_0 \\ \sigma_Z = 0 \\ \tau = \left(\dfrac{1-2\mu}{3}\right)p_0\end{cases} \tag{9-15}$$

由式（9-9）知，磨粒压入瓷砖平面时，中心处压力最大，边缘处最小。由式（9-14）知，最大的剪应力产生在瓷砖内部。由式（9-15）知，在接触面的圆周边界上，沿径向产生拉应力。

由上可知：在磨粒压入平面时，在压力面周边以及瓷砖内部将产生破碎裂纹。

（2）磨粒在切应力作用下瓷砖的应力状态

图 9-39 为图 9-37 中Ⅱ的局部放大图。磨粒在受切向力 T 作用时，由于摩擦力作用，磨粒底部有宽度为 $2b$ 平面与瓷砖接触。

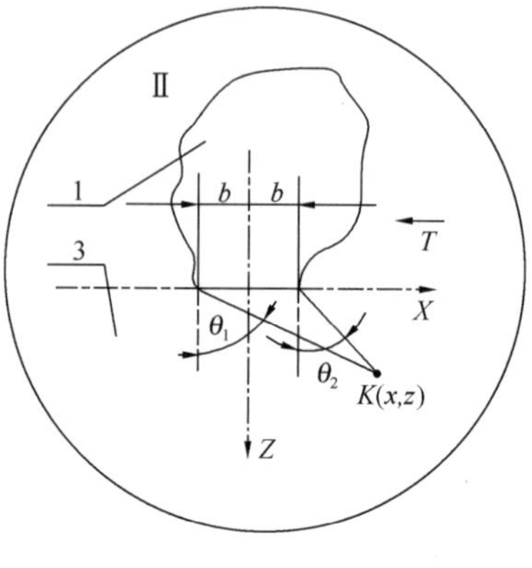

图 9-39　磨粒水平作用时的应力分布
1—磨粒；3—瓷砖

瓷砖中任意一点 $K(x，z)$ 的应力为：

$$\sigma_Z = \frac{-4bT}{\pi}\cdot\frac{XZ^2}{[Z^2+(X-b)^2][Z^2+(X+b)^2]} = \frac{-T}{2\pi}(\cos2\theta_1-\cos2\theta_2) \tag{9-16}$$

$$\sigma_X = \frac{-T}{2\pi}\cdot\left\{\ln\frac{[Z^2+(X+b)^2]}{[Z^2+(X-b)^2]}-\frac{4bXZ^2}{[Z^2+(X-b)^2][Z^2+(X+b)^2]}\right\} = \frac{-T}{2\pi}\left[\cos2\theta_1-\cos2\theta_2+4\ln\left|\frac{\cos\theta_1}{\cos\theta_2}\right|\right] \tag{9-17}$$

$$\tau_{XZ} = \frac{-T}{2\pi}\cdot\left\{\tan^{-1}\frac{Z}{X-b}-\tan^{-1}\frac{Z}{X+b}-\frac{2bX(Z^2+b^2-X^2)}{[Z^2+(X-b)^2][Z^2+(X+b)^2]}\right\} = \frac{-T}{2\pi}[2(\theta_2-\theta_1)+\sin2\theta_1-\sin2\theta_2] \tag{9-18}$$

式中　θ_1——KM 与过 M 点垂线的夹角；

θ_2——KN 与 X 轴夹角；

b——磨粒与瓷砖接触宽度的一半。

由式（9-17）知，在瓷砖表面（$z=0$）$x=b$ 处，将产生极大的压应力；在 $x=-b$ 处，将产生加大的拉应力。在切向力 T 作用的前方极大的压应力使瓷砖产生塑性变形，切向力 T 的后方极大的拉应力，使瓷砖产生垂直于瓷砖表面的裂纹。

2. 滑移切削破碎瓷砖过程

（1）初始压实阶段

在载荷 P 作用下，磨粒球形尖头在 UW 面上产生应力集中。瓷砖发生弹性变形，初始的压缩以瓷砖晶粒沿着加载方向整体移动为特征，如图 9-40(a) 所示。

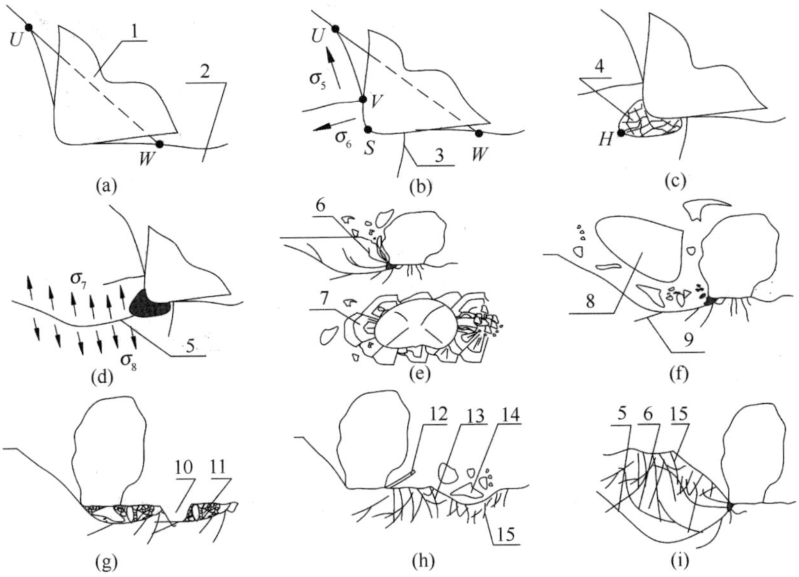

图 9-40　磨粒破碎瓷砖过程

(a) 初始压实阶段；(b) 初裂纹产生阶段；(c) 压实体形成阶段；(d) 主裂纹形成阶段；
(e) 小碎块形成阶段；(f) 大碎块形成阶段；(g) 碎屑压实阶段；
(h) 磨粒后部拉应力裂纹形成阶段；(i) 磨粒破碎瓷砖的后部效应
1—磨粒；2—瓷砖；3—赫兹裂纹；4—压实体；5—中位主裂纹；6—侧向裂纹；
7—圆弧形裂纹；8—大碎块；9—侧向残留裂纹；10—凹坑区；11—碎屑压实区；
12—微剪切屑；13—拉应力作用下的垂直裂纹；14—磨粒后部崩屑；
15—拉应力残留裂纹

(2) 初裂纹产生阶段

由前面分析结论知，磨粒压入瓷砖表面时，在接触面的圆周边界上，沿径向产生拉应力。因此，在瓷砖 *UV* 面上产生一个拉应力 σ_5，*UV* 面和 *VS* 面以 *V* 点为转折点。*VS* 面受到磨粒压应力 σ_6 的作用。其作用方向与拉应力 σ_5 作用方向相反。因此，*V* 点在拉应力 σ_5 和压应力 σ_6 作用下产生了裂纹 3。该裂纹也叫赫兹裂纹，如图 9-40(b) 所示。

(3) 压实体形成阶段

由前面分析结论知，磨粒对瓷砖的最大剪应力产生在瓷砖内部。瓷砖在最大剪应力 *H* 处开始破坏，并呈封闭曲面扩展，直至磨粒底部形成一个粉碎区。压碎后的瓷砖重新固结，形成压实体 4，如图 9-40(c) 所示。

(4) 主裂纹形成阶段

在载荷进一步作用下，压实体 4 底部的瓷砖受到压力的作用，瓷砖产生了应变。在应变作用下产生了拉应力 σ_7、σ_8。在拉应力 σ_7、σ_8 共同作用下，产生了瓷砖的主裂纹 5，如图 9-40(d) 所示。

(5) 小碎块形成阶段

由文献试验结果知，脆性材料受轴向力和切向力共同作用时，等应力圆朝着合力 *P* 方向旋转。又有关文献研究表明：脆性材料受轴向力和切向力共同作用时，与轴向力单独作用时的区别为：脆性材料受轴向力和切向力共同作用时，主裂纹的方向与切向力方向呈锐角，中位裂纹与侧向裂纹重合。

图 9-40(e) 上边图为主视图，下边图为俯视图。在主视图上，主裂纹 5、侧向裂纹 6 朝着瓷砖自由面发展。侧向裂纹 6 与赫兹裂纹 4 贯通，形成小碎块并崩裂出去。

由俯视图知，瓷砖内部裂纹和表面裂纹相互贯通，扩展为圆弧状裂纹。圆弧状裂纹相互叠加，并朝磨粒前方扩展。

（6）大碎块形成过程

在载荷进一步增加下，主裂纹 5 进一步朝着瓷砖表面扩展，最终崩裂。并在瓷砖面上留下侧向裂纹 9，如图 9-40(f) 所示。

在大碎块崩裂破碎后，作用在磨粒的轴向力 F 和切向力 T，会瞬时减小。磨粒继续前进，直到再次破碎瓷砖时，轴向力 F 和切向力 T 会缓慢上升。如此循环下去。由此可知，轴向力 F 和切向力 T 是跳跃性的，非连续性。

（7）（8）碎屑压实及磨粒后部拉应力裂纹形成阶段

由前面分析结论知，在切向力 T 作用的前方极大的压应力使磨粒前方的碎屑压实，并使瓷砖产生塑性变形，形成压实区 11。不足以被压实的，便形成凹坑区 10。如图 9-40(g) 所示。切向力 T 的后方极大的拉应力使瓷砖产生垂直于瓷砖表面的裂纹 13，裂纹 13 与侧向残留裂纹贯通、崩碎，并残留拉应力裂纹 15。磨粒后部的瓷砖由于压应力的释放，转变为拉应力。在拉应力的作用下，瓷砖表面被压实的塑性变形层 12 被拉起，断裂为磨屑，如图 9-40(h) 所示。

（9）磨粒破碎瓷砖的后部效应

由前面分析知，磨粒后部的拉应力产生的裂纹致使磨粒后部的瓷砖崩裂，塑性层被拉起，并残留拉应力裂纹。磨粒在循环抛光过程中，在这些残留的裂纹处首先产生应力集中并破坏。同时主裂纹 5、侧向裂纹 6 与残留拉应力裂纹 15 相互贯通，如图 9-40(i) 所示，使瓷砖破碎容易，并减小了破碎瓷砖的载荷，提高了破碎效率。

9.5 水力冲击瓷砖和清洁瓷砖模型

9.5.1 水力冲击瓷砖模型

水力冲击瓷砖是利用水射流对瓷砖以及瓷砖屑产生的冲击压力来实现瓷砖屑的破碎和冲离破碎坑。水力冲击瓷砖过程如图 9-41 所示。

距射流中心轴处任意一点的动压力为：

$$P_y = P_m e - \frac{2\lambda y^2}{d_0^2} \tag{9-19}$$

式中 P_m——基本段内轴线上任意一点的动压力；

d_0——喷嘴出口直径；

λ——射流中心轴线上的动压力衰减系数。

由式 (9-19) 得出：射流横断面上，中轴线处动压力最高，自中心向外，动压力急剧降低。作用在瓷砖表面的水射流动压力是不均匀的。不均匀的水射流冲压力使瓷砖屑产生翻转力矩，水射流将瓷砖屑冲离沟槽。如图 9-41 所示。

在图 9-41 中，水射流直接冲击到裂纹中，挤压裂纹壁，才产生拉应力 σ_1、σ_2，致使裂纹 3 迅速扩展，或者崩碎。水充斥在裂纹中，使扩展后的裂纹无法闭合，给机械破碎提供了有利的预破碎条件。

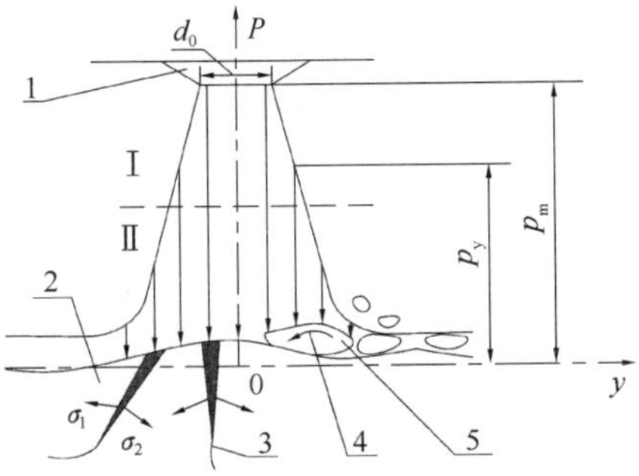

图 9-41　水射流冲击瓷砖模型

1—喷嘴出口；2—瓷砖；3—冲击破碎裂纹；

4—瓷砖屑翻转方向；5—瓷砖屑；

Ⅰ—水射流初始段；Ⅱ—水射流基本段

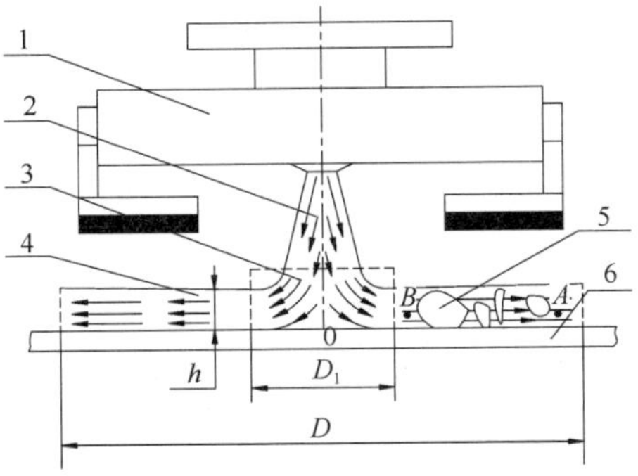

图 9-42　水射流净化瓷砖模型

1—磨头；2—水射流自由区；3—水射流冲击区；

4—水射流漫流区；5—瓷砖屑；6—瓷砖

9.5.2　水力清洁瓷砖模型

水射流从磨头中间的喷嘴出口喷射到瓷砖表面的过程分为三个区：一是自由射流区；二是冲击区；三是漫流区，如图 9-42 所示。

水射流冲向瓷砖表面后形成紧贴、平行于瓷砖表面很薄并且对瓷砖表面覆盖较好的一层横向流动的液流。该液流称为漫流。漫流对瓷砖表面瓷砖屑产生横向推动力，使瓷砖屑离开原破碎点，起到净化瓷砖表面的作用，保证瓷砖的表面质量。

现以图 9-42 中水射流中心与瓷砖表面交点为圆心，以 r 为半径，漫流厚度 h 为高的圆柱面为讨论对象。据流体的流动连续性原理有：

$$Q_L = \iint V\mathrm{d}S = 2\pi r\int_0^h V\mathrm{d}S = 2\pi r\overline{V}_c \tag{9-20}$$

式中　　S——所研究圆柱面；

h——漫流高度；

$\overline{V}_c = \dfrac{1}{h}\int_0^h V\mathrm{d}z$——$h$ 高度上的平均漫流流速。

由此得出：

$$\overline{V}_c = \frac{Q_L}{2\pi rh} \tag{9-21}$$

在 $D_1/2 \leqslant r \leqslant D/2$ 内，漫流高度近似为一个常数。因此式（9-21）改写成：

$$\begin{cases} \overline{V}_c = \dfrac{\beta_0\sqrt{A_0}}{2\pi h}\cdot\dfrac{\sqrt{QV_0}}{r}\left(R \leqslant r \leqslant \dfrac{D}{2}\right) \\ V_\theta = 0 \end{cases} \tag{9-22}$$

式（9-22）表明：在其他条件一定的情况下，瓷砖表面漫流流速与射流动量通量的平方根成正比，与离原点的半径 r 成反比。

图 9-42 中，B 点的漫流速度要大于 A 点的。水射流在冲击区内冲出的瓷砖屑被以最大的漫流速度冲到瓷砖边缘。

磨粒冲击-切削后的瓷砖屑有的在沟槽内，有的还和瓷砖处在似断非断的状态，有的瓷砖屑处在已经加工过的瓷砖表面上。利用水力冲击将瓷砖从沟槽内冲出来，同时还可以辅助破碎瓷砖，将处在似断非断状态的瓷砖屑破碎，将已经破碎的瓷砖屑冲离已经加工好的表面，防止二次划伤。

第 10 章　瓷砖表面抛光成形试验研究

我国墙地砖的生产已经进入了抛光砖的时代，由于中国特殊的国情和审美习惯，抛光砖的表面越做越光滑，各种工艺、花色的抛光砖是当前我国墙地砖的主流品种。究其原因，大概是中国贫穷落后了一百多年，中国人刚摆脱“黑屋土台”的室内环境不久，铺贴富丽堂皇的抛光砖，满足了人们现阶段追求美好生活的心理需求。近年来随着中国经济的快速发展，引发新一轮的消费、审美高潮。比如对瓷砖防污、防滑、高光泽度的要求大幅度提升，这一轮的审美高潮引发了我国墙地砖生产史上轰轰烈烈的“超洁亮”现象。目前国内外对超洁亮形成的过程没有针对性的研究，只是针对抛光的某一环节做过一些实验室的研究。这样的研究脱离了生产实际，无法真实地再现瓷砖高光泽度的成形过程。本章以佛山陶瓷砖厂中最先进的瓷砖抛光线为试验对象，全面跟踪每一道工序。从毛坯砖开始，在每一道工序加工后，取一块瓷砖做光泽度、SEM 试验，揭示瓷砖高光泽度表面的成形机理。

10.1　试验设计

10.1.1　瓷砖抛光生产线介绍

本试验的试验对象是由中国科达机电公司生产的“巨无霸”瓷砖抛光线，是目前世界上最先进的瓷砖抛光线。整条抛光线由下列几个工序组成：磨边、刮平、抛光、涂覆纳米液、检测、成品、包装工序，如图 10-1 所示。

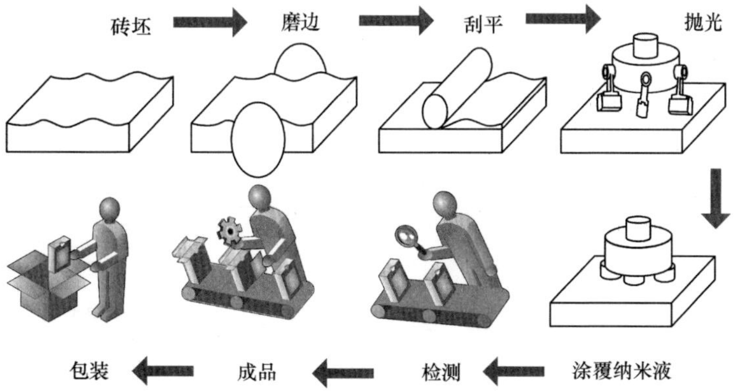

图 10-1　瓷砖加工过程

瓷砖刮平分三道刮平工序，分别为粗刮、中刮、精刮，如图 10-2 所示。为了保证瓷砖的平整度，毛坯砖 1 经过粗刮后旋转 90°，粗刮瓷砖 2 经过中刮后旋转 90°，中刮砖 3 经过精刮后旋转 90°，进入抛光工序。

瓷砖抛光分三道抛光工序，分别为粗抛、中抛、精抛，如图 10-3 所示。

刮平砖1经过粗抛后旋转90°，目的是保证瓷砖的平整度。中抛瓷砖3旋转90°后，进行精抛。精抛后的瓷砖4旋转90°后，进入涂覆纳米液工序。

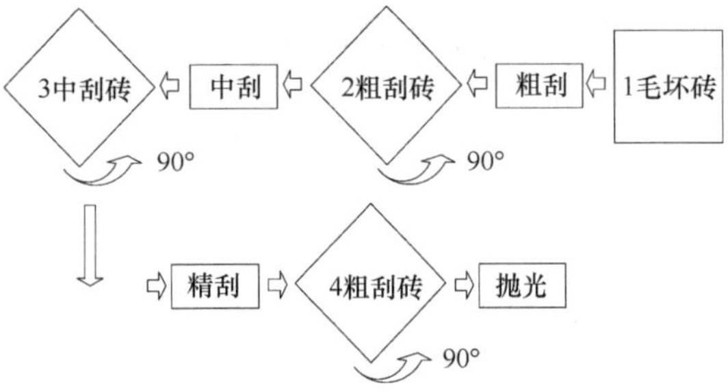

图 10-2　瓷砖刮平机工序

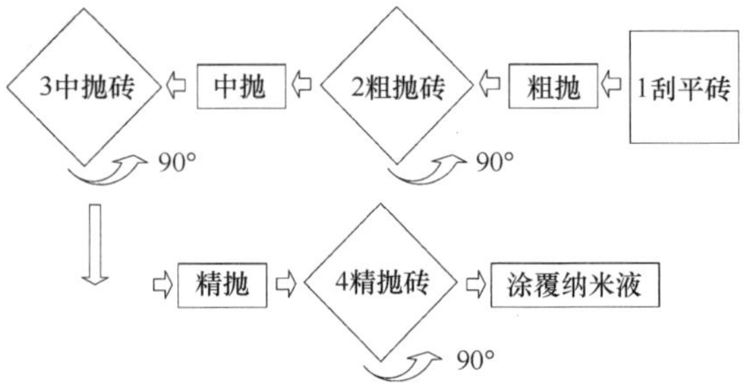

图 10-3　瓷砖抛光工序

10.1.2　主要试验设备及其技术参数

在本试验中主要的试验工序是刮平、抛光、纳米液涂覆，试验设备如图10-4所示，上述设备的技术参数如表10-1～表10-3所示。

图 10-4　主要试验设备

表 10-1　瓷砖刮平机技术参数

项目	参数
机型	GD1000/4
金刚滚筒头数（个）	4
最大工作厚度（mm）	20
最大工作宽度（mm）	1000
最小工作宽度（mm）	600
金刚滚筒驱动功率（kW）	18.5
主传动功率（kW）	4
滚筒升降驱动功率（kW）	0.37
输送速度（m/min）	2－15
总耗水量（L/min）	270
总功率（kW）	79.48
总重（kg）	8570

表 10-2　瓷砖抛光机技术参数

项目	参数
机型	PJ800/18
工作宽度（mm）	500 ~ 800
工作厚度（mm）	8 ~ 20
单个磨头驱动功率（kW）	11
主传动功率（kW）	5.5
摆动驱动功率（kW）	4 × 2.2
工作速度（m/min）	3 ~ 8
气源压力（MPa）	0.6 ~ 0.8
单个磨头耗水量（L/min）	25
总功率（kW）	212.54
设备外形尺寸（长 mm × 宽 mm × 高 mm）	14100 × 2850 × 2260
总重（kg）	28250

表 10-3　纳米液涂覆机技术参数

项目	参数
机型	LUXCO800B/18
工作宽度（mm）	400 ~ 800
工作厚度（mm）	8 ~ 25
输送带速度（m/min）	11
气源压力（MPa）	0.6 ~ 0.8
耗气量（L/min）	300
主传动电机功率（kW）	5.5
磨头电机功率（kW）	7.5 × 10
横梁摆动电机功率（kW）	3 × 2
总功率（kW）	112
设备外形尺寸（长 mm × 宽 mm × 高 mm）	14450 × 3150 × 2100
总重（kg）	15000

磨边倒角机是将瓷砖波浪边以及瓷砖边缘余量磨掉的机器。刮平机是将瓷砖烧制后不平整的表面刮平，为后续抛光打基础。摆动式抛光机是将前面刮平机在瓷砖表面的刮痕去掉，同时将瓷砖表面研磨，是瓷砖抛光的关键机器。瓷砖抛光后，微观表面留有大量气孔及缺陷。纳米液涂覆机将抛光后的瓷砖涂覆上一层纳米液，使瓷砖表面达到超洁亮的效果。

瓷砖刮平、抛光工序中的粗、中、精工序应用的都是图 10-4 中的机器，区别在于磨头磨块粒度配置的不同。

10.1.3　主要工序加工参数配置

1. 刮平工序参数配置

刮平工序的参数配置如表 10-4 所示，滚筒如图 10-5 所示。

在瓷砖加工过程中，刮平、抛光、纳米液涂覆工序是主要工序，是瓷砖高光泽度表面成形的主要工序。而磨边工序对瓷砖表面的成形影响不大，在此不详加分析该工序参数配置。

表 10-4　刮平机参数配置

工序	滚筒转速（r/min）	磨块粒度号（号）	滚刀切削深度（mm）	瓷砖进给速度（m/min）
粗刮	1800	46	0.1	14
中刮	1800	80	0.08	14
精刮	1800	140	0.03	14

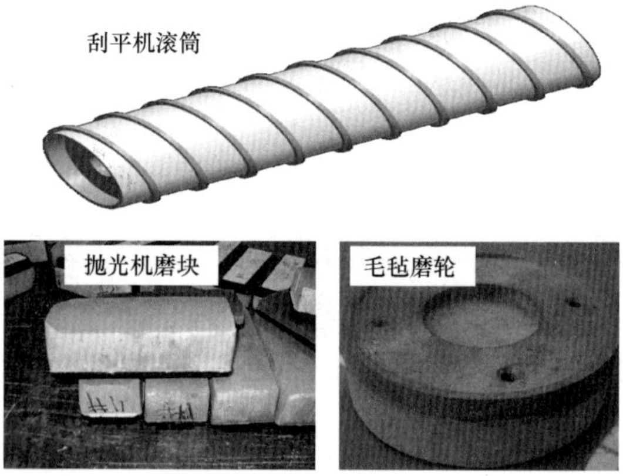

图 10-5　主要试验磨块

2. 抛光工序参数配置

粗抛工序的磨头转速为 470r/min；中抛工序的磨头转速为 520r/min；精抛工序的磨头转速为 540r/min；三道工序的磨头摆动频率为 11.5 次/min；瓷砖进给速度为 7.13m/min。磨块粒度号配置如表 10-5 所示。磨块外形如图 10-5 所示。

表 10-5　抛光工序磨块参数配置

<table>
<tr><th rowspan="2">磨头编号</th><th colspan="2">粗抛</th><th colspan="2">中抛</th><th colspan="2">精抛</th></tr>
<tr><th>磨块粒度号（号）</th><th>磨头压力（MPa）</th><th>磨块粒度号（号）</th><th>磨头压力（MPa）</th><th>磨块粒度号（号）</th><th>磨头压力（MPa）</th></tr>
<tr><td>1</td><td>24</td><td rowspan="2">0</td><td>180</td><td rowspan="10">0.3</td><td>240</td><td rowspan="10">0.4</td></tr>
<tr><td>2</td><td>24</td><td>180</td><td>320</td></tr>
<tr><td>3</td><td>36</td><td rowspan="8">0.1</td><td>240</td><td>400</td></tr>
<tr><td>4</td><td>36</td><td>240</td><td>600</td></tr>
<tr><td>5</td><td>46</td><td>360</td><td>800</td></tr>
<tr><td>6</td><td>46</td><td>360</td><td>800</td></tr>
<tr><td>7</td><td>60</td><td>480</td><td>1000</td></tr>
<tr><td>8</td><td>60</td><td>480</td><td>1000</td></tr>
<tr><td>9</td><td>80</td><td>480</td><td>1200</td></tr>
<tr><td>10</td><td>80</td><td>480</td><td>1200</td></tr>
</table>

续表

磨头编号	粗抛		中抛		精抛	
	磨块粒度号（号）	磨头压力（MPa）	磨块粒度号（号）	磨头压力（MPa）	磨块粒度号（号）	磨头压力（MPa）
11	120	0.2	540	0.3	1200	0.4
12	120		540		1500	
13	150		540		1500	
14	150		540		1500	
15	180		600		1800	
16	180		600		1800	
17	240		600		1800	
18	240		600		1800	

3. 纳米液涂覆工序参数配置

行星磨头转速为 90r/min；行星抛光轮转速为 1200r/min；汽缸压力为 0.1MPa；传送带速度为 14m/min；纳米液是一种水溶剂的纳米二氧化硅乳液，材料的粒度在 5nm ~ 1μm 之间。纳米液使用量为 70g/m^2。磨轮为羊毛材料，如图 10-5 所示。

10.1.4　加工瓷砖参数

试验所用瓷砖规格为 800mm × 800mm × 15mm。瓷砖的主要成分为石英、长石、高岭土等。瓷砖组成详细成分及比例属于厂家机密，在此不详加列出。瓷砖性能指标如表 10-6所示。

表 10-6　瓷砖主要性能指标

性能	吸水率（%）	抗折强度（MPa）	热稳定性	莫氏硬度	热膨胀系数（10^{-6}/℃）	抗冻性（15 ~ －15℃）	耐磨强度（mm^3）
参数	<0.5	>30	15 ~ 105℃ 10 次	≥6	<9	20 次	<205

10.2　试验仪器及测点

1. 光泽度测试

从毛坯砖开始，分别在每道工序上取一块瓷砖作为研究对象。分别在粗、中、精抛光工序上取下的三块瓷砖上，均匀取 16 个点作为测试点进行光泽度测试，如图 10-6 所示。

同时在精抛工序上任取一块瓷砖任取一点作为测点进行光泽度测试，在这块瓷砖进行纳米液涂覆后，继续在该瓷砖上任取一点测试光泽度，并对比光泽度效果。光泽度测试利用 WGG60 型镜向光泽度仪，如图 10-7 所示。由于刮平后的瓷砖粗糙，肉眼都能看出很深的沟槽，因此，不在刮平后的瓷砖上做光泽度测试。

图 10-6　瓷砖表面光泽度测点

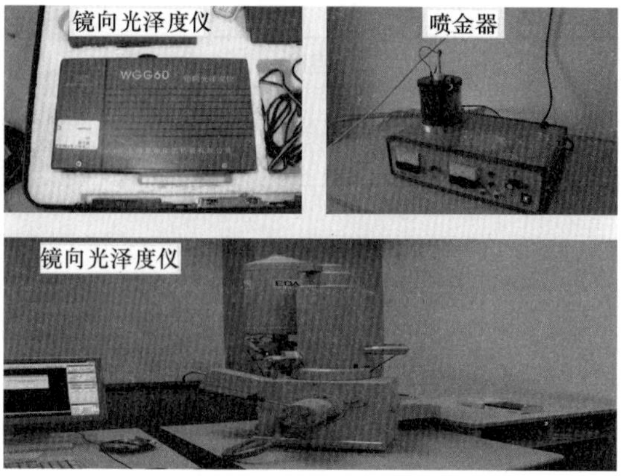

图 10-7　WGG60 型镜向光泽度仪

2. SEM（扫描电镜）试验

从毛坯砖开始，在每道工序上取一块瓷砖。在瓷砖上取 3 个样点，取点位置如图 10-8 所示。

首先在切片机上将从瓷砖上取来的样品进行切片。切片后的瓷砖取样规格为长 20mm ×宽 3.6mm，如图 10-9 所示。将瓷砖取样送入喷金器中进行喷金，喷金器的型号为 SBC-12，如图 10-7 所示。最后将喷金后的取样（图 10-9）进行电镜扫描，观察瓷砖形貌。电镜型号为 FEI Sirion。

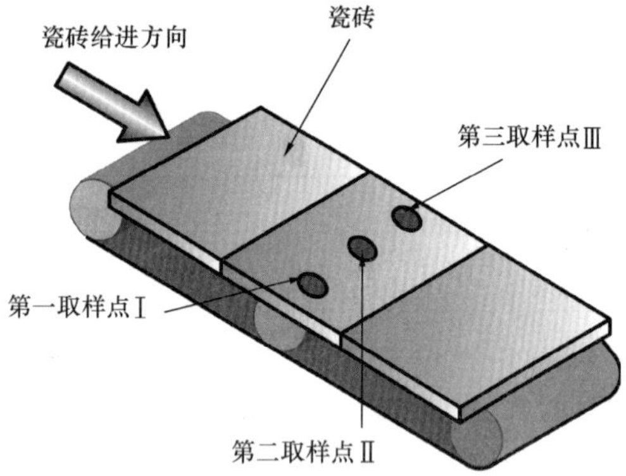

图 10-8　瓷砖取样点示意图

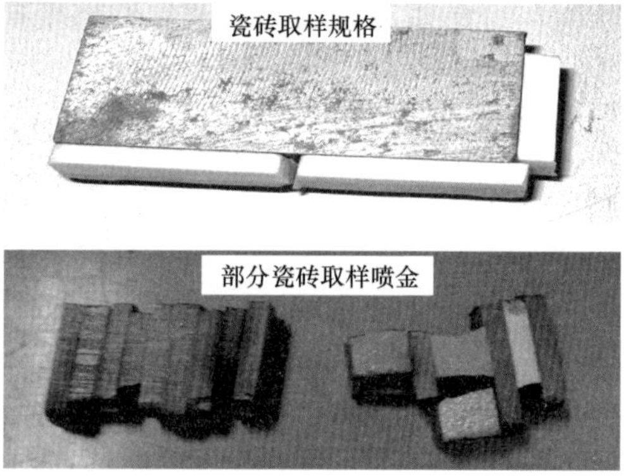

图 10-9　瓷砖取样和喷金示意图

3. 防污性测试

在精抛工序和纳米液涂覆工序上各取一块瓷砖，利用蓝色油笔分别在两块瓷砖上涂鸦。然后用水清洗涂上去的污渍，最后用抹布擦拭瓷砖表面，观察并对比两块瓷砖的防污效果。

10.3　试验结果与分析

10.3.1　刮平瓷砖形貌分析

1. 粗刮后瓷砖表面形貌分析

瓷质砖的坯体是使用传统原料黏土、长石、石英及可塑性白黏土，经过球磨、造粒、干燥、压制，后经1200℃左右烧结50～60min制成。图10-10显示，瓷砖表面是一层比较粗糙的烧结层。从整体来看，瓷砖表面不平整。烧结层由光滑部分和瓷砖体凸起部分组成。要想得到光滑而且平整的表面需要将烧结层去掉。

图10-11是粗刮瓷砖表面形貌图片，其中图10-11(b)是图10-11(a)中Ⅰ处的SEM图片。图10-11中(a)显示，粗刮后的瓷砖表面很粗糙，瓷砖表面覆盖着很深的轨迹，相邻轨迹之间有很宽的瓷砖脊。瓷砖表面刻痕宽、深而且相互平行，瓷砖表面轨迹由一系列的冲击破碎坑组成。图10-11(b)中显示，冲击坑呈V形，这些冲击破碎坑不是独立存在的而是相互连接，连接处的坑壁崩碎。

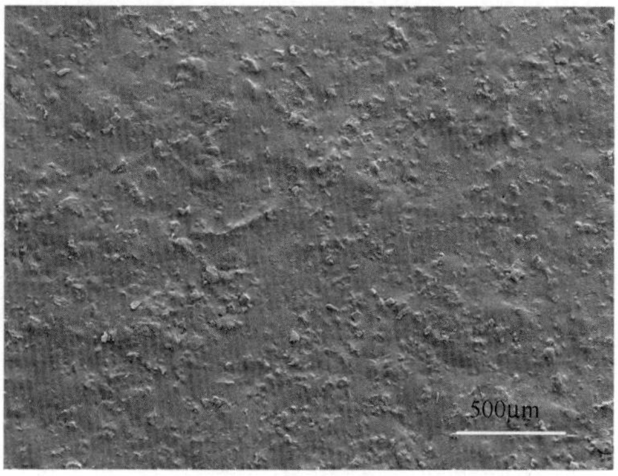

图10-10　瓷砖毛坯电镜图

图10-11(c)是图10-11(b)中Ⅱ处的SEM图片。该处显示瓷砖体的粗气孔形貌。图10-11(c)显示空孔为不规则形状，孔壁布满半球形的晶粒，瓷砖晶粒从上到下分层排列。晶界清晰，大多数晶粒之间有较大的缝隙。孔底不平整，孔底布满了半球形的晶粒和小的空孔。小空孔在结构上与大气孔是相同的。坑的表面都是瓷砖原始的瓷砖晶粒。瓷砖粉在压实烧制过程中由于空气无法透出，储藏在瓷砖内或者瓷砖组织疏松。加工过程中，这些瓷砖晶粒与瓷砖体脱落后造成小空孔。

在破碎坑上取Ⅲ、Ⅳ、Ⅴ三处，分别观察冲击破碎坑坑壁的上部、下部以及坑底三处的相貌。

图10-11(d)是图10-11(b)中Ⅲ处的SEM图片，图10-11(e)是图10-11(b)中Ⅳ处的SEM图片，图10-11(f)是图10-11(b)中Ⅴ处的SEM图片。图10-11(d)显示冲击破碎坑坑壁上部的形貌，破碎坑坑壁上布满大小裂缝和孔。这些裂缝从上到下分层排列。它们看起来像椭圆形孔，并且与瓷砖表面平行。冲击坑壁呈层叠状，层与层之间是比较大的裂缝，而且一直延伸到瓷砖体内部。裂缝呈张开型。图中瓷砖屑1是还未脱落的瓷砖屑。瓷砖屑2是已经脱落的瓷砖屑。从图中看出，瓷砖屑2呈三角体型，而且块大。从坑壁形貌看，与岩石爆破后的形貌相似。根据这个形貌特征和瓷砖屑形状特征，可以推断出这样一个结论：瓷砖在受到磨粒不断冲击后，产生径向、环向、切向裂纹并汇交。径向裂纹上下扩展并交叉形成三角形瓷砖屑。磨粒冲击能具有高流动性，在冲击瓷砖后，转化为向上的反喷射能，将瓷砖裂纹网拉碎。三角形瓷砖屑从瓷砖体中拉出并抛射出去，瓷砖层被拉断，如同爆破气流将岩石扩展网拉碎并抛射出去。图中A处为磨粒冲击瓷砖后反喷射能力拉断形貌。

图10-11(e)显示冲击破碎坑坑壁下部的形貌，冲击孔壁上布满晶粒和破碎面。破碎面的边缘不是整齐的断裂面而是原始的半球形晶粒。①处显示的是喇叭口形裂缝。喇叭口的下半部是平整而光滑的。喇叭口的边缘是原始的半球形晶粒。这说明晶粒边界产生了原始裂纹并一直向瓷砖内部扩展。

通过对坑壁下部形貌观察，分析如下：瓷砖充满大量的很多不规则的粗气孔［图10-

11(c)]，由于晶粒边界处有裂缝缺口，瓷砖在受到磨粒施加载荷的作用时，首先在晶粒边界缝隙处产生应力集中。在裂缝缺口处率先产生裂纹，并向瓷砖内部扩展，扩展的方向是水平方向。裂纹的生成和扩展，生成了新的自由面，上下层裂纹的扩展速度是不同的，有快也有慢。裂纹便向着快速裂纹产生的自由面扩展并相互交叉，破碎成大的瓷砖屑。这些瓷砖屑被抛出去后，便在瓷砖体上留下一个喇叭口形的大裂缝。图 10-11(b) 中的大裂缝就是这样形成的。这些残留的张口大裂缝像气孔一样为下一次破碎提供了有利条件。

根据上述分析得出，气孔是瓷砖破碎的一部分，气孔壁上的层叠晶粒界集能并引导裂纹扩展。裂纹平行扩展，容易形成大块破碎体，提高了瓷砖破碎效率。同时残留的喇叭口裂缝为下一次破碎提供了有利条件。

图 10-11(f) 显示冲击破碎坑坑底部的形貌，该处的形貌显示了一个未完全破碎的粗气孔。B 点处是粗气孔底部的一个破碎面。破碎面呈内凹弧形，如同一个贝壳，破碎面的周边为半球形晶粒。

气孔底部的晶粒堆积在气孔底部，A、C、D 三点处都是晶粒堆积后形成的空隙。这些堆积的晶粒与瓷砖体相连，如同从地面长出来的蘑菇。B 点处形貌说明，在受到力的作用时，在空隙较大的晶粒之间产生裂纹，裂纹沿着晶界传播。向瓷砖体内部扩展的路线是先向下再向上，如同一条抛物线。

扩展的终端不是瓷砖体，而是晶粒边界。这就充分说明，有气孔底部的晶粒边界，既引导着裂纹开始扩展，又引导着裂纹终结。

2. 中刮后瓷砖表面形貌分析

图 10-12(a) 中显示，中刮瓷砖表面比粗刮表面平整。瓷砖脊已经被破碎呈孤岛，粗刮残留轨迹变浅。图 10-12(b) 是图 10-12(a) 中 I 处的 SEM 图片。图中显示，在残留破碎坑中充满粉碎性瓷砖屑，偶尔有小块瓷砖。由此看出，中刮的磨粒逐渐减小，破碎的主要部分是粗刮后残留的瓷砖脊。瓷砖屑由块向粉末转变。

3. 精刮后瓷砖表面形貌分析

从图 10-13(a) 中看出，瓷砖表面比较平整光滑，瓷砖脊和冲击破碎坑已经被去除。

图 10-13(b) 是图 10-13(a) 中 I 处的 SEM 图片。图中显示，瓷砖屑剥离轮廓呈圆弧形，其圆弧半径不同，呈现逐层叠加的现象。残留裂纹出现在两弧形瓷砖屑崩溃交叉处。剥离断口为贝壳状，如图中 A、B 两处所示。由此看出，破碎深度最浅。磨粒冲击瓷砖后，只产生放射性径向裂纹，两两相互接合形成圆弧状裂纹，并叠加在圆弧状初始裂纹上，其圆弧半径多小于初始圆弧裂纹的半径。平面凸峰是主要的加工对象，使平面更加平整。

从瓷砖不同的粗刮工序表面形貌图的变化（图 10-11 ~ 图 10-13）可以总结出刮平瓷砖表面的形成过程是这样的：在粗刮阶段，使用粗磨粒对瓷砖进行加工。在冲击破碎方式的作用下，毛坯砖粗糙表面被去除，在瓷砖表面残留很深的刮痕和很宽的瓷砖脊。因此所形成的加工表面比较粗糙。随着加工工序的进行，所用磨料粒度逐渐减小，所加工的区域主要集中在瓷砖表面凸起的瓷砖脊上。随着瓷砖表面的凸起被逐渐去除，瓷砖表面变得平整。当磨料粒度进一步减小时，瓷砖表面的瓷砖脊和残留粗刮轨迹全部被去除。整个石材表面都被磨粒加工，表面变得越来越平整。刮平瓷砖表面成形形貌是自始至终磨粒对瓷砖表面的冲击作用而形成的。最后形成的表面平整光滑，表面上没有任何粗加工痕迹。在瓷砖成形过程中，粗气孔中的晶粒边界集能并引导裂纹扩展形成大体积破碎。

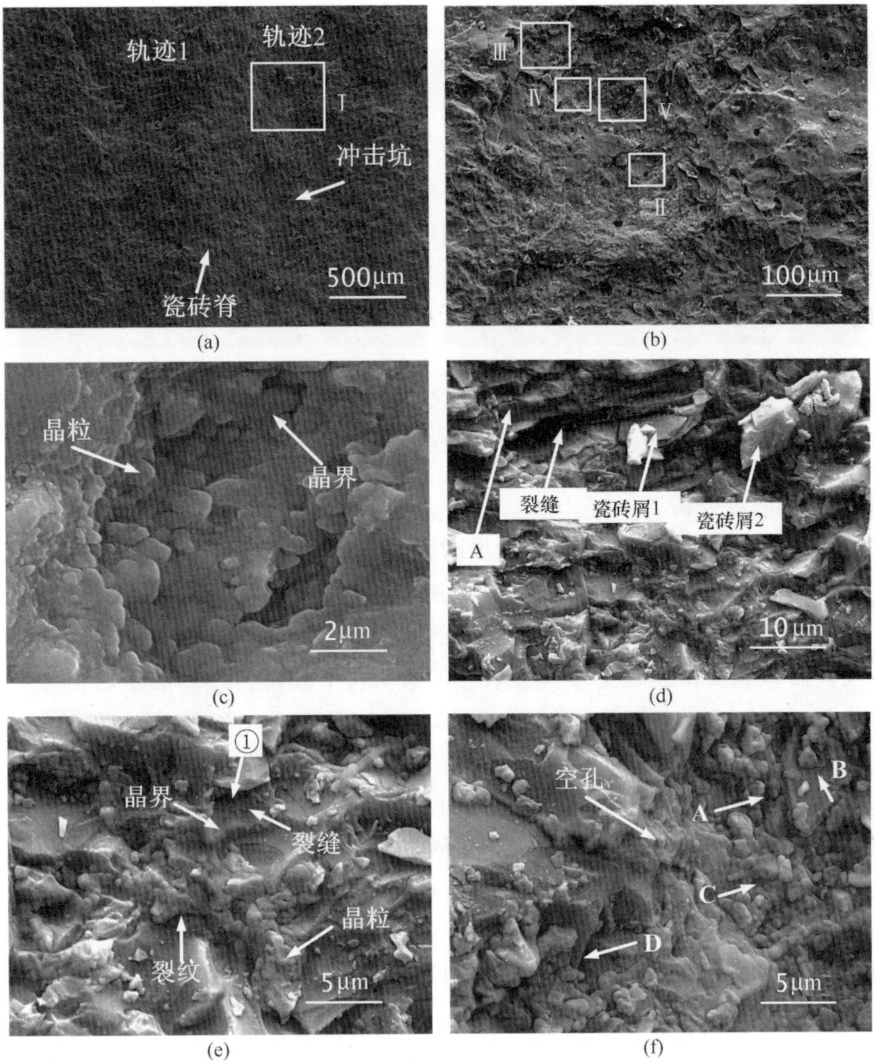

图 10-11　粗刮瓷砖表面电镜图

（a）粗刮轨迹形貌；（b）冲击坑形貌；（c）粗气孔形貌；（d）冲击坑壁上部形貌；（e）冲击坑壁下部形貌；（f）冲击坑底部形貌

图 10-12　中刮瓷砖电镜图

(a)

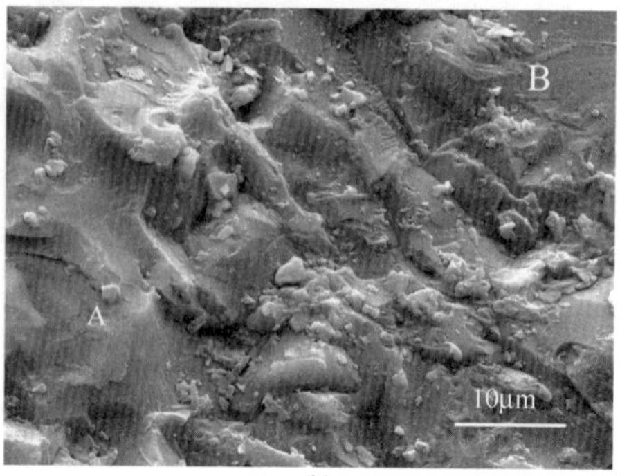

(b)

图 10-13　精刮瓷砖电镜图

(a) 精刮表面形貌；(b) 剥离破碎形貌

10.3.2　抛光瓷砖形貌分析

1. 粗抛瓷砖形貌分析

从表 10-5 看出，粗抛磨头的压力逐步增大，开始的两个磨头不加压力。原因是刮平后的瓷砖，刮痕深，而且微观不平整，若在开始的两个磨头上施加压力，会导致磨头的剧烈振动，从而使瓷砖碎裂。前两个不加压力的磨头靠着自重压在瓷砖上，将瓷砖的微观高峰磨掉，使瓷砖微观变得比较平整。为后续的磨头打下基础，逐步加压。

图 10-14(a) 中显示，在粗抛阶段，所形成的加工表面比较粗糙，粗抛后的瓷砖表面刻痕宽、深而且相互平行。

图 10-14(b) 是图 10-14(a) 中 I 处的 SEM 图片。图 10-14(b) 中显示，加工轨迹由冲击破碎坑、切削沟槽相互连接组成。在表面轨迹中，有大量的冲击破碎存在，这些破碎坑和刨沟是按照形成类似 ABAB 顺序排列的。换句话说是沿着磨粒移动方向（图中粗箭头所指方向），在磨粒切削的过程中，还有冲击破碎的存在，而冲击破碎不是主要的破碎方式。

图 10-14(c) 是图 10-14(b) 中Ⅱ处的 SEM 图片。图 10-14(c) 中清晰地显示了冲击破碎坑的形貌，冲击坑呈 V 形，是独立存在的。图 10-14(d) 是图 10-14(c) Ⅴ处的毛细气孔形貌。图中显示，毛细气孔很小，而且是圆形孔。毛细气孔的孔壁和孔底都非常光滑。

如图 10-14(c) 所示，冲击破碎坑坑壁上布满大小裂缝和毛细气孔。这些裂缝和气孔从上到下分层排列。裂缝呈张开型并且一直延伸到瓷砖内部。这些裂缝穿过毛细气孔。也就是说毛细气孔是瓷砖裂缝破碎的一个部分。这说明毛细气孔边缘容易产生应力集中（相对于其他没有毛细气孔的地方），引导两边的裂纹朝着毛细气孔方向扩展。

图 10-14(e) 是图 10-14(b) 中Ⅲ处的 SEM 图片，图 10-14(f) 是图 10-14(b) 中Ⅳ处的 SEM 图片。图 10-14(e)、(f) 是瓷砖切削沟槽底部和沟槽壁的形貌。

图 10-14(e) 显示，沟槽底部的瓷砖在磨粒尖部强大的应力作用下被压碎以至压实，形成了一压实层。瓷砖沟槽底部的压实层不连续，这是由于断裂深度超过了磨粒切削深度的缘故，即破碎坑。被压实的瓷砖产生塑性流变，沿着切削前进方向流动，同时向磨粒两侧流动并隆起。

图 10-14(f) 显示，切削沟槽槽壁脆性断裂为拉断断口形貌。断口比较整齐，像是被掰断一样，如图中 A、B、C、D 处的断口。断口分布着大量的大小气孔。气孔将瓷砖体分割成一段一段的悬空梁。这些瓷砖体在力的作用下，在气孔的晶界处产生断裂。

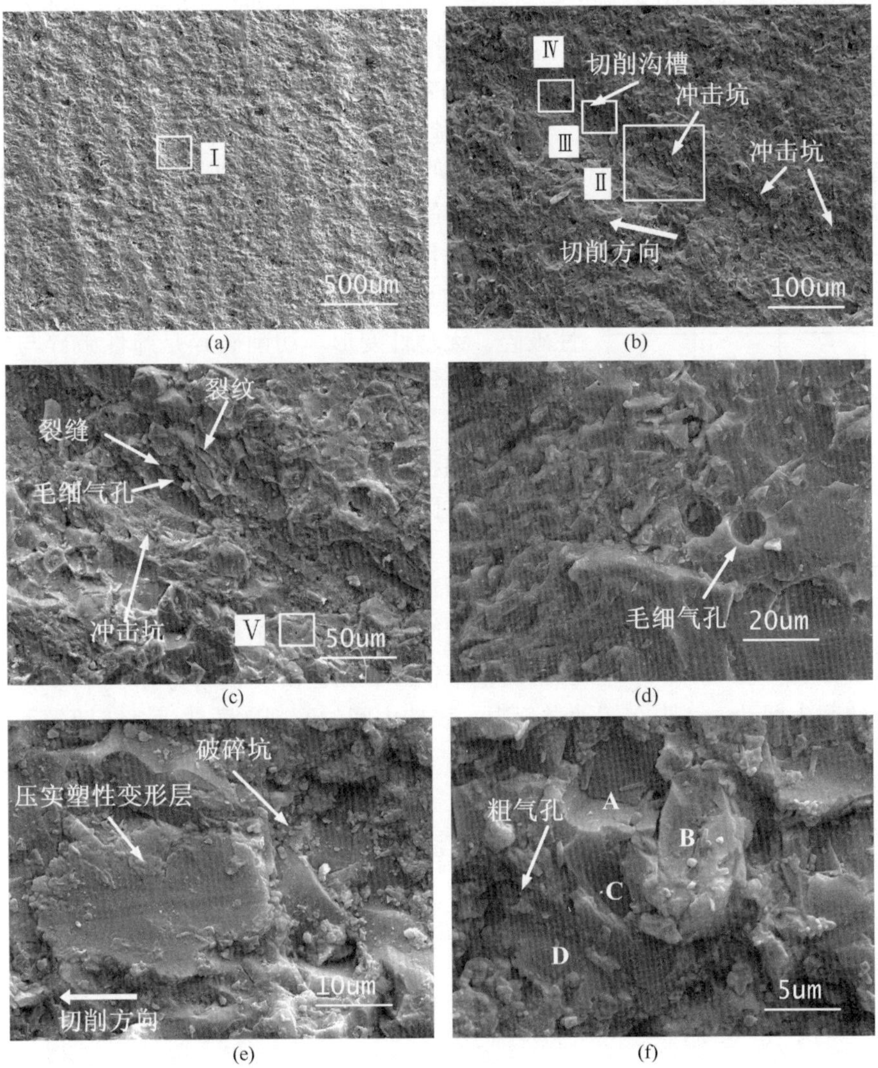

图 10-14　粗抛瓷砖电镜图

（a）粗抛瓷砖表面形貌；（b）瓷砖表面沟槽形貌；（c）冲击破碎坑形貌；（d）毛细气孔形貌；（e）切削沟槽底部形貌；（f）切削沟槽壁形貌

通过形貌分析得出：毛细气孔是裂纹贯通的枢纽，并且成为瓷砖破碎的一部分。粗、细气孔组合生成了大量的孤立瓷砖体，瓷砖体上覆盖着大量的晶粒边界空隙，为应力集中创造了条件。致使瓷砖体抗拉强度减低，破碎更加容易。

通过对粗抛瓷砖表面形貌观察分析如下：在切削沟槽中有冲击破碎坑存在，把冲击破碎坑和切削沟槽作一下对比，发现两者有很多不同之处。破碎坑独立存在，坑深、大，坑壁呈层叠状分布。切削沟槽以及切削过程中形成小的破碎坑小于这个破碎坑。

原因与瓷砖抛光机的结构和工作原理有关，根据瓷砖抛光机的结构和工作原理，磨头是在汽缸的压力下与瓷砖接触，而磨头磨块座的摆动使磨块与瓷砖始终是线性接触，而瓷砖表面是粗糙的，在加工过程中受力不是很均匀，使磨头在垂直方向产生一个浮动。因此，磨头在加工瓷砖过程中在垂直方向是浮动的。因此，磨粒在切削过程中，还会对瓷砖产生一个冲击破碎。瓷砖在受到磨粒冲击后，产生径向、环向、切向裂纹并汇交。径向裂纹上下扩展并交叉形成大块瓷砖屑。磨粒冲击能具有高流动性，在冲击瓷砖后，转化为向上的反喷射能，将瓷砖裂纹网拉碎。大块瓷砖屑从瓷砖体中拉出并抛射出去。瓷砖层被拉断。整个过程如同岩石爆破的效果，爆破气流将岩石扩展网拉碎并抛射出去。

冲击破碎坑和切削沟槽是ABAB形式排列。这说明瓷砖加工轨迹完整的破碎过程包括冲击破碎和切削。根据上述分析得出，粗抛阶段，瓷砖表面的成形机理是脆性切削和冲击破碎联合作用的结果。脆性切削是主要破碎瓷砖的方式，而冲击破碎是辅助破碎方式。成形过程中冲击破碎是脆性破碎，无塑性变形。切削破碎是脆性破碎与塑性变形结合。试验结果验证了第2章瓷砖表面成形机理结论的正确性。

3.4	2.9	2.8	2.7
3.2	3.3	3.1	2.6
3.1	3.5	4.0	2.7
3.1	3.3	3.0	2.9

图10-15　粗抛瓷砖表面光泽度测点数值

由于粗抛瓷砖表面轨迹很深、很粗糙，造成了大量的漫反射。因此，此时的瓷砖表面不是光泽的。图10-15在瓷砖表面16点的光泽度值很小，反映出瓷砖的光滑程度。从图中可以看出，瓷砖表面的光泽度是不均匀的，中间的要比两侧的光泽度值要高。原因：磨头为了完成加工出整个瓷砖表面，要在横梁上作一个移动也就是本书中所提的磨头摆动。磨头在摆动过程中，瓷砖中间的磨削次数要远多于两端。因此造成了中间要比两端光泽。

2. 中、精抛瓷砖形貌分析

图10-16(a)显示，瓷砖表面平整光滑，整个表面由气孔、凹坑群和塑性流变层组成。

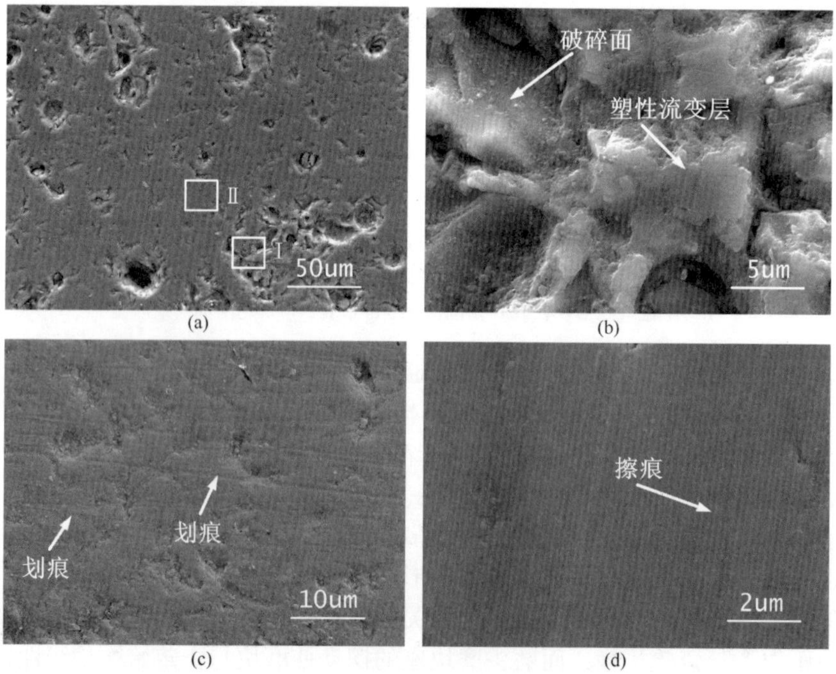

图10-16　中、精抛瓷砖电镜图

(a) 中抛瓷砖表面形貌；(b) 凹坑群；(c) 瓷砖表面划痕；(d) 精抛瓷砖形貌

图 10-16(b) 是图 10-16(a) 中Ⅰ处的 SEM 图片。图 10-16(c) 是图 10-16(a) 中Ⅱ处的 SEM 图片。图 10-16(b) 显示，破碎面都是呈圆弧形的剥离面。凸起的部分都产生了塑性流变。说明加工方式也以延性加工为主，所加工的区域主要集中在瓷砖表面凸起的尖峰。如图 10-16(c) 所示，在塑性流变层上可以清楚观察到很多延性加工留下的切削痕。表面痕迹主要是以塑性犁沟为主。说明瓷砖表面的塑性迁移由点及线及面的相互铺展开来而形成塑性流变层。

图 10-16(d) 显示精抛后瓷砖表面形貌。瓷砖表面形成了完整的塑性流变层。瓷砖表面的磨痕也逐渐变细、变浅。表面缺陷例如轨迹、气孔、破碎坑群等也减少了。磨粒与工件之间产生滑擦和挤压，使塑性流变层变得更加平整。

通过对中、精抛瓷砖表面形貌观察，分析如下：在流变层上只见切削痕迹，未见冲击痕迹。因为中、精抛工序中瓷砖的去除机理是塑性成形，磨头在瓷砖加工过程中，虽然是上下浮动的，磨粒冲击瓷砖后，产生一个塑性凹坑。由于弹性恢复的原因，凹坑融入整个切削痕迹中。根据上述分析可知，瓷砖表面在中、精抛成形过程中，成形机理是塑性切削成形过程。

从瓷砖不同的抛光工序表面形貌图的变化（图 10-16）可以总结出抛光瓷砖表面的形成过程是这样的：在粗抛阶段，刮平后的瓷砖表面虽然比较平整，但是还存在着较大的凹坑。因此，需要将瓷砖进一步平整。瓷砖刮平的凹坑主要以切削破碎和冲击破碎联合的方式被去除，其中冲击破碎为辅助破碎。瓷砖表面成形主要以脆性破碎成形为主。所形成的加工表面还是比较粗糙。

随着加工工序的进行，进入半精磨阶段，所用磨料粒度逐渐减小。加工方式由脆性加工向延性加工转变，由于瓷砖表面非常粗糙，此时表面成形为跳跃式。所加工的区域主要集中在瓷砖表面凸起的尖峰。凸起的尖峰在磨粒的作用下产生塑性迁移，表现为沿磨痕方向出现塑性流变的形貌。瓷砖表面的塑性迁移由点及线及面地相互铺展开来，形成了塑性流变层。随着加工的进行，瓷砖表面逐渐趋于平整，则能被加工到的瓷砖表面积增加，塑性迁移增多，表现为塑性流变的形貌比例增加。

进入精磨加工阶段，随着磨粒的进一步减小。此时整个瓷砖表面都被磨粒加工，瓷砖的整个表面都有塑性流变的形貌。随着加工的进行，磨痕也越来越细，越来越浅。瓷砖表面也越来越平整。瓷砖表面形成了细腻和平整的塑性流变层。最终获得较高光泽度的表面。

综上分析得出，中、精抛瓷砖以塑性流变为主，消除了粗抛瓷砖残留的沟槽，瓷砖进一步平整光滑，光泽度有了较大的提高。但是瓷砖表面布满大小的气孔和剥落坑，影响了瓷砖表面的光泽度，如图 10-17 所示。中抛瓷砖光泽度比粗抛瓷砖的光泽度要高得多，也充分说明了一点，中抛不再是以脆性破碎为主。

瓷砖表面经过精抛后，表面的塑性流变层比较完整地覆盖整个瓷砖，气孔和加工轨迹等缺陷明显减少。从图 10-18 看出，在此过程中，瓷砖表面的光泽度值呈大幅度升高，完全满足审美和使用要求。光泽度不能达到 70 以上，是因为瓷砖表面残留着气孔和剥落坑。由此得出影响光泽度的主要因素是气孔等缺陷的存在。

34	31.7	38.7	36.4
31.3	31.6	33.3	38.5
35	34.8	39.7	36
36	37	31.8	36.4

图 10-17　中抛后瓷砖表面光泽度测点数值

64.2	58.8	51.7	60.9
54.8	55.5	54.5	61.9
63	63.6	58.4	60.9
58	59	52.5	59.7

图 10-18　精抛后瓷砖表面光泽度测点数值

10.3.3　纳米液涂覆瓷砖形貌分析

1. 纳米液涂覆机理

（1）自由涂覆阶段

由尼龙做成的抛光轮，其组织结构比较密实，硬度高，不能吸附大量纳米液，并携纳米功能材料水溶液中大量游离颗粒一起运动，其中一部分被挤压镶嵌在瓷砖面的裂纹和气孔中，游离的纳米功能材料颗粒在抛光轮带动下，其刃尖在瓷砖表面移滚，冲撞工作表面的微观凸峰而形成微量切削，如图 10-19(a) 所示。

（2）镶嵌涂覆阶段

随着抛光加工的连续进行，瓷砖表面不断吸附纳米液，瓷砖空隙和凹坑不断镶嵌纳米功能材料颗粒，在汽缸压力 F 和磨头回转力作用下，大量镶嵌的纳米功能材料颗粒逐渐

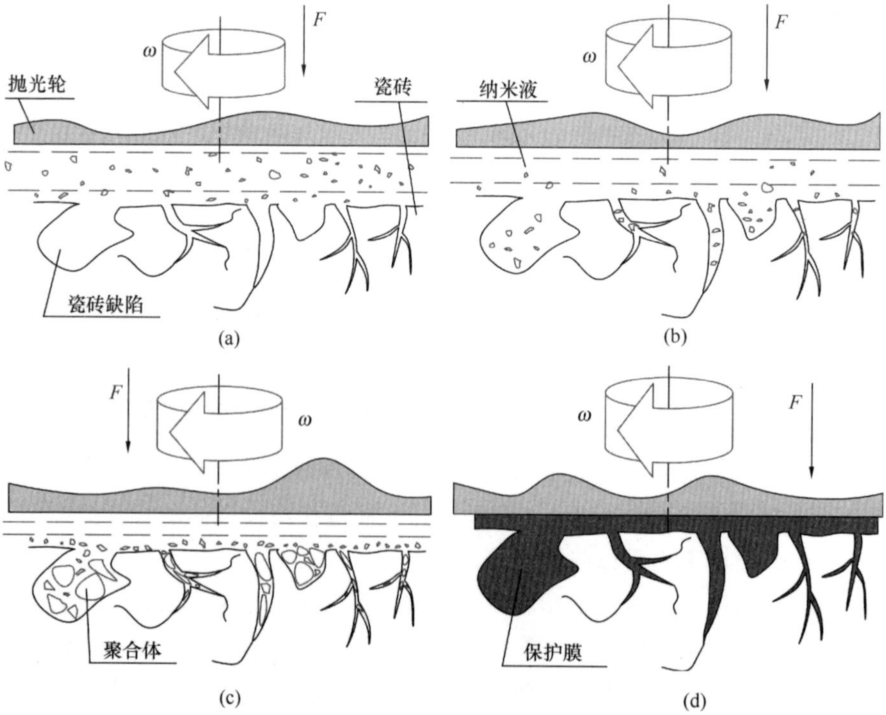

图 10-19　纳米液涂覆过程

（a）自由涂覆阶段；（b）镶嵌涂覆阶段；（c）饱和聚化阶段；（d）壳膜化阶段

被压牢。有的纳米功能材料颗粒在不断移动和滚动中被压碎后又镶嵌到瓷砖裂纹和凹坑处，如此往复使空隙减少，纳米功能材料颗粒镶嵌也逐渐趋向饱和，如图 10-19(b) 所示。

(3) 饱和聚化阶段

经过多次布料、填充和抛磨，纳米功能材料完全填充砖面的毛孔和微裂纹。当瓷砖表面的纳米功能材料颗粒镶嵌达到饱和时，在抛光轮和瓷砖表面间的挤压下使纳米功能材料颗粒压实，在成膜过程中，纳米功能材料发生聚合反应，形成结合紧密的聚合体，如图 10-19(c) 所示。

(4) 壳膜化阶段

当瓷砖表面的微小空隙、裂纹、划痕、气孔为纳米功能材料颗粒填平后，聚合体和抛光砖体同时伴有化学分子键生成，与砖面形成紧密联接。经过一段时间后，聚合体完全固化，体积发生一定的膨胀，与抛光砖面的微孔和凹坑形成牢固的“锚固效应”，形成一层致密饱和的纳米功能材料颗粒硬层，即所谓的壳膜层。在瓷砖表面生成的晶莹剔透的壳膜层，具有防污保护作用。在此阶段不再应用尼龙抛光轮，而是应用羊绒抛光轮。它如同用绒布来回打擦已上油的皮鞋面那样，能擦光瓷砖表面，迅速使瓷砖表面达到镜面光泽，如图 10-19(d) 所示。

2. 纳米液涂覆瓷砖形貌分析

从图 10-20(a) 中看出，经过抛光后的瓷砖表面并不是光滑的，而是由一系列的磨削沟槽、气孔、凹坑组成。磨削痕纵横交错，相互贯通。凹坑不是独立存在，而是连接成片。这些凹坑大部分使瓷砖颗粒组织疏松，在瓷砖磨削过程中散落崩离所致。比较深的大空洞为气孔，是瓷砖在成形过程中，气体释放造成。这些缺陷却是污渍的藏身之所，造成瓷砖表面光泽度的下降，而影响瓷砖表面质量。

图 10-20(b) 是被纳米液涂覆过的瓷砖。从图 10-20(b) 看出，瓷砖表面比较光滑，只有大气孔或者凹坑散布在瓷砖表面。磨削沟槽以及小的凹坑都被纳米液颗粒填充并形成了一层保护膜。沟槽深的地方也被填浅了。只有大的凹坑和气孔无法填充。图 10-20(a) 和图 10-20(b) 对比来看，涂覆纳米液的瓷砖表面光泽度要远远好于未涂覆纳米液的瓷砖。因为瓷砖缺陷被填实，污渍将无法填充其中，其光泽度也必然提高。

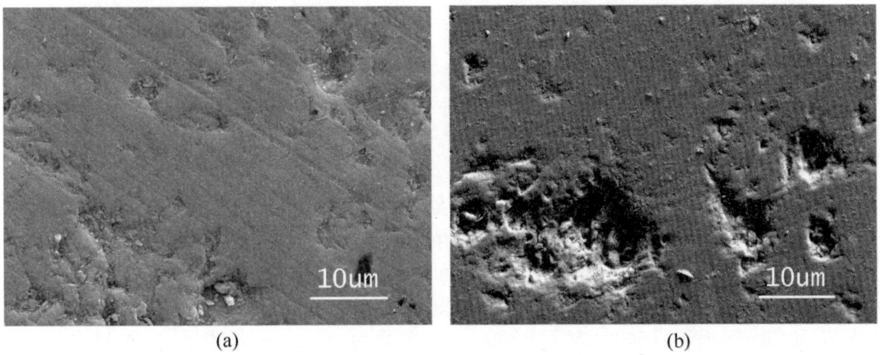

(a)　　　　(b)

图 10-20　瓷砖表面形貌对比图

(a) 抛光砖；(b) 纳米液涂覆砖

图 10-21 为瓷砖表面光泽度对比图。图 10-21(a）是抛光瓷砖表面，其光泽度只有 68 度。而涂覆纳米液后光泽度［图 10-21(b)］为 94 度，相差 26 度。从瓷砖表面直观来看，涂覆纳米液的瓷砖表面在色泽和亮度上要远远好于抛光瓷砖。

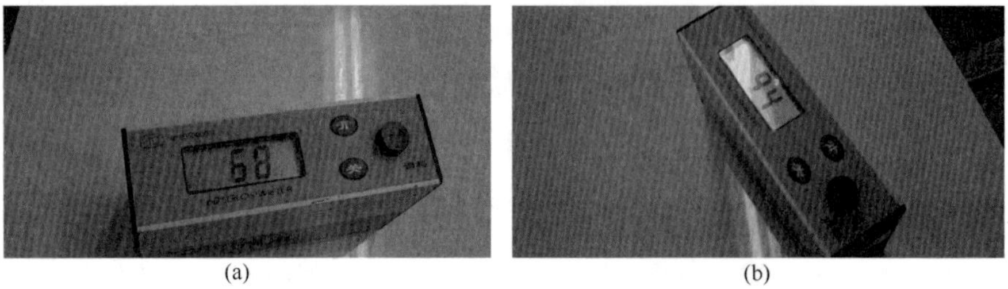

图 10-21　瓷砖光泽度对比图

（a）抛光瓷砖；（b）纳米液涂覆砖

如图 10-22(a)、(b）显示，在抛光瓷砖表面和涂覆纳米液的瓷砖表面同时涂覆上污渍，然后用水清洗。抛光砖上的污渍无法清除，依然会在表面上残留，影响表面质量。如图 10-22(c)、(d）显示，涂覆纳米液的瓷砖表面光亮而无残留污渍。

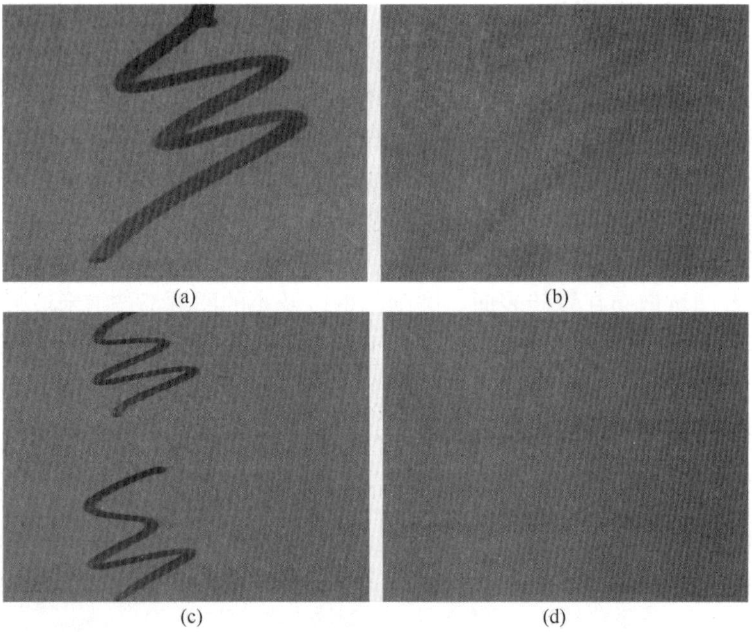

图 10-22　耐污性比较

（a）带有污渍的抛光砖；（b）清洗后的抛光砖；（c）带有污渍的纳米液涂覆砖；（d）清洗后的纳米液涂覆砖

从抛光砖和纳米液涂覆砖的表面形貌、表面光泽度、防污能力对比结果（图 10-20 ~ 图 10-22）可以总结出，瓷砖高光泽度表面的形成过程是这样的：抛光后的瓷砖表面充满大量缺陷，导致瓷砖表面反射光线的能力减弱，影响光泽度的提高。这些缺陷是污渍的藏身之所，防污能力变差。瓷砖高光泽度表面通过在瓷砖表面涂覆纳米液来实现，在成膜过程中，纳米功能材料发生聚合反应，形成一层致密饱和的纳米功能材料颗粒硬层，即所谓的高光泽壳膜层。通过抛光瓷砖与涂覆纳米液瓷砖对比得出：瓷砖经过机械加工无法得到很高的光泽度，只能通过化学涂覆来得到。

10.3.4　瓷砖表面轨迹形貌分析

1. 刮平瓷砖表面轨迹形貌分析

图 10-23(a)、(b)、(c) 为粗刮瓷砖表面轨迹形貌。图 10-23 中 (a)、(c) 为瓷砖两端测点的轨迹形貌。图中显示两端测点的加工轨迹相同，都是平行轨迹而且间隔距离相对较大，轨迹之间有很宽的瓷砖脊。

每道加工轨迹都具有相同的特点：轨迹宽且深；由冲击凹坑组成。图 10-23(a)、(c) 中轨迹形貌表明，在加工过程中，磨粒的运动方向不变，各个轨迹之间并无直接的影响。图 10-23(b) 为瓷砖中间测点的形貌。形貌特征为加工轨迹相互交叉。瓷砖中部的整个形貌比较凌乱，是由大片的破碎区和瓷砖脊组成。瓷砖脊并不是连续的，而是被破碎成了孤岛。大片破碎区出现在轨迹交叉处。如图中轨迹 3 和轨迹 4 交叉处。图 10-23(b) 中轨迹形貌表明，在加工过程中，磨粒的运动方向不断改变，加工轨迹相互搭接和重复，磨粒一次次冲击和作用在交叉点上。瓷砖材料得以大块去除，便可获得较高的加工效率。图 10-23(d)、(e)、(f) 为中刮瓷砖表面轨迹形貌。图 10-23 (d)、(f) 为瓷砖两端测点的轨迹形貌。图 10-23(d)、(f) 显示两端测点的加工轨迹相同，加工轨迹相互交叉，是与上道工序轨迹的交叉。磨粒一次次冲击和作用在上道工序残留的瓷砖脊上。瓷砖两端的整个形貌显示大片的交叉破碎区，瓷砖两端表面趋于平整。图中形貌表明：在瓷砖两端出现交叉轨迹，主要原因是瓷砖经过粗刮然后旋转 90°之后才能进入下道工序。交叉轨迹提高了瓷砖两端表面的成形质量，但是明显残留着上道工序平行轨迹的痕迹。

图 10-23(e) 为瓷砖中间测点的轨迹形貌。瓷砖中部的整个形貌覆盖着交叉破碎后的瓷砖孤岛、破碎坑。同比两端的轨迹形貌，瓷砖中间残留破碎孤岛要小，表面质量要好得多。图 10-23(e) 中轨迹形貌表明：瓷砖中间交叉破碎的次数要多于两端交叉破碎的次数。

精刮瓷砖 3 测点的整体形貌都如图 10-24 所示。瓷砖表面平整、不显加工轨迹。图 10-24中轨迹形貌表明，瓷砖残留孤岛都被破碎，残留瓷砖粗加工轨迹已经完全消除，瓷砖平整表面已经成形。

从瓷砖不同的刮平工序表面轨迹形貌图的变化（图 10-23、图 10-24）可以总结出，在刮平瓷砖表面的形成过程中轨迹特征、分布以及对瓷砖表面成形的影响是这样的：瓷砖表面存在两种轨迹，一种是平行轨迹，另一种是交叉轨迹。从粗刮到中刮，瓷砖表面轨迹分布趋势总体上来说是两端为平行轨迹，中间为交叉轨迹。交叉轨迹的瓷砖破碎量大于平行轨迹。瓷砖中间位置的表面质量要好于两端。瓷砖的旋转致使在后续工序中的瓷砖两端形成交叉轨迹，不仅提高了材料去除量，而且提高了瓷砖的表面质量。交叉次数越多，表面质量越好。总体来说刮平瓷砖成形过程是，粗刮后残留的瓷砖脊和平行加工轨迹，在不断的交叉破碎中被去除。在这个过程中，全是脆性破碎，没有塑性成形。由于瓷砖加工轨迹的密集交叉，最后精刮成形的瓷砖表面上没有任何的残留轨迹。从图 10-23、图 10-24 中的轨迹形貌和分析结果得出，瓷砖两端测点的轨迹形貌是相同的，或者说是对称的。因此，在以后的分析中，只分析瓷砖单边轨迹形貌和中间轨迹形貌。

图 10-23　粗刮和中刮瓷砖表面轨迹形貌

（a）粗刮瓷砖表面第 1 个测点轨迹；（b）粗刮瓷砖表面第 2 个测点轨迹；（c）粗刮瓷砖表面第 3 个测点轨迹；（d）中刮瓷砖表面第 1 个测点轨迹；（e）中刮瓷砖表面第 2 个测点轨迹；（f）中刮瓷砖表面第 3 个测点轨迹

图 10-24　精刮瓷砖表面轨迹形貌

2. 抛光瓷砖表面轨迹形貌分析

图 10-25 中（a）、（b）为瓷砖两端测点的轨迹形貌，图 10-25(b）是图 10-25(a）中Ⅰ处的 SEM 图片。图 10-25(c)、（d）为瓷砖中间测点的轨迹形貌。图 10-25(d）是图 10-25(c)中Ⅱ处的 SEM 图片。图 10-25(a）是瓷砖粗抛后，瓷砖两端的测点的轨迹形貌。瓷砖表面的加工轨迹相互平行。平行轨迹分布不均匀，有的地方不显示加工轨迹，也没有瓷砖脊，而是相对较平整的表面。图 10-25(b）显示，加工沟槽比较浅，瓷砖脊和沟底在高度上相差不大。平行轨迹之间的瓷砖脊非常窄，而且呈破碎状态。瓷砖脊凸起的部分已经产生了塑性流变。图 10-25(b）中轨迹形貌表明，加工轨迹比较接近，或者部分重叠。这些平行轨迹容易发生侧向裂纹间的相互交叉作用，破碎瓷砖脊，形成平整的平面。

图 10-25(c）是粗抛后中间测点的轨迹形貌。其形貌特征是交叉轨迹。图 10-25(d）显示，轨迹交叉处是大片的脆性破碎区，破碎区比较平整。磨粒经过的地方，是压实塑性变形区，塑性变形沿着磨粒前进的方向，图 10-25(d）中轨迹形貌说明，磨粒在交叉处一边冲击破碎瓷砖体，一边产生塑性迁移。交叉破碎后形成的众多凸峰为塑性迁移创造了条件。

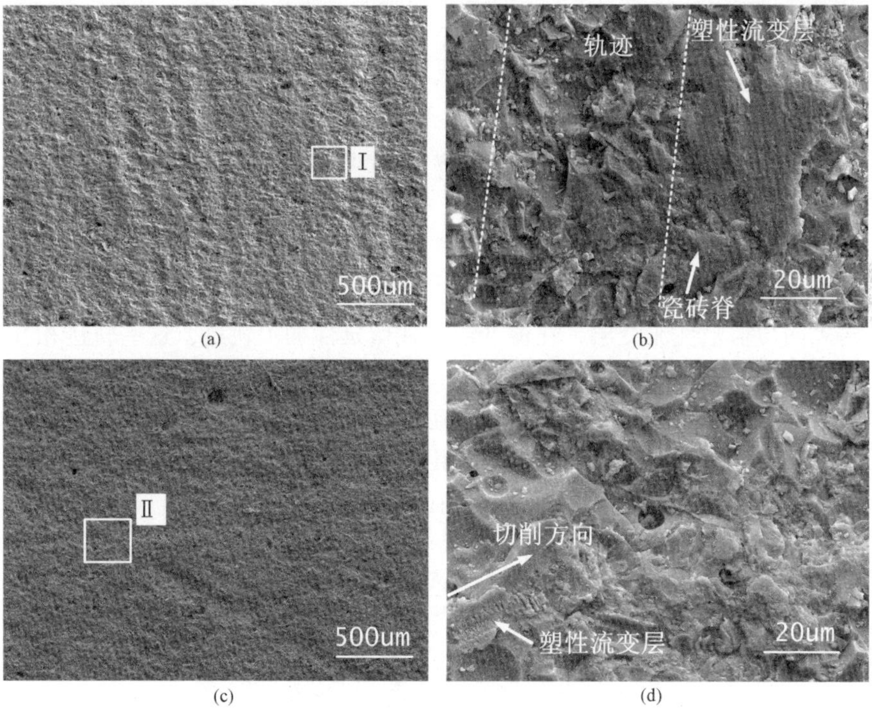

图 10-25　粗抛瓷砖表面轨迹形貌

（a）粗抛瓷砖表面第 1 个测点轨迹；（b）Ⅰ处表面形貌；

（c）粗抛瓷砖表面第 2 个测点轨迹；（d）Ⅱ处表面形貌

王成勇等利用金刚石对大理石进行划伤，得出切削轨迹交叉时的磨削力比切削轨迹平行时小 30% ~50% 。大理石和瓷砖同属脆性材料，该研究结果也有力地说明了瓷砖轨迹交叉处的破碎现状。

图 10-26(a)、(b）显示中抛瓷砖表面轨迹形貌。图 10-26（a）为瓷砖两端测点的轨

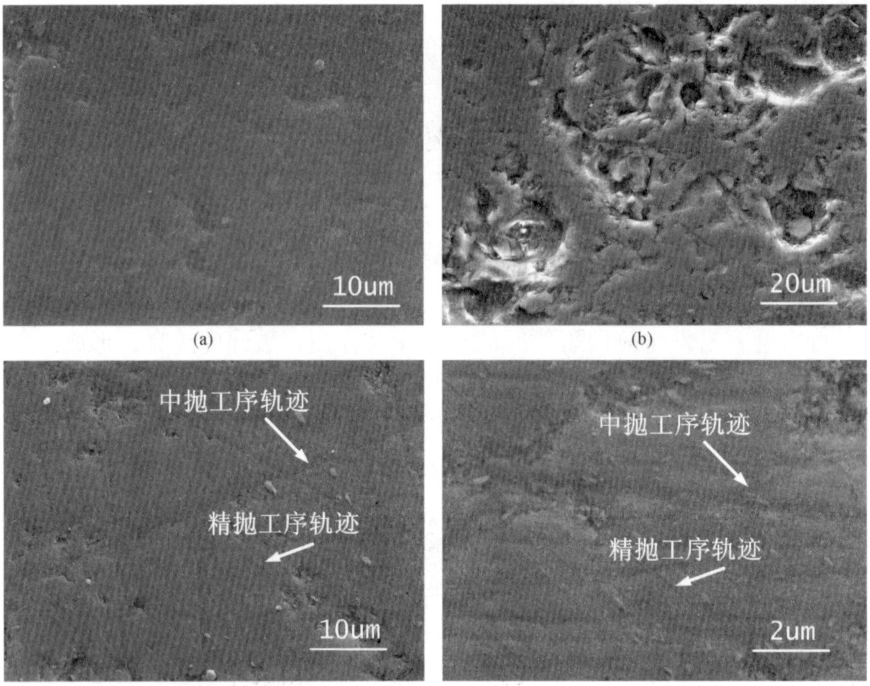

(a) (b) (c) (d)

图 10-26　中、精抛瓷砖表面轨迹形貌

（a）中抛瓷砖表面第 1 个测点轨迹；（b）中抛瓷砖表面第 2 个测点轨迹；
（c）精抛瓷砖表面第 1 个测点轨迹；（d）精抛瓷砖表面第 2 个测点轨迹

迹形貌，图 10-26(b) 为瓷砖中间测点的轨迹形貌，图 10-26(a) 为中抛两端测点的轨迹形貌。瓷砖表面覆盖塑性流变层，在流变层上残留延性加工轨迹，这些轨迹相互平行。它表明瓷砖表面在磨粒的作用下产生塑性迁移，表现为沿磨痕方向出现塑性流变的形貌。

图 10-26(b) 为中间测点的形貌。塑性流变层上的轨迹相互交叉。交叉的划痕使瓷砖表面更加平整。它表明瓷砖表面的塑性迁移由点及线及面的相互铺展开来而形成塑性流变层。加工轨迹不断地改变方向，塑性流变也在不同方向扩展。交叉轨迹加速瓷砖表面塑性流变层形成速度。

第 11 章　268 磨头凸轮曲线建模及应用

瓷砖抛光机是由意大利引进并逐步国产化，抛光磨头是瓷砖抛光机上主要的加工工具。意大利的瓷砖产量比较小，抛光磨头的直径比较小，这不适应中国的国情。中国引进之后，将抛光机磨头的直径加大。磨头凸轮的直径也要加大，其凸轮曲线就产生了变化。由于磨头引进后，采用测绘的手段获得凸轮曲线，并没有建立准确的数学模型。

磨头凸轮的老式加工方法：采用铣床挂轮比方式。

（1）将磨头凸轮六等分，根据高点和低点位置，计算丝杆导程。用分度头与铣床丝杆连接。

（2）凸轮低点处用直径 180mm 的圆盘铣刀精铣，铣出凸轮底部半径为 90mm 的圆弧。

（3）凸轮高点处留有一个小平台，用锉刀修磨圆弧，圆弧的半径是 40mm。

老式加工方法出现的问题是：工程师用三维软件反向模拟凸轮曲线，发现实际加工的凸轮曲线与模拟曲线有偏差，在分度上有偏差。

数控加工方法：靠模找点编程方式。

在采用老式加工方法得出的凸轮中，找一个高、低点加工比较好，分布比较均匀的凸轮，采用打表的方式，沿着凸轮曲线挨个点测量并记录坐标值，将这些坐标值输入数控机床中，生成加工程序。

数控加工方法出现的问题是：数控加工出来的凸轮，在爬坡的时候没有问题，在高点和低点处出现空位现象。工程师们采用了大量的方法，抬高凸轮低点的空位，发现都不行，解决不了这个问题。

目前凸轮在高点和低点处，转动不顺畅、卡死、磨损严重。凸轮经过多个工程师设计，曲线建模方法不统一。

由于磨头凸轮没有建立统一的数学模型，268C 磨头和 261E 磨头的凸轮曲线并不是统一的公式。261E 磨头的凸轮曲线是一条余弦线，而 268C 磨头是另外的曲线。不同工程师建立的凸轮曲线是不一样的，这种情况存在二十几年了。

为了采用统一公式建立凸轮曲线，实现不同规格凸轮的标准化设计，修正凸轮曲线，解决凸轮高低处的磨损失效，实现凸轮标准检测手段，本章对磨头的凸轮曲线建立数学模型，基于数学模型建立凸轮曲线以及三维模型，加工凸轮零件。

11.1　268 磨头凸轮传动装置的工作原理

20 世纪 80 年代我国从意大利引进瓷砖抛光机及抛光磨头并进行国产化。最早开始借鉴意大利技术的国内公司是科达公司，268 是科达公司生产凸轮式抛光磨头的图号，由于该磨头应用相对稳定、可靠，在中国瓷砖加工领域应用最为广泛，业内就将科达公司凸轮式抛光磨头的图号默认为该款磨头的名字，并一直沿用至今。

磨头凸轮是端面凸轮结构，其传动则是依据非定常升力面理论来实现运动的转换。对于斜面上的物块，只要施加在物块上的外力作用在摩擦角之外，物块就会在斜面上移动，物块的移动即表明运动转换的可能性。显然，利用升力面理论进行传动，比依靠变形原理的传动更为简单，也比较容易实现。

磨头凸轮传动的工作原理：

当安装在磨头主轴上的波形凸轮旋转时，在其端面凸轮的作用下，安装在磨块座摆动块上的滚子做轴向往复运动。磨块座摆动块是一个Y形结构，其端部各安装一个滚轮。而凸轮是一个波形凸轮结构。在运行过程中，Y形摆动块与波形凸轮实质上在做着啮合的运动。Y形摆动块通过其端部的滚轮与凸轮波形曲线相互啮合。凸轮转动从而带动Y形摆动块摆动，使固装在同一输出轴上的磨块座也摆动，达到传递运动和动力的目的。

在传动过程中，利用非定常升力面原理，使Y形摆动块端部滚轮的两端始终与波形凸轮端面相接触，两端滚轮则相应地与波形凸轮端面处于啮入或啮出的状态。滚轮与端面凸轮在一侧波面的啮入运动是依靠波凸轮端面凸轮的推动，而其啮出运动则是依靠端面凸轮另一侧波面的反向推动作用。

在单波凸轮传动（$U=1$）中，波凸轮旋转一周，滚轮沿着轴向，上下移动往返一个来回，Y形摆动块与端面凸轮相对摆动一次。

在双波凸轮传动（$U=2$）中，波凸轮旋转一周，凸轮驱动Y形摆动块摆动2次。

在三波凸轮传动（$U=3$）中，波凸轮旋转一周，凸轮驱动Y形摆动块摆动3次。

现有磨头磨块座摆动频率为每分钟72次，也就是说凸轮是三波凸轮，旋转的速度为每分钟24转。

11.2 磨头凸轮传动装置的传动原理

11.2.1 传动的基本条件

1. 传动的基本原理——斜面原理

在传递动力的过程中，通常有两种基本的传动原理：杠杆原理和斜面原理。对于摆动块来说，都是根据杠杆原理来传递动力的，而端面波形凸轮传动则是一种利用斜面原理来传递动力的新型传动方式。

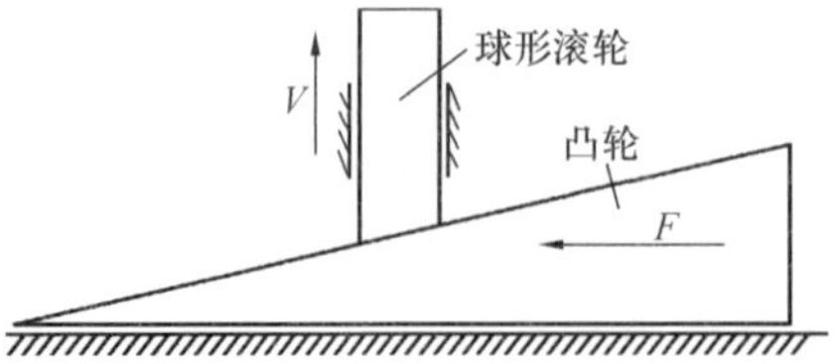

图11-1 根据斜面原理的运动转化示意图

如图11-1所示，在三角形楔块上加上某个推动力F，使其向左移动，此时放置在斜面上的物体由于在水平方向的运动受到限制，因此将沿着竖直方向向上运动，同时物体与斜面之间产生相对滑动，因此可以传递运动和动力。

2. 传动机构的约束和自由度

在图11-1中所示的端面波形凸轮传动装置中，端面凸轮、滚轮、Y形摆动块、摆动轴等构件之间具有确定的相对运动，独立的运动参数只有一个。

3. 端面凸轮、滚轮、Y形摆动块、摆动轴的相对位置关系

为了保证端面凸轮与滚轮正确啮合，端面凸轮、滚轮必须分布在同一个圆柱面上，滚轮上下运动的方向平行于端面凸轮的轴线。

4. 端面凸轮的升程 h 与摆动块摆动角的关系

在端面凸轮传动装置中，由于滚轮是刚体，不可压缩，因此端面凸轮的升程 h 必须与摆动块最大摆角时滚轮下降距离相等。

5. 端面齿轮、活齿啮合副之间的运动接替关系

端面凸轮传动装置是依靠接替运动来传递运动的。主动件波形凸轮旋转一周，一个啮合副只能推动从动件（摆动块）摆动一次（从一个极限角度摆动到另外一个极限角度），为了保证从动件能够连续旋转，在一个啮合副退出工作啮合之前，必须有另一个啮合副进入工作啮合，凸轮推动从动件（摆动块）又摆动一次（从一个极限角度摆动到另外一个极限角度），也就是说凸轮的波形由波峰和波谷组成。凸起的波峰推动摆动块摆动一次，凹下的波谷又推动摆动块摆动一次，只不过摆动的方向不同而已。摆动块摆动一个来回算是摆动一次。也就是说，端面凸轮与滚轮构成的啮合副之间必须具有不间断的运动接替关系。

11.2.2　磨头凸轮传动装置的传动原理

本文将磨头沿着啮合副的端面凸轮展开，分析其传动原理。

摆动式抛光机磨头的磨块是成对进行摆动的，不是单独摆动的。其摆动过程如图 11-2 所示。

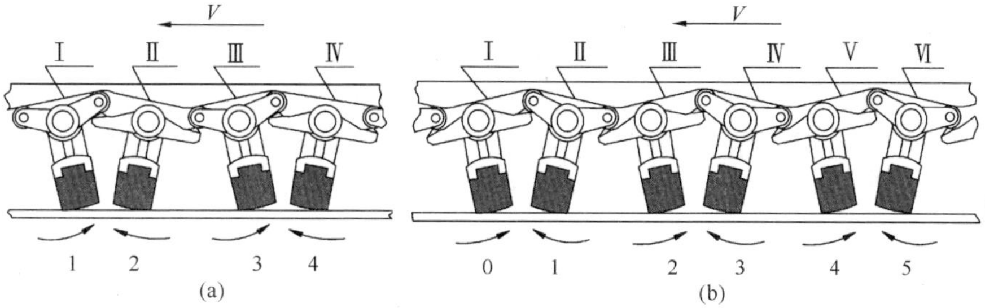

图 11-2　抛光机磨头展开运行图

（a）磨块摆动示意图（1）；（b）磨块摆动示意图（2）

图 11-2 是将磨头展开成平面后的运行示意图，因此凸轮的旋转运动变成了平行移动。

在图示的时刻，凸轮端面是三波形的，三个波峰六个面。这六个面分别编号为Ⅰ(1)、Ⅱ(2)、Ⅲ(3)、Ⅳ(4)、Ⅴ(5)、Ⅵ(6)。图 11-2(b) 中Ⅱ(2)、Ⅳ(4)、Ⅵ(6) 面所对应的摆动块为主动摆块；Ⅰ(1)、Ⅲ(3)、Ⅴ(5) 面所对应的摆动块为从动摆块。从动摆块不与凸轮轮廓面接触，其摆动全部由主动摆块驱动摆动。主动摆块呈现 Y 形，Y 形两个枝杈的端部安装两个滚轮。这里说的枝杈是指每个枝杈的端部都安装两个滚轮，其中一个滚轮与凸轮的轮廓面接触，另外一个滚轮与从动摆块上的球形销钉接触。主动摆块枝杈上的两个滚轮是同轴滚轮，而且大小相等。

从动摆块结构呈现一字形，从动摆块的两端各安装一个球形的销钉。这个销钉与滚轮是高副接触。从动摆块的两端分别与主动摆块连接，由两个主动摆块驱动往复的摆动。

图 11-2(b) 凸轮Ⅱ(2)、Ⅳ(4)、Ⅵ(6) 面所对应的主动摆块处于啮入(工作啮合)状态，故端面凸轮波峰的左侧轮廓为工作面轮廓。凸轮Ⅰ(1)、Ⅲ(3)、Ⅴ(5) 面所对应的从动摆块处于啮出（非工作啮合）状态，故端面凸轮右侧轮廓为非工作轮廓，如图 11-2

(a) 所示。

我们以图 11-2(a) 中凸轮Ⅰ(1) 面所对应的主动摆块为例，说明啮合与摆动之间的运动关系。此时，凸轮Ⅰ(1) 面所对应的主动摆块处于啮出（非工作啮合）状态。凸轮按照图中所示的转动方向转动时，主动摆块最右边枝杈上的滚轮首先与凸轮Ⅱ(2) 面进入啮入状态。处于啮入状态的滚轮（工作滚轮）与端面凸轮工作轮廓组成的各啮合副的约束，迫使各工作滚轮沿着端面凸轮的工作轮廓面［Ⅱ(2) 面］移动，并推动摆块进行摆动。

当滚轮移动到凸轮的工作轮廓面［Ⅱ(2) 面］的顶端时，主动摆块的前后两个滚轮同时与凸轮的工作轮廓面［Ⅱ(2) 面］接触，前面的滚轮达到了工作轮廓面［Ⅱ(2) 面］的最顶端位置，后面的滚轮达到了凸轮的工作轮廓面［Ⅱ(2) 面］的最低端位置。啮合状态如图 11-2(b) 所示。凸轮Ⅱ(2) 面对应的主动摆块处于完全啮入状态。这时，主动摆块通过滚轮被凸轮工作轮廓面［Ⅱ(2) 面］推动，摆动到最大的角度。

图 11-2(a) 中凸轮Ⅰ(1) 面所对应的主动摆块处于完全啮出（非工作啮合）状态，主动摆块处于向右摆动的极限角度。图 11-2(b) 中凸轮Ⅱ(2) 面对应的主动摆块处于完全啮入状态。主动摆块处于向左摆动的极限角度。

通过上述分析可知，与端面凸轮的非工作面轮廓啮合的 Y 形摆动块和滚轮，在工作面轮廓推动 Y 形摆动块最前面的滚轮作用下，在非工作轮廓的反推作用下顺序地退出非工作啮合位置。随着端面凸轮的转动，最前面的滚轮将进入工作啮合状态。凸轮Ⅱ(2) 面和凸轮Ⅰ(1) 面所对应的 Y 形摆动块分别处于完全脱开和完全啮入的状态，凸轮Ⅱ(2) 面接着推动 Y 形摆动块最底部滚轮将进入非工作啮合状态……依此类推，便可完成一个工作循环，Y 形摆动块就可以连续来回摆动。

凸轮在驱动主动摆杆时，凸轮上的波形面一个侧面工作，另一个侧面不工作。如图 11-2(a)所示，凸轮按照图中的方向和速度进行运动。Ⅱ(2)、Ⅳ(4)、Ⅵ(6) 面是工作面，驱动主动摆杆进行摆动，同时主动摆杆又驱动从动摆杆进行摆动。Ⅰ(1)、Ⅲ(3)、Ⅴ(5) 面是非工作面。

Ⅰ、Ⅲ面退出啮合，由非工作面进行推动时，磨块座 1、2，磨块座 3、4 是成对摆动，在方向上是相互靠拢的。

当凸轮按照图 11-2 (a) 的方向和速度，向前移动一个波形面的距离时，得到图 11-2 (b)。在图 11-2 (b) 中，磨块座 0、1，磨块座 2、3，磨块座 4、5 成对摆动，在方向上是相互靠拢的。而在图 11-2(a) 中，磨块座 1、2，磨块座 3、4 是成对摆动，在方向上是相互靠拢的，在图 11-2 (b) 中则是相互背离的。在图 11-2(b) 的基础上，当凸轮再向前移动一个凸轮波面时，就回到了图 11-2(a) 的情况，磨块座 1、2，磨块座 3、4 成对摆动，在方向上是相互靠拢的。

通过分析可以看出在凸轮的驱动下，磨块座都是成对摆动，周而复始地循环。

11.3 端面凸轮传动装置的瞬时传动比

端面凸轮传动装置运转的平稳性取决于其瞬时传动比是否恒定，因此，仅仅研究端面凸轮传动装置的宏观传动比是不够的，还应对其瞬时传动比进行研究。

将球面销钉、滚轮、波凸轮在半径为 r 的圆柱面上沿周向展开，球面销钉、滚轮、波凸轮之间相对运动的示意图如图 11-3 所示。在某个无限短的微小时间段 dt 内，可以认为：波凸轮的升程曲线为直线，其升角 θ 为定值；球面销钉和辊轮啮合的齿廓曲线也是直线，其齿形半角 α 也为定值。

图 11-3 所示是 Y 形摆动块轴固定只能摆动、波凸轮为主动件。波凸轮与滚轮的初始位置用实线表示，经过一个微小时间段 dt 后，波凸轮与滚轮的新位置用虚线表示。在微小时间段 dt 内，波凸轮转过了一个微小角度 $d\varphi_w$，其绝对切向位移为 $dS_w(=R\cdot d\varphi_w)$；波凸轮推动滚轮的轴向位移为 d_h，滚轮带动 Y 形摆动块在与波凸轮相反的方向上相应地转过了一个微小角度 $d\varphi_h$。Y 形摆动块的绝对切向位移为 $dS_h(=d_h\cdot\tan\alpha=R\cdot d\varphi_h)$，而由 $d_h=(R\cdot d\varphi_w+d_h\cdot\tan\alpha)\cdot\tan\theta$ 可得

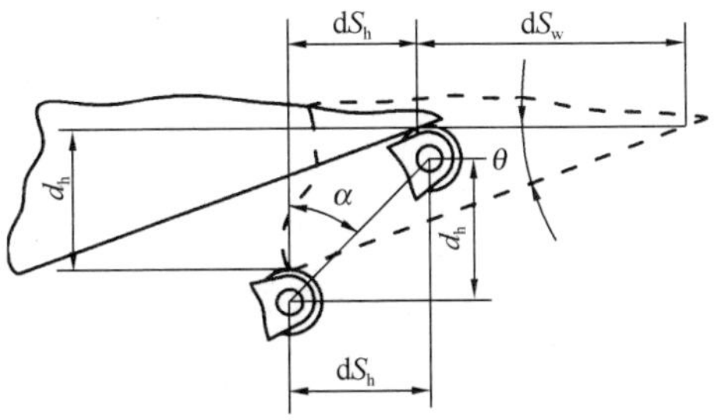

图 11-3　凸轮、球形滚轮、摆杆之间的相对运动示意图

$$d_h=\frac{R\cdot d\varphi_w\tan\theta}{1-\tan\theta\cdot\tan\alpha}\tag{11-1}$$

于是有

$$d\varphi_h=\frac{d\varphi_w\tan\theta\cdot\tan\alpha}{1-\tan\theta\cdot\tan\alpha}\tag{11-2}$$

因此，瞬时传动比为

$$i_{wh}^{(e)}=-\frac{d\varphi_w/dt}{d\varphi_h/dt}=-\frac{1-\tan\theta\cdot\tan\alpha}{\tan\theta\cdot\tan\alpha}=1-\frac{1}{\tan\theta\cdot\tan\alpha}\tag{11-3}$$

11.4　满足传动比的条件

为了满足瞬时传动比恒定的条件，必须保证在任一瞬时使 $\tan\theta\cdot\tan\alpha$ 为一恒定的常值。此外，还必须保证在任一半径为 r 的圆柱上，$\tan\theta\cdot\tan\alpha$ 也为同一恒定的常值。

假定在某个半径为 r 的圆柱上，波凸轮采用升角 θ 为恒定的螺旋线（θ 只是在该圆柱上恒定，对于半径 r 不同的圆柱来说，所对应的 θ 角是不同的），其理论升程为 h，而且上升段与下降段对称；与此相对应，在同一半径为 r 的圆柱上，滚轮的齿形半角 α 也为某一定值（α 只是在该圆柱上为定值，对于半径 r 不同的圆柱来说，所对应的 α 角是不同的），其理论齿高为 h，而且齿形也是左右对称的。

图 11-4 是 Y 形摆动块滚轮和波凸轮在半径为 r 的圆柱上的展开图，从图 11-4 中可以看出：

（1）对于波数为 U 的波发生器，每个波在半径为 r 的圆柱上所对应的弧长为：

$$\widehat{S}=\frac{2\pi r}{U}\tag{11-4}$$

（2）Y 形摆动块的一个齿在半径为 r 的圆柱上所对应的弧长（周节）为：

$$\widehat{S}_{E} = \frac{2\pi r}{Z_{E}} \tag{11-5}$$

式中　Z_E——摆杆数量。

（3）通过简单的几何关系，可以求得

$$\tan\theta = \frac{hU}{\pi r} \tag{11-6}$$

$$\tan\alpha = \frac{\pi r}{hZ_{E}} \tag{11-7}$$

$$Z_{E} \cdot \widehat{S}_{E} = 2\pi r \tag{11-8}$$

式（11-6）推导过程如下：

对于波数为 U 的波发生器，每个波在半径为 r 的圆柱上所对应的弧长为：

$$\widehat{S} = \frac{2\pi r}{U}$$

图 11-5 是一个整波，一个整波由两个部分组成：一个上坡、一个下坡。

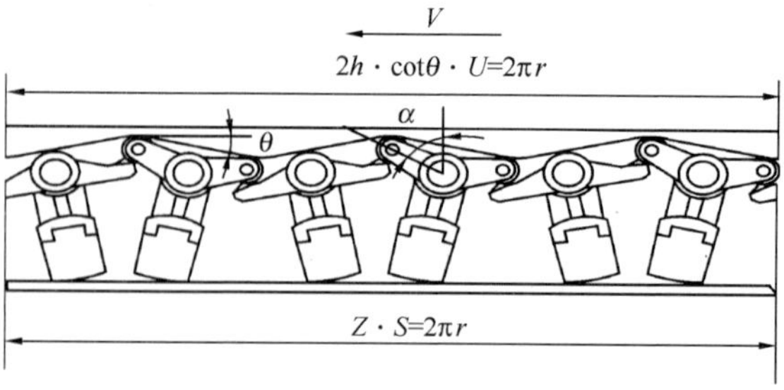

图 11-4　凸轮在半径为 r 的圆柱上的展开图

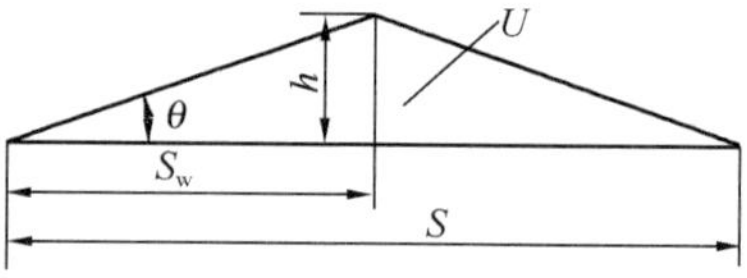

图 11-5　整波分析图

半个波对应着半个整波弧长，

$$\widehat{S}_{W} = \frac{1}{2}\widehat{S} = \frac{\pi r}{U} \tag{11-9}$$

升角 θ 对应的正切值

$$\tan\theta = \frac{h}{\widehat{S}_{W}} = \frac{hU}{\pi r}$$

11.5　螺旋线和螺旋面原理

11.5.1　常用螺旋线的基本概念

由绕定轴 V 旋转并且同时平行于该轴移动所构成的合成运动，称为螺旋运动，轴 V 称为螺旋轴。

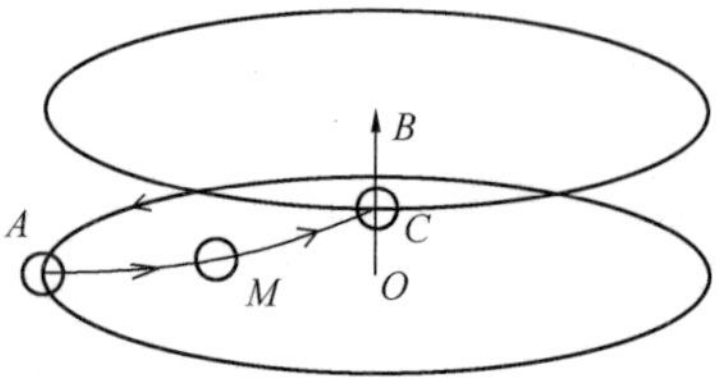

图 11-6　螺旋线示意图

如图 11-6 所示。点 M 从起始点 A 开始，绕着以 O 点为圆心的圆做圆周运动，同时沿着 OB 轴线做直线运动。这两种运动的合成，形成了螺旋线 AC。

我们用 $\overline{u}$ 表示在平行于轴 V 直线上的移动速度向量，用 $\overline{\omega}$ 表示旋转角度向量。后者在螺旋轴上应这样绘出：使之从向量的终端看，朝逆时针方向旋转。

如果 $\overline{u}$ 和 $\overline{\omega}$ 的方向相同，则称为右螺旋运动；如果 $\overline{u}$ 和 $\overline{\omega}$ 的方向相反，则称为左螺旋运动，如图 11-7 所示。

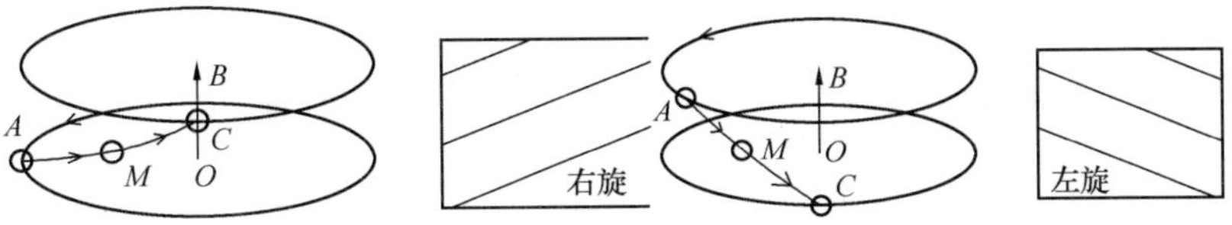

图 11-7　左右旋螺旋线示意图

右手判断原则：右手四指伸开，将螺纹放置在手中。螺旋线右高左低，是右旋。螺旋线左高右低，是左旋，如图 11-8 所示。

螺旋轴 V 旋转一转时，动点在其上的投影所移动的距离，称为螺旋运动的导程，如图 11-9 所示。

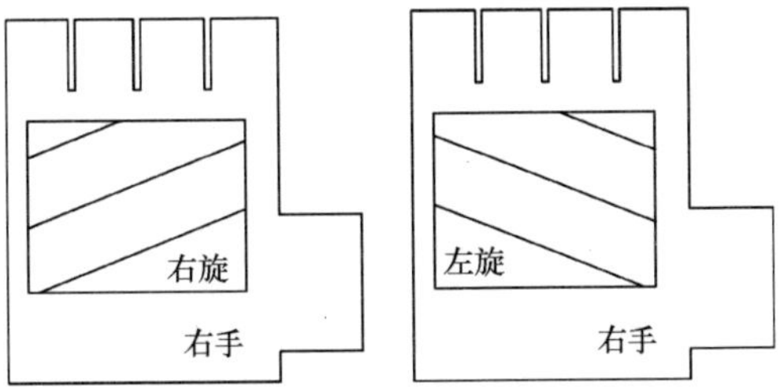

图 11-8　左右旋螺旋判断示意图

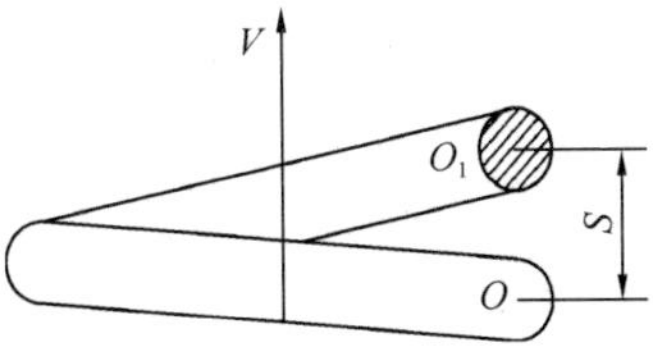

图 11-9　螺距示意图

图 11-9 中，从起点 O 开始，旋转一周之后，又回到起点对齐的位置 O_1。O 与 O_1 之间的距离 S 就是导程。

螺距 P：螺纹相邻两牙上对应点之间的轴向距离。

导程 S：同一螺旋线相邻两牙对应点间的轴向距离。单线螺纹，$S=P$；多线螺纹，$S=nP$，n 是螺纹的线数。

如果移动速度向量值 u 和角速度向量值 ω 之比为一定值，则称为常螺旋运动，而该比值称为常螺旋运动参数（简称螺旋参数）：

$$p = \frac{u}{\omega} \tag{11-10}$$

所谓螺旋（运动的），就是两个向量 $\overline{\omega}$ 和 $\overline{u}$ 的合成，并记作（V，ω，p）。此处 V 为螺旋轴；p 为螺旋参数。如果给定螺旋，则可知螺旋运动，反之亦然。

当 $p=0(u=0)$ 时，仅有绕轴的旋转，并记作（V，ω）；当 $p=\infty(\omega=0)$ 时，只沿直线运动，有时也称为直移运动。

一点做常螺旋运动的轨迹称为常（圆柱）螺旋线，它位于以 V 为轴的圆柱上，半径等于该点到轴 V 的距离。

如果令速度是时间 t 的函数：$u=u(t)$，$\omega=\omega(t)$，在直线上的移动量为 h，直线绕螺旋轴的转角为 φ，则有：

$$\frac{\mathrm{d}h}{\mathrm{d}t}=u(t) \tag{11-11}$$

$$\frac{\mathrm{d}\varphi}{\mathrm{d}t}=\omega(t) \tag{11-12}$$

于是式（11-1）/ 式(11-2) $=\frac{\mathrm{d}h}{\mathrm{d}\varphi}=\frac{u(t)}{\omega(t)}=p$，$p=\frac{u}{\omega}=$常数。

$$\mathrm{d}h=p\mathrm{d}\varphi \tag{11-13}$$

对式（11-13）积分后，得出：

$$h=p\varphi \tag{11-14}$$

于是：

$$p=\frac{h}{\varphi} \tag{11-15}$$

当旋转一弧度（$\varphi=1$）时，点沿直线移动的距离为 p，故螺旋参数也称为螺旋运动或螺旋线的诱导导程。(单位条件下的移动）螺旋是圆周运动和直线运动的合成运动。也就是说，一个点旋转一度的角度时，这个点还要沿着直线上升移动一个距离 p。

当转角 $\varphi=2\pi$ 时，相应的移动量为 $H=2\pi p$。旋转一弧度时上升的移动量是 p，2π 弧度时，就是 2π 的倍数。该值称为螺旋的导程。

如果在螺旋运动中移动量 h 和对应转角 φ 之比为一常数 C，即：

$$\frac{h}{\varphi}=C \tag{11-16}$$

则：

$$h=C\varphi \tag{11-17}$$

将上式对两边进行时间求导：

$$\frac{\mathrm{d}h}{\mathrm{d}t}=C\frac{\mathrm{d}\varphi}{\mathrm{d}t} \tag{11-18}$$

又因：

$$\frac{\mathrm{d}h}{\mathrm{d}t}=u(t) \tag{11-19}$$

$$\frac{\mathrm{d}\varphi}{\mathrm{d}t}=\omega(t) \tag{11-20}$$

代入式（11-8）得出：

$$\frac{u}{\omega}=C \tag{11-21}$$

即螺旋参数为一常数，而在这个螺旋运动中任一点的轨迹是常螺旋线。如果构成螺旋运动的直线和旋转运动是匀速运动，那么，也可得到同样的轨迹。

如果一点在一直线上移动并绕平行于该直线的轴旋转所构成的合成运动中，螺旋参数

$p = u(t)/\omega(t)$ 是与时间有关的变数，那么，该点的轨迹将位于由直线旋转所形成的圆柱上，我们称它为变导程圆柱螺旋线，或轴向变导程圆柱螺旋线。

11.5.2　圆向量函数

在空间右手直角坐标系 $Oxyz$ 的坐标平面 Oxy 中，两单位向量 $\bar{e}(t)$ 和 $\bar{g}(t)$ 分别和轴 Ox 夹角为 t 和 $t+\pi/2$（图 11-10）。角 t 是面对轴 Oz 正向观察按逆时针方向计量的。如果 $\bar{i}$、$\bar{j}$、$\bar{k}$ 为直角坐标轴的单位向量，则确定圆向量函数的公式为：

$$\left.\begin{aligned}\bar{e}(t) &= \bar{i}\cos t + \bar{j}\sin t\\ \bar{g}(t) &= -\bar{i}\sin t + \bar{j}\cos(t)\end{aligned}\right\} \tag{11-22}$$

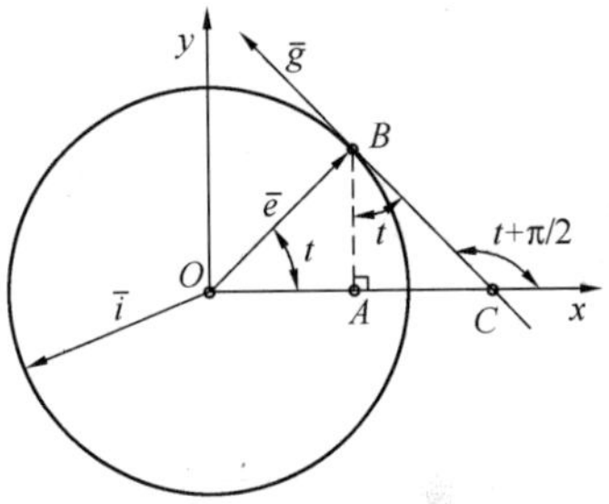

图 11-10　定圆向量示意图

$\bar{g}(t) = -\bar{i}\sin t + \bar{j}\cos t$ 如何得出？

第一种方法：

如图 11-10 所示，Rt△abc 中，$\angle abc = t$，斜边 bc 就是向量 $\bar{g}(t)$。那么 $\bar{g}(t)$ 在 x、y 轴上的投影如下：

$$ba = \bar{j}\cos t \quad ac = -\bar{i}\sin t$$

ac 为什么为负值呢？因为 $\bar{g}(t)$ 方向与 x 轴正方向相反。

第二种方法：

利用和角公式：

$$\begin{aligned}\sin(\alpha \pm \beta) &= \sin\alpha\cos\beta \pm \cos\alpha\sin\beta\\ \cos(\alpha \pm \beta) &= \cos\alpha\cos\beta \mp \sin\alpha\sin\beta\end{aligned} \tag{11-23}$$

$$\begin{aligned}\bar{g}(t) &= \bar{i}\cos\left(t+\frac{\pi}{2}\right) + \bar{j}\sin\left(t+\frac{\pi}{2}\right)\\ &= \bar{i}\left(\cos t\cdot\cos\frac{\pi}{2} - \sin t\cdot\sin\frac{\pi}{2}\right) + \bar{j}\left(\sin t\cdot\cos\frac{\pi}{2} + \cos t\cdot\sin\frac{\pi}{2}\right)\\ &= -\bar{i}\sin t + \bar{j}\cos t\end{aligned} \tag{11-24}$$

显然，$\bar{e}(0) = \bar{i}$，$\bar{g}(0) = \bar{j}$。改变 t 时，$\bar{e}(t)$ 的端点描绘单位半径的圆。半径为 a 的圆方程为：

$$\bar{r} = a\,\bar{e}(t) \tag{11-25}$$

式中　$\bar{r}$——圆周上一点的向径。

向量 $\bar{e}(t)$ 对 t 求导数，就是向量 $\bar{g}(t)$：

$$[\bar{e}(t)]' = (\bar{i}\cos t + \bar{j}\sin t)' = -\bar{i}\sin t + \bar{j}\cos t = \bar{g}(t) \tag{11-26}$$

$$\frac{\mathrm{d}\bar{e}(t)}{\mathrm{d}t} = \bar{g}(t) \tag{11-27}$$

即 $\bar{g}(t)$——沿角 t 增大方向的圆之切线向量。

导数：

$$\frac{\mathrm{d}\bar{g}(t)}{\mathrm{d}t} = -\bar{e}(t)$$

$$[\bar{g}(t)]' = (-\bar{i}\sin t + \bar{j}\cos t)' = -(\bar{i}\cos t + \bar{j}\sin t) = -\bar{e}(t) \tag{11-28}$$

也是单位向量，但沿半径的方向并过圆心。

11.5.3 常螺旋线方程

已知螺旋运动（V，ω，p），我们取 V 为右手笛卡儿坐标系的轴 Oz。φ 和 h 的含义和前述相同：

$$\frac{\mathrm{d}\varphi}{\mathrm{d}t}=\omega;\ \frac{\mathrm{d}h}{\mathrm{d}t}=u;\ p=\frac{u}{\omega}=\text{常数}$$

此时，做螺旋运动的点 $M(x,\ y,\ z)$ 之向径 $\overline{r}$ 按下式确定（图 11-11）：

$$\left.\begin{aligned}&\overline{OP}=a\overline{e}(\varphi),\ \overline{PM}=h\overline{k}\\&\overline{r}=a\overline{e}(\varphi)+h\overline{k}\end{aligned}\right\}\tag{11-29}$$

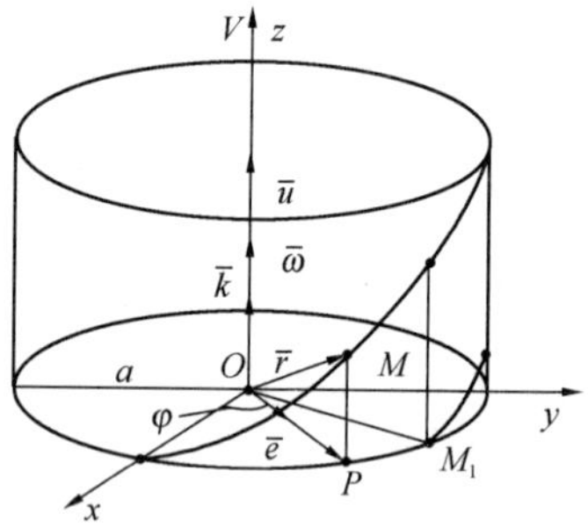

图 11-11 螺旋线示意图

在最简单的情况下：$\varphi=\omega t$，$h=ut$，$u=p\omega$

常螺旋线的向量方程：

$$\overline{r}=a\overline{e}(\omega t)+ut\overline{k}$$

或者：

$$\overline{r}=a\overline{e}(\omega)+p\varphi\overline{k}$$

或者：

$$\overline{r}=\overline{i}a\cos\varphi+\overline{j}a\sin\varphi+\overline{k}p\varphi$$

螺旋线的参数方程：

$$\left.\begin{aligned}&x=a\cos\varphi\\&y=a\sin\varphi\\&z=p\varphi\end{aligned}\right\}\tag{11-30}$$

如果分运动是变速运动，则：

$$\varphi=\int\omega\mathrm{d}t,\ h=\int u\mathrm{d}t=p\int\omega\mathrm{d}t=p\omega\tag{11-31}$$

将其代入方程（11-30），则得螺旋线方程。在圆柱坐标（ρ，φ，z）中，常螺旋线方程为：

$$\rho=a;\ z=p\varphi\tag{11-32}$$

螺旋线在坐标平面 Oxy 上的投影是一个圆，称为基圆：

$$\overline{r}=a\overline{e}(\varphi)\tag{11-33}$$

或

$$x=a\cos\varphi;\ y=a\sin\varphi;\ x^2+y^2=a^2\tag{11-34}$$

在平面 Oyz 上的投影为正弦曲线：

$$y=a\sin\varphi;\ z=p\varphi\tag{11-35}$$

或

$$y=a\sin\frac{z}{p}\tag{11-36}$$

在 Oxz 上的投影为余弦曲线（或移位正弦曲线）：

$$x = a\mathrm{cso}\varphi;\ z = p\varphi \tag{11-37}$$

或

$$x = a\cos\frac{z}{p} \tag{11-38}$$

如果从下列方程组中用 z/p 消去 φ:

$$x^2 + y^2 = a^2;\ \frac{y}{x} = \tan\varphi \tag{11-39}$$

那么，螺旋线可看成是两个曲面的交线，即圆柱面

$$x^2 + y^2 = a^2 \tag{11-40}$$

和阿基米德正螺旋面（劈锥曲面）

$$y = x\tan\frac{z}{p} \tag{11-41}$$

的交线。

如果螺旋线和平面 Oxy 不相交于点 M_0（图 11-11），而是相交于基圆的另外某一点 M_1，且 $\angle M_1Ox = \varphi_1 \geqslant 0$，则螺旋线方程为：

$$x = a\cos\varphi;\ y = a\sin\varphi;\ z = p(\varphi - \varphi_1) \tag{11-42}$$

式（11-42）的推导过程如下：

如图 11-11 所示，螺旋线和平面 Oxy 相交于点 M_0，OM_0与 x 轴重合。以 OM_0为起点逆时针旋转一个角度 φ。OM_0旋转到 OP 位置，$\angle M_0OP = \varphi$。M_0转到 P 点时，已经沿着 z 轴升高到了 M 点。

这时，螺旋线的方程为：

$$\left.\begin{aligned} x &= a\cos\varphi \\ y &= a\sin\varphi \\ z &= p\varphi \end{aligned}\right\} \tag{11-43}$$

螺旋线和平面 Oxy 相交于点 M_1，OM_0与 x 轴重合。以 OM_0为起点逆时针旋转一个角度 $\angle M_0OM_1 = \varphi_1$。$OM_0$旋转到 OM_1 位置。OM_0与 OM_1 相差了一个相位角 φ_1。

因为螺旋线和平面 Oxy 相交于点 M_1，螺旋线的旋转角度的起点位置是在 OM_0。也就是说，螺旋线以 OM_0为零点开始旋转角度，转到 M_1 之后接着继续旋转，从 OM_0为零点开始旋转的角度为 φ，φ 包含着 φ_1。所以螺旋线 M_1 的起点方程为：

$$x = a\cos\varphi;\ y = a\sin\varphi \tag{11-44}$$

从 M_0为起点时，转过 M_1 位置，z 轴上升 $z = p\varphi$。因为螺旋线和平面 Oxy 不相交于点 M_0，而是相交于基圆的另外某一点 M_1，M_1 的高度是 M_0转过一个角度 φ_1，z 轴才从零点位置上升，在高度上相当于滞后了 M_0一个角度 φ_1。减去 $z = p\varphi_1$，才是 M_1 的起点高度。所以 $z = p(\varphi - \varphi_1)$。

因此，如果螺旋线和平面 Oxy 不相交于点 M_0（图 11-11），而是相交于基圆的另外某一点 M_1，其螺旋线方程为：

$$x = a\cos\varphi;\ y = a\sin\varphi;\ z = p(\varphi - \varphi_1) \tag{11-45}$$

如果在后一种情况，从半径 OM_1 计算 φ 角，则螺旋线方程为：

$$x = a\cos(\varphi_1 + \varphi)$$
$$y = a\sin(\varphi_1 + \varphi) \tag{11-46}$$
$$z = p\varphi$$

方程（11-46）可确定 $p > 0$ 时的右螺旋线和 $p < 0$ 时的左螺旋线。

上面公式推导过程如下：

如图 11-11 所示，螺旋线和平面 Oxy 相交于点 M_1，OM_0与 x 轴重合。以 OM_0为起点逆时针旋转一个角度 $\angle M_0OM_1 = \varphi_1$。如果从半径 OM_1 计算 φ 角，就从 OM_1 为起始点开始旋转角度，z 轴的上升也从 OM_1 作为零点开始计算。所以 z 轴的上升为 $z = p\varphi$。但是坐标的 x 轴与 OM_1 相差了一个角度 φ_1，而 OM_1 起点只是一个相对位置，计算螺旋线角度的时候必须以 x 轴坐标作为基准。所以，

$$x = a\cos(\varphi_1 + \varphi)$$
$$y = a\sin(\varphi_1 + \varphi) \tag{11-47}$$

因此，从半径 OM_1 计算 φ 角，则螺旋线方程为：

$$x = a\cos(\varphi_1 + \varphi)$$
$$y = a\sin(\varphi_1 + \varphi) \tag{11-48}$$
$$z = p\varphi$$

11.6 磨头凸轮曲面方程

11.6.1 坐标系的建立

为了研究方便，建立与波凸轮固连的坐标系 O-x，y，z，如图 11-12（波数 $U = 3$）所示，

并对 x、z 轴的位置和正方向规定如下：

以波凸轮的中心线为 z 轴，并以从波凸轮指向 Y 形摆动块的方向为正方向；以波凸轮的某一个波底所在的直线为 x 轴，该直线与 z 轴垂直相交，交点即为坐标系的原点，x 轴的正方向就是从波发生器的内侧指向外侧。按照数学中对三维坐标系的规定（即符合右手定则）建立 y 轴，y 轴的正方向也是从波凸轮内侧指向外侧。

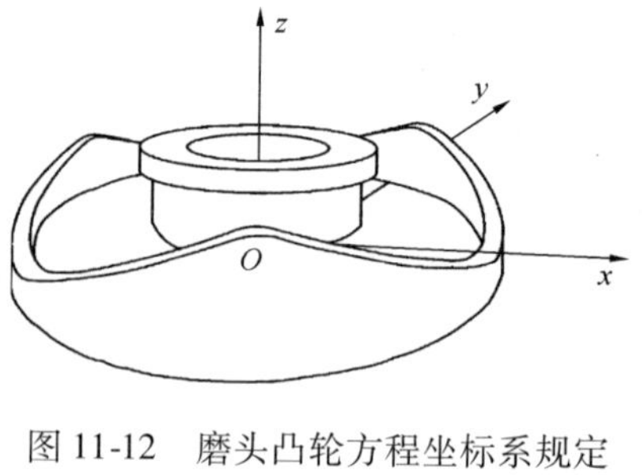

图 11-12 磨头凸轮方程坐标系规定

11.6.2 磨头凸轮曲面形成机理

要保证波凸轮传动装置的瞬时传动比保持恒定，其条件是使 $\tan\theta \cdot \tan\alpha$ 为一恒定的常值，即

$$\tan\theta \cdot \tan\alpha = C(\text{常数})$$

从理论上讲，波凸轮升程曲线的升角 θ、球面销钉和滚轮的齿形半角 α 可以是变化的，只要保证在任一瞬时 $\tan\theta \cdot \tan\alpha$ 为一恒定的常值，就可以保证瞬时传动比不变。

对于波凸轮的齿面来说，为了设计和加工方便的需要，并且使滚轮在轴向（z 向）做匀速的往复运动，在每一个半径为 r 的圆柱面上，可取 θ 为某一常数（α 也为另一常数），因此，波凸轮在圆周方向顺时针转动的角度和其上某点沿着曲线上升或下降（右旋或左旋）的距离为正比关系，这就是通常见到的等距螺旋线。此外，在不同半径 r 的圆柱面上，θ 为不同的常数，如果取 θ 随半径 r 变化的关系为

$$\tan\theta = (hU)/(\pi r) \tag{11-49}$$

那么，不同半径 r 圆柱面上的等距螺旋线在径向连续排列，就构成了母线为直线的空间螺旋面。因此，波凸轮的齿面是头数为 U 的多头螺旋面，而且由右旋和左旋两部分组成，波凸轮理论升程为 h，即端面凸轮理论波面的高度。

11.6.3　磨头凸轮左旋、右旋曲面方程

空间有一个固定坐标系 $O\text{-}x,y,z$，它的三个坐标轴方向的单位矢量分别是 $\vec{i}$，$\vec{j}$，$\vec{k}$。一段任意空间曲线 Γ 的矢量表达式为

$$r_0 = r_0(u) \tag{11-50}$$

用坐标表达式表示为

$$\left.\begin{aligned} x &= x_0(u) \\ y &= y_0(u) \\ z &= z_0(u) \end{aligned}\right\} \tag{11-51}$$

式中　　u——参变量；

x_0、y_0、z_0——空间曲线上任意一点在固定坐标系 $O\text{-}x,y,z$ 中的坐标值，与此相对应，x,y,z 则分别为空间曲面上任意一点在固定坐标系 $O\text{-}x,y,z$ 中的坐标值。

令曲线 Γ 绕 z 轴做螺旋运动，即一方面绕 z 轴等速转动，同时又沿着 z 轴等速移动，那么曲线 Γ 在空间形成的轨迹曲面就是等升距圆柱螺旋面。曲线 Γ 称为螺旋面的母线，螺旋面的轴线是 z（k）轴。

如果曲线 Γ 的移动和转动方向符合右手法则（以右手大拇指表示移动方向时，其余四指的方向就是转动方向），那么得到的螺旋面是右旋的，称为右旋螺旋面；如果符合左手法则，那么得到的螺旋面就是左旋螺旋面。

利用矢量回转公式，式（11-50）所表示的任意曲线 Γ 的右旋螺旋面方程：

$$r = r_0(u)\cdot(k,\varphi)^{\mathrm{R}} + p\cdot\varphi\cdot\vec{k} \tag{11-52}$$

展开后，得

$$r = [x_0(u)\cos\varphi - y_0(u)\sin\varphi]\,\vec{i} + [x_0(u)\sin\varphi + y_0(u)\cos\varphi]\,\vec{j} + [z_0(u) + p\varphi]\,\vec{k} \tag{11-53}$$

式中　φ——参变数，表示母线从起始位置绕 z 轴转过的角度。顺着 z 轴看去，以顺时针方向转动为正；

p——螺旋参数，$p = (p_z)/(2\pi)$，p_z 为导程。p 表示母线绕 z 轴转过单位角度时，沿轴线方向移动的距离。

式（11-53）的坐标表达式为：

$$\left.\begin{aligned} x &= x_0(u)\cos\varphi - y_0(u)\sin\varphi \\ y &= x_0(u)\sin\varphi - y_0(u)\cos\varphi \\ z &= z_0(u) + p\varphi \end{aligned}\right\} \tag{11-54}$$

式（11-52）、式（11-53）和式（11-54）是表达螺旋面的通式，适用于所有的螺旋面。从理论上讲，母线 Γ 可以取为任意曲线，但是在生产实际中常用的螺旋面，主要有阿基米德螺旋面、渐开线螺旋面、法向直廓螺旋面和圆螺旋面四种。

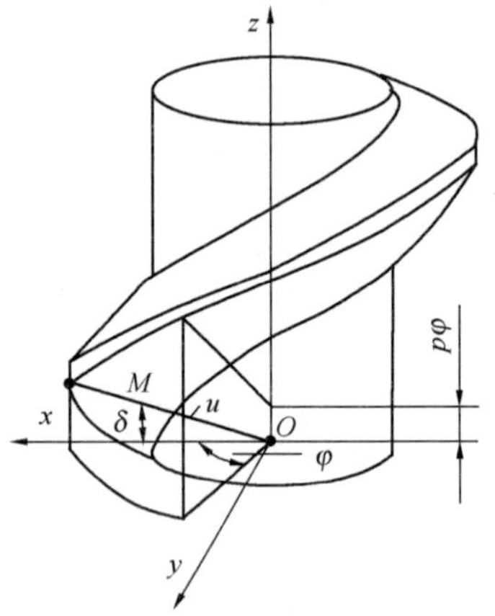

图 11-13　阿基米德螺旋面示意图

如图 11-13 所示，取波凸轮传动螺旋面的母线为直线 OM，且母线 OM 通过原点，这样的螺旋面就是阿基米德螺旋面。阿基米德螺旋面的一般表达式为

$$\left.\begin{aligned} x &= u\cos\delta\cos\varphi \\ y &= u\cos\delta\sin\varphi \\ z &= u\sin\delta + p\varphi \end{aligned}\right\} \tag{11-55}$$

式中　u——从回转中心到其回转起始点的距离；

φ——线段 OM 绕 $z(k)$ 转动的角度；

δ——线段 OM 初始位置与 x 轴正方向的夹角。

此外，在本书研究的波凸轮的曲面中，母线（直线）与旋转中心线（z 轴）垂直相交，属于阿基米德螺旋面的一种特殊形式，因此，式（11-55）还可以进行简化。

从以上的分析中可以看出，如果采用垂直相交于 z 轴的直母线 Γ 作为母线，那么在图 11-13中 $\delta=0$，因此，波凸轮的曲面是一种特殊的阿基米德螺旋面，由式（11-55）可以很容易地推导出这种螺旋面的表达式为

$$\left.\begin{aligned} x &= u\cos\varphi \\ y &= u\sin\varphi \\ z &= p\varphi \end{aligned}\right\} \tag{11-56}$$

由于磨头端面凸轮的理论曲面是头数为 U 的多头螺旋面（特殊的阿基米德螺旋面），而且由右旋和左旋两部分组成，因此，由式（11-56）可以求出波凸轮曲面的右旋螺旋面在图 11-12 所示的 $O\text{-}x,y,z$ 坐标系中，理论齿面的右旋螺旋曲面的方程为：

$$\begin{cases} x = r\cos\varphi \\ y = r\sin\varphi \\ z = \dfrac{hU}{\pi}(\varphi - 2n\psi) \\ R_1 \leqslant r \leqslant R_2 \end{cases} \tag{11-57}$$

$$\left(n = 0,\ 1, 2, \cdots, U-1;\ \psi = \frac{\pi}{U};\ 0 \leqslant \varphi - 2n\psi \leqslant \psi\right)$$

式中　r——端面凸轮的半径（mm）；

h——端面凸轮理论波面的高度（mm）；

R_1、R_2——端面凸轮的内外轮廓的半径（mm）；

φ——端面凸轮的转角（rad）；

U——波发生器端面凸轮螺旋面的头数（即波数）；

ψ——端面凸轮的啮合半角，即半个波对应的中心角（rad）。

本书定义波凸轮的单个波对应的中心角的一半为“啮合半角”，啮合半角是只与波凸轮的波数 U 有关的定值，其值为 $\psi = \pi/U$。

凸轮左旋螺旋曲面的方程为：

$$\begin{cases} x = r\cos\varphi \\ y = r\sin\varphi \\ z = \dfrac{hU}{\pi}(2n\psi - \varphi) \\ R_1 \leqslant r \leqslant R_2 \end{cases} \tag{11-58}$$

$$\left(n = 1,2,\cdots,U-1;\ \psi = \frac{\pi}{U};\ 0 \leqslant 2n\psi - \varphi \leqslant \psi\right)$$

（1）推导式（11-57）中 $z = \dfrac{hU}{\pi}(\varphi - 2n\psi)$ 的 $p = (hU)/\pi$ 是怎么来的？推导过程如下：

$$\frac{\mathrm{d}h}{\mathrm{d}t} = u(t) \tag{11-59}$$

$$\frac{\mathrm{d}\varphi}{\mathrm{d}t} = \omega(t) \tag{11-60}$$

$$p = \frac{u}{\omega} = 常数$$

于是式（11-59）/ 式(11 − 60) $= \dfrac{\mathrm{d}h}{\mathrm{d}\varphi} = \dfrac{u(t)}{\omega(t)} = p$

$$\mathrm{d}h = p\mathrm{d}\varphi \tag{11-61}$$

对式（11-61）积分后，得出：

$$h = p\varphi \tag{11-62}$$

于是：

$$p = \frac{h}{\varphi} \tag{11-63}$$

当转角 $\varphi = 2\pi$ 时，相应的移动量为 $H = 2\pi p$。

对于波数为 U 的波发生器，每个波在半径为 r 的圆柱上所对应的弧长为：

$$\widehat{S} = \frac{2\pi r}{U} \tag{11-64}$$

图 11-14 是一个整波，一个整波由两个部分组成，一个上坡、一个下坡。

半个波对应着半个整波弧长。

$$\widehat{S}_{\mathrm{W}} = \frac{1}{2}\widehat{S} = \frac{\pi r}{U} \tag{11-65}$$

升角 θ 对应的正切值

$$\tan\theta = \frac{h}{\widehat{S}_{\mathrm{W}}} = \frac{hU}{\pi r} \tag{11-66}$$

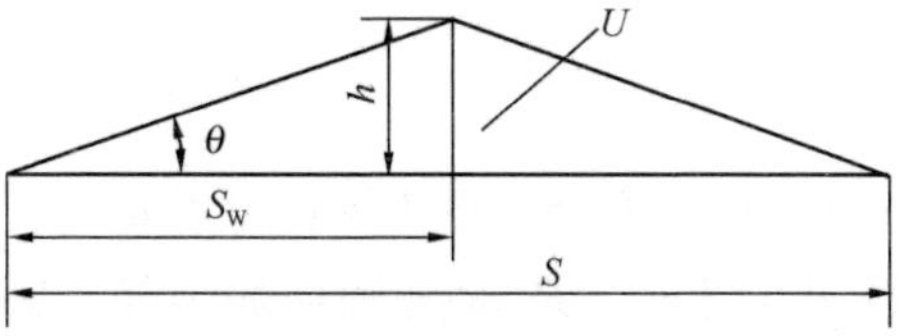

图 11-14　整波分析图

因为：

$$\mathrm{d}S_{\mathrm{W}} = r \cdot \mathrm{d}\varphi_{\mathrm{W}} \tag{11-67}$$

$$\hat{S} = r \cdot \varphi = \frac{2\pi r}{U} \tag{11-68}$$

$$\widehat{S}_{\mathrm{W}} = \frac{1}{2}\widehat{S} = \frac{\pi r}{U} \tag{11-69}$$

$$\widehat{S}_{\mathrm{W}} = r \cdot \varphi_{\mathrm{W}} = \frac{\pi r}{U} \tag{11-70}$$

$$\varphi_{\mathrm{W}} = \frac{\pi}{U} \tag{11-71}$$

又因为：

$$p = \frac{h}{\varphi_{\mathrm{W}}} \tag{11-72}$$

$$p = \frac{h}{\frac{\pi}{U}} = \frac{hU}{\pi} \tag{11-73}$$

$$z = p\theta \tag{11-74}$$

$$z = p\theta = \frac{hU}{\pi}\theta \tag{11-75}$$

（2）上面已经推导了式（11-57）中 $z = \frac{hU}{\pi}(\varphi - 2n\psi)$ 的 $p = (hU)/\pi$ 是怎么来的，下面继续推导 $\theta = (\varphi - 2n\psi)$ 以及式（11-57）是怎么来的？

由前面的分析可知，如图 11-11 起点在 OM_0 的螺旋线的参数方程为：

$$\left.\begin{aligned} x &= a\cos\varphi \\ y &= a\sin\varphi \\ z &= p\varphi \end{aligned}\right\} \tag{11-76}$$

其中 $$p = \frac{h}{\varphi}$$

起点在 OM_1 的螺旋线的参数方程为：

$$\left.\begin{aligned} x &= a\cos\varphi \\ y &= a\sin\varphi \\ z &= p(\varphi - \varphi_1) \end{aligned}\right\} \tag{11-77}$$

通过图 11-15、图 11-16 可以看出，凸轮是一个圆柱体，有一个圆柱形内孔，图中 r_0 是圆孔的半径，R_0 是外圆柱的半径。磨头凸轮是一个波形凸轮，有上升螺旋段和下降螺旋段，是由左旋和右旋螺旋面组成的。

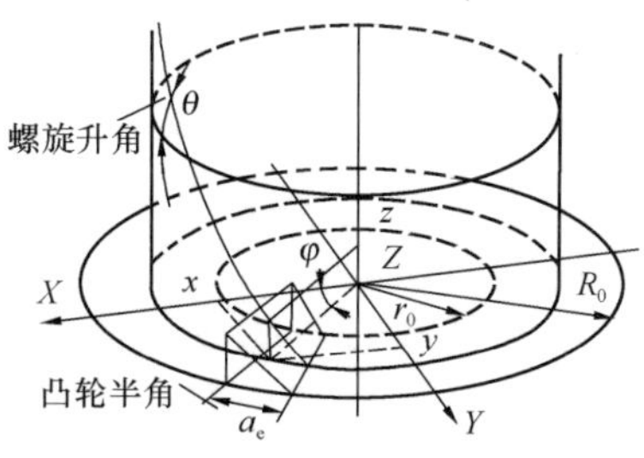

图 11-15　凸轮波形分析（1）

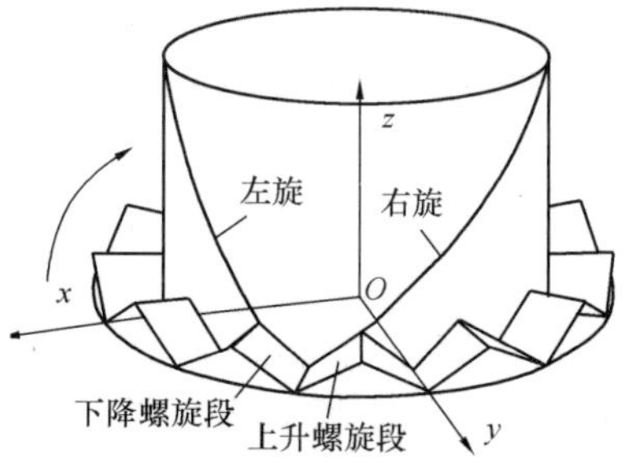

图 11-16　凸轮波形分析（2）

每个波由两个螺旋面组成——左螺旋面和右螺旋面。每个螺旋面都对应着一个旋转角。其原理详细参看前面螺旋线参数方程的解释。

我们以图 11-17 中三波凸轮的 2 个波为例子进行解释。每个波有两个面，一个上坡、一个下坡。2 个波共 4 个面，2 个上坡、2 个下坡。图中 0、2 标识是上坡，1、3 标识是下坡。0 所对应的上坡面是从 x 轴 0 起点开始的。

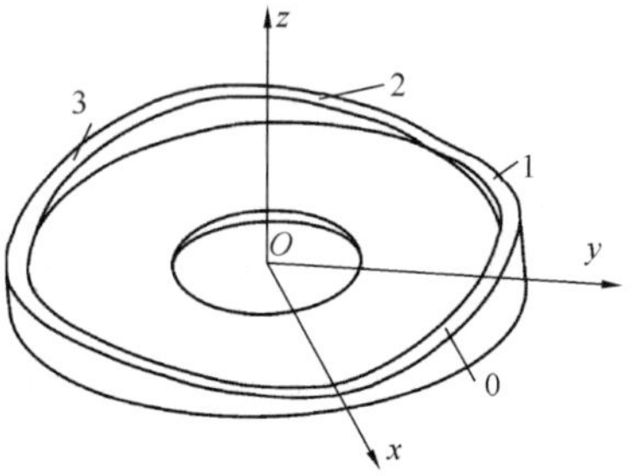

图 11-17　三波凸轮坐标系规定

根据前面的分析可知，由起点在 OM_0 的螺旋线的参数方程，可以得出 x 轴过波底。所以从 x 轴 0 起点开始的螺旋线参数方程是：

$$\left.\begin{aligned} x &= a\cos\varphi \\ y &= a\sin\varphi \\ z &= p\varphi \\ p &= \frac{hU}{\pi} \end{aligned}\right\} \Rightarrow \begin{cases} x = r\cos\varphi & \left[0 \leqslant \varphi \leqslant \dfrac{\pi}{U}\right] \\ y = r\sin\varphi & \left[0 \leqslant \varphi \leqslant \dfrac{\pi}{U}\right] \\ z = \dfrac{hU}{\pi}\varphi & \left[0 \leqslant \varphi \leqslant \dfrac{\pi}{U}\right] \end{cases} \tag{11-78}$$

0 所对应的是第一条螺旋线，这条螺旋线的起点与 x 轴相交。因为上坡和下坡对应的中心角度都是半个波所对应的中心角，因此，φ 取值范围为 $[0,\pi/U]$（整波所对应的中心角为 $2\pi/U$）。

2 标识对应第二个上坡，也就是第二条上坡的螺旋线，这条螺旋线的起点位置并不是在 x 轴的起点位置上，距离 x 轴的起点位置还有一个波的角度，也就是一个波对应的圆心角的角度。

也就是说，第一螺旋线与第二条螺旋线之间的距离相差一个波的角度。我们再以图 11-18 为例继续说明。

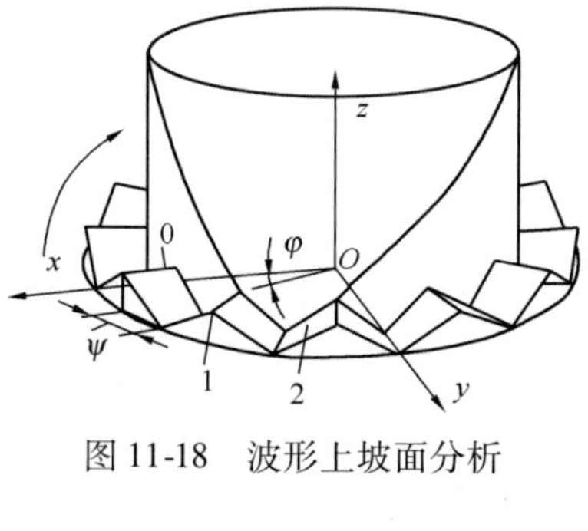

图 11-18　波形上坡面分析

如图 11-18 所示，图中 0 对应着第一个波的上坡，1 对应着第二个波的上坡，2 对应着第三个波的上坡。0 所对应的上坡螺旋线方程前文已经叙述过了，不再详述。第二个波的上坡 1 与第一个波的上坡 0 相差一个波的圆心角的距离。

半个波所对应的圆心角为 $\psi = \pi/U$，整个波所对应的圆心角为 $2\pi/U$。第二个波上坡 1 所对应的圆心角也是 $\psi = \pi/U$。

转动角度 φ 是从 x 轴开始旋转的。旋转到第二个波上坡 1 的坡顶位置时，转过的角度是 φ。但是第二个波上坡 1 所对应的圆心角是 $\psi = \pi/U$。第二个波上坡 1 所对应的螺旋线的起点位置不在 x 轴上。因此，这个起点位置距离 x 轴还有整个波所对应的圆心角 $2\pi/U$ 的距离。因此第二个波上坡对应的圆心角就是 $\varphi - 2\pi/U$，详情解释请看前面的特殊阿基米德螺旋线的解释。$\varphi - 2\pi/U$ 就是第二条螺旋线对应的圆心角。这个圆心角的角度是 $\psi = \pi/U$。

根据前面的分析，起点在 OM_1 的螺旋线的参数方程为

$$\left.\begin{aligned} x &= a\cos\varphi \\ y &= a\sin\varphi \\ z &= p(\varphi - \varphi_1) \end{aligned}\right\} \tag{11-79}$$

其中

$$p = \frac{hU}{\pi}$$

因此得出第二个波的上坡对应螺旋线方程为：

$$\begin{cases} x = r\cos\varphi & \left[0 \leqslant \varphi \leqslant 3 \cdot \dfrac{\pi}{U}\right] \\ y = r\sin\varphi & \left[0 \leqslant \varphi \leqslant 3 \cdot \dfrac{\pi}{U}\right] \\ z = \dfrac{hU}{\pi}\left(\varphi - 2 \cdot \dfrac{\pi}{U}\right) & \left[0 \leqslant \varphi - 2 \cdot \dfrac{\pi}{U} \leqslant \dfrac{\pi}{U}\right] \end{cases} \tag{11-80}$$

或者

$$\begin{cases} x = r\cos\varphi & \left[0 \leqslant \varphi \leqslant 3 \cdot \dfrac{\pi}{U}\right] \\ y = r\sin\varphi & \left[0 \leqslant \varphi \leqslant 3 \cdot \dfrac{\pi}{U}\right] \\ z = \dfrac{hU}{\pi}(\varphi - 2 \cdot \psi) & [0 \leqslant \varphi - 2 \cdot \psi \leqslant \psi] \\ \psi = \dfrac{\pi}{U} \end{cases} \tag{11-81}$$

将上述公式合并简化为通用于任何螺旋线的公式。

$$\begin{cases} x = r\cos\varphi \\ y = r\sin\varphi \\ z = \dfrac{hU}{\pi}(\varphi - 2n\psi) \\ R_1 \leqslant r \leqslant R_2 \end{cases} \tag{11-82}$$

$$\left(n = 0, 1, 2, \cdots, U - 1; \psi = \frac{\pi}{U}; 0 \leqslant \varphi - 2n\psi \leqslant \psi\right)$$

这里解释一下为什么：$n = 0, 1, 2\cdots, U - 1$，n 代表螺旋线的数量，也就是波的上坡和下坡的数量。每个波都有一个上坡和一个下坡。上面公式是右旋螺旋线的通用公式，是波

上坡的螺旋线。$n=0$，是第一个波的上坡螺旋线；$n=1$ 是第二个波的上坡螺旋线。第一个波的上坡螺旋线序号取值 0，是因为螺旋线的起点是 0，在 x 轴上。所有 n 最后取值 $U-1$，就是这个原因。

$n=0$ 时（第一个波的上坡螺旋线），螺旋线公式为：

$$\begin{cases} x = r\cos\varphi & \left[0 \leqslant \varphi \leqslant \dfrac{\pi}{U}\right] \\ y = r\sin\varphi & \left[0 \leqslant \varphi \leqslant \dfrac{\pi}{U}\right] \\ z = \dfrac{hU}{\pi}\varphi & \left[0 \leqslant \varphi \leqslant \dfrac{\pi}{U}\right] \end{cases} \tag{11-83}$$

$n=1$ 时（第二个波的上坡螺旋线），螺旋线公式为：

$$\begin{cases} x = r\cos\varphi & \left[0 \leqslant \varphi \leqslant 3 \cdot \dfrac{\pi}{U}\right] \\ y = r\sin\varphi & \left[0 \leqslant \varphi \leqslant 3 \cdot \dfrac{\pi}{U}\right] \\ z = \dfrac{hU}{\pi}\left(\varphi - 2 \cdot \dfrac{\pi}{U}\right) & \left[0 \leqslant \varphi - 2 \cdot \dfrac{\pi}{U} \leqslant \dfrac{\pi}{U}\right] \end{cases} \tag{11-84}$$

以此类推，n 等于几个数，就有几个坡。$n=0$，1，那就是有两个坡。

（3）凸轮左旋螺旋线的方程是怎么来的？

$$\begin{cases} x = r\cos\varphi \\ y = r\sin\varphi \\ z = \dfrac{hU}{\pi}(2n\psi - \varphi) \\ R_1 \leqslant r \leqslant R_2 \end{cases} \tag{11-85}$$

$$\left(n = 1, 2, \cdots, U-1;\ \psi = \frac{\pi}{U};\ 0 \leqslant 2n\psi - \varphi \leqslant \psi\right)$$

推导过程如下：

如图 1-17 所示，每个波有两个面，一个是上坡、一个是下坡。图中是 2 个波 4 个面。标识 0、2 是上坡，标识 1、3 是下坡。0 所对应的上坡面是从 x 轴 0 起点开始的（因为 x 轴过波底）。

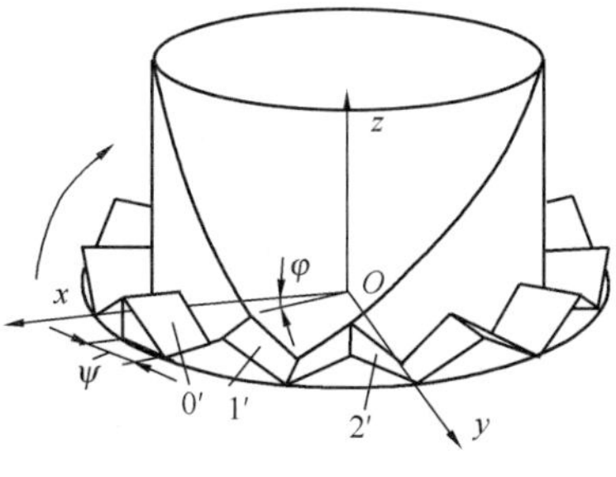

图 11-19　波形上坡面分析

图 11-19 中，0′是第一波的下坡面，1′是第二波的下坡面，2′是第三波的下坡面。第一波的上坡面螺旋线前面已经分析过。下坡面 0′所对应的圆心角 $\psi = \pi/U$。下坡面 0′是一个从最高点开始逐步降低的斜坡。降低到零时，这个零线与 x 轴的夹角就是整个波所对应的圆心角 $2\pi/U$，这个下坡起点位置确是最高点，因此这个下坡 0′对面是上坡 0。φ 的圆心角起点是 x 轴，也就是说要形成下坡 0′面。

φ 从 x 轴开始转角，转过 $\varphi = \pi/U$ 之后，就是下坡 0′面的起点，下坡 0′面对应的圆心角为 $2\pi/U - \varphi$。下坡 0′面对应的螺旋线方程为：

$$\begin{cases} x = r\cos\varphi & \left[0 \leqslant \varphi \leqslant \dfrac{\pi}{U}\right] \\ y = r\sin\varphi & \left[0 \leqslant \varphi \leqslant \dfrac{\pi}{U}\right] \\ z = \dfrac{hU}{\pi}\left(2 \cdot \dfrac{\pi}{U} - \varphi\right) & \left[0 \leqslant 2 \cdot \dfrac{\pi}{U} - \varphi \leqslant \dfrac{\pi}{U}\right] \end{cases} \tag{11-86}$$

第二个波的下坡面1′从高点下降到零线时，零线所对应的圆心角为 $2 \cdot 2\pi/U$。因为下坡面1′是在第二个波上，必须转过2个整波的圆心角。

φ 从 x 轴开始转角，转过 $3\pi/U$ 之后，才能到达下坡面1′的最高点位置，这个最高位置是下坡面 1′的起点位置。下坡面 1′所对应的圆心角 $2 \cdot 2\pi/U - \varphi = \pi/U$，其中 $\varphi = 3\pi/U$。

第二个波的下坡面1′所对应的螺旋线方程为：

$$\begin{cases} x = r\cos\varphi & \left[0 \leqslant \varphi \leqslant 3 \cdot \dfrac{\pi}{U}\right] \\ y = r\sin\varphi & \left[0 \leqslant \varphi \leqslant 3 \cdot \dfrac{\pi}{U}\right] \\ z = \dfrac{hU}{\pi}\left(2 \cdot 2 \cdot \dfrac{\pi}{U} - \varphi\right) & \left[0 \leqslant 2 \cdot 2 \cdot \dfrac{\pi}{U} - \varphi \leqslant \dfrac{\pi}{U}\right] \end{cases} \tag{11-87}$$

或者

$$\begin{cases} x = r\cos\varphi & \left[0 \leqslant \varphi \leqslant 3 \cdot \dfrac{\pi}{U}\right] \\ y = r\sin\varphi & \left[0 \leqslant \varphi \leqslant 3 \cdot \dfrac{\pi}{U}\right] \\ z = \dfrac{hU}{\pi}(2 \cdot 2 \cdot \psi - \varphi) & [0 \leqslant 2 \cdot 2 \cdot \psi - \varphi \leqslant \psi] \\ \psi = \dfrac{\pi}{U} \end{cases} \tag{11-88}$$

综合第一波、第二波的下坡面的螺旋线公式，得出通用公式：

$$\begin{cases} x = r\cos\varphi \\ y = r\sin\varphi \\ z = \dfrac{hU}{\pi}(2n\psi - \varphi) \\ R_1 \leqslant r \leqslant R_2 \end{cases} \tag{11-89}$$

$$\left(n = 1, 2, \cdots, U;\ \psi = \frac{\pi}{U};\ 0 \leqslant 2n\psi - \varphi \leqslant \psi\right)$$

这里解释一下为什么：$n = 1, 2, \cdots, U$，n 代表螺旋线的数量，也就是波的上坡和下坡的数量。每个波都有一个上坡、一个下坡。上面公式是左旋螺旋线的通用公式，是波下坡的螺旋线。$n=1$ 是第一个波的下坡螺旋线；$n=2$ 是第二个波的下坡螺旋线。第一个波的下坡螺旋线序号取值 1，是因为螺旋线的起点不是在 x 轴上，是在一个整波的末端位置上。所以 n 最后取值 U，就是这个原因。

$n=1$ 时（第一个波的下坡螺旋线），螺旋线公式为：

$$\begin{cases} x = r\cos\varphi & \left[0 \leqslant \varphi \leqslant \dfrac{\pi}{U}\right] \\ y = r\sin\varphi & \left[0 \leqslant \varphi \leqslant \dfrac{\pi}{U}\right] \\ z = \dfrac{hU}{\pi}\left(2 \cdot \dfrac{\pi}{U} - \varphi\right) & \left[0 \leqslant 2 \cdot \dfrac{\pi}{U} - \varphi \leqslant \dfrac{\pi}{U}\right] \end{cases} \tag{11-90}$$

$n=2$ 时（第二个波的下坡螺旋线），螺旋线公式为：

$$\begin{cases} x = r\cos\varphi & \left[0 \leqslant \varphi \leqslant 3 \cdot \dfrac{\pi}{U}\right] \\ y = r\sin\varphi & \left[0 \leqslant \varphi \leqslant 3 \cdot \dfrac{\pi}{U}\right] \\ z = \dfrac{hU}{\pi}(2 \cdot 2 \cdot \psi - \varphi) & [0 \leqslant 2 \cdot 2 \cdot \psi - \varphi \leqslant \psi] \\ \psi = \dfrac{\pi}{U} \end{cases} \tag{11-91}$$

11.6.4 磨头凸轮波顶修形曲面方程

如前所述，磨头端面凸轮的右旋螺旋曲面方程为

$$\begin{cases} x = r\cos\varphi \\ y = r\sin\varphi \\ z = \dfrac{hU}{\pi}(\varphi - 2n\psi) \\ R_1 \leqslant r \leqslant R_2 \end{cases} \tag{11-92}$$

$$\left(n = 0, 1, 2, \cdots, U-1;\ \psi = \frac{\pi}{U};\ 0 \leqslant \varphi - 2n\psi \leqslant \psi\right)$$

磨头端面凸轮的左旋螺旋曲面方程为

$$\begin{cases} x = r\cos\varphi \\ y = r\sin\varphi \\ z = \dfrac{hU}{\pi}(2n\psi - \varphi) \\ R_1 \leqslant r \leqslant R_2 \end{cases} \tag{11-93}$$

$$\left(n = 1, 2, \cdots, U-1;\ \psi = \frac{\pi}{U};\ 0 \leqslant 2n\psi - \varphi \leqslant \psi\right)$$

在磨头端面凸轮传动装置中，凸轮为主动件、球形滚轮及摆动杆作为从动件，滚轮沿

着凸轮曲面做直线往复运动时，进而驱动连接其上的摆动杆做摆动，其运动的位移 z、速度 z' 和加速度 z''，如图 11-20 所示。

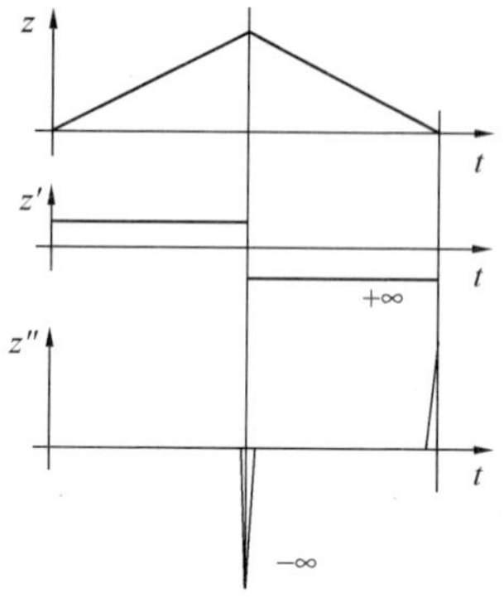

图 11-20　球形滚轮运动的速度和加速度示意图

由图 11-20 可见，滚轮运动的位移 z 与凸轮的转角 φ 成正比，相应地，其速度为某一个定值（正或者反）。在磨头端面凸轮的波顶或波底处，滚轮的速度突然反向，必然会产生理论值为无穷大的加速度，使整个磨头端面凸轮传动装置受到强烈的冲击，甚至会破坏整个传动装置的工作。

为了避免滚轮沿着凸轮全面在做上下往复运动时其速度发生突变，从而产生强烈的冲击现象，必须使滚轮在改变方向时，其速度从一个定值逐渐变化到零，再逐渐变化到反方向的某一定值。为达此目的，就必须对磨头端面凸轮的波顶和波底进行适当的修形，使其波顶和波底成为光滑过渡的曲面。

凸轮曲面修形的种类很多，比较常见的修形方法有圆弧过渡，正、余弦曲线过渡，二次或者高阶曲线过渡等，本书采用二次曲线过渡的方法对磨头端面凸轮的曲面进行修形。

将磨头端面凸轮的曲面在以磨头的轴线为中心、半径为 r 的某一个圆柱面上展开，其波顶修形部分及相应的坐标系如图 11-21 所示。在图 11-21 中，图中的曲线是修形的过渡曲线，h_2 是磨头端面凸轮波顶处修形部分对应的波高。

以展开后的修形开始点（$-x_0$ 处）和修形终止点（x_0 处）的连线为 x_1 轴，以修形开始点和修形终止点之间线段的中点为原点 O_1，以平行于磨头轴线的直线为 z_1 轴，从波底到波顶的方向为正方向，假定过渡的二次曲线方程式为 $z_1 = f(x) = ax_1^2 + bx_1 + c$。

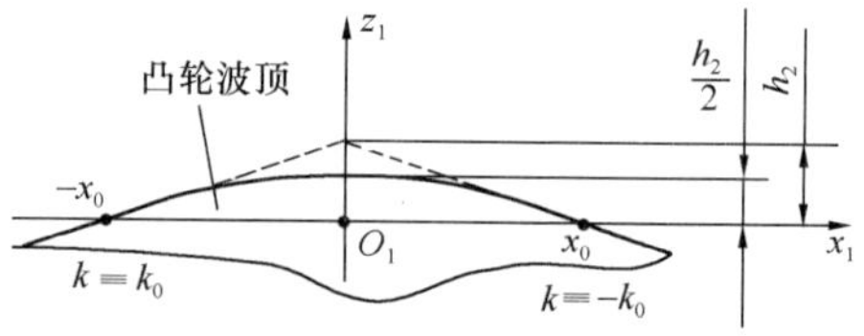

图 11-21　凸轮波顶修形展开后的示意图

为了使修形曲面与原齿面光滑过渡连接，在修形起始点（$-x_0$ 处）和修形终止点（x_0 处）也必须连续可导，即修形起始点的斜率 k_0 必须等于理论曲面展开后相应的斜率。即必须满足下式所表示的几个条件：

$$\begin{cases} f(x_0) = 0 \\ f(-x_0) = 0 \\ f'(x_0) = -k_0 \\ f'(-x_0) = k_0 \end{cases} \tag{11-94}$$

式中　$-x_0$、x_0——修形开始点和修形终止点在坐标系中对应的坐标；

k_0、$-k_0$——修形开始点和修形终止点所对应的斜率；

a、b、c——过渡曲线中的待定参数。

式（11-94）的推导过程如下：

图 11-21 上，修形开始点（$-x_0$ 处）的坐标 z 值是零，也就是（$-x_0$，0）。修形终止点（x_0 处）的坐标 z 值是零，也就是（x_0，0）。

在修形开始点（$-x_0$ 处）的斜率，就是该处的导数。修形终止点（x_0 处）同理。

过渡的二次曲线方程式为：

$$z_1 = f(x) = ax_1^2 + bx_1 + c$$

将开始点（$-x_0$）代入上式，得出该点的 z_1 坐标。

$$z_1 = f(-x_0) = 0$$

将修形终止点（x_0）代入上式，得出该点的 z_1 坐标。

$$z_1 = f(x_0) = 0$$

将上式求导后代入开始点（$-x_0$），得出该点的斜率值。

$$z'_1 = f'(-x_0) = k_0$$

为什么点是负值而斜率值是正值？这是由斜线的方向决定的。

将上式求导后代入修形终止点（x_0 处），得出该点的斜率值。

$$z'_1 = f'(x_0) = -k_0$$

因此综合起来就是式（11-95）：

$$\begin{cases} z_1 = f(-x_0) = 0 \\ z_1 = f(x_0) = 0 \\ z'_1 = f'(-x_0) = k_0 \\ z'_1 = f'(x_0) = -k_0 \end{cases} \tag{11-95}$$

推导过程结束。

将式（11-95）式展开得：

$$\begin{cases} z_1 = f(-x_0) = ax_0^2 - bx_0 + c = 0 \\ z_1 = f(x_0) = ax_0^2 + bx_0 + c = 0 \\ z'_1 = f'(-x_0) = (ax_1^2 + bx_1 + c)' = 2ax_1 + b = -2ax_0 + b = k_0 \\ z'_1 = f'(x_0) = (ax_1^2 + bx_1 + c)' = 2ax_1 + b = 2ax_0 + b = -k_0 \end{cases}$$

$$\begin{cases} ax_0^2 + bx_0 + c = 0 \\ ax_0^2 - bx_0 + c = 0 \\ 2ax_0 + b = -k_0 \\ -2ax_0 + b = k_0 \end{cases} \tag{11-96}$$

由式（11-96）可求得：

$$\begin{cases} a = -\dfrac{k_0}{2x_0} \\ b = 0 \\ c = \dfrac{k_0 x_0}{2} \end{cases} \tag{11-97}$$

将式（11-97）代入 $z_1 = f(x) = ax_1^2 + bx_1 + c$，得：

$$z_1 = f(x) = -\frac{k_0}{2x_0}x_1^2 + \frac{k_0 x_0}{2} \tag{11-98}$$

在表达式中，k_0 与在该圆柱面的半径以及该螺旋曲线的升角 θ 有关，故 k_0 的值可以通过下式求出：

$$k_0 = \tan\theta = \frac{h}{2\pi r/2U} = \frac{hU}{\pi r} \tag{11-99}$$

$$\tan\theta = \frac{h}{\widehat{S}_W} = \frac{hU}{\pi r} \tag{11-100}$$

x_0 与修形的波高 h_2 有关，对于螺旋线上的点来说，各点的斜率大小相等，展开后，该螺旋线组成了一条直线，因此由 $k_0 = h_2/x_0$ 可以得出：

$$\tan\theta = \frac{h_2}{x_0} = k_0 \tag{11-101}$$

$$x_0 = \frac{h_2}{k_0} \tag{11-102}$$

式中　h_2——波发生器端面凸轮齿顶修形部分所对应的齿高。

该坐标系的设定方法是：将空间的三维坐标系按照一定的方法转化为一个二维的坐标系。实际上，很容易看出：变换到三维中，x_1 相当于三维坐标系中 $O\text{-}x,y,z$ 中的 x 坐标与 y 坐标的矢量和，因此，曲面方程可以描述为

$$z_1 = -\frac{k_0}{2x_0}(r \cdot \Delta\varphi)^2 + \frac{k_0 x_0}{2} \tag{11-103}$$

式中　$\Delta\varphi$——凸轮端面相对于波顶位置的转角。

式（11-103）的推导过程如下：

式（11-103）是由式（11-98）而来。其中，$x_1 = r \cdot \Delta\varphi_W$。

式（11-98）中，自变量是 x，因变量是 z_1。式（11-98）虽然是一个二维的公式，但是表示的是三维曲线。这个公式是三维坐标转化成二维而来的。

很容易看出：变换到三维中，x_1 相当于三维坐标系 $O\text{-}x,y,z$ 中的 x 坐标与 y 坐标的矢量和。

以图 11-11 为例子说明一下，x 坐标与 y 坐标的矢量和是 $\vec{OP}$，$\vec{OP} = \vec{x} + \vec{y}$。弧长 $\overset{\frown}{M_0P}$ 为：

$$\overset{\frown}{M_0P} = \vec{OP} \cdot \varphi \tag{11-104}$$

因为是螺旋线，转动这个弧长，z_1 轴就要升高一段距离。而在二维公式里，这个弧长是自变量，z_1 的升高是因变量。

所以式（11-98）就变成了式（11-103）：

推导过程结束。

将式（11-101）、式（11-102）代入式（11-103）中，可得出

$$z_1 = \frac{h^2U^2}{2\pi^2 h_2} \times \Delta\varphi^2 + \frac{h_2}{2} \tag{11-105}$$

将其转化到前述规定的 $O\text{-}x,y,z$ 坐标系中，则式（11-105）变为

$$z = -\frac{h^2U^2}{2\pi^2 h_2} \times (\varphi - \psi - 2n\psi)^2 + h - \frac{h_2}{2} \tag{11-106}$$

故磨头端面凸轮波顶修形曲面的方程表达式为

$$\begin{cases} x = r\cos\varphi \\ y = r\sin\varphi \\ z = \dfrac{h^2U^2}{2\pi^2 h_2}(\varphi - \psi - 2n\psi)^2 + h - \dfrac{h_2}{2} \\ R_1 \leqslant r \leqslant R_2 \end{cases} \tag{11-107}$$

$$\left(n = 0,\ 1,\ 2,\cdots,U-1;\ \psi = \frac{\pi}{U};\ 0 \leqslant \varphi - \psi - 2n\psi \leqslant \psi;\ h - h_2 < z_1 < h - \frac{h_2}{2}\right)$$

式中　h_2——端面凸轮波顶的修形高度（mm）。

式（11-107）的推导过程如下：

对比式（11-106）和式（11-107）得出

$$\Delta\varphi = \varphi - \psi - 2n\psi$$

如前所述，磨头端面凸轮的右旋螺旋曲面方程为

$$\begin{cases} x = r\cos\varphi \\ y = r\sin\varphi \\ z = \dfrac{hU}{\pi}(\varphi - 2n\psi) \\ R_1 \leqslant r \leqslant R_2 \end{cases} \tag{11-108}$$

$$\left(n = 0,\ 1,\ 2,\cdots,U-1;\ \psi = \frac{\pi}{U};\ 0 \leqslant \varphi - 2n\psi \leqslant \psi\right)$$

前面已经讲过，一个波有两个面，一个是上坡、一个是下坡，如图 11-17 所示。图中 2 个波 4 个坡。标识 0、2 是上坡，标识 1、3 是下坡。x 轴在坡底。

波顶修形就是在上坡和下坡的交界处进行圆滑处理。例如 0、1 交界，2、3 交界。

从图 11-22 看出，波顶修形的圆滑处，不分左右旋，它只是一段圆滑的曲线，是三角形 $-x_0x_0B$ 围成的小块区域。这块小区域所对应的圆心角为 $\Delta\varphi$。

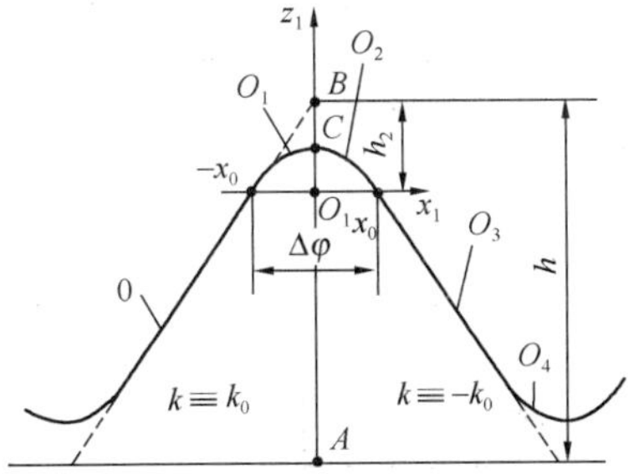

图 11-22　波顶修形过程分析图

第一个波修形：

第一个波从 x 轴开始，x 轴是起点位置。从 x 轴开始旋转 φ 角，到修形的终点位置 x_0，要减掉上坡对应的圆心角 ψ。所以，$\Delta\varphi = \varphi - \psi$。将其代入式（11-105），得出 $\Delta\varphi$ 对应的高度 O_1C。

$$z_1 = \frac{h^2U^2}{2\pi^2 h_2} \times (\varphi - \psi)^2 + \frac{h_2}{2} \tag{11-109}$$

而整波的高度是 $O_1C + O_1A$。

$$O_1A = h - h_2 \tag{11-110}$$

所以 $O_1C + O_1A$ 就是：

$$z=-\frac{h^2U^2}{2\pi^2h_2}\times(\varphi-\psi)^2+\frac{h_2}{2}+h-h_2$$
$$=-\frac{h^2U^2}{2\pi^2h_2}\times(\varphi-\psi)^2+h-\frac{h_2}{2} \tag{11-111}$$

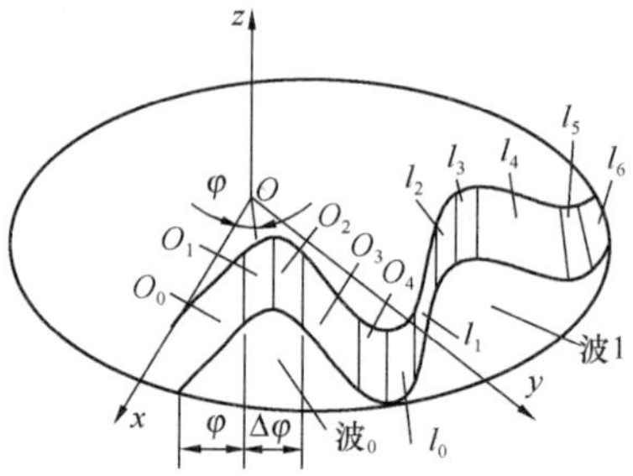

图 11-23　第二个波修形过程分析图

第二个波修形：

如图 11-23 所示，第一个波是从 x 轴开始的，第一个波和第二个波之间在圆心角上相差 $2\pi/U$，也就是一个整波的圆心角。半个波的圆心角为 π/U。也就是说，φ 从 x 轴开始转到第二个波修形的终止点 x_0 位置，需要减去第一个整波的圆心角 $2\pi/U$，再减去第二波的上坡对应圆心角 π/U，最后剩下波修形处所对应的圆心角 $\Delta\varphi$。

$$\Delta\varphi=\varphi-\psi-2\psi \tag{11-112}$$

第二个波修形处 $\Delta\varphi$ 所对应的高度为 O_1C。将其代入式（11-105），得出

$$z_1=\frac{h^2U^2}{2\pi^2h_2}\times(\varphi_W-\psi-2\psi)^2+\frac{h_2}{2} \tag{11-113}$$

而整波的高度是 O_1C+O_1A。

$$O_1A=h-h_2 \tag{11-114}$$

所以 O_1C+O_1A 就是：

$$z=-\frac{h^2U^2}{2\pi^2h_2}\times(\varphi-\psi-2\psi)^2+\frac{h_2}{2}+h-h_2$$
$$=-\frac{h^2U^2}{2\pi^2h_2}\times(\varphi-\psi-2\psi)^2+h-\frac{h_2}{2} \tag{11-115}$$

将其转化到前述中规定的 $O\text{-}x,y,z$ 坐标系中，则式（11-105）变为

$$z=-\frac{h^2U^2}{2\pi^2h}(\varphi-\psi-2n\psi)^2+h-\frac{h_2}{2} \tag{11-116}$$

将第一波和第二波的公式综合起来：

$$\begin{cases}z=\dfrac{h^2U^2}{2\pi^2h_2}\times(\varphi-\psi-2n\psi)^2+h-\dfrac{h_2}{2}\\ n=0,1,2,\cdots,U-1;\ \psi=\dfrac{\pi}{U};\ 0\leqslant\varphi-\psi-2n\psi\leqslant\psi;\ h-h_2<z_1<h-\dfrac{h_2}{2}\end{cases} \tag{11-117}$$

$n=0,1,2,\cdots,U-1$ 中 n 是波数。$n=0$ 时是第一波，因为第一波的起点是 x 轴，因此 $n=1$ 是第二个波。因为第一个波标号是 0，所以 $n=U-1$。

如图 11-22 所示，$O_1A=h-h_2$，O_1A 是波顶修形的高度起点。$CA=h-h_2/2$，AC 是波修形的高度终止点。波修形的高度 $CO_1=AC-AO_1$。因此 $AO_1<CO_1<AC$。即

$$h-h_2<z<h-\frac{h_2}{2} \tag{11-118}$$

磨头端面凸轮波顶修形曲面的表达式为：

$$\begin{cases} x_1 = r\cos\varphi_W \\ y_1 = r\sin\varphi_W \\ z_1 = \dfrac{h^2U^2}{2\pi^2 h_2} \times (\varphi_W - \psi_W - 2n\psi_W)^2 + h - \dfrac{h_2}{2} \\ R_1 < r < R_2 \end{cases} \tag{11-119}$$

$$\left(n = 0,1,2,\cdots,U-1;\ \psi = \frac{\pi}{U};\ 0 \leqslant \varphi_W - \psi_W - 2n\psi_W \leqslant \psi;\ h - h_2 < z_1 < h - \frac{h_2}{2}\right)$$

11.6.5　磨头凸轮波底修形曲面方程

同理，磨头端面凸轮的波底如果也采用二次曲线过渡，如图 11-24 所示，此时，按照与定义 x_1-O_1-z_1 坐标系相同的方法来定义 x_3-O_3-z_3 坐标系。坐标系的规定如图 11-17 所示，在此坐标系下可求出磨头凸轮波底二次曲线的修形公式。使用与波顶修形相同的方法，可以得出磨头端面凸轮波底修形曲面的表达式为

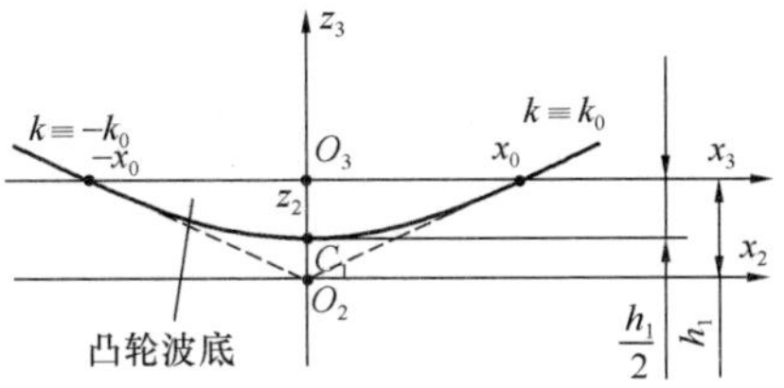

图 11-24　凸轮波底修形展开示意图

$$\begin{cases} x_1 = r\cos\varphi \\ y_1 = r\sin\varphi \\ z_1 = \dfrac{h^2U^2}{2\pi^2 h_1} \times (\varphi - 2n\psi)^2 + \dfrac{h_1}{2} \\ R_1 \leqslant r \leqslant R_2 \end{cases} \tag{11-120}$$

$$\left(n = 0,1,2,\cdots,U-1;\ \psi = \frac{\pi}{U};\ 0 \leqslant \varphi - 2n\psi \leqslant \psi;\ \frac{h_1}{2} < z_1 < h_1\right)$$

式中　h_1——磨头端面凸轮波底修形部分所对应的波高。

式（11-120）的推导过程如下：

图 11-24 上，开始点($-x_0$ 处)的坐标 z_3 值是零，也就是($-x_0$，0)。终止点(x_0 处)的坐标 z_3 值是零，也就是(x_0，0)。

在修形开始点($-x_0$ 处)的斜率，就是该处的导数。修形终止点(x_0 处)同理。

过渡的二次曲线方程式为：

$$z_3 = f(x) = ax_3^2 + bx_3 + c$$

将开始点($-x_0$)代入上式，得出该点的 z_3 坐标。

$$z_3 = f(-x_0) = 0$$

将修形终止点（x_0）代入上式，得出该点的 z_3 坐标。

$$z_3 = f(x_0) = 0$$

将上式求导后代入开始点（$-x_0$），得出该点的斜率值。

$$z_3' = f'(-x_0) = -k_0$$

为什么点是负值而斜率值是正值，这是由斜线的方向决定的。

将上式求导后代入终止点（x_0），得出该点的斜率值。

$$z_3' = f'(x_0) = k_0$$

因此综合起来就是式（11-121）：

$$\begin{cases} z_3 = f(-x_0) = 0 \\ z_3 = f(x_0) = 0 \\ z'_3 = f'(-x_0) = -k_0 \\ z'_3 = f'(x_0) = k_0 \end{cases} \tag{11-121}$$

将式（11-121）展开得：

$$\begin{cases} z_3 = f(-x_0) = ax_0^2 - bx_0 + c = 0 \\ z_3 = f(x_0) = ax_0^2 + bx_0 + c = 0 \\ z'_3 = f'(-x_0) = (ax_3^2 + bx_3 + c)' = 2ax_3 + b = -2ax_0 + b = -k_0 \\ z' = f'(x_0) = (ax_3^2 + bx_3 + c)' = 2ax_3 + b = 2ax_0 + b = k_0 \end{cases} \tag{11-122}$$

即

$$\begin{cases} ax_0^2 - bx_0 + c = 0 \\ ax_0^2 + bx_0 + c = 0 \\ -2ax_0 + b = -k_0 \\ 2ax_0 + b = k_0 \end{cases} \tag{11-123}$$

由式（11-123）得：

$$\begin{cases} a = \dfrac{k_0}{2x_0} \\ b = 0 \\ c = -\dfrac{k_0 x_0}{2} \end{cases} \tag{11-124}$$

将式（11-124）代入 $z = f(x) = ax^2 + bx + c$ 得：

$$z_3 = f(x) = \frac{k_0}{2x_0}x_3^2 - \frac{k_0 x_0}{2} \tag{11-125}$$

在表达式中，k_0 与在该圆柱面的半径以及该螺旋曲线的升角 θ 有关，故 k_0 的值可以通过下式求出：

$$k_0 = \tan\theta = \frac{h}{2\pi r/2U} = \frac{hU}{\pi r} \tag{11-126}$$

$$\tan\theta = \frac{h}{\widehat{S}_W} = \frac{hU}{\pi r} \tag{11-127}$$

x_0 与修形的波底高 h_1 有关，对于螺旋线上的点来说，各点的斜率大小相等，展开后，该螺旋线组成了一条直线，因此由 $k_0 = h_1/x_0$ 可以得出

$$x_0 = \frac{h_1}{k_0} \tag{11-128}$$

式中　h_1——磨头端面凸轮波底修形部分所对应的波高。

该坐标系的设定方法是：将空间的三维坐标系按照一定的方法转化为一个二维的坐标系。实际上，很容易看出：变换到三维中，x_3 相当于三维坐标系中 $O\text{-}x,y,z$ 中的坐标与 y

坐标的矢量和，因此，曲面方程可以描述为：

$$z_3 = f(x) = \frac{k_0}{2x_0}(r \cdot \Delta\varphi_W)^2 - \frac{k_0 x_0}{2} \tag{11-129}$$

式中　$\Delta\varphi_W$——磨头端面凸轮相对于波底位置的转角。

式（11-129）的推导过程如下：

$$z_3 = f(x) = \frac{k_0}{2x_0}x_3^2 - \frac{k_0 x_0}{2} \tag{11-130}$$

式（11-129）是由式（11-125）而来。其中 $x_3 = r \cdot \Delta\varphi_W$。

式（11-125）中，自变量是 x_3，因变量是 z_3。式（11-125）虽然是一个二维的公式，但是表示的是三维曲线。这个公式是三维坐标转化成二维而来的。

很容易看出：变换到三维中，x_3 相当于三维坐标系中 $O\text{-}x,y,z$ 中的 x 坐标与 y 坐标的矢量和。

以图 11-11 为例子说明一下，x 坐标与 y 坐标的矢量和是 $\vec{OP}$，$\vec{OP} = \vec{x} + \vec{y}$。弧长 $\overset{\frown}{M_0P}$ 为：

$$\overset{\frown}{M_0P} = \vec{OP} \cdot \varphi \tag{11-131}$$

因为是螺旋线，转动这个弧长，z 轴就要升高一段距离。而在二维公式里，这个弧长是自变量，z 的升高是因变量。

所以式（11-125）就变成了式（11-129）。

将式（11-126）、式（11-128）代入式（11-129）中，可得出式（11-132）：

$$\begin{aligned} z_3 &= f(x) = \frac{k_0}{2x_0}(r \cdot \Delta\varphi_W)^2 - \frac{k_0 x_0}{2} \\ &= \frac{h^2U^2}{2\pi^2 h_1}(\Delta\varphi_W)^2 - \frac{h_1}{2} \end{aligned} \tag{11-132}$$

将其转化到前述中规定的 $O\text{-}x,y,z$ 坐标系中，则式（11-132）变为

$$z = \frac{h^2U^2}{2\pi^2 h_1}(\varphi - 2n\psi)^2 + \frac{h_1}{2} \tag{11-133}$$

式（11-133）的推导过程如下：

对比式（11-132）和式（11-133）得出 $\Delta\varphi_W = \varphi - 2n\psi$。

如前所述，磨头端面凸轮的右旋螺旋曲面方程为

$$\begin{cases} x = r\cos\varphi \\ y = r\sin\varphi \\ z = \dfrac{hU}{\pi}(\varphi - 2n\psi) \\ R_1 \leqslant r \leqslant R_2 \end{cases} \tag{11-134}$$

$$\left(n = 0, 1, 2, \cdots, U-1;\ \psi = \frac{\pi}{U};\ 0 \leqslant \varphi - 2n\psi \leqslant \psi\right)$$

前面已经讲过，一个波有两个面，一个是上坡、一个是下坡，如图 11-17 所示。图中 2 个波 4 个坡。标识 0、2 是上坡，标识 1、3 是下坡。x 轴在坡底。

波修形就是在上坡和下坡的交界处进行圆滑处理。例如 0、1 交界，2、3 交界。

从图 11-25 看出，波底修形的圆滑处，不分左右旋，它只是一段圆滑的曲线，是三角形 $-x_0x_0O_2$ 围成的小块区域。这块小区域所对应的圆心角为 $\Delta\varphi$。

第一个波底修形：

第一个波从 x 轴开始的，x 轴是起点位置。从 x 轴开始旋转 φ 角，到修形的终点位置 x_0。所以，$\Delta\varphi = \varphi$。将其代入式（11-132），得出 $\Delta\varphi$ 对应的高度 O_3C_1。

$$z_3 = \frac{h^2U^2}{2\pi^2h_1}(\Delta\varphi)^2 - \frac{h_1}{2} \tag{11-135}$$

而整波的高度是 O_3O_2。

图 11-26 所示波底修形的坐标系是 $x_3O_3z_3$，从这个坐标系来看，实质上，波底修形的高度起点是在 x_3 轴，但是波形是下弯曲的态势。O_3C_1 是修形波的高度，但是转换到 $x_2O_2y_2$ 坐标系中，$h_1 + O_3C_1$ 才是真正的坐标系中的整波高度，也就是在坐标系 $x_2O_2z_2$ 中的整波高度是 O_2C_1。

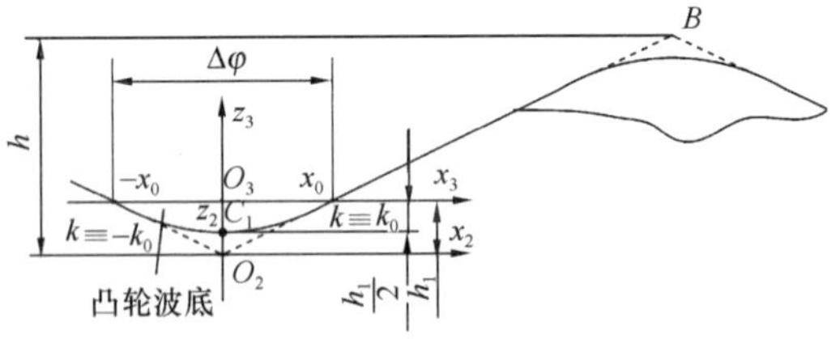

图 11-25 波底修形过程分析

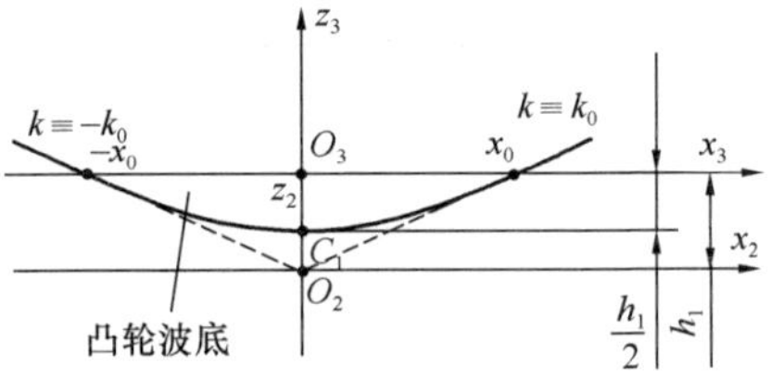

图 11-26 波底修形展开图

因为波形是下弯曲的态势，所以波的修形高度 O_3C_1 是个负值，因为弯曲的方向与 z_2 的正方向是相反的。

所以
$$O_2C_1 = O_2O_3 + O_3C_1$$

所以
$$z = \frac{h^2U^2}{2\pi^2h_1}(\Delta\varphi)^2 - \frac{h_1}{2} + h_1 = \frac{h^2U^2}{2\pi^2h_1}(\Delta\varphi)^2 + \frac{h_1}{2} \tag{11-136}$$

第二个波底修形：

如图 11-27 所示，第一个波是从 x 轴开始的，第一个波和第二个波之间在圆心角上相差 $2\pi/U$，也就是一个整波的圆心角。半个波的圆心角为 π/U。也就是说，φ 从 x 轴开始转到第二个波底修形的终止点 x_0 位置，需要减去第一个整波的圆心角 $2\pi/U$，最后剩下波修形处所对应的圆心角 $\Delta\varphi$。

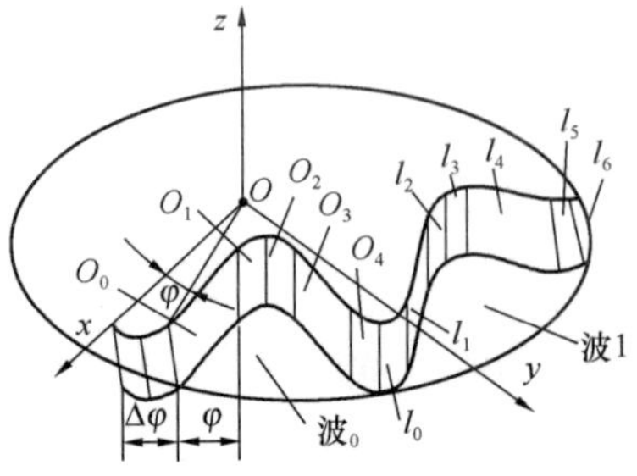

图 11-27 波底修形过程分析

$$\Delta\varphi = \varphi - 2\psi$$

第二个波修形处 $\Delta\varphi$ 所对应的高度为 O_3C_1。将其代入式（11-132）。

得出

$$z_3 = \frac{h^2U^2}{2\pi^2h_1}(\varphi - 2\psi)^2 - \frac{h_1}{2} \tag{11-137}$$

所以 $$O_2C_1 = O_2O_3 + O_3C_1$$

所以

$$z_1 = \frac{h^2U^2}{2\pi^2 h_1}(\varphi - 2\psi)^2 - \frac{h_1}{2} + h_1 = \frac{h^2U^2}{2\pi^2 h_1}(\varphi - 2\psi)^2 + \frac{h_1}{2} \tag{11-138}$$

将其转化到前述中规定的 $O\text{-}x,y,z$ 坐标系中，则式（11-138）变为

$$z = \frac{h^2U^2}{2\pi^2 h_1}(\varphi - 2n\psi)^2 + \frac{h_1}{2} \tag{11-139}$$

将第一波和第二波的公式综合起来：

$$\begin{cases} z = \dfrac{h^2U^2}{2\pi^2 h_1}(\varphi - 2n\psi)^2 + \dfrac{h_1}{2} \\ n = 0,\ 1,2,\cdots,U-1;\ \psi = \dfrac{\pi}{U};\ 0 \leqslant \varphi - 2n\psi \leqslant \psi;\ \dfrac{h_1}{2} < z_1 < h_1 \end{cases} \tag{11-140}$$

$n=0$，1，2，…，$U-1$ 中 n 是波数。$n=0$ 时是第一波，因为第一波的起点是 x 轴，因此 $n=1$ 是第二个波。因为第一个波标号是 0，所以 $n=U-1$。如图 11-25 所示。

因为 $O_2O_3 - O_2C_1 = O_3C_1$，所以 $O_2C_1 < O_3C_1 < O_2O_3$，即 $\dfrac{h_1}{2} < z_1 < h_1$。

可以得出磨头端面凸轮波底修形曲面的表达式为：

$$\begin{cases} x = r\cos\varphi \\ y = r\sin\varphi \\ z = \dfrac{h^2U^2}{2\pi^2 h_1}(\varphi - 2n\psi)^2 + \dfrac{h_1}{2} \\ R_1 \leqslant r \leqslant R_2 \end{cases} \tag{11-141}$$

$$\left(n = 0,\ 1,2,\cdots,U-1;\ \psi = \frac{\pi}{U};\ 0 \leqslant \varphi - 2n\psi \leqslant \psi;\ \frac{h_1}{2} < z_1 < h_1\right)$$

式中　h_1——磨头端面凸轮波底修形部分所对应的波高。

综上所述，如图 11-28 所示，磨头端面凸轮修形后的曲面方程由以下四个部分组成。

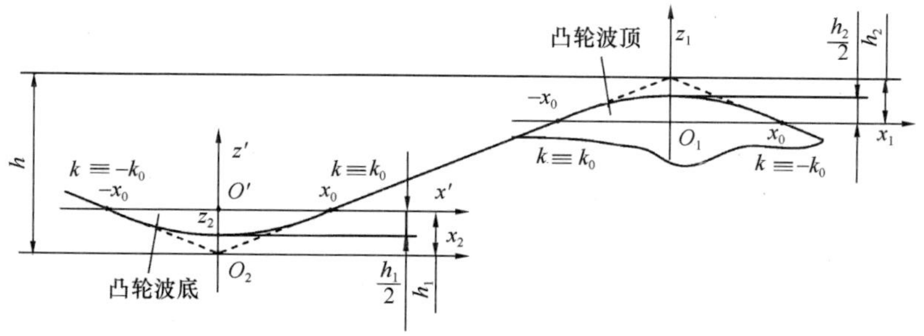

图 11-28　凸轮波底、波顶修形之后展开图

(1) 磨头端面凸轮波顶修形曲面的表达式为

$$\begin{cases} x = r\cos\varphi \\ y = r\sin\varphi \\ z = \dfrac{h^2U^2}{2\pi^2 h_2}(\varphi - \psi - 2n\psi)^2 + h - \dfrac{h_2}{2} \\ R_1 \leqslant r \leqslant R_2 \end{cases} \tag{11-142}$$

$$\left(n = 0,\ 1,2,\cdots,U-1;\ \psi = \frac{\pi}{U};\ 0 \leqslant \varphi - \psi - 2n\psi \leqslant \psi;\ h - h_2 < z_1 < h - \frac{h_2}{2}\right)$$

式中 h_2——磨头端面凸轮波顶修形部分所对应的齿高。

(2) 磨头端面凸轮波底修形曲面的表达式

$$\begin{cases} x = r\cos\varphi \\ y = r\sin\varphi \\ z = \dfrac{h^2U^2}{2\pi^2 h_1}(\varphi - 2n\psi)^2 + \dfrac{h_1}{2} \\ R_1 \leqslant r \leqslant R_2 \end{cases} \tag{11-143}$$

$$\left(n = 0,\ 1,2,\cdots,U-1;\ \psi = \frac{\pi}{U};\ 0 \leqslant \varphi - 2n\psi \leqslant \psi;\ \frac{h_1}{2} < z_1 < h_1\right)$$

式中 h_1——波发生器端面凸轮齿底修形部分所对应的齿高。

(3) 磨头端面凸轮未修形段右旋螺旋面的表达式为

$$\begin{cases} x = r\cos\varphi \\ y = r\sin\varphi \\ z = \dfrac{hU}{\pi}(\varphi - 2n\psi) \\ R_1 \leqslant r \leqslant R_2 \end{cases} \tag{11-144}$$

$$\left(n = 0,\ 1,2,\cdots,U-1;\ \psi = \frac{\pi}{U};\ 0 \leqslant \varphi - 2n\psi \leqslant \psi;\ h_1 < z_1 < h - h_2\right)$$

(4) 波发生器端面凸轮未修形段左旋螺旋面的表达式为

$$\begin{cases} x = r\cos\varphi \\ y = r\sin\varphi \\ z = \dfrac{hU}{\pi}(2n\psi - \varphi) \\ R_1 \leqslant r \leqslant R_2 \end{cases} \tag{11-145}$$

$$\left(n = 0,\ 1,2,\cdots,U-1;\ \psi = \frac{\pi}{U};\ 0 \leqslant 2n\psi - \varphi \leqslant \psi;\ h_1 < z_1 < h - h_2\right)$$

在不同半径 r 的圆柱面上，x_0、k_0（即 $\tan\theta$）是不同的，但是，$z=f(x)$ 呈现了与半径 r 无关的特性。这些等高的（在相同的转角下）抛物线组成了一个曲面。该曲面在转角相同的情况下，在不同的半径上，在 z 方向是等高的。

综上所述，磨头端面凸轮修形后的曲面方程由以上四个部分组成，在球形滚轮内端（与磨头端面凸轮啮合的一端）不修形时，滚轮及摆动杆运动的位移 z、速度 z'、加速度 z''，如图 11-29所示。由图中可以看出，滚轮及摆动杆做往复直线运动的速度连续逐渐变化，避免了刚性冲击；加速度被限制在了一个很小的范围内，避免了受力过大的情况。

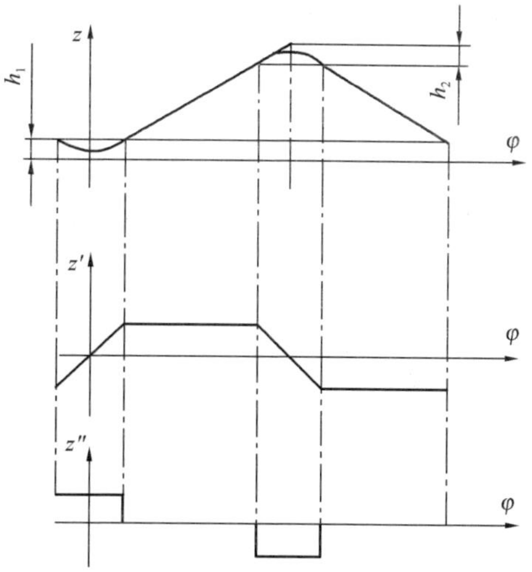

图 11-29　凸轮波底、波顶修形后球形滚轮的位移、速度、加速度示意图

11.6.6　磨头凸轮波底、波顶螺旋面与左旋、右旋螺旋面衔接方程

从图 11-17 可知，磨头端面凸轮的曲面为对称曲面，以凸轮波数为 2 的磨头凸轮为例，只要构建端面凸轮齿面的四分之一，再通过镜像变换等方式建模，便可构建端面凸轮完整的曲面。

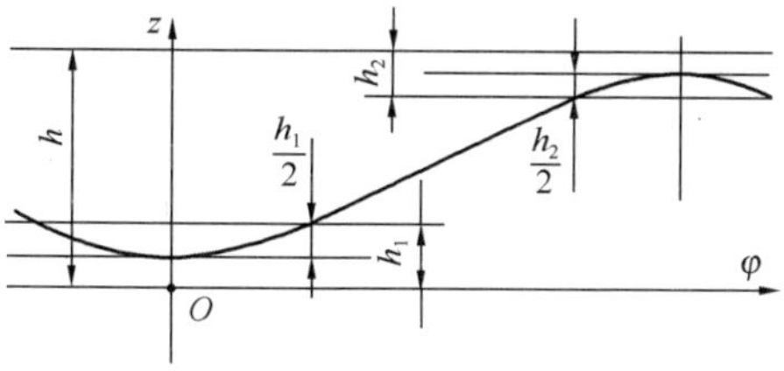

图 11-30　凸轮修形后四分之一波形展开示意图（以 2 波为例）

然而，对于图 11-28 所示的修形后的端面凸轮，尽管其曲面也是对称曲面，但其曲面的四分之一部分由波底修形曲面的一半、左（右）旋螺旋曲面和波顶修形曲面的一半构成，而且这三部分之间必须光滑连接。因此，需要对这三部分曲面建立统一的坐标系，如图 11-30 所示。

在图 11-30 所示的坐标系中，端面凸轮四分之一曲面的分段函数参数方程为：

$$\begin{cases} x = r\cos\varphi\left[0 \leqslant \varphi \leqslant \dfrac{\pi}{U}\right] \\ y = r\sin\varphi\left[0 \leqslant \varphi \leqslant \dfrac{\pi}{U}\right] \\ z = \dfrac{h^2U^2}{2\pi^2 h_1}\varphi^2 + \dfrac{h_1}{2}[0 \leqslant \varphi \leqslant \varphi_1] \\ z = \dfrac{hU}{\pi}\varphi[\varphi_1 \leqslant \varphi \leqslant \varphi_2] \\ z = -\dfrac{h^2U^2}{2\pi^2 h_2}\left(\varphi - \dfrac{\pi}{U}\right)^2 + h - \dfrac{h_2}{2}\left[\varphi_2 \leqslant \varphi \leqslant \dfrac{\pi}{U}\right] \\ R_1 \leqslant r \leqslant R_2 \end{cases} \tag{11-146}$$

将式（11-146）分解得出：

从 x 轴 O 起点开始的右旋螺旋线的方程是：

$$\begin{cases} x = r\cos\varphi & \left[0 \leqslant \varphi \leqslant \dfrac{\pi}{U}\right] \\ y = r\sin\varphi & \left[0 \leqslant \varphi \leqslant \dfrac{\pi}{U}\right] \\ z = \dfrac{hU}{\pi}\varphi & [\varphi_1 \leqslant \varphi \leqslant \varphi_2] \\ R_1 \leqslant r \leqslant R_2 \end{cases} \tag{11-147}$$

波顶修形方程：

$$\begin{cases} x = r\cos\varphi & \left[0 \leqslant \varphi \leqslant \dfrac{\pi}{U}\right] \\ y = r\sin\varphi & \left[0 \leqslant \varphi \leqslant \dfrac{\pi}{U}\right] \\ z = \dfrac{h^2U^2}{2\pi^2 h_2}(\varphi - \psi)^2 + h - \dfrac{h_2}{2} & \left[\varphi_2 \leqslant \varphi \leqslant \dfrac{\pi}{U}\right] \\ R_1 < r < R_2 \end{cases} \tag{11-148}$$

波底修形方程：

$$\begin{cases} x = r\cos\varphi & \left[0 \leqslant \varphi \leqslant \dfrac{\pi}{U}\right] \\ y = r\sin\varphi & \left[0 \leqslant \varphi \leqslant \dfrac{\pi}{U}\right] \\ z = \dfrac{h^2U^2}{2\pi^2 h_1}(\varphi)^2 + \dfrac{h_1}{2} & [0 \leqslant \varphi \leqslant \varphi_1] \\ R_1 \leqslant r \leqslant R_2 \end{cases} \tag{11-149}$$

式中　φ_1 ——端面凸轮齿底修形段与未修形段切点处的转角（rad）；

φ_2 ——端面凸轮未修形段与齿顶修形段切点处的转角（rad）。

根据相邻曲面的连续条件，在两曲面相接处，其 z 坐标必须相等，因此当 $\varphi = \varphi_1$ 时，令式（11-146）中的第三式和第四式 z 相等，即可求出 φ_1。

式（11-146 ）中的第三式和第四式 z，即式（11-147）、式（11-149）中的 z 如下：

$$\begin{cases} z = \dfrac{h^2U^2}{2\pi^2 h_1}\varphi^2 + \dfrac{h_1}{2} \quad [0 \leqslant \varphi \leqslant \varphi_1]\text{，（第三式）齿底修形} \\ z = \dfrac{hU}{\pi}\varphi \quad [\varphi_1 \leqslant \varphi \leqslant \varphi_2]\text{，（第四式）右旋段} \end{cases} \tag{11-150}$$

因为 $\varphi = \varphi_1$，代入上式中得：

$$\begin{cases} z = \dfrac{h^2U^2}{2\pi^2 h_1}\varphi_1^2 + \dfrac{h_1}{2} & [0 \leqslant \varphi \leqslant \varphi_1] \\ z = \dfrac{hU}{\pi}\varphi_1 & [\varphi_1 \leqslant \varphi \leqslant \varphi_2] \end{cases} \tag{11-151}$$

计算后得出：

$$\frac{h^2U^2}{2\pi^2 h_1}\varphi_1^2 - \frac{hU}{\pi}\varphi_1 + \frac{h_1}{2} = 0 \tag{11-152}$$

令

$$\begin{cases} a = \dfrac{h^2U^2}{2\pi^2 h_1} \\ b = \dfrac{hU}{\pi} \\ c = \dfrac{h_1}{2} \end{cases}$$

代入式（11-152）得

$$a\varphi_1^2 + b\varphi_1 + c = 0 \tag{11-153}$$

根据公式　$ax^2 + bx + c = 0$

其根为：$\begin{cases} x_1 = \dfrac{-b+\sqrt{b^2-4ac}}{2a} \\ x_2 = \dfrac{-b-\sqrt{b^2-4ac}}{2a} \end{cases}$ 所以 $\begin{cases} \varphi_1 = \dfrac{-b+\sqrt{b^2-4ac}}{2a} \\ \varphi_2 = \dfrac{-b-\sqrt{b^2-4ac}}{2a} \end{cases}$

为此将 $\begin{cases} a = \dfrac{h^2U^2}{2\pi^2 h_1} \\ b = -\dfrac{hU}{\pi} \\ c = \dfrac{h_1}{2} \end{cases}$ 代入上式得：$\begin{cases} 2a = \dfrac{h^2U^2}{\pi^2 h_1} \\ 4ac = \dfrac{h^2U^2}{\pi^2} \\ b^2 = \dfrac{h^2U^2}{\pi^2} \end{cases}$

得出式（11-153）的根：$\varphi_1 = \dfrac{\pi h_1}{hU}$

特别注意：式中 π 是指 180°，不是 3.14……。

同理，当 $\varphi = \varphi_2$ 时，令式（11-146）中的第四式和第五式中 z 相等，即式（11-147）、式（11-148）中 z 相等，可求出 φ_2。

$$\begin{cases} z = \dfrac{hU}{\pi}\varphi \quad [\varphi_1 \leqslant \varphi \leqslant \varphi_2]，\text{（第四式）右旋段} \\ z = \dfrac{h^2U^2}{2\pi^2 h_2}(\varphi-\psi)^2 + h - \dfrac{h_2}{2} \quad [\varphi_2 \leqslant \varphi \leqslant \psi]，\text{（第五式）波顶修形} \end{cases} \tag{11-154}$$

因为 $\varphi = \varphi_2$，代入上式得出：

$$\begin{cases} z = \dfrac{hU}{\pi}\varphi_2 \quad [\varphi_1 \leqslant \varphi \leqslant \varphi_2] \\ z = \dfrac{h^2U^2}{2\pi^2 h_2}\left(\varphi_2 - \dfrac{\pi}{U}\right)^2 + h - \dfrac{h_2}{2} \quad [\varphi_2 \leqslant \varphi \leqslant \psi] \end{cases} \tag{11-155}$$

计算后得出：

$$\frac{h^2U^2}{2\pi^2 h_2}\varphi_2^2 + \left(\frac{hU}{\pi} - \frac{h^2U}{\pi h_2}\right)\varphi_2 + \frac{h^2}{2h_2} - h + \frac{h_2}{2} = 0 \tag{11-156}$$

令：

$$\begin{cases} a = \dfrac{h^2U^2}{2\pi^2 h_2} \\ b = \dfrac{hU}{\pi} - \dfrac{h^2U}{\pi h_2} \\ c = \dfrac{h^2}{2h_2} - h + \dfrac{h_2}{2} \end{cases}$$

得出：

$$a\varphi_2^2 + b\varphi_2 + c = 0$$

根据公式

$$ax^2 + bx + c = 0$$

其根为：$\begin{cases} x_1 = \dfrac{-b+\sqrt{b^2-4ac}}{2a} \\ x_2 = \dfrac{-b-\sqrt{b^2-4ac}}{2a} \end{cases}$ 所以：$\begin{cases} \varphi_1 = \dfrac{-b+\sqrt{b^2-4ac}}{2a} \\ \varphi_2 = \dfrac{-b-\sqrt{b^2-4ac}}{2a} \end{cases}$

将 $\begin{cases} 2a = \dfrac{h^2U^2}{\pi^2 h_2} \\ b^2 = \dfrac{h^2U^2}{\pi^2} + \dfrac{h^4U^2}{\pi^2 h_2^2} - 2\dfrac{h^3U^2}{\pi^2 h_2} \\ 4ac = \dfrac{h^4U^2}{\pi^2 h_2^2} - \dfrac{2h^3U^2}{\pi^2 h_2} + \dfrac{h^2U^2}{\pi^2} \end{cases}$

代入上式得出：$\varphi_2 = \dfrac{\pi}{U} - \dfrac{\pi h_2}{hU}$

11.7 磨头凸轮三维软件建模方法

软件建模的总思想：从前面分析可知，磨头端面凸轮的曲面为对称曲面，只要构建半个波底曲面、整个右旋螺旋曲面、半个波顶曲面，由这三个部分组成的曲面，如图 11-28 所示，再通过镜像变换等方式建模，便可构建端面凸轮完整的曲面。以凸轮波数为 2 的磨头凸轮为例，只要构建端面凸轮齿面的四分之一，再通过镜像变换等方式建模，便可构建端面凸轮完整的曲面。

本书采用 CAXA 3D 2015 版软件建立磨头凸轮的三维模型。以 268 磨头的实际数据为基础进行建立。

268 磨头端面凸轮内轮廓的半径 $R_1=126.5$mm，外轮廓的半径 $R_2=136.5$mm；波数（螺旋面头数）$U=3$；端面凸轮理论曲面的高度 $h=30.7797$mm；端面凸轮波底的修形高度 $h_1=4.0795$mm，波顶的修形高度 $h_2=1.8131$mm。

特别注意：端面凸轮理论曲面的高度 h 是指凸轮的曲面在波底和波顶没有修形之前的高度。波底和波顶修形高度是指波底和波顶修形之后得到的高度。参考图 11-28 理解这个问题。

11.7.1 磨头凸轮未修形段、波底修形段、波顶修形段衔接转角

确定相邻接点处的对应转角 φ_1、φ_2。

根据前述的公式

$$\varphi_1 = \frac{\pi h_1}{hU} \quad \varphi_2 = \frac{\pi}{U} - \frac{\pi h_2}{hU} \tag{11-157}$$

特别注意：上面公式中的 π 是 180°，不是 3. 14……

将上面 268 磨头的已知条件代入得：

$$\varphi_1 = 7.952319° \qquad \varphi_2 = 56.465657°$$

特别解释：一个波对应着两个坡面——上坡面和下坡面。为了减少振动，对坡顶和坡底进行了修形。这样上坡面和下坡面就由原来的一条线变成了三段组成，底部是波底修形段，中间是直线上升段，顶部是波顶修形段。波的两个坡面是对称的。每个波的每个坡面都对应着一个中心角。一个圆周是 360°，一个波有两个坡。那么每个坡所对应的中心角为 360°/2U，其中 U 为波数。以 268 磨头 3 波的凸轮为例，计算每个坡面所对应的中心角为 360°/(2·3) = 60°。而每个坡，不管是上坡还是下坡都由三部分组成：波底、中间直线段、波顶。那么波底、中间直线段、波顶所对应的中心角又是多少呢？这就是上面公式计算的值，φ_1 是波底对应的中心角，φ_2 是中间直线段对应的中心角。这个地方要特别注意一点，在本书中，波底是 x 轴的起点位置，一切的中心转角的起点就是在这个 x 轴位置上。φ_1 角是 x 轴为起点旋转的角度。φ_2 角也是从 x 轴为起点旋转的角度。那么 φ_2 就包含着 φ_1。中间直线段对应的中心角应该是 $\varphi_2 - \varphi_1$ 。那么波顶对应的中心角怎么计算？用 360°/2U 减去 φ_2 值。以 268 磨头 3 波凸轮为例说明：波底对应中心角 φ_1 = 7. 952319°，中间直线段对应中心角 $\varphi_2 - \varphi_1$ = 56. 465657° - 7. 952319° = 48. 513338°，波顶对应的中心角 60° - φ_2 = 3. 534343°。

上述内容先做一个简单的解释，以帮助理解。后面绘图的过程中还会继续做深一步的解释和分析，一边看绘图步骤一边理解，可能会更好一些。

11. 7. 2　磨头凸轮波底修形段三维建模

为什么首先建立凸轮波底修形段的三维模型呢？因为波底在 X 轴的位置上，是起始段，所以先要建立起始段。就像盖楼一样，先盖好一层，然后逐层加盖。

建模步骤如下：

(1) 在草图的 X、Y 基准平面上绘制两条垂直的直线，并标注上 X、Y。然后单击“确定”。得到图 11-31 所示界面。

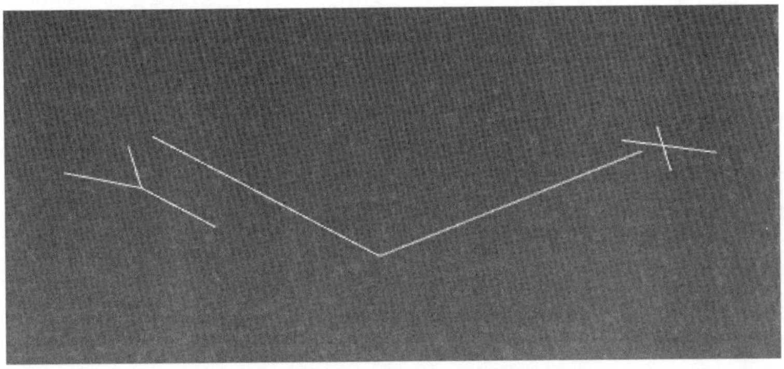

图 11-31　草图坐标绘制

（2）在菜单栏中选择“曲面”，然后单击里面的“公式曲线”，出现对话框。在出现的对话框中单击“编辑公式”，出现公式曲线列表。在里面选择“螺旋线”并出现对话框。接着修改里面的参数设置。如图 11-32、图 11-33 所示。

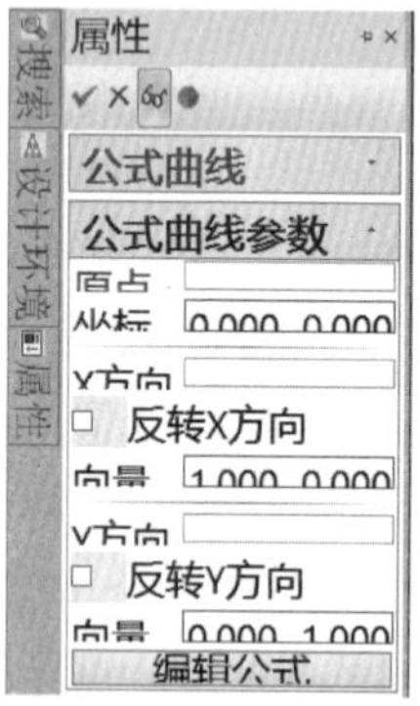

图 11-32　公式曲线下拉菜单栏（1）

图 11-33　螺旋线对话框（1）

各种参数设置如下（图 11-34）：

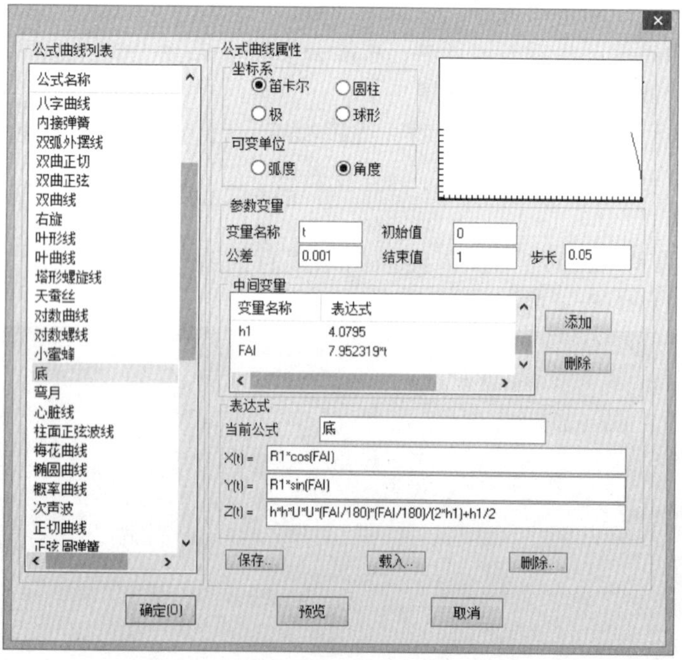

图 11-34　波底螺旋线对话框设置（1）

坐标系：笛卡尔；可变单位：角度；

参数变量：变量名称：t；公差：0.001；初始值：0；结束值：1；步长：0.05

中间变量：分别在“中间变量”中单击“添加”，依次添加：

$R_1 = 126.5$

$U = 3$

$h_1 = 4.0795$

$h = 30.7797$

FAI = 7.952319 * t

这些参数是 268 磨头前面已经给定的参数。

表达式：在“当前公式”一栏中输入：底

接着根据波底修形公式：

$$
\begin{cases}
x = r\cos\varphi & \left[0 \leqslant \varphi \leqslant \dfrac{\pi}{U}\right] \\
y = r\sin\varphi & \left[0 \leqslant \varphi \leqslant \dfrac{\pi}{U}\right] \\
z = \dfrac{h^2 U^2}{2\pi^2 h_1}(\varphi)^2 + \dfrac{h_1}{2} & [0 \leqslant \varphi \leqslant \varphi_1] \\
R_1 \leqslant r \leqslant R_2
\end{cases}
$$

分别在 X、Y、Z 中输入公式：

$X(t) = R_1 * \cos(FAI)$

$Y(t) = R_1 * \sin(FAI)$

$Z(t) = h * h * U * U * (FAI/180) * (FAI/180)/(2 * h_1) + h_1/2$

最后单击“保存”，然后关闭对话框。这样就将名称为“底”的曲线公式保存到公式曲线的列表中了。

（3）在菜单栏中选择“曲面”，然后单击里面的“公式曲线”，出现对话框。然后在图中首先单击早已经在 *XY* 平面中绘制好的 *X* 轴与 *Y* 轴的交点，拾取原点，接着单击平面中的 *X* 轴，接着单击 *Y* 轴。也就是平面标注 *X* 和 *Y* 两条直线。拾取之后会出现箭头（蓝色），箭头都应该是朝外的，如果是朝内的，单击参数栏中的“反向”，将方向调整一下。接着在出现的对话框中单击“编辑公式”，出现公式曲线列表。如图 11-34 所示，在左边曲线列表中出现了名称为“底”的曲线，然后选择它，出现了名称为“底”的曲线对话框，里面就是刚才设置的所有参数，单击“确定”。最后单击下拉对话框最左上角的小对号，也就是单击“确定”，曲线就绘制出来了。绘制完的波底修形线如图 11-35、图 11-36所示。

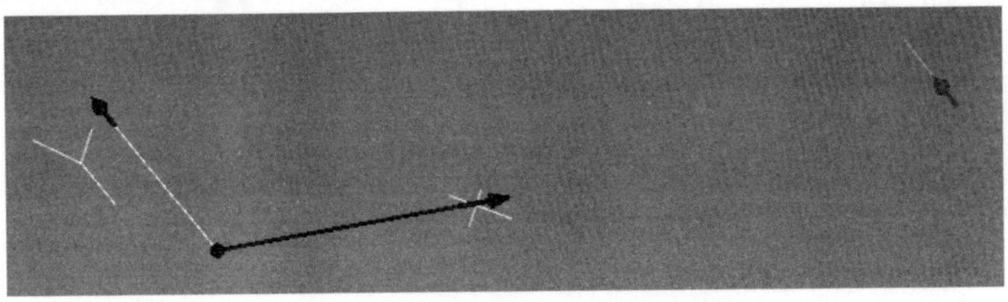

图 11-35　波底螺旋曲线绘制过程

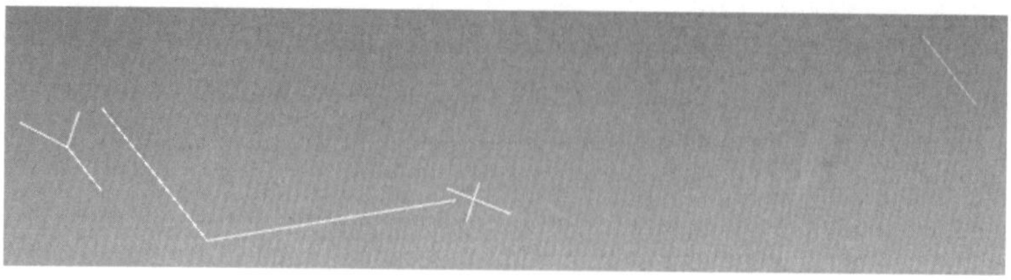

图 11-36　波底螺旋曲线（1）

（4）凸轮是圆筒形，有内孔径和外径。上面波底建模时，$R_1=126.5$，是建立凸轮内孔径上的波底修形线。还必须建立外径上的波底修形线，也就是 $R_2=136.5$。

在菜单栏中选择“曲面”，然后单击里面的“公式曲线”，出现对话框。然后在图中首先单击早已经在 XY 平面中绘制好的 X 轴与 Y 轴的交点，这是拾取原点，接着单击平面中的 X 轴，接着单击 Y 轴。也就是平面标注 X 和 Y 两条直线。拾取之后会出现箭头（蓝色），箭头都应该是朝外的，如果是朝内的，单击参数栏中的“反向”，将方向调整一下。接着在出现的对话框中单击“编辑公式”，出现公式曲线列表。如图 11-34 所示，在左边的曲线列表里面出现了名称叫“底”的曲线，然后选择它出现了名称叫“底”的曲线对话框。将“底”曲线对话框中的中间变量一栏中的 $R_1=126.5$ 删除掉，其他参数不变。如图 11-37所示，重新添加 $R_2=136.5$。将 X、Y、Z 公式中的 R_1 修改为 R_2。然后单击“保存”，再单击“确定”。曲线就绘制出来了。绘制完的波底修形线如图 11-38 所示。

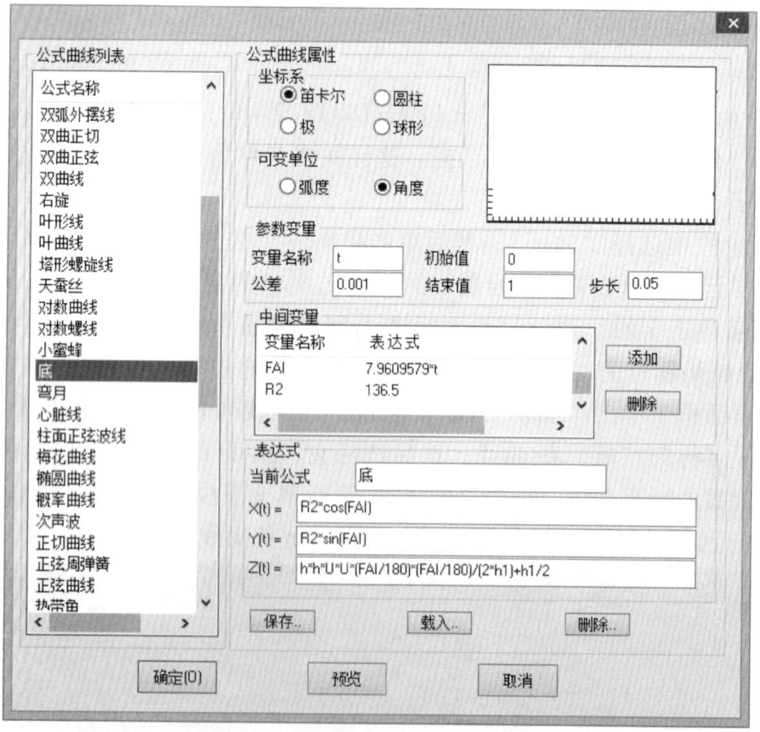

图 11-37　波底螺旋线对话框设置（2）

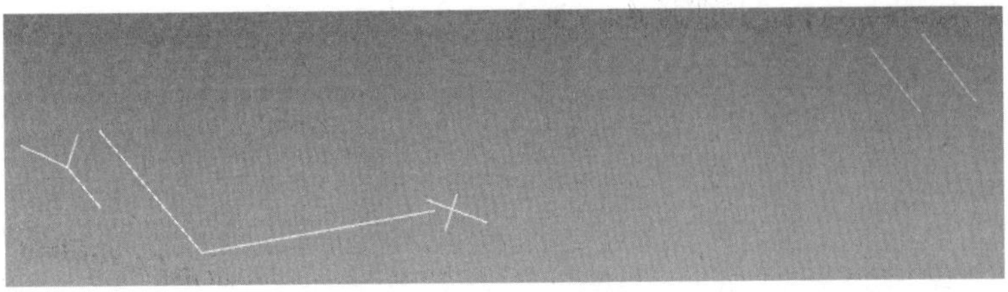

图 11-38　波底螺旋曲线（2）

$X(t) = R_2 * \cos(FAI)$

$Y(t) = R_2 * \sin(FAI)$

$Z(t) = h * h * U * U * (FAI/180) * (FAI/180)/(2 * h_1) + h_1/2$

11.7.3　磨头凸轮右旋直线段三维建模

在此首先说明：基准平面中的 *X*、*Y* 轴只绘制一次就可以了，后面所有的曲线建模都采用这个 *X*、*Y* 轴，无须重新绘制。下面的过程看似很像波底的过程，但里面的参数设置是不一样的，特别是曲线列表都需要重新建立和设置。所以设置方法都是从零开始的，这个过程并不是简单的重复。

（1）在菜单栏中选择“曲面”，然后单击里面的“公式曲线”，出现对话框。在出现的对话框中单击“编辑公式”，出现公式曲线列表。在里面选择“螺旋线”并出现对话框。接着修改里面的参数设置。如图 11-39、图 11-40 所示。

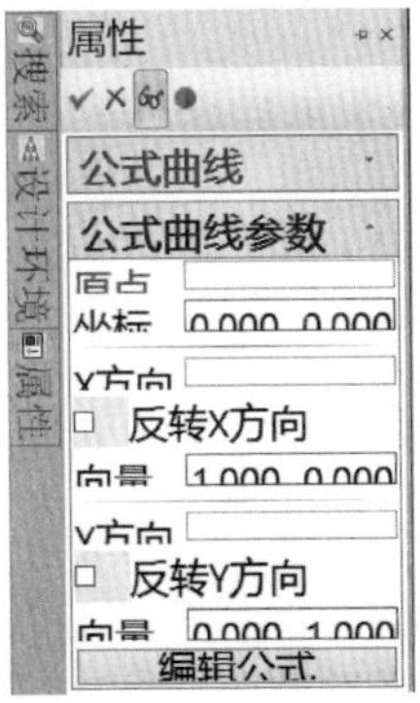

图 11-39　公式曲线下拉菜单栏（2）

图 11-40　螺旋线对话框（2）

各种参数设置如下（图 11-41）：

图 11-41　右旋螺旋线对话框设置（1）

坐标系：笛卡尔；可变单位：角度；

参数变量：变量名称：t；公差：0.001；初始值：0；结束值：1；步长：0.05

中间变量：分别在“中间变量”中单击“添加”，依次添加：

$R_1 = 126.5$

$U = 3$

$h = 30.7797$

$FAI = 7.952319 + 48.513338 * t$

这些参数是 268 磨头前面已经给定的参数。

前面解释过 $7.952319° + 48.513338° * t = 56.465657° = \varphi_2$。在此就不再详述。

表达式：在当前公式一栏中输入：右旋

接着根据右旋螺旋线公式：

$$\begin{cases} x = r\cos\varphi & \left[0 \leqslant \varphi \leqslant \dfrac{\pi}{U}\right] \\ y = r\sin\varphi & \left[0 \leqslant \varphi \leqslant \dfrac{\pi}{U}\right] \\ z = \dfrac{hU}{\pi}(\varphi) & [0 \leqslant \varphi \leqslant \varphi_2] \\ R_1 \leqslant r \leqslant R_2 \end{cases}$$

分别在 X、Y、Z 中输入公式：

$X(t) = R_1 * \cos(FAI)$

$Y(t) = R_1 * \sin(FAI)$

$Z(t) = h * U * FAI/180$

最后单击“保存”。然后关闭对话框。这样就将名称为“右旋”的曲线公式保存到公式曲线的列表中了。

（2）在菜单栏中选择“曲面”，然后单击里面的“公式曲线”，出现对话框。然后在图中首先单击早已经在 XY 平面中绘制好的 X 轴与 Y 轴的交点，拾取原点，接着单击平面中的 X 轴，接着单击 Y 轴。也就是平面标注 X 和 Y 两条直线。拾取之后会出现箭头（蓝色），箭头都应该是朝外的，如果是朝内的，单击参数栏中的“反向”，将方向调整一下。接着在出现的对话框中单击“编辑公式”，出现公式曲线列表。如图 11-41 所示，在左边的曲线列表中出现了名称为“右旋”的曲线，然后选择它，出现名称为“右旋”的曲线对话框，里面就是刚才设置的所有参数，单击“确定”。最后单击下拉对话框最左上角的小对号，也就是单击“确定”，曲线就绘制出来了。绘制完的右旋直线段如图 11-42、图 11-43 所示。

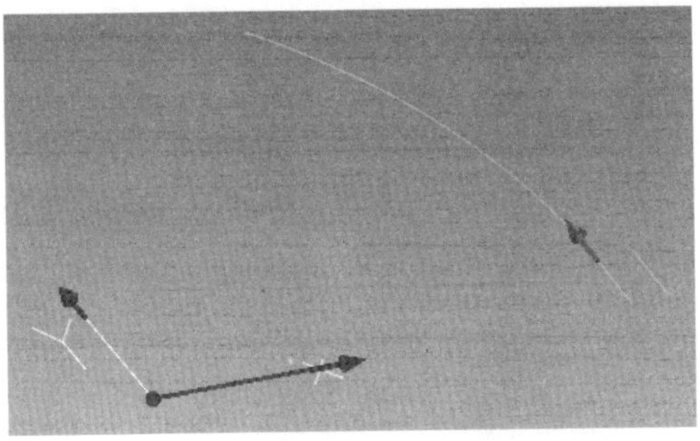

图 11-42　右旋螺旋曲线绘制过程

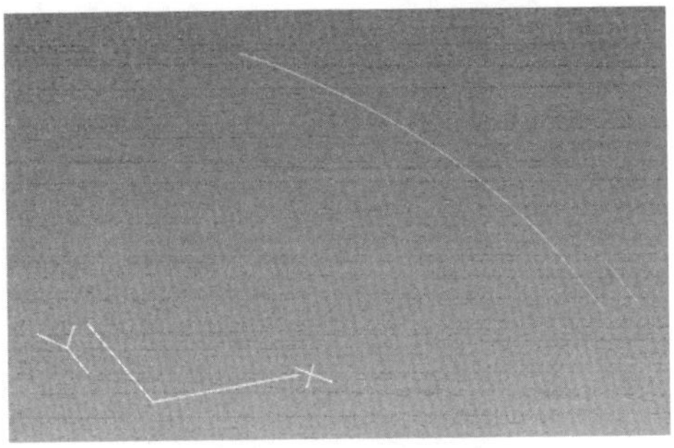

图 11-43　右旋螺旋曲线（1）

（3）凸轮是圆筒形，有内孔径和外径。上面波底建模时，$R_1 = 126.5$，是建立凸轮内孔径上的右旋直线段。还必须建立外径上的右旋直线段，也就是 $R_2 = 136.5$。

在菜单栏中选择“曲面”，然后单击里面的“公式曲线”，出现对话框。然后在图中首先单击早已经在 XY 平面中绘制好的 X 轴与 Y 轴的交点，拾取原点，接着单击平面中的 X 轴，接着单击 Y 轴。也就是平面标注 X 和 Y 两条直线。拾取之后会出现蓝色箭头，箭头都应该是朝外的，如果是朝内的，单击参数栏中的“反向”，将方向调整一下。接着在出现的对话框中单击“编辑公式”，出现公式曲线列表。如图 11-41 所示，在左边的曲线列表中出现了名称为“右旋”的曲线，然后选择它，出现了名称为“右旋”的曲线对话框。将“右旋”曲线对话框中的中间变量一栏中的“$R_1 = 126.5$”删除掉，其他参数不变，如图 11-44 所示。重新添加“$R_2 = 136.5$”。将 X、Y、Z 公式中的 R_1 修改为 R_2，然后单击“保存”，再单击“确定”，曲线就绘制出来了。绘制完的右旋直线段如图 11-45 所示。

$X(t) = R_2 * \cos(FAI)$

$Y(t) = R_2 * \sin(FAI)$

Z(t) = h * U * FAI/180

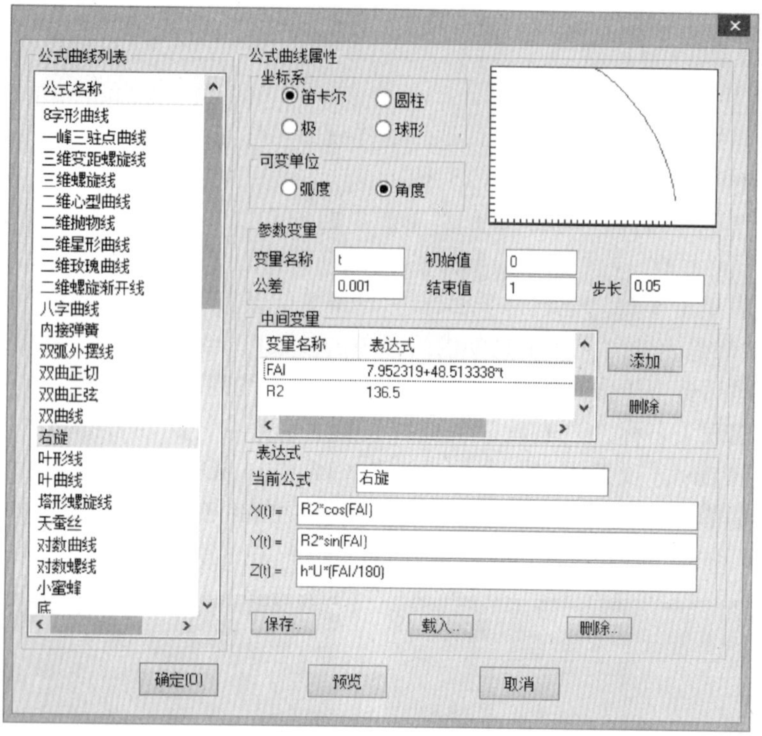

图 11-44　右旋螺旋线对话框设置（2）

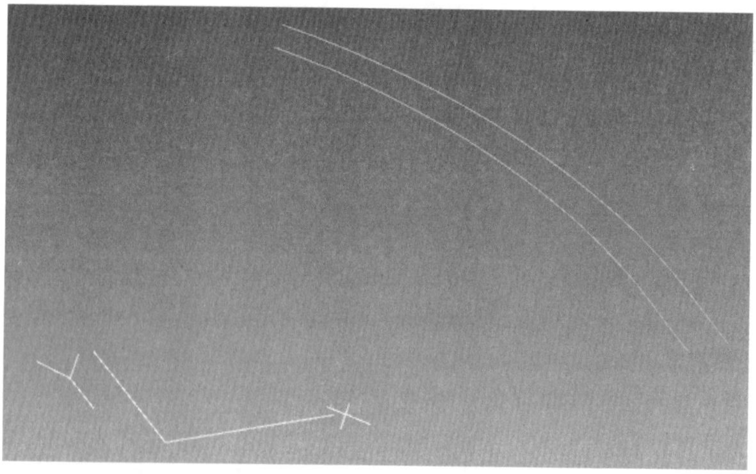

图 11-45　右旋螺旋曲线（2）

11.7.4　磨头凸轮波顶修形段三维建模

（1）在菜单栏中选择“曲面”，然后单击里面的“公式曲线”，出现对话框。在出现的对话框中单击“编辑公式”，出现公式曲线列表。在里面选择“螺旋线”并出现对话框。接着修改里面的参数设置，如图 11-46、图 11-47 所示。

各种参数设置如下（图 11-48）：

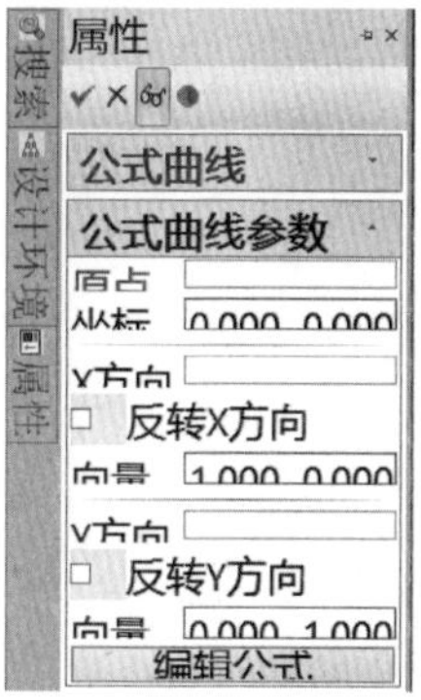

图 11-46　公式曲线下拉菜单栏（3）

图 11-47　螺旋线对话框（3）

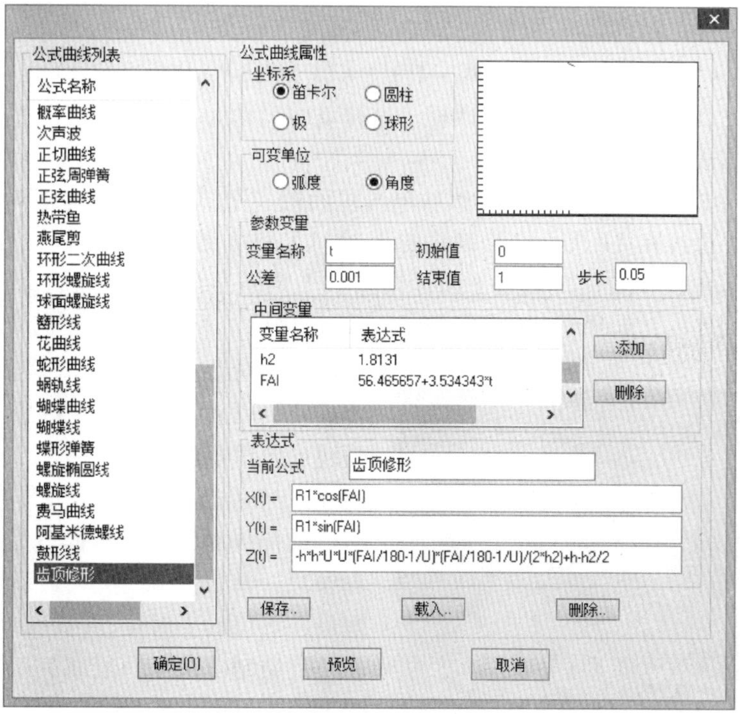

图 11-48　齿顶修形螺旋线对话框设置（1）

坐标系：笛卡尔；可变单位：角度；

参数变量：变量名称：t；公差：0.001；初始值：0；结束值：1；步长：0.05

中间变量：分别在“中间变量”中单击“添加”，依次添加：

$R_1 = 126.5$

U = 3

$h_2 = 1.8131$

h = 30.7797

FAI = 56.465657 + 3.534343 * t

这些参数是268磨头前面已经给定的参数。

前面解释过波顶的中心角56.465657° + 3.534343° * t = 60°，在此就不再详述。

表达式：在当前公式一栏中输入：齿顶修形

接着根据波顶修形公式：

$$\begin{cases} x = r\cos\varphi & \left[0 \leqslant \varphi \leqslant \dfrac{\pi}{U}\right] \\ y = r\sin\varphi & \left[0 \leqslant \varphi \leqslant \dfrac{\pi}{U}\right] \\ z = -\dfrac{h^2U^2}{2\pi^2 h_2}(\varphi - \psi)^2 + h - \dfrac{h_2}{2} & \left[\varphi_2 \leqslant \varphi \leqslant \dfrac{\pi}{U}\right] \\ R_1 \leqslant r \leqslant R_2 \end{cases}$$

分别在 *X*、*Y*、*Z* 中输入公式：

$X(t) = R_1 * \cos(FAI)$

$Y(t) = R_1 * \sin(FAI)$

$Z(t) = -h * h * U * U * (FAI/180 - 1/U) * (FAI/180 - 1/U)/(2 * h_2) + h - h_2/2$

最后单击“保存”。然后关闭对话框。这样就将名称为“齿顶修形”的曲线公式保存到公式曲线的列表中了。

（2）在菜单栏中选择“曲面”，然后单击里面的“公式曲线”，出现对话框。然后在图中首先单击早已经在 *XY* 平面中绘制好的 *X* 轴与 *Y* 轴的交点，拾取原点，接着单击平面中的 *X* 轴，接着单击 *Y* 轴。也就是平面标注 *X* 和 *Y* 两条直线。拾取之后会出现蓝色箭头，箭头都应该是朝外的，如果是朝内的，单击参数栏中的“反向”，将方向调整一下。接着在出现的对话框中单击“编辑公式”，出现公式曲线列表。如图11-48所示，在左边的曲线列表里面出现了名称为“齿顶修形”的曲线，然后选择它，出现名称为“齿顶修形”的曲线对话框，里面就是刚才设置的所有参数，单击“确定”。最后单击下拉对话框最左上角的小对号，也就是单击“确定”，曲线就绘制出来了。绘制完的波顶修形线如图11-49、图11-50所示。

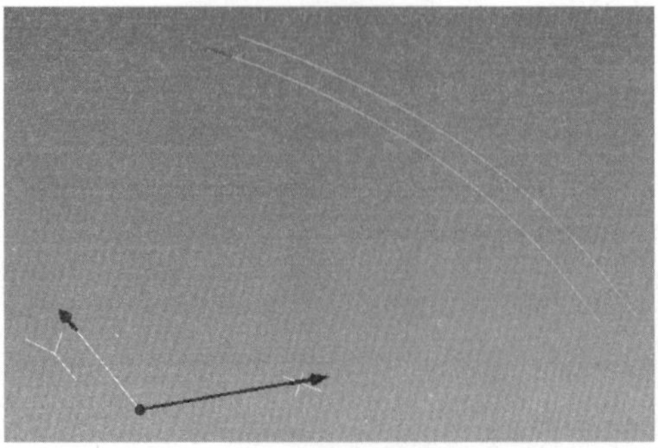

图11-49 齿顶修形螺旋曲线绘制过程

（3）凸轮是圆筒形，有内孔径和外径。

上面波底建模时，$R_1=126.5$，是建立凸轮内孔径上的波顶修形线。还必须建立外径上的波顶修形线，也就是 $R_2=136.5$。

在菜单栏中选择“曲面”，然后单击里面的“公式曲线”，出现对话框。然后在图中首先单击早已经在 XY 平面中绘制好的 X 轴与 Y 轴的交点，这是拾取原点，接着单击平面中的 X 轴，接着单击 Y 轴。也就是平面标注 X 和 Y 两条直线。拾取之后会出现蓝色箭头，箭头都应该是朝外的，如果是朝内的，单击参数栏中的“反向”，将方向调整一下。接着在出现的对话框中单击“编辑公式”，出现公式曲线列表。如图 11-48 所示，在左边的曲线列表里面出现了名称为“齿顶修形”的曲线，然后选择这个名称为“齿顶修形”的曲线，出现了名称为“齿顶修形”的曲线对话框。将“齿顶修形”曲线对话框中的中间变量一栏中的 $R_1=126.5$ 删除，其他参数不变，如图 11-51 所示，重新添加 $R_2=136.5$。将 X、Y、Z 公式中的 R_1 修改为 R_2。然后单击“保存”，再单击“确定”，曲线就绘制出来了。绘制完的波顶修形线如图 11-52 所示。

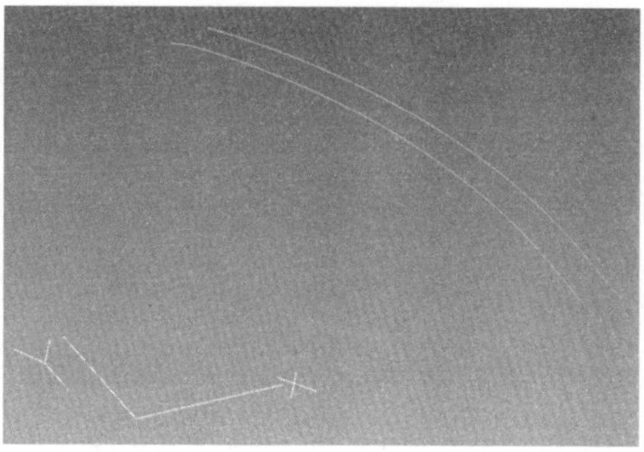

图 11-50 齿顶修形螺旋曲线（1）

$$X(t)=R_2*\cos(FAI)$$

$$Y(t)=R_2*\sin(FAI)$$

$$Z(t)=-h*h*U*U*(FAI/180-1/U)*(FAI/180-1/U)/(2*h_2)+h-h_2/2$$

图 11-51 齿顶修形螺旋线对话框设置（2）

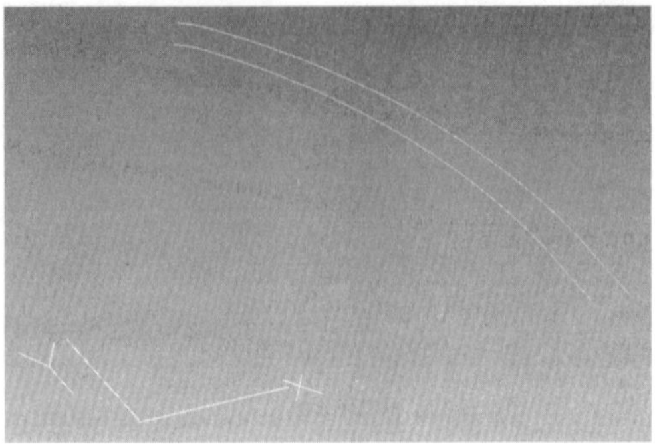

图 11-52　齿顶修形螺旋曲线（2）

11.7.5　绘出各段内、外轮廓螺旋线端点的连线

凸轮内外径的波底、右旋直线段、波顶螺旋线都已经绘制完成，接下来绘制出各段内、外轮廓螺旋线端点的连线，使其构成封闭曲面片边界。

其方法如下：

（1）左键单击要连接的曲线，曲线变成了蓝色，如图 11-53 所示。

（2）右键单击这条蓝色的曲线，出现菜单，选择“编辑”，如图 11-54 所示。

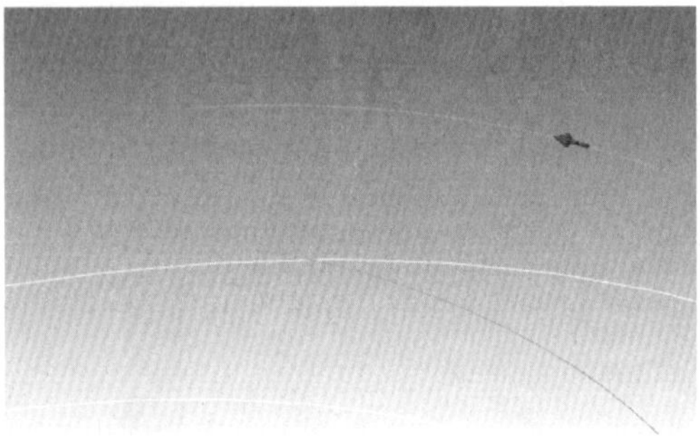

图 11-53　端点连线过程（1）

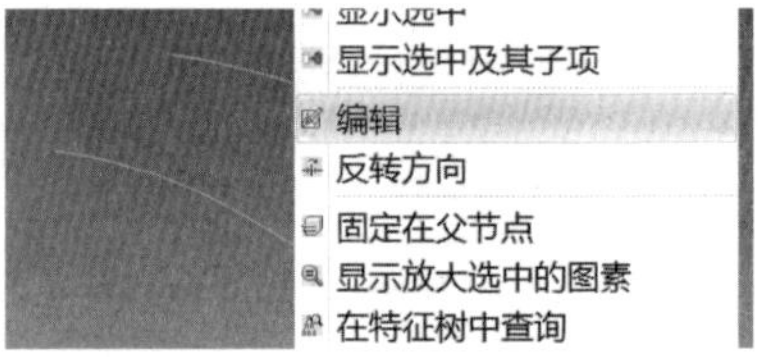

图 11-54　端点连线过程（2）

（3）左边出现一个对话框，图形变成了一个带点的蓝线。选择对话框中的直线，也就是插入直线。然后在图形中捕捉端点，如图 11-55 所示。

图 11-55　端点连线过程（3）

（4）鼠标指针直接放在要连接的点上，单击变成红色，拖动，如图 11-56 所示。将两条曲线的端点连接在一起，如图 11-57 所示。

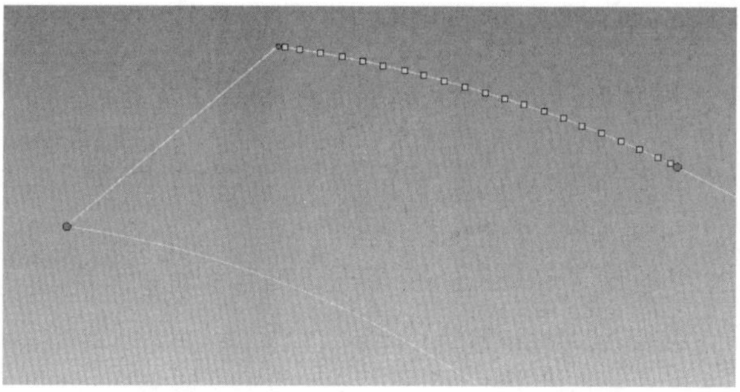

图 11-56　端点连线过程（4）

因为波顶、波底、右旋直线段螺旋曲线在建模时，分别是内外径的两条曲线，前后都是开口的，需要将每段前后开口用直线连接起来，形成封闭的边界。连接之后，整个坡就是三个独立的区域——波底区域、右旋直线段区域、波顶区域，如图 11-58 所示。

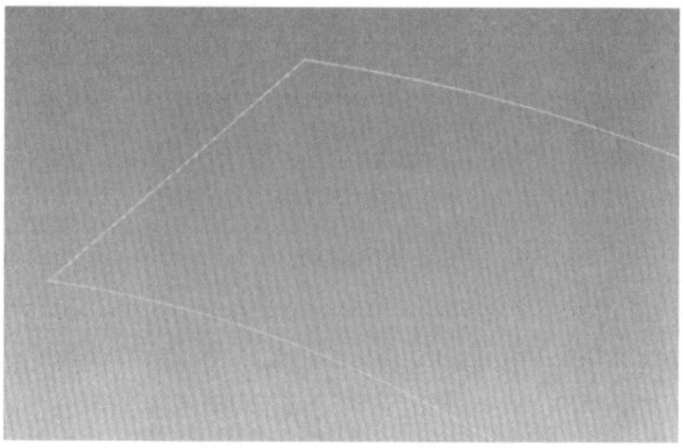

图 11-57　端点连线结果（1）

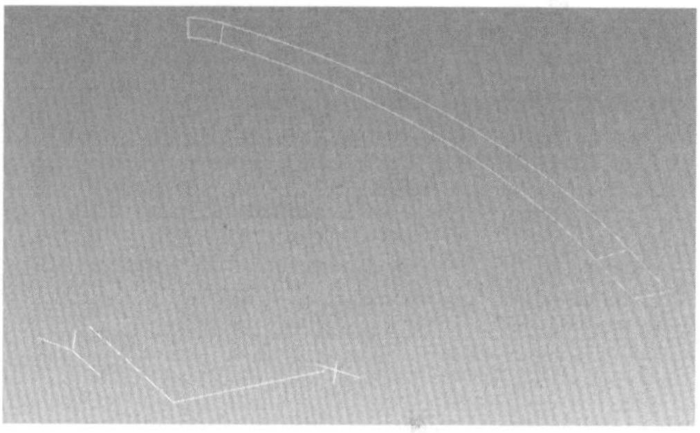

图 11-58　端点连线结果（2）

11.7.6　镜像曲线

特别解释：为什么要镜像曲线而不是曲面？因为在作图的过程中屡次失败，笔者得出一个规律：只要镜像曲面，最后布尔运算时会出现“不能插入形状零件中”的提示。为了解决这个问题，我们先不要做曲面，先把曲线进行镜像，当所有的曲线镜像之后，再将这些曲线连接成曲面，然后把这些曲线删掉，只留下曲面。最后将这些曲面合并在一起就可以了。合并曲面的时候，以此方法合并。比如第一次是相邻的两个曲面合并。合并之后，将两个曲面删除，剩下的就是合并好的曲面。接着将合并好的曲面再与它相邻的曲面合并，再删除这两个曲面，剩下合并后的曲面，以此类推，直到所有的曲面全部合并完整。

（1）按住 Shift 键，单击相互平行的边缘线，或者用鼠标框选也可。曲线的边缘出现了红色的箭头，如图 11-59 所示。

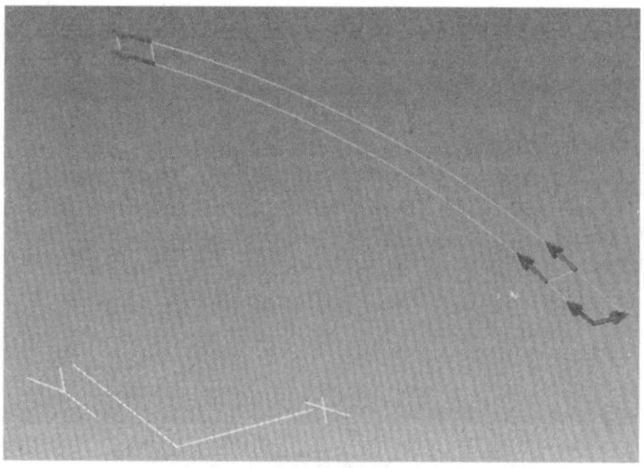

图 11-59　曲线镜像过程（1）

（2）单击菜单上的三维球图标 ，如图 11-60所示。

（3）单击短手柄轴 3，以 1、2 轴所在的平面为对称中心面，如图 11-61 所示。

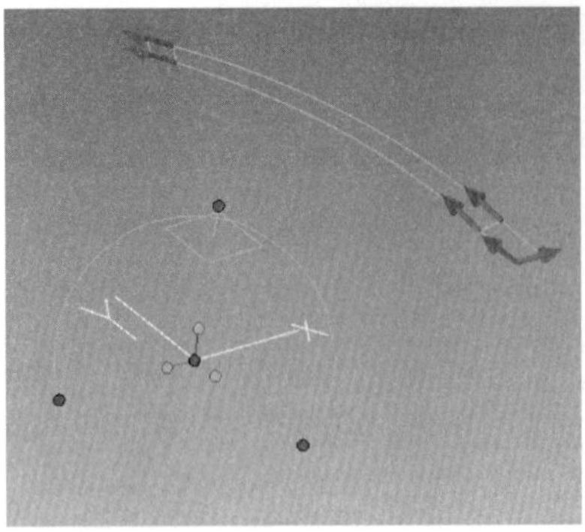

图 11-60　曲线镜像过程（2）

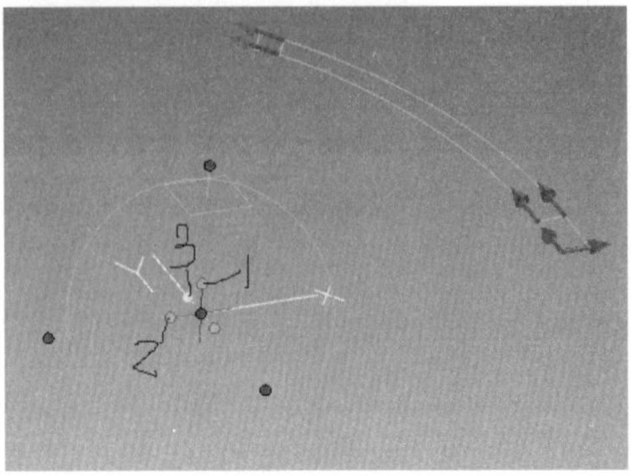

图 11-61　曲线镜像过程（3）

（4）右键单击黄 3 轴，如图 11-61 所示。出现下拉菜单，在菜单中选择“镜像”→“链接”，曲线已经镜像完成。如图 11-62、图 11-63 所示。

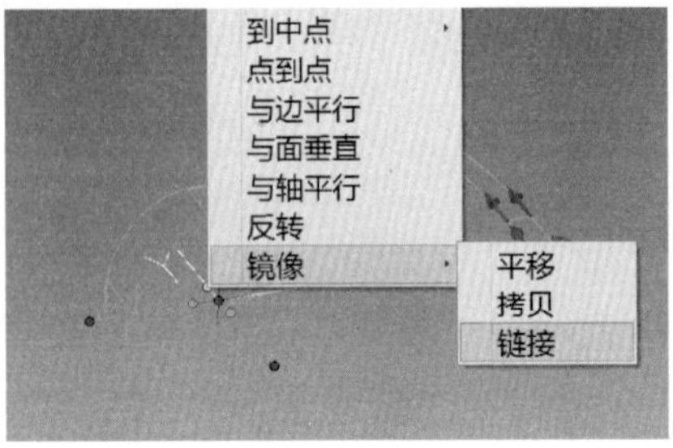

图 11-62　曲线镜像过程（4）

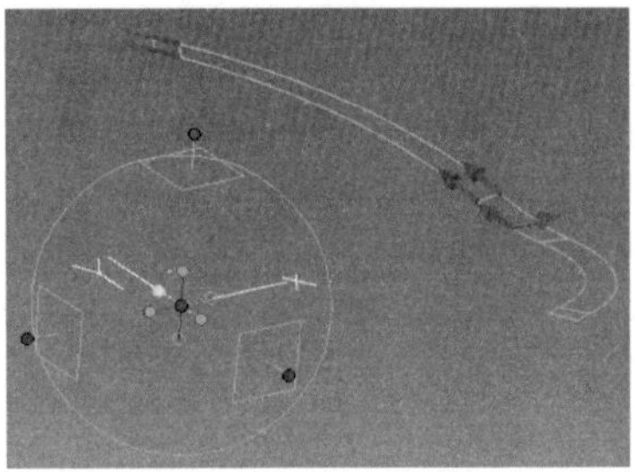

图 11-63　曲线镜像结果

11.7.7　环形阵列曲线

曲线镜像之后，采用环形阵列的方式获得整个凸轮的曲面。

（1）按住 Shift 键，单击所有相互平行的边缘线，或者框选所有的曲线，如图 11-64 所示。

（2）单击菜单上的三维球图标 ，如图 11-65 所示。

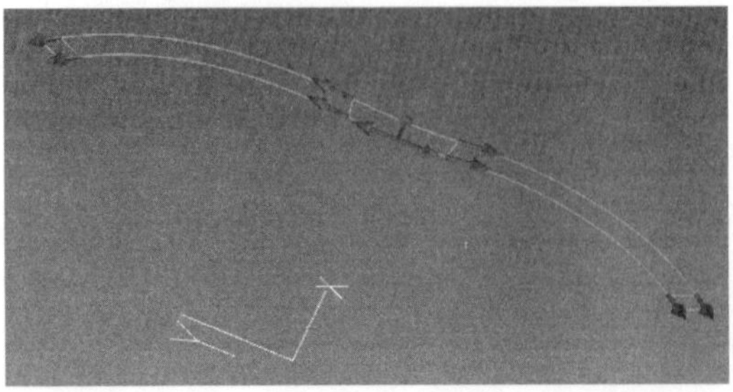

图 11-64　曲线阵列过程（1）

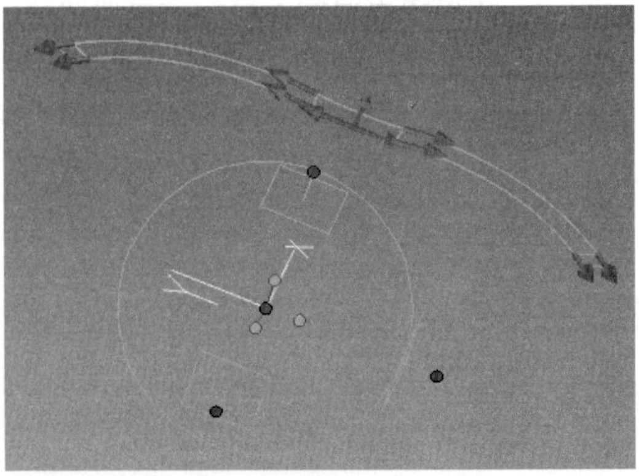

图 11-65　曲线阵列过程（2）

（3）选择环形阵列的中心轴，单击垂直于 *XY* 平面的轴线。单击三维球最外边的那个红点所在的直线。单击三维球上垂直于圆柱体表面向上的红色箭头，这时出现一条垂直于 *XY* 表面的黄色加亮的线段，如图 11-66 所示。

（4）把光标移动到三维球圆周里，光标变成小手半握状和一个双向箭头。此时按住鼠标右键，拖动小手按钮，会出现一个角度值，然后松开鼠标，弹出一个对话框。选择里面的“生成圆形阵列”，获得三波凸轮曲线，如图 11-67 所示。

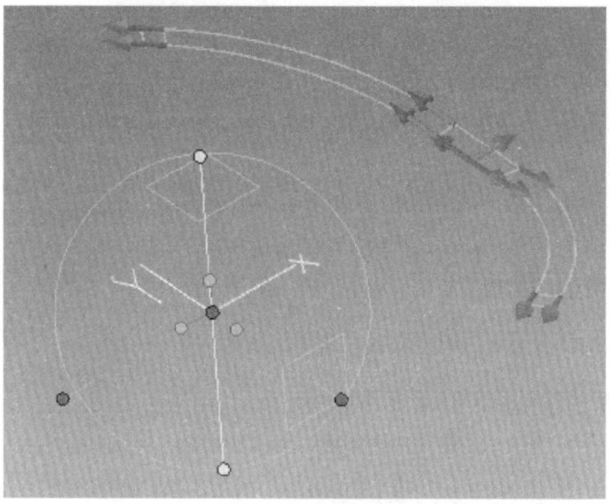

图 11-66　曲线阵列过程（3）

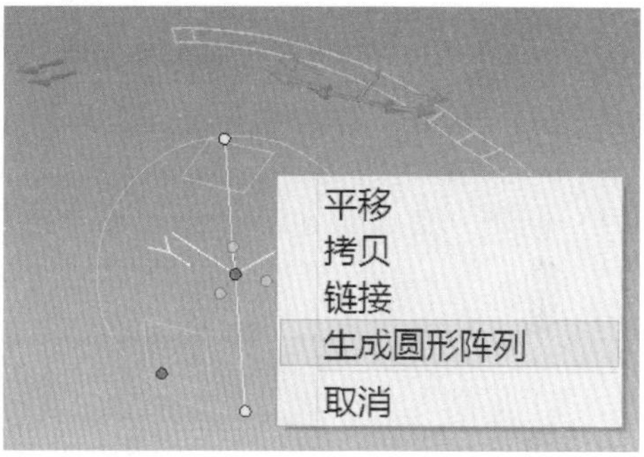

图 11-67　曲线阵列过程（4）

在出现的对话框中填写如图 11-68 所示参数。曲线阵列结果如图 11-69 所示。

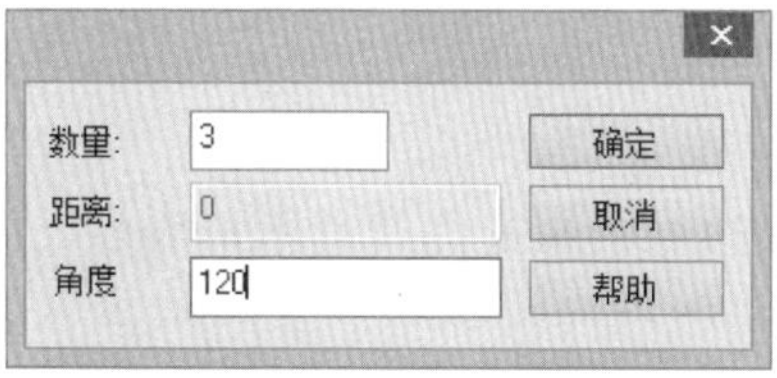

图 11-68　曲线阵列过程（5）

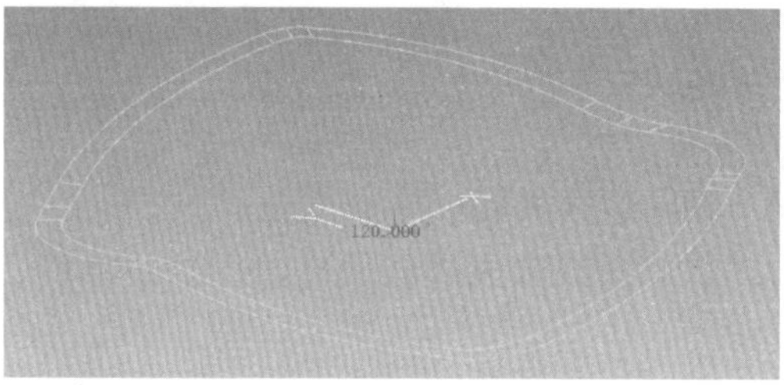

图 11-69　曲线阵列结果

11.7.8　运用边界混合工具构造出曲面片

上面获得的是凸轮的整体曲线，接着需要把曲线构造成曲面。

（1）从菜单栏上的图表中选择“生成直纹面”，如图 11-70 所示。

（2）在对话框中直接选择“类型：曲线-曲线”，如图 11-71 所示。

图 11-70　边界混合过程（1）

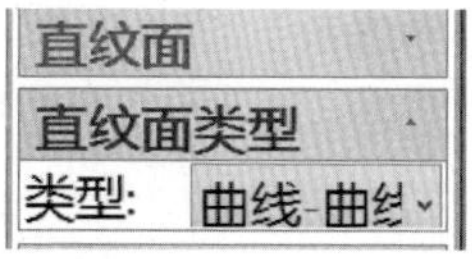

图 11-71　边界混合过程（2）

（3）根据直纹面的概念，直接选择两条平行的直线，如图 11-72 所示。

选择1、2这两条平行的直线，其上的两个端点，就会沿着这两条平行线匀速移动形成直纹面。这样每个由四面曲线围成的区域就构造了一个完整的曲面，如图11-73所示。

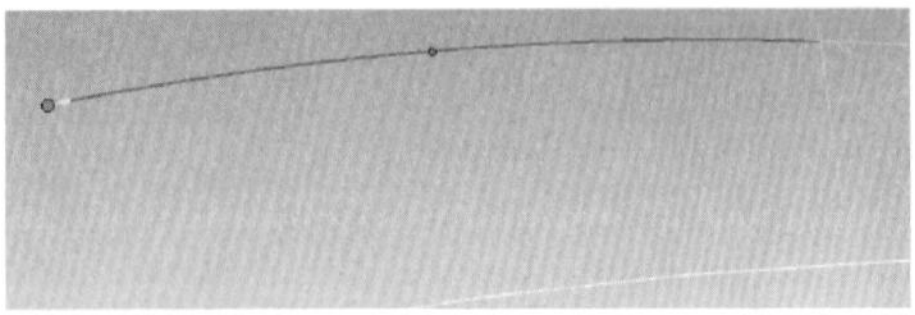

图11-72　边界混合过程（3）

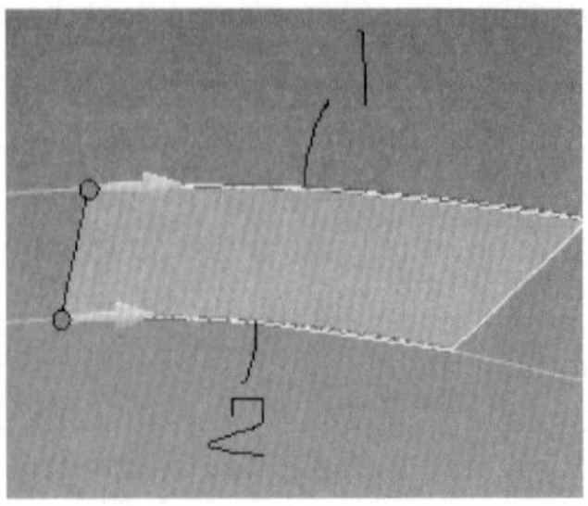

图11-73　边界混合结果

（4）同理，形成其他的平面。整个凸轮的曲线就这样全部构造成了曲面，如图11-74所示。

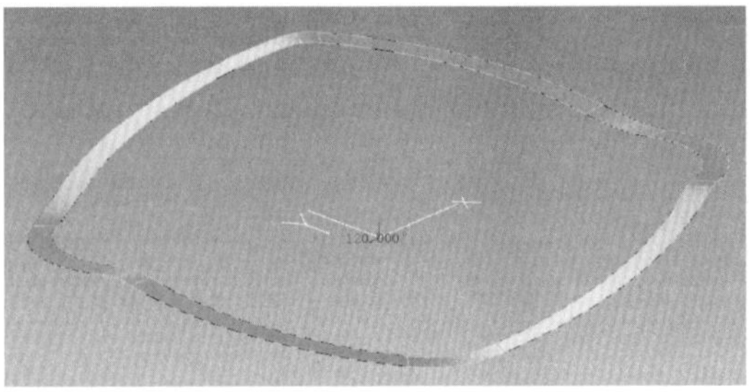

图11-74　所有边界混合结果

11.7.9　删除边缘曲线

前述螺旋曲线围成的区域已经构造成曲面，因此边缘的螺旋曲线就不再需要，将其删除即可。

（1）例如单击边缘曲线1、2、3，右击出现下拉菜单，选择“删除”，如图11-75所示。

（2）同理，依次删除掉所有的边缘曲线，剩下的就是螺旋曲面，如图11-76所示。

图11-75　删除边缘线过程（1）

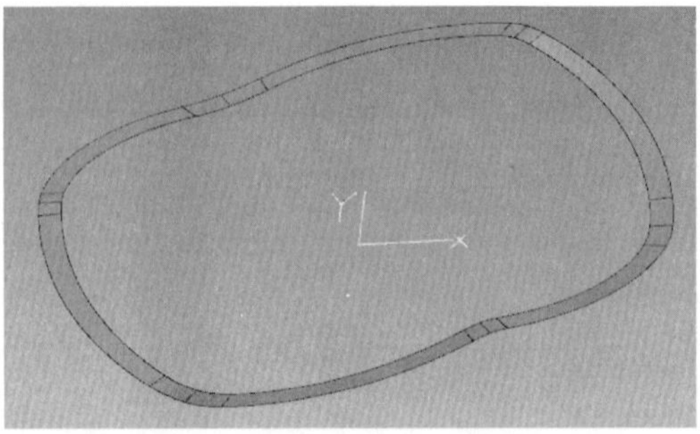

图11-76　删除边缘线结果

11.7.10　合成曲面

因为上面构造后的曲面是一个独立的面片，需要将这些面片合成为一个整体，运用合并工具将曲面片合成为一整段曲面。这些面片合成为一个整体之后，上面是独立的面片，下面是合成后的组合面，需要将这些单独的面片删除。

需要特别注意，相邻的两个面片合并之后，一定要将独立的面片删除掉。可以相邻的面片合并之后，再和与它相邻的面片继续合并。每合并一次，就要删除一次上面独立的面片。也可以按住 Shift 键，拾取所有面片直接合并，然后删除掉上面所有的独立面片，最后剩下一个完整的凸轮曲面。也就是说，整个凸轮的曲面是一个整体的曲面。

（1）单击菜单栏上的“最好的配合”合并曲面，如图 11-77 所示。

（2）出现对话框，单击相邻的两个平面，单击“确定”，如图 11-78 所示。

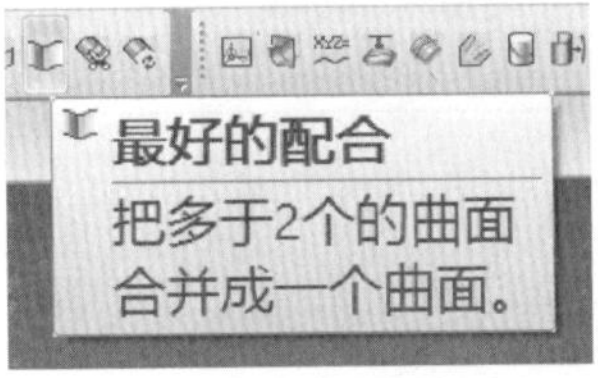

图 11-77　合成曲面过程（1）

图 11-78　合成曲面过程（2）

（3）合并之后，将两个曲面删除掉，剩下的就是合并好的曲面，如图 11-79、图 11-80所示。

图 11-79　合成曲面过程（3）

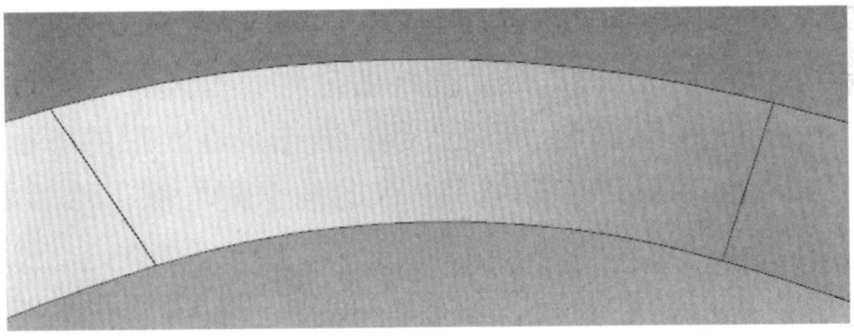

图 11-80　合成曲面过程（4）

（4）将合并好的曲面再和与它相邻的曲面合并，再删除这两个曲面，剩下合并后的曲面，如图 11-81 ~ 图 11-83 所示。

图 11-81　合成曲面过程（5）

（5）以此类推，直到所有的曲面全部合并完整，如图 11-84 所示。

图 11-82　合成曲面过程（6）

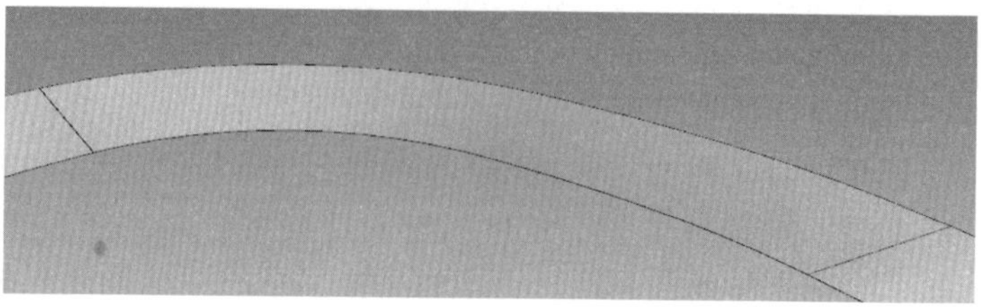

图 11-83　合成曲面过程（7）

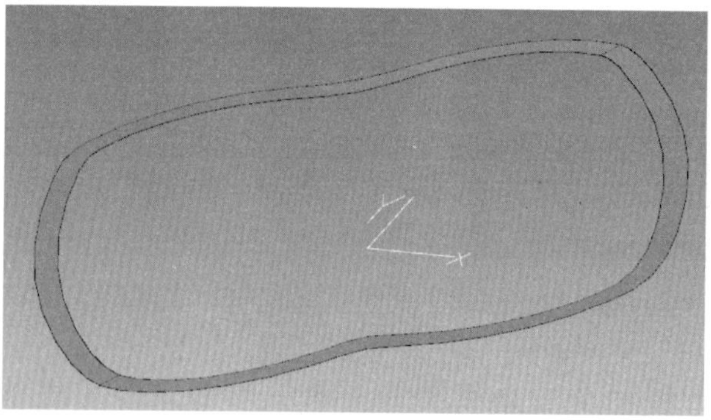

图 11-84　合成曲面结果

11.7.11　凸轮曲面实体构造

（1）前面所述建立凸轮曲线的时候，首先在 *XY* 基准平面上建立了 *X*、*Y* 轴两条直线。这时单击 *XY* 平面上 *X*、*Y* 轴直线，右击，在出现的下拉菜单里选择“编辑”，进入草图界面。绘制内径 126.5，外径 136.5 的两个同心圆。然后将 *X*、*Y* 轴这两条直线删除掉，单击“确定”，如图 11-85 所示。

（2）单击已经绘制好的两个同心圆。右击，在下拉菜单里选择“生成”→“拉伸”。输入高度 $h=30.7797$。这个高度是凸轮在波底和波顶修形之前的凸轮波的高度。从图中的凸轮曲线可以看出，波底和波顶被修形了，如图 11-86 所示。

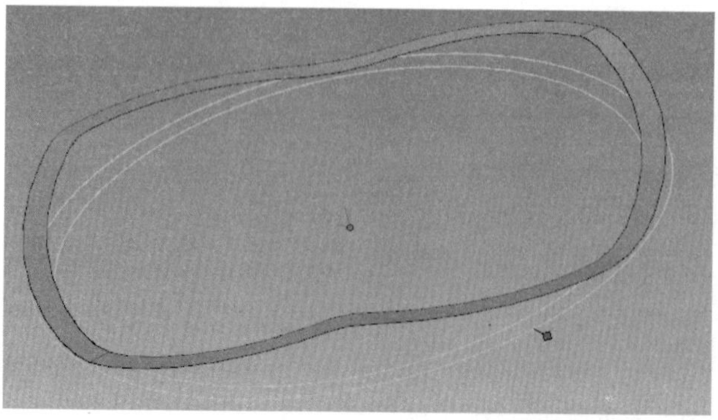

图 11-85　凸轮实体绘制过程（1）

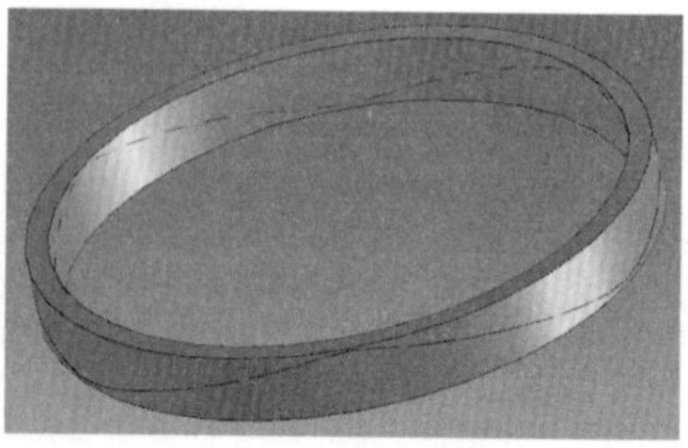

图 11-86　凸轮实体绘制过程（2）

（3）布尔运算。因为前面已经对凸轮的曲面进行了合并，成为一个整体，是一个实体曲面。单击菜单栏中的“修改”→“布尔”，在出现的对话框里选择“减”。过程如下：先选择外圆，再在出现的对话框里选择“减”。就会出现上半部分被切掉了。剩下的就是下半部分——凸轮实体模型，如图 11-87 ~ 图 11-89 所示。

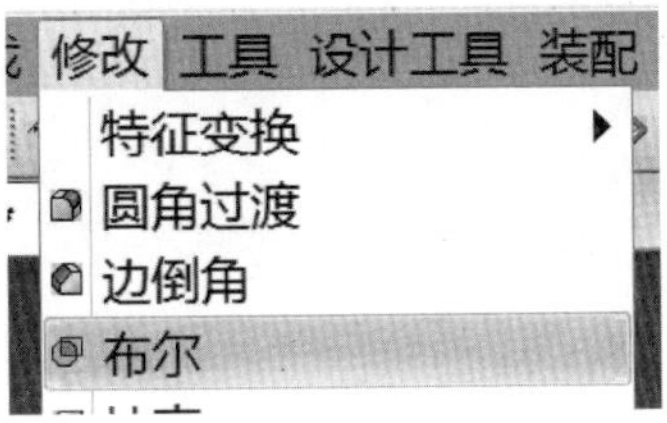

图 11-87　凸轮实体绘制过程（3）

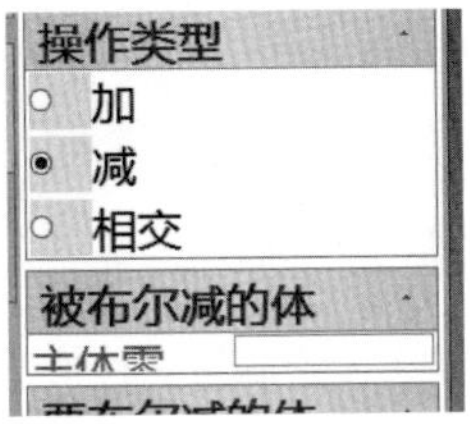

图 11-88　凸轮实体绘制过程（4）

建模过程中，出现的另外一种情况就是，在做布尔运算时，剩下的不是下半部分而是上半部分，下面介绍处置的方法。

单击菜单栏中的“修改”→“布尔”，在出现的对话框里选择“减”。

先选择外圆柱，再选择凸轮曲面。因为凸轮曲面是一个薄薄的曲面，不容易拾取，只要单击看得见的外边的轮廓线，就能拾取上。最后单击“确定”，就可以获得凸轮的三维实体模型。最后剩下的部分是上半部分。但是我们想要的是下半部分，如图 11-90、图 11-91所示。

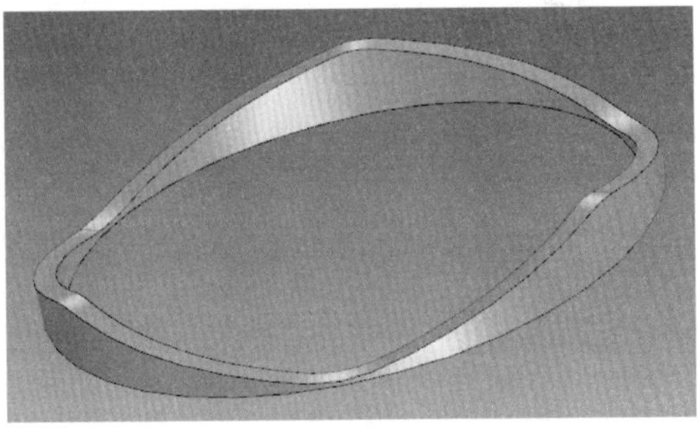

图 11-89　凸轮实体绘制结果

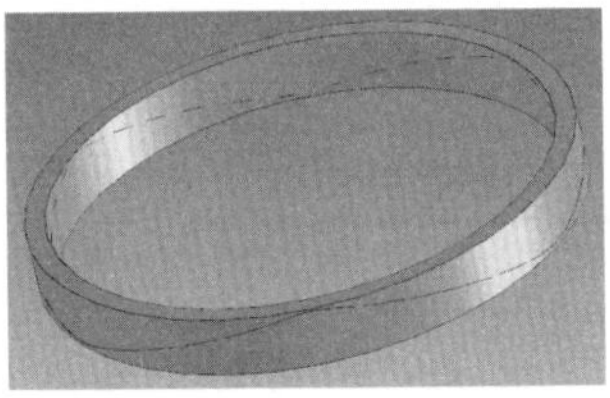

图 11-90　凸轮实体绘制另一种情况（1）

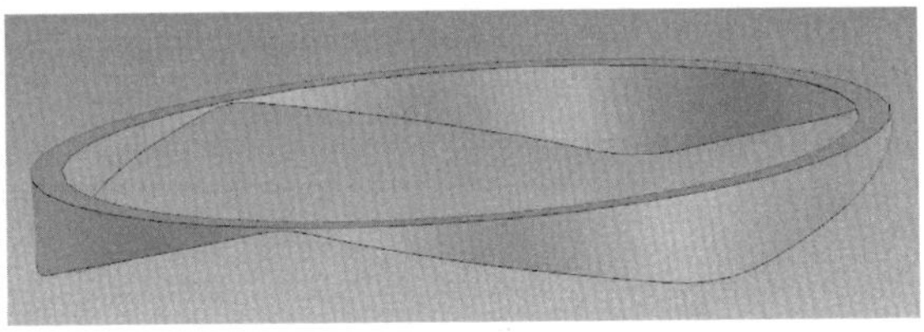

图 11-91　凸轮实体绘制另一种情况（2）

图 11-92　凸轮实体绘制另一种情况（3）

单击最上面的圆环成绿色，右击选择“生成”→“拉伸”，单击“反向”，输入高度 $h=30.7463$，如图 11-92、图 11-93 所示。

单击菜单栏中的“修改”→“布尔”，在出现的对话框里选择“减”。选择圆柱体，再选择上半部分。最后得出成品，如图 11-94 所示。

图 11-93　凸轮实体绘制另一种情况（4）

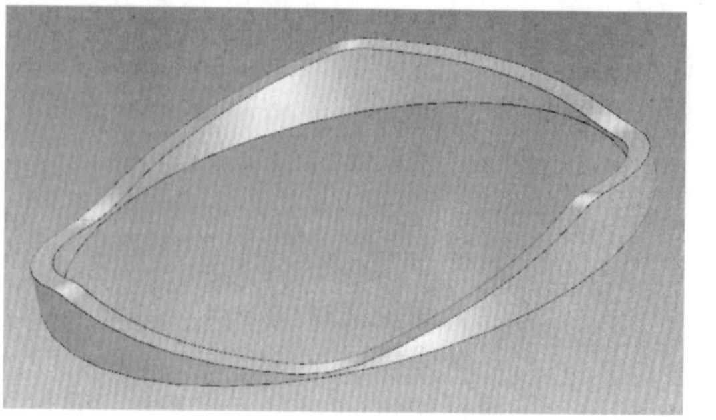

图 11-94　凸轮实体绘制另一种情况结果

11.7.12　凸轮实体其余部分的建模

由前面分析可知，经过布尔运算，波顶部分被切掉，切掉的高度是波顶高的 1/2，即 $h_2/2$，如图 11-30 所示。根据前面 268 磨头端面凸轮的已知条件，波顶的修形高度 $h_2=1.8131\text{mm}$。$h_2/2=0.90655\text{mm}$。端面凸轮理论曲面的高度 $h=30.7797\text{mm}$，经过布尔运算之后，得到的凸轮实体的高度为 $h-(h_2/2)=30.7797-0.90655=29.87315\text{mm}$。

268 磨头从凸轮曲面最高点至底部凸起底面之间的高度是 40.5mm，其中凸起的高度是 1mm。因为建模时，底部凸起部分是最后建立的，因此，先减去 1mm，得出从凸轮曲面最高点至底部凸起底面之间的高度是 39.5mm，布尔运算之后剩余凸轮实体的高度是 29.87315mm。在凸轮实体的底部圆环基础上，再继续拉伸长度为 $39.5-29.87315=9.62685\text{mm}$。这样就会建立起从波顶到凸轮底部高度为 39.5mm 的凸轮实体。最后将绘图基础前移到凸轮实体的最底部，并在此基础上建立其他的部分。在此不再详述，如图 11-95所示。凸轮其他实体绘制过程及结果如图 11-96 ~ 图 11-99 所示。

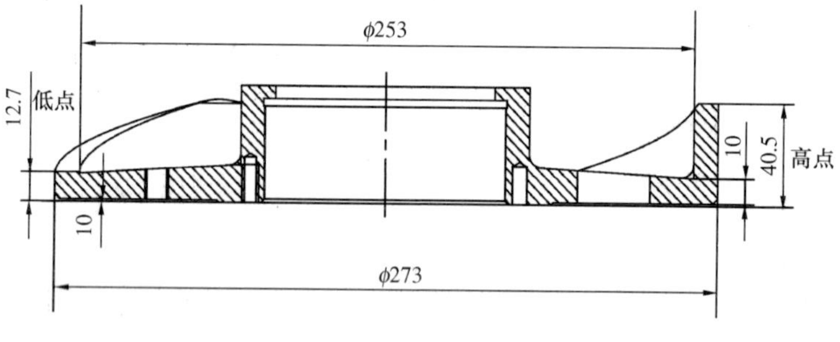

图 11-95　凸轮剖视图

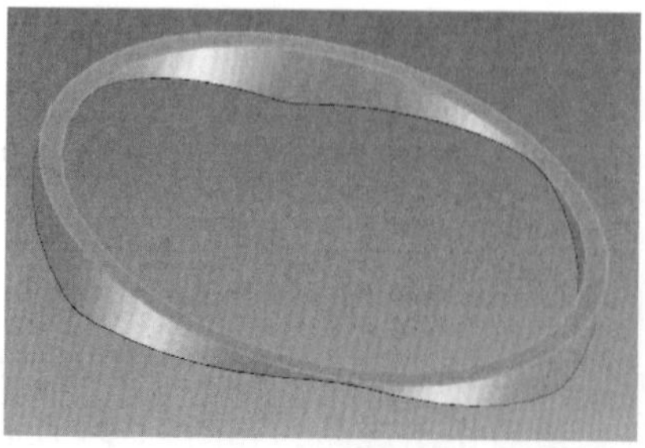

图 11-96　凸轮其他实体绘制过程（1）

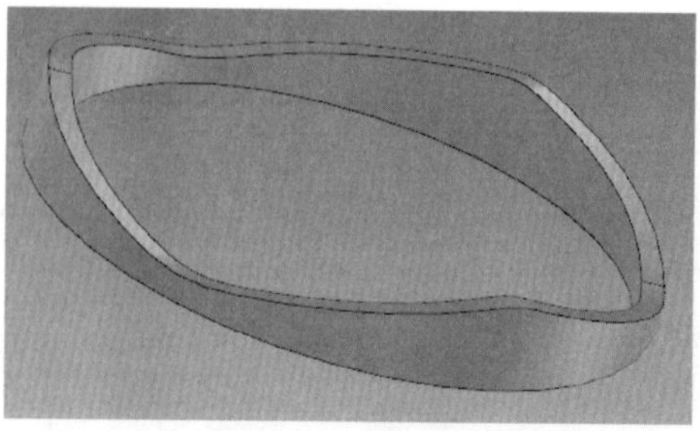

图 11-97　凸轮其他实体绘制过程（2）

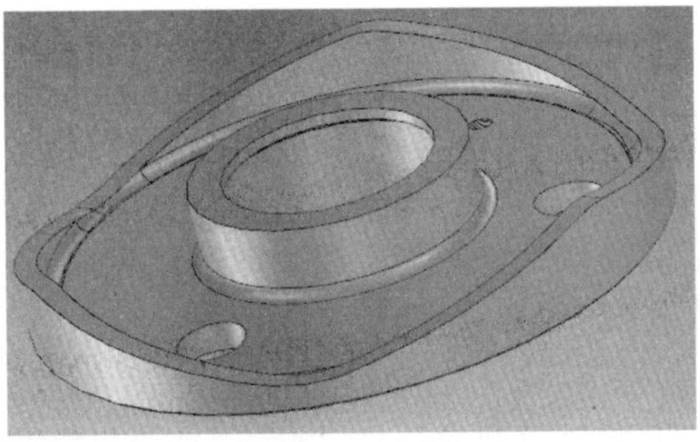

图 11-98　凸轮其他实体绘制结果（1）

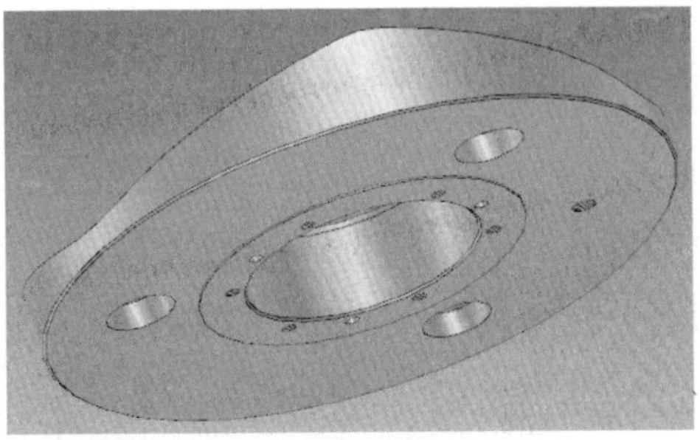

图 11-99　凸轮其他实体绘制结果（2）

11.8　现有凸轮在设计和加工过程中出现的技术问题

瓷砖抛光机是我国在 20 世纪 80 年代从意大利进口的产品，然后进行仿制，如图 11-100、图 11-101 所示。

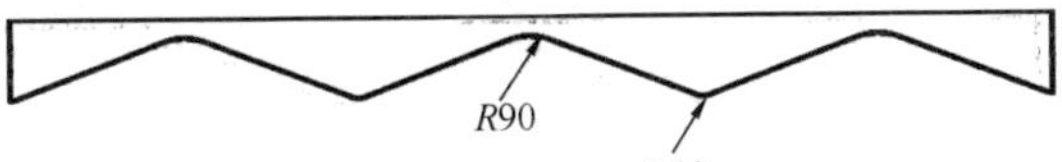

图 11-100　现有 268C 磨头凸轮曲线展开图

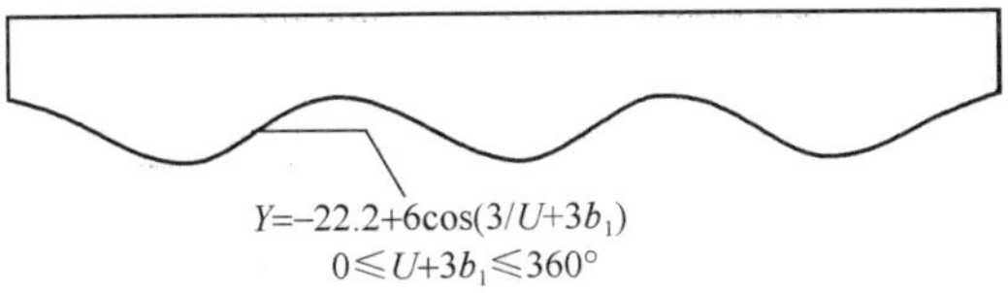

图 11-101　现有 261 磨头凸轮曲线展开图

瓷砖抛光机磨头凸轮起初采用的加工方法如下：

1. 老式加工方法：采用铣床挂轮比方式

（1）将磨头凸轮分为六等份，根据高点和低点位置，计算丝杆导程。用分度头与铣床丝杆连接。

（2）凸轮低点处用直径 180mm 的圆盘铣刀精铣，铣出凸轮底部半径为 90mm 的圆弧。

（3）凸轮高点处留有一个小平台，用锉刀修磨圆弧，圆弧的半径是 40mm。

2. 老式加工方法：出现的问题

工程师用三维软件反向模拟凸轮曲线，发现实际加工的凸轮曲线与模拟曲线在分度上有偏差。

3. 数控加工方法：靠模找点编程方式

在采用老式加工方法得出的凸轮中，找一个高、低点加工比较好，分布比较均匀的凸轮，采用打表的方式，沿着凸轮曲线挨个点测量并记录坐标值，将这些坐标值输入数控机床中，生成加工程序。

4. 数控加工方法：出现的问题

数控加工出来的凸轮，在爬坡的时候没有问题，在高点和低点处出现空位现象。工程师们采用了大量的方法，抬高凸轮低点的空位，仍解决不了这个问题。

目前凸轮在高点和低点处，转动不顺畅、卡死、磨损严重。凸轮经过多个工程师设计，曲线建模方法不统一。

11.9 新旧凸轮曲线对比

本书建立的磨头凸轮曲线是基于数学模型而建立起来的凸轮曲线，旧凸轮是采用手工打磨出来的凸轮曲线，经过选优之后，输入数据借助数控机床加工出来的凸轮曲线。下面对新的凸轮曲线即基于数学模型建立的凸轮曲线与现有旧凸轮曲线进行比较。

对比方法：

利用三坐标测量仪器，分别对现有凸轮和基于数学模型的凸轮进行三坐标测量。将凸轮沿着圆周方向分为720个点，测量每个点的坐标。

为了方便说明，取凸轮的六分之一即120个连续测量点的数据，绘制成凸轮展开图形，如图11-102所示。

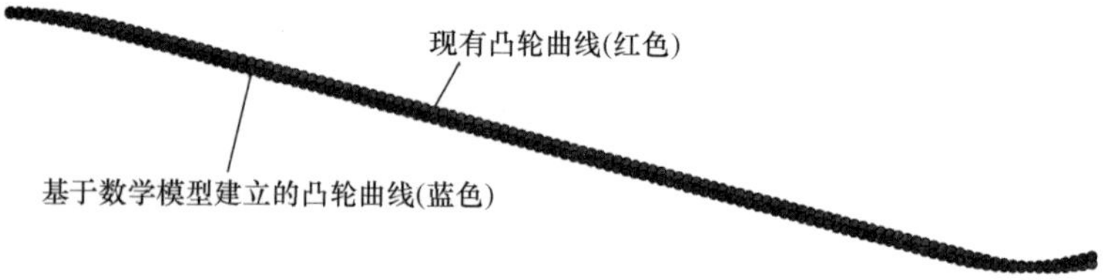

图11-102 凸轮曲线对比图

对比结果得出：基于数学模型建立的凸轮曲线不同于现有凸轮曲线。

（1）凸轮曲线高点处对比

如图11-103所示，凸轮曲线高点处对比结果分析：

通过对比发现：现有凸轮曲线，高点处的坡度比较大，高点处的过渡不自然。高点处是一个圆弧过渡，而且很宽大。

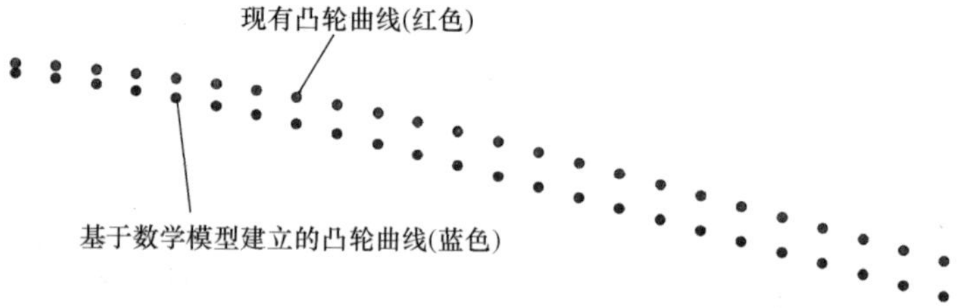

图11-103 凸轮曲线高点处对比

基于数学模型创立的凸轮，高点处的坡度比较小，高点处的过渡很自然。高点处并不是一个圆弧，而是二次曲线，而且宽度很小。

（2）凸轮曲线中间处对比

如图11-104所示，凸轮曲线中间处对比结果分析：

通过对比发现：现有凸轮和基于数学模型建立的凸轮，中间处的曲线都近似一条倾斜的直线，而且这两条直线近似平行。

但是基于数学模型的凸轮曲线比现有凸轮曲线下移了。

（3）凸轮曲线低点处对比

如图11-105所示，凸轮曲线低点处对比结果分析：

通过对比发现：现有凸轮低点处也是一个圆弧过渡，而且圆弧的过渡不自然，比较宽大。

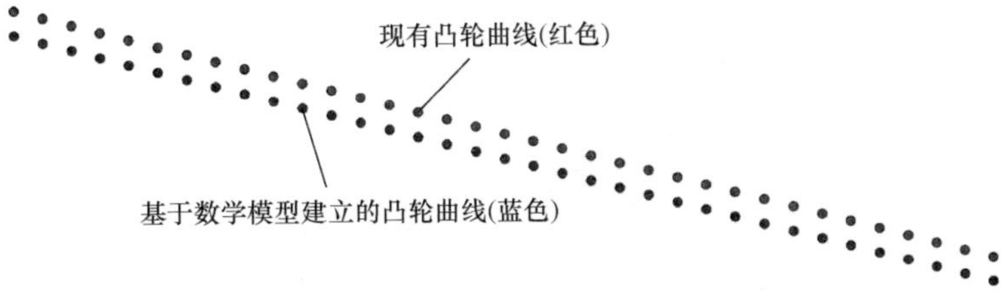

图 11-104　凸轮曲线中间处对比

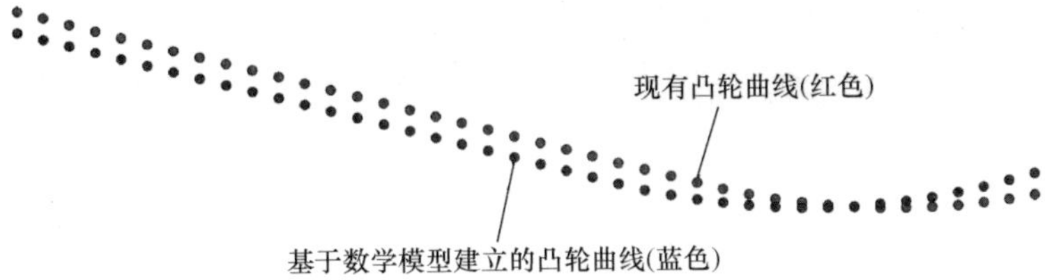

图 11-105　凸轮曲线低点处对比

基于数学模型建立的凸轮低点处的过渡比现有凸轮提前了，是二次曲线过渡，而且是自然过渡，过渡比较小。

11.10　基于数学模型凸轮试验

11.10.1　基于数学模型凸轮制作

根据基于数学模型建立的凸轮三维模型，将利用 CAXA 3D 2015 版本建立起来的凸轮模型直接提供给供应商，供应商将三维模型导入数控机床中进行加工，加工了 KD268C 和 KD261E 两种类型的磨头凸轮。基于数学模型建立的凸轮加工之后的成品，如图 11-106、图 11-107 所示。

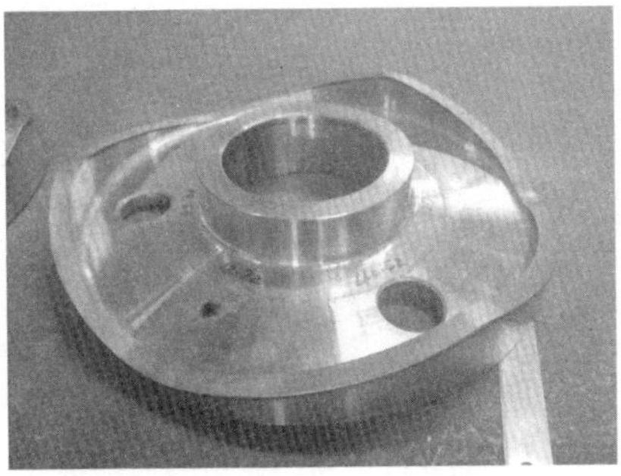

图 11-106　KD268C 磨头凸轮

图 11-107　KD261E 磨头凸轮

11.10.2　基于数学模型凸轮装配试验

（1）试验方法。

采用新旧凸轮对比方法试验。将基于数学模型凸轮的曲面上涂上红色，如图 11-108、

图 11-109 所示。将旧凸轮的曲面上涂上黑色，以观察摆杆上的轮子与凸轮曲面的啮合情况。

图 11-108　基于数学模型凸轮曲面涂红色

图 11-109　基于数学模型凸轮装配试验

（2）试验目的。

① 分析新旧凸轮曲面上摆杆滚轮的啮合情况。

② 分析新旧凸轮曲面上摆杆滚轮的运行轨迹情况。

③ 分析新旧凸轮曲面上摆杆滚轮接触之后的磨损以及受力情况。

④ 将基于数学模型凸轮磨头安装到抛光机上，考察其运行稳定性、振动、噪声、可靠性，是否碎砖，能否达到实际使用效果，考查其优越性。

（3）基于数学模型凸轮试验结果分析。

试验时，基于数学模型凸轮安装之后，磨头的下体不动，不断转动磨头上盖的凸轮，凸轮不断旋转。转动 20min 之后，将凸轮取下，观察凸轮曲面上的磨损痕迹。其结果如图 11-110 ~ 图 11-115 所示。

图 11-110　新凸轮试验后整体图

图 11-111　新凸轮试验后磨痕（1）

结果分析：

通过图 11-110 ~ 图 11-115 看出，磨痕在高点和低点附近，磨痕浅。在低点处没有磨痕。磨痕宽而重的地方在波形的中间曲面的位置上。两端就逐渐变窄、变浅。到高点处只有划痕。

图 11-112　新凸轮试验后磨痕（2）

图 11-113　新凸轮试验后磨痕（3）

图 11-114　新凸轮试验后磨痕（4）

图 11-115　新凸轮试验后磨痕（5）

装配工人反映：新凸轮装配之后，在试验过程中，转动凸轮感觉非常顺畅，在凸轮的高点和低点处没有卡住的现象。新凸轮的曲线顺滑过渡比较自然。

装配工人反映：目前公司正应用的旧凸轮，以前在修磨头凸轮的时候，发现这样的一个规律：旧凸轮在高点、低点和中间部位磨损非常严重，磨痕很深，特别是高点处。高点处被磨损之后，整个凸轮就要扔掉，重新更换。目前 268 凸轮使用寿命不长，主要原因是磨损比较严重，影响了其可靠性。

装配工人反映：通过观察发现，经过试验之后的基于数学模型凸轮，凸轮高、低点并没有明显的划痕，可能基于数学模型凸轮比旧凸轮更耐磨。旧凸轮在转到高点和低点的地方就会卡住，转不动。需要再用很大力，硬生生地扭过去，才能继续转动。这就造成了旧凸轮在运动过程中，受力是不均匀的。这样变动的冲击会造成磨头的振动。

装配工人反映：基于数学模型凸轮磨头在转动的时候，在高点和低点处并没有卡住，也没有转动不良的情况，非常顺畅。这就说明，凸轮曲线是顺滑的，整圈运行过程中，受力是均匀的，没有旧凸轮转一圈要“顿顿卡卡”的那种情况。

11.10.3　旧凸轮装配试验

旧凸轮就是目前正在应用的凸轮，旧凸轮曲面涂上红色，用同样的方法试验。试验结果如图 11-116 ~ 图 11-121 所示。

图 11-116　旧凸轮曲面涂红色

图 11-117　旧凸轮试验后整体图

图 11-118　旧凸轮试验后磨痕（1）

图 11-119　旧凸轮试验后磨痕（2）

试验结果分析：

通过图 11-117 ~ 图 11-121 看出，在高点和低点附近，磨痕很深。在低点处没有磨痕。磨痕整体宽而重。在高点处逐渐收尾，逐渐变窄、变浅。

通过对比新旧凸轮的磨痕发现，旧凸轮的磨损比较重，新凸轮的磨损比较轻。

图 11-120　旧凸轮试验后磨痕（3）

图 11-121　旧凸轮试验后磨痕（4）

11.10.4　基于数学模型凸轮装机试验及应用

将基于数学模型凸轮磨头安装到车间的抛光试验机上，安装 240 号碳化硅磨块进行粗磨试验；安装 1200 号金刚石磨块进行精磨试验。采用 4kN 压力，连续试验一周时间，如图 11-122 ~ 图 11-124 所示。

图 11-122　基于数学模型凸轮在抛光机上运行试验

图 11-123　基于数学模型凸轮试验过程中采用的磨块

试验结果分析：

通过实际运行试验发现，磨头运行稳定，无碎砖，无振动，噪声正常。磨头在粗磨阶段，加压 4kN，磨头运行稳定。在精磨阶段，试验结果也是正常的。

试验机师傅反映：新凸轮磨头稳定性很好。旧凸轮在高低处转不动，必须再加大力，硬扭转过去，会造成一个上冲击，从而造成磨头的振动。新凸轮顺畅，没有这个现象。新

图 11-124　基于数学模型凸轮在抛光机上运行过程

凸轮磨头比旧凸轮磨头好一些。

基于数学模型凸轮磨头，2018 年 11 月 7 日至今在佛山金牌陶瓷厂抛光砖生产线上进行应用，运行稳定。

11.10.5　基于数学模型凸轮试验及应用结论

（1）新旧凸轮曲面啮合规律相同，都是在凸轮的低点处无接触。

（2）新凸轮曲面上的磨痕轨迹比较浅，是从中间向着高、低点逐渐变浅，逐渐收尾。高、低点处的磨痕很少，只有划痕。旧凸轮磨痕很深。

（3）新凸轮在转动过程中，在高、低点处没有卡死现象，转动顺畅、轻松。旧凸轮在高点处转动卡死，需要大力冲击过去，造成旧凸轮在转动过程中“顿顿卡卡”的现象。

（4）新凸轮磨头运行稳定，无振动，无碎砖。

（5）新凸轮是基于数学模型建立的曲线，曲线顺滑，过渡自然，在高、低点处的磨损要小得多。会使磨头的磨损降低，延长凸轮的使用寿命。

（6）新凸轮磨头高、低点处运行过程中，过渡自然、顺畅，减少了磨头运行过程中的振动。

（7）新凸轮是基于数学模型建立，而现在旧凸轮不是。现在 268C 和 261E 磨头凸轮并不是一个公式建立的。261E 的凸轮曲线是余弦曲线。新凸轮大小都采用同一个数学公式建立，可以将凸轮标准化，进一步提高磨头标准化程度。

（8）易于技术沉淀，现在旧凸轮曲线是在敲敲打打的基础上修整之后得到的，随着新老人员的更替，新人并不知道凸轮曲线是怎么来的，也不可能去改进。新凸轮基于数学模型建立，无论新老，都按照数学模型去建立。有这个技术沉淀，新老更替再也不会造成技术上的断代。

11.10.6　基于数学模型凸轮的意义

（1）实现磨头凸轮三维数学模型建立，结束凸轮曲线没有准确数学模型建立的历史。

（2）实现所有规格凸轮采用同一数学模型建立，实现了凸轮标准化设计。

（3）凸轮试验和实用证明：基于数学模型凸轮在使用寿命、性能、运行方面优于现有凸轮。

第12章　瓷砖表面冲击加工机理研究

随着我国人民生活水平和审美标准的日益提高，对陶瓷制品的质量和表面的粗糙度提出了更高的要求。陶瓷抛光砖适应当前的需求，成为现代建筑装修工程中应用最为广泛的陶瓷制品之一。现有的瓷质砖（石材）抛光加工流程包括粗磨边→刮平定厚→研磨抛光→精磨边倒角→纳米液涂覆等工序。现有技术下，瓷质抛光砖加工生产设备包括粗磨边机组、刮平定厚机组、研磨抛光机组、磨边倒角机组，其中刮平定厚机组和研磨抛光机组属于砖面加工装置。上述的加工工艺和装备都是基于普通磨削和切削理论基础上的。对瓷砖表面材料的去除机理是滑移挤压破碎。

随着我国建筑装饰材料（瓷砖、石材等）的不断更新和发展，瓷砖的日产量越来越大，2008年每条瓷砖生产线的日产量13000m^2，2013年瓷砖日产量达到了23000m^2。这就要求瓷砖加工设备必须适应大产量和重载荷的要求。目前瓷砖的进给速度是24m/min，瓷砖出窑炉之后，瓷砖表面在热胀冷缩的急剧作用下产生很大的变形。在现有技术下，上述工艺流程和生产设备已经无法满足实际生产需要，并存在如下缺陷：（1）工艺流程匹配不合理；（2）刮平、抛光工艺的磨头不断增加。

本书作者徐斌博士，在科达公司做博士后时，提出一种瓷砖表面冲击加工方法，并提供一种瓷质抛光砖砖面冲击加工装置。以此作为自己博士后期间的项目课题，通过科学设计的瓷质抛光砖砖面加工工艺和合理配置的加工设备，既提高了生产率和产品质量，又有效降低了能耗。本章在分析现有瓷砖加工工艺的基础上，提出瓷砖表面冲击的新工艺方法，并提供瓷砖冲击加工设备。在分析瓷砖抛丸机和抛丸器结构原理的基础上，建立钢丸与瓷砖的碰撞模型。最后重点揭示瓷砖表面冲击破碎机理。

12.1　瓷砖表面加工新工艺

基于瓷砖加工现状，本书提出了一种新型的瓷砖表面加工工艺——瓷砖表面抛丸冲击加工工艺，该工艺首次提出并应用于砖坯表面处理的加工方法。本工艺的提出可以完全淘汰现有技术的刮平定厚工序和平面铣磨工序，由抛丸冲击加工工艺来代替。专门用于砖坯表面烧结层去除、表面平整度处理，其表面烧结层去除率、平整处理效率远远高于刮平定厚工序的刮削和平面铣磨工序的磨削。抛丸后的砖坯直接进入粗抛工序进行加工，使粗加工到研磨抛光工序之间最大限度地实现了加工效率和加工精度的有机结合。如图12-1所示。

瓷砖表面新加工工艺流程为：经过烧结后砖坯通过输送线进入抛丸冲击成形机，沿输送平皮带前行的同时，抛丸器对砖坯表面进行抛射钢丸。砖坯的凹凸不平的表面迅速被冲击破碎掉，表面质量不断提高，特别是对去除不平整的烧结层极为有效，刮平定厚机和平面铣磨机均无法相比，处理表面的平整度较使用刮平机明显提高，从而提高整线效率和表面质量，节能降耗。经过抛丸冲击成形工序抛丸处理的砖坯通过输送线进入粗抛工序，进

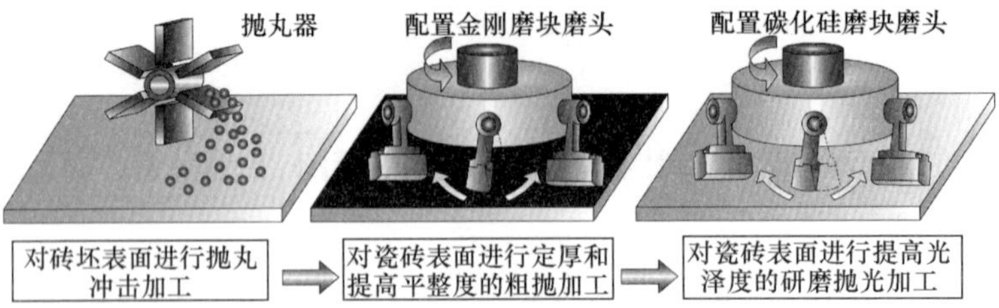

图 12-1 瓷砖表面新加工工艺流程图

行粗抛和定厚，粗抛工序中的磨头配置的是金刚石磨块，从第一个磨头到最后一个磨头配置的磨块粒度号由 46 到 800 依次排开。经过抛丸冲击后的瓷砖表面布满极细微的冲击坑，金刚石磨块将其去掉，使瓷砖进一步定厚并使表面更加平整。由于抛丸后的砖坯表面布满均匀的破碎点，增加了磨块的接触面积，为瓷砖表面产生塑性流变提供条件，瓷砖加工变得更加容易。瓷砖沿着皮带向前输送的同时，摆动式磨头对砖坯表面进行边磨削边摆动加工。砖坯的粗糙表面迅速削除，表面质量不断提高，平整度和光泽度有了比较大的提高。经过粗抛工序粗抛处理的砖坯经过输送线进入研磨精抛光工序进行精细研磨，获得光泽平整的砖坯表面。研磨精抛和粗抛使用的是相同的抛光机和磨头，唯一不同的是磨头所配置的磨块是碳化硅磨块，磨块的粒度号更大，从 900 到 W2 从小到大依次排开。

12.2 瓷砖抛丸机及抛丸器的结构和工作原理

瓷砖抛丸机是专门用于瓷砖抛丸加工工序的加工装备。其结构如图 12-2 所示。

该机由以下几个部分组成：抛丸系统，钢丸、粉尘分离系统，混合流收集提升系统，瓷砖进给系统，集尘器。

抛丸系统是抛丸机上的主要部件之一，对抛丸机的加工效率影响最大。其结构如图 12-3 所示。

抛丸系统由抛丸器驱动电机 6、供丸管 8、主动带轮 14、皮带 15、从动带轮 16、主轴 17、叶轮 18、分丸轮 19、叶片 20、定向套 21、外罩 22 组成。

叶轮 18 为一个整体圆盘结构，其上装有 6 ~ 8 块叶片 20 并且均匀分布。叶片围成一个圆环形，圆环的中心位置安装分丸轮 19。叶轮 18、分丸轮 19 均安装在主轴 17 上。外罩 22 上装有定向套 21、供丸管 8。定向套 21 也是安装在叶片 20 围成的圆环中心位置，它安装在分丸轮 19、叶片 20 之间。外罩 22 安装在工作箱 5 上（图 12-2、图 12-3）。

其工作原理为：工作时，抛丸器驱动电机 6 驱动主动带轮 14 旋转，主动带轮 14 通过皮带 15 驱动从动带轮 16 旋转。从动带轮 16 驱动主轴 17 旋转。由于叶轮 18 和分丸轮 19 一起安装在主轴上，因此主轴 17 同时驱动叶轮 18 和分丸轮 19 旋转。钢丸由供丸管 8 送入与叶轮 18 一起高速旋转的分丸轮 19 中，旋转的分丸轮 19 使钢丸得到初加速度，由于离心力的作用，钢丸随着分丸轮做旋转运动的同时从出口向外运动，滑向定向套 21，在分丸轮 19 出口端和定向套 21 内壁之间逐渐积聚。当钢丸到达定向套 21 窗口时，钢丸失去了定向套 21 对它的约束，便从定向套 21 窗口沿一定方向飞出。当钢丸与叶片 20 相遇，进入外面旋转的叶片 20，沿着叶片 20 表面向外做加速运动，在叶片 20 上进一步加速后，

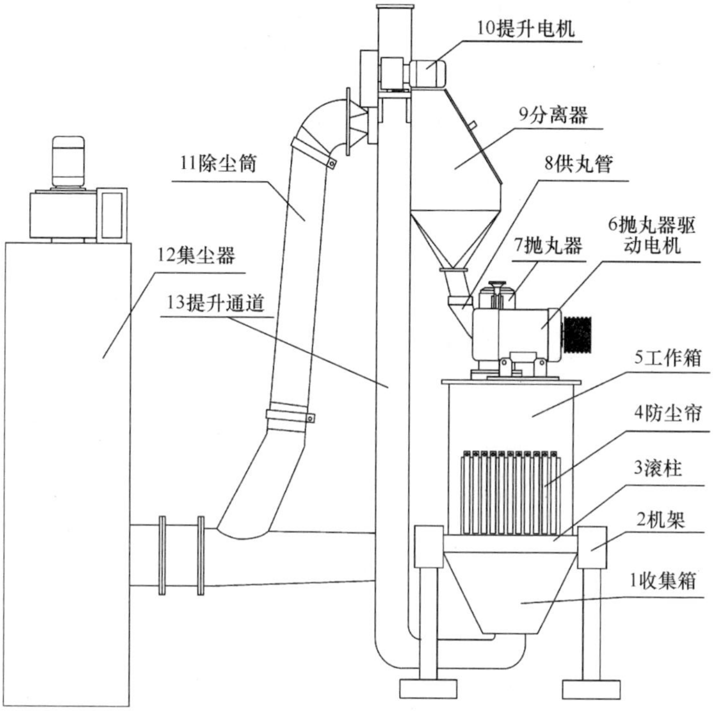

图 12-2　瓷砖抛丸机结构示意图

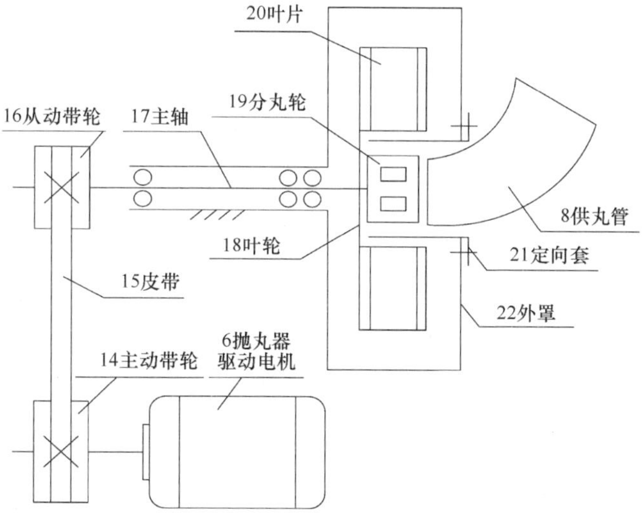

图 12-3　瓷砖抛丸器结构示意图

最后钢丸以 60 ~ 80m/s 的速度被抛出，抛射到砖坯表面。由于钢丸的抛射速度很高，被冲击的砖坯表面烧结层得到有效清理。

瓷砖抛丸机工作原理如图 12-4 所示。

瓷砖表面抛丸机整机运行原理为：在瓷砖进给之前先在收集箱 1 中注入钢丸，开动机器使钢丸运行起来，然后瓷砖再进给。滚柱驱动电机 28 驱动主动滚轮 32 旋转，主动滚轮

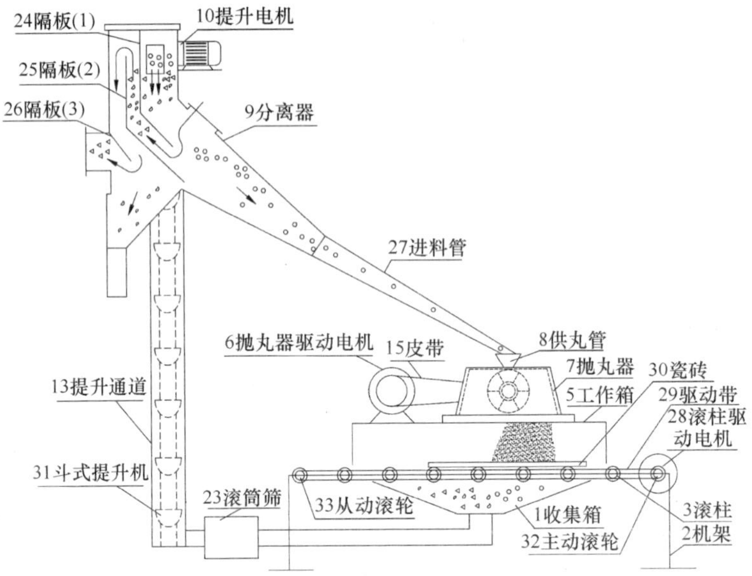

图 12-4　瓷砖抛丸机工作原理示意图

32 通过驱动带 29 驱动每个滚柱 3 端部的从动滚轮 33 旋转，从动滚轮 33 驱动滚柱 3 旋转，滚柱 3 驱动瓷砖不断进给。抛丸器驱动电机 6 驱动主动带轮 14 旋转，主动带轮 14 通过皮带 15 驱动从动带轮 16 旋转。从动带轮 16 驱动主轴 17 旋转。由于叶轮 18 和分丸轮 19 一起安装在主轴上，因此主轴 17 同时驱动叶轮 18 和分丸轮 19 旋转。钢丸由供丸管 8 送入与叶轮 18 一起高速旋转的分丸轮 19 中，旋转的分丸轮 19 使钢丸得到初加速度，由于离心力的作用，钢丸随着分丸轮做旋转运动的同时从出口向外运动，滑向定向套 21，在分丸轮 19 出口端和定向套 21 内壁之间逐渐积聚。当钢丸到达定向套 21 窗口时，钢丸失去了定向套 21 对它的约束，便从定向套 21 窗口沿一定方向飞出。当钢丸与叶片 20 相遇，进入外面旋转的叶片 20，沿着叶片 20 表面向外做加速运动，在叶片 20 上进一步加速后，最后钢丸以 60～80m/s 的速度被抛出，抛射到砖坯表面。由于钢丸的抛射速度很大，被冲击的砖坯表面烧结层得到有效清理。废丸、合格钢丸、粉尘混合流通过滚柱 3 之间的间隙落入收集箱 1 中，并经过滚筒筛 23 筛选，将大块的瓷砖屑、破碎瓷砖块、机器的焊渣、杂物等筛除掉，然后被筛选后的废丸、合格钢丸、粉尘混合流进入提升通道，提升电机 10 驱动斗式提升机 31 不断循环提升，将进入斗式提升机 31 料斗中的废丸、合格钢丸、粉尘混合流提升至气流式丸尘分离器 9，并经过投料口进入分离器 9。废丸、合格钢丸、粉尘混合流通过投料口进入分离器 9 中，在分离器内废丸、合格钢丸、粉尘混合流与一定速度的气流相遇，废丸、合格钢丸、粉尘因自重不同，其悬浮速度不同，质量大的合格钢丸沉降并与隔板 24（1）碰撞落入钢丸进料管，经钢丸进料口输入抛丸器中供循环使用。废丸及粉尘被气流带走，废丸及粉尘大丸粒在隔板 25（2）转折处被分离，落入废丸料管，经过废丸出料口被排除。而细小粉尘经过隔板 26（3）被气流带入吸尘通道，经过吸尘口含尘气体进入集尘器 12 净化处理。

12.3　抛丸器的布置及钢丸的冲击方式

为了加工的需要，抛丸器在瓷砖抛丸机上的布置方式主要有水平、倾斜、垂直布置方式，如图 12-5 所示。

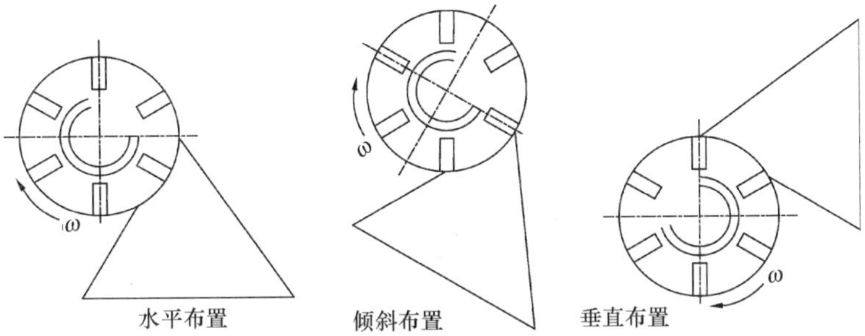

图 12-5　瓷砖抛丸器的布置方式

多台抛丸器布置时，应避免弹丸流束交叉或对射，并力求减少对清理室壳体的损害。抛丸器的最佳位置是安装在设备顶部，向下抛射。其次是安装在侧壁，只有在特殊需要时才安装在底部。弹丸对清理面的打击角为 40°～50°；用冷硬铸铁丸时打击角为 30°。

抛丸器布置方式的不同决定了钢丸冲击瓷砖的角度有垂直和倾斜之分。倾斜冲进可以分为小倾角斜冲击和大倾角斜冲击。一般来说，钢丸入射方向和瓷砖表面法向夹角小于 45°时为小倾角斜冲击，钢丸入射方向和瓷砖表面法向夹角大于 60°时为大倾角斜冲击。

（1）钢丸垂直冲击瓷砖

钢丸垂直冲击瓷砖过程如图 12-6 所示。

图 12-6　钢丸垂直冲击瓷砖示意图

钢丸垂直冲击瓷砖表面后，在钢丸冲击力的作用下，瓷砖表面产生一个漏斗形的冲击破碎坑。大量的裂纹扩展形成大块的瓷砖屑，实现瓷砖表面大的切削余量，加工效率高。钢丸冲击破碎对瓷砖表面形貌没有特殊的要求，无论瓷砖表面如何变形，钢丸都能将其冲击破碎。

（2）钢丸倾斜冲击瓷砖

钢丸就其外形来说，有球体的、三棱体的，还有圆柱体的。球体的钢丸在倾斜冲击瓷砖时，会在瓷砖表面产生一个很浅的坑然后跳飞，无法正常地破碎瓷砖的表面。圆柱体钢丸（钢丝段）倾斜冲击瓷砖表面时不仅会产生一定的冲击，而且还有一段的滑移切削过程，下面讨论这种情况的倾斜冲击，如图 12-7 所示。

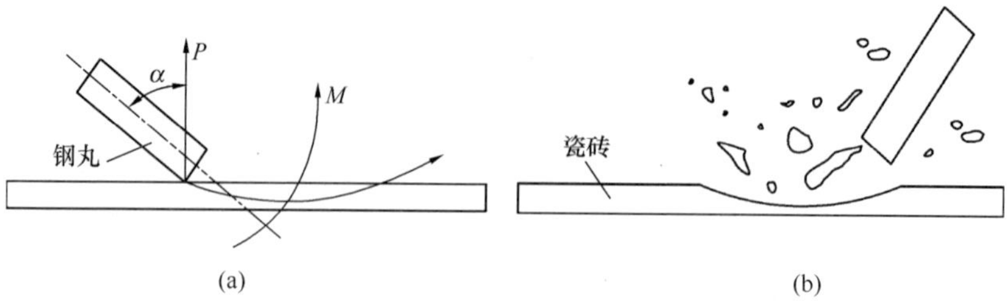

图 12-7 钢丸倾斜冲击瓷砖示意图
（a）钢丸翻转跳飞力矩；（b）钢丸跳飞过程

如果钢丸轴线与瓷砖表面法线之间的夹角为 α，在这种情况下，钢丸碰击瓷砖表面，则瓷砖表面抗力 F 不通过钢丸质心，而产生一个使弹体翻转的力矩 M。一般认为当 α 角小于20°时，产生与垂直冲击时同样的冲击崩落或其他破坏形式。当 α 角大于 30°时，对于抛射速度不太高的情况，钢丸就可能挖瓷砖表面而产生跳弹现象。跳弹时，在瓷砖表面上出现一个较浅的坑，同时还会在瓷砖表面上残留一定的划痕，这是因为钢丸在挖瓷砖表面直至跳出瓷砖表面的过程中发生钢丸对瓷砖的切削作用。

12.4 冲击矫正瓷砖变形机理研究

抛丸是钢丸由机械方法获得高速而远距离投射到零件表面上，将零件表面的杂质或者表层处理掉的工艺。世界上第一台抛丸设备诞生于100 年前，开始是在各种金属或者非金属表面去除各种杂质、氧化皮，增加粗糙度等方面得到应用。经过百年的发展，抛丸工艺以及设备已经相当成熟，其应用范围已经不仅仅是各个重工业的工厂。随着科学技术的不断进步和发展以及大批研究者的努力，大家对抛丸冲击机制的认识提升到一个更高层次，创新性地将抛丸冲击机制用于金属材料的成形工艺中——就是利用抛丸冲击的方法对金属表面进行无接触的打击以得到想要的产品形状。这种抛丸成形方式广泛应用于飞机表面大而且薄的蒙皮制作上，解决了大型金属薄件加工成形难的问题。

瓷砖在烧制后产生变形，为了消除瓷砖表面的变形，需要对瓷砖表面进行刮平，这也影响了瓷砖表面质量的提高。因为瓷砖表面烧结层是致密层，加工后能达到很高的光泽度。但是因为瓷砖的变形，必须将这层表面烧结层去掉。本书创新性地将抛丸冲击加工工艺应用于瓷砖表面材料的去除，申请并获得了发明专利。这种加工方式冲击的是瓷砖的正面。既然瓷砖已经变形，我们就利用抛丸冲击成形的机理，打击瓷砖反面，对瓷砖进行反变形，并将瓷砖抛丸反面矫形工艺申请并获得了发明专利。

由于瓷砖属于陶瓷材料，在常温下很难产生变形，不能像金属材料那样在钢丸冲击下产生塑性流动，瓷砖在抛丸冲击下是如何变形的是本章的重点内容。在分析瓷砖物理特性、烧结后残余应力的基础上，揭示瓷砖抛丸冲击矫形机理。

12.4.1 瓷砖反面冲击矫正变形工艺

金属冲击成形过程中，钢丸打击金属零件表面之后，金属零件是朝着钢丸冲击方向的反方向变形的，如图 12-8 所示。

在实际生产过程中，瓷砖的变形规律大体是龟背形的，如图 12-9、图 12-10 所示。这是瓷砖在出窑炉的时候，生产商家人为造成的。瓷砖完全平整的话，后续的抛光过程会使瓷砖表面产生凹心形状。

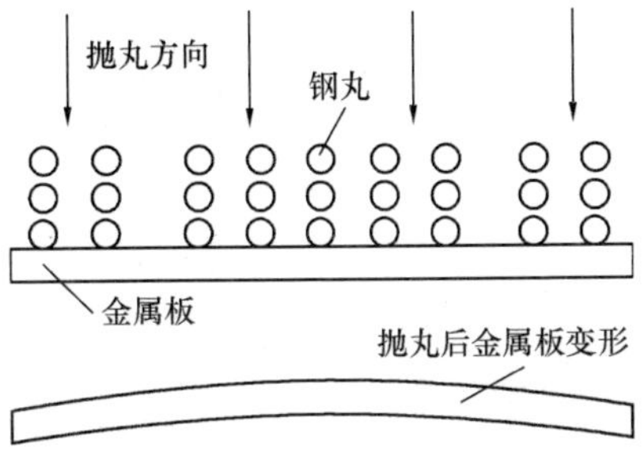

图 12-8　金属板钢丸冲击反变形示意图

图 12-9　瓷砖变形三维图

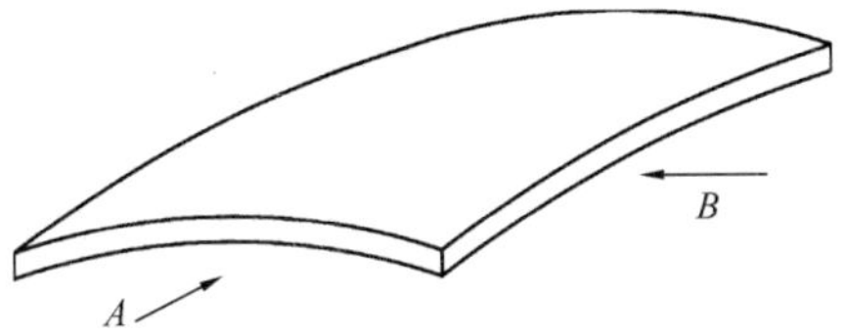

图 12-10　瓷砖 A、B 向变形示意图

即使是前面所述的那些瓷砖变形，也是在龟背基础之上的变形。无论瓷砖是如何变形的，在测量瓷砖的背面时，都是凹心的形状。

既然钢丸冲击成形的过程是反变形，本书提出一种新的矫形工艺方法来矫正瓷砖的烧结变形，只要瓷砖变形被矫正，就可以不用刮平直接进行抛光。因此，本书提出的矫形工艺方法是打击瓷砖的反面，如图 12-11 所示。

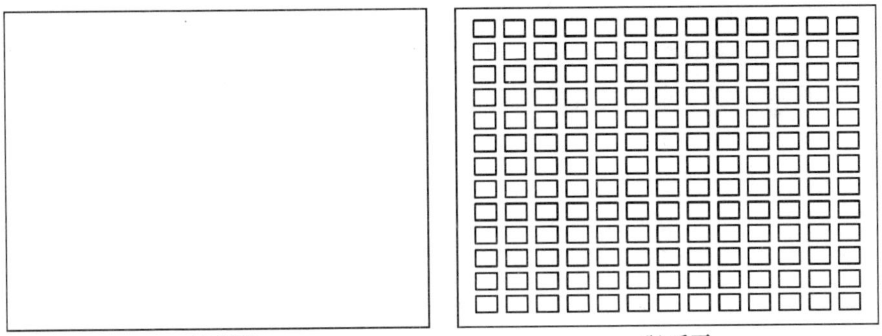

(a) 正面　　(b) 反面

图 12-11　瓷砖正面和反面示意图

完整的瓷砖分为正面和反面，正面是光滑面，这个面将来要加工成我们需要的表面。反面是由一系列凹下去的小格子组成，目的是与地面和墙面有更好的贴合力。这个面是固定的平面。正常的加工是加工瓷砖的光滑面也就是瓷砖的正面，冲击矫形工艺方法加工的是瓷砖的反面，也就是带有格子的面。这个变形是中间低，两边高。瓷砖反面变形如图 12-12所示。

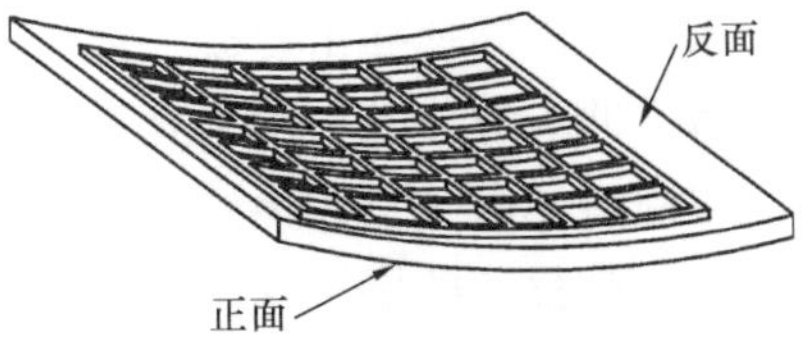

图 12-12　瓷砖反面变形三维示意图

抛丸冲击矫正瓷砖变形工艺原理如图 12-13 所示。

将瓷砖反面朝上放置于传动支架上，传动支架带动瓷砖不断进给。抛丸头将钢丸抛射到瓷砖的反面上。由于抛丸冲击瓷砖表面会产生一个中间高、两边低的变形规律，也就是瓷砖中间的变形与冲击

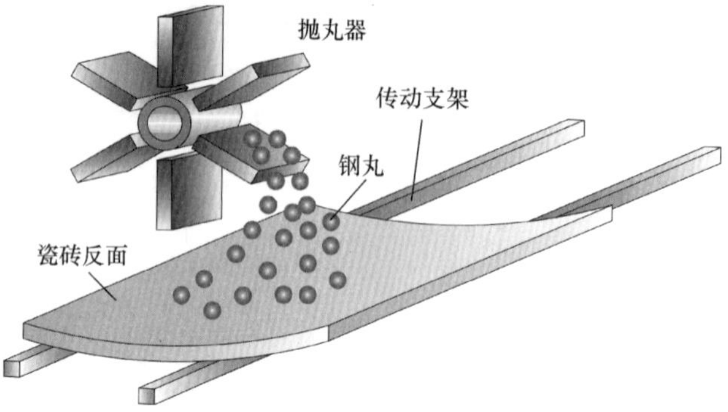

图 12-13　抛丸冲击矫正瓷砖变形工艺原理

方向相反，而两边与冲击方向相同。瓷砖的反面是中间低、两边高的变形。这个冲击变形正好与瓷砖反面的变形相反。将瓷砖反面变形矫正，整个瓷砖也就变平整了。瓷砖的反面是用来固定瓷砖用的，钢丸冲击瓷砖之后，瓷砖表面会残留很多的冲击坑，增加了瓷砖反面的附着力。经过矫形之后，瓷砖表面变得非常平整。

12.4.2　瓷砖反面冲击矫正变形机理

力是瓷砖产生变形的原因，反过来说有瓷砖变形必有力的作用。如前所述，瓷砖冲击矫形工艺所产生的冲击力没有使瓷砖产生向着冲击方向的变形，反而是逆着冲击方向起拱，很显然，反向起拱的直接原因不是钢丸冲击力，因为瓷砖产生变形的状态下冲击力已经不存在了。钢丸冲击破碎瓷砖的反面之后，在瓷砖的反面上残留一个漏斗形的凹坑。既然不是外力的作用，那一定就是瓷砖内部的应力作用了，正是因为残余应力的作用，才使瓷砖产生了变形。

（1）瓷砖抛丸成形的物理过程

抛丸器抛丸时钢丸依靠叶轮加速后撞击瓷砖表面。当这种弹丸流碰撞瓷砖表面时，弹丸的运动方向将突然改变，同时伴有能量的转移。图 12-14 示意球形弹丸工作时的运动过程和瓷砖、弹丸各自的变形区域。设弹丸以速度 v 冲击工件表面，它的作用好像一个微型的锤子锤击瓷砖表面的薄层，使局部应力超过材料的极限强度，瓷砖产生破碎并崩飞，同时在破碎坑周围瓷砖体中出现剪胀变形，产生辐射状延伸，形成残留变形的凹坑。经过撞击的弹丸以减小了的速度 v_1，循另一方向离开工件表面。

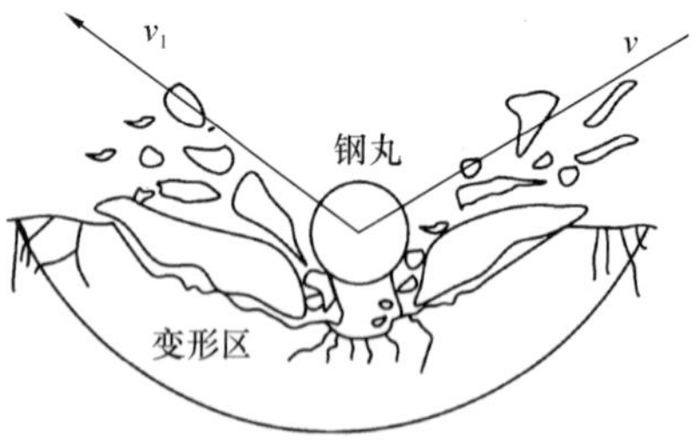

图 12-14　球形钢丸运动过程和变形区域

当钢丸以高速撞击瓷砖表面时，同样在瓷砖体内产生强烈的冲击波，并以高速向瓷砖内传播。冲击波使瓷砖材料运动并加热。如图 12-15（a）所示，钢丸高速冲击的瞬间，在钢丸与瓷砖体内分别产生两道强冲击波，其波阵面分别为 *EDC* 和 *AB*。在冲击瞬间，斜线部分是一个很薄的层，这部分的压力是 P_c，由于 P_c 的作用，斜线部分材料产生局部塑性变形的过程。由第 2 章抛丸冲击破碎机理可知，钢丸压入时变形区周围的材料都处于弹性受压状态，接着进入塑性状态。然而最大变形区域并不发生在钢球与板的接触面上，而在

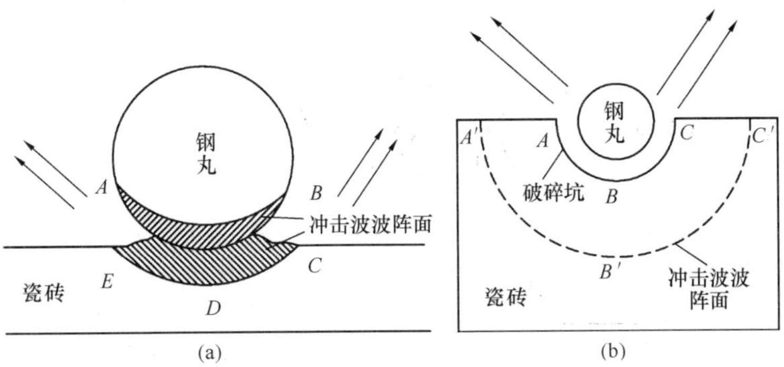

图 12-15　钢丸高速撞击瞬间冲击波的传播与飞溅

（a）钢丸冲击瓷砖瞬间；（b）冲击破碎坑形成瞬间

接触表面以下 0.67a 处，a 为钢丸压入瓷砖中凹坑的半径。压入载荷继续增大，塑性区将向四周逐渐扩散，体积膨胀很大。因为力还没有传到 $ABEDC$ 以外的区域，本阶段好像一个圆柱形的活塞挤压液体或气体，使液体通过活塞的间隙以非常高的速度飞出去。对于球形弹丸的超高速撞击来说也是如此，如图 12-15（b）所示，这就是飞溅现象。接着下一阶段，冲击波以相当快的速度传播，压力急剧下降。冲击波到达瓷砖正面的自由面时便会反射拉伸波。在压缩波与拉伸波的作用下，瓷砖体内会产生空洞释放应力并产生体积膨胀。

由前面冲击破碎产生的剪胀变形和应力波产生的剪胀变形机理可知，冲击破碎瓷砖表面不仅释放了瓷砖的应力，而且引起瓷砖材料表层发生微观体积剪胀变形，而瓷砖内部却没有产生剪胀变形。表层和内层间的不均匀剪胀变形便在瓷砖体内部产生一定深度的残余压应力，它破坏了瓷砖原有的力系平衡。当残余压应力值达到一定数值时，瓷砖唯有发生宏观变形才能使其内部力系达到新的平衡，因此受到抛丸的瓷砖发生一定的弯曲变形。由于适度分布的应力场形态对应着一定曲率的瓷砖形状，故可以通过调整抛丸的强度和次数形成与之相对应的残余应力场，实现所需曲率的瓷砖成形。

（2）瓷砖表层残余应力的产生机理

瓷砖抛丸成形时，受冲击的表层由于体积剪胀变形致使瓷砖体积加大，同时又带动内层的原应力状态材料产生拉伸，但内层材料的延伸没有超过材料的轻度极限，只是产生弹性变形。当钢丸脱离瓷砖的表面以后，瓷砖材料发生弹性恢复，表层和内层材料同时收缩。但是，表层材料收缩后有永久伸长，内层材料却没有。由于瓷砖的结构是一整体，内、外两层之间存在相互牵制作用，就使受抛丸表层产生残余压应力，而在内层产生残余拉应力。再继续抛丸，并使瓷砖产生弯曲变形后，瓷砖的内应力将重新分布。最后，瓷砖的受冲击表层（瓷砖反面）和未受冲击表层（瓷砖正面）具有残余压应力，而中心层则具有残余拉应力，见图 12-16。瓷砖唯有发生宏观变形才能使其内部力系达到新的平衡，因此瓷砖沿抛丸方向发生凸起弯曲变形。

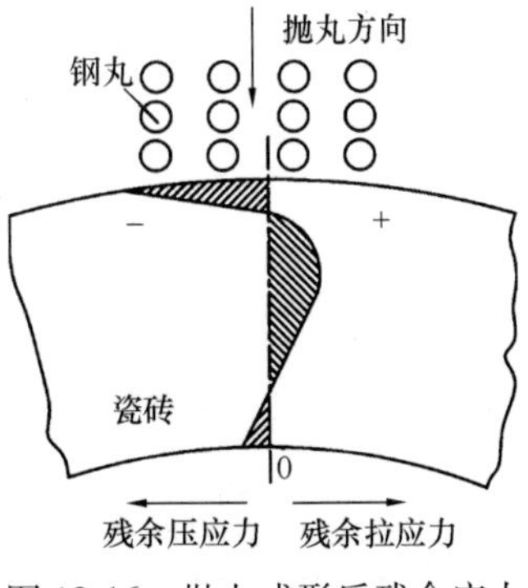

图 12-16　抛丸成形后残余应力沿着瓷砖厚度方向的分布

（3）瓷砖抛丸后残余应力矫正瓷砖变形机理

由前面的分析可知，瓷砖在烧结过程中热应力的作用使瓷砖内部有残余应力。瓷砖的正面残余很大的压应力，瓷砖的中部残余拉应力。为了达到应力平衡，唯有发生宏观变形，因此，烧结后的瓷砖产生了弯曲变形，而弯曲变形使瓷砖反面产生了压缩应力。为了便于分析，这里假设压应力和拉应力在瓷砖的厚度方向上都为均匀分布。这种应力分布形式可用图12-17（a）给出的弹簧系统模型进行分析，上表面的压应力相当于一个受压的弹簧，而瓷砖内部的拉应力相当于一个受拉的弹簧。很显然，这种弹簧系统不能保持平衡，必然要发生弯曲变形，以平衡由内部压应力和拉应力引起的弯曲力矩。瓷砖唯有发生宏观变形才能使其内部力系达到新的平衡，因此瓷砖便发生凸起弯曲变形直至弯曲力矩平衡。

此时的残余应力分布形式可用图12-17（b）给出的弹簧系统模型进行分析，中间受拉的弹簧受到上下两个受压弹簧的制约。系统内部的力和力矩都得到平衡，故此时整个系统处于平衡状态。

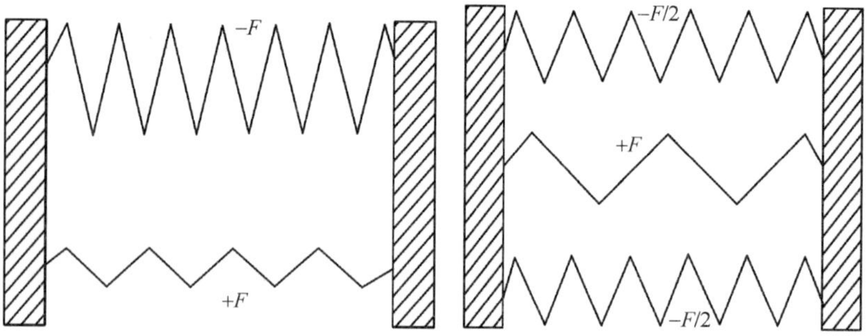

图12-17　分析残余应力平衡的弹簧系统

（a）不平衡的残余应力系统；（b）满足平衡的残余应力系统

为了矫正烧结后瓷砖产生的弯曲变形，利用抛丸成形的方法打击瓷砖反面将弯曲的瓷砖进行矫正平整。瓷砖矫正变形机理主要是利用瓷砖抛丸冲击反面，自身内部应力的不平衡使瓷砖反面发生反方向的弯曲变形，以此来平衡烧结后瓷砖的弯曲变形。瓷砖反面在抛丸冲击的过程中，剪胀变形首先释放了烧结后瓷砖中一部分应力。在抛丸冲击后的残余应力作用下使瓷砖反面的表层诱导出高幅压应力，表层压应力的存在打破了瓷砖内部原有力系的平衡，从而导致瓷砖发生上凸弯曲变形。这个变形与烧结后瓷砖的弯曲变形正好相反。在瓷砖反面弯曲过程中，又将使内部应力发生新的变化，最终在瓷砖内部形成新的残余应力分布，因此整个过程使瓷砖内部应力发生复杂变化。瓷砖只有通过宏观变形才能使内部的应力达到新的平衡，烧结后弯曲的瓷砖变平整了。矫正后的瓷砖内部残存着新的应力，瓷砖正面残余压缩应力，中部残余拉伸应力，反面残余压缩应力。如图12-18所示。

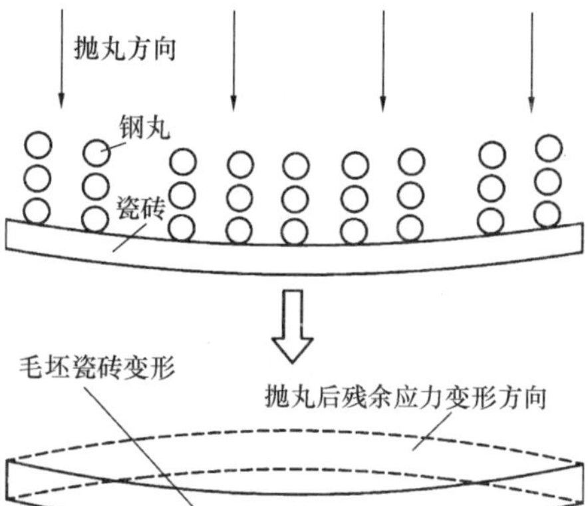

图12-18　矫正后瓷砖变形

12.5 瓷砖冲击加工试验设计

为了验证瓷砖冲击加工工艺的可行性，本节设计并完成对瓷砖表面正面抛丸、反面抛丸矫形、抛丸后瓷砖表面加工过程全方位跟踪观测的大型综合性测试试验。

12.5.1 瓷砖抛丸机和金属抛丸机介绍

本书试验分为两个部分进行：一是瓷砖正面抛丸试验；二是瓷砖反面抛丸试验。这两个试验不是同时进行的，而是分开进行的。也就是说，进行正面抛丸试验时，不进行反面抛丸试验。瓷砖表面的抛丸不同于金属，因此瓷砖抛丸机的结构和设计与金属抛丸机的结构有所区别，但是机器的大体结构、组成部分都是相同的。只要是抛丸机都由以下部分组成：抛丸器、钢丸回收系统、钢丸提升系统、除尘系统。瓷砖抛丸器布置方式与金属抛丸器的布置方式是不同的，瓷砖抛丸器是水平布置，而金属抛丸器是倾斜布置或者垂直布置。如图 12-19、图 12-20 所示。

(a) (b)

图 12-19 瓷砖抛丸主要试验设备

（a）瓷砖抛丸机；（b）金属抛丸机

(a) (b)

图 12-20 瓷砖抛丸试验设备上抛丸器的布置方式

（a）瓷砖抛丸器布置；（b）金属抛丸器布置

12.5.2 瓷砖抛丸试验设备参数

在本试验中上述设备的技术参数如表 12-1 和表 12-2 所示。

表 12-1 金属抛丸机技术参数

项目	参数
辊道工作速度（m/min）	5
清理最大工作尺寸（长×宽×高）（mm）	12000×2000×25
抛丸器台数	4
抛丸器最大抛丸量（kg/min）	4×290
抛丸器功率（kW）	4×18.5
提升机提升量（t/h）	90
分离器分离区风速（m/s）	5
螺旋器输送器输送量（t/h）	90
转刷转速（r/min）	85
总通风量（m^3/h）	15000
总功率（kW）	132
机器的外形尺寸（长×宽×高）（mm）	16805×4800×7835
机器总质量（kg）	27400

表 12-2 瓷砖抛丸机技术参数

项目	参数
辊道工作速度（m/min）	1～30（可无级调速）
清理最大工作尺寸（宽×高）（mm）	1200×600
抛丸器台数	2
抛丸器最大抛丸量（kg/min）	2×210
抛丸器功率（kW）	4×11
提升机提升量（t/h）	50
分离器分离区风速（m/s）	5
螺旋器输送器输送量（t/h）	50
转刷转速（r/min）	70
总通风量（m^3/h）	16500
总功率（kW）	45
机器的外形尺寸（长×宽×高）（mm）	10000×1500×3000
机器总质量（kg）	15000

12.5.3 瓷砖抛丸加工参数配置

瓷砖正面抛丸试验在瓷砖抛丸机试验机上进行，抛丸机驱动电机的转速是1500r/min；抛丸轮的转速是2800r/min；瓷砖的进给速度是30m/min；部分瓷砖的反面试验也在瓷砖抛丸机上进行，其他的参数都不变，瓷砖采取上面冲击的方法。瓷砖正面抛丸时，瓷砖的进给速度是30m/min；瓷砖反面进给速度是15m/min。大批量的瓷砖反面抛丸试验在金属抛丸机上进行，抛丸机驱动电机的转速是1400r/min；抛丸轮的转速是3000r/min；瓷砖的进给速度是5m/min。

12.5.4 试验钢丸参数

抛丸冲击加工与切削加工不同，切削加工工具是刀具，在加工过程中刀具与工件始终接触，切削力也是通过刀具来传递。抛丸冲击加工是无接触加工，抛丸器与瓷砖并不进行接触，抛丸器产生的振动等能量不能作用于瓷砖的表面。对瓷砖表面进行作用的是钢丸，它们是对瓷砖加工的主要工具。当钢丸对瓷砖表面冲击加工结束后，就会离开瓷砖表面，不会始终作用于瓷砖表面。

对于金属抛丸加工，钢丸的形式是多种多样的。从钢丸的形状上来分有球形丸、钢丝切丸、三棱形丸等。从钢丸的材料上来分有陶瓷丸、玻璃丸、石英砂丸、金刚砂丸、高碳钢丸、铸钢丸、铸铁丸等。而本书中的试验采用的钢丸是球形丸，采用的是高碳钢。这种钢丸的特点是硬度适中、韧性强、抗冲击、使用寿命长（高达 2000 ~ 2900 次）、反弹性好、清理速度快、耗量低、不破碎、清理速度快、技术效果好。瓷砖正面抛丸时，在瓷砖抛丸机上采用的钢丸直径为 0. 5mm，瓷砖反面抛丸时，在金属抛丸机上采用的钢丸直径为 2mm。钢丸形貌如图 12-21 所示。

(a)　　(b)

图 12-21　试验钢丸规格

（a）2mm 钢丸；（b）0. 5mm 钢丸

12. 6　瓷砖抛光加工试验设计

12. 6. 1　瓷砖抛光生产线介绍

本试验的试验对象是由中国科达机电公司生产的“巨无霸”瓷砖抛光线，是目前世界上最先进的瓷砖抛光线。整条抛光线由下列几个工序组成：磨边、刮平、抛光、涂覆纳米液、检测、成品、包装工序。如图 12-22 所示。

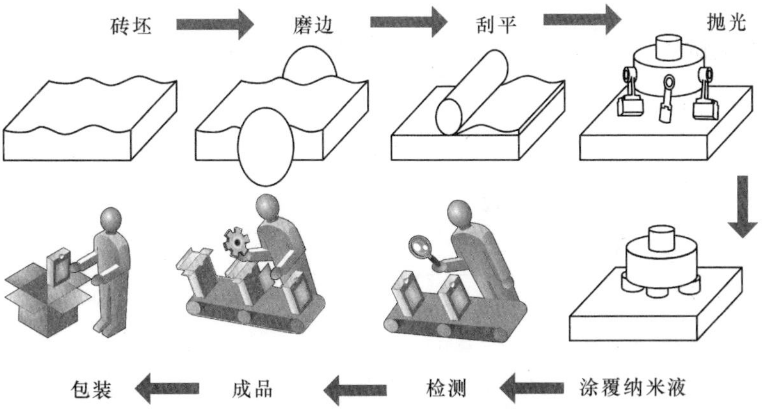

图 12-22　瓷砖加工过程

瓷砖刮平分三道工序，分别为粗刮、中刮、精刮，如图 12-23 所示。为了保证瓷砖的平整度。毛坯砖 1 经过粗刮后旋转 90°；粗刮瓷砖 2 经过中刮后旋转 90°；中刮瓷砖 3 经过精刮后旋转 90°，进入抛光工序。

瓷砖抛光工序分三道工序，分别为粗抛、中抛、精抛，如图 12-24 所示。

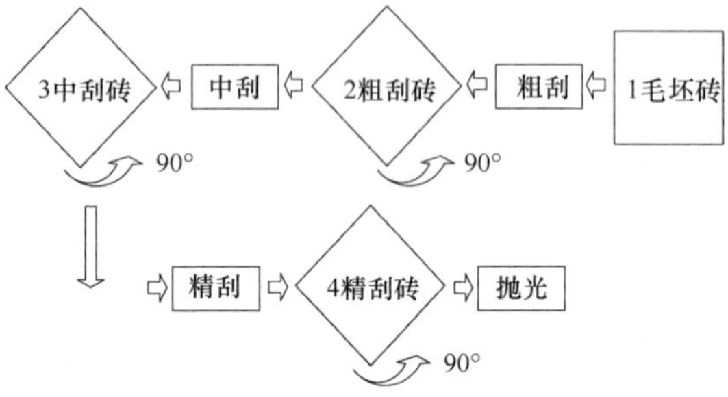

图 12-23　瓷砖刮平机工序

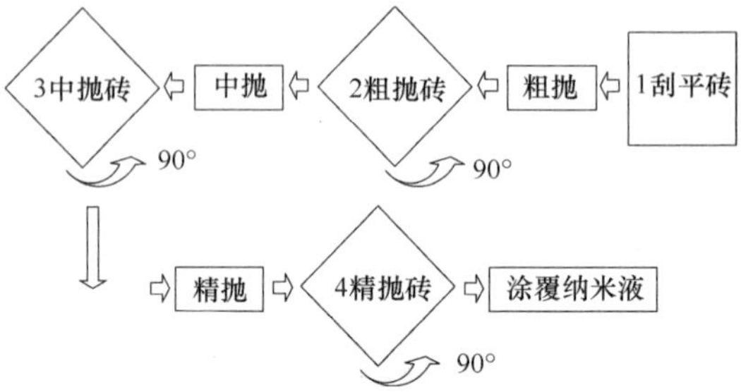

图 12-24　瓷砖抛光工序

刮平砖 1 经过粗抛后旋转 90°，目的是保证瓷砖的平整度。中抛瓷砖 3 旋转 90°后，进行精抛。精抛后的瓷砖 4 旋转 90°后，进入涂覆纳米液工序。

12.6.2　主要试验设备及其技术参数

在本试验中主要的试验工序是刮平、抛光、纳米液涂覆，试验设备如图 12-25 所示，设备的技术参数如表 12-3 至表 12-5 所示。

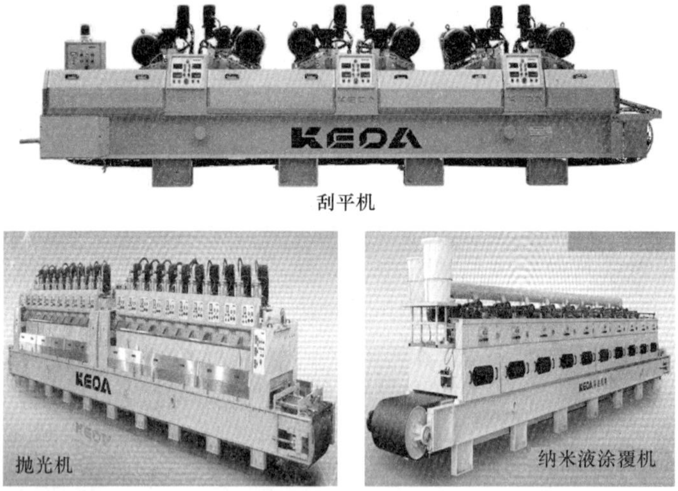

图 12-25　主要试验设备

表 12-3　瓷砖刮平机技术参数

项　　目	参　　数
机型	GD1000/4
金刚滚筒头数（个）	4
最大工作厚度（mm）	20
最大工作宽度（mm）	1000

续表

项　目	参　数
最小工作宽度（mm）	600
金刚滚筒驱动功率（kW）	18.5
主传动功率（kW）	4
滚筒升降驱动功率（kW）	0.37
输送速度（m/min）	2~15
总耗水量（L/min）	270
总功率（kW）	79.48
总重（kg）	8570

表 12-4　瓷砖抛光机技术参数

项　目	参　数
机型	PJ800/18
工作宽度（mm）	500~800
工作厚度（mm）	8~20
单个磨头驱动功率（kW）	11
主传动功率（kW）	5.5
摆动驱动功率（kW）	4×2.2
工作速度（m/min）	3~8
气源压力（MPa）	0.6~0.8
单个磨头耗水量（L/min）	25
总功率（kW）	212.54
设备外形尺寸（长 mm×宽 mm×高 mm）	14100×2850×2260
总重（kg）	28250

表 12-5　纳米液涂覆机技术参数

项　目	参　数
机型	LUXCO800B/18
工作宽度（mm）	400~800
工作厚度（mm）	8~25
输送带速度（m/min）	11
气源压力（MPa）	0.6~0.8
耗气量约（L/min）	300
主传动电机功率（kW）	5.5
磨头电机功率（kW）	7.5×10
横梁摆动电机功率（kW）	3×2
总功率（kW）	112
设备外形尺寸（长 mm×宽 mm×高 mm）	14450×3150×2100
总重（kg）	15000

磨边倒角机是将瓷砖波浪边以及瓷砖边缘余量磨掉的机器。刮平机是将瓷砖烧制后不平整的表面刮平，为后续抛光打基础的机器。摆动式抛光机是将前面刮平机在瓷砖表面的刮痕去掉，同时将瓷砖表面进行研磨、抛光的关键机器。瓷砖抛光后，微观表面留有大量气孔及缺陷，纳米液涂覆机将抛光后的瓷砖涂覆上一层纳米液，使瓷砖表面达到超洁亮的效果。

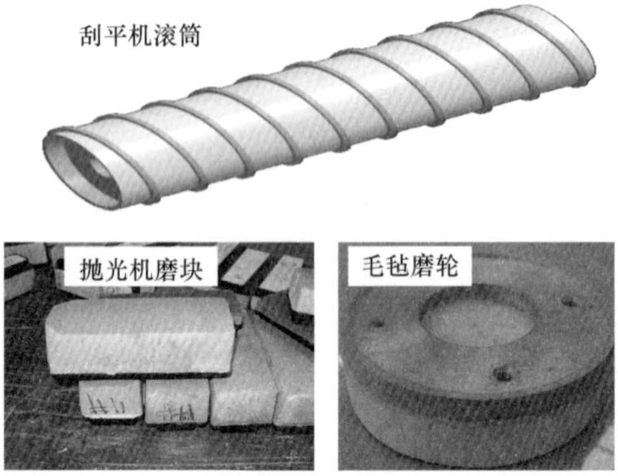

图 12-26　主要试验工具

瓷砖刮平、抛光工序中的粗、中、精工序应用的都是图 12-25 中的机器，区别在于磨头磨块粒度配置的不同。

12.6.3　主要工序加工参数配置

（1）刮平工序参数配置

滚筒如图 12-26 所示。刮平工序的参数配置如表 12-6 所示。

在瓷砖加工过程中，刮平、抛光、纳米液涂覆工序是主要工序，是瓷砖高光泽度表面成形的主要工序。而磨边工序对瓷砖表面的成形影响不大，在此不详加分析该工序的参数配置。

表 12-6　刮平机参数配置

工序	滚筒转速（r/min）	磨块粒度号	滚刀切削深度（mm）	瓷砖进给速度（m/min）
粗刮	1800	46	0.1	14
中刮	1800	80	0.08	14
精刮	1800	140	0.03	14

（2）抛光工序参数配置

粗抛工序的磨头转速为 470r/min；中抛工序的磨头转速为 520r/min；精抛工序的磨头转速为 540r/min；三道工序的磨头摆动频率为 11.5 次/min；瓷砖进给速度为 7.13m/min。磨块粒度号配置如表 12-7 ~ 表 12-9 所示。磨轮外形如图 12-26 所示。

表 12-7　粗抛工序加工参数配置

磨头编号	磨头转速（r/min）	磨头电机电流（A）	磨头压力（MPa）	磨块粒度号	磨块类型
1	520	14	0.15	46	金刚石
2	520	15	0.3	46	金刚石
3	520	17.2	0.3	46	金刚石
4	520	14.7	0.3	46	金刚石
5	520	14.5	0.3	46	金刚石
6	520	13.9	0.35	60	金刚石
7	520	13.7	0.35	60	金刚石

续表

磨头编号	磨头转速 (r/min)	磨头电机电流 (A)	磨头压力 (MPa)	磨块粒度号	磨块类型
8	520	11. 3	0. 35	60	金刚石
9	520	12. 5	0. 35	60	金刚石
10	520	14. 8	0. 35	60	金刚石
11	520	12. 2	0. 3	80	金刚石
12	520	11. 4	0. 3	80	金刚石
13	520	11. 1	0. 3	80	金刚石
14	520	14	0. 3	80	金刚石
15	520	12	0. 3	80	金刚石

表 12-8　中抛工序加工参数配置

磨头编号	磨头转速 (r/min)	磨头电机电流 (A)	磨头压力 (MPa)	磨块粒度号	磨块类型
1	520	13. 6	0. 2	120	金刚石
2	520	14	0. 3	120	金刚石
3	520	13. 9	0. 3	120	金刚石
4	520	12. 3	0. 3	120	金刚石
5	520	16. 1	0. 3	150	金刚石
6	520	14. 4	0. 3	150	金刚石
7	520	11. 4	0. 3	150	金刚石
8	520	12. 4	0. 3	180	金刚石
9	520	16	0. 3	180	金刚石
10	520	12. 2	0. 3	180	金刚石
11	520	20. 4	0. 2	240	碳化硅
12	520	15. 3	0. 3	240	碳化硅
13	520	29. 3	0. 2	240	碳化硅
14	520	33	0. 3	240	碳化硅
15	520	30. 2	0. 2	320	碳化硅
16	520	28. 4	0. 3	320	碳化硅

表 12-9　精抛工序加工参数配置

磨头编号	磨头转速 (r/min)	磨头电机电流 (A)	磨头压力 (MPa)	磨块粒度号	磨块类型
1	520	18	0	320	碳化硅
2	520	21	0. 35	320	碳化硅
3	520	27	0. 3	400	碳化硅
4	520	21. 3	0	400	碳化硅

续表

磨头编号	磨头转速 (r/min)	磨头电机电流 (A)	磨头压力 (MPa)	磨块粒度号	磨块类型
5	520	26.2	0.25	600	碳化硅
6	520	27.3	0.3	600	碳化硅
7	520	31.1	0.3	600	碳化硅
8	520	26.9	0.25	800	碳化硅
9	520	29.3	0.3	800	碳化硅
10	520	22.1	0.3	1000	碳化硅
11	520	24.8	0.3	1000	碳化硅
12	520	23.2	0.3	1000	碳化硅
13	520	21	0.35	1200	碳化硅
14	520	17.6	0.35	1200	碳化硅
15	520	16.8	0.3	1500	碳化硅
16	520	16	0.2	1500	碳化硅

（3）涂覆纳米液工序参数配置

行星磨头转速为 90r/min；行星抛光轮转速为 1200r/min；汽缸压力为 0.1MPa；传送带速度为 14m/min。纳米液是一种水溶剂的纳米二氧化硅乳液，材料的粒度在 5nm ~ 1μm 之间。纳米液使用量为 70g/m^2。磨轮为羊毛材料，如图 12-26 所示。

12.6.4 加工瓷砖参数

试验所用瓷砖规格为 800mm × 800mm × 15mm。瓷砖的主要成分为石英、长石、高岭土等。瓷砖组成详细成分及比例属于厂家机密，在本书不详加列出。瓷砖性能指标如表 12-10所示。

表 12-10 瓷砖主要性能指标

性能	吸水率 (%)	抗折强度 (MPa)	热稳定性	莫氏硬度	热膨胀系数 (10^{-6}/℃)	抗冻性 (15 ~ -15℃)	耐磨强度 (mm^3)
参数	<0.5	>30	15 ~ 105℃ 10 次	≥6	<9	20 次	<205

12.6.5 试验仪器及测点

（1）平整度测试

瓷砖在试验之前，首先测试瓷砖表面的平整度。试验瓷砖是未经过机械加工的瓷砖。瓷砖的测试点分别是瓷砖的两个对角线和两个对边。如图 12-27 所示。瓷砖不仅在试验之前测试，在抛光之后也要进行平整度测试，测试方法同上。测试的仪器为塞规和 1m 长的钢尺。测试仪器如图 12-28 所示。

（2）光泽度测试

分别从正面抛丸和反面抛丸组中选取抛光后的瓷砖作为研究对象。在取样瓷砖上均匀取 9 个点作为测试点进行光泽度测试。如图 12-29 所示。同时在精抛工序上任取一块瓷砖任取一点作为测点进行光泽度测试，在这块瓷砖进行纳米液涂覆后，继续在该瓷砖上任取

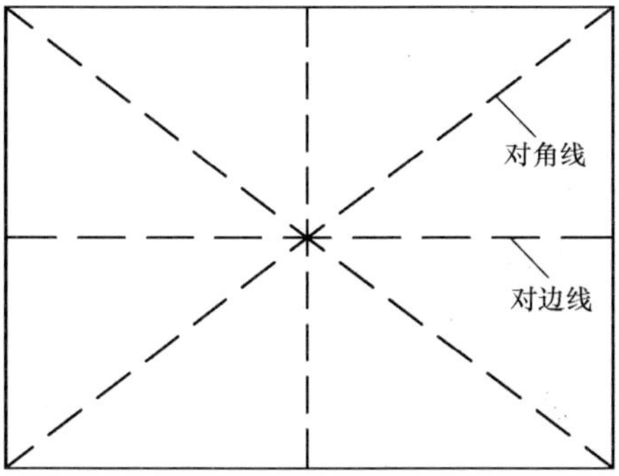

图 12-27　瓷砖平整度测试点

图 12-28　瓷砖平整度测试仪器

一点测试光泽度，并对比光泽度效果。光泽度测试利用 WGG60 型镜向光泽度仪，如图 12-30所示。由于刮平后的瓷砖粗糙，肉眼都能看出很深的沟槽。因此，不在刮平后的瓷砖上做光泽度测试。

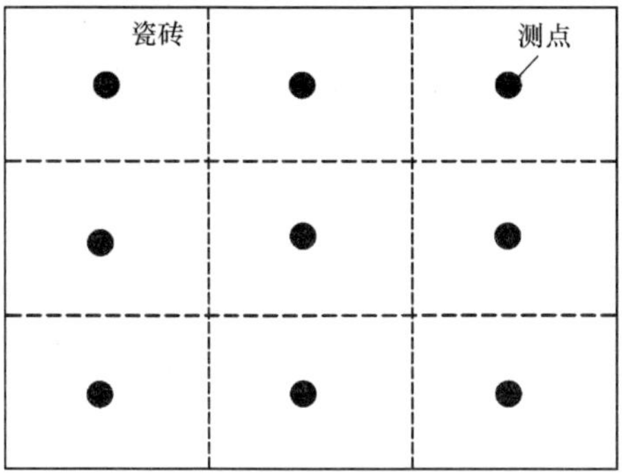

图 12-29　瓷砖表面光泽度测点

图 12-30　光泽度测试仪器

12.6.6　试验过程

取瓷砖正面抛丸时，瓷砖放置在抛丸器的正下方，分别设置抛口的四个距离：50mm、100mm、180mm、600mm；抛丸时间分别设置为 2s、5s、10s、20s、30s、40s。抛丸的方式设置为单道和旋转 90°交叉抛丸。在瓷砖抛丸机进行正反面抛丸时，瓷砖按照 30m/min 的速度进给，抛丸口距离设置为 600mm。将抛丸后的瓷砖直接拿到陶瓷厂进行刮平和抛光试验，然后对瓷砖进行平整度和光泽度测试。

反面抛丸时，瓷砖放置在两条工字钢上面，瓷砖正面朝下、反面朝上。将抛丸后的瓷砖直接送入瓷砖抛光工序进行抛光，然后对瓷砖进行平整度和光泽度的测试。

12.7　瓷砖正面冲击加工和抛光加工试验结果与分析

12.7.1　瓷砖表面冲击加工轨迹

本书为了探寻钢丸在瓷砖表面上的抛射轨迹，在同一块瓷砖上设定 2s、5s、10s 三个时间。逐步地调整抛口到瓷砖的距离为 50mm、100mm、180mm、600mm，得出如图 12-31

所示的抛丸轨迹。

图 12-31 显示，钢丸在瓷砖表面的轨迹整体近似为一个椭圆形。但是这个椭圆形是不规则的，轨迹的上端呈现圆弧形，下端呈现方形。这个轨迹是典型的抛射轨迹。轨迹由内外两层组成，中间为抛丸密集区，周边为抛丸稀疏区。上端为密集区，下端为稀疏区。

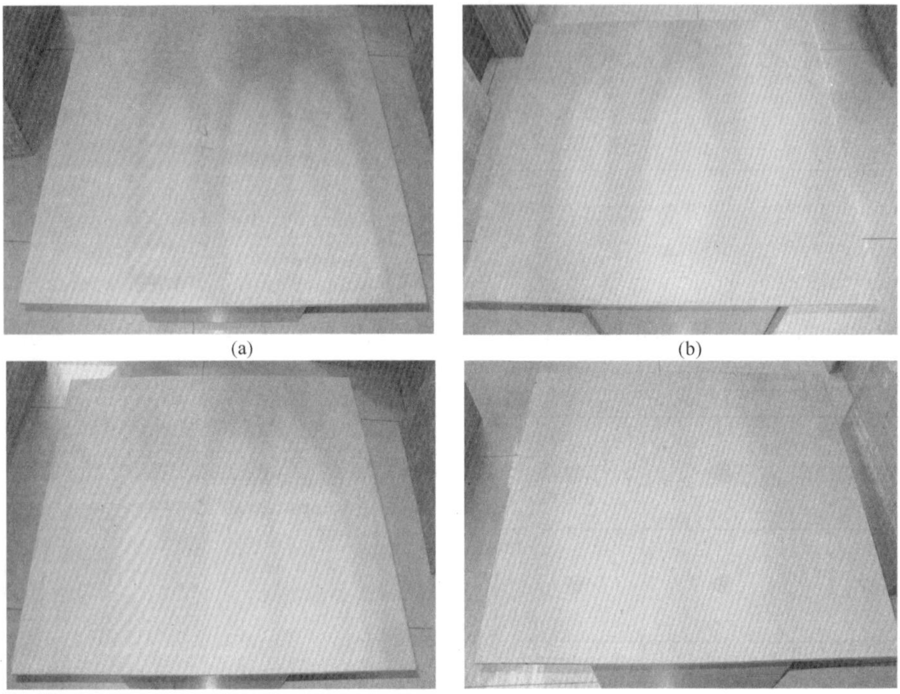

(a) (b) (c) (d)

图 12-31　钢丸在瓷砖表面的抛丸轨迹

（a）抛口距离瓷砖 50mm；（b）抛口距离瓷砖 100mm；（c）抛口距离瓷砖 180mm；（d）抛口距离瓷砖 600mm

从图 12-31 看出，随着抛射距离的增大，抛射轨迹的长度在不断加大，也就是覆盖区域在加大，但是抛射区的颜色却在变浅。这表明抛丸的力度随着距离的增加而不断减小，衰减力度在加大。图 12-31 显示，在同一块瓷砖上的抛丸轨迹，在不同时间的抛射下，轨迹的长度不一样，而是一个逐渐增大的趋势并逐步稳定。这是因为当抛丸器在开机后供丸系统才开始供丸。钢丸从料斗到抛丸器再到瓷砖表面需要时间走完流程。当供丸正常时，抛丸轨迹才逐步稳定下来。通过结果分析得出，在瓷砖进给前需要将抛丸自行运行一段时间然后进给的工艺过程。

通过图 12-31 分析我们得知，钢丸的抛射轨迹分为内外两层，外层是稀疏区。在瓷砖抛丸过程中这一区域的抛丸在覆盖和抛射力度方面远不如内层的密集区。因此抛丸轨迹的密集区是抛丸要利用的区域。在瓷砖加工过程中要让整个抛射轨迹的密集区覆盖瓷砖的表面，而稀疏区抛射在瓷砖边界之外。图 12-31 显示，抛射轨迹的密集区由抛丸口到瓷砖表面的距离决定。因此，可以调整这个距离来得到抛射密集区。但是抛丸的距离决定了抛丸的力度，钢丸抛射后会随着距离的增大而衰减得很快。因此，在选择抛丸距离、覆盖面积、力度的时候，需要综合考虑这些因素。要根据瓷砖的规格调整抛丸器到瓷砖的距离，然后通过增加或者减少抛丸器的数量达到抛丸需要的抛丸力度。

抛丸的抛射轨迹并不是均匀的，一头的抛射轨迹密集，另外一头的抛射轨迹稀疏，是一个渐变的过程。这会导致瓷砖表面抛丸破碎的不均匀性。因此钢丸的抛射轨迹也决定了抛丸器的布置规律。为了达到瓷砖表面抛丸破碎的均匀性，通过分析我们得出抛丸器需要两个配合使用，在布置形式上是左右配置，如图 12-32所示。

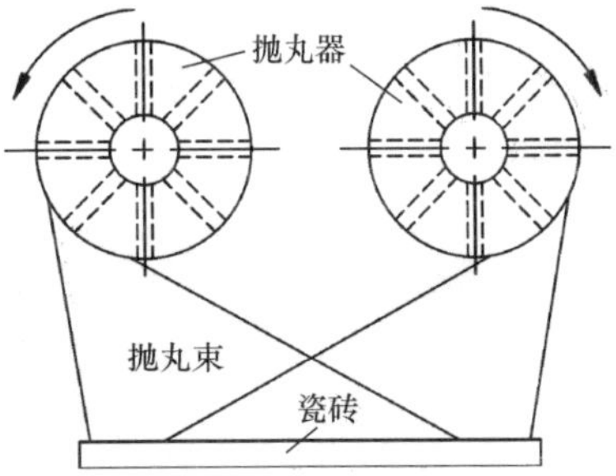

图 12-32　抛丸器布置

12.7.2　冲击距离和时间对冲击加工深度的影响

本书利用钢尺和塞规测量试验瓷砖表面上抛丸轨迹的深度。由于烧结后的瓷砖表面并不是平面而是一个圆弧面，无法准确地测量轨迹的深度，只能通过残留在瓷砖表面的轨迹深度来进行分析。

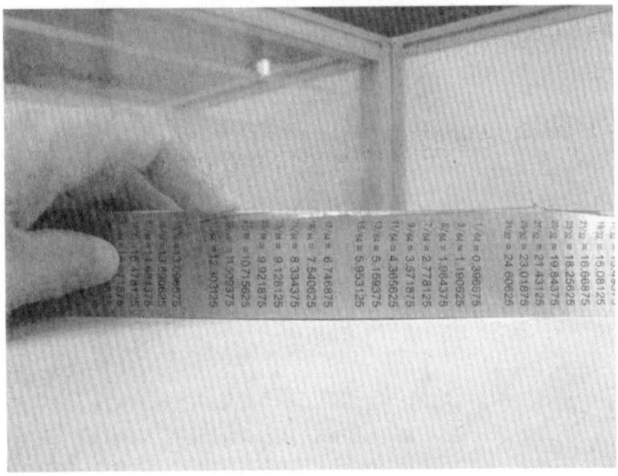

图 12-33　抛丸轨迹深度

将钢尺横放在瓷砖残留抛丸轨迹的宽度方向上。图 12-33 显示，抛丸轨迹有一定的深度，是一道破碎沟。整个沟槽呈中间低、两边高的圆弧形。不同轨迹的深度如表 12-11所示。

通过表 12-11 看出，在抛丸距离不变的情况下，抛丸轨迹的深度在不断增大。在抛丸时间不断增加的情况下，随着抛丸距离的增加，抛丸轨迹的深度在不断减小。表 12-11显示，抛丸距离 50mm 时，2s 的抛丸轨迹深度与抛丸距离 600mm，10s 的抛丸轨迹差不多；同时是抛丸距离 100mm，5s 时抛丸轨迹所能达到的深度。试验测试数值说明，较短的抛丸距离可以产生较大的抛丸能量，节约抛丸时间，提高瓷砖进给速度。瓷砖正面抛丸要求将瓷砖表面的烧结层去除掉，破碎深度是一个主要的考察目标。因此在抛射轨迹能覆盖瓷砖表面时，尽量减少抛丸口距离瓷砖表面的距离。

表 12-11　抛丸深度、抛丸时间与轨迹深度的关系

抛丸距离	轨迹深度		
	抛丸时间		
	2s	5s	10s
50mm	0. 19mm	0. 5mm	0. 5mm
100mm	0. 08mm	0. 25mm	0. 4mm
180mm	0. 02mm	0. 08mm	0. 3mm
600mm	0. 01mm	0. 05mm	0. 15mm

12.7.3　交叉冲击加工工艺分析

由前面的理论和瓷砖测试可知，烧结后的瓷砖并不是平整的，而是弯曲变形的，大体的变形规律是龟背形的，也就中点高、两边低。利用抛丸加工方式将瓷砖表面烧结层去除的同时也要使瓷砖表面变得更加平整。也就是说，抛丸冲击瓷砖表面有两个考核的指标：一是平整度；二是粗糙度。既然瓷砖表面是龟背形的，这就要求中间去除得多，两边去除得少。我们采取的加工方法是将抛丸轨迹进行交叉，这样交叉后的轨迹深度叠加获得更大的抛丸深度。轨迹交叉的重合点正好在瓷砖的中部，而这个地方也是瓷砖的最高点。抛丸交叉轨迹如图 12-34 所示。

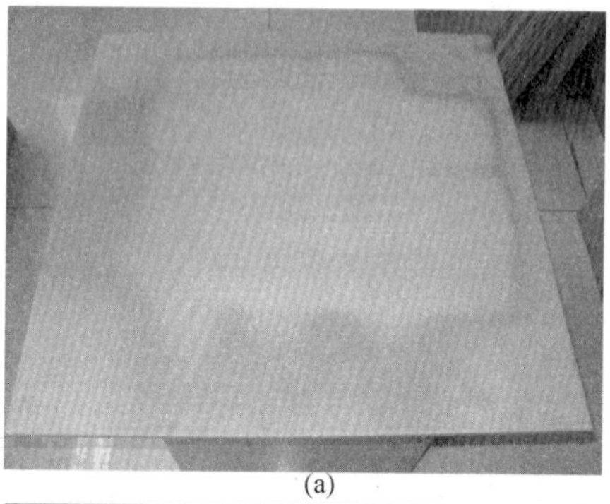

(a)

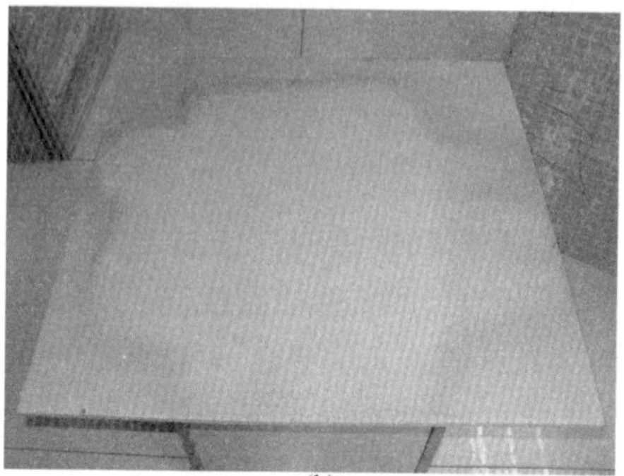

(b)

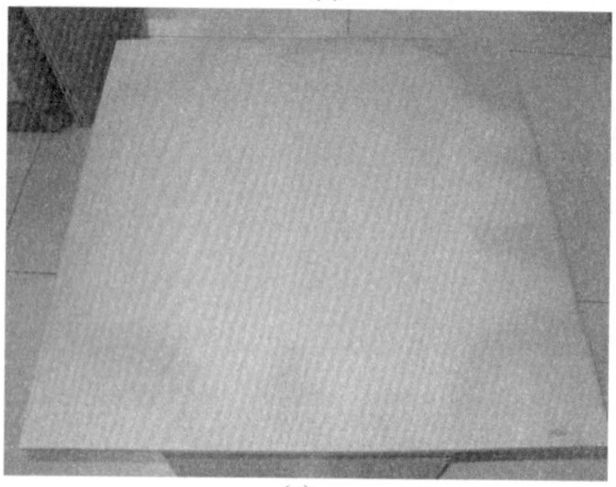

(c)

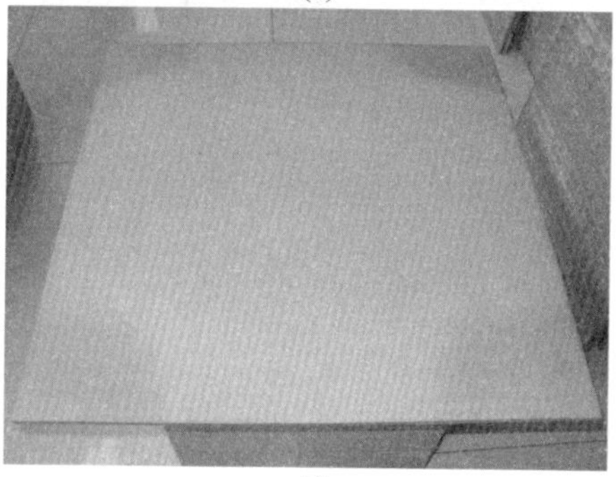

(d)

图 12-34　瓷砖表面的抛丸交叉轨迹

（a）抛口距离瓷砖 50mm；（b）抛口距离瓷砖 100mm；（c）抛口距离瓷砖 180mm；（d）抛口距离瓷砖 600mm

图 12-34 显示的是在不同抛丸距离下的抛丸交叉轨迹，抛丸时间都是在 10s。交叉抛丸工艺采用的是不均匀的抛丸方法获得。从图 12-34 看出，瓷砖表面的中间被冲击破碎，而瓷砖的四个角部区域并没有被冲击破碎，还是保持着原貌。随着抛丸距离的加大，轨迹覆盖的面积也在增大。图 12-34（a）显示，抛丸距离小时，瓷砖覆盖得比较小，主要是抛丸轨迹的内层在作用，而且内层无法全面覆盖瓷砖的表面，主要集中在瓷砖中部，而且均匀性也不是很好。图 12-34（b）、（c）显示，瓷砖交叉轨迹覆盖的区域在增大。图 12-34（d）显示，抛丸距离在 600mm 时，瓷砖的表面基本上被覆盖，而且瓷砖表面的破碎面比较均匀。

从图 12-34 的试验结果我们得出，抛丸交叉破碎瓷砖表面时，抛丸距离 200 ~ 600mm 为佳，最好是 600mm。从图 12-34 上看出，瓷砖表面中间部位的破碎程度要远高于周边。由于瓷砖是近似龟背的弯曲变形，瓷砖的四个角弯曲得最厉害，因此在抛丸冲击时，不采用交叉轨迹，仅仅使瓷砖表面破碎一层，还是无法改变瓷砖表面的龟背形貌，无法平整瓷砖的表面。

图 12-34 的试验结果显示出交叉轨迹可以使瓷砖表面的破碎不再一致，中间交叉的地方破碎得多，而两边破碎得少，四个角部不破碎的工艺成为现实。这种工艺可以使瓷砖中间凸出的地方被破碎得多一些。

冲击破碎不同于普通的切削加工和磨削加工，普通的切削加工和磨削加工是在刀具移动的过程中刀具挤压瓷砖使瓷砖表面产生破碎，并在瓷砖表面残留一道破碎沟槽。而

图 12-35（a）显示的瓷砖表面破碎稀疏的区域形貌，冲击破碎只会在瓷砖的表面残留一个破碎坑，而且每个破碎坑是独立的。钢丸冲击瓷砖表面时快速地将瓷砖表面破碎，并将瓷砖屑崩离出去，实现了瓷砖表面材料的去除。瓷砖表面的破碎坑有深有浅，表明钢丸冲击瓷砖的角度不同，所破碎的程度也不同。

(a)　　(b)

图 12-35　瓷砖表面冲击破碎坑形貌

（a）冲击破碎坑形貌；（b）冲击坑密集破碎形貌

图 12-35（b）显示的是抛丸密集区域的形貌，冲击破碎坑相互交叉叠加，将瓷砖表面的烧结层破碎掉。而且破碎比较均匀，破碎后瓷砖表面的平整度和粗糙度比较好，能够保证瓷砖表面的平整度。瓷砖抛丸冲击破碎不仅能够去除瓷砖表面烧结层，保证表面的平整度，而且也不会造成瓷砖的破碎，还能够实现瓷砖表面高的地方破碎多、低的地方破碎少的可控破碎工艺。

瓷砖烧结后弯曲变形致使瓷砖表面平整度很差，这样的瓷砖不能直接抛光，如果直接抛光，磨头磨块将把瓷砖打碎。也就是说，进入抛光工艺的瓷砖表面必须是平整的。考察瓷砖表面平整度有六个参数——瓷砖的两条对角线塌角值、瓷砖的两组对边线塌边值。

图 12-36（a）显示，瓷砖表面对角线塌角最大值是 1.95mm，对边塌边最大值是 1.0mm。这个变形量是很大的。也就是说，刮平机必须将瓷砖中央的最高点磨削下去 1.95mm 才能使瓷砖表面平整。一个滚筒的磨削量只有十几丝，这样必须经过几个滚筒才能将瓷砖刮平。本书采用中间交叉抛丸的工艺，瓷砖表面中间部位冲击破碎得多，两边破碎得少，四个角不破碎。破碎后的瓷砖变形量如图 12-36（b）所示。瓷砖表面对角线塌角最大值是 1.0mm，对边塌边最大值是 0.4mm。对比图 12-36（a）、（b）结果得出，交

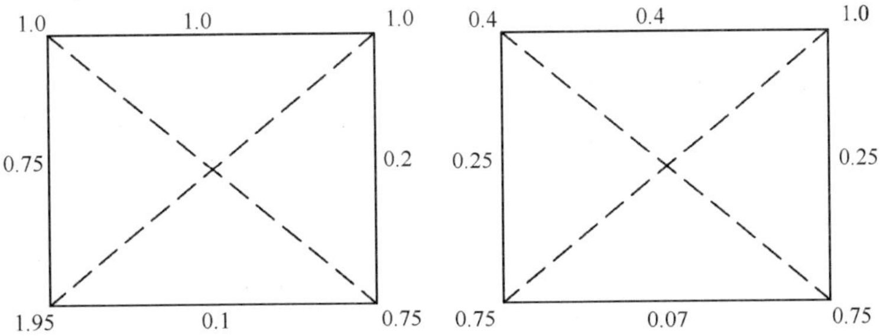

(a)　　(b)

图 12-36　瓷砖表面抛丸前后变形量对比

（a）毛坯瓷砖表面变形量；（b）瓷砖抛丸后瓷砖表面变形量

叉抛丸轨迹将瓷砖表面去除掉 1.25mm 的量，瓷砖表面变得相对平整。

抛丸轨迹交叉处的破碎深度如表 12-12 所示。

表 12-12　抛丸交叉轨迹深度与抛丸时间和距离的关系

抛丸距离	轨迹深度		
	抛丸时间		
	2s	5s	10s
50mm	0.30mm	0.40mm	0.75mm
100mm	0.15mm	0.30mm	0.50mm
180mm	0.15mm	0.40mm	0.40mm
600mm	0.10mm	0.30mm	0.5mm

表 12-12 数据显示，在相同抛丸距离时，抛丸轨迹交叉区域的破碎深度与抛丸时间成正比。在相同的抛丸时间下，抛丸的距离与抛丸轨迹交叉区域的破碎深度不成比例，而且破碎深度相差不大。

从图 12-34、图 12-35、表 12-12 试验结果得出，抛丸区域的交叉面积与抛丸距离成正比。综合上述分析结果得出，瓷砖正面抛丸最好是采用交叉抛丸方式，而且抛丸距离以 180～600mm 为佳。为了获得更好的瓷砖表面平整度，可以适当延长抛丸的时间。

12.7.4　正面冲击瓷砖抛光加工试验结果与分析

为了验证抛丸冲击破碎工艺对瓷砖加工的影响，同时验证冲击破碎后的瓷砖表面残留的裂纹会不会造成瓷砖后续加工的破碎，首先将正面抛丸后的瓷砖放置到嘉应陶瓷厂的生产线中，跟随正常的生产线进行加工。每走过一个工序之后，对瓷砖进行拍照分析。在此仅分析瓷砖刮平工序的形貌。瓷砖的刮平机有 4 台，一共是 32 个磨头。第一台刮平机 10 个磨头；第二台刮平机 6 个磨头；第三台刮平机 8 个磨头；第四台刮平机 8 个磨头。

然后将刮平后的瓷砖直接送进抛光工序进行抛光，最后进行纳米液涂覆。由于抛光过程中瓷砖表面都是光滑明亮的，为此，我们只将成品后的瓷砖进行拍照并进行平整度和光泽度的测试。

（1）瓷砖（抛丸距离 180mm，抛丸时间 10s）刮平加工后表面形貌分析

通过试验分析结果，本书选择抛丸距离为 600mm，抛丸时间为 10s，交叉抛丸的瓷砖为对象进行刮平和抛光试验。

图 12-37 为瓷砖（抛丸距离 600mm，抛丸时间 10s）刮平加工后表面形貌。

图 12-37（a）显示在抛丸距离为 600mm，抛丸时间为 20s，交叉抛丸下瓷砖表面形貌。瓷砖表面是并排三道抛丸轨迹的交叉。交叉区域覆盖瓷砖表面大约 90% 的区域。交叉区域的最大深度为 0.3mm。经过抛丸后的瓷砖表面为一个月球环形山形貌。中间交叉区域是一个破碎坑，深度为 0.3mm。瓷砖的四个角是塌角形貌。经过抛丸后的瓷砖表面的变形量最大处为塌角处 1.65mm[图 12-37(b)]。经过抛丸之后，轨迹交叉处的破碎深度与塌角处的差值比较小。

图 12-37（c）显示抛丸瓷砖经过粗刮后的形貌。从图上看出整个瓷砖表面的 90% 的区域已经全部被刮削掉。残留的部分在瓷砖的中部和边缘部位，瓷砖刮平工艺首先刮削的是瓷砖表面的高点。按照平常的瓷砖，瓷砖表面的中部是首先被刮平的地方，因为那个地

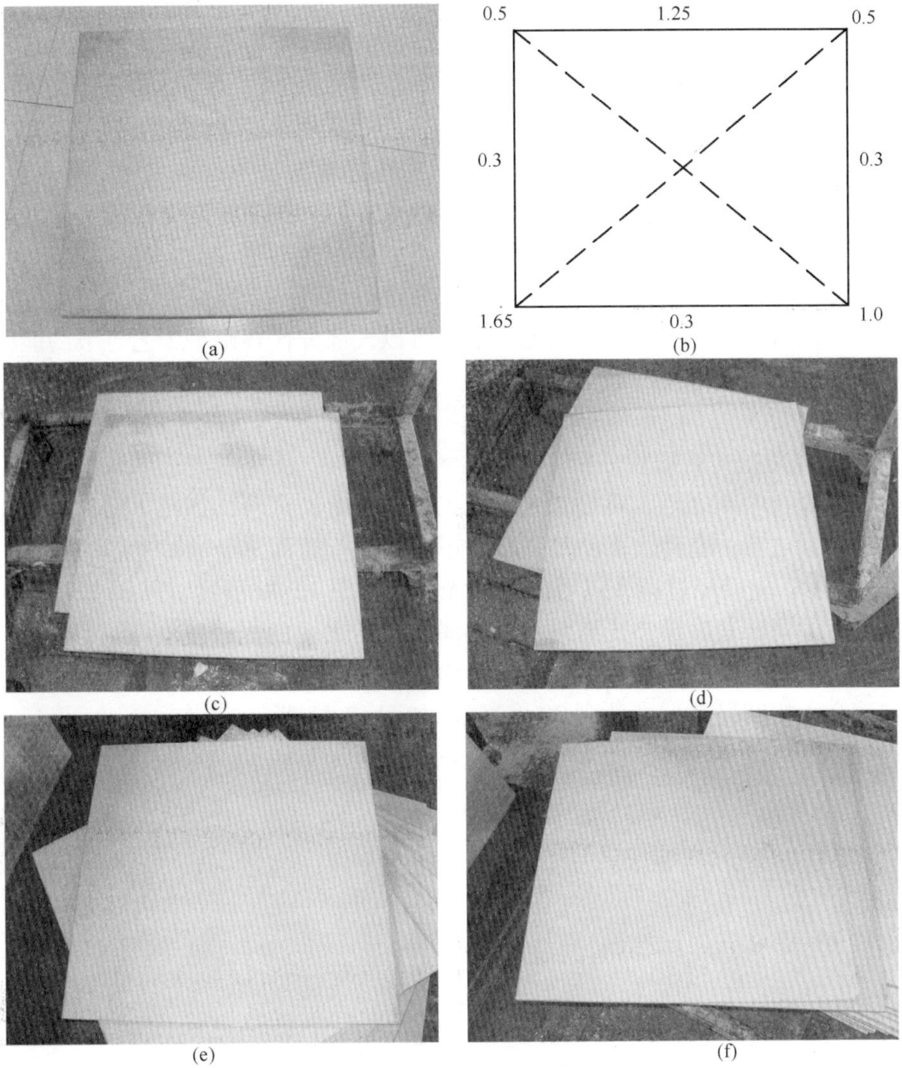

图 12-37　瓷砖（抛丸距离 600mm，抛丸时间 20s）刮平加工后表面形貌

（a）瓷砖整体形貌（交叉区深 0.3mm）；（b）正面抛丸后变形量；

（c）粗刮后瓷砖表面形貌（第一台刮平机）；（d）中刮后瓷砖表面形貌（第二台刮平机）；

（e）中刮后瓷砖表面形貌（第三台刮平机）；（f）精刮后瓷砖表面形貌（第四台刮平机）

方最高。但是经过抛丸后的瓷砖表面，中间确实没有被刮到的地方。从图 12-37（c）看出瓷砖中部残留的是断续的沟槽。而这些沟槽是抛丸轨迹所残留。沟槽是断续的，表明抛丸轨迹不是均匀的。这也验证了前面抛丸轨迹分析得出的结论。

图 12-37（d）显示经过中刮后的瓷砖表面形貌，整个瓷砖表面全部被刮削掉。这说明瓷砖边缘和对角塌边，相对于交叉轨迹处底部的差值很小，或者就在一个平面上。只是交叉轨迹破碎坑坑壁造成了滚筒刮削不到交叉轨迹处。这也说明交叉轨迹的密集度太稀疏。基本上经过中刮后，瓷砖表面已经全部平整，可以进入抛光机进行抛光。

刮平试验是在嘉应陶瓷厂进行的，并没有对抛光线的参数进行调整，而是将试验瓷砖直接放进抛光线，利用的是正常的瓷砖加工工艺参数进行试验的。在经过中刮时，嘉应陶瓷厂同规格的瓷砖表面仅能加工大约 50% 的瓷砖面积。

图 12-37（e）、（f）显示刮平后的瓷砖，经过精刮后变得平整和光滑，并且显露出瓷砖表面纹饰。

试验结果得出，抛丸后的瓷砖按照嘉应陶瓷厂产品加工设定的参数加工，在中刮时就可以将瓷砖表面刮平。需要瓷砖刮平机 2 台，共 16 个磨头。原来该工序一共 4 台刮平机，共 32 个磨头，抛丸瓷砖可以省掉刮平机 16 个磨头。如果按照抛丸瓷砖的实际参数设定抛光线的加工深度参数，大约需要一台刮平机就可以将瓷砖刮平。

试验结果还得出，提高抛丸交叉轨迹的密集度可以进一步提高瓷砖平整度，节约刮平机磨头数量。综合所述得出瓷砖正面抛光后，可以大部分代替刮平工艺，节约能耗。瓷砖经过刮平后并没有出现工程师和学者们所担心的瓷砖破碎，和普通瓷砖一样，完全达到了普通瓷砖的加工要求。

（2）抛丸瓷砖抛光后形貌分析

上述瓷砖经过中刮之后，直接送入抛光工序进行抛光试验，如图 12-38 所示。因此抛丸瓷砖经过中刮之后，瓷砖表面已经平整，不需要进行精刮。经过抛光后的瓷砖表面形貌如图 12-39 所示。瓷砖经过抛光以后的表面光泽度如图 12-40 所示。从图 12-39、图 12-40 看出，抛光后的瓷砖表面平整光滑而富有光泽，瓷砖表面的光泽度在 35 度左右。按照正常生产来说，这个光泽度已经达到要求。后续还要对瓷砖表面进行纳米液涂覆，瓷砖表面的光泽度就会大幅度提升（能达到 90 多度），如图 12-41 所示。

图 12-38　瓷砖抛光工序

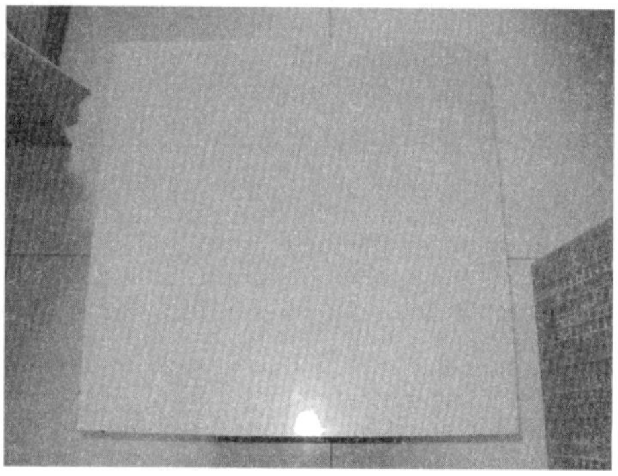

图 12-39　抛光瓷砖形貌

37.9	42.1	43.1
32.0	33.3	29.4
38.1	31.5	39.1

图 12-40　瓷砖光泽度

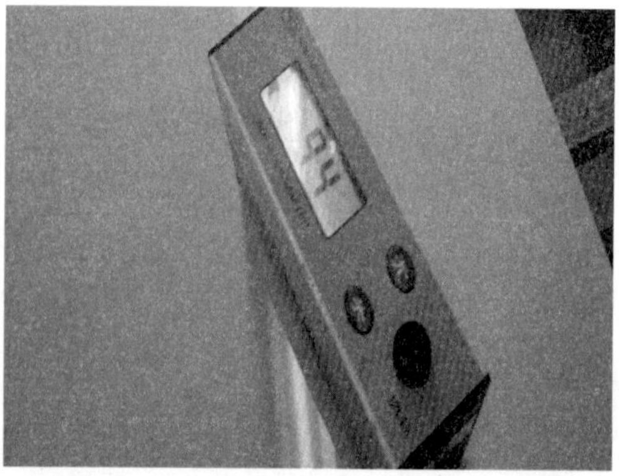

图 12-41　纳米液涂覆后的瓷砖表面光泽度

瓷砖平整是瓷砖质量考核的一个主要目标。瓷砖在机械加工过程中，会有应力残留在瓷砖体中，当瓷砖抛光后测量瓷砖的平整度是合格的，但是过了一段时间之后瓷砖就发生变形，这是残余应力释放的原因。

本书在试验瓷砖抛光之后测试了其平整度，都是合格的。为了全面地掌握抛丸瓷砖加工后的变形，我们将瓷砖放置 6 个月之后，再测量其表面的平整度，就是让瓷砖释放残余应力之后的瓷砖变形量。为此，我们任取一块试验瓷砖，测试了其变形情况，如图 12-42 所示。

从图 12-42 看出，瓷砖明显发生了弯曲变形，这个弯曲变形是凹心的。一般陶瓷厂加工后的瓷砖变形大部分是这个变形。对于这个变形发生的原因，有瓷砖成分的原因，也有热应力的原因。

抛光瓷砖表面平整度数值如图 12-43 所示。

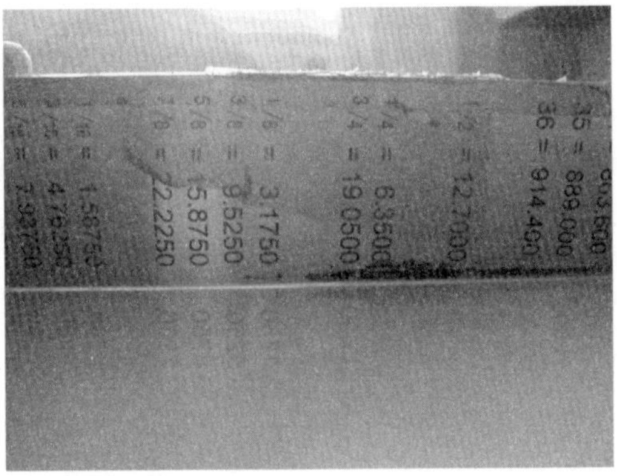

图 12-42　成品瓷砖表面变形

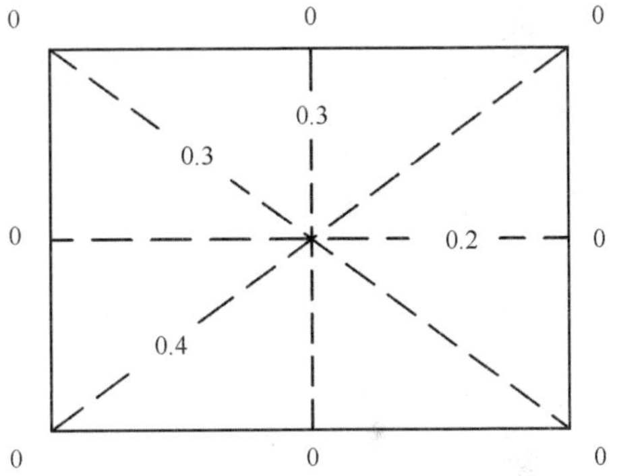

图 12-43　抛光瓷砖表面平整度

图 12-43 显示，瓷砖对角线的变量最大，最大值是 0. 4mm，对边线 0. 3mm 这个变形量的数值是合格的。根据瓷砖的变形标准，只要对角线或者对边线的变形量不超过 0. 4mm 就是合格的瓷砖产品。

通过试验结果分析我们得出，正面抛丸瓷砖表面不仅能够去除瓷砖表面的余量，而且能够达到普通瓷砖同样的平整度和光泽度标准。通过普通瓷砖与抛丸瓷砖对比我们发现，抛丸加工瓷砖比磨削瓷砖更能节省能耗。抛丸工艺能够部分或者全部代替刮平工艺。正面抛光工艺应用在瓷砖加工过程中是可行的，而且加工效率高、节约能源。

12. 8　瓷砖矫形后抛光加工试验结果与分析

12. 8. 1　瓷砖反面及矫形后形貌

（1）瓷砖反面形貌

抛丸加工工艺不仅能够去除零部件表面的锈迹，而且还能够使零件变形，产生想要的形状。这样的加工方式早已成功应用于飞机大型蒙皮的加工中。本书将其应用于瓷砖变形的矫正，矫正变形的部位是瓷砖的反面，如图 12-44 所示。

图 12-44　瓷砖反面形貌

图 12-44 显示，瓷砖的反面是由一个个的格子组成，目的是用来增加表面粗糙度，增加瓷砖与地面或者墙体的黏合力度。钢丸对这个面进行冲击，不仅不影响瓷砖的使用，而且还能够增加其表面的粗糙度和黏合力度。同时抛丸冲击反面对钢丸的要求低，加工更加容易。

由第 3 章分析可知，瓷砖在烧结之后由于残余应力的作用，瓷砖发生弯曲变形，变形规律大体为龟背形（从正面看）。从反面看就是凹心形的。凹心的程度就说明瓷砖弯曲变形的程度。瓷砖的反面变形如图 12-45、图 12-46 所示。

图 12-45　瓷砖对角线平整度

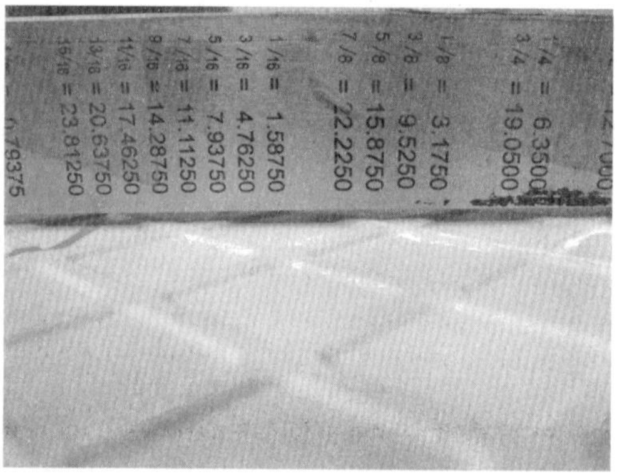

图 12-46　对角线局部放大图

图 12-45 显示的是瓷砖反面对角线的变形，图 12-46 显示的是对角线局部变形。从图 12-45、图 12-46 看出，瓷砖反面对角线的变形是很大的。这个变形使瓷砖在其高度方向上具有一定的弹性。在瓷砖刮平过程中，刮刀会暂时将瓷砖压平，加工之后在弹性力的作用下，瓷砖又会恢复原来的形状。瓷砖反面变形量的数值如图 12-47 所示。

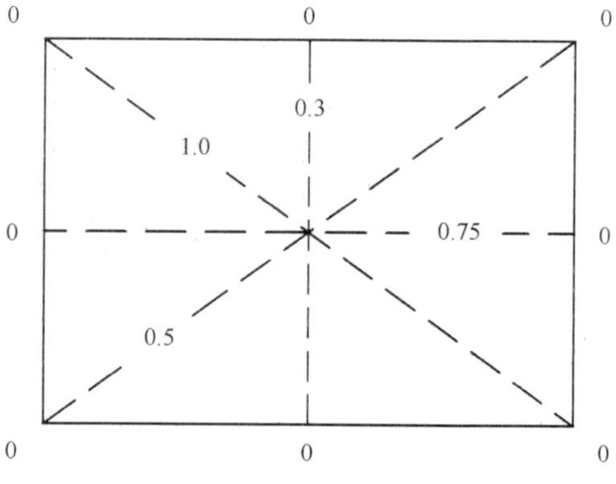

图 12-47　瓷砖反面变形量

图 12-47 显示，瓷砖反面对角线中间最大的凹心量是 1.0mm，对边线中心的最大凹心量是 0.75mm。这个变形量是很大的。

（2）瓷砖反面抛丸后形貌

本书对整个瓷砖的反面进行抛丸，如图 12-48、图 12-49 所示。

图 12-48 显示瓷砖反面抛丸之后整体形貌，图 12-49 显示反面局部形貌。通过图 12-48 看出，瓷砖反面已经被钢丸破碎，表面布满破碎坑。瓷砖反面看起来比较粗糙。从

图 12-49看出，钢丸并没有完全地将瓷砖的表面破碎，而是破碎了一部分。瓷砖反面是由无数破碎坑和未破碎表面组成。

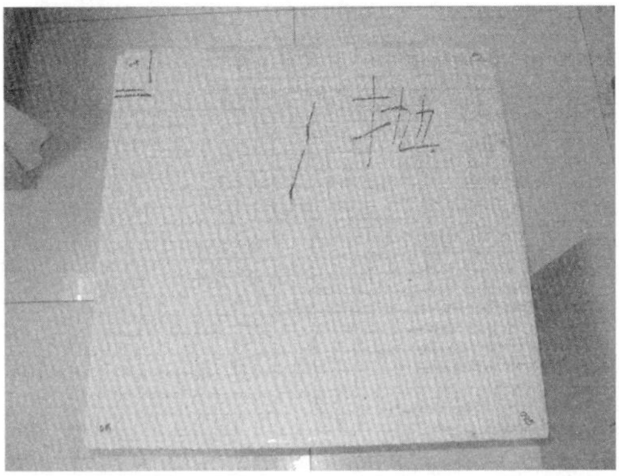

图 12-48　瓷砖反面抛丸后形貌

图 12-49　抛丸后反面局部形貌

因为瓷砖是脆性材料，在钢丸冲击下，首先在瓷砖的表面产生破碎，破碎之后的残余应力会导致瓷砖产生变形。这个变形的方向并不是沿着抛丸的方向，而是反方向。这是第 3 章对瓷砖矫正机理分析得出的结论。因此，在反面矫正过程中，破碎除去表面材料不是考察的目标，残余变形才是考察的目标。但是瓷砖反面必须经过冲破碎之后才会产生变形。瓷砖反面矫正变形的结果如图 12-50、图 12-51 所示。

图 12-50　反面变形矫正后瓷砖对角线平整度

图 12-51　反面变形矫正后瓷砖对边线平整度

图 12-50 显示瓷砖对角线变形矫正后形貌，图 12-51 显示瓷砖对边线变形矫正后形貌。图 12-50、图 12-51 显示毛坯瓷砖对角线和对边线凹心变形已经被矫正，整个瓷砖表面变得很平整。瓷砖只有反向变形才能矫正瓷砖的凹心变形，也就是说抛丸之后，残余应力的变形是朝着抛丸方向进行的。试验结果验证了第 3 章所建瓷砖矫正理论模型的正确性。瓷砖在矫正变形过程中并没有产生破坏或者裂纹扩展等缺陷。瓷砖也能像金属那样被矫正变形。

12.8.2　瓷砖矫形后抛光试验结果分析

（1）瓷砖反面矫形前形貌

试验瓷砖反面冲击矫形之后，瓷砖正面、反面形貌以及变形量如图 12-52 所示。从

图 12-52（a）、(b)看出，反面经过冲击破碎以后，反面固定格子显示比较清晰。瓷砖正面的烧结层也没有因为矫形而产生裂纹或者破坏。图 12-52（c）测试数据显示，毛坯瓷砖的变形量很大，瓷砖对角线塌角达到了 1.65mm。但是经过反面冲击矫正变形以后，瓷砖弯曲的表面已经完全被矫正平整。由于矫正有点过量，中间有点凹心的变形，凹心的量很小，仅有 0.2mm。该变形已经完全达到进入抛光工序加工瓷砖的平整度要求。

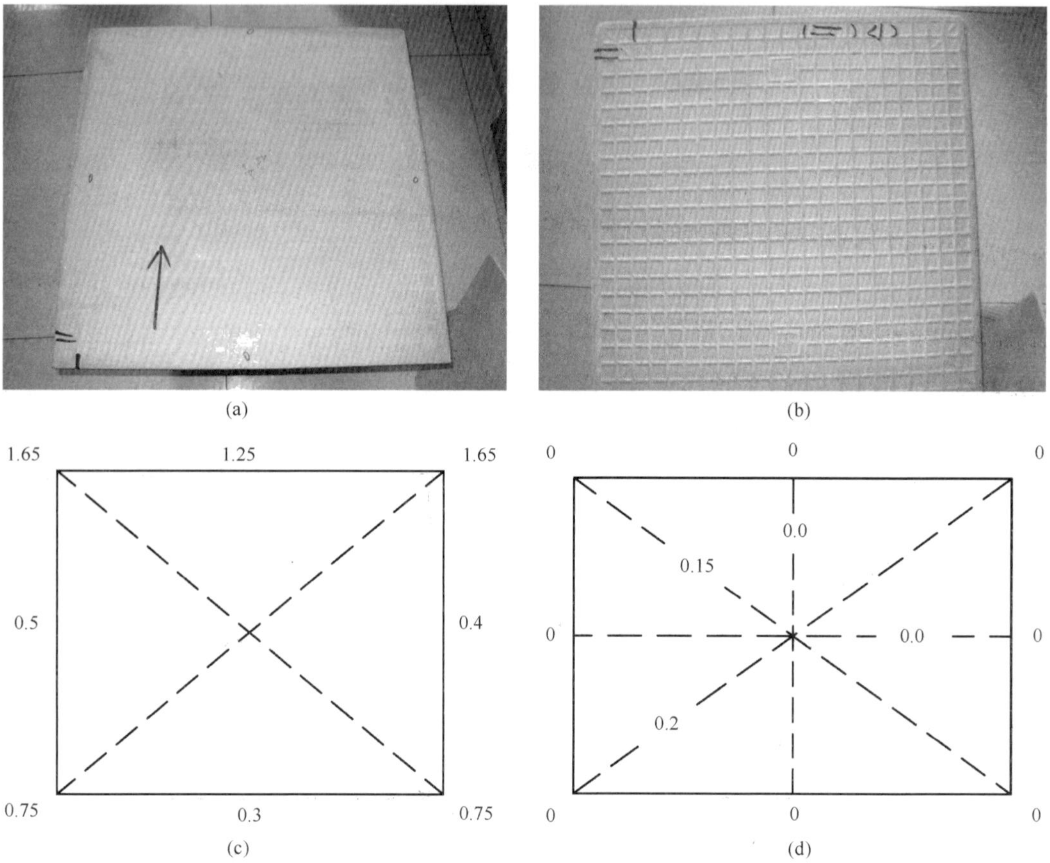

图 12-52　试验瓷砖矫正形貌和变形量

（a）矫形后瓷砖正面形貌；（b）矫正后瓷砖反面形貌；（c）毛坯瓷砖变形量；（d）瓷砖反面矫形后变形量

（2）矫形瓷砖抛光加工试验结果

反面矫形后的瓷砖直接放进抛光工序进行抛光，如图 12-53 所示。随着瓷砖加工刀具和加工技术的发展，瓷砖在加工过程中的刀具逐步被金刚石刀具所代替。在粗抛、部分中抛中应用这种刀具，不仅磨削效率高，而且能耗低，如图 12-53（a）所示。

反面矫形的瓷砖表面虽然变得很平整，但是其表面并不是很光滑。金刚石刀具的配置为反面矫形瓷砖直接抛光提供了现实的条件。瓷砖表面进一步平整之后，直接进入中抛和精抛工序[图 12-53(b)、(c)]。这两道工序采用碳化硅磨块，而且磨块粒度号比较大，主要是为了提高瓷砖表面的光泽度。大部分工程师都会认为试验瓷砖在加工过程中会产生裂纹或者破碎，但是从试验结果来看并不是这样的，如图 12-53（d）所示。

抛光后的成品砖如图 12-54 所示。从图中看出，瓷砖表面光滑而富有光泽，与普通瓷

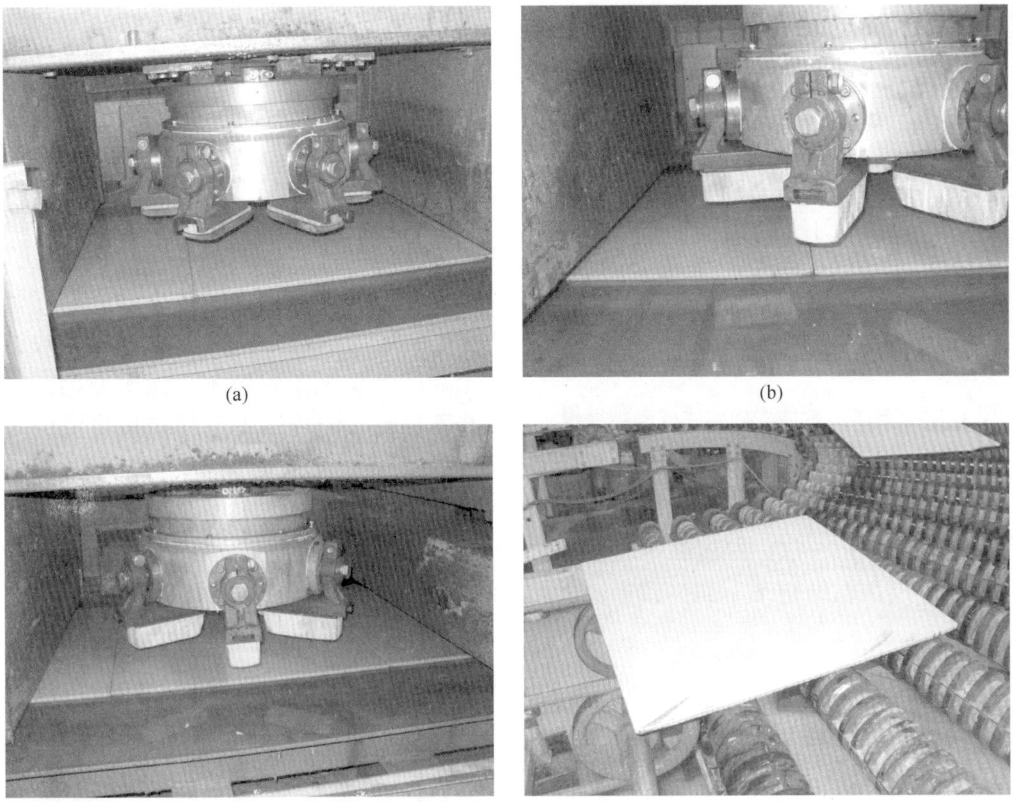

(a)　(b)　(c)　(d)

图 12-53　矫形瓷砖抛光加工工艺过程

（a）粗抛加工；（b）中抛加工；（c）精抛加工；（d）试验过程中的瓷砖

砖是一样的。但是经过光泽度测量后发现并不一样。矫形后瓷砖表面的光泽度测试值和测试过程如图 12-55、图 12-56 所示。从图 12-55、图 12-56 看出，瓷砖表面的光泽度值范围在 60 度到 70 度之间，是普通瓷砖光泽度值的 2 倍。普通瓷砖在涂覆纳米液之后，光泽度也只能达到这个数值。图 12-55、图 12-56 显示的光泽度值是矫形瓷砖抛光后的表面光泽度值，还没有经过纳米液涂覆工序。

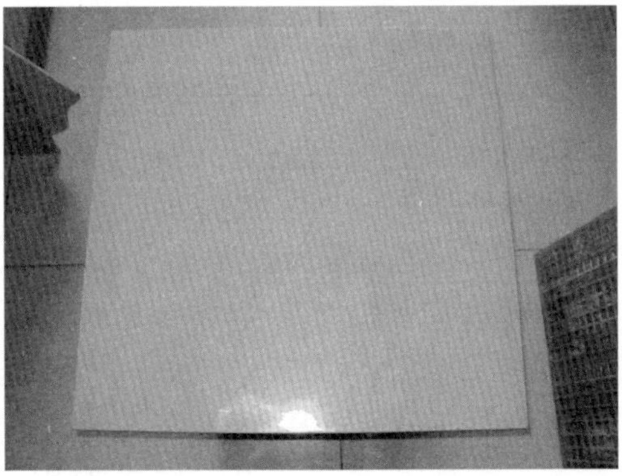

图 12-54　矫形后抛光砖

61.5	66.6	61.4
62.0	69.2	66.7
63.8	66.9	69.6

图 12-55　矫形后瓷砖表面光泽度测试值

图 12-56　矫形后瓷砖表面光泽度测试过程

为什么矫形后直接抛光的瓷砖能达到这么高的光泽度呢？这与瓷砖在烧结过程中的温度冷却的速度有关系。瓷砖在冷却过程中，瓷砖体内外温度不一样，外表的温度低，冷却的速度快，晶粒结晶的速度快，晶粒细小而且密集。瓷砖体内部的瓷砖体散热速度慢，晶粒增长的时间长，晶粒就大，孔隙就多，组织就疏松。瓷砖冷却之后，瓷砖表面有一层质地非常坚硬的烧结层，致密而又光滑。但是由于收缩不一致等原因，烧结层并不平整，瓷砖加工过程被迫将瓷砖表面最好的致密层加工掉，为后续的抛光提供一个基础。

而瓷砖反面抛光矫正变形后，瓷砖表面的致密烧结层并没有被破坏掉，在抛光过程中仅仅使它被磨削掉一层，厚度在 50 丝左右，没有完全破坏烧结层。由于表面的致密层被保留，这一层晶粒结构细小而又致密。气孔和缺陷少，反光阻碍就小，因此能达到很高的光泽度。

矫形后抛光瓷砖放置 6 个月后表面平整度测试结果如图 12-57、图 12-58 所示。

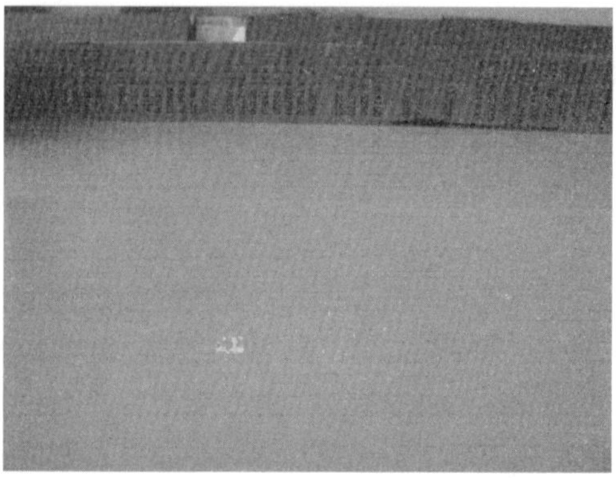

图 12-57　矫形瓷砖表面平整度

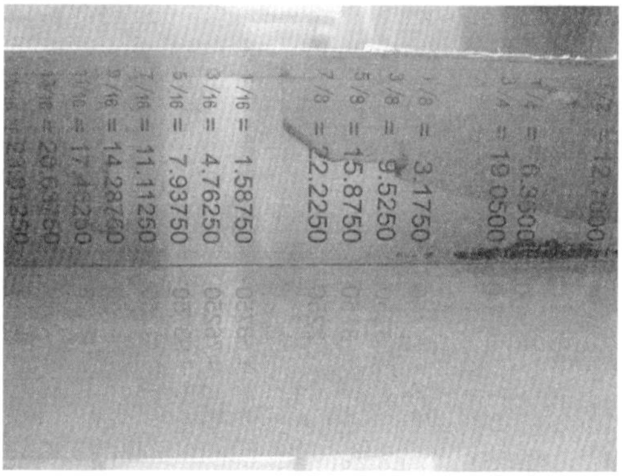

图 12-58　瓷砖表面局部平整度

图 12-57、图 12-58 显示，矫形后抛光砖经过充分的残余应力释放之后表面很平整，略显中间凹陷，出现凹心变形。其测试数值如图 12-59 所示。

图 12-59 显示，抛光砖表面的最大变形量为 0. 3mm，对边变形量也在 0. 3mm。矫形后抛光瓷砖的变形可以控制在合格的范围之内。由于矫形之后的瓷砖表面很平整，抛光磨头在摆动过程中，瓷砖中间的磨削轨迹要多于周边。因此中间磨削量要比周边多，形成凹

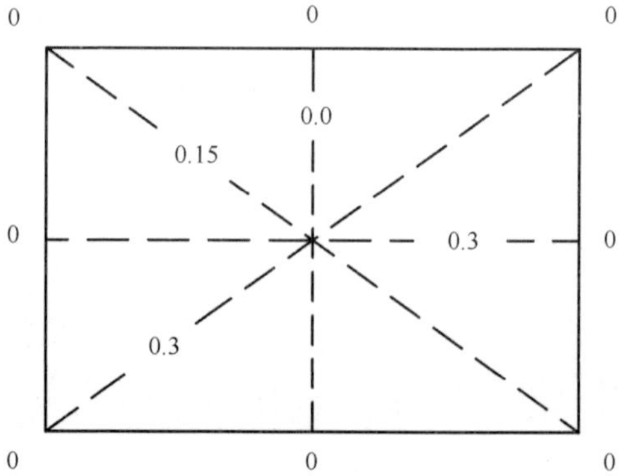

图 12-59　矫形后抛光砖变形量

心形貌。外加瓷砖残余应力的释放加重瓷砖凹心变形。

试验结果表明，反面矫形的瓷砖可以直接进行抛光，抛光后的瓷砖表面光泽度是普通瓷砖的 2 倍，瓷砖的表面平整度也能够达到要求。

瓷砖反面矫形已经能够达到刮平的效果，直接来代替刮平工艺。试验结果验证了反面矫正直接应用抛光的可行性和正确性。试验结果得出，抛丸矫形工艺可以淘汰刮平工艺，而且比刮平工艺加工效率更高，能耗更少。

第 13 章　斜齿轮磨头可变螺旋角齿轮建模方法

斜齿轮磨头也叫 COMS 磨头，是意大利 COMS 公司于 20 世纪 90 年代研发的磨头，其主要结构是一个可变螺旋角齿轮，每个齿的螺旋角都不同，加工技术要求很高。所以 COMS 公司不惧怕任何人抄袭，将零部件拆开，在展会上让别人观看。近年来，山东青岛、莱州的石材设备制造厂商仿制了 COMS 磨头，但是并没有大规模应用。2017 年广东佛山的海瑜公司仿制了 COMS 磨头，已经在科达公司应用。国内仿制的 COMS 磨头在应用上都会出现噪声大等问题。

由于 COMS 公司对中国进行技术封锁，以及国内昌吉仿制之后，也对自己揣摩出来的，所谓的自己那套技术进行技术封锁，而国内对 COMS 磨头的理论研究很少，为了加快 COMS 磨头的推广和应用，本章另辟新径，对 COMS 磨头中可变螺旋角齿轮进行理论创新，建立该齿轮的数学模型，以及依据数学模型建立三维模型，同时给出了可变螺旋角齿轮的加工方法。

13.1　斜齿轮磨头结构及工作原理

斜齿轮磨头结构及工作原理，如图 13-1 所示。

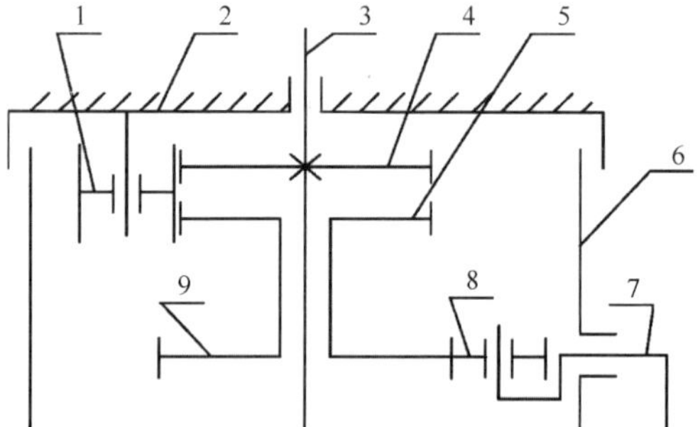

图 13-1　斜齿轮驱动式抛光磨头简图

1—中间齿轮；2—箱体端盖；3—磨头主轴；4—主动齿轮；5—斜齿轮驱动齿轮；6—下箱体；7—磨块座主轴；8—直齿圆柱齿轮；9—斜齿圆柱齿轮；10—磨块座

中间齿轮 1 固定在箱体端盖 2 上，箱体端盖 2 与机架固定在一起。磨头主轴 3 伸进下箱体 6 内，主动齿轮 4 固定在磨头主轴 3 上，斜齿轮驱动齿轮 5、斜齿圆柱齿轮 9 空套在磨头主轴 3 上，斜齿轮驱动齿轮 5 与斜齿圆柱齿轮 9 固定在一起。下箱体 6 上均匀分布着四至六根磨块座主轴 7。磨块座主轴 7 的一端固定有磨块座 10，磨块座主轴 7 的另外一端设置有直齿圆柱齿轮 8。直齿圆柱齿轮 8 的转动轴垂直于磨块座主轴 7。直齿圆柱齿轮 8 与斜齿圆柱齿轮 9 啮合在一起，并且螺旋角按一定规律周期性变化。

工作原理：

一方面，磨头主轴 3 驱动下箱体 6 以及安装在下箱体 6 内的零部件旋转，磨块座主轴 7 连同磨块座 10、磨块一起绕着磨头主轴 3 公转，这与已有技术的工作原理相同；

另一方面，磨头主轴 3 驱动主动齿轮 4 旋转，主动齿轮 4 经过中间齿轮 1，将运动和动力传递给斜齿轮驱动齿轮 5，进而驱动螺旋角周期性变化的斜齿圆柱齿轮 9 旋转，从而迫使磨块座主轴 7 上的直齿圆柱齿轮 8 按照螺旋角周期性变化的规律，以磨块座主轴 7 为转轴来回摆动，与磨块座主轴 7 固连的磨块座 10 随之摆动，最终实现了磨块一边绕主轴公转，一边绕摆动轴左右摆动的运动规律。

斜齿圆柱齿轮 9 具有交替为直和斜的部分。将其 360°展开，两个直齿或齿间可设在相应于原点（0°和 360°重点）和中点的位置。在 0°到 90°内[图 13-2(a)]变成斜齿，最大斜度发生在 90°。过了这点以后，斜度逐渐减小，到 180°变成零。从 180°到 270°图 13-2c)又变为斜齿。图 13-2a 所示，轮齿的逐渐倾斜的方向和图 13-2b 所示轮齿的逐渐倾斜的方向斜度相反。到 270°，斜度达到最高，从 270°到 360°（或 0°），即在图 13-2d，斜度又逐渐减小，一直变为零。

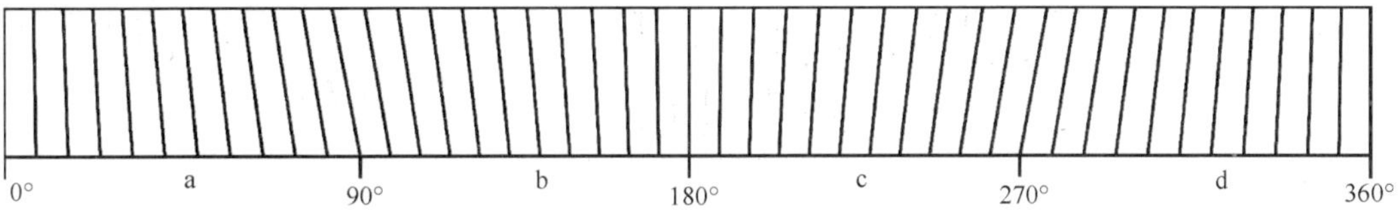

图 13-2　可变螺旋角齿轮 360°展开图

13.2　可变螺旋角齿轮分析

本书作者于 2017 年 10 月拆开了意大利 COMS 磨头，也就是意大利原创的变斜齿轮磨头。该磨头的核心零件是变螺旋角齿轮，如图 13-3、图 13-4 所示。

图 13-3　意大利 COMS 磨头的变螺旋角齿轮局部图

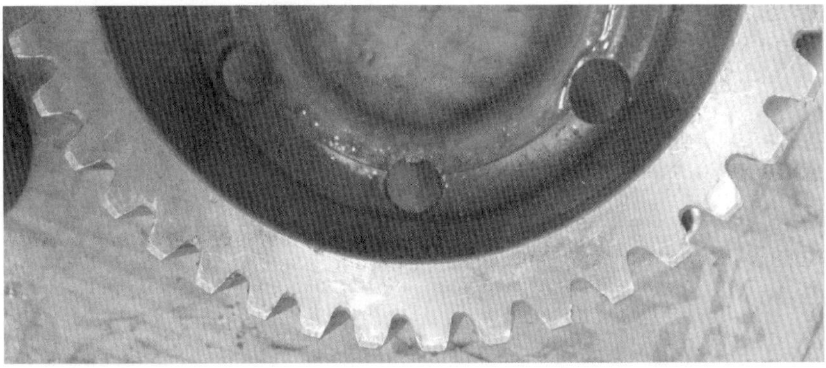

图 13-4　意大利 COMS 磨头的变螺旋角齿轮端面局部图

通过实物观察发现，变螺旋角齿轮的每个轮齿的螺旋角度是不同的，而且是渐变的。这样造成每个轮齿沿着轴线方向的齿厚也是渐变，逐渐变大或者逐渐变小，所以轮齿的两端会出现大小头的现象，如图 13-3 所示。

从图 13-4 看出，变螺旋角齿轮端面的齿厚是不同的，一个区域齿厚很大，另外一个区域的齿厚很小，而且齿厚是渐变的增大或者渐变的减小。

但是从图 13-3、图 13-4 看出，每个齿槽的宽度是相同的，变螺旋角齿轮是以齿槽为基准，不是轮齿。因为齿槽要与每个不同螺旋角的轮齿啮合，所以每个齿槽的宽度必须一致。也就是说，齿槽不会出现大小头的现象，而且每个齿槽的宽度都相同。

将意大利 COMS 磨头的变螺旋角齿轮展开成平面图，如图 13-5 所示。变螺旋角齿轮共 44 个轮齿。通过上述分析可知，变螺旋角齿轮是以齿槽为基准的，因此展开图中的倾斜直线是齿槽线。

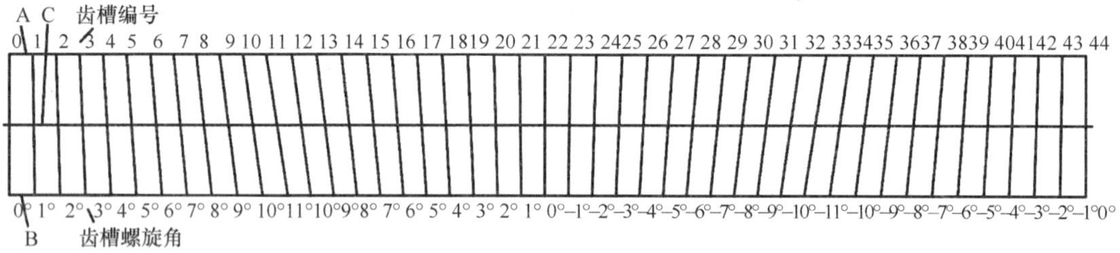

图 13-5　意大利 COMS 磨头的变螺旋角齿轮展开图

齿槽线也叫齿槽中心线，如图 13-6、图 13-7 所示。因为变螺旋角齿轮由直齿和斜齿共同组成，所以本书以普通直齿齿轮和斜齿齿轮分析齿槽线。

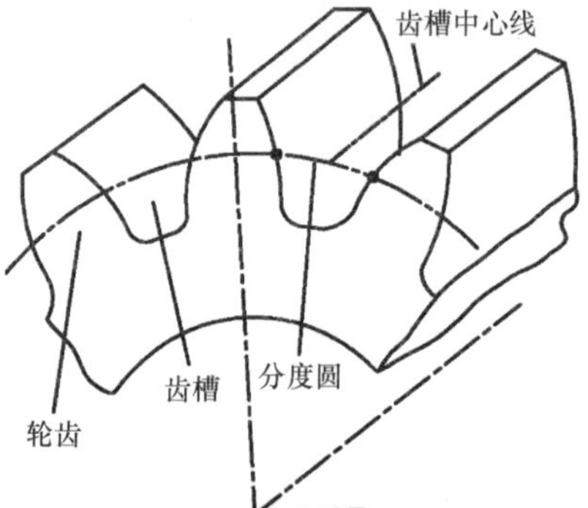

图 13-6　直齿齿轮三维局部图

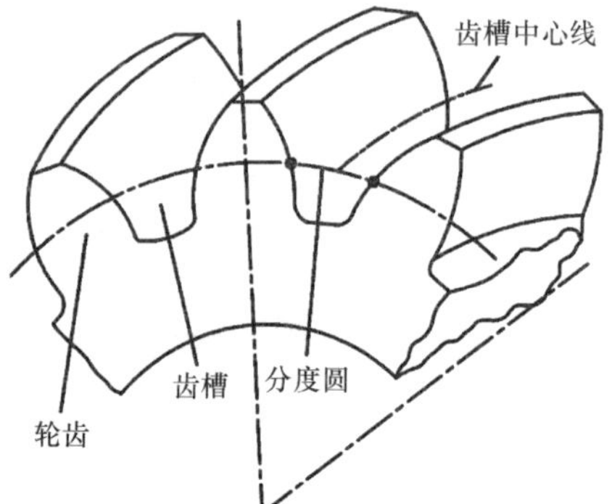

图 13-7　斜齿齿轮三维局部图

不管是直齿齿轮还是斜齿齿轮都是由轮齿和齿槽组成的，在分度圆上，齿槽和轮齿的宽度是相同的。齿槽的中心线就是齿槽线，直齿齿轮的齿槽线是一条直线，斜齿齿轮的齿槽线是一条螺旋线。

由前述可知，变螺旋角齿轮的轮齿宽度是不相同的，但是每个齿槽的宽度是相同的。因此，以齿槽作为标准对变螺旋角齿轮进行建模和加工。图 13-5 中的螺旋线和直线是齿槽线。展开图中显示共有 44 条齿槽线，每个齿槽线的螺旋角不同，各相差一度。图 13-5 中上端编号是每个齿槽的顺序编号，下端是每个齿槽线的螺旋角度。

从图 13-5 看出，编号为 0 的齿槽和编号为 22 的齿槽是直齿齿槽，其他的都是螺旋齿槽。其中编号为 0 的齿槽和编号为 44 的齿槽是同一个齿槽。

从编号为 0 的齿槽开始，齿槽按照 1°的差值逐渐向左倾斜，到编号为 11 的齿槽倾斜角最大，是 11°。接下来的齿槽也是按照 1°的差值逐渐向右倾斜，又从 11°逐渐减小为 0，到编号为 22 的齿槽倾斜最小，是 0 也就是直齿齿槽。编号 22 到 33 的齿槽向右倾斜，达到最大 11°。编号 33 到 44 的齿槽向左倾斜，达到最小 0°。

从图 13-5 看出，展开平面图之后，螺旋槽的齿槽线都是一条倾斜的直线，倾斜的角度是按照某一个点在旋转倾斜，由直线状态绕点倾斜为斜直线状态。

13.3　可变螺旋角齿槽线倾斜形成过程

为了更清晰地说明可变螺旋角齿轮展开图中，螺旋齿槽线倾斜形成过程，截取图 13-5 中的一部分进行详细的分析说明，如图 13-8 所示。

可变螺旋齿轮在宽度方向上分为三个部分：A 端面、B 端面、C 中间端面。图 13-8 中，虚线表示的是辅助直齿齿槽线，实倾斜直线是螺旋齿槽线。为了分析问题，本书引入了辅助直齿齿槽线。

辅助直齿齿槽线与螺旋齿槽线的交点 O_1、O_2、O_3、O_4、O_5、O_6……均是在齿轮宽度的中心线上，也就是 C 中间端面位置上。辅助直齿齿槽线与齿轮宽度的中心线是相互垂直的。若是把螺旋齿齿槽线去掉，只留下辅助直齿齿槽线，就是普通的直齿齿轮的俯视图。直齿齿槽线的间隔是均匀的，也就是 $O_1O_2O_3O_4O_5O_6$……各个螺旋齿槽线，分别是各自的辅助直齿齿槽线分别绕着各自的交点 O_1、O_2、O_3、O_4、O_5、O_6 向左旋转 1°、2°、3°、5°、6°形成的。

因此齿轮的宽度中心线是一条基准线，所在的 C 端面是基准平面。C 端面上的齿轮端面是正规的直齿齿轮端面，C 端面上的齿轮端面，在分度圆上轮齿厚度与齿槽的宽度一致，与普通齿轮无异。如图 13-9 所示。

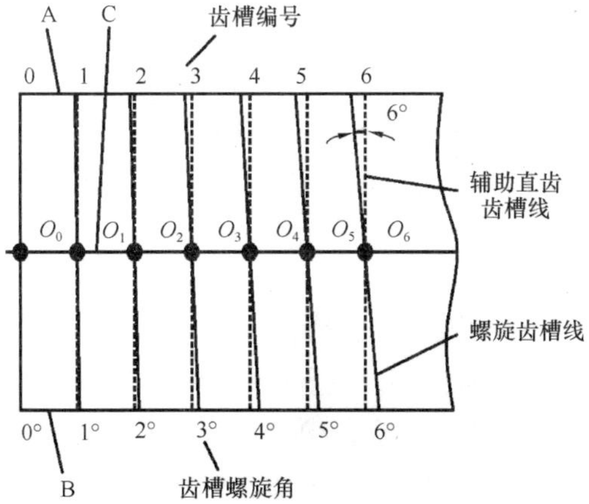

图 13-8　图 13-5 的局部图

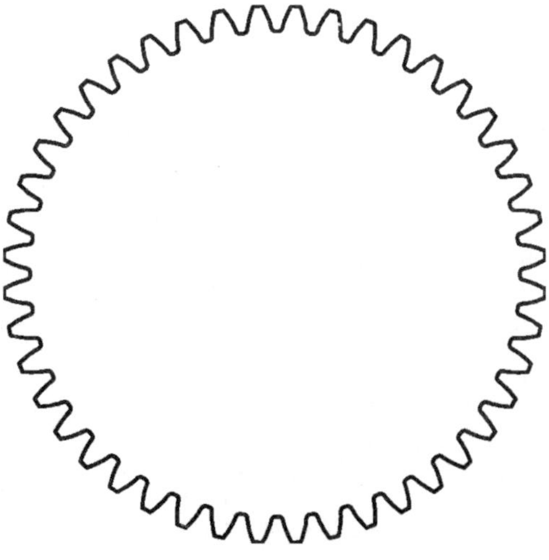

图 13-9　端面 C 上的齿轮端面形貌

也就是说，螺旋齿槽线都是绕着端面 C 上这个正规直齿齿轮端面扭转形成的。

本书将可变螺旋齿轮宽度中心线的部位，分为前后两个部分。AC 这一段是齿轮前段部分；BC 这一段是齿轮后段部分。

（1）齿轮前段

图 13-10 所示是齿轮前段。AC 段（也就是齿轮前段）上的螺旋齿槽线，是各个辅助直齿齿槽线分别绕着各自的交点 O_1、O_2、O_3、O_4、O_5、O_6向左旋转 1°、2°、3°、4°、5°、6°形成的。三维扭转示意图如图 13-11 所示。

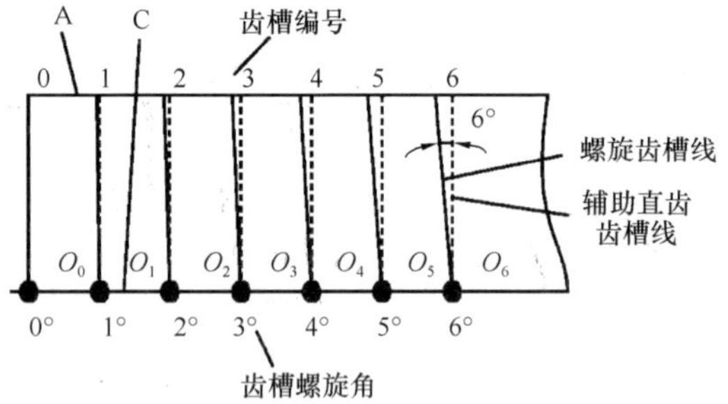

图 13-10　齿轮前段

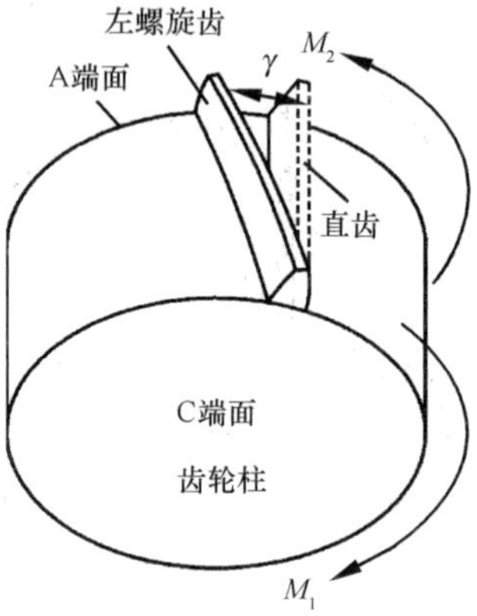

图 13-11　齿轮前段左旋槽形成过程

为了便于分析和说明，齿轮前段扭转示意图中，用凸起的直齿、凸起螺旋齿代表辅助直齿齿槽、螺旋齿槽。

在 C 端面和 A 端面施加一对平衡的力偶 M_1、M_2，在扭转的过程中，C 端面是基准面，这个基准面是固定不动的，在 A 端面施加一个扭转力偶 M_2，那么在 C 端面就产生一个反作用的力偶 M_1与其平衡。

图 13-11 中，齿轮柱上有一个直齿轮齿，如虚线所示。对这个直齿轮齿施加一个逆时针旋转的力偶 M_2，直齿轮齿产生了一个向左螺旋扭转，变成了一个螺旋轮齿。螺旋轮齿和直齿轮齿之间的夹角就是螺旋角 γ。这个螺旋轮齿展开成平面图之后，就是一条斜直线。

图 13-11 中是用直齿轮齿代替了直齿齿槽，直齿齿槽扭转成螺旋齿槽也是这个道理。图 13-10 中的每个螺旋齿槽都是这样扭转形成的，都是正规的直齿齿槽扭转不同的角度形成的。

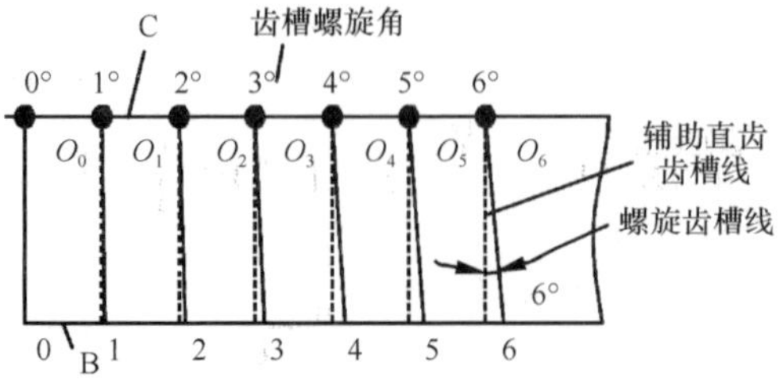

图 13-12　齿轮后段

（2）齿轮后段

图 13-12 所示是齿轮后段。BC 段（也就是齿轮后段）上的螺旋齿槽线，是各个辅助直齿齿槽线分别绕着各自的交点 O_1、O_2、O_3、O_4、O_5、O_6向右旋转 1°、2°、3°、4°、5°、6°形成的。三维扭转示意图如图 13-13 所示。

在 C 端面和 B 端面施加一对平衡的力偶 M_3、M_4，在扭转的过程中，C 端面是基准面，这个基准面是固定不动的，在 B 端面施加一个扭转力偶 M_4，那么在 C 端面就产生一个反作用的力偶 M_3 与其平衡。

图 13-13 中，齿轮柱上有一个直齿轮齿，如虚线所示。对这个直齿轮齿施加一个顺时针旋转的力偶 M_4，直齿轮齿产生了一个向右螺旋扭转，变成了一个螺旋轮齿。螺旋轮齿和直齿轮齿之间的夹角就是螺旋角 γ。这个螺旋轮齿展开成平面图之后，就是一条斜直线。

图 13-13 中也是用直齿轮齿代替了直齿齿槽，直齿齿槽扭转成螺旋齿槽也是这个道理。图 13-12 中的每个螺旋齿槽都是这样扭转形成的，都是正规的直齿齿槽扭转不同的角度形成的。

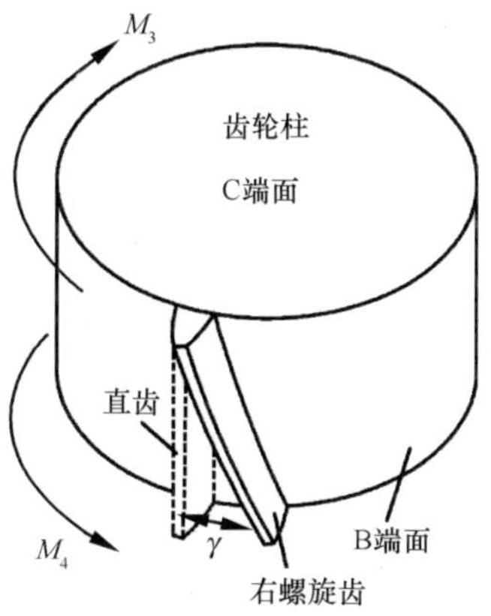

图 13-13　齿轮后段右旋槽形成过程

（3）齿轮前、后段合成

图 13-14、图 13-15 是齿轮前、后段扭转示意图，在齿轮前、后段上作用两个大小相等、转向相反且作用面与齿轮轴线垂直的外力偶。其变形特点是：两力偶作用面之间的各横截面绕轴线发生相对转动。扭转变形时任意两横截面间有相对的角位移，这种角位移称为扭转角 θ。图 13-14、图 13-15 中的 θ 即为截面相对于 C 端面（假设 C 端面相对固定）的扭转角。

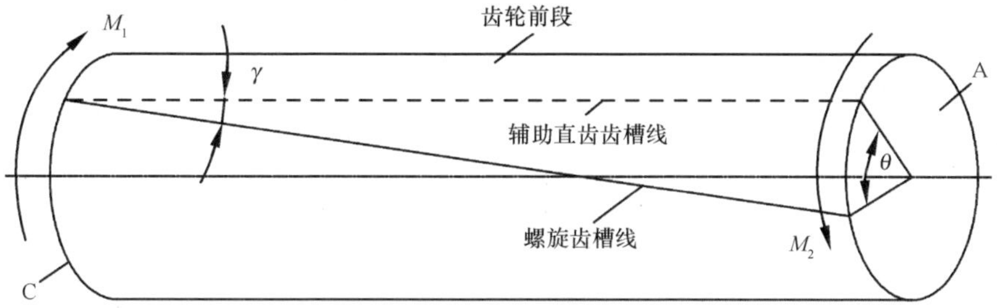

图 13-14　齿轮前段扭转示意图

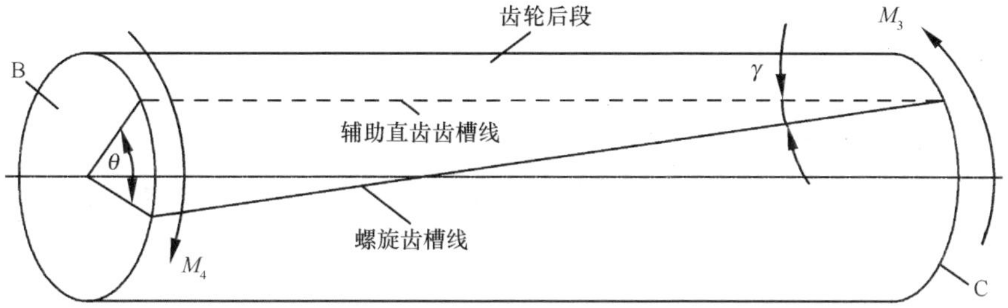

图 13-15　齿轮后段扭转示意图

这里以及上面所述的所有过程中，都是以单独一个齿槽作为事例来说明的，因为变螺旋角齿轮上的每个螺旋齿槽的螺旋角度都是不同的，为了分析出普遍的规律，都是拿出一个螺旋齿槽作为说明，当分析出普遍规律之后，变螺旋角齿轮上的每个齿槽都遵循这个规律进行变化。

以齿轮前段进行截面扭转进行示意说明，如图 13-16 所示。C 端面是假设固定的，C 端面是正规的直齿齿轮端面，当外力施加在 A 端时，齿槽就会产生一个扭转。

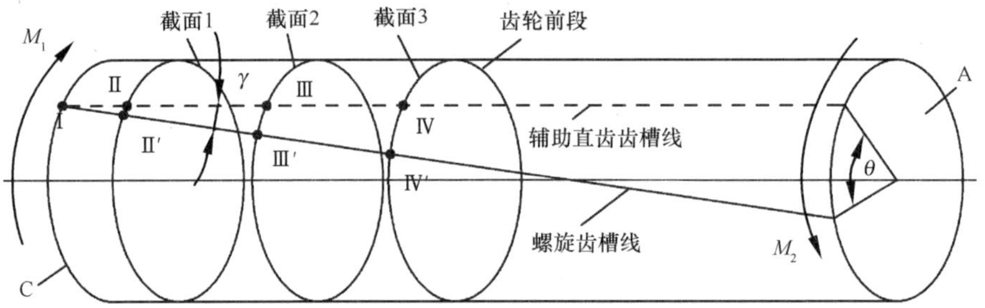

图 13-16　齿轮前段各截面扭转示意图

假设将 AC 段沿着齿轮轴线截成 N 段，在这里先取 4 段截面进行分析。截面 1、2、3 在没有扭转时，截面 1、2、3 的端面形貌与 C 端面是相同的，都是正规直齿齿轮端面。点Ⅰ、Ⅱ、Ⅲ、Ⅳ都是 C 端面和截面 1、2、3 端面上直齿齿槽分度圆上的中点。

在扭转的过程，截面 1 相对 C 端面逆时针旋转一个扭转角 θ_1，直齿齿槽分度圆上的中点Ⅱ，旋转到Ⅱ′点。以此类推，截面 2 相对 C 端面逆时针旋转一个扭转角 θ_2，直齿齿槽分度圆上的中点Ⅲ，旋转到Ⅲ′点。截面 3 相对 C 端面逆时针旋转一个扭转角 θ_3，直齿齿槽分度圆上的中点Ⅳ，旋转到Ⅳ′点。

因此，Ⅰ、Ⅱ、Ⅲ、Ⅳ连接成为辅助直齿齿槽线，Ⅰ、Ⅱ′、Ⅲ′、Ⅳ′连接成为螺旋齿槽线。辅助直齿齿槽线变成了螺旋线。

但各截面绕轴线发生了相对转动，使各纵向直齿齿槽线均倾斜了一微小倾角 γ，这个小倾角就是螺旋角。

BC 段（齿轮后段）与 AC 段（齿轮前段）的扭转原理相同，在此不再详述，唯一不同就是扭转方向。扭转角以及形成的螺旋角均是相同的。

BC 段（齿轮后段）与 AC 段（齿轮前段）都是以 C 端面作为基准进行扭转的。将两段合并为一体，AC 段（齿轮前段）形成的左螺旋齿槽与 BC 段（齿轮后段）形成的右螺旋齿槽合并为一体，形成一个完整的螺旋齿槽。如图 13-17 所示。

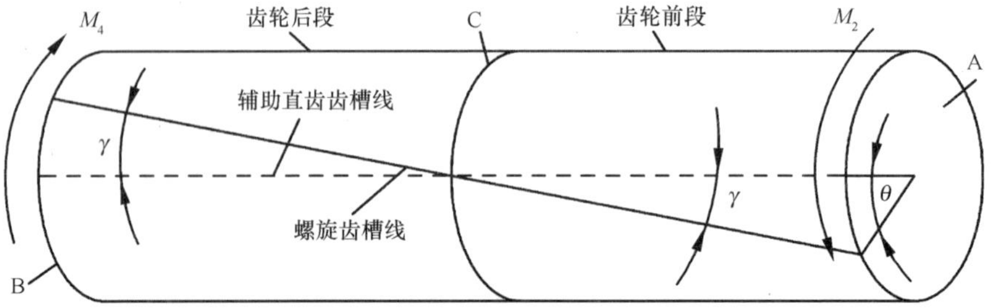

图 13-17　完整的螺旋齿槽形成过程

通过上述分析，发现可变螺旋角齿轮上螺旋齿槽形成过程中，有两个重要参数决定着螺旋齿槽的形成，一个是扭转角 θ；另一个是螺旋角 γ。通过扭转角 θ 可以求出螺旋角 γ，通过螺旋角 γ 可以求出扭转角 θ。这两者的数学关系是怎么样的呢？下面将详细分析。

13.4　扭转角与螺旋角之间的协调关系

为了研究扭转角与螺旋角之间的协调关系，取齿轮前段为例，如图 13-18 所示。

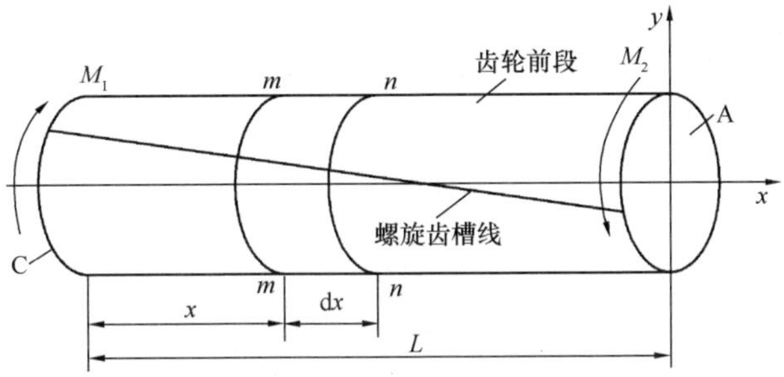

图 13-18　扭转角与螺旋角之间的协调关系（齿轮前段）

从齿轮前段中用两相邻横截面 m-m、n-n 取出长为 dx 的一个小微段，放大如图 13-19 所示，若截面 n-n 对 m-m 的相对扭转角为 $\mathrm{d}\theta$（在此，假设 m-m 截面相对固定不动），即横截面 n-n 像刚性平面一样，相对于 m-m 绕轴线旋转了一个角度，半径 O_1a 转到了 O_1b 位置。相应辅助直齿齿槽线有一倾斜角 γ。如果将齿轮前段看成由无数个截面段组成，则在此微段中，组成齿轮前段的所有截面段的扭转角 $\mathrm{d}\theta$ 均相同，所不同的只是截面段半径。设其中任意截面段的半径为 ρ，螺旋角（倾斜角）为 γ_ρ，则可得 γ_ρ 与 ρ 的关系式为

$$\gamma_\rho = \tan\gamma_\rho = \frac{\overset{\frown}{\mathrm{d}c}}{fc} = \frac{\rho\mathrm{d}\theta}{\mathrm{d}x} = \rho\theta' \tag{13-1}$$

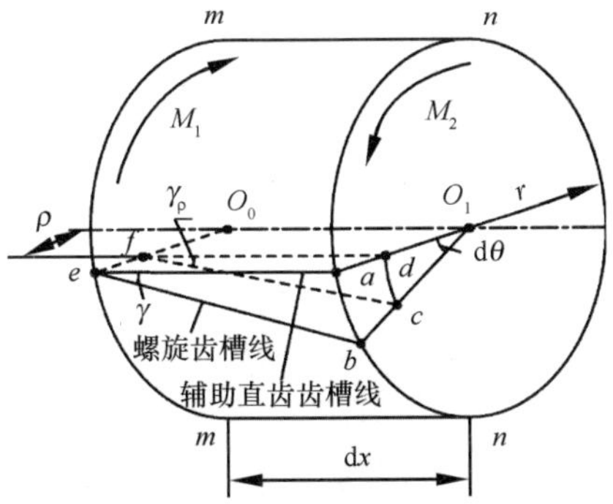

图 13-19　横截面 m-m、n-n 截取的微段放大图

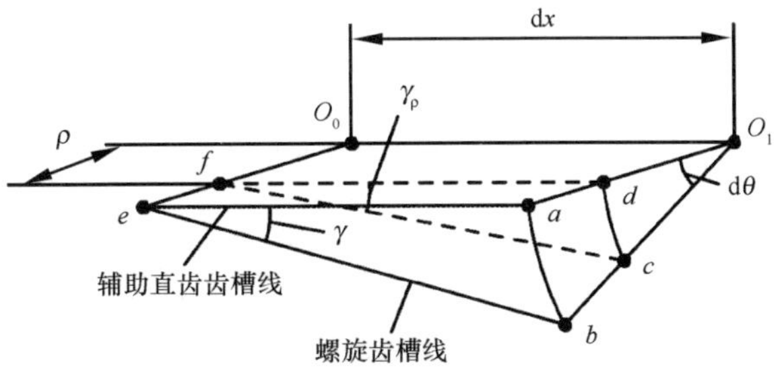

图 13-20　图 13-19 局部放大图

显然螺旋角 γ_ρ 发生在垂直于半径 O_1a 的平面内。式中 $\theta' = \mathrm{d}\theta/\mathrm{d}x$，是扭转角 θ 沿 x 轴的变化率，即相距为 1 单位长度的两截面的相对扭转角。在常扭矩段内，θ' 是常量。故式（13-1）表明，螺旋角 γ_ρ 随着半径 ρ 的增加而成比例增大，最外层（$\rho = r$）的螺旋角达到最大值 $\gamma_{\max}$。

图中和公式中的 r 是齿轮分度圆半径，因为不管是直齿齿槽线还是螺旋齿槽线都是在

分度圆上的齿槽线。

因此，分度圆上的螺旋角公式由式（13-1）可得：

$$\gamma = \frac{r \times \mathrm{d}\theta}{\mathrm{d}x} \tag{13-2}$$

对式（13-2）进行积分得：

$$\int_0^L \gamma \mathrm{d}x = \int_0^\theta r\mathrm{d}\theta \Rightarrow \gamma L = r\theta \tag{13-3}$$

由式（13-3）得出扭转角与螺旋角之间的关系

$$\theta = \frac{\gamma L}{r} \tag{13-4}$$

式中　L——齿轮前段的长度，也就是齿轮宽度的一半。

式（13-4）是一个弧度计算公式，要将其转换为角度计算公式，转换过程如下：

$$\begin{cases} \gamma L = \dfrac{\alpha\pi L}{180^\circ} \\ \gamma\theta = \dfrac{\varphi\pi r}{180^\circ} \end{cases} \Rightarrow \frac{\alpha\pi L}{180^\circ} = \frac{\varphi\pi r}{180^\circ} \Rightarrow \alpha L = \varphi r \tag{13-5}$$

式中　α——螺旋齿槽的螺旋角（°）；

φ——扭转角（°）。

由式（13-5）得出扭转角与螺旋角之间的关系式：

$$\varphi = \frac{\alpha L}{r} \tag{13-6}$$

式中　r——分度圆半径（mm）；

L——齿轮总宽度的一半（mm）。

上述分析是以齿轮前段作为事例进行的，齿轮后段与齿轮前段是一样的，唯一不同的地方就是转向。得出的扭转角与螺旋角之间的关系与式（13-4）也是相同的。齿轮前段和后段合并在一起才是完整的可变螺旋齿槽线扭转过程，如图 13-21 所示。

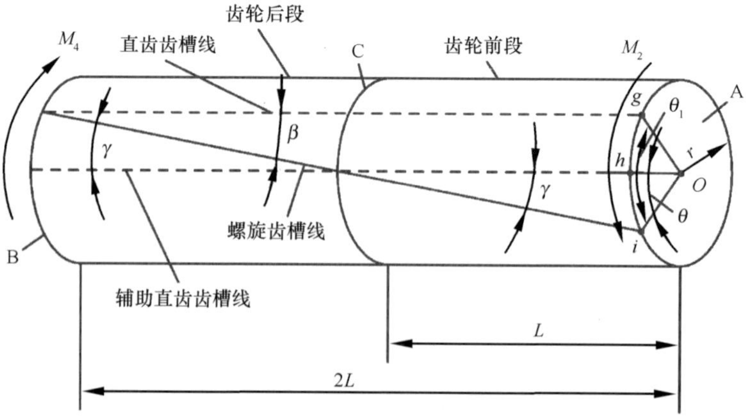

图 13-21　完整齿轮螺旋齿槽线扭转过程

螺旋齿槽线是由齿轮前后段辅助直齿齿槽线扭转合并形成，因为基准在 C 端面。

整条直齿齿槽线扭转后得到的螺旋齿槽线，螺旋角是 β，扭转角是 θ_1，如图 13-21 所示。齿轮前后段扭转角之和为 θ_1。

齿轮前段扭转弧长 $\overset{\frown}{hi} = r\theta = L\gamma$，齿轮后段扭转弧长 $\overset{\frown}{hg} = r\theta = L\gamma$。整条螺旋线扭转弧长 $\overset{\frown}{ig} = r\theta_1 = 2L\beta$。

因为　　$\overset{\frown}{ig} = \overset{\frown}{hg} + \overset{\frown}{hi} = 2r\theta = 2L\gamma$

所以　　$\theta_1 = 2\theta$，$\beta = \gamma$

13.5　可变螺旋角齿轮建模参数

准确地绘制出可变螺旋角齿轮的三维图，需要计算出每个螺旋齿槽的扭转角度。进行变螺旋角齿轮的参数计算，如表 13-1 所示。

表 13-1　可变螺旋角齿轮参数

名称	模数 m	齿数 z	齿形角（°）	齿顶高系数 h_a *	顶隙系数 c *	变位系数 x	变螺旋角度（°）	齿轮宽度 $2L$（mm）
参数	4	44	20°	1	0.3	0	0 ~ 11°	54.5

目前，可变螺旋角齿轮的每个齿槽的螺旋角是已知的，可以根据式（13-6）求出对应的扭转角。式（13-6）中，r 是分度圆半径。根据前述可知，可变螺旋角齿轮上的每个螺旋槽，都是根据基准端面 C 正规直齿齿轮端面上的齿槽扭转不同角度形成的。准端面 C 正规直齿齿轮端面也有 44 个轮齿和齿槽，可变螺旋角齿轮上的每个螺旋槽，就是由这 44 个标准的直齿齿槽，对应扭转不同角度形成的。因此，每个可变螺旋角齿槽扭转角计算公式中的 r 都是按照正规直齿齿轮分度圆半径计算。计算公式如下：

$$r = \frac{mz}{2} = \frac{44 \times 4}{2} = 88$$

式（13-6）中的 L 是可变螺旋角齿轮总宽度的一半，由表 13-1 可知，齿轮的总宽度是 54.5mm，L 就是 54.5mm 的一半，$L = 27.25$mm。扭转分为齿轮前段和后段两个部分，齿轮前段和后段的长度相同，都是齿轮总宽度的一半。将这些参数代入式（13-6），得出表 13-2、表 13-3 结果。

表 13-2　齿轮前段，A 端面每个齿槽扭转角参数

轮齿编号	螺旋角 α（°）	扭转角 φ（°）	扭转角数值取两位数字
0（44）	0	0	0
1	1	0.30965909	0.3
2	2	0.61931818	0.6
3	3	0.92897727	0.9
4	4	1.23863636	1.2
5	5	1.54829545	1.5
6	6	1.85795455	1.8
7	7	2.16761364	2.1

续表

轮齿编号	螺旋角 α（°）	扭转角 φ（°）	扭转角数值取两位数字
8	8	2.47727273	2.4
9	9	2.78693182	2.7
10	10	3.09659091	3.0
11	11	3.40625	3.4
12	10	3.09659091	3.0
13	9	2.78693182	2.7
14	8	2.47727273	2.4
15	7	2.16761364	2.1
16	6	1.85795455	1.8
17	5	1.54829545	1.5
18	4	1.23863636	1.2
19	3	0.92897727	0.9
20	2	0.61931818	0.6
21	1	0.30965909	0.3
22	0	0	0
23	−1	−0.30965909	−0.3
24	−2	−0.61931818	−0.6
25	−3	−0.92897727	−0.9
26	−4	−1.23863636	−1.2
27	−5	−1.54829545	−1.5
28	−6	−1.85795455	−1.8
29	−7	−2.16761364	−2.1
30	−8	−2.47727273	−2.4
31	−9	−2.78693182	−2.7
32	−10	−3.09659091	−3.0
33	−11	−3.40625	−3.4
34	−10	−3.09659091	−3.0
35	−9	−2.78693182	−2.7
36	−8	−2.47727273	−2.4
37	−7	−2.16761364	−2.1
38	−6	−1.85795455	−1.8
39	−5	−1.54829545	−1.5
40	−4	−1.23863636	−1.2
41	−3	−0.92897727	−0.9
42	−2	−0.61931818	−0.6
43	−1	−0.30965909	−0.3
44	0	0	0

表 13-3　齿轮后段，B 端面每个齿槽扭转角参数

轮齿编号	螺旋角 α（°）	扭转角 φ（°）	扭转角数值取两位数字
0（44）	0	0	0
1	1	-0.30965909	-0.3
2	2	-0.61931818	-0.6
3	3	-0.92897727	-0.9
4	4	-1.23863636	-1.2
5	5	-1.54829545	-1.5
6	6	-1.85795455	-1.8
7	7	-2.16761364	-2.1
8	8	-2.47727273	-2.4
9	9	-2.78693182	-2.7
10	10	-3.09659091	-3.0
11	11	-3.40625	-3.4
12	10	-3.09659091	-3.0
13	9	-2.78693182	-2.7
14	8	-2.47727273	-2.4
15	7	-2.16761364	-2.1
16	6	-1.85795455	-1.8
17	5	-1.54829545	-1.5
18	4	-1.23863636	-1.2
19	3	-0.92897727	-0.9
20	2	-0.61931818	-0.6
21	1	-0.30965909	-0.3
22	0	0	0
23	-1	0.30965909	0.3
24	-2	0.61931818	0.6
25	-3	0.92897727	0.9
26	-4	1.23863636	1.2
27	-5	1.54829545	1.5
28	-6	1.85795455	1.8
29	-7	2.16761364	2.1
30	-8	2.47727273	2.4
31	-9	2.78693182	2.7
32	-10	3.09659091	3.0
33	-11	3.40625	3.4
34	-10	3.09659091	3.0
35	-9	2.78693182	2.7
36	-8	2.47727273	2.4
37	-7	2.16761364	2.1
38	-6	1.85795455	1.8
39	-5	1.54829545	1.5

续表

轮齿编号	螺旋角 α（°）	扭转角 φ（°）	扭转角数值取两位数字
40	-4	1.23863636	1.2
41	-3	0.92897727	0.9
42	-2	0.61931818	0.6
43	-1	0.30965909	0.3
44	0	0	0

13.6 可变螺旋角齿轮三维建模

13.6.1 C 端面正规直齿齿轮建模

本书利用 CAXA 2015 版本的软件进行平面绘图。

根据表 13-1 的参数绘制直齿齿轮。单击菜单栏上齿形图标 ，出现对话框，输入表 13-1参数，如图 13-22 所示。单击“下一步”，出现对话框，输入齿数 44，其他参数默认，如图 13-23 所示。单击“完成”，在屏幕出现齿轮端面图，如图 13-24 所示。

图 13-22 齿轮参数对话框（1）

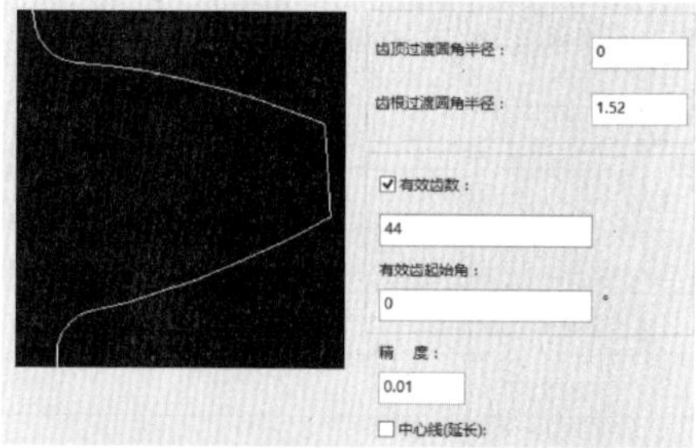

图 13-23 齿轮参数对话框（2）

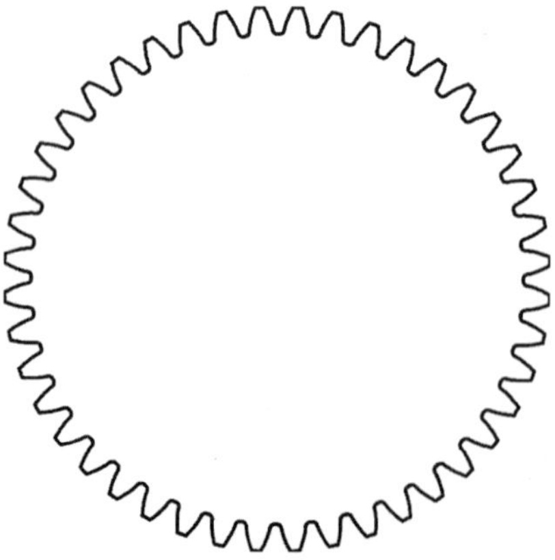

图 13-24 齿轮端面图

图 13-24 也是 C 端面直齿齿轮端面，是基准齿轮端面。该齿轮端面图是在 AutoCAD 2008 软件中绘制的，也可以采用 CAXA 2015 绘制，根据个人喜好选择绘图软件。

13.6.2 A 端面扭转后齿轮端面建模

（1）将刚才存储的 C 端面直齿齿轮端面复制一份，并改名为“A 端面齿轮 . dwg”。在 AutoCAD 2008 软件中打开 A 端面齿轮 . dwg 文件。取刚才建立的 C 端面直齿齿轮端面图形的一半，建立编号为 0 的齿槽的中心线，并作环形阵列 44 个，对每个齿槽标注序号。为什么取图形的一半呢？从图 13-25 看出，从以编号 22 为中心轴线，两侧的螺旋齿槽是对称的，对称之后方向不同而已，因此取图形一半。做好每个齿槽扭转之后，作图形对称即可。

（2）将图 13-25 中的每个齿槽按照表 13-2 中的参数进行扭转。方法如下：

（a）齿槽 1 的扭转：

单击旋转符号，接着选择齿槽 1 的轮廓及其中心线，齿槽 1 的轮廓及其中心线变成了虚线，然后单击齿轮的中心原点 O，输入旋转角度 0.3，齿槽 1 向左旋转了 0.3°。齿槽 1 扭转图如图 13-26所示。图中虚线是齿槽 1 扭转前的位置，实线是齿槽 1 扭转后的位置。齿槽 1 的轮廓没有发生任何变化，只是位置向左旋转0.3°。前面所述，可变螺旋角齿轮是以齿槽为基准的。通过图 13-26看出，齿槽 1 扭转之后，轮齿 1 的齿厚就变小了。

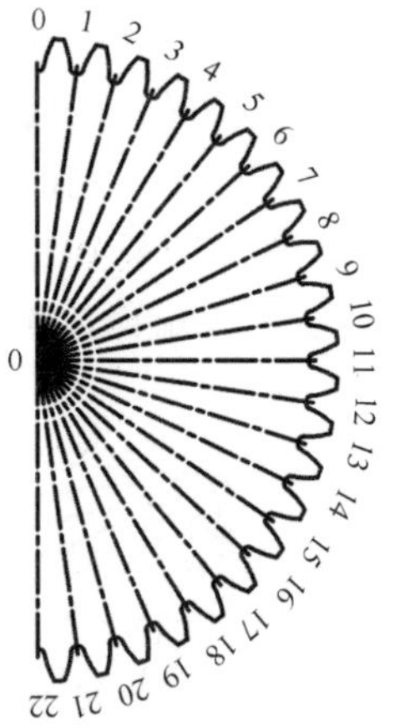

图 13-25　C 端面齿轮端面取半、标号后图形

（b）齿槽 2 的扭转：

齿槽 1 扭转之后，单击旋转符号，接着选择齿槽 2 的轮廓及其中心线，齿槽 2 的轮廓及其中心线变成了虚线，然后单击齿轮的中心原点 O，输入旋转角度 0.6，齿槽 2 向左旋转了 0.6°。齿槽 2 扭转图如图 13-27 所示。图中虚线是齿槽 2 扭转前的位置，实线是齿槽 2 扭转后的位置。齿槽 2 的轮廓没有发生任何变化，只是位置向左旋转 0.6°。

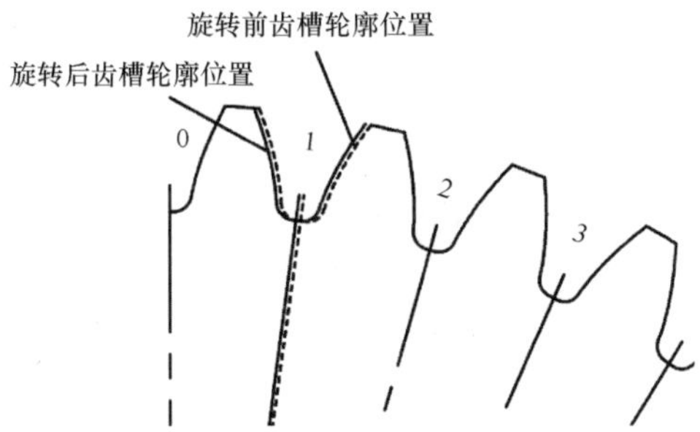

图 13-26　齿槽 1 的扭转

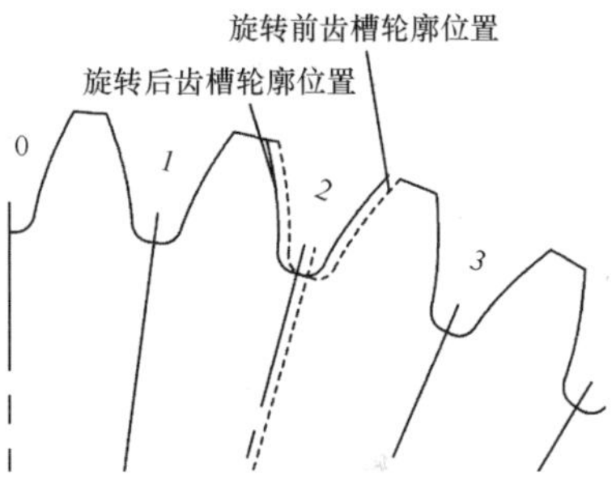

图 13-27　齿槽 2 的扭转

后续的齿槽按照上述的方法以及表 13-2 的参数，依次扭转。

编号为 0 ~ 22 的每个齿槽都按照表 13-2 的参数依次扭转之后的齿轮端面形貌如图 13-28所示。为了看清扭转后的齿槽和轮齿厚度变化，对图 13-28 进行了局部放大，如图 13-29、图 13-30 所示。

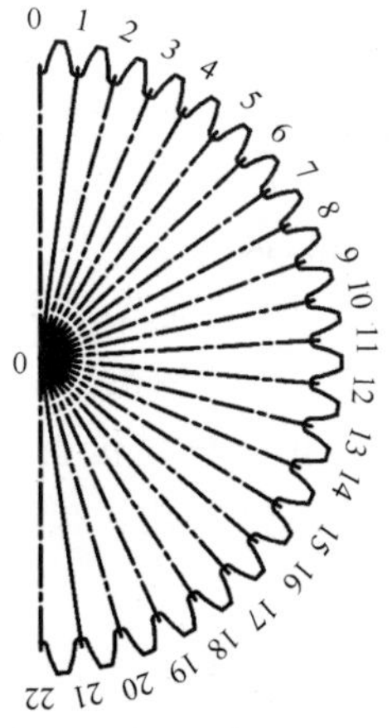

图 13-28　扭转后的 A 端面齿轮端面形貌

图 13-29　图 13-28 局部放大图（1）

从局部放大图看出，编号为 0 和 22 的齿槽是直齿齿槽，没有任何变化。其他的齿槽都进行了扭转。轮齿的齿厚由大变小，然后由小变大，但是齿槽形貌和宽度是不变的，只是位置扭转了不同的角度而已。

将图 13-28 半边扭转后的 A 端面齿轮端面进行镜像，并标注上齿槽编号，得到完整的扭转后的 A 端面齿轮端面形貌，如图 13-31 所示。

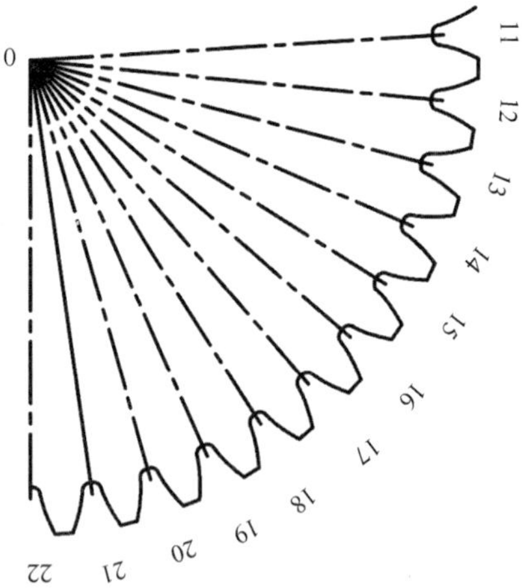

图 13-30　图 13-28 局部放大图（2）

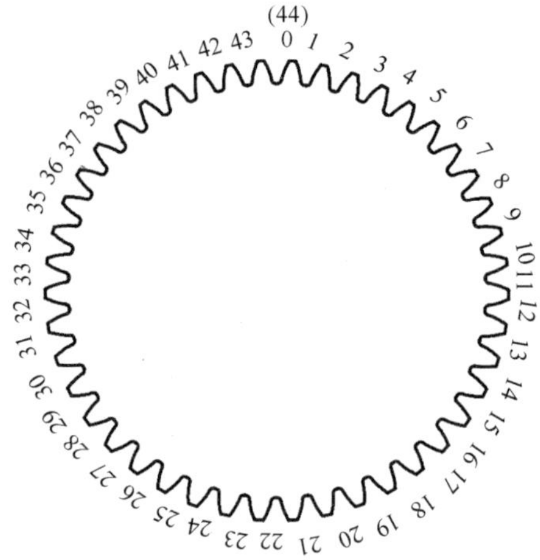

图 13-31　完整的扭转后 A 端面齿轮端面形貌

13.6.3　B 端面扭转后齿轮端面建模

（1）将刚才存储的 C 端面直齿齿轮端面复制一份，并改名为“B 端面齿轮 . dwg”。在 AutoCAD 2008 软件中打开 B 端面齿轮 . dwg 文件。取刚才建立的 C 端面直齿齿轮端面图形的一半，建立编号为 0 的齿槽的中心线，并作环形阵列 44 个，对每个齿槽标注序号。为什么取图形的一半呢？与上述 A 端面齿轮端面原因相同。

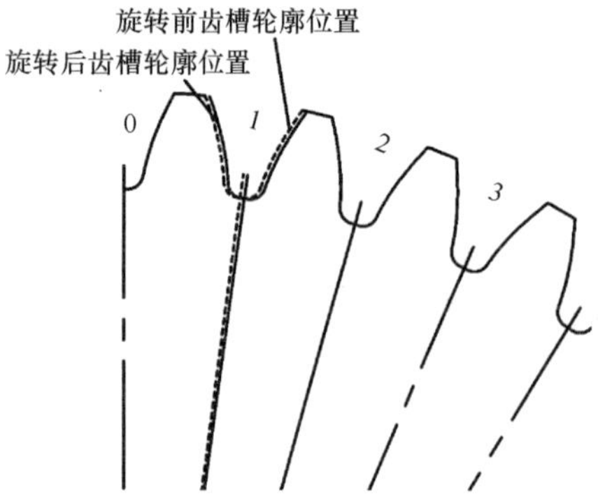

图 13-32　齿槽 1 的扭转

（2）将图 13-25 中的每个齿槽按照表 13-3 中的参数进行扭转。方法如下：

（a）齿槽 1 的扭转：

单击旋转符号，接着选择齿槽 1 的轮廓及其中心线，齿槽 1 的轮廓及其中心线变成了虚线，然后单击齿轮的中心原点 O，输入旋转角度 −0.3，齿槽 1 向右旋转了 −0.3°。齿槽 1 扭转图如图 13-32 所示。图中虚线是齿槽 1 扭转前的位置，实线是齿槽 1 扭转后的位置。齿槽 1 的轮廓没有发生任何变化，只是位置向右旋转 −0.3°。前面所述，可变螺旋角齿轮是以齿槽为基准的。通过图 13-32 看出，齿槽 1 扭转之后，轮齿 1 的齿厚就变大了。

（b）齿槽 2 的扭转：

齿槽 1 扭转之后，单击旋转符号，接着选择齿槽 2 的轮廓及其中心线，齿槽 2 的轮廓及其中心线变成了虚线，然后单击齿轮的中心原点 O，输入旋转角度 −0.6，齿槽 2 向右旋转了 -0.6°。齿槽 2 扭转图如图 13-33 所示。图中虚线是齿槽 2 扭转前的位置，实线是齿槽 2 扭转后的位置。齿槽 2 的轮廓没有发生任何变化，只是位置向右旋转 -0.6°。

后续的齿槽按照上述的方法以及表 13-3 的参数，依次扭转。

编号为 0 ~ 22 的每个齿槽都按照表 13-3 的参数依次扭转之后的齿轮端面形貌如图 13-34所示。为了看清扭转后的齿槽和轮齿厚度变化，对图 13-34 进行了局部放大，如图 13-35、图 13-36 所示。

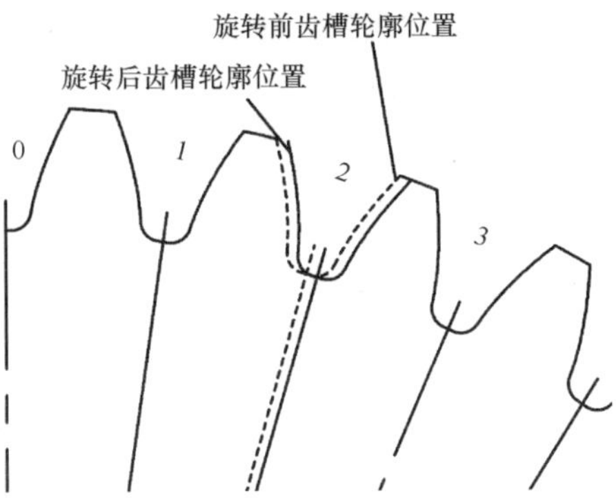

图 13-33　齿槽 2 的扭转

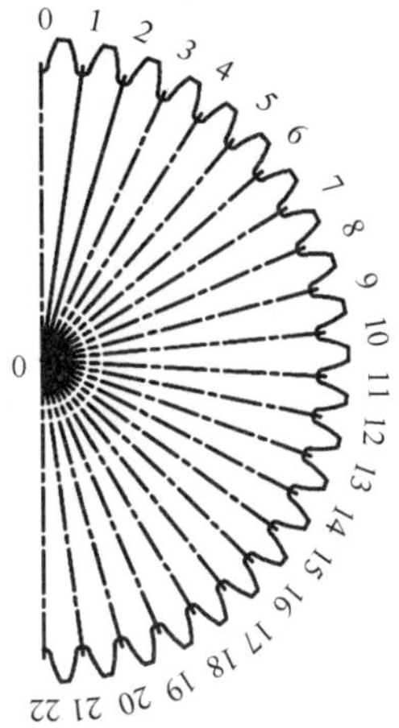

图 13-34　扭转后的 B 端面齿轮端面形貌

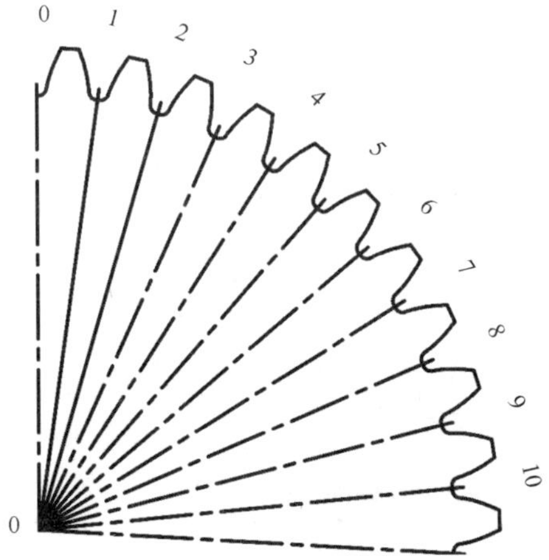

图 13-35　图 13-34 局部放大图（1）

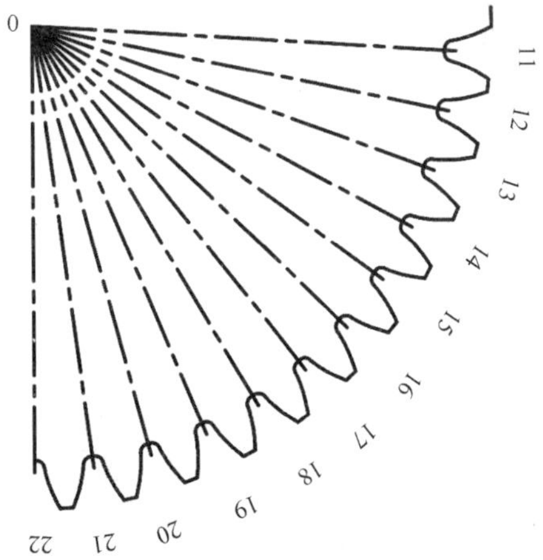

图 13-36　图 13-34 局部放大图（2）

从局部放大图看出，编号为 0 和 22 的齿槽是直齿齿槽，没有任何变化。其他的齿槽都进行了扭转。轮齿的齿厚由小变大，然后由大变小，但是齿槽形貌和宽度是不变的，只是位置扭转了不同的角度而已。

将图 13-34 半边扭转后的 B 端面齿轮端面进行镜像，并标注上齿槽编号，得到完整的扭转后的 B 端面齿轮端面形貌，如图 13-37 所示。

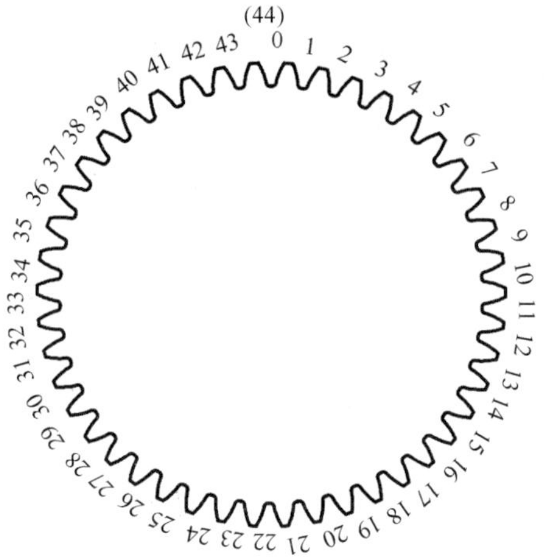

图 13-37　完整的扭转后 B 端面齿轮端面形貌

其中注意事项为，C 端面齿轮端面是由参数直接建立起来的直齿齿轮，齿顶线是由两段直线组成的，把它们去掉，直接用一条完整直线进行连接。否则后续三维放样的时候会出现问题。

13.7　可变螺旋角齿轮三维建模

可变螺旋角齿轮的三维建模方法是采用放样的方法，使用三个截面创建自由放样特征。也就是利用已经建立起来的三个截面：C 端齿轮端面、A 端齿轮端面、B 端齿轮端面，直接放样成为三维模型。

建模软件采用 CAXA 3D 2015 版本，具体建模方法如下：

（1）创建 C 端面齿轮端面基准面。单击菜单上的“草图”，然后单击“二维草图”，最后单击“在 X-Y 基准面”，如图 13-38 所示。在 X-Y 基准面上创建两条相互垂直的直线，两直线的交点为原点。单击“完成”，完成草图如图 13-39 所示。C 端面齿轮端面的基准面建立完成。在设计环境下拉菜单中的“2D 草图 1”就是 C 端面齿轮端面的基准面。如图 13-40 所示。

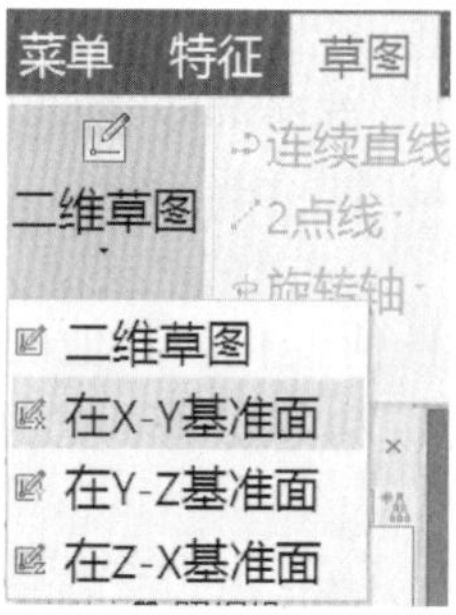

图 13-38　草图基准面创建

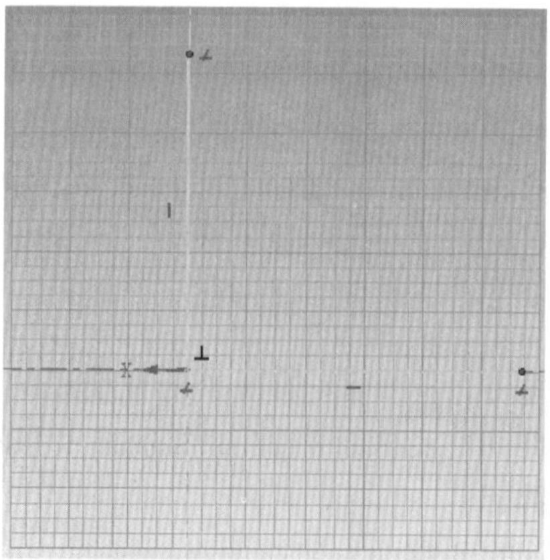

图 13-39　草图 X-Y 基准面

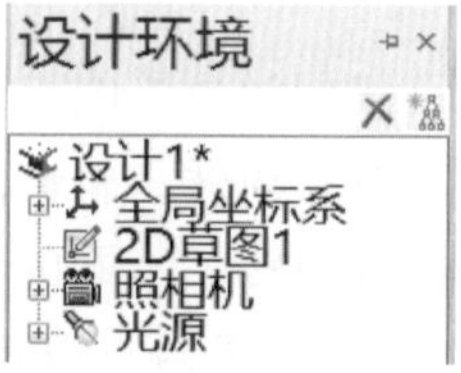

图 13-40　C 端面草图基准

（2）创建 A 端面齿轮端面基准面。

单击菜单上的“草图”，然后单击“二维草图”，上面那个带铅笔的小图标，如图13-41所示，也就是草图编辑的图标。在侧菜单栏上，出现属性下拉菜单。在“2D 草图放…”这一栏里，选择“等距面”，在绘图区域内，单击前面 X-Y 基准面内建立的两条垂直直线的交点，如图 13-42 所示。出现等距面，以及等距面要偏移的方向箭头。在“从面”这一栏的长度里面，输入 -27.25。在“高级选项”里面，单击“反转 Z 方向”。单击最上端绿色的小对号“确定”，A 端面齿轮端面的基准面就建立完成了。最后在这个基准面上建立两条相互垂直的直线，直线的交点在原点处，如图 13-43 所示。最后单击菜单栏中“草图”，单击“完成”。在设计环境下拉菜单中的“2D 草图 8”就是 A 端面齿轮端面的基准面，如图 13-44所示。

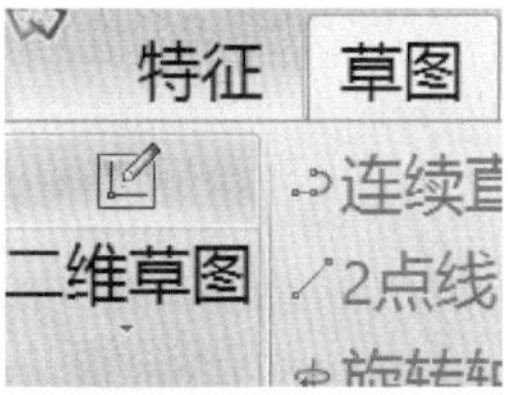

图 13-41　草图编辑

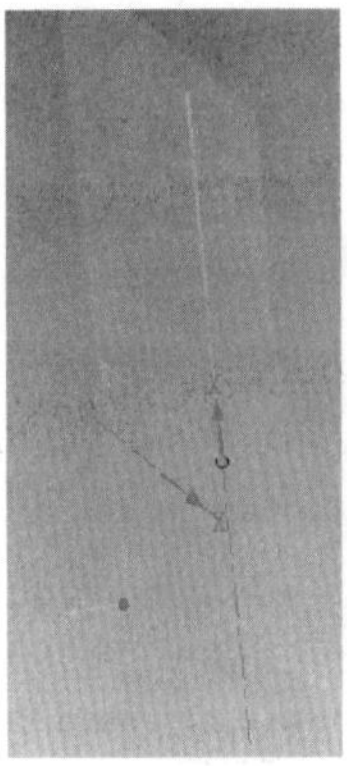
图 13-42　等距面建立

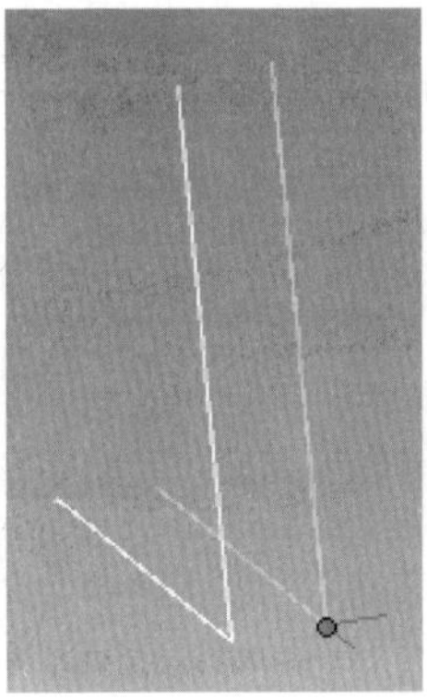
图 13-43　已经建立的直线

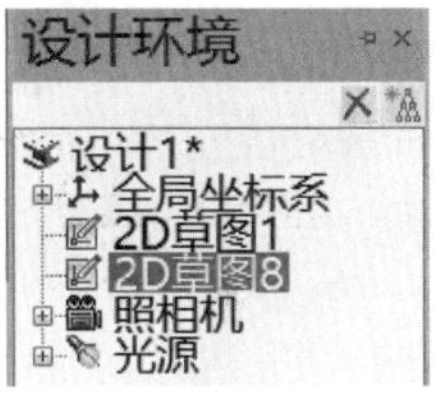

图 13-44　A 端面草图基准

（3）创建 B 端面齿轮端面基准面。

同理，单击菜单上的“草图”，然后单击“二维草图”，上面那个带铅笔的小图标，如图 13-41 所示，也就是草图编辑的图标。在侧栏上，出现属性下拉菜单。在“2D 草图放…”这一栏里，选择“等距面”，在绘图区域内，单击前面 X-Y 基准面内建立的两条垂直直线的交点。出现等距面，以及等距面要偏移的方向箭头。在“从面”这一栏的长度里面，输入 27.25。在“高级选项”里面，单击“反转 Z 方向”中的小对号，取消“反转 Z 方向”。单击最上端绿色的小对号“确定”，B 端面齿轮端面的基准面就建立完成了。最后在这个基准面上建立两条相互垂直的直线，直线的交点在原点处。最后单击菜单栏中“草图”，单击“完成”。在设计环境下拉菜单中的“2D 草图 9”就是 B 端面齿轮端面的基准面，如图 13-45 所示。

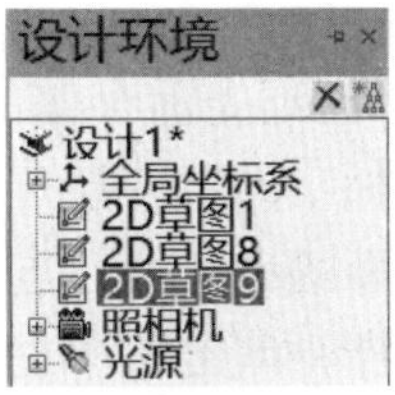

图 13-45　B 端面草图基准

（4）C 端面齿轮端面输入。

在侧菜单栏中单击“设计环境变量”，鼠标右键单击“2D 草图 1”，出现下拉菜单，单击“编辑”，如图 13-46 所示。进入 C 端面齿轮端面的编辑状态。

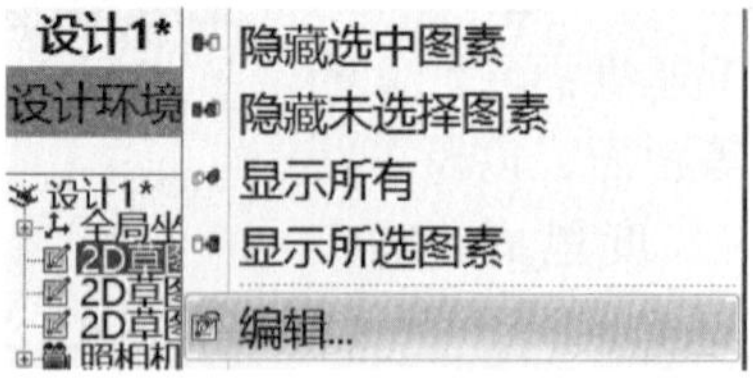

图 13-46　C 端面基准面编辑

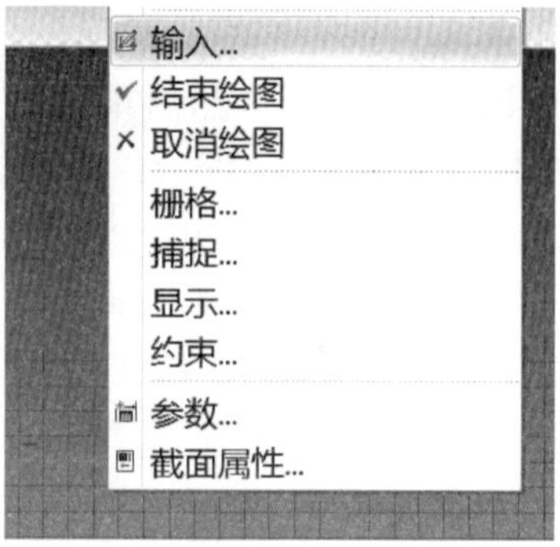

图 13-47　C 端面端面输入过程（1）

在绘图区任意空白区域，单击鼠标右键，出现下拉菜单，单击“输入”（图 13-47）。在计算机内找到先前存储的，文件名为“C 端面图 . dwg”的文件，单击“打开”。将文件输入绘图区，C 端面齿轮端面的中心点，与 C 端面基准面上的垂直直线的交点重合，如图 13-48所示。单击菜单栏上“草图”，单击“完成”。C 端面齿轮端面输入完成，如图 13-49所示。

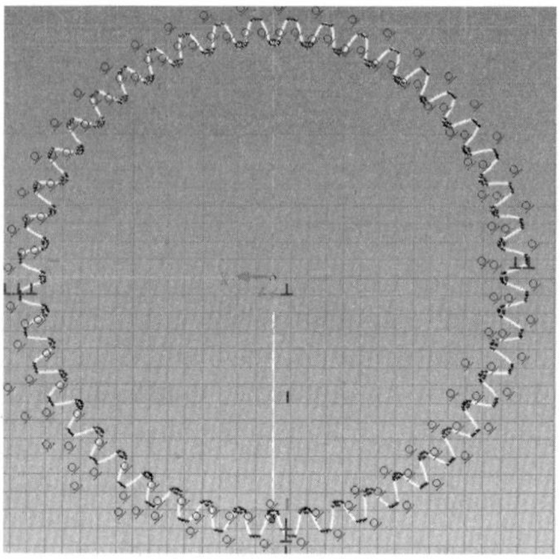

图 13-48　C 端面端面输入过程（2）

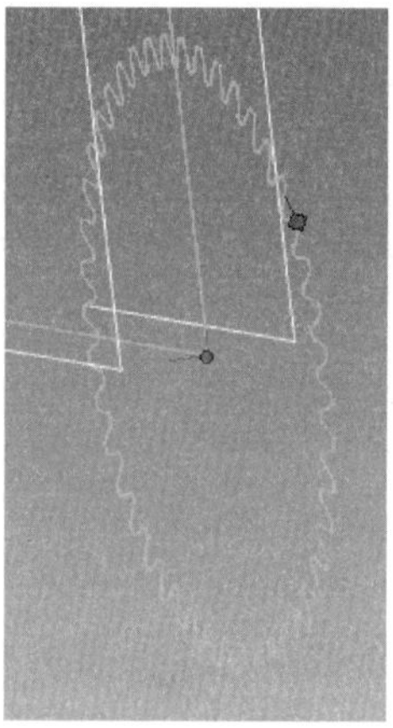

图 13-49　C 端面端面输入过程（3）

（5）A 端面齿轮端面输入。

同理，在侧菜单栏中单击“设计环境变量”，用鼠标右键单击“2D 草图 8”，出现下拉菜单，单击“编辑”，进入 C 端面齿轮端面的编辑状态。

在绘图区任意空白区域，单击鼠标右键，出现下拉菜单，单击“输入”。在计算机中找到先前存储的，文件名为“A 端面图 . dwg”的文件，单击“打开”。将文件输入绘图区，A 端面齿轮端面的中心点，与 A 端面基准面上的垂直直线的交点重合。单击菜单栏上的“草图”，单击“完成”。A 端面齿轮端面输入完成，如图 13-50 所示。

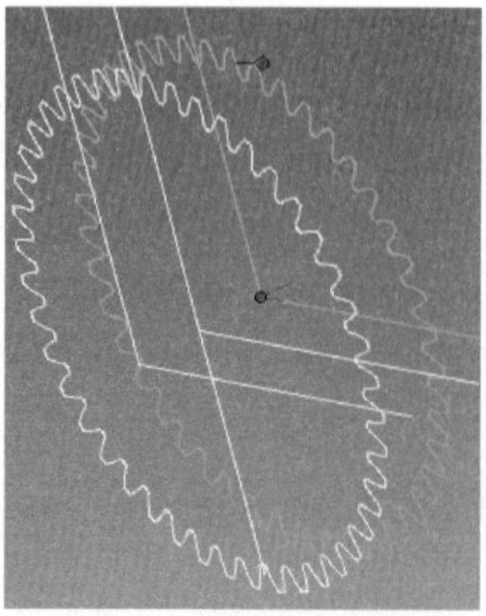

图 13-50　A 端面端面输入

（6）B 端面齿轮端面输入。

同理，在侧菜单栏中单击“设计环境变量”，用鼠标右键单击“2D 草图 9”，出现下拉菜单，单击“编辑”，进入 A 端面齿轮端面的编辑状态。

在绘图区任意空白区域，单击鼠标右键，出现下拉菜单，单击“输入”。在计算机中找到先前存储的，文件名为“B 端面图 . dwg”的文件，单击“打开”。将文件输入绘图区，B 端面齿轮端面的中心点，与 B 端面基准面上的垂直直线的交点重合。单击菜单栏上的“草图”，单击“完成”。B 端面齿轮端面输入完成，如图 13-51 所示。

（7）去除辅助直线

在 C 端面齿轮端面基准面、A 端面齿轮端面基准面、B 端面齿轮端面基准面的编辑状态下，去除所有的辅助直线以及标识的数字，为放样做准备，如图 13-52 所示。

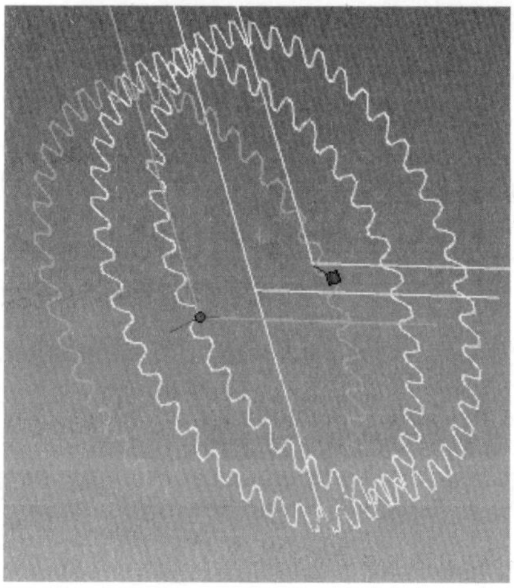

图 13-51　B 端面端面输入

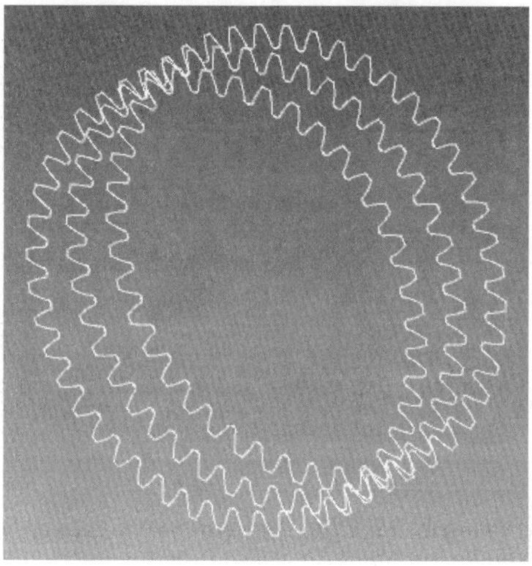

图 13-52　去除辅助直线后的各齿轮端面

（8）放样成形

单击菜单栏上的“特征”，接着单击“放样”，如图 13-53 所示。出现属性下拉对话框，单击“新生成一个独……”，如图 13-54 所示。

在放样属性下拉对话框里，在“放样基本选项”栏里选择“增料”，“合并 G1 连续……”，如图 13-55 所示。

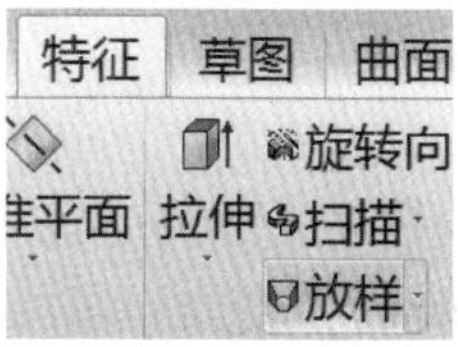

图 13-53　放样按钮

图 13-54　放样属性（1）

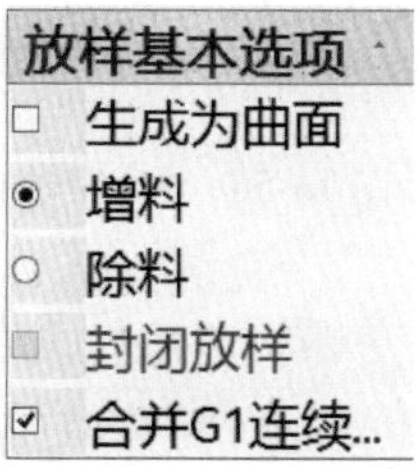

图 13-55　放样属性（2）

在绘图区内，先选择 C 端面齿轮端面，单击这个端面上任意一点，整个端面就会变成绿色，如图 13-56 所示。同理接着选择 A 端面齿轮端面，如图 13-57 所示。

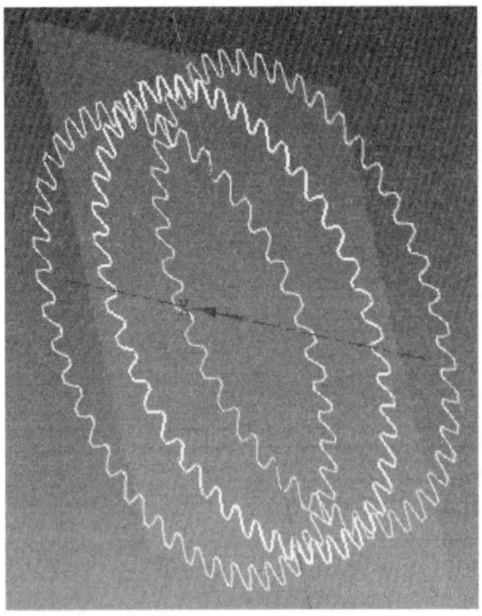

图 13-56　C 端面选择

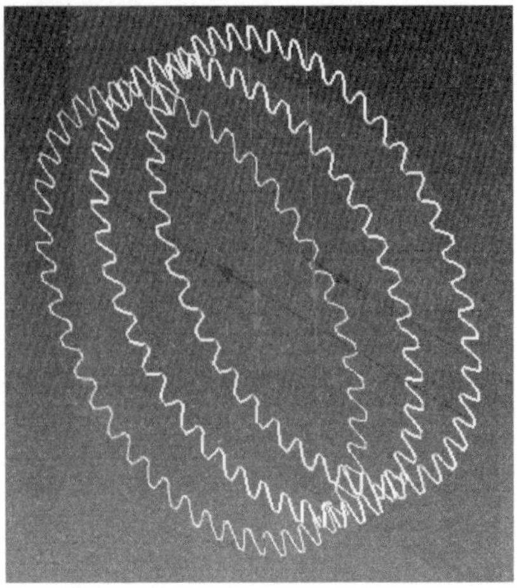

图 13-57　A 端面选择

选择 C 端面齿轮端面和 A 端面齿轮端面，计算机经过一段时间的计算之后，AC 段放样后成品如图 13-58 所示。

紧接着，再选择 C 端面齿轮端面上任意一点，然后选择 C 端面齿轮端面上任意一点。选择 C 端面齿轮端面和 B 端面齿轮端面，计算机经过一段时间的计算之后，BC 段放样后成品如图 13-59 所示。

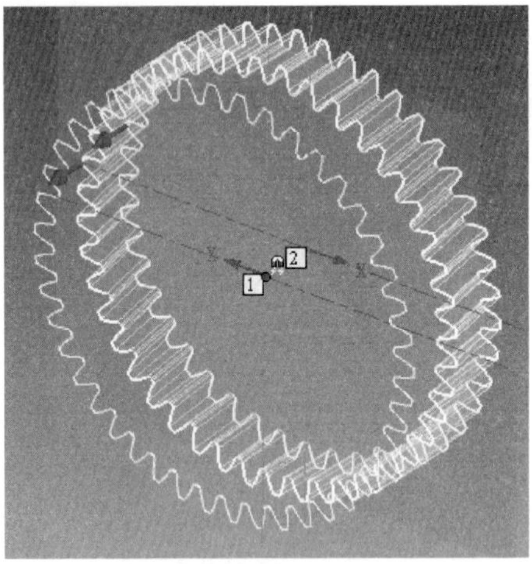

图 13-58　AC 段放样后成品

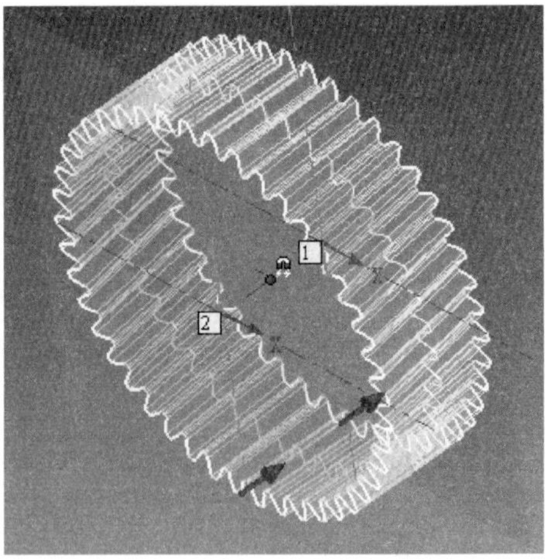

图 13-59　BC 段放样后成品

此时可变螺旋角齿轮全部放样成功，最后单击放样属性栏最上边的绿色小对号“确定”。注意事项：一定要在 AC 段和 BC 段全部放样成功之后，再单击放样属性的“确定”按钮，退出放样。可变螺旋角齿轮三维建模成品，如图 13-60 所示。放样的时候一定先单击 C 端面齿轮端面，再单击 A 端面齿轮端面。等待 AC 段放样成功之后，接着先单击 C 端面齿轮端面，再单击 B 端面齿轮端面。等待 BC 段放样成功之后，可以单击“确定”退出放样。这个顺序不可混乱，也不可颠倒。

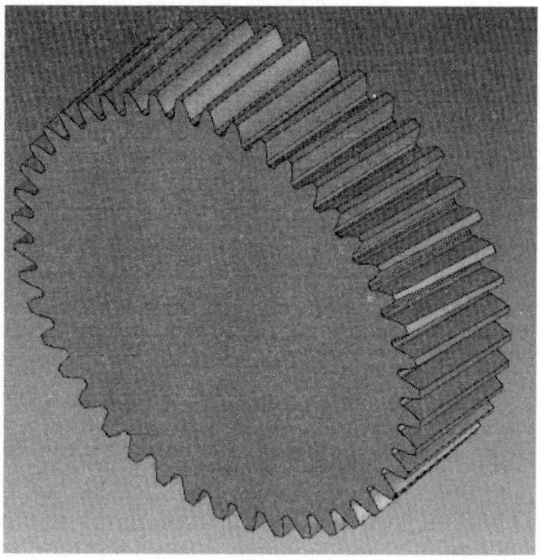

图 13-60　可变螺旋角齿轮三维图

图 13-61 是图 13-60 的局部放大图，图 13-62 是图 13-60 的俯视图。从图 13-61 和图 13-62看出，所建立的可变螺旋角齿轮的轮齿也是有大小头，与实物相貌相同。从端面俯视图看出，由直齿逐渐变化的规律与实物也相同。

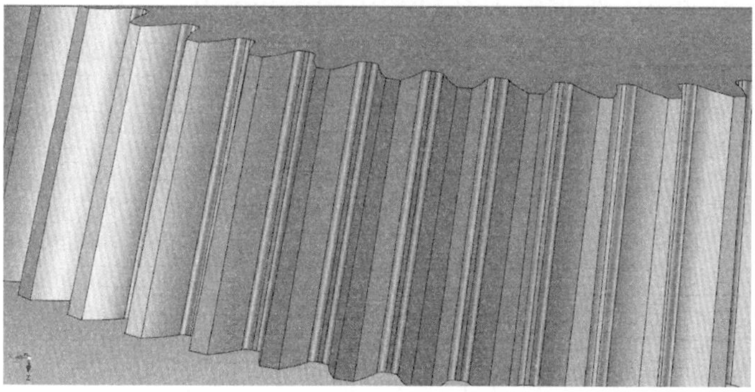

图 13-61　图 13-60 的局部放大图

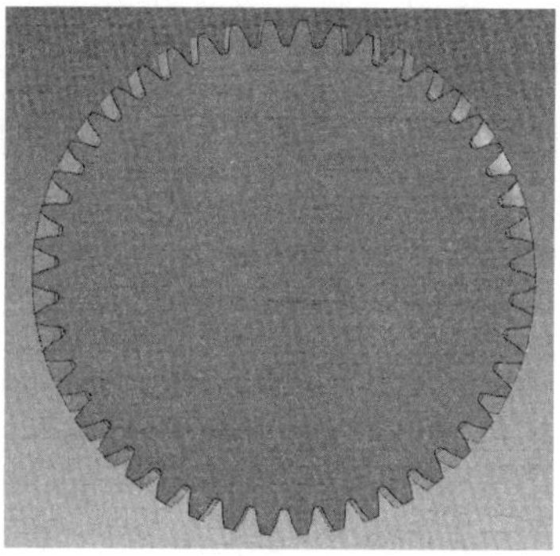

图 13-62　图 13-60 的俯视图

13.8　可变螺旋角齿轮的加工方法

可变螺旋角齿轮的加工方法采用有型铣法，这种铣齿方法的原理，就是把铣刀的形状做得跟所要铣的齿轮的齿槽完全一样。由前述得知，可变螺旋角齿轮是以齿槽为基准的。铣齿是一个齿一个齿地进行，也就是铣完一个齿以后，利用伺服驱动电机驱动齿轮坯转过一个角度（360°/齿数）。再铣第二个齿，这样一直到整个齿轮轮齿铣完为止。

有型铣法所用的刀具，最主要的是指形铣刀，如图 13-63所示。

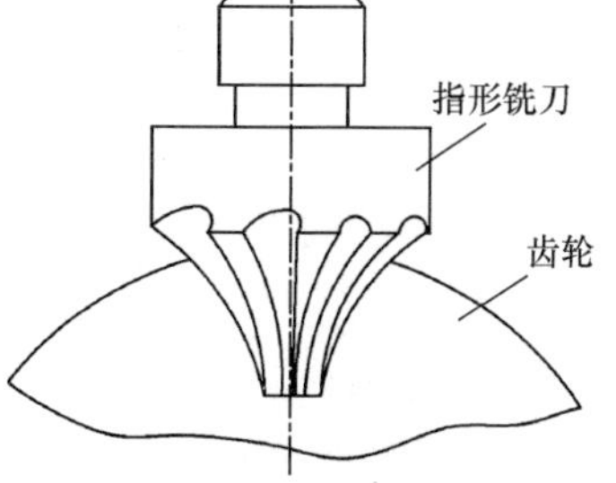

图 13-63　指形铣刀

具体铣齿方法如下：

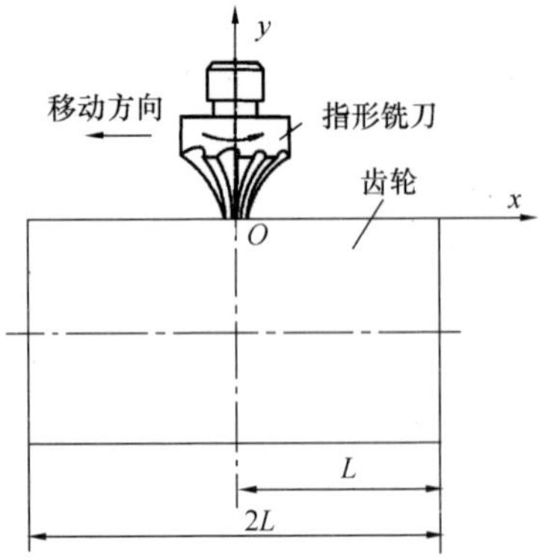

图 13-64 可变螺旋角齿轮加工主视图

（1）盘形铣刀定位及运动

由前面分析可知，可变螺旋角齿轮的基准位置在齿轮的中间位置，也就是图 13-64 中 xOy 坐标系的原点位置。盘形铣刀进行对中和定位。之后除了绕着自身轴线旋转之外，只能沿着 x 方向做来回的直线往复运动。

（2）齿轮定位及运动

齿轮加在主轴上，由伺服电机驱动。每加工完一个齿，利用伺服驱动电机驱动齿轮坯转过一个角度（360°/齿数）。

同时在加工过程中，伺服电机驱动齿轮按照表 13-2、表 13-3 的扭转角度进行旋转。也就是说，在加工过程中，齿轮只需要旋转，不需要变位。如图 13-65 所示。

可变螺旋角齿轮的螺旋齿槽是齿轮旋转与盘形铣刀移动共同作用下形成的，还有盘形铣刀的自身旋转。

（3）加工原理

例如，加工第 1 个齿槽，过程如下：盘形铣刀在齿轮中间部位对中定位之后，如图 13-66（a）所示，伺服电机驱动齿轮按照表 13-2 参数顺时针旋转 0. 3°，在旋转的过程中，盘形铣刀也同步从齿轮中间位置开始向着边缘移动，如图 13-66（b）所示。齿轮顺时针旋转 0. 3°，指形铣刀也移动到了齿轮边缘位置，如图 13-66（c）所示。

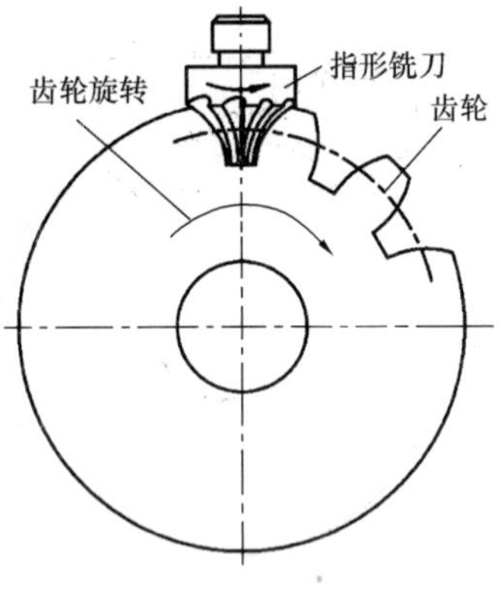

图 13-65 指形铣刀加工齿轮左视图

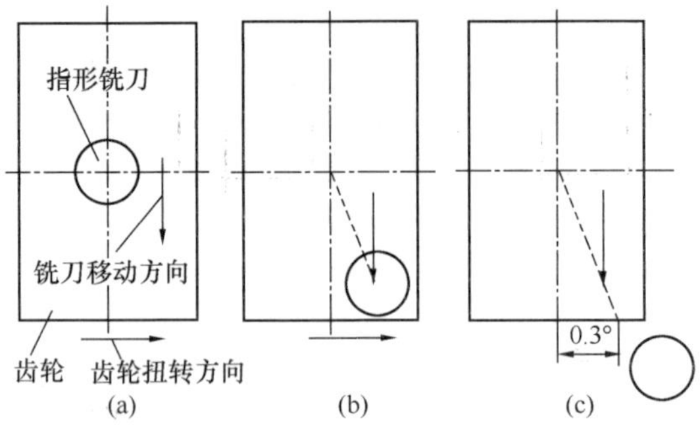

图 13-66 指形铣刀加工齿轮过程（1）

图 13-66（a）～（c）这一过程是加工准备过程，指形铣刀在图 13-66（c）所示位置时，将指形铣刀下降到要加工齿槽的深度，启动指形铣刀旋转电机。

齿轮驱动伺服电机启动并按照逆时针旋转，转动角度 0. 6°，其原理如图 13-21 所示，在此不再详述。指形铣刀按照 x 方向移动电机也开始启动。指形铣刀开始加工齿轮，如图 13-66（a）所示。齿轮转过 0. 6°时，指形铣刀也同步移动到齿轮的边缘，齿槽 1 加工完毕，如图 13-66（b）所示。指形铣刀向上提升，离开齿轮。齿轮驱动伺服电机启动并按照顺时针旋转，转动角度 0. 3°，指形铣刀也同步移动到齿轮的中间位置，即可停止，齿轮也停止旋转。这一过程为回零过程，回到起始位置。

齿槽 1 加工完毕之后，齿轮在回零的位置上，用伺服驱动电机驱动齿轮坯转过一个角度（360°/齿数）。

齿槽 2 按照表 13-1 的加工参数，继续按照图 13-66、图 13-67 的加工过程加工，直到加工完每一个齿为止。

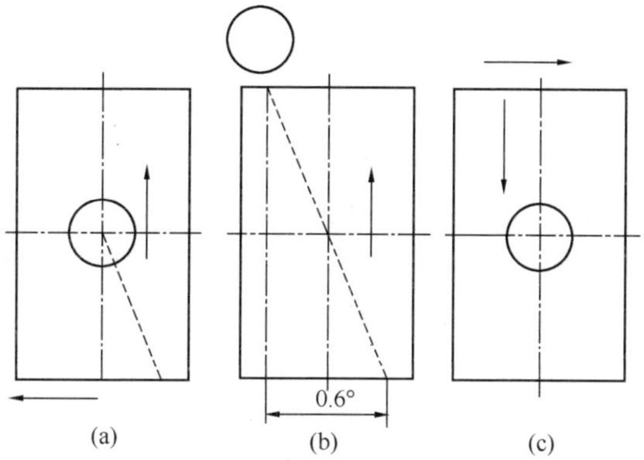

图 13-67　指形铣刀加工齿轮过程（2）

第 14 章　瓷砖无水抛光加工工艺研究

2015 年 6 月广东一鼎科技公司首次提出陶瓷砖反置式微水抛光加工工艺，目的是解决陶质瓷砖在加工过程中吸水率过高，后期需要干燥，造成能源浪费的问题。2015 年 6 月广东科达洁能股份有限公司的博士后徐斌博士，也就是本书作者，在参加广州陶瓷设备展会看到广东一鼎科技公司利用全息投影展出的反置式微水抛光加工工艺之后，当即提出陶质瓷砖正置式微水抛光加工工艺，并于同年 7 月试验成功，验证了陶质瓷砖正置式微水抛光加工工艺的可行性和正确性，广东科达洁能股份有限公司深加工事业部立刻着手研发正置式微水抛光机，于 2016 年 3 月在山东临沂一家陶瓷厂投产成功，对陶质瓷砖正置式微水抛光加工工艺进行了产业化应用。

2016 年 9 月在意大利的石材展会上，安哥拉石材设备集团公司推出了石材无水抛光加工工艺并推出概念机。2017、2018 年在广州陶瓷设备展会上，安哥拉石材设备集团公司以图片形式展出了石材无水抛光机的概念机。2017 年本书作者与意大利陶瓷设备的销售工程师座谈，询问安哥拉无水抛光机的情况，他们均表示没有在市场上见过，也没有听说过在哪里应用。国外同行均表示：瓷砖干磨边工艺是中国人首先研究出来的，瓷砖无水抛光加工工艺中国同行也可以先行研究出来。

瓷砖加工是高能耗、高污染的过程，特别是近来中国环保要求异常严格，零污染、低能耗是瓷砖未来加工工艺的必然趋势和迫切要求。为此本章提出瓷砖无水抛光加工工艺，在分析瓷砖无水抛光机结构的基础上，设计了瓷砖表面冷却系统，设计了气冷式磨块结构。同时首次提出热管磨块的概念，将热管理论引入磨块，设计了热管磨块结构，对磨块进行冷却，最后设计了除尘系统。

14.1　瓷砖无水抛光加工工艺原理

瓷砖表面磨削加工由于在去除瓷砖毛坯材料过程中会将大部分的机械能转化为热能，若这些热量不能及时从磨削弧区疏导出去，由此产生的磨削高温极易引起瓷砖表面热损伤、砂轮寿命缩短的恶劣后果。为达到及时冷却的目的，传统解决办法是在瓷砖表面磨削加工中使用水质冷却液。

由于磨削弧区相对较为封闭，为了能够有效地将冷却液送入磨削弧区强化换热，其用量和射流速度变得越来越大，而大量使用冷却液又会引发一系列负面问题，如废液处理不当将严重污染环境、大量使用冷却液将增加生产成本和能源消耗以及冷却液使用过程会对操作人员的身体健康造成损害等，这与当前的绿色制造的环保理念相悖。

本书提出的瓷砖无水抛光加工工艺分为两种：一种是正置式瓷砖无水抛光加工工艺；另一种是反置式瓷砖无水抛光加工工艺。

目前瓷砖表面抛光加工工艺均采用水质冷却。一方面，水质冷却液冷却磨块和磨削区域。因为在磨削瓷砖材料时，产生的大部分热量积聚在磨削弧区，由于瓷砖材料本身的导热性差，造成磨削弧区温度急剧升高，如果不能及时有效地控制磨削弧区的温度，就有可能导致瓷砖表面发生如氧化、烧伤、产生残余应力和微裂纹等热损伤。同时磨块也会因为高温使磨粒粘结剂融化，磨粒脱落，加快磨块的损耗，降低磨粒的切削力。传统的冷却方法是向磨削弧区浇注大量冷却液。另一方面，水质冷却液将瓷砖表面的磨屑冲离磨削区域，以免磨屑划伤已经加工好的瓷砖表面，防止对瓷砖表面造成二次伤害，影响瓷砖表面的光泽度。

瓷砖无水抛光加工工艺必须解决三个棘手的问题：一是瓷砖表面磨削加工区域的冷却；二是磨块的冷却；三是磨屑的去除。

瓷砖无水抛光加工工艺采用空气或冷空气冷却瓷砖表面磨削加工区域，利用高速流动的气流带走积聚在磨削弧区的热量。采用虹吸原理抽吸磨削之后残留在磨削区域和瓷砖表面的磨屑。采用气冷式磨块，消除磨块在磨削瓷砖时产生的热量，保证磨块的正常使用。同时还设计了一款热管磨块，利用热管冷却磨块，保证磨块的正常使用。

14.2　正置式瓷砖无水抛光机结构

正置式瓷砖无水抛光机的结构如图 14-1、图 14-2 所示，这种机型采用的还是普通瓷砖抛光机的结构形式，这是因为现在的瓷砖抛光机结构已经成熟，结构已经完善，实用性很强。

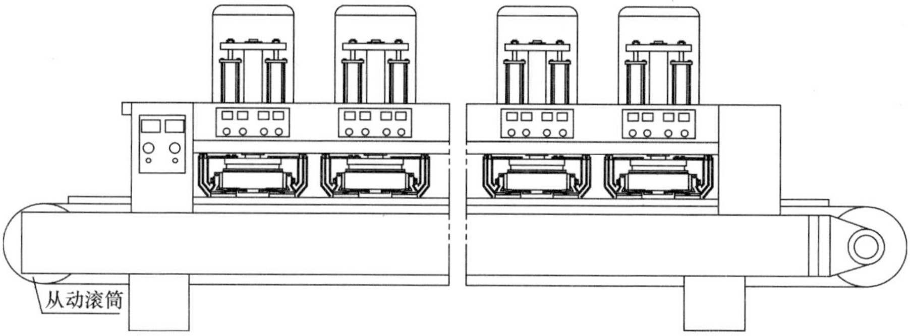

图 14-1　正置式瓷砖无水抛光机主视图

如图 14-1、图 14-2 所示，正置式瓷砖无水抛光机去掉了所有的输水系统，加入了风式除尘系统。正置式瓷砖无水抛光机大体结构分为三个部分：一是瓷砖输入系统；二是横梁摆动系统；三是磨头驱动系统。

瓷砖输入系统由滚筒驱动电机、主动滚筒、从动滚筒、传送带、瓷砖组成。其工作原理如下：瓷砖放置于传送带之上，滚筒驱动电机驱动主动滚筒，通过传送带驱动从动滚筒旋转，进而驱动放置传送带上的瓷砖源源不断地向前进给。

横梁摆动系统由横梁、横梁摆动电机、横梁摆动变速箱、齿轮、齿条组成。磨头的抛光系统都放置在横梁之上，横梁摆动电机通过横梁摆动变速箱驱动安装在横梁上的齿轮旋转，齿轮沿着齿条直线移动，进而驱动横梁来回移动。

磨头驱动系统如图 14-3 所示。该系统由磨头驱动电机、主动带轮、传动带、从动带

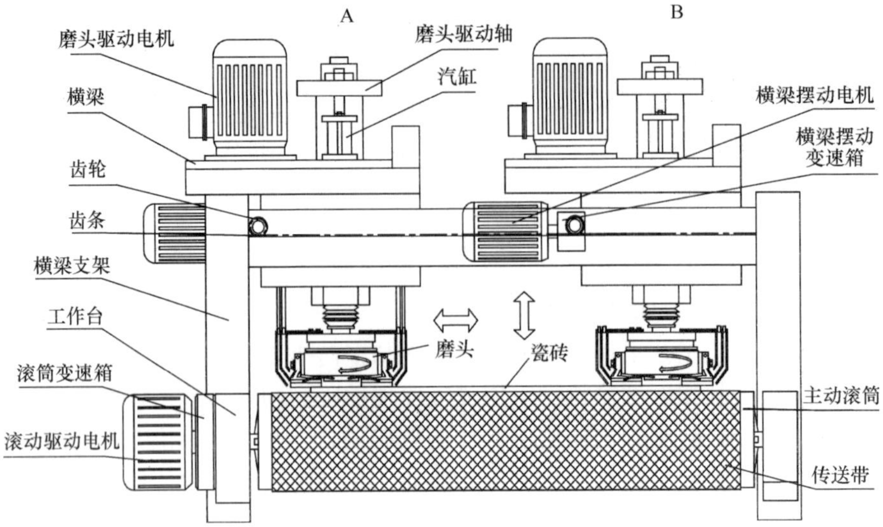

图 14-2　正置式瓷砖无水抛光机左视图

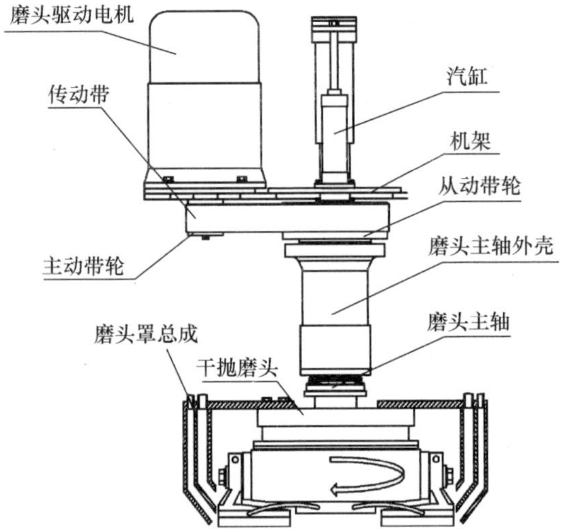

图 14-3　瓷砖无水抛光机主机图

轮、机架、磨头主轴、磨头主轴外壳、汽缸、干抛磨头、磨头罩总成组成。

磨头驱动电机驱动主动带轮旋转，并通过传动带将运动和动力传递给从动带轮，从动带轮与磨头主轴连接在一起，进而驱动安装在磨头主轴下端的干抛磨头旋转。汽缸驱动旋转的磨头压在瓷砖表面，对瓷砖表面进行磨削。磨头罩总成是安装在磨头上的，可以随着磨头一起上下移动。

14.3　瓷砖和磨块风冷和除尘方法及结构设计

瓷砖和磨块风冷和除尘结构，如图 14-4 ~ 图 14-6 所示。瓷砖和磨块风冷和除尘结构集中在一起，形成一个封闭式结构，这个结构就是磨头罩总成。磨头罩总成是一个圆柱形，

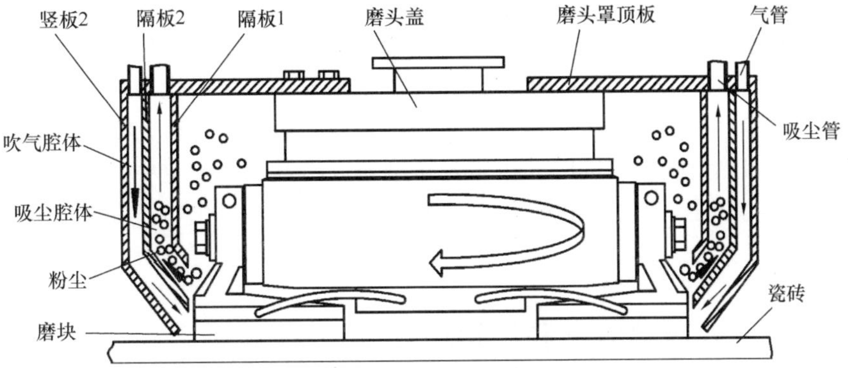

图 14-4　瓷砖冷却装置全剖主视图

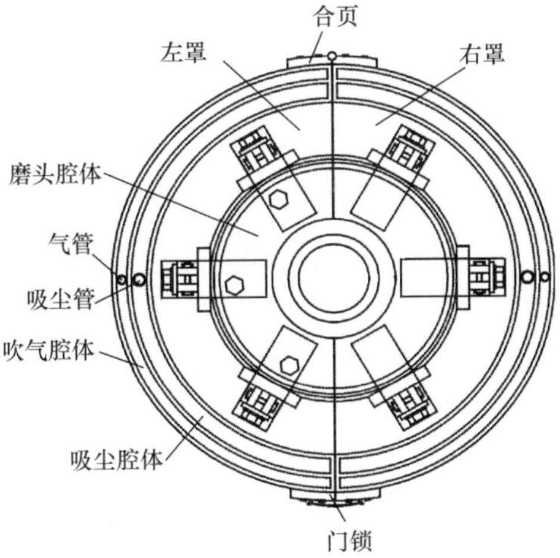

图 14-5　瓷砖冷却装置全剖俯视图

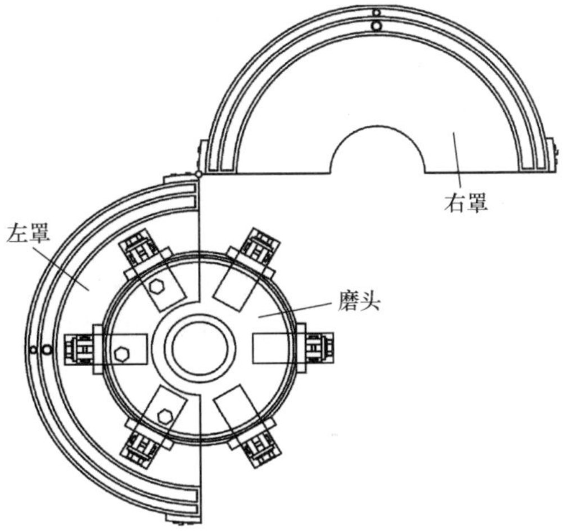

图 14-6　磨头箱体罩分开图

下端是圆锥体收缩结构。整个磨头罩总成将磨头围成一个封闭式结构。为了更换磨块的方便，将磨头罩总成分为两个部分：左罩和右罩。如图 14-5、图 14-6 所示。左罩和右罩通过合页连在一起，并通过门锁进行封闭。左罩固定在磨头的上端盖上，右罩是活动的。磨头上端盖是不随主轴旋转的，它与磨头固定筒连接在一起。磨头罩总成可以随着磨头整体上下移动，如图 14-3 所示。

如图 14-5 所示，左罩和右罩结构完全相同，是对称的结构形式。现在以左罩为例进行说明。

磨头罩左罩是一个半圆柱体加半圆柱体结构。由隔板 1 、隔板 2 分为了三个腔体：一是吹气腔体；二是吸尘腔体；三是磨头腔体。如图 14-5 所示，这三个腔体均呈半圆结构，围绕在磨头的周围。吹气腔体在最外层，吸尘腔体在中间，磨头腔体在最里面。

吹气腔体有外气管连接，将外界的冷空气或者空气，或者其他类型的具有冷却效果的气体，由气管直接引入吹气腔体。空气是经过高压泵加压后的气体，高速地被吹入吹气腔体，经过吹气腔体吹向瓷砖表面和磨块。吹气腔体下端是一个倾斜的收缩口，可以将气体更加集中地吹向磨块与瓷砖磨削区域。高速气流吹走瓷砖表面的热量，并吹散磨削区域积聚的磨削热。同时将磨削之后的磨屑吹起，散布在磨头罩的腔体之中。

吸尘腔体的吸尘口处在吹气腔体的上方，吸尘腔体要比吹气腔体宽大。因此吸尘腔体的吸尘口比吹气腔体的吹气口宽大得多，这样便于抽吸粉尘。吸尘腔体采用的是负压虹吸的原理，吸尘腔体上端设有一个吸尘管，吸尘管外接一个吸尘风机。吹气腔体吹出的高压气体将瓷砖表面的热量吹走的同时，也带走了磨屑，将其吹在半空中，这些漂浮的粉尘处在吸尘腔体的吸尘口处，被虹吸的气流吸进吸尘腔体，进入吸尘口。同时流动的空气也对磨头箱体进行散热。

14.4 磨块风冷式散热方法和结构设计

前述的结构部分解决了瓷砖表面加工磨削区域磨削热以及瓷砖表面热量问题，但是还不能完全解决瓷砖表面加工磨削区域磨削热。磨块磨削加工瓷砖表面时，磨粒与瓷砖表面瞬间摩擦，瞬时产生的摩擦热很高。若不能及时消除这些磨削热，会烧伤瓷砖表面，同时也会烧伤磨块，造成磨块上粘结剂的软化，致使金刚石磨粒脱落，或者结合力下降，降低金刚石磨粒切削瓷砖的能力。

虽然前述的吹气腔体的高压冷气或者空气直吹磨块与瓷砖的接触区域，但是也不能直接到达磨粒与瓷砖接触的区域，只能在外围进行降温。冷却的效果不能达到极致。

为了解决这个问题，既能降温又能延长磨块的使用寿命，需要对现有磨块重新设计。本书提出的风冷式磨块的三维图如图 14-7 所示，其三维展开图如图 14-8 所示。

1. 风冷式磨块结构

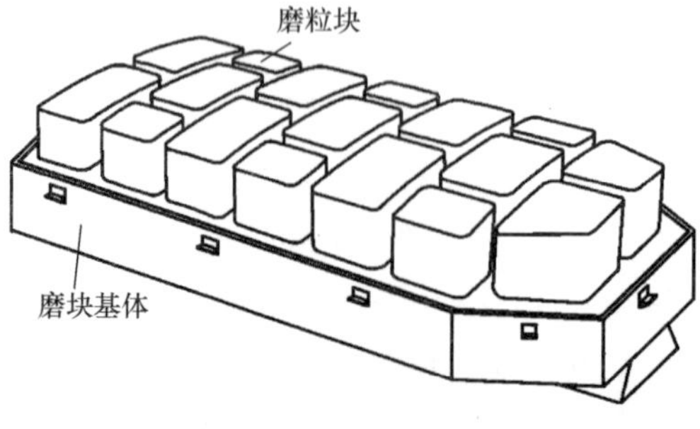

图 14-7　风冷式磨块三维图

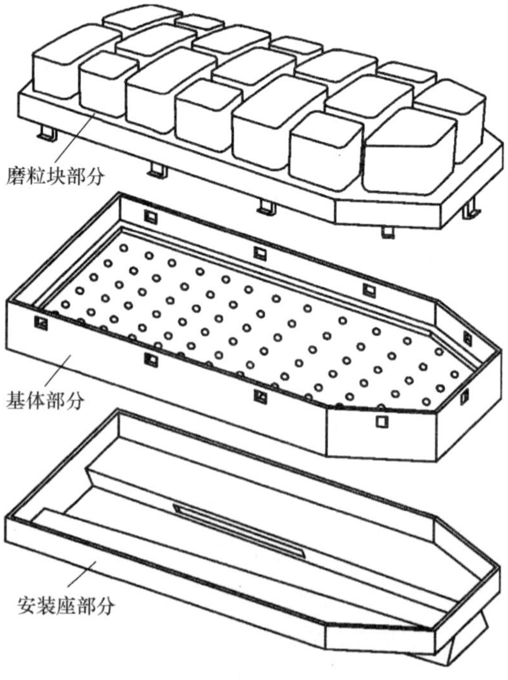

图 14-8　风冷式磨块三维展开图

从图 14-7 看出，风冷式磨块由磨粒块和磨块基体组成，似乎与普通磨块无异，但是从图 14-8 的三维展开图看出其内部结构与现有磨块是不同的。

从分解的风冷式磨块看出，其主要由四个部分组成：磨粒块部分、基体部分、安装座部分、磨块座部分。磨粒块部分在最上面，基体部分在中间，安装座部分在最下面。

下面分别分析这四部分的结构。

（1）磨粒块部分

如图 14-9 所示，磨粒块由干磨粒块、磨粒块承接基体、承接基体安装卡扣组成。干磨粒块安装并固定在磨粒块承接基体上，干磨粒块并不是整体，而是由若干个干磨粒块组成，干磨粒块之间有冷却沟槽。为什么要这么设计呢？由前面所述可知，吹气腔体吹出的高压冷气是吹向磨块与瓷砖的接触区域的。为了使这些高压气体进入磨削区域，必须设计冷却沟槽，方便气流进入。同时也方便瓷砖磨屑从磨削区域流出，避免磨屑二次划伤瓷砖表面。

为了使冷却空气直接进入磨削区域，在磨粒块承接基体上，设计了很多小的气孔，如图 14-10所示。这些小气孔在冷却沟槽上。冷却高压气流通过这些小孔直接垂直地吹到磨粒与瓷砖接触的区域，最大化地冷却磨削加工产生的磨削热，同时更好地冷却磨块和瓷砖表面。

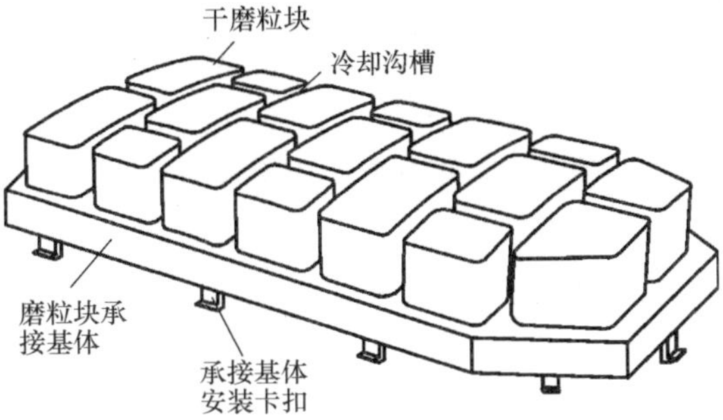

图 14-9　风冷式磨粒块三维图

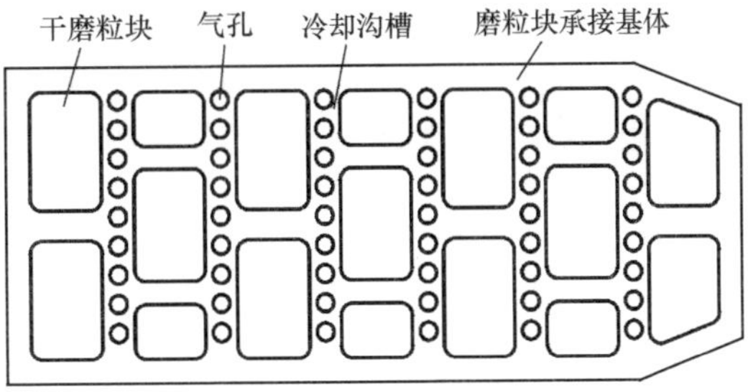

图 14-10　风冷式磨粒块俯视图

磨粒块承接基体安装有卡扣，是为了将磨粒块承接基体安装在中间的基体部分上，同时便于更换磨粒块，磨粒块磨损结束之后，直接将磨粒块承接基体的卡扣从基体的卡槽上拿出更换，简单方便。

（2）基体部分

磨粒块部分是安装在基体部分上的，基体部分的结构如图 14-11 所示。基体部分是一个半开放式的箱体，箱体的基体部分设置有若干个卡槽，这些卡槽与磨粒块承接基体上的卡扣是配合在一起的，用来固定卡扣。基体部分底部是一个底板，底板的上面布满了小气孔，这些小气孔与磨粒块承接基体上的小气孔一一对应。底板处设有一圈橡胶垫，目的是缓冲磨粒块承接基体的振动，同时也起密封作用，减少高压冷却气体的溢出。

（3）安装座部分

上述的基体部分与安装座部分固定在一起，安装座部分如图 14-12 所示。安装座部分是一个空心的结构。在最下面梯形的连接座侧壁上开有一个长形气口。高压冷却气体从长形气口进入空心箱体，经过中间基体部分底板上的气孔，由磨粒块基体承接部分上的气孔喷射而出，在干磨粒块之间的冷却沟槽间冷却磨块。

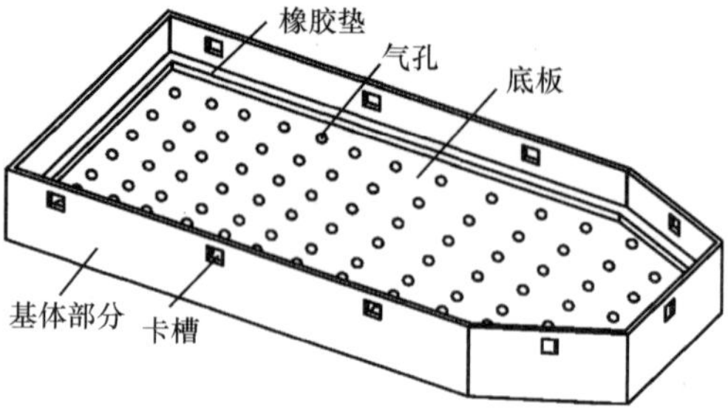

图 14-11　风冷式磨块卡箱图

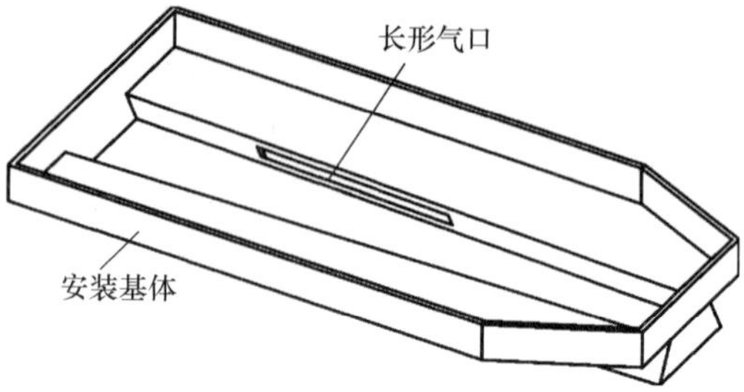

图 14-12　风冷式磨块安装基体图

（4）磨块座部分

磨块座部分如图 14-13 所示，该磨块座与普通磨块座没有太大区别，唯一不同的是在磨块座燕尾槽的侧壁上开设了一个圆形气孔，这个气孔与安装座部分侧壁上的长形气口对应。为什么安装座部分侧壁气口是长形的？因为安装座部分是滑动进入燕尾槽配合，位置并不是很固定，为了能与圆形气孔更好配合，才用一个长形气孔，可以使圆形气孔与长形气孔在一个很大的宽度范围内配合。

磨块座上的气孔与外接气管连接在一起，如图 14-14 所示。磨头的中间设置一个气管，磨头底部设置一个分流箱体。高压气体经过气管进入分流箱体，分流箱体均匀地外接若干根橡胶软管，或者其他材料的软管，这个软管的另外一端连接在每个磨块座的气孔处。进入分流箱体的高压气体经过各个橡胶支气管，被输送到各个磨块座上。

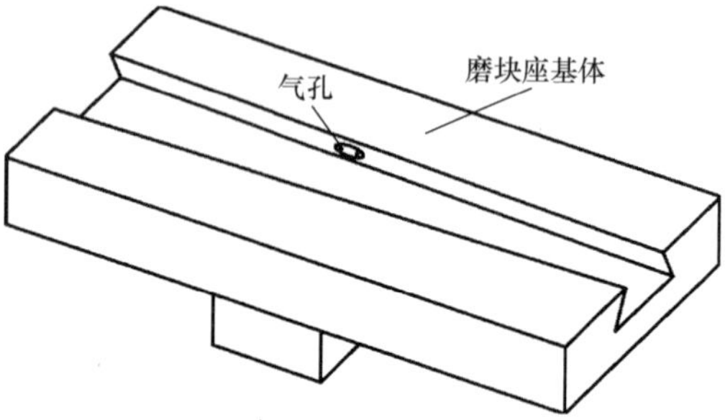

图 14-13　风冷式磨块座三维图

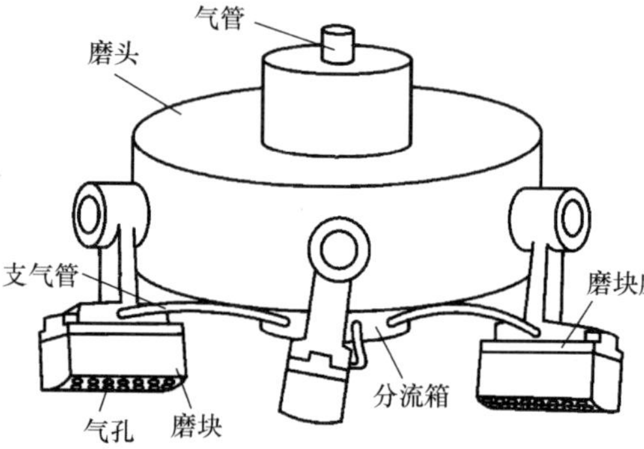

图 14-14　安装风冷式磨块磨头三维图

2. 风冷式磨块磨头的工作原理

风冷式磨块磨头的工作原理如图 14-15 所示，冷却空气或者普通空气，或者其他起到冷却作用的气体，经过高压泵加压之后，经过管道被输入磨头中间的气管里，高压气体经过气管进入磨头底部的分流箱体，经过分流箱体的分流，高压气体被分别输入各个与磨块座连接在一起的橡胶支气管中，进而通过磨块座燕尾槽槽壁上的圆气孔，将高压气体输入磨块安装部分的空心腔体中。

高压冷却气体从长形气口进入空心箱体，经过中间基体部分底板上的小气孔，由磨粒块基体承接部分上的气孔喷射而出，在干磨粒块之间的冷却沟槽间冷却磨块。这些小气孔在冷却沟槽上。冷却高压气流通过这些小气孔直接垂直地吹到磨粒与瓷砖接触的区域，最

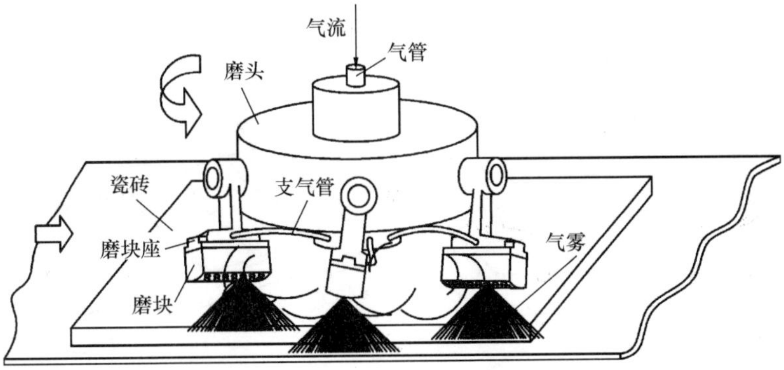

图 14-15　风冷式磨块磨头的工作原理图

大化地冷却磨削加工产生的磨削热，同时更好地冷却磨块和瓷砖表面。

同时磨头罩吹气腔体吹出的高压冷气是吹向磨块与瓷砖的接触区域的。吹气腔体吹出的高压冷气通过磨粒块之间冷却沟槽，让高压气流进入。同时也方便磨削从磨削区域流出，避免磨屑二次划伤瓷砖表面。这样可以极大地提高瓷砖和磨块的冷却效率。

14.5　磨块热管式散热方法和结构设计

上述是利用高压冷气流或者高压气流将磨块进行冷却的结构设计。如何在减少（或者无须）冷却气体、冷却液同时，还能有效降低磨削温度，本书提出另外一种设计方案，这就是热管磨块。

本书提出将热管技术运用到磨块中，利用热管的高导热性将磨削区热量疏导出去。

热管磨块的三维图如图 14-16 所示。热管磨块的三维展开图如图 14-17 所示。

从图 14-16 看出，热管磨块从外形上看，似乎与风冷式磨块相差不大，唯一就是多了一个磨粒块固定架。从图 14-17 看出，热管磨块的内部结构与风冷式磨块完全不相同。

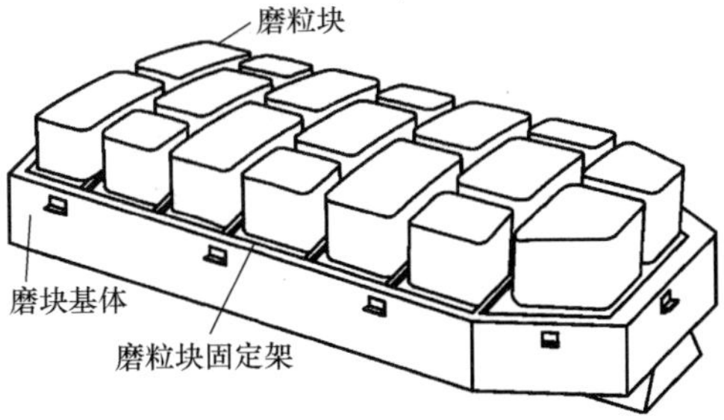

图 14-16　热管磨块三维图

热管磨块主要由以下几个部分组成：磨粒块固定架、磨粒块、基板、磨块固定箱、磨块安装基座、热管。

下面分别分析各个部分的结构。

（1）磨粒块固定架

磨粒块固定架的结构如图 14-18 所示。磨粒块固定架的结构由框架、横梁、卡扣组成。框架上有若干个横梁，横梁放入磨块冷却沟槽中，用来固定磨粒块基板。框架的周边分布着若干个卡扣，卡扣与磨块固定箱体上卡槽相互配合，用来固定框架。

（2）磨粒块

磨粒块的结构如图 14-19 所示。磨粒块的结构由干磨粒块、基板组成。

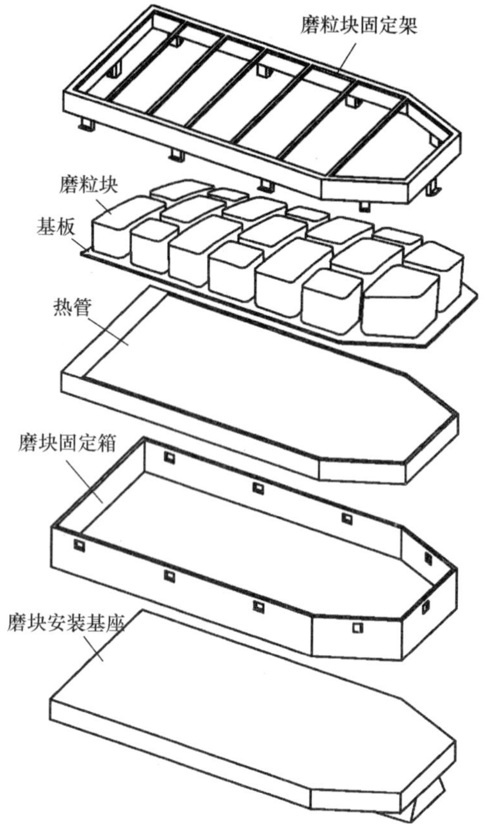

图 14-17　热管磨块三维展开图

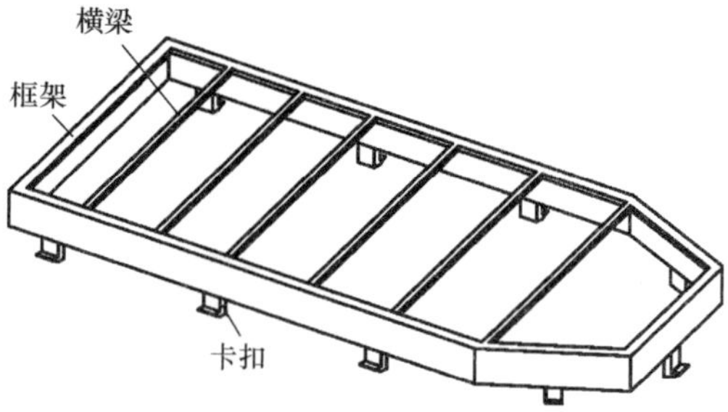

图 14-18　磨粒块固定架

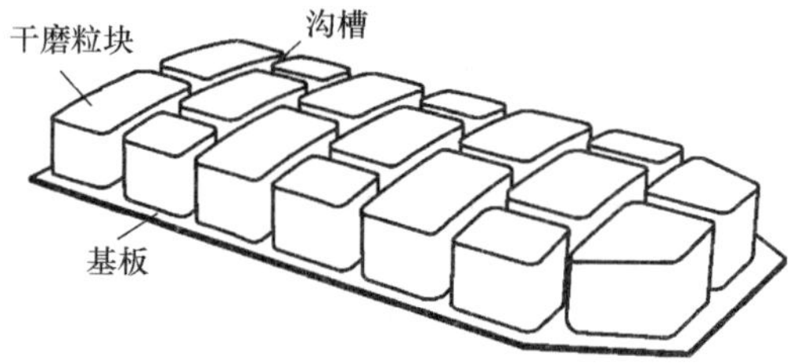

图 14-19　磨粒块

若干个干磨粒块安装并固定在基板上，干磨粒块之间有冷却沟槽。吹气腔体吹出的高压冷气是吹向磨块与瓷砖的接触区域的。为了使这些高压气体进入磨削区域，必须要设计冷却沟槽，以方便气流进入。同时也方便磨屑从磨削区域流出，避免磨屑二次划伤瓷砖表面。同时磨粒块固定架上的横梁会穿过冷却沟槽，并将基板固定住。

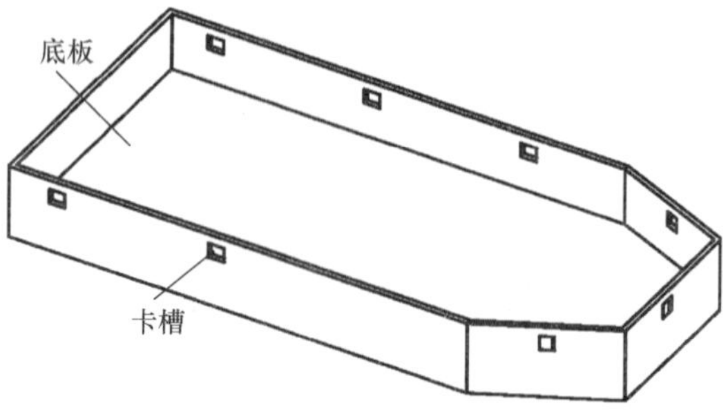

图 14-20　热管磨块固定箱

（3）磨块固定箱

磨块固定箱的结构如图 14-20 所示，磨块固定箱是一个半开放式的箱体，箱体的基体部分设置有若干个卡槽，这些卡槽与磨粒块基板上的卡扣是配合在一起的，用来固定卡扣。磨块固定箱底部是一块底板。

（4）磨块安装基座

磨块安装基座如图 14-21 所示，该磨块座与普通磨块座没区别，其材料是金属的，目的是方便散热。磨块安装基座与磨块固定箱固定在一起。

整个热管磨块组装在一起的顺序如下：磨块安装基座与磨块固定箱固定在一起。热管三维图如图 14-22 所示，是一个扁平的箱体结构。后续将详细分析，在此不再详述。热管放在磨块固定箱中，与箱体的底板接触。磨粒块放置在热管上，磨粒块基板与热管的上表面接触。磨粒块固定架在磨粒块的上面，磨粒块固定架的框架上有若干个横梁，横梁放入磨块冷却沟槽中，压住磨粒块基板。磨粒块固定架框架的周边分布着若干个卡扣，卡扣与磨块固定箱上卡槽相互配合，将磨粒块以及压在其底部的热管固定在磨块固定箱中。

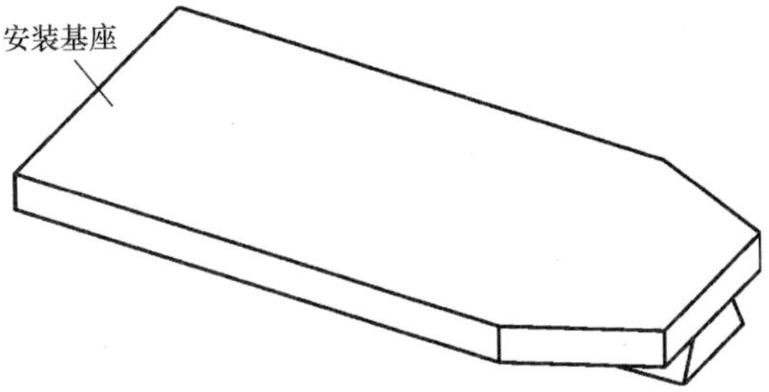

图 14-21　热管磨块安装基座

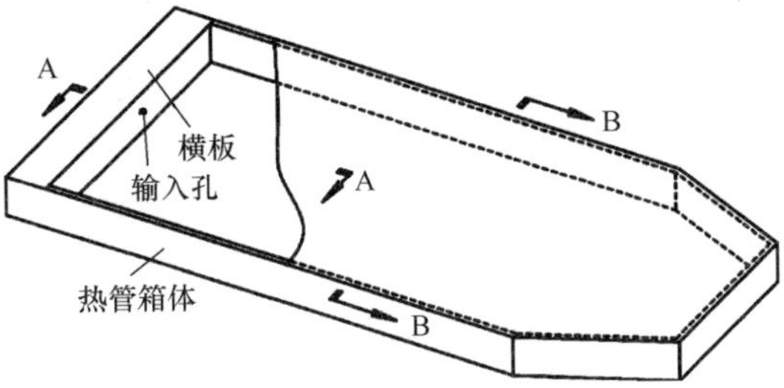

图 14-22　热管三维图

（5）热管

热管三维图如图 14-22 所示，是一个扁平的空腔体结构。热管箱体的一端是横板，横板上设有一个输入孔，这个孔是输入液体和抽空气的通道。热管的内部结构如图 14-23 所示。热管分为上、下箱体两个部分，是由这两个部分焊接在一起形成的。热管管腔的上箱体一端是冷凝端，下箱体一端是蒸发端。为了更好地蒸发和冷凝，上、下箱体的壁厚为 1 ~ 2mm。热管由金属材料制成，采用紫铜或铜合金等传热性能好的材料制作，具有较高的导热能力，能够有效减小磨削弧区与管壁之间的热阻。热管腔体壁上有很多凸起，能够扩大散热面积和冷凝面积。热管内部装有液体，这些液体为水、酒精或丙酮等，是做冷凝用的。其工作原理后续将详述。

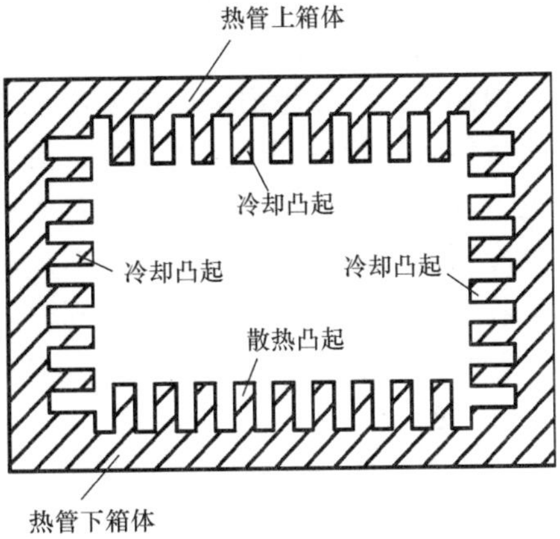

图 14-23　热管 B—B 剖视图

① 热管制作过程

热管制作过程如图 14-24、图 14-25 所示，热管腔体横板开设有一个堵头孔，还设置

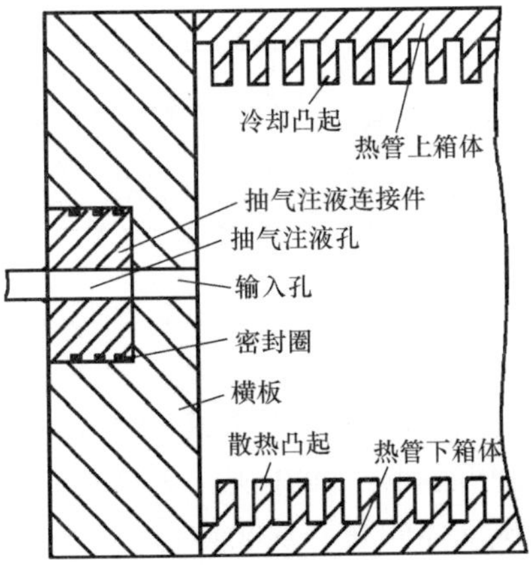

图 14-24　热管抽气注液时 A—A 剖视图

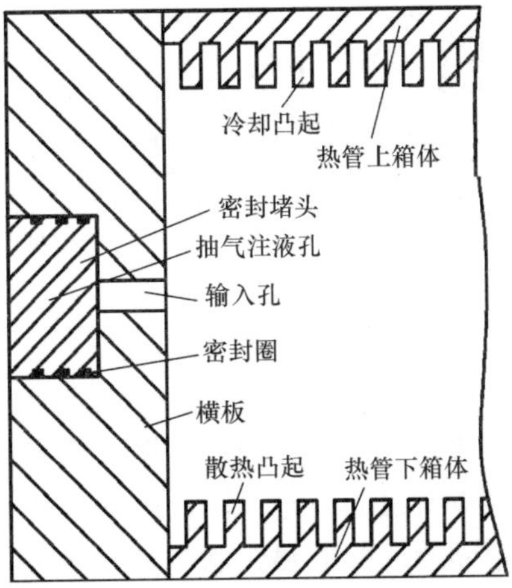

图 14-25　热管密封时 A—A 剖视图

有一输入孔，输入孔与内部热管管腔连通。热管的制作过程分为三步：一是先将热管腔体抽为真空状态；二是在热管真空状态下注入液体；三是利用堵头将堵头孔密封。

取图 14-25 中的密封堵头，将抽气注液连接件插入堵头孔内，抽气注液连接件和密封堵头均采用具有 3 组密封圈及凹槽的径向动密封结构。抽气注液连接件上有一个抽气注液孔，该孔与热管横板上的输入孔对接。将外界与热管腔体连通，通过外接设备抽真空。当真空度低于 1.0×10^{-2}Pa 时，关闭真空泵机组，利用注液装置注入一定体积的液体，然后将抽气注液连接件取下，最后用密封堵头密封，热管就制作完成了。

② 热管工作原理

热管工作原理如图 14-26 所示。热管腔体内部注入常温下为液体的工作介质，如水、酒精、丙酮等，液体注入量为磨块座摆动时，液体在热管下箱体腔体壁面上形成均匀液膜厚度为 1 ~ 3mm 所对应的体积量。热管的下箱体是蒸发端，上箱体是冷凝端。液体处在蒸发端。

由于磨头在磨削时高速旋转，磨块在磨块座的带动下，产生快速的摆动，热管中的液体在离心力的作用下在蒸发端形成液膜，也就是热管的下箱体部位。

瓷砖与磨粒块的接触弧区产生大量的磨削热量，磨削热量通过磨粒块、金属基板传到热管内部。由于砂轮内部为高真空状态（低于 1.0×10^{-2}Pa），液体的沸点较低，一旦磨削热量传入热管内部，温度升高，液膜在比较低的温度下就能沸腾汽化转变为气态，形成气流。产生的气流在热管内部压差作用下携带热量向冷凝端流动，也就是热管的上箱体。遇到冷凝端释放热量，冷凝为液态，液体在离心力的作用下回流至蒸发端，形成液膜，继续吸收磨削热量，如此循环，达到降低接触弧区温度的效果，从而达到换热效果。

安装热管磨块的磨头，如图 14-27 所示。其结构与安装风冷式磨块的结构相差不是很大，唯一的区别是磨头底部没有分流箱体。但是磨头的中间还是有一个气管，如图 14-28 所示。磨头罩的冷却作用在前面已经详述，吹气腔体吹出的高压气体吹向磨块，对磨块的磨削区域进行冷却，冷却瓷砖热量和磨块磨削热量。

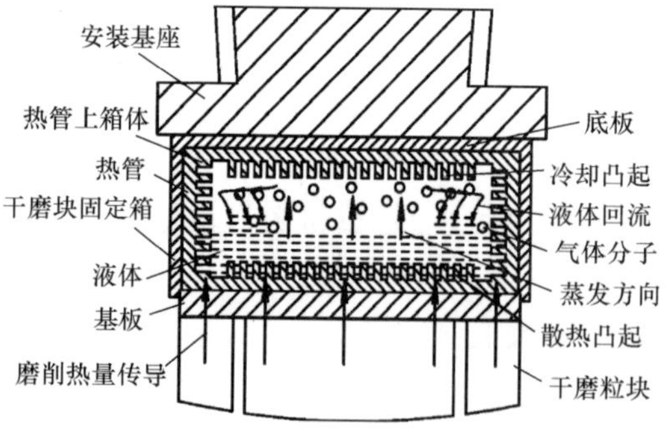

图 14-26　热管冷却磨块原理图

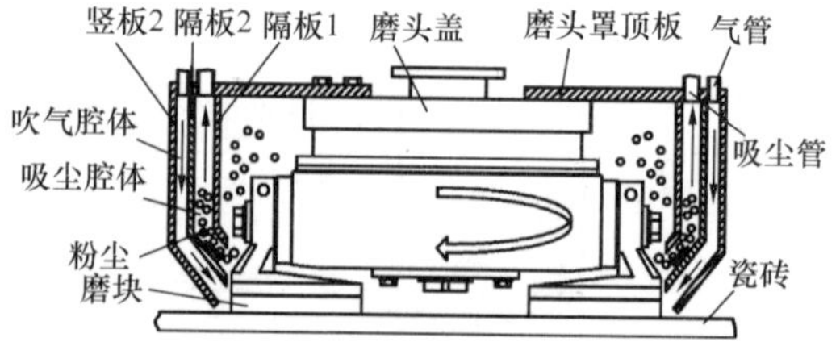

图 14-27　安装热管磨块磨头

热管磨块是利用热管中液体循环蒸发和冷凝的相互作用，达到冷却磨块磨削热量的目的。吹气腔体吹出的高压气体，对磨块的迅速冷却起到很好的作用。热管腔体中的蒸发气体靠磨块箱体壁进行散热，吹气腔体吹出的高压气体吹在磨块箱体壁上，加速热量的散失，提高热管的换热效率。

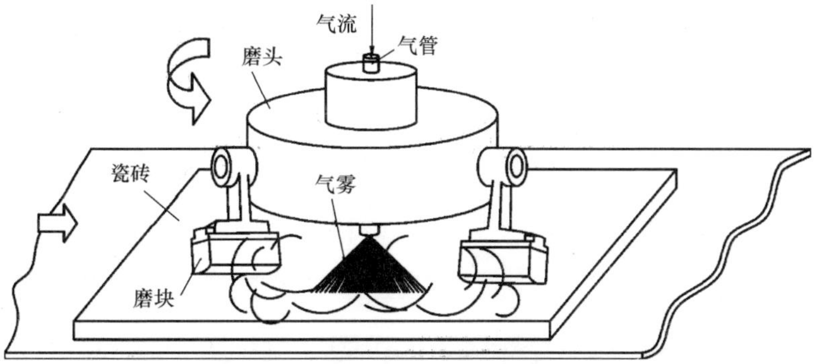

图 14-28　热管冷却干磨头磨削瓷砖原理

为了防止磨屑残留在磨头的中间位置，在磨头中间还设置一个气管，从内向外吹气，既对磨块散热，又冷却瓷砖，还能清理瓷砖表面的磨屑。

14.6　余粉尘处理方法和结构设计

由前面分析可知，瓷砖无水抛光的粉尘是在磨头罩内部处理的，但是磨头罩并不能完全封闭，会有粉尘溢出，也会有大的磨屑颗粒被吹散到瓷砖的边缘位置。为了达到环保的要求，必须对这部分粉尘进行处理。其处理系统如图 14-29 所示。

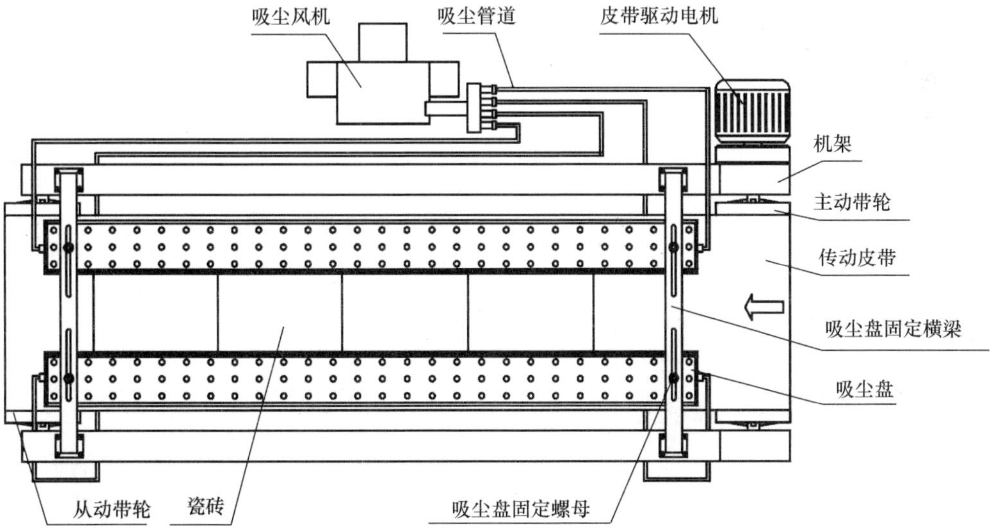

图 14-29　粉尘处理系统图

在工作台的两边各设置一个吸尘盘，吸尘盘上开设若干个吸尘孔。吸尘盘固定在机架上，吸尘盘连接着吸尘管道，吸尘管道连接着吸尘风机。吸尘风机产生的是负压。吸尘盘采用负压虹吸的原理，将瓷砖边缘位置的粉尘吸入吸尘盘，经过吸尘管道送入集尘装置中。

14.7 瓷砖反置式无水抛光加工工艺

前述是瓷砖正置式无水抛光加工工艺，现在分析瓷砖反置式无水抛光加工工艺，如图 14-30、图 14-31 所示。

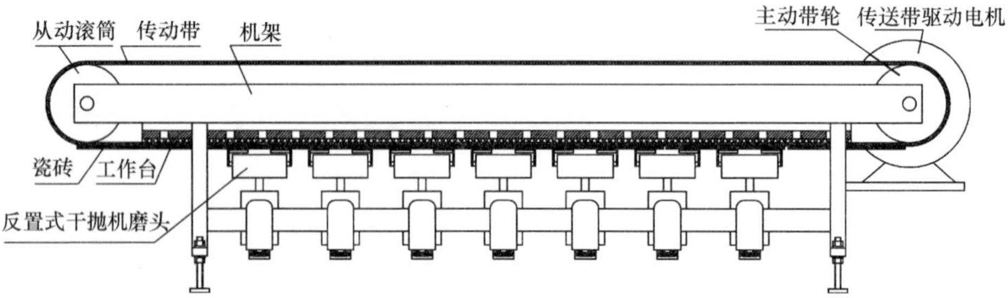

图 14-30 瓷砖反置式无水抛光机主视图

瓷砖反置无水抛光加工工艺就是将瓷砖进行反置，瓷砖的加工面朝下，磨头的磨块朝上。瓷砖加工面朝下，对于无水抛光加工来说是具有利的一面。因为是无水抛光加工，磨削之后的粉尘由于重力的作用会下沉，从瓷砖的加工面自然脱落。这与反置式微水抛光还有是差别的。因为微水抛光工艺多少都会用少量的水，粉尘一旦与水结合，就会黏合在瓷砖加工面上，一般情况下，用高压气体将其吹离瓷砖表面比较困难。

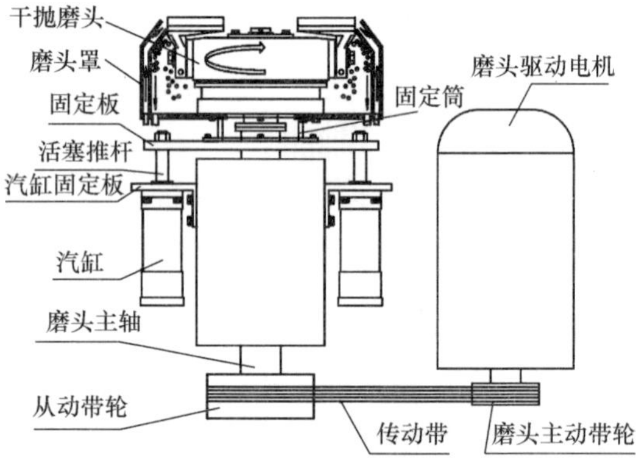

图 14-31 瓷砖反置式无水抛光机主机图

而瓷砖无水抛光加工工艺，不用一滴水。粉尘没有黏合在瓷砖表面的条件，瓷砖又是反置的，在高压气体的作用下，更容易从瓷砖表面吹落。

图 14-31 所示是瓷砖反置式无水抛光机主机，不管是正置还是反置，都是安装前述的风冷式磨块的抛光磨头或者是热管磨块的抛光磨头，唯一的区别是将磨头正置还是反置。

反置式无水抛光磨头的磨头罩是由两个腔体组成：一个是吹气腔体，另一个是磨头箱体。磨头罩中只有一个隔板。吹气腔体吹出的高压气体将瓷砖上的粉尘吹落，粉尘在引力作用下下沉，磨头腔体的下端有一个吸尘口，是负压虹吸，加速了粉尘下降的速度，及时地清理粉尘，带走瓷砖表面的热量，同时冷却磨块。因为反置式无水抛光机主机的结构与正置式无水抛光机相差不大，不再详述。

本书提出的风冷式磨块抛光磨头、热管是磨块抛光磨头，可以应用到现在水抛抛光工艺中，也可以应用到微水抛光工艺中，只不过是将气换成水或者微水。

本书提出的热管技术也可以应用到瓷砖干磨边机中的干磨轮上，以降低干磨轮的热量。

第 15 章　结　　论

由于瓷砖加工设备的创新和发展，磨头的运动与其结构、加工参数之间的关系以及高光泽度表面的成形规律、磨头在瓷砖表面加工轨迹规律、磨头凸轮曲线数学模型、变螺旋角齿轮磨头建模等问题还未得到实质性的研究，瓷砖冲击加工、无水抛光等新工艺方法正在探索阶段。本书以瓷砖以及抛光机、抛光磨头为研究对象，根据磨削理论、脆性破碎理论、材料力学、振动理论以及高等数学等多学科知识，建立了磨头几何学、运动学、加工轨迹、凸轮曲线、变螺旋角齿轮数学模型以及产业化应用方法。以瓷砖抛光线为试验研究对象，揭示了瓷砖表面成形机理以及高光泽度表面成形机理。提出瓷砖表面冲击加工及冲击矫正变形新工艺、无水抛光新工艺，研究结果为工厂实际应用磨头的设计、优化生产条件提供了实用性的理论依据。

本书研究主要得到以下创新性成果：

（1）针对瓷砖烧结之后会产生应力变形、机械加工之后产生残余应力变形，分析瓷砖的各类变形，揭示瓷砖变形机理。陶瓷厂技术人员以及设备供应商都可以了解瓷砖变形规律，更好地促进瓷砖的加工。

（2）跟随国内外最新的瓷砖加工工艺，对陶瓷大板加工轨迹进行修正建模，如圆形轨迹建模、单摆加工轨迹建模、双摆加工轨迹建模、均匀性加工轨迹建模等，全面覆盖近两年来存在的各种加工轨迹。并跟随智能化的步伐，以建立的数学模型为基础设计瓷砖智能适应模拟系统。

（3）通过瓷砖表面抛光成形理论分析并进行了大型综合性试验研究，提出了瓷砖表面形成过程由冲击破碎、切削-冲击联合破碎、切削成形联合作用的新观点。这一新观点对正确认识瓷砖表面成形机理具有重要的启示作用。试验所取得的另一个具有新意的成果，揭示了同一瓷砖表面加工轨迹的分布规律：瓷砖两端为平行轨迹，中间为交叉轨迹。该结果提示我们应加强瓷砖两端加工，提高瓷砖表面的均匀性。试验结果为指导改造现有瓷砖抛光加工提供新思路，对解决瓷砖表面不均匀抛光加工具有重要的指导意义。

（4）为了采用统一公式建立凸轮曲线，实现不同规格凸轮的标准化设计，修正凸轮曲线，解决凸轮高低处的磨损失效，实现凸轮标准检测手段。建立了磨头的凸轮曲线数学模型，基于数学模型建立凸轮曲线以及三维模型、加工凸轮零件以及产业化应用。

（5）提出瓷砖表面冲击以及矫正变形的新工艺方法，并提供瓷砖冲击加工设备。在分析瓷砖抛丸机和抛丸器结构原理的基础上，建立钢丸与瓷砖的碰撞模型，揭示瓷砖表面冲击破碎机理以及矫正瓷砖变形机理，已经产业化应用。

（6）另辟新径，对 COMS 磨头中可变螺旋角齿轮进行理论创新，建立该齿轮的数学模型，以及依据数学模型建立起来的三维模型。同时给出了可变螺旋角齿轮的加工方法。

（7）提出瓷砖无水抛光加工工艺，在分析瓷砖无水抛光机结构的基础上，设计了瓷砖表面冷却系统，设计了气冷式磨块结构。同时首次提出热管磨块的概念，将热管理论引入磨块，设计了热管磨块结构，对磨块进行冷却，最后设计了除尘系统。

此项研究工作所涉及的交叉学科较多，研究难度较大，考虑的问题并不十分全面，作者认为有些问题还有待进一步研究、探讨和完善。需要进一步研究的工作如下：

（1）瓷砖表面的轨迹分布规律与瓷砖振动之间的关系。

（2）磨头的不等距磨块分布对磨头振动的影响。

（3）无水抛光加工应用化进程中磨块耐高温问题的解决。

（4）抛光机磨头数量的过配置问题。

（5）智能化数控抛光机实际运用中磨块自动更换问题。

参考文献

[1] 张柏清，陈玉海，郑超．刮平定厚机金刚石滚筒支架的有限元分析[J]．轻工机械．2005，23(1)：41-43.

[2] 曹新林，张柏清，汤国兴．金刚石滚筒刀具的有限元分析[J]．陶瓷学报，2010(3)：431-435.

[3] Rasorenov S V，Kanel G I，Fortov V E，etc. The Fracture of Glass under High-pressure Impulse Loading [J]. High Pressure Research，1991(6)：225-232.

[4] Brar N S，Rosenberg Z，Bless S J. Spall Strength and Failure Waves in Glass[J]. Journal dephysique Ⅳ，1991，1(C3)：639-642.

[5] Brar N S，Bless S J：Failure Waves in Glass under Dynamic Compression [J]. High Pressure Research. 1992(10)：773-784.

[6] Kanel G I，Rasorenov S V，Fortov V E. The Failure Waves and Spallations in Homogeneousbrittle Materials[C]. Shock Compression of Condensed Matter-1991. Virginia，USA ，1991. Elsevier Science Publishers BV. 1992：451-454.

[7] Grady D E. Dynamic Failure of Brittle Solids [R]. Sandia Technical Report. TMDG0694. 1994.

[8] 唐录成．平面冲击加载下 A95 陶瓷动态力学性能研究[D]．重庆：重庆大学，2009.

[9] K. G. Satish. An Investigation of the Mechanics in the Machining of Ceramic Material [D]. University of Maryland. 1994.

[10] G. M. Zhang，S. Ng，D. T. Le. Characterization of the Surface Cracking Formed during the Machining of Ceramic Material [J]. Technical Research Report，1995：1-18.

[11] 袁慧，魏昕，王成勇．瓷质玻化砖磨抛加工工艺研究[J]．金刚石与磨料磨具工程，1998(4)：23-27.

[12] 王成勇，袁慧，魏昕．瓷质玻化砖磨抛加工磨具及加工工艺研究[J]．金刚石与磨料磨具工程，1999(2)：23-31.

[13] Ghatu Subhash，Spandan Maiti，Philippe H. Geubelle，etc. Recent Advances in Dynamic Indentation Fracture，Impact Damage and Fragmentation of Ceramics [J]. Journal of American Ceramic Society，2008，91(9)：2777-2791.

[14] D. T. Le. Optimization of Machining Performance of Dental Ceramic Restorative Materials [D]. University of Maryland. 1997.

[15] F. J. P. Sousa，J. C Aurich，W. L. Weingaertner，etc. Analytical Determination of the Distribution of Polishing Time over the Surface of Polished Tiles [J]. Journal of the American Ceramic Society，2007：3468-3477.

[16] Muhammed Sa D ÖZER. Production and Characterization of Magnesium Oxychloride Cement based Polishing Bricks for Polishing of Ceramic Tiles [D]. Middle East Technical University. 2008.

[17] S. Arai，J. Corbett，R. W. Whatmore. Ultra-precision Grinding of PZT Ceramics-Surface Integrity Control and Tooling Design Contribution [J]. International Journal of Machine Tools and Manufacture，2009：998-1007.

[18] Orts M. J，Sanchez E，Gareia-Ten，etc. Porcelain Tile Behavior during Polishing [J]. Boletin De La Sociedad Espanola De Ceramica Y Vidrio，2001 (40)：447-455.

[19] L. F. C. P. Lima, A. L. E. Godoy, E. N. S. Muccillo. Elastic Modulus of Porous Ce-TZP Ceramics [J]. Materials Letters, 2003 (58): 172-175.

[20] C. P. M. Tenorio Cavalcante, M. Dondi, G. Ercolani, etc. The Influence of Microstructure on the Performance of White Porcelain Stoneware [J]. Ceramics International, 2004 (30): 953-963.

[21] I. M. Hutchingsa, Y. Xua, E. S'anchezb, etc. Porcelain Tile Microstructure: Implications for Polishability [J]. Journal of the European Ceramic Society. 2006 (26): 1035-1042.

[22] C. Y. Wang, T. C. Kuang, Z. Qin, etc. How Abrasive Machining Affects Surface Characteristics of Vitreous Ceramic Tile [J]. American Ceramic Society Bulletin, 2003: 9201-9208.

[23] E. S'anchez a, M. J. Ib'a ~ nez, J. Garc'ıa-Ten. Porcelain Tile Microstructure: Implications for Polished Tile Properties [J]. Journal of the European Ceramic Society, 2006(26): 2533-2540.

[24] 冯浩，张柏清．墙地砖抛光机磨削均匀性分析及建模[J]．陶瓷学报，1999(4)：220-225.

[25] 温革，王振林，向明，等．基于 Matlab 陶瓷墙地砖抛光运动模拟分析[J]．陶瓷学报，2004(5)：239-244.

[26] 李松，郑超，黄瑞文．抛光砖面磨抛均匀性浅析[J]．陶瓷，2005(7)：19-21.

[27] 陈彩如，谭建平．大规格陶瓷砖抛光过程仿真与试验研究[J]．中国陶瓷，2008(2)：45-47.

[28] 陈就．抛光机磨头驱动部件的动态特性分析[J]．佛山陶瓷，2002(6)：24-26.

[29] 陈丽芬，吴运新，周鹏，等．功率谱分析在抛光机磨头故障诊断中的应用[J]．机械工程师，2006(2)：119-121.

[30] 陈丽芬．平面抛光机磨头的振动建模、测试分析与诊断研究[D]．长沙：中南大学，2006.

[31] 汤迎红，吴运新，周鹏．陶瓷抛光机磨头凸轮的改进设计[J]．机械工程师，2006(3)：58-60.

[32] 汤迎红．平面抛光机摆动机构运动分析及磨头凸轮曲线优化设计[D]．长沙：中南大学，2006.

[33] 郭立，高文杰．瓷质砖抛光机磨头加工噪声的研究[J]．中国陶瓷，2006(6)：30-32.

[34] 吴南星，朱金贵，肖任贤．陶瓷用抛光机磨头声-结构分析及噪声控制[J]．陶瓷学报，2009(1)：101-105.

[35] 田锋．陶瓷抛光机噪声机理的研究[D]．景德镇：景德镇陶瓷学院，2008.

[36] 成平云．陶瓷抛光砖磨削加工及其金刚石工具的研究[D]．南宁：广西大学，2005.

[37] O. O. AJAYI, K. C. LUDEMA. Surface Damage of Structural Ceramics: Implications for Wear Modeling [J]. Wear, 1988(124): 237-257.

[38] Jamie J. Kruzic, Robert O. Ritchie. Determining the Toughness of Ceramics from Vickers Indentations Using the Crack-Opening Displacements: An Experimental Study [J]. Journal of American Ceramic Society, 2003(8): 1433-1436.

[39] George A. Gogotsi. Fracture Toughness of Ceramics and Ceramic Composites [J]. Ceramics International, 2003(29): 777-784.

[40] Adriano Michael Bernardin, Darlei Souza de Medeiros, Humberto Gracher Riella. Pyroplasticity in Porcelain Tiles [J]. Materials Science and Engineering, 2006(A 427): 316-319.

[41] R. Brian Leavy, Rebecca M. Brannon, O. Erik Strack. The Use of Sphere Indentation Experiments to Characterize Ceramic Damage Models [J]. Internation Journal Applied Ceramic Technology, 2010(5): 606-615.

[42] S. Buchnera, A. Mikowskib, C. M. Lepienskic, etc [J]. Wear, 2011(271): 875-880.

[43] 王世旺，汪建晓，王双喜．抛光砖打蜡机抛磨运动分析[J]．中国陶瓷，2008(1)：38-41.

[44] 《陶瓷墙地砖生产》编写组．陶瓷墙地砖生产 [M]．北京：中国建筑工业出版社，1983.

[45] 杨君之，刘建新．仿古立体抛光砖及其制造方法：中国，CN 1257129 C [P]. 2006-5-24.

[46] 郝恩奇，杨柯，何世斌．一种耐磨高硬度的金刚釉、制备方法和应用：中国，CN 105272375 A

［P］. 2016-1-27.
［47］ 林家生，文迪田，刘汉津，等．一种抛光砖及其生产方法：中国，CN 100345797 C［P］. 2008-5-28.
［48］ 林家生，文迪田，刘汉津，等．一种仿石抛光砖及其生产方法：中国，CN 100509694 C［P］. 2009-7-8.
［49］ 刘一军，范周强，黄玲艳，等．一种喷墨渗花瓷质砖：中国，CN 205223037 U［P］. 2016-5-11.
［50］ 刘一军，范周强，汪庆刚，等．一种具有立体装饰效果的一次烧超平喷墨渗花瓷质砖及其制造方法：中国，CN 105330342 A［P］. 2016-2-17.
［51］ 刘一军，范周强，萧礼标，等．一种喷墨渗花有釉瓷质砖及其制备方法：中国，CN 105175026 A［P］. 2015-12-23.
［52］ 张翼，李向钰，石教艺．一种喷墨渗花陶瓷砖增色剂及使用方法：中国，CN 105000915 A［P］. 2015-10-28.
［53］ 刘一军，范周强，黄玲艳，等．一种喷墨渗花瓷质砖及其制造方法：中国，CN 105367134 A［P］. 2016-3-02.
［54］ 林柱权．一种全抛釉生产工艺及所制备的产品：中国，CN 103332968 B［M］. 2015-6-17.
［55］ 张强，范盘华．一种全抛釉陶瓷制品及其制备方法：中国，CN 104072205 B［P］. 2015-11-25.
［56］ 刘家昶．全抛釉砖及其制备方法：中国，CN 103739279 B［P］. 2015-4-22.
［57］ 黄惠宁，范伟东，钟礼丰，等．一种全抛釉瓷质砖及其制备方法：中国，CN 103524121 B［P］. 2015-8-12.
［58］ 林家生，文迪田，黄校良，等．一种抛光砖及其生产方法：中国，CN 100484898 C［P］. 2009-5-06.
［59］ 孙树江，谢浩．一种陶瓷布料渗花砖的生产方法：中国，CN 1271009 C［P］. 2006-8-23.
［60］ 陈旭波，谭泽，蒙跃笙，等．一种陶瓷渗花砖生产用水溶性色料的制备方法：中国，CN 101654409 B［P］. 2013-4-17.
［61］ 杨福伟，古战文，刘任松，等．一种渗花砖及其制备方法：中国，CN 105481478 A［P］. 2016-4-13.
［62］ 赵晓静，林炎新，何炎潮，等．一种制造幻彩抛光砖的方法、装置：中国，CN 1099944 C［P］. 2003-1-29.
［63］ 林铭章．一种陶瓷微粉砖面料的布料设备：中国，CN 201751149 U［P］. 2011-2-23.
［64］ 杨亮．改善装饰效果的微晶石制备方法：中国，CN 1974454 B［P］. 2010-4-07.
［65］ 何维恭．一种微晶干粒的制备方法、微晶石瓷砖及其生产方法：中国，CN 103102078 B［P］. 2015-8-05.
［66］ 黄家洞．轻质发泡陶瓷砖生产工艺：中国，CN 102101792 A［P］. 2011-6-22.
［67］ 李家科，刘欣，程凯，等．一种以尾矿和陶瓷砖抛光废料制备的发泡陶瓷材料及其制造方法：中国，CN 103044066 B［P］. 2013-12-25.
［68］ 郑树清，田密，陈健，等．一种基于陶瓷抛光渣的全固废发泡陶瓷保温板及其制备方法：中国，CN 105948704 A［P］. 2016-9-21.
［69］ 郑树清，杨贵平，滕方雄，等．发泡陶瓷隔热保温板及其制备方法：中国，CN 105272342 A［P］. 2016-1-27.
［70］ 张延平．电子陶瓷材料物化基础［M］. 北京：电子工业出版社，1996.
［71］ 段继光．工程陶瓷技术［M］. 长沙：湖南科学技术出版社，1994.
［72］ 中国科学院上海硅酸盐研究所五室．陶瓷力学的性质［M］. 上海：上海科学技术文献出版社，1981.

[73] 袁巨龙．功能陶瓷的超精密加工技术［M］．哈尔滨：哈尔滨工业大学出版社，2000.
[74] 任敬心，康仁科，史兴宽．难加工材料的磨削［M］．北京：国防工业出版社，1999.
[75] 龚江宏．陶瓷材料断裂力学［M］．北京：清华大学出版社，2001.
[76] 刘维良．先进陶瓷工艺学［M］．武汉：武汉理工大学出版社，2004.
[77] 戴维·W. 里彻辛．现代陶瓷工程性能，工艺，设计［M］．北京：中国建筑工业出版社，1992.
[78] 徐延献，沈继跃，薄占满．电子陶瓷材料［M］．天津：天津大学出版社，1993.
[79] 金志浩，周敬恩．工程陶瓷材料［M］．北京：机械出版社，1993.
[80] 金志浩，高积强，乔冠军．工程陶瓷材料［M］．西安：西安交通大学出版社，2000.
[81] 吕新彪．宝石款式设计与加工工艺［M］．武汉：中国地质大学出版社，1994.
[82] 包德清．实用宝石加工工艺学［M］．武汉：中国地质大学出版社，1995.
[83] 王零森．特种陶瓷［M］．长沙：中南工业大学出版社，1994.
[84] A. Л. 阿尔达玛茨基．光学零件金刚石加工［M］．北京：机械工业出版社，1987.
[85] 刘晓勇．玻璃生产工艺技术［M］．北京：化学工业出版社，2008.
[86] 王伟，胡骈，方久华．玻璃生产工艺技术［M］．武汉：武汉理工大学出版社，2013.
[87] 基甫生-马威德，布吕克纳．玻璃制造中的缺陷［M］．北京：轻工业出版社，1988.
[88] 彭寿，杨京安．平板玻璃生产过程与缺陷控制［M］．武汉：武汉理工大学出版社，2010.
[89] 吴柏诚．玻璃制造工艺基础［M］．北京：中国轻工业出版社，1997.
[90] 陈敏，陈建华．玻璃制造工艺［M］．北京：化学工业出版社，2006.
[91] 蔡飞虎，冯国娟．陶瓷墙地砖生产技术[M]．武汉：武汉理工大学出版社，2011.
[92] 高磊．矿山岩石力学[M]．北京：机械工业出版社，1987.
[93] 金旭浩，卢文波．爆破漏斗理论探讨[J]．岩土力学，2002(23)：206-219.
[94] 杨兰和．爆破漏斗实验及动力作用分析[J]．辽宁工程技术大学学报(自然科学版)，2001(2)：148-151.
[95] 卢海湘，廖明超．岩石爆破破碎机理的试验探讨[J]．湖南有色金属，2001(6)：6-8.
[96] Sang Ho Cho, Katsuhiko Kaneko. Rock Fragmentation Control in Blasting[J]. Materials Transactions, 2004(5): 1722-1730.
[97] Yan Zhou, Zheming Zhu, Xinxing Jin. Study on the Response of Jointed Rock Mass under Blasting[J]. Scientific Journal of Architecture, 2011(1): 15-21.
[98] Y. J. Ningi, J. Yang, G. W. Ma, etal. DDA for Dynamic Failure Problems and Its Application in Rock Blasting Simulation[J]. Rock Mechanics & Engineering Geology, 2009(3): 83-90.
[99] 谢强，等．岩石细观力学实验与分析[M]．成都：西南交通大学出版社，1997.
[100] 靖洪文．深部巷道大松动圈围岩位移分析及应用[M]．徐州：中国矿业大学出版社，2001.
[101] 陆士良，等．锚杆锚固力与锚固技术[M]．北京：煤炭工业出版社，1998.
[102] 马晓青．冲击动力学[M]．北京：北京理工大学出版社，1992.
[103] 伍义生．微观断裂力学[M]．西安：西北工业大学出版社，1987.
[104] 倪敏雄．金属板料激光喷丸成形的机理及其影响因素研究[D]．镇江：江苏大学，2006.
[105] 许学锋．HQ 大规格通体花岗岩瓷砖：当之无愧的国内领先[J]．佛山陶瓷，2017(4)：C03-04.
[106] 陈彩如，谭建平．大规格陶瓷砖抛光过程仿真与试验研究[J]．中国陶瓷，2008(2)：45-47.
[107] 朱为扬．大板平度的形成和控制[J]．石材，1994(5)：35-38.
[108] 赵玉祥．发动机缸孔精密加工过程控制与优化[D]．上海：上海交通大学．2014.
[109] 王碧波，毛世文，王真伟．一种石材抛光机：中国，CN205111521U[P]．2016-03-30.
[110] 北京农业工程大学．农业机械学[M]．北京：农业出版社，1995.
[111] 李天应．大学物理学(第三册)：波和粒子[M]．武汉：华中理工大学出版社，1989.

[112] 陈剑飞．磨削加工学[M]．郑州：河南科学技术出版社，1994.
[113] 李伯民，赵波．现代磨削技术[M]．北京：机械工业出版社，2003.
[114] 库尔森，杰弗里．波 [M]．北京：地震出版社，1989.
[115] 徐敏，骆振黄，严济宽，等，船舶动力机械的振动、冲击与测量[M]．北京：国防工业出版社，1981.
[116] 周林森．机械振动技术理论与应用[M]．河南：河南科学技术工业出版社，1997.
[117] 黄永强，陈树勋．机械振动理论[M]．北京：机械工业出版社，1996.
[118] 程耀东，李培玉．机械振动学·线性系统(修订版)[M]．杭州：浙江大学出版社，1988.
[119] H. J. 佩因．振动与波动物理学[M]．北京：人民教育出版社，1980.
[120] R. 贝伊尔．机构运动学综合[M]．北京：机械工业出版社，1985.
[121] J. E. 施格利，J. J. 尤克．振动与波动物理学[M]．北京：机械工业出版社，1985.
[122] 朱国力，王成刚，张佑林，等．用 Pro / ENGINEER 进行多段多头螺旋齿面端面凸轮的精确建模[J]. CAD/CAM 与制造业信息化，2006(2)：14-20.
[123] 桂乃磬．机械力学与机构设计[M]．北京：高等教育出版社，2001.
[124] 尚汉冀．内燃机配气凸轮机构设计与计算[M]．上海：复旦大学出版社，1988.
[125] J. 伏尔默．凸轮机构 [M]．北京：机械工业出版社，1983.
[126] 石永刚，徐振华．凸轮机构设计[M]．上海：上海科学技术出版社，1995.
[127] 管荣法．凸轮与凸轮机构 [M]．北京：国防工业出版社，1993.
[128] 管荣法，汤从心．凸轮与凸轮机构基础 [M]．北京：国防工业出版社，1985.
[129] 李瑞琴．机械原理 [M]．北京：国防工业出版社，2008.
[130] 张为合，古玥．物理学(第一册)[M]．北京：化学工业出版社，1985.
[131] 闵德芬，宁平治．振动与波[M]．天津：天津科技出版社，1981.
[132] 孙岳．振动和波[M]．上海：上海教育出版社，1980.
[133] 王瑞旦．机械振动和机械波[M]．长沙：湖南人民出版社，1978.
[134] 王学斌．机械振动和机械波[M]．北京：科学普及出版社，1986.
[135] 王学斌．上海物理学会中学物理教学研究委员会[M]．上海：上海教育出版社，1957.
[136] 徐斌，周祖兵，刘建军．正反置微水抛光工艺对比研究[J]．佛山陶瓷，2016(7)：C03-04.
[137] 钟明修，郑年．热管制造方法及热管：中国，CN 103317137 B [P]. 2016-10-19.
[138] 赫青山，杨摩西，崔仲鸣．绿色干磨削用相变储热砂轮及其制造方法：中国，CN 106346377 A [P]. 2017-1-25.
[139] 赫青山，傅玉灿，陈佳佳．难加工材料干磨削用热管砂轮及制作方法：中国，CN 103128676 B [P]. 2015-7-1.
[140] 黄锐．活齿端面谐波齿轮非对称齿形的啮合研究[D]．武汉：武汉理工大学，2007.
[141] M. 克拉蒂尼，F. 克拉蒂尼．用于抛光陶瓷物品或天然石料的磨头：中国，CN107530861[P]. 2018-1-02.
[142] 冯竞浩，宋宪君．一种抛光方法：中国，CN 104759958 A [P]. 2015-7-08.
[143] 潘小叶．三自由度直、斜齿齿轮啮合机理的研究[D]．合肥：安徽理工大学，2007.
[144] 郭覃．可变螺旋角斜齿轮加工技术的研究[D]．合肥：安徽理工大学，2008.
[145] 黄道业，孟凡净．新型变螺旋角正弦斜齿轮的啮合特性分析[J]．制造业自动化，2011(10)：63-65.
[146] 李乐忠．变螺旋角斜齿轮加工过程及工艺研究[J]．科技创业家，2013(2)：73-73.
[147] 姚辉波．变螺旋角斜齿轮加工过程及工艺研究[J]．制造业自动化，2010(10)：85-87.
[148] 韩秀清，姚敏．工程力学(静力学+材料力学)[M]．北京：中国电力大学出版社，2006：143-151.

[149] 许德刚．材料力学[M]．郑州：郑州大学出版社，2007.
[150] 励世鳌，杨道．电瓷生产机械设备[M]．北京：机械工业出版社，1983.
[151] 阎荫槐．铸造机械基础[M]．沈阳：东北工学院出版社，1990.
[152] 董超．铸造设备设计[M]．北京：机械工业出版社，1980.
[153] 刘树藩．铸造机械设计基础[M]．北京：机械工业出版社，1990.
[154] 刘振康．铸造机械[M]．北京：机械工业出版社，1985.
[155] 潘孝良．硅酸盐工业机械过程及设备(上册)[M]．武汉：武汉工业大学出版社，1993.
[156] 张有衡．硅酸盐工业机械设备[M]．北京：中国工业出版社，1961.
[157] 格兰曼．回转仪的理论和应用(下册)[M]．北京：科学出版社，1959.
[158] (苏)列文逊，Л. Б.，(苏)戚格利内，П. М. 破碎筛分机器与设备(上册)[M]．北京：冶金工业出版社，1959.
[159] 林云万．陶瓷工业机械设备[M]．上海：上海交通大学出版社，1987.
[160] 庄顺南，王景福．陶瓷生产机械化与自动化[M]．北京：轻工业出版社，1986.
[161] (苏)布拉文，И. А. 细陶瓷生产设备[M]．北京：建筑工程出版社，1959.
[162] 张柏清，林云万．陶瓷工业机械设备[M]．北京：中国轻工业出版社，2013.
[163] 郭靖远，相清清．日用精陶[M]．北京：轻工业出版社，1984.
[164] 刘振康．铸造机械[M]．北京：机械工业出版社，1985.
[165] (苏)阿克谢诺夫．铸工车间设备（上册)[M]．北京：机械工业出版社，1959.
[166] 上海市机电设计院．铸造车间机械化[M]．北京：机械工业出版社，1981.
[167] 周锦照．铸造机械设备[M]．武汉：华中理工大学出版社，1989.
[168] 《铸造设备》编写组．铸造设备[M]．北京：机械工业出版社，1980.
[169] (苏)戈尔斯基．铸造生产自动线上各种机器和机构的计算[M]．北京：机械工业出版社，1985.
[170] 陈彩如，谭建平．大规格陶瓷砖抛光过程仿真与实验研究[J]．中国陶瓷，2008(44)：45-48.
[171] 郭立，李伟平．瓷质砖抛光机磨削效率分析 [J]．中国陶瓷工业，1999(6)：14-20.
[172] (苏)B. C. 柳克辛．刀具设计的螺旋面理论 [M]．北京：机械工业出版社，1984.
[173] 李峰．活齿端面谐波齿轮啮合原理的研究[D]．武汉：武汉理工大学，2004.
[174] 姜仁．钻井工程 [M]．北京：石油工业出版社，1987.
[175] (苏)伏·斯·费多洛夫．钻井科学原理 [M]．北京：石油工业出版社，1955.
[176] 吉光镜．铣工工艺学[M]．北京：科学普及出版社，1982.
[177] (日)臼井英治．切削磨削加工学[M]．北京：机械工业出版社，1982.
[178] 顾伟彬．基于微纳米划擦特性的光学玻璃磨削机理与工艺研究[D]．上海：上海交通大学，2012.
[179] 胡珊珊．金刚石工具磨削脆硬材料的加工表面形成机理[D]．广州：广东工业大学，2009.
[180] 陈成刚．金刚石颗粒有序排布切削脆硬材料机理的研究[D]．南宁：广西大学，2009.
[181] 张晓旭．碳化硅刻划过程仿真分析及摩擦化学性能研究[D]．哈尔滨：哈尔滨工业大学，2013.
[182] 刘民慧．碳化硅陶瓷精密磨削亚表面损伤及预测研究[D]．哈尔滨：哈尔滨工业大学，2014.
[183] 朱洪涛．陶瓷磨削表面力学损伤评价及裂纹损伤可控磨削研究[D]．天津：天津大学，2004.
[184] 鲍雨梅．一种陶瓷材料表面/亚表面损伤表征方法及其在磨削损伤检测中的应用[D]．杭州：浙江工业大学，2009.
[185] 张海平．活齿端面谐波齿轮啮合副齿面修形的研究[D]．武汉：武汉理工大学，2005.
[186] 郑敏．硬质合金材料磨削机理的仿真与实验研究[D]．厦门：厦门大学，2013.
[187] 韦秋宁．单颗磨粒磨削硅片的试验研究[D]．大连：大连理工大学，2006.
[188] 黄辉．关于花岗石材高光泽度饰面形成机理的基础研究[D]．南京：南京航空航天大学，2002.

[189] 许雄超，王世旺．基于陶瓷抛光机抛磨运动建模及试验研究[J]．机械设计与制造，2008(9)：132-134.
[190] 刘文波．散齿端面谐波齿轮传动的研究[D]．武汉：武汉理工大学，2003.
[191] 王世旺，汪建晓，王双喜．抛光砖打蜡机抛磨运动分析[J]．中国陶瓷，2008(1)：38-41.
[192] 张国忠．气动冲击设备及其设计[M]．北京：机械工业出版社，1991.
[193] 徐小荷，余静．岩石破碎学[M]．北京：煤炭工业出版社，1984.
[194] 吴力文，孟澍森．勘探掘进学[M]．北京：中国地质出版社，1981.
[195] 贾成厂，李汶霞，郭志猛，等．陶瓷基复合材料导论[M]．北京：冶金工业出版社，1998.
[196] 张志呈．爆破基础理论与设计施工技术[M]．重庆：重庆大学出版社，1994.
[197] 陶颂霖．爆破工程[M]．北京：冶金工业出版社，1979.
[198] 武士杰．反井钻机镐形镶齿滚刀破岩效果的研究[D]．北京：煤炭科学研究总院，2007.
[199] 于跃．盘刀破岩机理的细观数值模拟研究[D]．大连：大连理工大学，2010.
[200] 乔永立．全断面岩石掘进机盘形滚刀布置规律的研究[D]．保定：华北电力大学，2009.
[201] 冯四平．活齿端面谐波齿轮移动副的运动及受力状态的研究[D]．武汉：武汉理工大学，2005.
[202] 李春林，高森．切削具的“后部效应”对岩石破碎的影响[J]．中南大学学报，1986(2)：14-20.
[203] 李世忠．钻探工艺学[M]．北京：地质出版社，1992.
[204] Johnson，K. L. Contact Mechanics [M]. Cambridge：Cambridge University Press，1985.
[205] 贾成厂，李汶霞，郭志猛，等．陶瓷基复合材料导论[M]．北京：冶金工业出版社，1998.
[206] 张绍槐．喷射钻井理论与计算[M]．北京：石油工业出版社，1986.
[207] 张景富．钻井流体力学[M]．北京：石油工业出版社，1994.
[208] F. J. P. Sousa，J. C. Aurich，W. L. Weingaertner，etc. Kinematics of a Single Abrasive Particle during the Industrial Polishing Process of Porcelain Stoneware Tiles [J]. Journal of the European Ceramic Society，2007：3183-3190.
[209] F. J. P. Sousa，J. C. Aurich，W. L. Weingaertner，etc. Analytical Determination of the Distribution of Polishing Time over the Surface of Polished Tiles [J]. Journal of the American Ceramic Society，2007：3468-3477.

后　记

我是2009级哈尔滨理工大学的博士，在入学时，我的博士导师邵俊鹏教授接手了广东科达洁能股份有限公司（以下简称科达公司）的一个项目。邵俊鹏教授让我在修完文化课之后，于2010年2月到科达公司跟随一线做科研。自此以后我除了回学校汇报科研工作、参加博士答辩会外，其他时间均在科达公司做科研。2013年3月，我博士毕业后进入科达公司博士后工作站，继续研究瓷砖领域的课题。2015年9月，博士后出站之后我留在科达公司工作，至今一直从事科研创新工作。

我喜欢做别人没有做过的事情，在未知领域进行探索，研究理论以及结构创新，提出一些新的观点并对此展开研究。2009年接手课题之后，我进行了初步的调查和研究，发现中南大学、华南理工大学、景德镇陶瓷大学等高校的教授和学生对科达公司的课题进行过深入研究，但大多为宏观层面上的研究，在瓷砖表面微观加工领域探索的不是很多。于是，我就把课题的研究方向定为“瓷砖表面微观加工机理研究”，在研究过程中提出瓷砖表面冲击－切削联合破碎的观点。

2013年我博士毕业，同年读科达公司的博士后，恰遇刚调入深加工事业部的总经理刘建军高工作为我企业博士后工作站的导师。刘建军在询问我课题研究方向时，我表示喜欢探索未知的领域。刘建军大力支持我，并说：“不要怕，无论有什么新想法都可以提，都可以去做，哪怕是天马行空的想法。”我在做瓷砖表面微观加工机理研究过程中发现，瓷砖表面加工过程中有冲击加工的成分，于是将“瓷砖表面冲击加工机理研究”作为我博士后的科研方向。

现有的瓷砖表面均采用磨削的加工工艺，我提出采用冲击加工工艺的方法，即将瓷砖表面的烧结层去掉，以提高加工效率，具体方法就是采用钢丸冲击表面。在试验过程中，我发现瓷砖受冲击之后会产生反变形的残余变形，并及时抓住这一现象进行深入研究。根据理论推断，瓷砖出窑炉之后是弓背形的，如果钢丸冲击瓷砖反面，利用反变形的残余应力矫正瓷砖的弓背变形，瓷砖就会变得很平整；瓷砖表面的烧结层是最硬最耐磨的，如果瓷砖在矫正变形时，保留这层烧结层，或磨削掉很浅的一部分，那么加工后的瓷砖表面就会很耐磨，而且还提高了窑炉的出砖速度，并淘汰了刮平工艺。这些推断都被我通过试验验证，我还制作了钢丸冲击试验设备并进行了深入研究。经过试验，瓷砖均能达到A级产品要求。

2015年，广东一鼎科技有限公司（以下简称一鼎公司）开发出了反置式微水瓷砖加工工艺，目的是减少瓷砖背面的吸水，降低烘干窑炉能耗。我在一鼎公司展会现场看到反置式微水瓷砖加工模型时，猜想可否采用正置式微水瓷砖加工工艺。回公司后立即进行试验，验证了正置式微水瓷砖加工工艺的可行性，接着设计了正置式微水瓷砖加工抛光机的结构形式及微水结构形式。2016年，该产品研发成功并得到产业化应用。

2017年，陶瓷大板成为新的流行趋势，所有的加工工艺和加工设备均转向这种新的产品方向。应时代发展要求，我将科研方向转到解决现有设备的技术难题上。陶瓷大板与石材大板在加工工艺上具有相通性和借鉴性。我根据意大利展会中展示的最新石材加工轨迹修正了陶瓷大板抛光加工轨迹，并建立了圆形加工轨迹、单摆加工轨迹、双摆加工轨迹、均匀性加工轨迹等数学模型。

2018 年，意大利 COMS 公司派技术人员来科达公司，并拆解带来的凸轮磨头和变螺旋角磨头。这激发了我的浓厚兴趣，接着我迅速展开了磨头凸轮曲线建模和变螺旋角磨头建模的研究工作。3 个月后，磨头凸轮曲线数学建模成功，并试验成功，同时得到产业化应用。基于数学建模的磨头凸轮磨损小，寿命长，不存在卡顿的现象，而且不论什么规格的磨头凸轮均可采用同一个数学模型，打破了磨头凸轮无数学建模的历史。对于变螺旋角磨头的数学模型，国内外有很多学者进行过研究，我另辟蹊径，采用自己的方法建立了变螺旋角模型。

随着智能化的到来，每个行业都在进行自动化、智能化改造，瓷砖加工行业也是如此。瓷砖抛光机横梁摆动速度与瓷砖进给速度的调整需要有经验的技术员才能操作，不利于数控智能化的改造工作。我以此为研究方向，以陶瓷大板抛光修形轨迹的数学模型为基础，建立了瓷砖智能自适应模拟系统，瓷砖进给速度与横梁摆动速度可以自适应，极大地提高了瓷砖抛光机的智能化进程。

2019 年，我继续进行行业难题的攻克研究。瓷砖磨边机的磨轮更换需要人为操作，从发明至今已经几十年了，没有太多改变。我把改变这一操作作为新的研究方向，到编写完这本书稿时，磨轮自动更换系统已经研发出来，并进行了初步的试验。佛山市顺德区华顺电机实业有限公司在电机领域具有先进性，马祖腾总经理对磨边机磨轮自动更换系统的研发很有想法，也申请了专利，我与其深入讨论过，对他很钦佩。

自从中国研发出来反置式微水抛光机、正置式微水抛光机，意大利人就开始着手研究瓷砖无水抛光机。我得知这一情况后，立即着手进行瓷砖无水抛光加工工艺的研究工作，并对此做了结构设计。

我将自己从 2010 年至 2019 年间的所有科研探索成果，汇集成本书。由于都是在未知领域进行的探索，或者是为解决行业难题，采用的方法也不同于现有方法，加之成书时间比较仓促，不当之处在所难免，还请读者谅解。我意在通过科研成果抛砖引玉，提出自己的方法和理论，供喜欢在瓷砖加工领域研究的同行或者感兴趣的读者参考借鉴，以便服务于这个行业。

在本书最后，我非常感激佛山欧神诺陶瓷有限公司董事长鲍杰军先生对本书的大力支持，感谢他为本书作序！

另外，还要感谢佛山市顺德区华顺电机实业有限公司马祖腾总经理对本书的大力支持！

同时，还要感谢中国建材工业出版社王萌萌编辑在该书出版过程中给予的细致指导！

徐　斌

2020 年 2 月